全地球史解読

熊澤峰夫・伊藤孝士・吉田茂生 [編]

東京大学出版会

扉：口絵1　2億5000万年前の古生代・中生代境界で起きた生物大量絶滅との関連が注目される海洋酸素欠乏事件の証拠．遠洋深海チャートの色が灰色から赤色へと変化し，当時の超海洋の深海底が長期間にわたる還元的環境から通常の酸化的環境へと回復したことを示す．トリアス紀中期，岐阜県各務原市の木曽川河岸．［白尾元理氏撮影，6.5節470頁や口絵8参照］

Decoding the Earth's Evolution

Mineo KUMAZAWA, Takashi ITO and Shigeo YOSHIDA, editors

University of Tokyo Press, 2002
ISBN978-4-13-060741-4

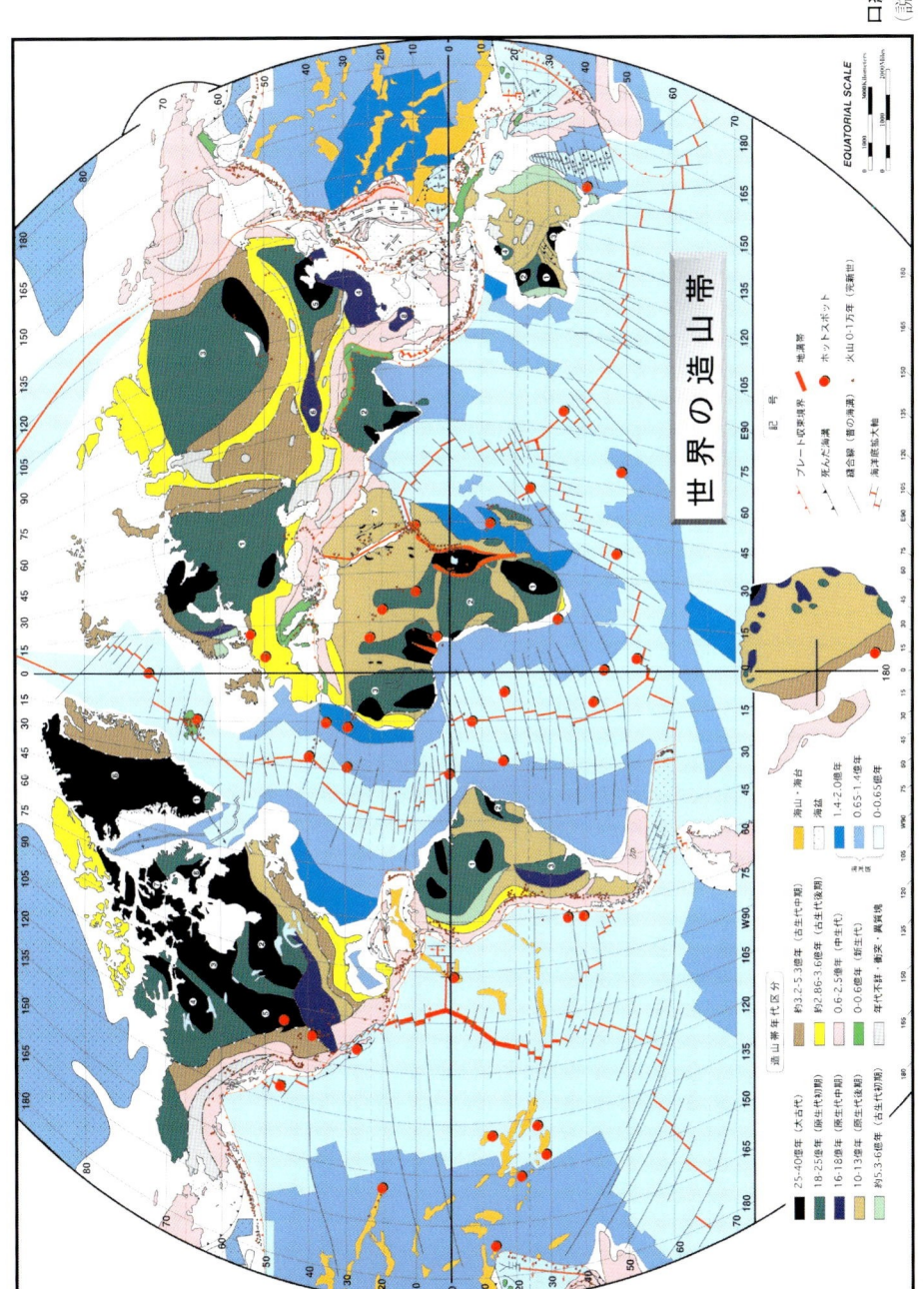

口絵 2
（説明次頁）

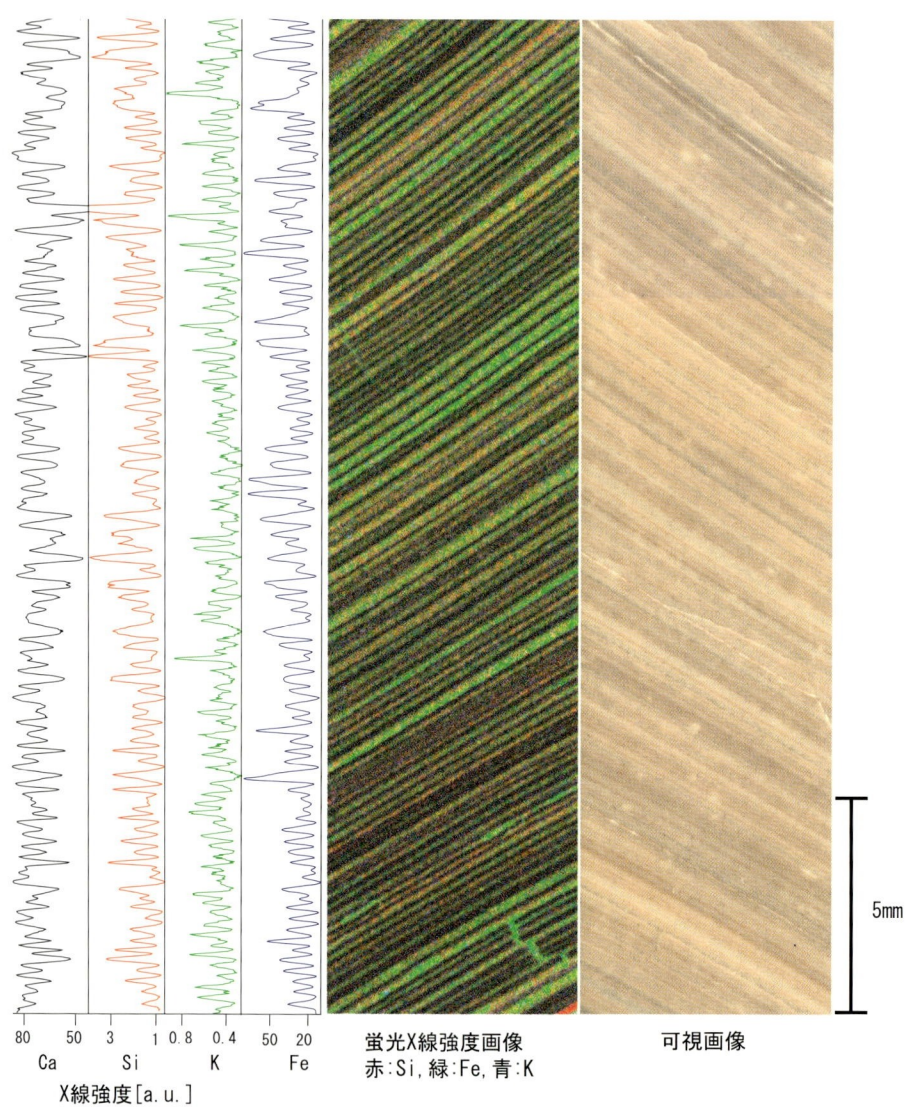

口絵3　ハーン累層最上部のストロマトライトの蛍光X線強度画像と元素プロファイル．
[岡庭輝幸原図，2.3節106頁参照]

口絵2（前頁）　世界の地質．地殻の1/3は大陸地殻で，残りの2/3は海洋地殻である．大陸地殻の最古のものは40億年前まで遡る．大陸は多様な形成年代を持つ造山帯の寄せ木細工であり，その寄せ木細工のひとつひとつに長い地球史の情報が刻まれている．一方，海洋地殻は海溝から地球内部に沈み込むため，形成年代が2億年よりも若いものしか残っていない．アフリカ，サウジアラビア，オーストラリアと南極の10-13億年前の造山帯の一部には，5-6億年前に形成された衝突型造山帯がかなりの面積を占めていることがわかりつつある．[各種資料より丸山茂徳がまとめたもの，1.2節34頁参照]

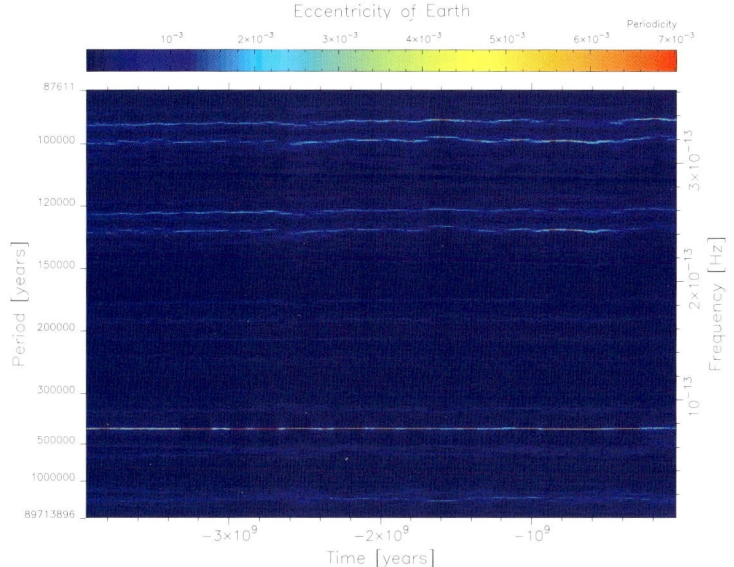

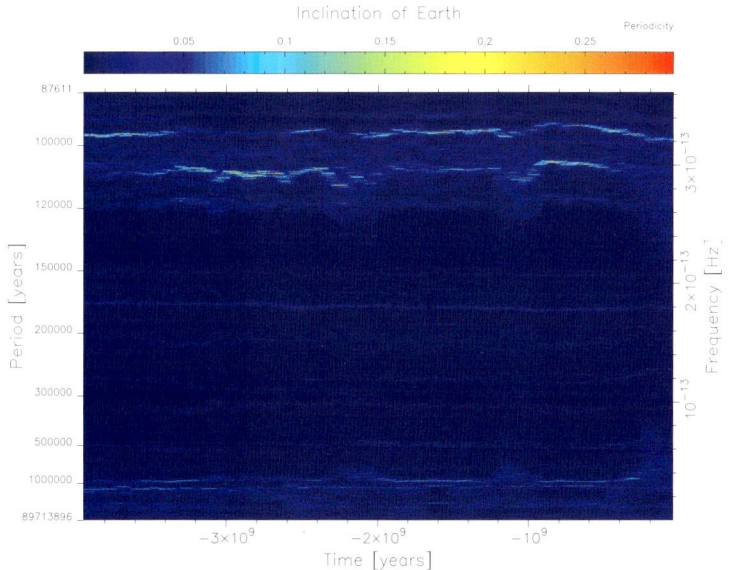

口絵 4 地球の離心率（上）と軌道傾斜角（下）の周期性の変遷を推定した一例．横軸が時刻，縦軸が周期で，積分期間約 40 億年の数値データに対して高速フーリエ変換（FFT）を繰り返し適用し，周期性の強度毎に異なる色相を与えて並べたものである．赤い領域は強い周期性を示し，青い領域は弱い周期性を示す．なおこの図は現在から過去方向へ行った数値積分の一例であるが，さまざまな初期値から開始した一連の計算結果は筆者のウェブページ http://www.cc.nao.ac.jp/~tito/articles/MNRAS2002/ にまとめて掲載されている．[伊藤孝士原図，3.4 節 206 頁参照]

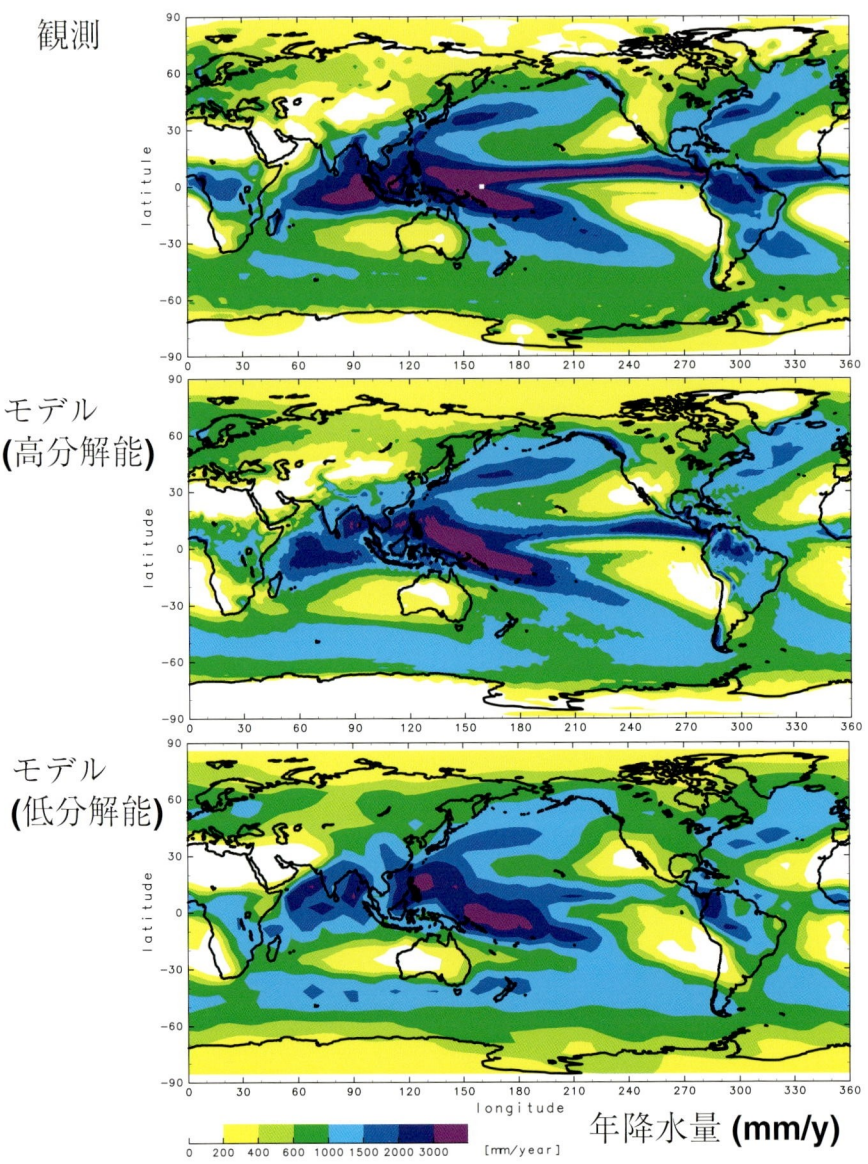

口絵 5 大気海洋結合大循環モデルによる降水量分布の再現性．上は観測による年間の降水量分布，中は高解像度の数値モデル（格子間隔は緯度経度方向ともに約 1.1 度）での計算結果，下は低解像度（格子間隔は約 5.6 度）での計算結果．用いた数値モデルは東京大学気候システム研究センターと国立環境研究所が共同開発した大気海洋結合大循環モデル（CCSR/NIES GCM）である．[阿部彩子原図，4.1 節 246 頁参照]

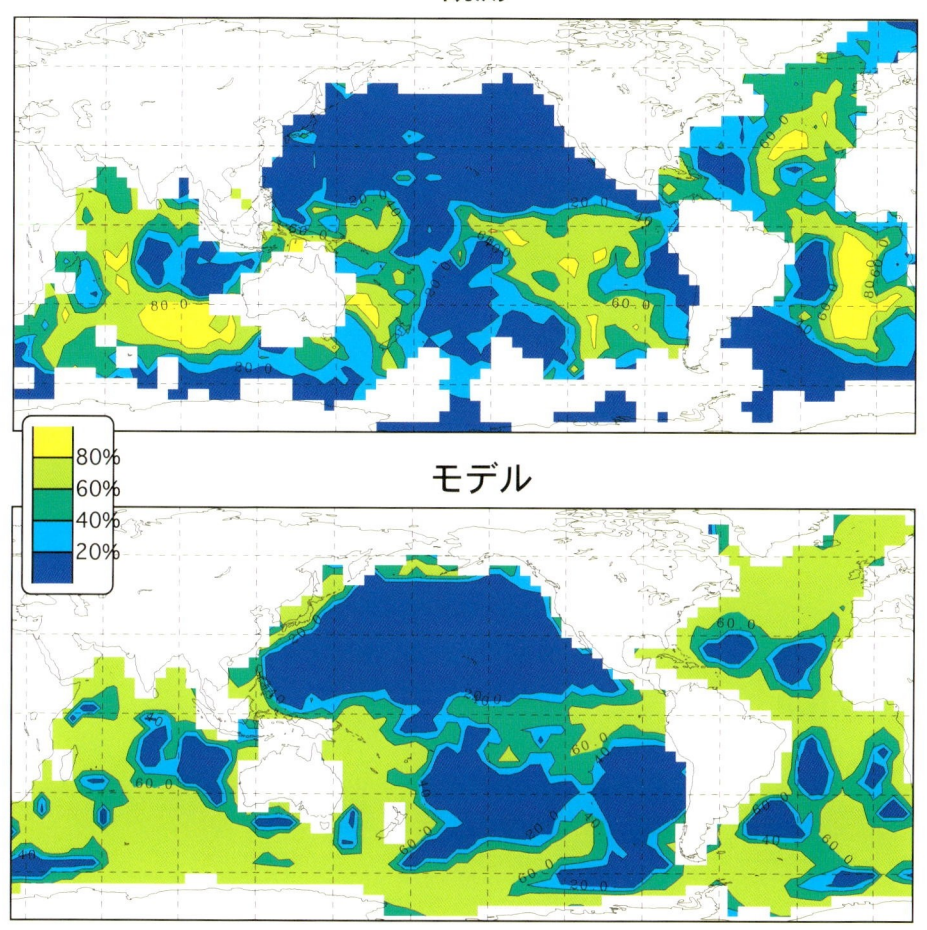

口絵6 （上）観測された炭酸カルシウムの堆積物中含有率および（下）海洋生物化学大循環モデルの結果を利用して堆積モデルから得られたもの（大畑，2001）．等値線間隔は20％．黄が80％以上，青が20％以下の含有率を示す．[山中康裕原図，4.2節273頁参照]

口絵7　南中国浙江省 煤山（メイシャン）（Bセクション）のP-T境界層．層（Bed）27の中のbとcとの境界がP-T境界にあたる．［磯﨑行雄撮影，6.5節463頁図6.5.3参照］

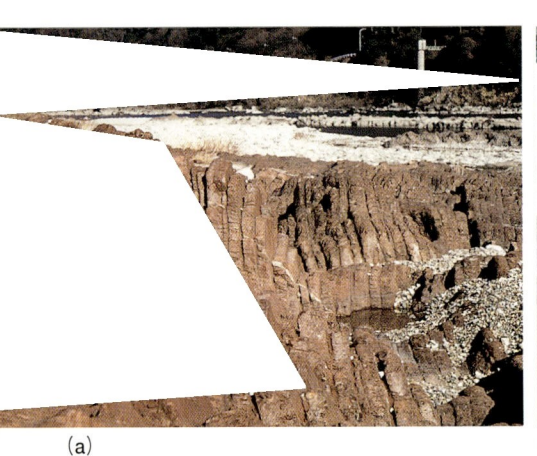

(a)　　　　　　　　　　　　　(b)

口絵8　過去の遠洋深海チャートと遠洋深海P-T境界層（岐阜県各務原市の木曽川河岸）．
a) 赤色層状チャート（トリアス紀中期）．リズミカルな層理はミランコビッチ周期に対応．
b) P-T境界を特徴付ける珪質泥岩（トリアス紀前期）．周囲と違って赤くないことは，そのときの環境が還元的であったことを示す．［磯﨑行雄撮影，6.5節468-470頁や扉写真参照］

まえがき

　本書は，文部省の科学研究費重点領域研究「全地球史解読」（平成 7-9 年度）の成果をもとに，地球の歴史解読研究の考え方，方法と解読事例，そして最新の地球観をまとめたものである．本書には，研究の方法論から新しい大局的な地球生命観までを盛り込み，次世代の知的生産に役立つように提示したつもりである．書かれている内容の中には，機敏なテレビや IT のメディアを介して市民にもすでに常識になっていることもある．しかし，本書には，研究現場に必須の基本的考え方や技術などを含めて，ハイテクメディアでは得られない体系性を持たせるようにした．

　私たちの住む地球は，科学として単に解明し羅列的に記述するだけの対象ではない．地球は，生命を生み育て宇宙に開いて進化しつつある歴史的存在であり，そこにはわれわれ自身とその営みの存在理由までが含まれなければなるまい．そこで私は，地球科学の伝統的個別アプローチとは異なって，これまで関連の薄かった諸分野を総合する方向へハンドルを切って，地球の理解に新生面を開きたいと考えた．つまり，私たち人間の存在理由や行く先までを解読し，私たちの生存戦略を探るために，この地球の歴史解読研究を出発させた．その結果，幸いなことに本書にも含めたような数多くの斬新な成果が得られた．全地球史解読とその周辺の研究分野は，国の内外において，ここ数年で急速な進歩を遂げた．それには，この研究プログラムで提示した新しい視点が世の中に広がったことも多少の寄与をしていたのではないかと考えている．

　本書は全 7 章で構成される．第 1 章では，概念的なことがらとして，全地球史解読の考え方，地球史の概説，および一般的なシステムの考え方の概説がある．第 2 章では，地球の歴史解読試料を扱う新しい基礎技術の解説がある．第 3 章では，天体力学的な変動が地球に与える影響を考察する．第 4 章では，地球表層環境の変遷を物理的モデルによる新しい視点で語る．第 5 章

は，地球深部のマントル対流やコア対流の地球史的な変遷の解説である．第6章では，生命と地球がお互いに影響し合いながら進化してきた様子が説明される．そして最後に第7章では，以上のような視点を踏まえつつ，私たち地球生命の未来を語る．

　本書の出版計画は数年前に遡るが，執筆予定者たちはこの解読研究を契機に得た興奮をそれぞれの研究現場に振り向けるのに夢中で，出版は大幅に遅れ，一時は取りやめの危機にも瀕した．それを取り戻したのは，吉田茂生さんと伊藤孝士さんのお二人の才覚と努力の賜である．吉田さんと伊藤さんは，全地球史解読の出発時にはまだ大学院学生であったが，今や，旧編集担当だった年配研究者を追い落として次世代へ生き継ぐ使命をしっかり果たしてくれている．私は研究代表者として編者に名前を連ねてはいるが傀儡に過ぎない．

　　　　生きかはり死にかはりして打つ田かな　　　　村上鬼城

やり方は変わっても，命と自然の理解を生き継いでいく私たちの営み自体は，昔も将来も変わらないだろう．

　全地球史解読研究には莫大な人と組織の御支援を得た．それらを個別に記すことはできないので，この場を借りて広くお礼を申し上げる．しかし，以下の方々には特に謝意を表したい．個人的なことで恐縮だが，科学研究に関わる私のスタンスは，地球科学から環境学までを縫い目なく機敏に駆け抜けて来た島津康男の思想の刷り込みを受けたものである．また，全地球史解読研究の牽引は，丸山茂徳さんの才覚と力量による．あとがきにもあるように，この本の出版を実現したのは，気ままな著者達に忍耐と熱意で対処して頂いた東京大学出版会の小松美加さんのお陰である．小松さんには特に深いお礼を申しあげる．この本のイメージイラストは，光合成の研究者である感性豊かな岩城雅代さんによるものである．なお，熊澤執筆担当分の一部は第13回「大学と科学」公開シンポジウムの一部として企画・開催された「生きている地球の新しい見方―地球・生命・環境の共進化」講演収録集（株式会社クバプロ）に原形がある．

　2002年6月　　　　　　　　　　　　　　　　　　　　　　　熊澤峰夫

目次

まえがき

第1章　全地球史解読の考え方　1

1.1　全地球史解読の考え方　2
  1.1.1　全地球史解読を考える　3
  1.1.2　全地球史解読のスコープ　10
1.2　地球史概説　18
  1.2.1　はじめに――地球史研究の歴史　18
  1.2.2　地球の構造とマントル対流　19
  1.2.3　マントル対流の非定常性と地球史上の大事件　23
  1.2.4　地球史七大事件によって地球と生命の歴史を語る　32
  1.2.5　マントル対流の変動と生物の進化　51
  1.2.6　これから解明すべき大きな課題　53
1.3　システムに関係した言葉と概念の整理　55
  1.3.1　はじめに　55
  1.3.2　系とシステムという言葉の意味　56
  1.3.3　考えているシステムの種類　61
  1.3.4　線形システム　64
  1.3.5　階層性のあるシステム　68
  1.3.6　外力とパラメタと境界条件――偏微分方程式における外の影響の表現　71
  1.3.7　時間スケールと応答　74
  1.3.8　おわりに　76
第1章文献　77

第2章　全地球史解読の技術　81

2.1　全地球史解読のために必要な技術と方法　83
  2.1.1　全地球史解読における連続試料と試料データベースの重要性　83
  2.1.2　全地球史解読の試料データベースの作成手順　84
  2.1.3　連続試料の一次記載の利用　91

- 2.2 連続試料に対する非破壊一次記載の方法　*92*
  - 2.2.1 一次記載における課題　*92*
  - 2.2.2 大量・連続試料に対する非破壊分析法の原理　*92*
  - 2.2.3 非破壊分析法の技術条件　*94*
  - 2.2.4 原理的に大型試料の非破壊分析が可能な方法　*95*
- 2.3 走査型X線分析顕微鏡の連続非破壊分析への応用　*102*
  - 2.3.1 エネルギー分散型X線分光法の原理　*102*
  - 2.3.2 SXAMの特徴と精度　*103*
  - 2.3.3 実際にSXAMで分析した画像例　*104*
  - 2.3.4 具体例―ナミビアのキャップカーボネート　*106*
- 2.4 絶対年代測定法　*109*
  - 2.4.1 絶対年代　*109*
  - 2.4.2 ウラン–鉛年代測定法の原理　*111*
  - 2.4.3 ウラン–鉛年代測定法を用いたジルコン年代学　*114*
  - 2.4.4 コンコーディア図　*116*
  - 2.4.5 新しい分析法―プラズマ質量分析法　*119*
  - 2.4.6 年代測定適用範囲　*120*
  - 2.4.7 スタンダードレス化―次世代の分析法　*123*

第2章文献　*128*

第3章　地球の気候に影響を与える宇宙のリズム　*131*

- 3.1 IKダイアグラムの考え方　*132*
  - 3.1.1 全地球史解読計画とIKダイアグラム　*132*
  - 3.1.2 作業仮説としてのIKダイアグラム　*134*
- 3.2 日射量変動の基礎理論　*137*
  - 3.2.1 惑星の公転軌道要素とその変化　*138*
  - 3.2.2 自転軸の歳差運動　*147*
  - 3.2.3 日射量変動に影響を与える力学変数　*151*
  - 3.2.4 緯度別の日射量変動　*156*
- 3.3 月–地球力学系の潮汐進化　*162*
  - 3.3.1 外部天体による潮汐ポテンシャルと地球の潮汐　*163*
  - 3.3.2 天体の運動と潮汐の主要分潮　*165*
  - 3.3.3 力学的偏平率と地球自転，および潮汐の角速度　*171*
  - 3.3.4 地球力学時計と月–地球系　*173*

3.4　IKダイアグラムとその不確定性　*188*
　3.4.1　IKダイアグラムの描画　*188*
　3.4.2　IKダイアグラムが含む不確定性　*201*
　3.4.3　太陽系の力学的安定性とカオス　*204*
　3.4.4　歳差運動の安定性と赤道傾角の進化　*216*

第3章文献　*223*

第4章　地球表層環境の変遷　*233*

4.1　気候システムと地球史　*234*
　4.1.1　地球の過去の気候変動　*234*
　4.1.2　気候システムと外力　*238*
　4.1.3　地球史解読のための気候モデリング　*240*
　4.1.4　気候モデルによる数値実験と地球史解読への示唆　*250*

4.2　海洋物質循環と古海洋　*259*
　4.2.1　過去の気候と地質学的証拠との関係　*259*
　4.2.2　海洋物質循環　*260*
　4.2.3　海洋物質循環モデルと堆積過程モデル　*269*

4.3　地球環境と物質循環　*275*
　4.3.1　物質循環とモデリング　*275*
　4.3.2　長期的炭素循環の素過程　*278*
　4.3.3　炭素循環と地球環境の長期的安定性　*282*

4.4　ウィルソンサイクルと気候変動　*286*
　4.4.1　海底拡大と気候変動　*286*
　4.4.2　造山運動と気候変動　*289*

4.5　スノーボールアース仮説　*292*
　4.5.1　原生代の氷河時代の謎　*292*
　4.5.2　赤道傾角の進化　*294*
　4.5.3　スノーボールアース仮説の登場　*297*
　4.5.4　地球のエネルギー収支と全球凍結解　*300*
　4.5.5　炭素循環と全球凍結現象　*302*

第4章文献　*308*

第5章　地球深部ダイナミクス　*313*

5.1　マントル対流の進化　*314*

5.1.1　熱対流による地球の冷却　*315*
　　5.1.2　マントル対流とプレートテクトニクス　*320*
　　5.1.3　マントル対流と相変化の相互作用—フラッシング（なだれ現象）　*326*
　　5.1.4　マントル対流と化学的不均質との相互作用　*329*
　　5.1.5　溶融を考慮したマントル対流　*331*
5.2　核の誕生と内核の成長　*333*
　　5.2.1　はじめに—核の大まかな歴史　*333*
　　5.2.2　内核の歴史を解読するという観点　*334*
　　5.2.3　内核の成長の速さと内核の誕生の時期　*335*
　　5.2.4　内核の部分溶融構造　*337*
　　5.2.5　内核の異方的な構造　*340*
　　5.2.6　おわりに　*344*
5.3　マントルとコアの熱的相互作用　*346*
　　5.3.1　マントルとコアの熱的な性質　*346*
　　5.3.2　地球磁場の逆転頻度の変化をめぐって　*349*
　　5.3.3　地球磁場の停滞成分とその成因　*357*
5.4　地球史と地球磁場—とくに太古代の地球磁場　*363*
　　5.4.1　地球磁場による核の観測　*363*
　　5.4.2　太古代の地球磁場強度　*368*
　　5.4.3　太古代における地球磁場の逆転　*376*
　　5.4.4　まとめ　*381*

第 5 章文献　*382*

第6章　生命と地球の共進化　*391*

6.1　生命と地球の相互作用の歴史　*393*
　　6.1.1　生命と地球の共進化の解読へ向けて　*393*
　　6.1.2　地球を変えた光合成　*396*
　　6.1.3　酸素濃度の増加と生物進化　*414*
　　6.1.4　光合成がもたらした生命と地球の共進化　*421*
6.2　分子化石が示す微生物の系統と進化　*423*
　　6.2.1　自然選択と中立的分子進化　*423*
　　6.2.2　多様性と生物進化　*425*
　　6.2.3　遺伝子に残された分子化石による進化系統の解析　*427*
　　6.2.4　進化のリズム　*429*

6.2.5　原核生物から真核生物へ　*430*
　　6.2.6　微生物の進化系統と化石証拠　*432*
6.3　原核生物の出現と生態系の形成　*436*
　　6.3.1　原核生物と生態系　*436*
　　6.3.2　原核生物の進化系統と生理生態　*439*
　　6.3.3　熱水環境の生態系　*442*
　　6.3.4　地球生態系と微生物の生態進化　*444*
6.4　大量絶滅と生命進化　*449*
　　6.4.1　大量絶滅の認定　*451*
　　6.4.2　大量絶滅の原因　*454*
　　6.4.3　生物進化史における大量絶滅の意味　*456*
6.5　P–T境界——史上最大の大量絶滅事件　*458*
　　6.5.1　P–T境界での大量絶滅　*458*
　　6.5.2　P–T境界ごろの世界の古地理：超大陸と超海洋　*461*
　　6.5.3　陸棚のP–T境界層　*462*
　　6.5.4　超海洋の深海P–T境界層　*467*
　　6.5.5　Superanoxia（超酸素欠乏事件）　*470*
　　6.5.6　2段階絶滅パタン　*474*
　　6.5.7　超大陸とプルーム　*475*
　　6.5.8　「プルームの冬」シナリオ　*478*
　　6.5.9　仮説の検証をめざして　*481*
6.6　白亜紀・第三紀境界の大量絶滅　*483*
　　6.6.1　小天体衝突説　*483*
　　6.6.2　衝突現場の検証　*484*
　　6.6.3　大量絶滅と小天体衝突の同時性の証明　*484*
　　6.6.4　衝突による環境変動の証明　*487*
　　6.6.5　絶滅と生き残りの理由　*487*
　　6.6.6　まとめ　*488*
第6章文献　*489*

第7章　むすび——われわれはどこへ行くのか　*501*

7.1　なぜ地球の歴史を研究するのか？　*502*
7.2　われわれはどこからきたのか, そして何者か？　*503*
7.3　われわれはどこへ行くのか？　*513*

7.4 おわりに　*520*

第7章文献　*522*

定冠詞の付く全地球史解読　*523*
あとがきにかえて—プルーム考　*530*
索引　*533*

> コラム
> 「わかる」とはどういうことか？　*6*
> ウィルソンサイクルの元の意味　*27*
> 従来の太古代・原生代境界について　*36*
> ラグランジュの惑星方程式　*142*
> 歳差と章動　*149*
> 「ミランコビッチサイクル」の定義　*160*
> 月軌道面の歳差とIKダイアグラム　*197*
> IKダイアグラムと潮汐モデル　*198*
> 太陽系外惑星系の発見が与えた衝撃　*214*
> カオスと全地球史解読　*220*
> 暗い太陽のパラドックス　*305*
> レイリー数とヌッセルト数の関係　*316*
> 相変化浮力パラメタとレイリー数の関係　*327*
> 地球磁場生成の基礎方程式—ダイナモ理論の基礎　*354*
> 古地磁気学の手法による磁場の観測　*364*

本書の誤植に関する訂正や，出版後に大きく内容が更新された箇所については，以下のウェブページにまとめて情報を掲載してあります．このページの内容は不定期に変更されます．また，URLは適宜変更される場合がありますので，接続できない場合には info@utp.or.jp までお問い合わせください．

http://epp.eps.nagoya-u.ac.jp/dee/

第1章
全地球史解読の考え方

　全地球史解読とはいかなる試みであるのか？本章ではその背景にある基本的な考え方を解説する．1.1節は，全地球史解読の思想を述べるとともに，その中でこれから続く各章がどのように位置づけられるのかが説明される．地球史を七大事件を軸としてみる視点や，地球の歴史を広く宇宙や生命の歴史と結び付けてとらえる考え方が示される．1.2節は，地球の歴史の概説である．地球の歴史とマントル対流の歴史とを密接に結び付けて議論してある点に特色がある．1.3節は，システム論，とくに線形システム論の概説である．地球をシステムとして見るときに知っておくと有用な基礎知識が説明される．

[吉田茂生]

1.1　全地球史解読の考え方

熊澤峰夫

> 私は究極的説明という考えを放棄する．私はこう主張する．一切の説明はより高度の普遍性をもった理論によってさらに説明しうるものであって，それ以上の説明を要さぬ説明といったものはありえない．けだし（デカルトが示唆したような，物体の本質主義的定義のごとき）本質の自己説明的叙述などはありえないからである．　　　　　Popper（1972）森訳，より

　私たちは全地球史解読というスローガンの下に研究を進めてきた．この1.1節，および最後の第7章で，そのスローガンの意図を解説していきたい．

　全地球史解読とは，地球の全体の，歴史の全部を，すべての観点で解読したい，という願望を表している．これは，文字どおりには，まったく実行不可能なことだが，それを目標として，古い時代の地層という物証に基づいて，その解読に必要な方法を模索し，開拓しながら，できることから着実に研究を積み上げていく第一歩にしようということだ．地球の研究では，中心にある鉄でできた核から，石でできたマントル，地表，さらには銀河や宇宙までを，ひとつのシステムとして考える必要がある．これが地球全体という意味だ．また，システムにおいては，相互の関わりとその結果が時々刻々動いており，時間は過去から未来までを貫いている．これを見通すというのが，全歴史という意味だ．また，ひとつのシステムにはさまざまの側面がある．地球では，生き物の盛衰や，気候の変化，大地の変動などといういろいろな活動が起こっている．それらをすべて含めて解読し，総合的な視点で解釈しようというのが，全解読の意味である．

　一方で，人間としての私たちは，「われわれは何者か？」という不安と問いの中で生きている．「私たちは何をやっているのだろう？」と疑問を感じたり，何か一生懸命やっていても，時にはそれが無駄のように思えたりすることもある．わかりそうもないことにも，「何故？」と問いたくなる．私は，そのような問いを解く鍵が，地球史の中にあると考えている．そしてまた，私たち

の子や孫の行く末をも照らしてみたい，とも思っている．このことの意味は，最後に第7章で議論しよう．

1.1.1 全地球史解読を考える

(1) 新しい地球観を求めて

　私たち地球の生命は，40億年ほど前に地球で生まれたので，そのくらい昔に遡って地球の歴史を考えることは，私たちの物の見方を考える上でも大きな意味がある．私は地球科学の研究者であると同時に，生身の人間でもあるので，地球と生命をつないだ一貫した理解を得たいと考えている．

　私たち人間は，生き物の仲間であり，地球が産み出したものだ．太古代の大気は二酸化炭素で，地球の海は水でできていたため，地球上に最もありふれて豊富にある元素は，水素と酸素と炭素である．それらが，ひとりでに組み合わされてできる分子のうち，自己触媒機能を持って，自分を複製する生命のはじまりと呼べるようなものができたのは，おそらく海底火山付近の地下にある割れ目の中だったと推定されている．こうしてできた有機分子の40億年ほどのちの子孫が，われわれヒトだ．だから，私たちは地球そのものの一部だ．そのようなものが，40億年を経て知性を持ち，宇宙とは何か，自分とは何者か，などという疑問を持って，それに答えようとしている．つまり，地球が，自分は何者かと問うようになったわけである．

　このように考えると，死生観，あるいはもっと広く生命観を，科学的な地球観や宇宙観の中に位置づけないとほころびがでてしまうに違いない，という予感がする．ところが，地球や生命の起源や進化については，神話や聖書の教義が考え方や生活のなかにまだ染みついている．西欧諸国や日本のように近代的な社会の中でも，忙しい大人は，昔学校で学んだ知識を持ったまま，それが更新されないのが普通であろう．

　私たちの地球観や宇宙観の基礎となる科学の進展は急だ．地球科学の分野では，30年ほど前にプレートテクトニクスという考えが登場した．それは，新しい地球観をもたらした科学革命だといわれ，教科書の内容ががらりと変わった（たとえば，都城，1998）．

　また，宇宙科学が発展し，隕石の研究や惑星探査のさまざまな観測データ

が得られ，地球は宇宙に開いた存在だと実感できるようになった．生命科学の分野でも，分子生物学の刷新的な進展があった．このようにして，研究者たちの世界観も年々変遷しつつある．

しかしながら，その科学の進展にきちんと追いつくのは困難である．最前線の研究者でさえ，研究が深く進めば進むほど専門分化が著しくなり，一人では全体像を正確には把握しきれなくなっている．研究の進展は，部分的にはどんどん深くなり，そのスピードがあまりにも速いからである．

とはいえ，全体を細部まで正確に把握できないにしても，大局を把握することは可能だ．一方で，諸専門分野の理解が進んでくると，これまでにわかっていた個別的な部分が，全体の中に合理的に位置づけられて全体像を把握するのが容易になる．そこで，個別の問題に詳しい研究者の集団から，研究の成果を教えてもらって，それを包括的に理解する努力をするのが良い．全地球史解読では，個別の研究者が，小さい問題を少しずつ解決し，それらを異分野の交流によって統合することで，われわれの来た道，地球や生命の歴史を総合した地球観を把握することを目標とする．それは，われわれ人類を含めて地球の生命の生き継ぎに役立つと信じている．

(2) 歴史科学としての地球科学はどのような科学か

ここで，地球史の科学が成立する根拠について考えてみたい．地球の歴史の科学は，ただ一度しか起こらず，しかもデータに限りがある事件を対象にする．私が昔教わったところによると，科学とは，反復実験をして法則性の証明をし，その証明された法則を用いて予測をする，というものだ．ところが，地球の歴史は，46億年の歳月の中でたった一度だけしか起こらなかった事件の集まりであり，反復実験など不可能だ．また，昔のことを調べる以上，何かの予言をするわけでもない．このようなものが，科学のまともな対象でありうるのだろうか？　私の先生たちは，このような問いに明快に答えてはくれなかった．歴史を調べるのは科学ではないという考えは，一部の創造論者（キリスト教で，聖書の創世記を事実だとして信じる人々）が進化論を否定するために用いる主張でもある．

このように，過ぎ去って，しかも反復できない地球史の研究が，物理学な

どと同じ科学たりうるかということは，きちんと考える必要がある．それについては，科学とは何か，われわれの営みとは何かということまで遡らないと答えられない．その「営み」に関する具体的な部分は第7章で議論することとし，ここでは総論的な部分について解説する．

歴史の研究が科学として成立するか，との問い対する結論は「条件付きイエス」だ．それは，科学のやり方と考え方に依存する．科学が反復実験で真理を探究するものであるという古典的な考え方は，すでに崩壊している．全面的ではないにせよ広く受け入れられている Popper（1934）の考え方によれば，科学とそうでないものを区別する基準（境界設定の問題）は，「反証可能性」ということである．科学理論は，証明はできなくても，少なくとも反証可能でなければならない．たとえば進化論は，10億年前の地層に哺乳類の化石が出てくれば反証できる．しかし，創造論では，聖書の創世記の記述と合わない証拠はありえないので，反証できない．科学とは，世の中の仕組みを推測し，それを反駁して改良していくという営みなのだ．もう少しひらたく述べると，科学とは，辻褄の良い考え方の体系のことである．そして，経験に基づいて推論をし，不都合があったらそれを減らすように考え方の修正や改訂をする営みである．

一方で，科学の目的という問題も関係する．これも Popper（1972）を引用すると，「科学の目的は，われわれが説明する必要のあるすべてのことについて満足のいく説明を見出すことである，と私は主張する」ということになる．もっと日常的に述べると，科学とは，私たちがその時点で「わかった気になる」ひとつのまとまった考えである，ということだ（コラム参照）．科学の研究をするということは，「私たちがもっとわかった気になれるようにする営みである」といえる．「わかったつもり」でも，辻褄の合わないことが見つかったり指摘されたりすると，「もっとわかる」ように実験や観測をしたり，物証を調べたり，論理を組み立て直したりする．わかっていないことを知る手だてと，もっとわかるようにする手だての両方を合わせて備えているものは，科学としての資格がある．

そういうわけで，宇宙，地球，生命の起源と進化の研究では，反復実験ができないが，その物証がある限り，科学のまともな対象である．

> コラム

「わかる」とはどういうことか？

本文では「科学とは，わかった気になること」だと述べている．では，「わかる」とはどういうことだろうか？ 何かわからないことがあったとき，そこに居合わせた人がわかる，専門家がわかる，誰か天才がわかる，など，最初に理解するのは1人か2人の少数の人だ．その人が仲間に伝える．その伝えられた人がさらに別の仲間に伝える．そのような伝達の繰り返しで，わかっている人の範囲が広がる．さらに，大人はわかっていることを子供に伝え，子供はその世界を見たり体験したりしながら試行錯誤で自分がわかるようになる．このように，わかるということは，空間的・時間的に人の集団の中で拡散して，知的な共有財産となっていく．

わかり方の質にも無限の階層がある．流星があると，昔なら坊さんなどの教養人が，しかじかの天のお告げである，などというのを聞いてわかった気になる，という「人に聞いてわかる」理解の時代があった．そのうち，ことがらによっては，科学的な説明や理屈を学習して「理屈でわかった気になる」時代がやってくる．このように，時代が進むと，わかり方の質が深くなっていく．さらに，予測のできるわかり方，予測して制御もできるわかり方というように，理解の質が深くなる．

ヒトは群生集団として生きていくから，私たちがわかるということの意味と価値は，その集団全体が幸せに生きていくために有効に使えるかどうかで決まることにもなる．このような問題は，最後の第7章でも取り上げることにする．

（3）地球史解読の物証

地球の歴史の解明は，第一原理から演繹的にはできないので，物証に基づいて仮説を証拠付けるという方法を取らなければならない．物証とは，大地を作る地層であり，地層を作る岩石であり，岩石に含まれるいろいろな物質とその存在状態である．しかし，非常に古い時代の物証を探そうとすると，その試料には限りがあり，またそのような試料も変質を受けてしまっているため，さまざまな困難がある．特に，日本列島は比較的新しい時代にできた場所なので，地球の大局的な歴史を研究するにはとりわけ不都合だ．したがって，特に日本では，古い時代を含めた歴史を解読解明しようという試みはこ

れまで散発的で，組織的な取り組みはほとんどなかった．

ところで，地層とは，主に湖底や海底に，いろいろな物質が時間の順序にしたがって層になってたまったものだ．陸に近い海では川から運ばれてきた砂が積もる．遠洋では，海面近くで生活していた生物の遺骸や風で飛ばされてきた粘土などが積もる．あるいは，水中で過飽和になる物質があれば，それも沈殿して積もる．気候などの環境が変われば，堆積する物質の種類が変わる．そのようなわけで，地層とは「古い時代の地球環境の情報を何らかの形で保存している記録テープである」と言える．読み取れることは，地球の表面近くのことだけとは限らない．磁鉄鉱という鉱物の粒が含まれていれば，昔の地球の磁場が読み出せる．磁場は，地球の中心にある核の中の対流で作られるので，磁場から地球中心部の状態を読み出すことができることになる．

「記録テープ」を読み取るためには，古い時代の堆積岩の試料が，記録を解読できる形で入手できなければならない．ところが，プレートテクトニクスの考え方を単純に適用すると，2億年より昔の海底でできた堆積岩は，地球の中に深くもぐり込んでしまっていて，入手できないことになる．また，沈み込むことを免れても，ヒマラヤのように盛り上がってしまうと，やがて風化を受けて削り取られてしまう．しかし，海底でできた岩石の一部分は，大陸の縁にくっついて「付加体」と呼ばれる岩体になり，何十億年もの間，地殻の中に保存されて残っている．そういうものが，たとえばグリーンランド，オーストラリア，カナダ，アフリカなどにある．実をいえば，以前は，このような地層は時代は古いことはわかっていても，素姓が良くわかっていなかった．ところが，本書の執筆者でもある丸山茂徳・磯崎行雄らの努力により，これらの地層は，昔海洋底で形成された岩石が，プレートによって運ばれ，ねじ曲がったりちぎれたりしたなれの果て，つまり付加体であることがわかってきた．その結果，プレートテクトニクスはすでに40億年ほど前からあることがわかり，そのことによって，40億年前までの系統的な地球史解読が可能になったのである．この意義は大きい．従来から数十億年前にできた古い岩石があることはわかってはいたが，それとプレートテクトニクスとの関連が不明であったため地球全体の中での位置付けがわかっていなかった．それが今や地球全体の歴史を読み解く証拠となったのである．

（4）地球史解読の方法

　私たちは，科学の研究において，方法が重要だと考えている．方法というのは，目的ではなく単なる手段だから重要ではないという考え方もあろう．しかし，方法がなくては，原理的に実行できる研究も実行できない．目的と手段とは峻別されるべき要素であるにもかかわらず，科学研究の発展の流れ全体から眺めてみると，両者は渾然一体としている．新しい方法の開発がこれまで思い付きもしなかった新しい解明目標を生み，新しい課題が刷新的な手法を求める．これを「目的と方法の不可分性」とでも呼べばよいであろう．「方法」あるいは「手段」という言葉の中には，解明目標を設定する思想の構築，方法論というべき戦略的な要素，具体的な戦術兵器のテクノロジーなどが含まれる．

　ここでは，地層から地球の歴史を解読する方法の概略を4つの段階に分け，その個別段階を古文書の場合になぞらえて説明する（表 1.1.1）．ただし，この区別は厳密なものではない．また，地球史の解読研究では，試料探索確保から意味解読までを常時行きつ戻りつするので，必ずしもこの順番で整然と研究が進むわけでもない．これはひとつの抽象的なモデルである．また，科学の一般論としての方法論は第7章で議論する．

表 1.1.1　地球の歴史解読を古文書資料の解読になぞらえる

資料（試料）探索	適切な場所を嗅ぎ付けて資料を発見し，その場の状況調査をする．また，資料を分析用に確保する．
資料（試料）記載	のちの時代の損傷と，元の文字や記号を判別し，欠損を補って事実を記載する．
内容解読	記号，文字，言語，文法を解明して，記述内容を理解する．
意味解読	その事実が起こった社会的背景や歴史的な必然性，後世への影響などまでを読み解く．

　まず，「資料（試料）探索」の段階では，お目当ての時代の適切な古文書が見つかりそうな場所を嗅ぎ付け，その発見状況を詳しく調べる．地球史の場合には地質学の方法と鋭いセンスが欠かせない．実際に適切な試料が発見されると，次にはそれを実際に採取・確保する．

　全地球史解読では，莫大な量の岩石試料を相手にするため，それを組織的に採取，整理，保管するための工夫を行った．その工夫したいくつかの手法

の例を第2章に紹介してある．現地では，硬い岩石試料は，ちぎれた断片として採取される．分析のためには，これをつなぎ合わせて，一連の解読用試料として実験室に持ち込まなければならない．これには莫大な経費と野外労働を要する．このような仕事は，従来はもっぱら研究者自身の労力が頼りだったが，全地球史解読では，技術的な工夫で労力の軽減を図った．また，こうして確保した貴重な試料を適切に保管し，後のもっと詳しい研究に使えるように保管するための工夫も行った．

　次に，収集された事実を記載する．その際，後の時代についた傷や汚れと，元の文字や記号を判別し，欠損部の有無を知り，場合によっては推理で欠損部を補うようにする必要がある．これは「資料（試料）記載」の段階といえる．地球史の解読では，採取した試料の顕微鏡による観察とその分析と記載などだ．分析や記載は手段であるが，先に述べた目的と方法の不可分性を考えると，そのテクノロジー開発は本質的に重要である．そこで，全地球史解読計画では，ここに重点的に投資してきた．詳しくは第2章を見ていただきたいが，その概略は次のようなことである．

　まず，ここでも多量の試料を効率的に扱う工夫を行った．伝統的な方法では，試料を厚さ数ミクロンの小さな試験片にして，それをひとつずつ丹念に調べてきた．このような手法は将来も不可欠ではあるが，この方法だけでは多量の試料の分析には莫大な時間がかかって，およそ現実的ではない．そこで，大きな試料ブロックの片面から二次元的な情報をスキャナーで取得する各種のテクノロジーを開発した．

　さらに，これまでよりも高い精度の，あるいは異質のデータを読み出すことも重要である．特に歴史の解読では，試料の精密な年代測定手法の確保は欠かせない．全地球史解読計画の出発時点では，鉛などの同位体の分析を用いる古い年代の測定技術は，日本は諸外国に比べて格段に遅れをとっていた．しかし，これは重点投資によって一気に失地回復ができた．また，これまでとは異なる情報取得として有機物質のスキャナーによる分析法の開発も行った．

　こうして，原試料から生のデータが得られると，古文書では，文字や文法を解明して内容を理解する「内容解読」の段階へ進むことになる．これに相当する地層の解読では，測定した生のデータに，たくさんの補正や解釈を含む

解析をしなければならないので，一筋縄ではいかない．研究者の腕が最も試されるところだ．この段階の仕事は解読する要素が多くて多面的なので，研究の量としては最も多く，かつ多彩である．このような内容解読段階と次の意味解読の間に厳密な境界があるわけではない．

最後の「意味解読」の段階では，解読された内容から実際に起こったことの社会的背景や歴史的な必然性など，その意味を読み取る．たとえば（事実ではないが），藤原鎌足が何年にどこへいったというような記述があれば，辺鄙な田舎に政治的な人物がむやみに行くはずがないので，行った理由を考える．すると，太陽活動の変動による不作があり，地方豪族が政治的反乱を起こしたため，その鎮圧に行った，などといった推測も可能になる．このような推測と，その傍証や反証を探索するのがこの段階だ．そこでは，さまざまの推測がありうるだろう．そのようなときは，思いつくさまざまの解釈をたくさん設定して，それをひとつずつ辻褄が合うかどうか確かめていくことになる．探偵小説で言えば，多数のシナリオを考えた後で，容疑者一人一人のアリバイを調べていくようなものだ．それには研究者の軟らかいイマジネーションと忍耐が求められる．

1.1.2　全地球史解読のスコープ

(1) 地球の大局的な歴史と七大事件

普通の教科書には，地球の歴史は次のように書かれている．比較的新しい時代はわかっていることが多いので時間目盛が細かく，昔へ行くほどわからないことが多くなるので粗くなる．新生代は恐竜が絶滅した6500万年前から現在までである．それ以前の中生代が1.8億年間，そのひとつ前の古生代が3億年間である．その前の20億年間を一括して原生代と呼び，その前は太古代と名付けられている．要するに昔へ行くと描像がだんだんかすんでくることになる．これでは大局的に地球史を眺めたことにならないので，私たちは，等分に時間を目盛った年表を作ることにした．時代の特徴やその変化を具体的に，しかも大局的に眺められるように，さまざまのデータとその意味を考察し，少数のできるだけ大きな事件を選定して，これまでの教科書にある時代区分を見直してみた．その結果を示したのが図1.1.1である．ここで時代

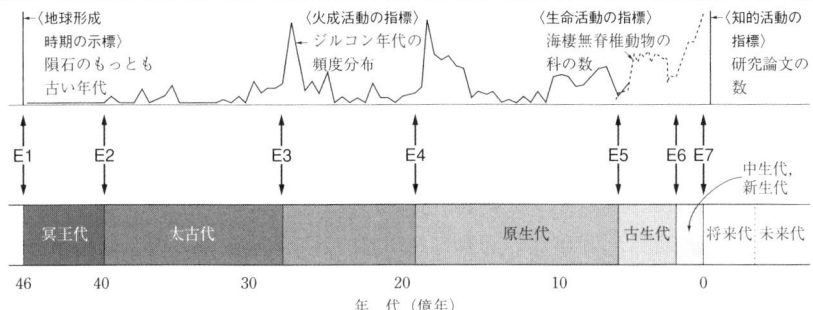

図 1.1.1 地球史を 7 つの大事件で時代区分する．その手がかりとして 4 つの指標を用いた．第 1 のものは，隕石の最も古い年代で，地球形成時期の指標となる．第 2 のものは，ジルコンの鉛年代の頻度分布で，火成活動の指標となる（Condie, 1989）．第 3 のものは，海棲無脊椎動物の科の数で，生命活動の指標となる（Raup and Sepkoski, 1982）．第 4 のものは，科学研究論文の数で，知的活動の指標となる．

区分用に採用する事件は，最近話題になる地球温暖化や隕石衝突による恐竜の絶滅などに比べてはるかに大きい想像を絶するような大事件だ．

地球ができた 46 億年前が第 1 事件だ．それから 40 億年前までを冥王代と呼ぶ．冥王代とは，地球の外から隕石がたくさん降り注いだ時代で，物証となる岩石がまったく残っていない時代だ．40 億年前になると，岩石の証拠が残り始める．岩石が保存されるようになるということは，地球の環境がそれ以前とは大きく変わってきたということを意味するに違いない．そこで，40 億年前を第 2 事件とする．それ以降を太古代と呼ぶ．太古代以降は，海があって，そこに堆積した物証が入手できるので，われわれは研究ができるようになる．

ジルコンと呼ばれる鉱物がある．この鉱物はマグマが固まるときにできて，非常に安定だ．この中に含まれる放射性元素を分析すると，地層の年代を正

確に決めることができる．マグマを作る火山活動は地球内部の活動によって起こるから，ジルコンの年代の頻度は，地球内部の活動の活発さの指標と見なすことができる（Condie, 1989）．この頻度のピークが27億年前と19億年前にある．これは，地球内部の激しい活動を表すのだろうということで，これをそれぞれ第3，第4事件と呼ぶことにする．年代測定の精度があまり高くなかったときには，この2つの区別がつかず，25億年くらいより前を太古代，後を原生代と呼んでいた．そのため，第3事件と第4事件の間には，まだ時代の名前が付けられていない．

この第3事件と第4事件の間の時代には，地球表層でも大きなできごとがあった．この時代を中心に大量の鉄鉱床ができている．私たちが使っている鉄の多くはこの時代の海底に堆積したものだ．それは，生きものの歴史と関係がある．第3事件のあたりから，光合成をするバクテリアが大量繁殖するようになった．それは，地表の二酸化炭素を食べつくし，酸素を大量に放出した．そのために，海の中の鉄イオンが酸化されて，海の中の鉄がほとんど沈殿してしまった．鉄が沈殿してしまうと，有害物質である酸素が大気中にあふれるという大きな地球環境問題が起こった．当時の生物は嫌気性だったので，酸素は有害物質であった．ところが，生物はうまく酸素を活用する道を見つけ出し，酸素を有害物質から有用物質に変えた．このときは，二酸化炭素が減ることによる気候変動も同時進行したはずだが，その姿はまったくわかっていない．

6億年前くらいになると，自分で動き回る大型の生物が，ほとんど突然といって良いほど急に出現する．そして，5.4億年ほど前から生物の多様性が急増する．これを「カンブリア紀の大爆発」と呼ぶ．そこで，6億年前あたりを第5事件とする[*1]．

[*1] 第5事件を何をもって特徴付けるかによって，それがいつであるかの考え方が異なる．逆に言えば，第5事件は，それほどカタストロフィックなものではなく徐々に進行した．骨格を持つ多様な大型動物が出現したカンブリア紀の開始（すなわち顕生代の始まり）を第5事件の中心的出来事と考えれば，5.4億年前となる．骨格は持たないが大型の動物群であるエディアカラ動物群の出現を第5事件の中心的出来事と考えれば，5.8億年前頃である（Knoll and Walter, 1992）．本節では，後者の立場を取り，第5事件は約6億年前とした．一方で，1.2節では，その大形動物の誕生の背景となるロディニア超大陸の分裂や海水の逆流開始を示す約7.5億年前をもって第5事件としている．

第5事件以降は，化石がたくさん残るようになるので，生命活動が地球史の指標として使えるようになる．図1.1.1には海棲無脊椎動物の科の数の変化（Raup and Sepkoski, 1982）を示す．ここで，2.5億年前に，その数が激減している事件がある．これを第6事件とする．これは古生代と中生代の境目であり，そのとき生物の大量絶滅が起こった．地層を調べると，その時代には海洋が酸素欠乏状態に陥ったことがわかる．その詳しい話は第6章で解説される．なお，6500万年前には，隕石が地球に衝突して恐竜が絶滅したことが知られているが，これは第6事件に比べれば，だいぶ小さい絶滅事件なので，七大事件には入れない．

最後の第7事件は，私たちの知的な活動が地球史上の大事件である，という主張だ．

(2) 宇宙に開いた地球表層環境の変動

地球の表面の状態は，太陽系の中での地球の自転・公転，月の公転，太陽の活動などの影響を受けて，周期的あるいは非周期的な変動をしている．昼と夜は地球の自転に由来する．潮の満ち引きは月と地球の公転，および地球の自転に由来する．夏と冬は，地球の自転軸の向きが公転の軸の向きとずれているところからきている．地球生命を支えている太陽からの光エネルギーは，黒点周期の11年で変動する．太陽活動には，もっと長い周期の変動も突発的な変動もあるといわれている．最近の数百万年間の気候変動は氷河期と間氷期のサイクルで特徴づけられる（第3, 4章参照）．最近の約100万年では，そのサイクルが10万年だった．もう少し前の100–250万年前の間は4万年の周期だった．このような氷期・間氷期サイクルは，地球の自転軸の傾きや，地球の公転軌道などが周期的に変動し，太陽エネルギーの地球への入射の仕方が変ることが原因で生じると考えられている．

もう少し大きなスケールの現象もある．太陽系は，銀河を2億年程度の周期で公転しているから，銀河を旅する長い間には，超新星の爆発や巨大な分子雲にも遭遇したはずである．このようなことも地球の表層環境に影響を与えてきたに違いない．

そういった地球外からの地球への影響を，一括して「地球外作用」と呼ぶ

ことにしよう．地球の表面は，薄っぺらな大気で覆われているだけだから，ほんのちょっとした地球外作用で地球の環境や状態に大きな変動が起こる．もちろん，地球を部分的に覆っている海には地球外作用の効果を緩和してくれる働きはあるが，それでも地層に何らかの変化が残るはずだ．いろいろな時代の地層に見られる規則的な縞模様は，地球の自転・公転，月や惑星の公転など天体力学的な地球外作用を反映したものにちがいない．

　このような地球外作用に対する地球環境の応答の仕方は，大気の組成や地球上の海陸の分布などに大きく依存することがわかっている．たとえば，太陽エネルギーの地球への入射量が変わって，寒冷化した地球の南北の極地方が氷で覆われたとする．そのとき，極地方に大陸があれば，海の水は巨大な大陸氷床になって，海面は何百mも下がるだろう．しかし，極地方に大陸がなければ，氷は海に浮かんで，陸から見た海水面の高さはあまり変らないだろう．そのときは，極地方から中緯度地帯に向かって大量の流氷が流れ出すということになるだろう．

　このような地球外作用の実体の解明や，それに対する地球環境の応答特性の解読解明は，将来の環境変動予測にも役立つので，私たちは重要な研究課題だと考えている．本書では，第3章や第4章でそれに関する問題を扱っている．このような問題は，地球環境変動の原因を良く理解し，将来の地球生命生存のために必要な知恵を得るという見方からすると，決定的に重要である．

(3) 地球内部の変動

　地球表層の火山や，地球表面で観測される磁場などは，地球の内部に起因するものである．したがって，私たちは，地球の内部の進化も含めて地球の大局的な理解を得たいと考えている．地球の内部には，マントルがあり，その下には鉄からできている核がある．地球の内部では，内側が温かく，外側が冷たいため，温かい密度の小さいものが上がって冷たい密度の大きいものが下がる対流が起こっていて，それが全体のエネルギー輸送やダイナミクスを支配している．

　30年ほど前にプレートテクトニクスの考えが提唱され，地球科学に大きな変革がもたらされた．地殻には細長い裂け目があって，そこから出てくるマ

グマが冷えて固まって，かさぶたのように地表を覆う固い板（プレート）ができる．この活動は主として海の中で起こっている．というのは，陸で起こってもやがて陸が割れて海が入り込んでしまうからである．プレートができる裂け目は，次々とマグマで補充されて，プレートが生産され続ける．このようにしてできた板の厚さは 100 km くらいで，地球全体から見ると大変薄い．できたプレートは地表に沿って海底を水平に移動し，やがて地球の内部に吸い込まれて沈んでいく．これが，プレートテクトニクスの考え方だ．プレートは大陸を乗せたまま動くので，大陸は分裂したり衝突合体したりを繰り返す．それで，世界地図は数億年くらいの時間スケールでくるくる変わることになる．

　このように，プレートテクトニクスは，地表面に近い数百 km までの領域の事柄についてわかりやすい説明を与える．この説明は，たいへんもっともで，その考え方が出てくる以前に比べると，地球の動的な性質を格段に良くわかった気にさせてくれた．これは，地球科学の大きな進展だった．

　地球の表面付近でプレートテクトニクスを起こしている原因は地球の内部のマントル対流だ．その対流の一側面をわかりやすく表すキャッチフレーズとして，プルームあるいはプルームテクトニクスという言葉が使われるようになった．プルームとは，マントルの底に溜った密度の低い物質や，地表付近でできた密度の高いプレートの物質が，さまざまな寸法の塊となって浮き沈みするものだ．プルームというイメージは，現在の地球内部の地震波トモグラフィー，マントル対流の数値シミュレーション，太古代まで遡る地層という物証などを組み合わせることによって固定化した．プルームのはたらきの一例を挙げると，地球史上の第 3，第 4 事件は，このようなプルームのうちのとくに巨大なものが起こしたのだという考えがある（詳しくは 1.2 節参照）．

　さらに，マントルの下には核があって，地球磁場を作っている．そして，その過去の記録は岩石の中に含まれている磁性を持った鉱物が保存している．マントル対流や核の話については，1.2 節や第 5 章を参照されたい．

（4）生命と地球の共進化

　われわれの住んでいる足下は，火にかけた鍋の中のように対流で沸き立っ

ており，そこからマグマが噴出してくる．空は宇宙に開いていて無防備だ．灼熱の太陽を頭上に戴き，火の海の上に漂う薄っぺらな板の上に暮らしているようなものだ．しかし，そこには水と二酸化炭素があったので，地下の熱の営みと太陽の光は恵みとなり，その狭間で生命が生まれ育ち，今ある世界が成り立った．私たちの出自は，深海底火山の付近で発生した小さな分子で，それが大変動する地球環境の中で，その地球環境を大きく変えながら進化してきた．いまや，そのような歴史をおおざっぱにはたどることができるようになってきた．

　地球と生命は互いに関わりあいながら進化してきた．地球がそれはそれとしてそこにあって，生命がその地球という場に住み着いている，という単純な見方は成立しない．酸素をたくさん含む大気を持つ天体は，光合成をする生物がいない星ではありえない．また，かりに酸素を大気に持つ天体があっても，そこには生命は発生しなかったと考えられる．なぜなら，酸素は有機物を容易に「燃やして」分解してしまうからだ．最初に起こったことは地球の形成だが，その後のほとんどのことは生命と地球の共進化の産物だ．

　昔の生物学の方法では，生命の起源や進化の研究には限りがあった．化石からそのことを研究してきた古生物学は，地球科学の分野に属していて，両方をつなぐ手立てがなかったからだ．たとえば，名古屋大学の理学部では，生物科学と地球科学の教室は同じ建物の中にありながら，昔は互いに話が通じなかったので交流はまったくなかった．しかし，時代は変わった．両方をつなぐ鍵は大きく分けて，分子生物学による系統と機能の解明，および地球の環境変動の解読の2つだ．キーワードは「生命と地球の共進化」である．

　この共進化研究の第一の目標は，「われわれは何処からきた何者か？」という問いに答えることだ．この「われわれ」とは，ヒトだけでなく，過去と現在の生態系や現在の大気海洋の状態までを含めた「生命地球系」そのものを意味する．これは，ある意味で奇妙な状況だ．つまり，研究される対象と研究する当事者が重なっている．進化の結果の産物が，進化それ自身を研究しようとしている．しかも，その研究の成果が，結局は産業にまで次々と波及し，私たちの生き方を変え，地球の環境と生命それ自体を変えてしまう．たとえば，化石燃料を使うことが大気中の二酸化炭素濃度を増加させて気候を

変える，といういわゆる地球温暖化問題が重大な問題と認識されている．それは，生態系を変え，ヒトの生存にも関わりかねないので，先に述べた第6事件のような大量絶滅を予測する気の早い人まで現れている．私たちは，生命と地球の共進化を舞台の外から研究しているつもりなのだが，実は，地球という舞台の上で自分たち自身が演出，出演していることになっている．

　地球史を冷めた目でながめると，過去数限りなくあった種の絶滅のように，ヒトというひとつの種が絶滅しても，別の種が地球生命を生き継いでいけばよい，ということになる．しかし，私たちは当事者なのだから，そうそう達観してはいられない．私たちは生き継いできたのだから，これからも生き継いでいきたい．いまや私たちには，どう生きていくのか，どう生き継いでいくのが良いのかを判断して選択することができても良いはずだ．それを一言で表現するキーワードが「われわれは何処へ行くのか？」という問いだ．

　この「何処へ行くのか？」という問いに答えること，および生き継ぐ知恵と技を得ることが，共進化研究の第二の目標だ．これまで，科学は過去の進化について研究してきたが，地球史には未来代があり，進化はとどまることなく将来も起こらざるをえない．詳しくは第7章でも議論するが，私たちは「何処へ行くのか？」という問いに根元的なところから答え，どう進化しつつ生き継いでいくのか，地球と生命の歴史に学んで考えなければならない．生命と地球の共進化研究は，私たちの生存をかけた最終目標である．

1.2 地球史概説

丸山茂徳

1.2.1 はじめに——地球史研究の歴史

　本節では，地球と生命の歴史を概観する．とくに，核やマントルを含んだ地球全体の変動の中に地球表層と生命の歴史を位置付けることを試みる．

　生命と地球の歴史の包括的な体系構築の試みは，陸上の地質の大枠が初めて明らかになった20世紀の初頭にまで遡る．しかし，実質的には，放射性同位体年代の測定が可能になり，地球史の8割を占める先カンブリア時代の造山帯の概要が明らかになった20世紀の後半から始まった．初期のモデルは陸上に残された地質記録の羅列を中心としたモデルであった（たとえば井尻・湊，1957）．このようなモデルが不十分なのは，歴史的な制約を考えると仕方のないことである．非難よりもその試みを評価すべきであろう．

　1960年代の後半になると，地表の2/3を占める海洋地域の地質が明らかになり，地球科学に，初めて理論と呼べる体系，すなわちプレートテクトニクスが作られ，このころから地球史の本格的な研究が始まった．プレートテクトニクスの登場によって，プレート収束過程が明らかになり，その結果，大陸地殻や海洋地殻が作られる機構の理解が格段に深まるとともに，先カンブリア時代の造山帯の記載の仕方が世界共通になった．一方で，放射性同位体年代の普及や近代岩石学の導入によって，世界の地質の記載が格段に進歩した．

　このように世界共通の言語で世界の地質が記載されるようになった1970年代半ばころになって，世界の地質の概要が初めて浮かび上がった．このような近代地質学に基づく最初の総括的なモデルが1977年にWindleyによって書かれ，以後，Windley（1984, 1995），Condie（1976, 1982, 1989, 1997），Nisbet（1987），Rogers（1993）によって，より詳細なモデルが提案されてきた．しかし，これらの地球史モデルは，基本的には，表層環境，生命，およ

び地殻の歴史の羅列の次元を越えていない．さらに，近代的な研究は先進国の地域地質から始まったために，これらのモデルは北米大陸（主として先カンブリア時代の造山帯）とヨーロッパの造山帯（主として顕生代）に散在する先カンブリア時代の小大陸に記録されている地域的な事件の記録解読の影響を強く受けている．そのため，地球全体に影響を与えた事件と地域的な事件との区別がきちんとついていない．

1990 年代になって，地震波トモグラフィーによって地球深部の構造がわかるようになり（最近の例としては，たとえば van der Hilst et al., 1997），一方で，理論と地質学的な事実からマントル対流の間欠性による不連続的な変動が議論されるようになった．このようにして，地球深部のダイナミクスを地球表層のできごとと関連付けて議論できるような素地ができてきたのである．筆者らは，長い地球史の中では，マントルオーバーターン（後述）のような，核やマントル深部全体を巻き込んだ大規模な変動が非常に重要な役割を持っていると考えている（丸山，1997）．そのような認識の下で，地球深部と地球表層を包括する地球史の描像を以下に解説する．

1.2.2 地球の構造とマントル対流

初めに，地球史を考える基礎として，地球内部構造とマントル対流の概説を行う．この分野のより詳細な包括的解説は Schubert et al. (2001) を見られたい．

(1) 地球内部構造

地球はほぼ球形をしており，内部はおおざっぱに言えば 2 層に分かれている（図 1.2.1）．その境界は半径 6400 km の約半分の深さ 2900 km にあり，その内側を核（コア），その外側をマントルと呼ぶ．核を構成するのは，鉄とニッケルを主とする金属（酸素原子がない）である．マントルを構成するのは，岩石（主として珪酸塩で，酸素原子に富む）である．核・マントル境界の温度は 4000°C 程度（Boehler, 1996）と考えられている．

核はさらに深さ 5100 km を境にして 2 層に分かれている．地球の中心には固体の金属核があり，内核と呼ばれる．その外側を外核と呼ばれる液体の金

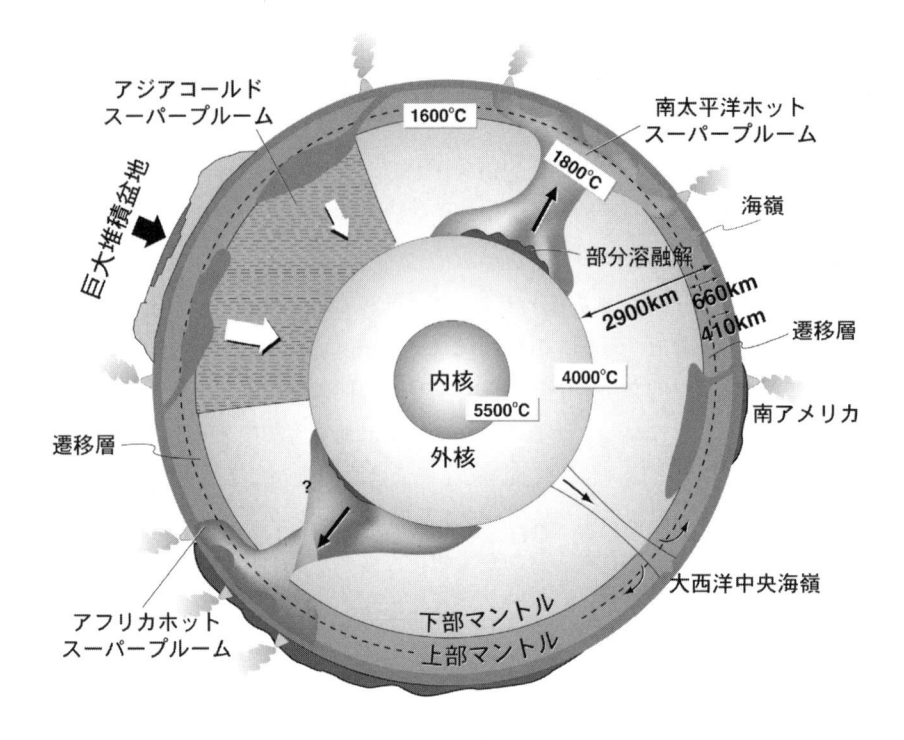

図 1.2.1 地球の構造，大局的なマントル対流パターンと温度の分布（Maruyama, 1994 を加筆，修正）．2 つの巨大な上昇流とひとつの巨大な下降流がマントルの大局的な対流システムである．上昇流が地表と交差する場所には火山が集中し，下降流の上の地表には広域的な堆積盆地が発達する．アフリカと太平洋のスーパープルームの底（D″層）のマントルは部分溶融している．

属核が取り囲む．地球は中心に近いほど圧力が高いので，内側が固体，外側が液体になっている．中心に近いほど温度も高いが，圧力の効果のほうが優っている．外核では対流運動が起こっており，その対流が地球の磁場を作っている（第 5 章参照）．

マントルも深さ 660 km を境にして 2 層に分かれる．この境界の上と下とでは，構成する鉱物の結晶構造が異なり，そのため密度が大きく違っている．上下で顕著な化学組成の差があるかどうかはよくわかっていない．上部マントル・下部マントル境界の温度は 1600 °C 程度だと推測されている（Agee, 1998）．

（2）マントル対流と境界層

　マントルは固体であるが，年間数 cm の速度で流動している．だからこそ，地球の表層ではプレートと呼ばれる岩盤が動き，そのためにたとえば地震が起こる．また，マントルが上昇している部分では，圧力の低下が原因になって岩石が融けてマグマを作る．そのようなマグマは周囲の固体より軽いので，上昇して地表に火山を作る．このように，地表で見られる大規模な大地の変動の主たる原因は，このようなマントルの流動，すなわちマントル対流であるといえる．マントル対流は，地球内部の熱を外に逃がすために起こる．

　マントル対流がどのような形態をとっているのか，とくに上部マントルと下部マントルで対流がつながっているのか分かれているのかは，後で説明するように，微妙な問題である．後述のように，最近の描像では，基本的には分かれているが，ときどきつながるという間欠的 2 層対流であるという．このことは地球史にとって本質的に重要なのだが，ここでは，まず簡単な描像として，マントル対流は上下 2 層に分かれていると考えよう（図 1.2.3 の通常期）．すなわち，上部マントルと下部マントルは別々に対流しており，物質のやり取りがないとする．ただし，熱は，下の対流から上の対流へと受け渡される．

　さて，対流が起こると，その対流層の上下の境界付近に熱境界層が発達する．対流層の境界付近では物質が動きにくいので，熱が伝導で運ばれ，そのために大きな温度勾配が発達する．この大きな温度勾配がある層が熱境界層である．マントル対流が 2 層対流だとすると，熱境界層が発達するのは，地表付近，上部マントル・下部マントル境界付近，およびマントル底部である．

　地表付近にはプレートという境界層（厚さは 50–200 km 程度）が発達する．境界層の内部には大きな温度勾配（$1000\,\mathrm{K}/60\,\mathrm{km}$）ができる．プレートは地表で冷却され，海溝から地球深部へと沈んでいく．沈んでいくプレートをスラブともいう．

　660 km 深度の上部マントル・下部マントル境界でも，大きな温度勾配を持つ熱境界層があるだろう．スラブが沈んだ先の深部では，660 km 深度の温度はほぼ $1000\,°\mathrm{C}$ 程度と推定されている．これに対し，沈み込みも上昇もない場所では $1600\,°\mathrm{C}$，プルームの上昇する場所では $1800\,°\mathrm{C}$ 程度と推定される．

マントルの底には，厚さが平均して約 300 km の境界層があり，D″層と呼ばれている．その中には大きな温度勾配があり，底面は 4000°C，上面は2000°C 程度と推定されている．ただし，その厚さは場所によって大きく変化するらしい．

(3) マントル対流の大局的な分布

近年発達してきた地震波トモグラフィーの技術によれば，マントル内部の水平方向の温度分布がわかる．地震波が遅く伝わる部分は高温，速く伝わる部分は低温であると解釈されるからである．対流の考えからすれば，温度が高い場所は密度が低いので，浮力で上昇する．逆に，温度が低い場所は密度が高いので下降する．このことから，マントルの上昇流や下降流の分布を推定することができる．その結果，マントルの中には，大きな2つの上昇流とひとつの下降流があることがわかってきた（図 1.2.1）．先に，マントル対流は基本的に 2 層であると書いたが，このような大きな上昇・下降流は，上部マントル・下部マントル境界をものともせず，上昇・下降を続けるようである．以下，マントル内の大規模な上昇流と下降流のことをプルームと呼び，とくに巨大な上昇流のことをスーパープルームと呼ぶことにする．

2 つの巨大上昇流（スーパーホットプルーム）は，南太平洋とアフリカ大陸の下にある．これらは D″層から立ち上がっている．太平洋スーパープルームでは，地表には 5 つのホットスポット群（地球深部に起源があると考えられている火山群）が集中している．アフリカ大陸の下にあるスーパープルームは，複雑な分岐形態を示し，アフリカ大陸の南北 4000 km に続く地溝帯やそれと関連するホットスポットとつながっているように見える．もちろん地表では火山活動が激しい．

一方，巨大な下降流（コールドプルーム）は，アジア直下にある．ここでは核・マントル境界付近に顕著な地震波の高速度領域が見られる (Fukao et al., 1994; van der Hirst et al., 1997)．これは，大量の海洋プレートが沈み込んだ残骸であると筆者らは解釈している (Maruyama, 1994)．3–2 億年前ころにかけて 6 個の大陸が次々と衝突・融合して，アジア大陸が世界最大の大

陸になる前に，大量の海洋プレートがアジア大陸の下のマントルに沈み込んだはずである（Maruyama et al., 1989）．これが，マントルの底まで沈んでしまったものが，地震波で観測されているのだろう．

巨大な上昇・下降流と D'' 層の厚さの関係も興味深い．巨大な上昇流の下では D'' 層は薄く（< 50 km），その底面でマントルが部分的に融けて，組成分化を起こしている（Ishii and Tromp, 1999）．逆に大規模な下降流の下の D'' 層（厚さ 500 km；アジア大陸の底）の中はかなり低温のままで部分溶融は起きていない（Kendall and Shearer, 1994）．

もう少し細かい構造も見ていこう．インドネシア島弧の下の深さ 1200 km 付近や，中米，北米，南米の下部マントルには巨大に膨らんだ高速度異常領域がある．これらも沈み込んだスラブが上部マントルと下部マントルの境界でいったん溜まって，引き続く沈み込みで巨大化した後で下部マントルに落ちたものであると解釈される．それらの位置は，プレート沈み込みの 2 億年の歴史から予言される場所にある（Fukao et al., 1994）．

有名なハワイやアイスランドのホットスポットの根っこは，マントル深部のどこまで追跡されるのだろうか．ハワイ諸島の上昇プルームの根は下部マントルの半ばまで続いているようだ（Zhao, 2000）．一方，アイスランドの上昇プルームについては 2 つの異なる見解がある．解析結果によっては，D'' 層から立ち上がっているとも見られるし（Bijwaard and Spakman, 1999），上部マントルに限られるとも見られる（Ritsema et al., 1999）．上昇流が細い（直径 < 100–300 km）ために，地震波トモグラフィーの解像度（300 km）が悪くて見解の違いがでているのであろう．

1.2.3 マントル対流の非定常性と地球史上の大事件

マントルがいつも同じように対流していれば，地球は徐々に冷えていくだけの天体である．地球の歴史がダイナミックな事件で彩られるのは，マントル対流のパターンが変化しているためである．マントル対流の大きな変化の時期には，地表付近でも大きな事件が起こる．そこで，マントル対流が定常的ではない原因を考察していこう．筆者は，非定常的な変化の大きいものとして，下降流に関係するフラッシングと，上昇流に関係するスーパープルー

ムの発生の2つを挙げたい．ここでは，まず，マントル対流における上部マントルと下部マントルの関係をまず解説し，その後，マントル対流に起こりうる大きな変化の説明をする．

(1) マントル対流と上部マントル・下部マントル境界

　マントル対流の様相が大きく変化する原因を考えるためには，先に触れたように，上部マントル・下部マントル境界がマントル対流に与える影響を考察することが本質的に重要である．この問題をもう少し詳しく解説しよう(Kumazawa and Maruyama, 1994)．上部マントル・下部マントル境界は，地震波の伝播速度がそこで大きく変化するということで発見された．その解釈は，大きく分けて2通りある．ひとつは，そこで鉱物の結晶構造が変化する（相転移がある）というもの，もうひとつは，その上下で化学組成が変化するというものである．正確に言うなら，後者の効果があろうとなかろうと，前者の効果は存在するので，後者の効果が前者の効果を凌ぐほどかどうか，という問題である．効果というときには，地震波速度に対する効果と，マントル対流に対する効果を区別しなければならない．以下では，マントル対流に対する効果を考える．そして，化学組成の効果は無視し，相転移の効果のみを考えよう．最近は，化学組成の違いの効果を小さいと見る研究者が多い．

　上部マントル・下部マントル境界で起こる相転移は，基本的に圧力の変化によるものである．一般に，物質は，圧力が高くなると，より原子がつまって並ぶ密度の高い構造に変化する．マントルを構成する主要な鉱物は，だいたい660 kmの深さより下では，密度の高いペロブスカイト構造という結晶構造を持つことになる．また，この相境界は，クラウジウス–クラペイロン勾配(dp/dT)が負である．すなわち，温度が高いと相変化が低い圧力で起こる．

　相転移のクラウジウス–クラペイロン勾配が負であることにより，マントル対流に対しては，流れがその境界を突き抜けにくいという効果を及ぼす（図1.2.2；Schubert *et al.*, 1975; Christensen and Yuen, 1985; Honda *et al.*, 1993; 5.1.3項参照）．理由は次のとおりである．上から冷たいもの（たとえば，スラブ）が沈んでくるとする．それは，温度が低いので，相転移圧力が高く，660 kmより少し深くまでいっても高密度の相に相転移をせず，周囲より軽く

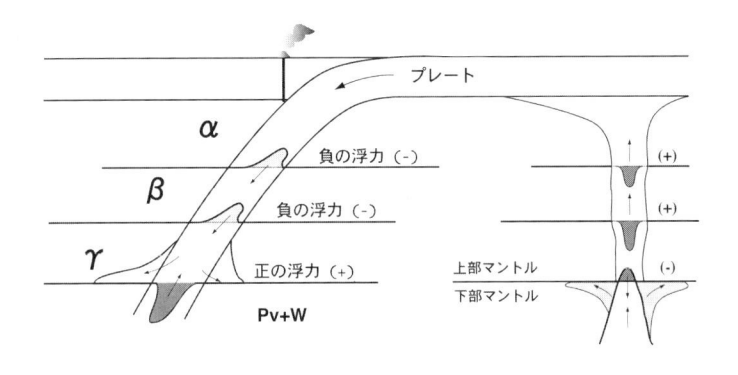

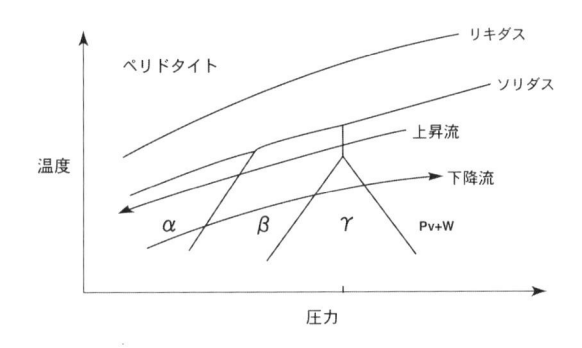

図 1.2.2 スラブに働く正と負の浮力．上の 2 つの図は，上昇流や下降流がどのような浮力を受けるかを示し，下図は，それに関係する相図を示す．相図では，Pv（ペロブスカイト）+W（ウスタイト）と書かれたところが，下部マントルの相を表す．Pv の現れる相境界の勾配（クラウジウス-クラペイロン勾配 dp/dT）は，十分高温では β 相と接するために緩い．(左上) 660 km 境界面にスラブが入ると，負の浮力を受けるだけでなく，細粒化，低粘性化，塊状化が起きて板状の剛体的プレートの性質を失って境界面上に滞留する．(右上) 一方，上昇するプルームの場合，十分に高温であれば 660 km 境界面は壁にはならない．

なる．そこで浮力のためにそれ以上沈めなくなる．一方，下から暖かいもの（たとえば上昇プルーム）が上がってくるとする．それは，温度が高いので，相転移圧力が低く，660 km より少し上昇しても低密度の相に相転移をせず，周囲より重くなる．そこで，それ以上，上がることができなくなる．そこで，マントル対流は通常は上部マントルと下部マントルで別々に対流する 2 層対流の様相を示す．

ただし，上昇流や下降流がどの程度境界を突き抜けにくいかは，相図の形や対流の強さによる．図1.2.2のように，下降流に対しては，クラウジウス－クラペイロン勾配が急で，上昇流に対して緩いと，下降流は突き抜けにくいが，上昇流は突き抜けやすい，ということが起こる．上昇するスーパープルームが，マントルの底から立ち上がっているのは，このためであろう．

(2) 下降するスラブとフラッシング

　沈み込むプレートの上部マントル・下部マントル境界における振舞いをもう少し詳しく考察すると，それが事件を引き起こす可能性が見えてくる．

　上述のように，沈み込むプレートは，上部マントル・下部マントル境界にまで落ちてくると，そこでそれ以上落ちづらくなるので，そこで溜まるであろう．しかも，そのあたりの深さでいろいろな相変化や化学反応が起こると予想されており，そうすると，岩石は著しく細粒化するために柔らかくなり，塊状になるであろう（Karato et al., 2000; 唐戸，2000）．そこで，沈み込んだプレート（スラブ）は，上部マントル・下部マントル境界面で，ちょうど落下する水滴が机の上に溜まり広がっていくような形になるだろう．

　このようにスラブが深さ660 km付近で溜まっている様子は地震学的によく観察されている．とくに，日本列島の下の様子はFukao et al. (1994) によって詳しく調べられた．また，最近は，地震波トモグラフィーでスラブの滞留を見る方法が改善され（Zhao, 1999），ほとんどすべての沈み込み帯でスラブが滞留している様子が確認されている．

　上部マントル・下部マントル境界に溜まったスラブは，ずっと溜まり続けるわけではない．あとからあとからスラブがやってきて溜まれば，それはやがて一気に下部マントルに落ちる．その様子はHonda et al. (1993) の数値シミュレーションによって見出され，フラッシングと呼ばれるようになった．このようなことが起こると，同時に下部マントル物質が押し出されて上部マントルへと移動するはずだ．こうして上部マントルと下部マントルの混合が起こる．このように，マントル対流は，通常は2層対流で，間欠的にフラッシングに起因する1層対流が起こるという間欠的2層対流である．

(3) スーパープルームとウィルソンサイクル

　一方，上昇するスーパープルームも，とくに誕生期は超大陸の分裂と関わっていると考えられており，地球表面の活動に大きな影響がある．超大陸とは，地球上の大陸が全部ひとつになったもののことである．地球上の大陸は，現在のように数個に分裂した状態と，ひとつに集まった超大陸の状態を繰り返すと考えられている．この繰り返しをウィルソンサイクルと呼ぶ．ただし，このことばの使い方は元々の意味とは異なっている（コラム参照）．ウィルソンサイクルは後述のように，おそらく 19 億年前ころから始まった．

　ウィルソンサイクルのメカニズムは，次のようなものだと考えられている (Gurnis, 1988)．超大陸は，マントルから熱が出てくるのを遮断するから，その下は温度が上がる．このために大きな上昇流，すなわちスーパープルームが発生する．スーパープルームが地表にぶつかると，火山活動が起きて超大陸が分裂する．そうして割れた大陸は散り散りになるが，やがて地球の裏側でまた出会って新たな超大陸を作る．

　とくに，スーパープルームが発生して超大陸が分裂するときには，地表での火山活動が活発になり，表層環境に大きな影響を及ぼしたと考えられる．

コラム

ウィルソンサイクルの元の意味

　プレートテクトニクスの創始者の一人，Tuzo Wilson（1968）は海洋の歴史をうまく説明する機構を次のように考えた．超大陸が割れ，その中に生まれた小さな海洋がやがて大きくなり，最大規模になった後は，海洋の縁に海溝が発達することによって縮小に転じ，最後には 2 つの大陸の衝突によって海洋の一生が終わると考えた．後に Dewey and Spall（1975）がウィルソンの業績を讃えて，このサイクルをウィルソンサイクルと呼んだ．

　ウィルソンサイクルは次の 6 つの進化ステージでできている．1) 誕生期：複数のホットスポットが連結することによって大陸が分裂し始め，巨大なリフトができる．現在のアフリカ東部のリフトバレーがこれに対応する．マントル深部起源のアルカリ火山岩やソレアイト質玄武岩マグマの活動が起きるとともに，リフトに沿って巨大な堆積盆地が発達する．2) 前期：大陸の分裂が進行すると，やがて 2 つの大陸に分かれ，間に細長い海洋が生まれる．火

山活動が引き続いて進行し，それは中央海嶺に集中する．現在の紅海に対応する．3) 最盛期：海洋底拡大がさらに進み，海洋の幅は大きくなり，現在の大西洋程度にまで発展する．大陸の縁は厚い堆積物で覆われる．中央海嶺ではソレアイト質火山活動が定常的に起きる．4) 後退期：巨大に発達した海洋が縮小に転じる．海洋の縁に沿って海溝が生まれ，海洋底はそこからマントル深部へと沈み込み，その結果，海洋のサイズは小さくなる．プレート沈み込みによって，そこでは安山岩やかこう岩が形成され，大陸地殻が発達する．現在の太平洋がこの時期に対応する．5) 終末期：海洋がさらに縮小していくと，最後には2つの大陸が衝突して海洋が消滅し始める．地中海がこの時期に対応する．火山活動はまだ継続するが，山脈がもたらす粗粒なデルタ堆積物が海を埋め始める．6) ポスト終末期：2つの大陸の間にあった海洋が完全に消滅し，2つの大陸が合体する．衝突による褶曲山脈の形成が起きる．かつての海洋の跡にはオフィオライト（海洋マントルと地殻を構成する岩石）と呼ばれる岩石が出現することが多い．

(4) マントル対流の活動期の階層性と地球表層の変動

マントル対流が以上のような性質を持つことに鑑みて，筆者はマントル対流の活動期を4つの階層に区分したい．それらは，1) 通常期，2) パルス期，3) スーパープルーム誕生期（超大陸分裂期），および4) マントルオーバーターンである（図1.2.3；丸山，1997）．以下，それぞれの活動期が地球表層で起きていることとどう関わっているかを説明する．

階層1：通常期

マントル対流は2層対流で，下部マントルと上部マントルの物質の行き来が遮断された状態．新生代の地球に代表される．地球表層の変動は，通常のプレートテクトニクスが支配し，いろいろな活動はプレート境界で集中的に起きる．

階層2：パルス期（1億年周期）

約1億年周期でスーパープルームが活性化して，上部マントルと下部マントルの間で物質と熱のやりとりが激しくなる．白亜紀が代表的な例である．白亜紀には，約4000万年の間，その状態が続いた．スーパープルーム起源の火山岩の量は，通常期に海嶺で生産されるマグマの量 $25\,\mathrm{km}^3$/年に匹敵する程の膨大な量であった．スーパープルーム起源のマグマから出る水の量は中

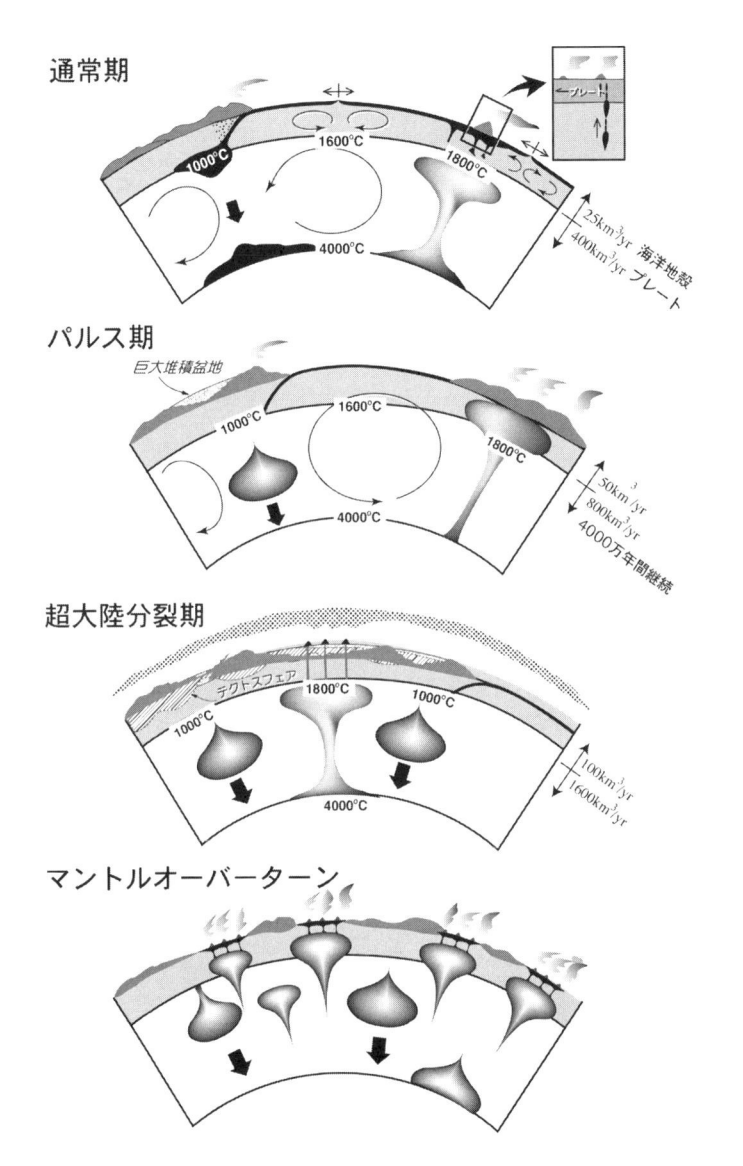

図 1.2.3 地球変動の階層性.固体地球変動は通常期,パルス期,超大陸分裂期,マントルオーバーターンの4つに分類することができる.階層性が大きくなるにつれて,下部マントルから上部マントルへ移動する物質が多くなり,表層の火山活動は激しくなる.

央海嶺の約5倍で，その約10%程度の二酸化炭素が放出される．このために白亜紀には大量の二酸化炭素がマントルから大気・海洋へと移動して，大規模な温暖化が起きた．北極と南極には広大な森林地帯が生まれた．海洋では，中層域にまで炭酸ガス固定型の有孔虫が誕生・進化するとともに，深海の温度も15°C程度（現在は0–2°C）にまで上昇した．

階層3：超大陸分裂期（スーパープルーム誕生期）（4–8億年周期）

スーパープルームは，ウィルソンサイクルに対応して，4–8億年周期で誕生する．このときには超大陸が分裂し，活発な火山活動が起こるので，地球表層でも大事変が起こる．

最も最近では，約2.5億年前にアフリカスーパープルームが誕生した．これは地球史第6事件（1.1.2項，1.2.4項参照）に対応する．このときに，超大陸パンゲアが分裂を開始した．分裂が始まる時期にはキンバーライトを中心とした揮発性物質に富んだマグマが活動し，ほぼその時期に，一時的だが大気の酸素濃度が急激に低下した．表層環境のみならず，浅海から中深海にまで無酸素事変が広がり，顕生代を通じて最大規模の生物大絶滅がこの時期に進行した．これは超貧酸素事変として知られている（6.5節；Isozaki, 1997）．

もうひとつのスーパープルームである太平洋スーパープルームは，8–7億年前ころに，1世代前の超大陸ロディニアが分裂を開始したときに誕生したと考えられる．このときにもベンド紀・カンブリア紀を区切る大絶滅が起きて，エディアカラ動物群がほぼ絶滅し，カンブリア動物群に置き換えられる事件が発生している．これは地球史第5事件（1.1.2項，1.2.4項参照）に対応する．

階層4：マントルオーバーターン（27億年前と19億年前に起きた）

地球史を通して，最も激しい造山運動と激しい火成活動が起きたと考えられる時期が27億年前と19億年前の2回ある．これが地球史第3，第4事件（1.1.2項，1.2.4項参照）である．このような激しい変動は，通常よりはるかに激しいマントルの活動によってもたらされたのだろう．それは，上部マントルと下部マントルが入れ替わるくらいの大変動であったに違いない．これをマントルオーバーターンと呼ぼう．

マントルオーバーターンの実体としては，マントル対流の様式が2層対流から間欠的2層対流に移り変わるときの，巨大フラッシング事変が考えられ

る（Breuer and Spohn, 1995）．27億年より以前の太古代では，マントルの温度が現在よりもだいぶん高い．そうすると，マントルは今よりも軟らかく，上部マントル・下部マントル境界の相転移の効果が有効にはたらき，2層対流が安定して長く続く．そのうちに地球が冷えてくると，マントルが硬くなってきて上部マントルと下部マントルが別々に対流することがだんだんと難しくなる．あるとき2層対流が維持できなくなり，巨大なフラッシングが起こり，全地球的に上部マントルと下部マントルの間での物質入れ替えが起こることが想像される．これがマントルオーバーターンである．地球ではマントルオーバーターンが2回起こって，2層対流から間欠的2層対流の時代に移り変わったと考えられる．マントルオーバーターンが起きると，下部マントルの高温の物質が上部マントルに上昇して大規模に融け，地表には激しい火山活動が起こるであろう．プレート運動も活発化し，造山運動が活性化するだろう．

(5) マントル対流の活動の階層性と地球史の記述

　地球史の記述は，上記のようなマントル対流の活動の階層性に基づいて行わなければならないと筆者は考える．地球史的に重要な事件は，全地球的な変動でなければならないとすると，それは階層性の高いマントルの活動に対応するはずである．地質に記録されている現象が地域的なものであるのか全地球的なものであるのかは，世界の地質の研究の飛躍的な発展によって1990年代になって初めて区別できるようになってきた．

　階層1のマントル対流現象に関係する変動は，地域的なものである．これらは，通常のプレートテクトニクスによる変動である．たとえば，ヒマラヤ山脈の形成（インド大陸とアジアの衝突が原因で起こっている変動）やアルプス山脈の形成（アフリカ大陸とヨーロッパの衝突が原因で起こっている変動）は，それぞれの地域に固有の変動であって地球的な規模の現象ではない．大西洋，太平洋，インド洋の歴史なども同様である．日本列島の構造発達史も，また同じ理由で地球史の主要な事件にはなりえない．しかし，従来の地球史モデルは，主としてこれらの地域的な歴史を中心に書かれてきたものであって，もっと階層性の高い地球的な規模の変動を中心に扱ってはこなかった．

階層2の変動，すなわちスーパープルームの活性化による変動は，全地球的な規模の変動を起こす可能性がある．たとえば白亜紀のパルスは，大量のスーパープルームマグマを太平洋地域のみならずインド洋にももたらした．また，太平洋とインド洋のプレート運動が通常時に比べて30％程度増加し，その結果，環太平洋とインド洋の北縁に激しい造山運動が起きた．したがって，大西洋地域には変動は及んではいないものの，ほぼ全地球的な規模に近い変動が起きたと言えよう．白亜紀以前のパルスについてはよくわかっていない．

　階層3および4の変動は，水平方向に全地球的であるのみならず，地球の中心から大気・海洋・生物圏にいたるまで，鉛直方向にも全地球的であったはずだ．そこで，次の1.2.4項ではこのような大変動を軸にして地球史を語る．多圏にわたるこれらの変動メカニズムの詳細は，今後の研究の重要な課題である．

1.2.4　地球史七大事件によって地球と生命の歴史を語る

　1.1.2項で述べられているように，地球の歴史を比較的均等な間隔の7つの事件を軸として語る．それらは次の事件である（図1.2.4）．第1は地球の誕生と層状分化（45.5億年前），第2はプレートテクトニクスの開始（40億年前），第3，第4はマントルオーバーターン（27億年前と19億年前），第5は海水の逆流開始（7.5億年前），第6はアフリカスーパープルームの誕生と史上最大の生物の大量絶滅（2.5億年前），そして第7は人類の誕生と科学の始まり（450万年前から）である．1.1.2項とは少し観点が違うので，異なる名前で呼んでいるところもあるが，同じ事件を指している．これらの変動は，第7事件を除いて，1.2.3項で述べた階層3以上のマントルの変動に対応している．ただし，第5事件は以下で説明するように，本質的に異なる種類の事件である可能性もある．

　従来の地球史では，とくに顕生代（5.4億年前から現在まで）では，大型の化石の消滅（たとえば恐竜の絶滅）や出現（カンブリア紀の始まり）によって時代の境界が定められてきた．とくに大きな境界が，V–C（ベンド紀・カンブリア紀）境界，P–T（ペルム紀・トリアス紀）境界，K–T（白亜紀・第三紀）境界の3つであり，これらによって，古生代，中生代，新生代の3つ

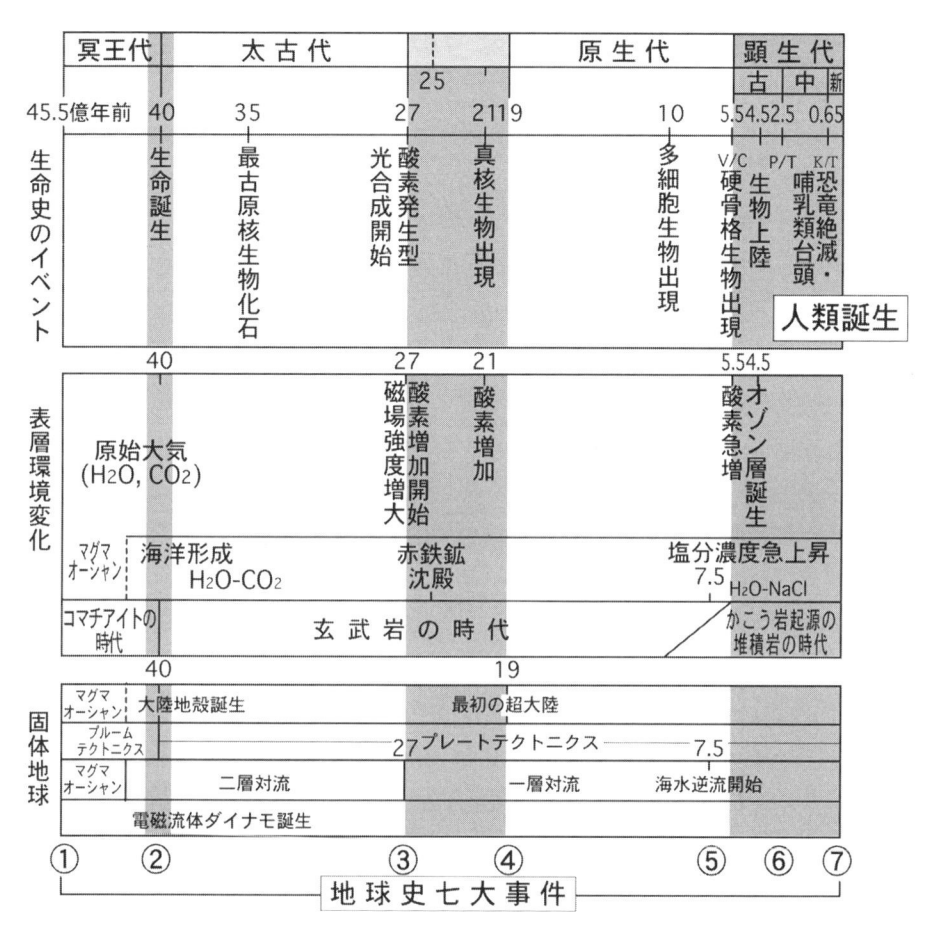

図 1.2.4　地球史年表と七大事件（丸山・磯崎，1998）．固体地球の変動，表層環境変化，生命史のイベント，それぞれの重大な変化の時期が一致することに注意．

の時代が区分される．このような生物相の急激な変化は，地球的な規模での地球表層の突発的な環境変動に対応する．K–T 境界は巨大隕石（直径 10 km 程度）の衝突，P–T 境界はアフリカスーパープルームの誕生が原因になった変動と考えられている．

　ところが，先カンブリア時代における年代境界は，顕生代のそれとは本質的に異ならざるを得ない．大型生物がいなかった時代なので，年代境界その

1.2　地球史概説

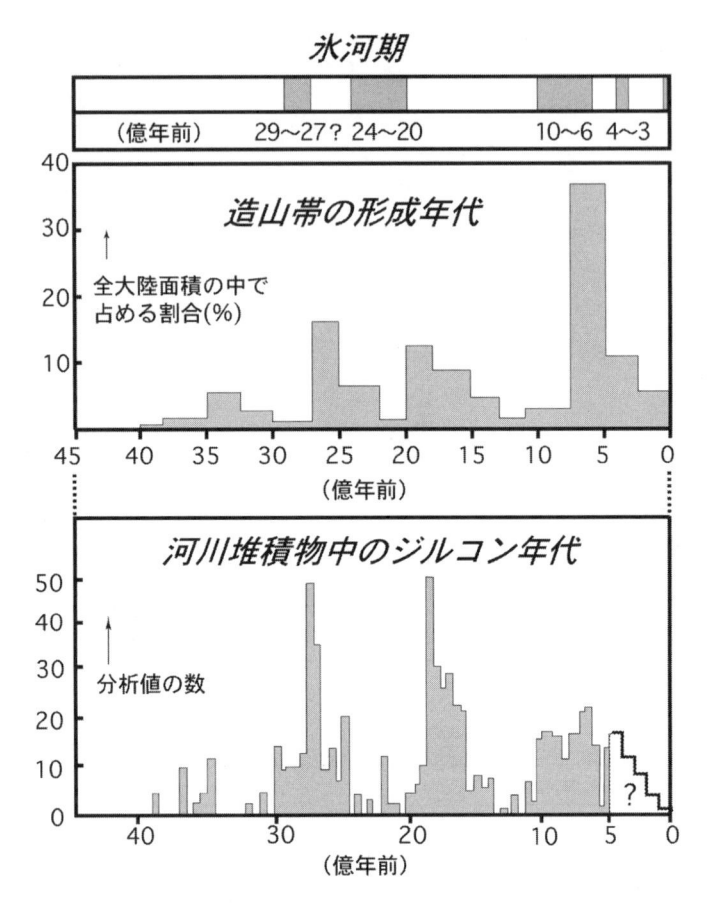

図 1.2.5 （上）氷河期，（中）太平洋型造山帯の形成年代頻度分布（面積比），（下）河川堆積物のジルコン年代頻度分布（丸山，1998）．

ものの定義が顕生代とはまったく違うからである．ここでは，第 3，第 4，第 5 事件をもって先カンブリア時代の重要な年代境界としたい（コラム参照）．それらはきわめて激しい造山運動が起こった時期である．それを，世界の地質（カラー口絵 2）と年代学的な知見から説明する．太平洋型造山帯の形成年代頻度分布と河川の砂から分離されたジルコンの年代頻度分布は 27 億年，19 億年，8–6 億年前くらいにピークを持つ（図 1.2.5）．ジルコンは安定な鉱物で，この年代は，鉱物がマグマから形成された年代，すなわち造山運動が起

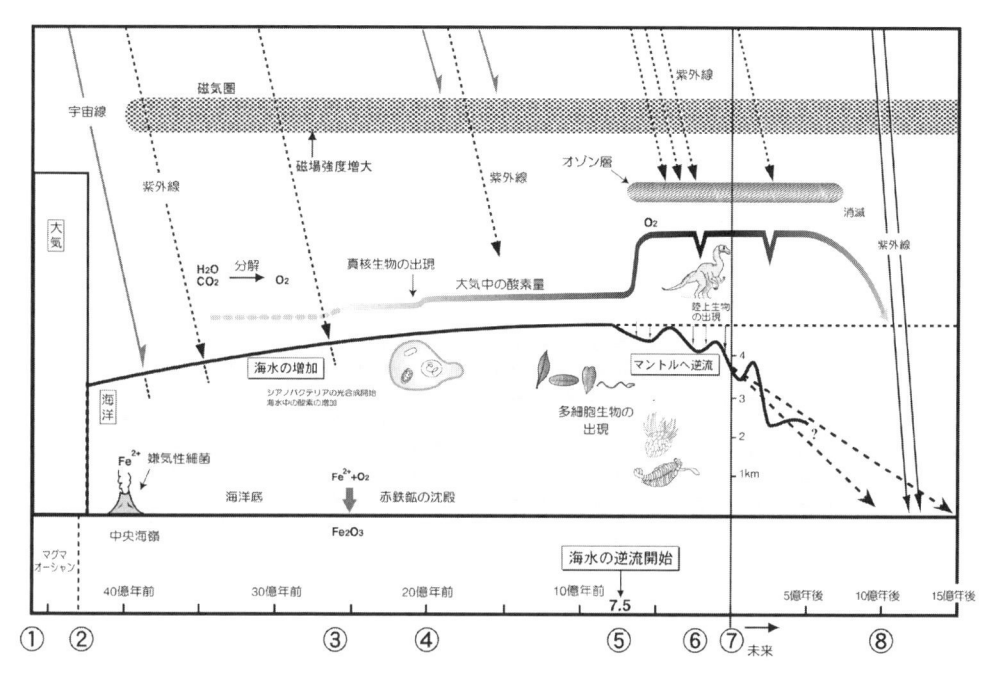

図 1.2.6 生命の誕生，進化，棲息領域の拡大と固体地球変動．10 億年未来に海水は地表から消滅し，生命の時代が終わる．

こった年代を示す．そこで，27 億年，19 億年，8-6 億年のあたりで激しく造山運動が起こっていたことがわかる．とくに 27 億年前と 19 億年前には，地殻内部に大規模な塩基性層状貫入岩体が貫入したり（Windley, 1984），膨大な量の洪水玄武岩が噴出したりしたことが知られている．また，これらの年代の直前には造山帯の形成がきわめて貧弱な時代が存在し，そのときには氷河が地球表層を広域的に覆っている．これは，火成活動の低下によって大気中の二酸化炭素が減って寒冷化していたのだと考えることができる（第 4 章参照）．これらのことから，27 億年，19 億年，8-6 億年前を第 3，第 4，第 5 事件とするに値することが理解されよう．

以下に，七大事件を軸として，地球と生命の歴史を解説する（図 1.2.6）．

コラム

従来の太古代・原生代境界について

　従来の地球の歴史では，先カンブリア時代は，25億年前に重要な境界があるものとし，それより前を太古代，その後を原生代と呼ぶことにしている．この25億年前を重要な年代境界とみなした根拠は，北米大陸の地域地質の研究からきている．1960年代の後半から70年代の前半にかけて，北米大陸の先カンブリア時代の研究は，放射性同位体年代の地質学への導入と相まって，飛躍的に発展した．その結果，太古代には北米大陸の内部で激しい造山運動が進行したが，原生代になるとほとんど停止し，代わって造山運動の前線が南部に移動したことが明らかになった．そこで，研究者は激しい火成作用や構造運動のために不安定であった北米大陸内部が安定化して，火山活動や構造運動が起きなくなった時代の境界として，25億年前の年代境界を重要視して，この年代を太古代と原生代の境界年代として提案した．しかし，この年代区分が意味を持つためには，この時期に，北米大陸以外のどの大陸でも同様な現象が進行し，世界的に同時に大陸が安定化しなければならない．しかし，プレート運動を考えると，このような同時性はありそうもない．

　さらに，当時の同位体年代法そのものが抱える問題があり，25億年前という数字にも問題があった．1960年代後半に主要な役割を担ったカリウム–アルゴン法は半減期が短いため，30億年前に遡る古い年代の測定には不向きであったからである．さらに，この方法は系の閉鎖温度（350°C）が低いため，火成作用そのものの年代よりも若い年代を与えがちになり，太古代の年代測定法としてはルビジウム–ストロンチウム法に比べて2億年程度系統的に若い年代を与えてしまう．近年，ジルコンのスポット年代を軸にした北米の地質と年代学の詳細な検討が進み，北米大陸では7個の小大陸が次々に衝突・合体して安定化した造山運動の主要な時期が19億年前になることが明らかになった（Hoffman, 1989）．こうして太古代・原生代の年代境界の25億年前という数字の持つ意味がなくなってしまった（Nisbet, 1987）．

---

(1) 第1事件（45.5億年前）：地球誕生，核・マントル・原始大気の分離，生命の材料の獲得（図1.2.7）

　地球は45.6–45.5億年前に誕生した．誕生直後の地球表層は，厚さ1000kmにもおよぶマグマの海（マグマオーシャン）で覆われたと推定されている．大

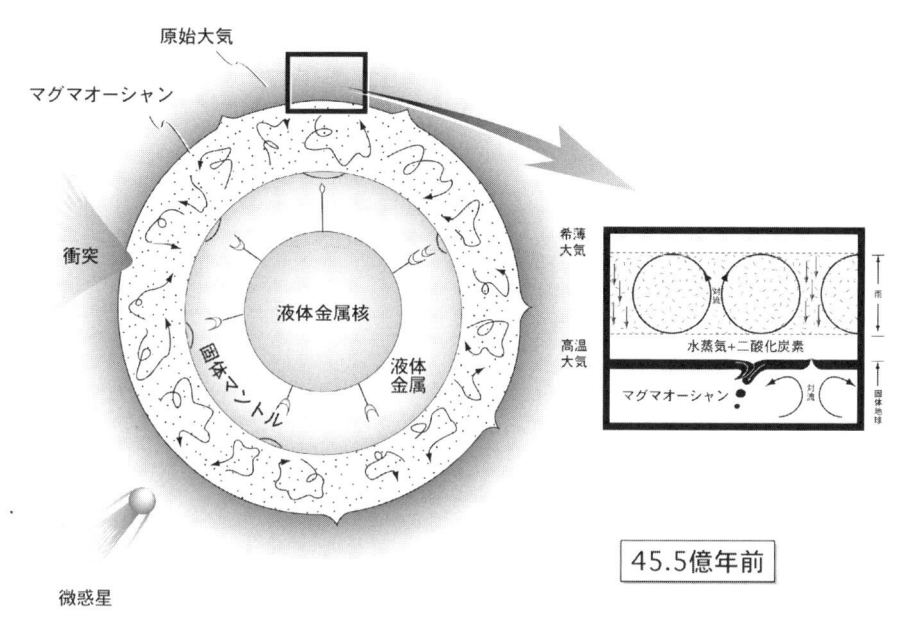

図 1.2.7 誕生直後の地球，45.5 億年前．表層は厚いマグマオーシャンで覆われ，マントルから大気成分と金属核が分離した．厚い原始大気の層の中では，雨と蒸気が激しく循環していた．雨が蒸発する下面は時間とともに地面に近付き，それが接地したときに原始海洋が誕生した．

量の岩石を融かすエネルギー源は，地球形成期に次から次へと衝突して合体成長した微惑星による衝突エネルギーである（たとえば，阿部，1998）．しかし，マグマオーシャンの証拠は，地球上に残された物証としてはまだ見つかっていない．

地球形成とほぼ同時期に月が誕生した．月の形成過程についてはいくつもの仮説がある．現在最も有力な仮説は，少なくとも火星くらいの大きさの天体が形成期の地球に衝突したというジャイアントインパクト説である（Hartman and Davis, 1975; Cameron and Ward, 1976）．衝突による破片は地球を円盤状に取り巻き，最近の計算によると，それから 1 年以内に月ができる（Ida et al., 1997）．ジャイアントインパクトで月ができたとすると，その衝突のエネルギーで，地球はかなり大規模に融けたはずである．

一方で，月は誕生とほぼ同時にマグマオーシャンに覆われたことがわかっ

ている.月の表層の高地はアノーソサイト（斜長岩：斜長石を主体とする岩石）でできている.これは厚さが100kmにも及ぶ巨大な岩体で,このようなものが作られるためには,月の表面はマグマオーシャンで覆われていたはずだと考えられている.アノーソサイトには45-46億年前の放射性年代を持つものがあるので（Nyquist and Shih, 1992; Alibert et al., 1994）,月ができたのも地球の誕生と同時期である.

形成期の地球が大規模に溶融したときには,組成分化が進んだはずである.このとき,地球は金属核とマントルの2層に分かれた.一方で,地球内部からは気体成分（元素としては,炭素,酸素,水素,窒素などからなる）が放出され,大気ができてきた.大気が冷えてくると,原始海洋が生まれる.こうして生命のもととなる,宇宙で最もありふれた元素からなる表層圏が生まれた.

(2) 第2事件（40億年前）：冥王代・太古代境界,プレート運動の開始,大陸地殻の形成の始まり,生命の誕生（図 1.2.8）

その後の地球は,放射性元素の崩壊による内部発熱はあるものの,大局的には次第に冷却していった.地球の表層は硬くなり,剛体的なプレートが誕生してプレートテクトニクスが始まり,プレート沈み込みによって大陸地殻が生まれた.このころには原始海洋もだいぶん冷えて安定化している.原始海洋は二酸化炭素を容易に大量に溶かし込むことができるから,海洋の形成とともに大気の二酸化炭素濃度は急激に下がり,温室効果が著しく低下して大気もかなり冷えているはずである（Kasting, 1993; 田近, 1998）.

このプレート運動と大陸地殻の形成の始まりは40億年前であろうと筆者は考えている.それは,岩体規模の最古のかこう岩が40億年前（カナダアカスタ片麻岩）のものであることによる.かこう岩ができるためには,含水海洋プレートの沈み込みと,その溶融が必要だから,これをプレート運動の始まりと考える.また,かこう岩は大陸地殻を特徴付ける岩石だから,これを大陸地殻形成の始まりとする.プレート運動が38億年前には存在していたということは,グリーンランドに残されたプレートの沈み込みを示す記録から判明している（Komiya et al., 1999; Hayashi et al., 2000）.だから,プレート運

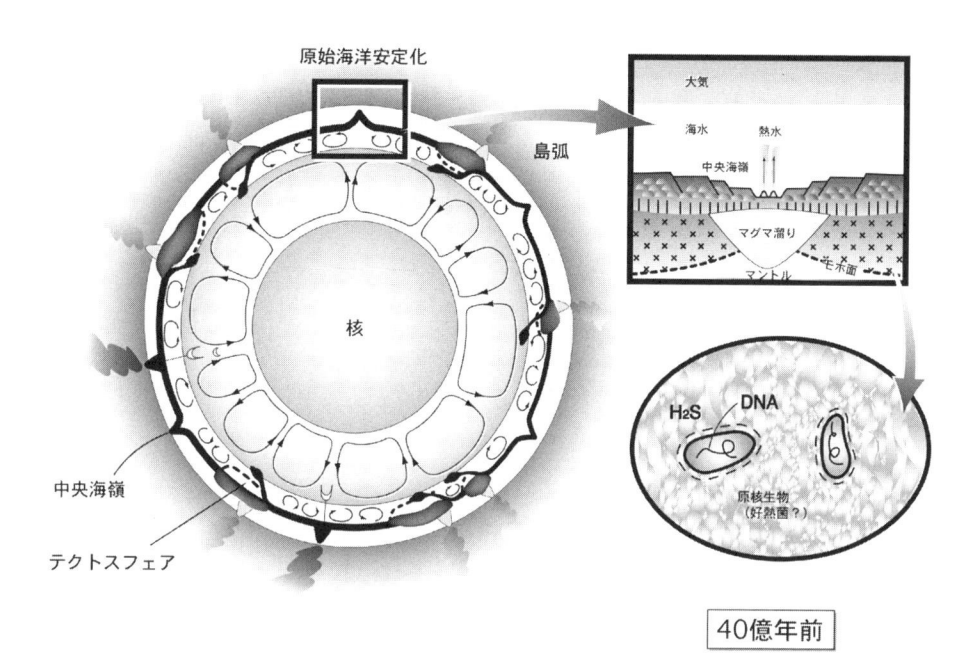

図 1.2.8　40 億年前の地球．プレートテクトニクスが始まり，大陸地殻の大規模な形成が始まった．原始海洋も安定化している．中央海嶺で激しく循環する熱水の流れの中で生命が誕生した．

動の開始が 38 億年前以降ということはない．しかし，プレート沈み込みの開始が 40 億年前以前である可能性はある．大陸地殻は後の時代の造山運動によって侵食されたり，あるいはマントルへ沈み込んだりして，地表から失われたと考えるわけである．最近，44 億年前に遡る年代を持つジルコン粒子が発見され（Wilde et al., 2001），それがかこう岩質マグマから晶出したことがジルコンの酸素同位体の組成から推測されている（Mojzsis et al., 2001）．まだそのような不確定性はあるものの，岩体が残っている 40 億年前を，ここではプレート運動の始まりと考えることにする．これ以前の時代は，地質学的な物証がほとんどないという意味で，冥王代と呼ばれ，これ以降は太古代と呼ばれている．

　原始海洋の安定化は生命誕生を促しただろう（磯﨑・山岸，1998；Ueno, 2002）．最初の生命は，グリーンランドのイスア（Sidlowski, 1988; Ueno et al., 2002）

や西オーストラリアのノースポール（Awramik et al., 1983; Schoph and Packer, 1987; Ueno et al., 2001a, b）に証拠が残されているように，中央海嶺の熱水循環を利用した好熱性細菌であったと思われる（Kitajima et al., 2001）．

40億年前以降の太古代になると，地質学的な証拠からマントルや地球表層の様相が推定できる．海底の岩石の一部は，プレートが沈み込むときにプレート本体から剥ぎ取られて，陸側に取り残される．その岩体は付加体と呼ばれる．以下に太古代の付加体の岩石から推定されたことを述べていく．

太古代付加体には枕状溶岩が普遍的に存在する．枕状溶岩は海でできるものだから，このことから太古代には広大な海洋が地表を覆っていたことがわかる．枕状溶岩層の厚さから，中央海嶺の水深は少なくとも1kmだったと推定できる．

溶岩の組成を詳しく調べると，そのマグマの源となったマントルの温度が推定できる．溶岩には中央海嶺でできたと考えられるものと，ホットスポットでできたと考えられるものがある．中央海嶺でできた火山岩はソレアイト質玄武岩であり，その源のマントルは，現在の起源マントルよりも約150–200°C高温であったことがわかる（Ohta et al., 1996; 小宮, 1998）．一方，ホットスポットの火山岩はコマチアイト質の化学組成を示し，その源のマントルの温度は，現在の起源マントルの温度より300°C程度高温を示している（小宮, 1998）．マントルが高温だったとすると，中央海嶺でできる地殻が厚くなって海洋プレートが軽くなり，プレートの沈み込みが起こらないのではないかと心配する考えもある（Davies, 1992）．そうであれば，プレートテクトニクスがないことになり，筆者の考え方はどこかおかしいということになる．しかし，太古代のプレートは暖かいために，沈み込むときに部分的に溶融していたと考えられ，そうであれば，そのときに密度が高くなるので沈み込みが起こっていたのだと筆者は考えている（Hayashi et al., 2000）．

太古代付加体の堆積岩からは以下のようなことがわかる．海洋プレートが沈み込む直前に溜まった海溝堆積物の元となった陸地の石は，玄武岩質岩石が主で，かこう岩質岩石は少ない．したがって，プレートが沈み込んでいる場所は，大陸の縁ではなく，島弧の縁であったと考えられる．それは，今日，西太平洋に見られるマリアナ弧のような海洋の中に散在する小さな弧状列島

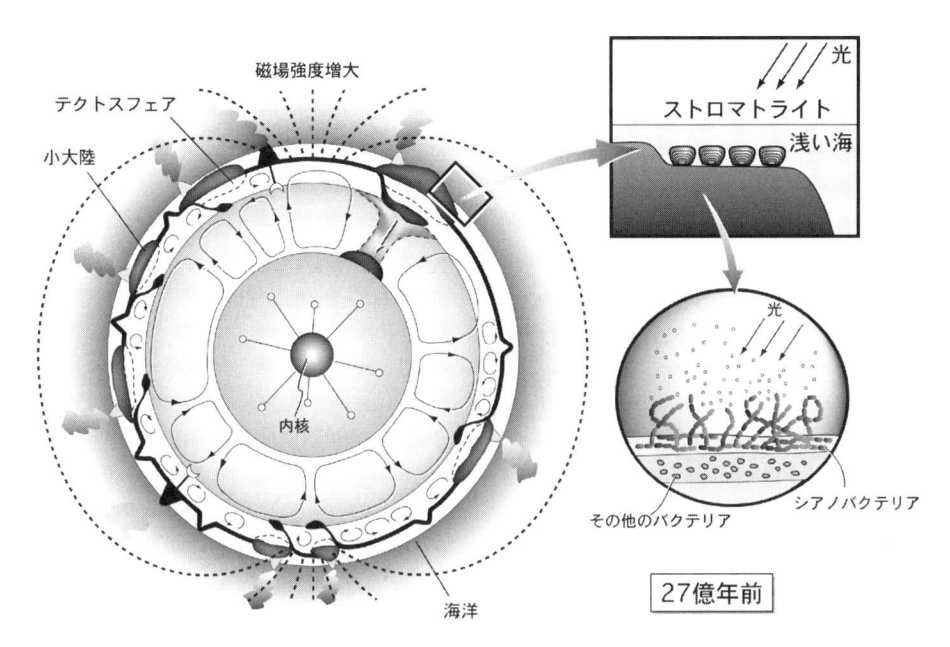

図 1.2.9 全マントル対流が始まり,磁場強度が増大した.磁場に守られて,生命は浅海に進出し,光合成を開始し,酸素による表層環境の汚染が始まった.

であっただろう.おそらくそのころは大陸がほとんどなかったのだろう.造山帯の配列から推定すると,時がたつにつれて,複数の島弧がプレート運動によって次々に衝突・融合して,少しずつ幅の広い大陸をつくるようになった様子がわかる.

太古代のプレートやプルームの運動を推定していくと,時間の経過とともに減衰し,太古代の後期になると著しく弱くなったことがわかる.30–28億年前ころになると,造山運動もほとんどなくなった.これはマントルの運動が不活発になったためと考えられる.このころに氷河が地球史上初めて地球を覆った.

(3) 第3事件 (27億年前):マントルオーバーターンによる全マントル対流の開始,磁場強度の増大,生命の浅海への進出と光合成の開始 (図1.2.9)

先に述べたように,27億年前には,大規模な火成活動が起きており,筆者

1.2 地球史概説   41

らはこれをマントルオーバーターンが起きたためだと解釈している．その時代の造山帯では，大規模な洪水玄武岩あるいは層状貫入塩基性岩体が多く存在する．これらは，付加体を構成する火成岩とはまったく異なった産状を示し，明らかにその場での火成作用で作られたものである．また，これらの空間的な広がりは広大である（たとえば，ピルバラ地塊はほぼ全域が覆われた）．これらのマグマは，世界のほぼすべての太古代造山帯に共通して出現する．さらに，大陸のリフトや洪水玄武岩に伴ってコマチアイトも噴出しており，それはマントルが高温であったことを示している（Shimizu et al., 2001）．

27億年前の事件が全マントル的なものであったことを示唆するものとして，地球の磁場強度の増大がある（5.4節参照; Hale, 1987）．5.4節で説明されるように，35億年前くらいには強かった磁場が太古代を通じて弱まり，27億年前に再び元のレベルに戻ったと見ることもできる．そうだとすれば，これはマントルの活動度と呼応しているものである．磁場は，外核内の流体運動で作られているから，外核がマントルの影響を強く受けていることを示している．27億年前にマントルオーバーターンが起こったのだとすると，上部マントル・下部マントル境界に滞留した大量のプレートの塊がマントルの底まで冷たいまま落ちて，核の表面を冷却したと想像される．そうすると，直下の核は急速に冷やされて，外核の中に激しい対流運動が始まることが期待される．そのことによって，磁場強度が急増したのだろう．

一方，生物の世界では，ほぼそのころに世界中の浅海にストロマトライトが現れて光合成を開始した証拠が残されている．この時期から地球表層環境が酸素によって汚染され始めた（1.1節，6.1節参照）．ここで「汚染」ということばを使ったのは，当時の多くの生物にとって酸素は有害物質だったと考えられるからである．酸素が増えると，海の中に含まれる鉄に影響が出る．酸素がない状態では二価の鉄イオンは海水に大量に溶けるが，酸素があると鉄イオンは三価になり，三価の鉄イオンは海水には溶けないで沈殿する．その結果，海底には大量の縞状鉄鉱床（現在私たちが使っている鉄の源）が堆積した．

28億年前から25億年前にかけてマントルの運動は非常に激しく，プレートとプルームの運動は活発になり，地球上のいたるところで太平洋型造山帯

が作られた．しかし，運動は時間とともに次第に衰え不活発となり，22–20億年前ころになると造山帯の形成がほぼストップしてしまったように見える（図 1.2.5）．そして，大規模な氷河が発達した．一方で，磁場強度も弱まっているようである（5.4 節）．すなわち，このころにはマントル対流の活動度が著しく低下した．

(4) **第 4 事件（19 億年前）**：マントルオーバーターン，最初の超大陸の誕生，真核生物の誕生（図 1.2.10）

19 億年前にも 27 億年前と同様の激しい火成活動と造山運動が見られることから，これをマントルオーバーターンによるものと解釈する．やはり，かなりの規模で大規模な洪水玄武岩の噴出と層状貫入岩体の形成があった．20 億年前ころには不活発だったマントル対流が，19–18 億年前に再び活発化した．

19 億年前の変化で著しいことは，大きなサイズの大陸が現れたことであ

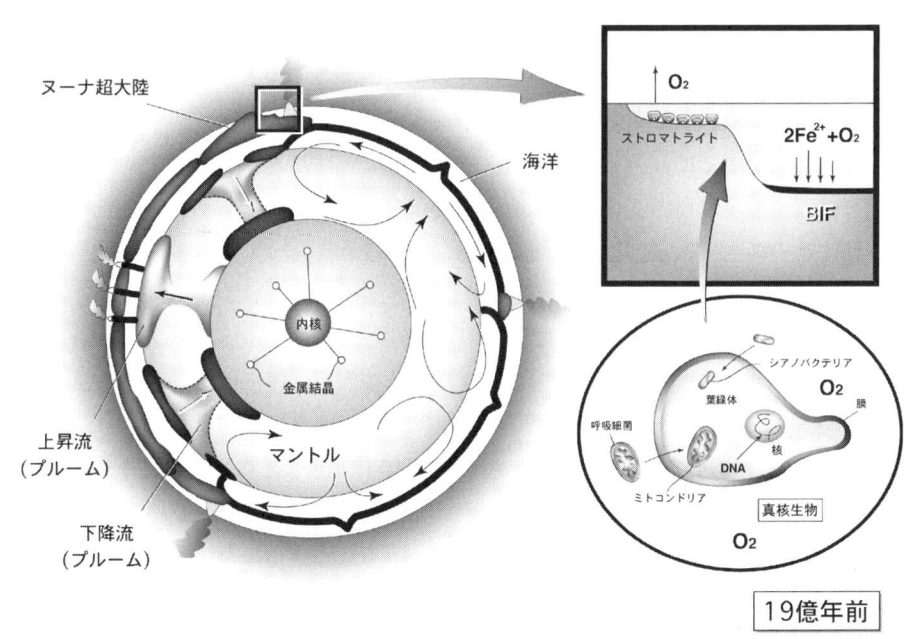

図 **1.2.10** 超大陸ヌーナが誕生し，プレートのサイズが 3000 km 程度にまで大きくなった．このころまでに細胞内共生によって真核生物が誕生した．

る．27億年前の大陸のサイズは，地上に残された記録をもとに復元すると，現在のマダガスカル島のサイズ（700 km程度）くらいにしかならない．また，19億年前より前の造山帯は長さが短くて，700 km程度であることが多い（カラー口絵2）．ところが，それから8億年後の19億年前までには現在の北米大陸に匹敵するサイズの大陸が地上に現れた．この大陸は19億年前ころに，複合島弧からなる8個あまりの小大陸が次々と衝突・融合することによってできた．そのサイズは現在の平均的な大陸とほぼ同じで，一辺が3000 km程度（Hoffman, 1989）である．このことは，プレートのサイズが大きくなったことを示唆する．一般にプレートのサイズはマントル対流の直径と同程度になるはずである．それは，プレートを駆動するマントル対流のセルのサイズの縦横比がほぼ1対1になるからである．したがって，19億年前の巨大なプレートの誕生は，27億年前ころから始まった2層対流から間欠的2層対流への移行が完了したことを反映しているのであろう．さらに，19億年前になって初めて超大陸（ヌーナ）が生まれたとする提唱がある（超大陸については，たとえば磯﨑，1997，大陸の離合集散の歴史については，たとえば平・清川，1998の解説を見よ）．だとすると，ウィルソンサイクルがこのころから始まったことになる．ただし証拠は不完全である．

　生物の世界では，21億年前までに長さが9 cmに及ぶグリパニアという生物化石が出現した．このサイズから，これを真核生物とみなすと，これが真核生物の誕生であると考えられる．しかし，最近になってオーストラリアのグループが27億年前の陸棚堆積物の中から真核生物のバイオマーカー（分子化石）を発見したと報告した（Brocks *et al.*, 1999; Summons *et al.*, 1999）．ただし，分離した量が微量であるために，分離作業に伴う汚染の可能性をぬぐい去れない．

　18億年前にほぼ完全に分裂した超大陸は15億年前ころに次の超大陸を作った後，再度分裂し，10億年前に再び超大陸ロディニアを作る．そのころからプレートとプルームの運動は極端に衰え，10–7.5億年前にかけて活動度が最低になったようである（図1.2.5）．ほぼこの時期に地球史上最大規模の氷河が地表を覆った．

(5) 第5事件（7.5億年前）：海水の逆流開始，ロディニア超大陸の分裂，太平洋スーパープルームの誕生，酸素の増加，大型多細胞生物の誕生（図1.2.11）

ロディニア超大陸は8–7億年前になると太平洋スーパープルームの誕生によって分裂した．分裂した場所に太平洋が生まれた．さらに，小さく分割された大陸が再び衝突・合体し始めた5.4億年前になると今のアフリカ大陸を中心にして準超大陸パノチア（従来ゴンドワナ超大陸と呼ばれたものに対応）が出現する．準超大陸と呼ぶのは，この時期にローレンシア（北米大陸＋バルチカ（北欧））がパノチアとは独立した大陸として存在していたからである．たった2億年程度の短時間に新たな超大陸ができたこの時代（7.5–5.4億年前）は地球史の中で異彩を放っている．ロディニア超大陸成立後（11–10億年前から7.5億年前）は，地球はプレートやプルームの運動が非常に弱体化していたが，7.5–5.4億年前には非常に生き生きした地球に変貌した．そこで，7.5億年を第5事件とする．

第5事件に先立つ10–7億年前の地表は非常に寒冷化しており，史上最大の氷河によってほぼ全域が覆われた（スノーボールアースの時代；4.5節参照）．この時代から，温暖な表層環境の地球へと移行する漸移期（7–5.4億年前）においては，気候は激しく変化した．全球凍結（$-50°C$）から高温地球（$+50°C$）へと短期間に数回も，凍結と異常温暖化の繰り返しが続いたらしい（Hoffman et al., 1998; Hoffman and Schrag, 2000）．温暖化の原因はマントル起源の炭酸ガスが活発な火山活動によって大気に増加したからである．火成活動の活発化とともに氷床は消失した．

7.5–5.4億年前には，気候だけでなく，大地の環境も大きく変化した．それは，巨大河川の出現，広大な砂漠や氷河の出現，大量の堆積岩の形成と海水の組成変化などである．筆者の解釈では，その究極の原因は海水のマントルへの逆流の開始である．それは，地球が冷えてくると，海溝の温度が低下し，プレートとともにマントルのある程度深いところまで含水鉱物が分解されることなく運ばれるようになる，ということである（図1.2.11a）．そのため海水がマントルの中に戻っていって，海水の量が減った．海水が減ったので陸地面積が急増する．そうすると，巨大な河川が生まれ，大量の堆積物が作られ，海水の組成が大規模に変わる．また，広い砂漠や氷河も作られるように

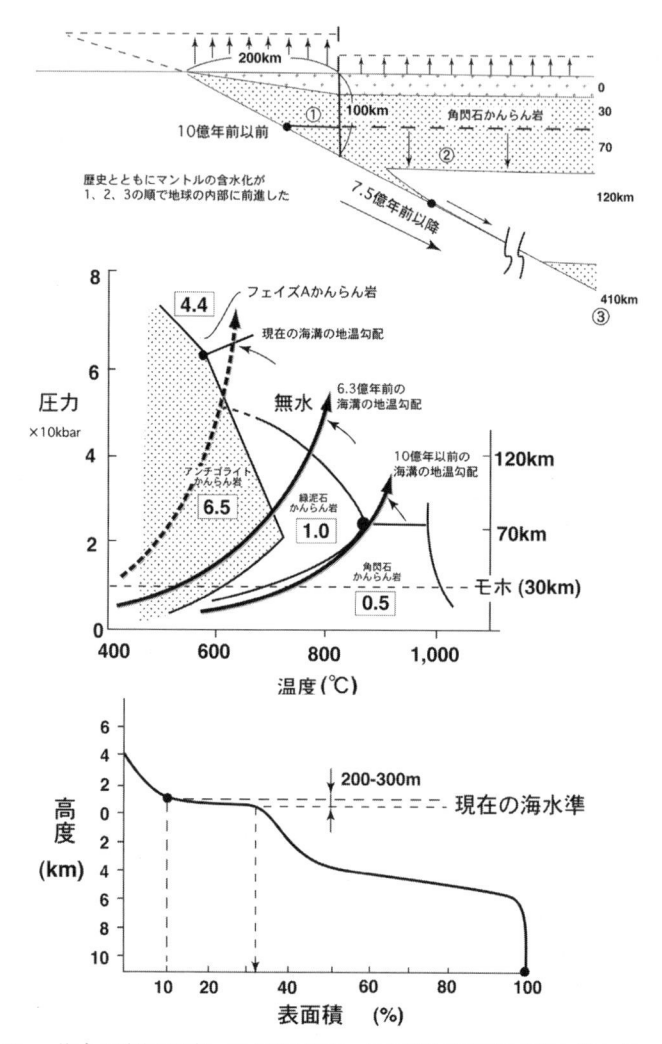

図 1.2.11a 海水の逆流の開始，海水準の低下，および陸地面積の急激な増大（Maruyama and Okamoto, 2002）．海溝深部の温度が 8–7 億年前ころから急速に冷却し始めたために，ウェッジマントルの含水量が 0.5% から 6.5% と急増した（中）．その結果，表層海水が急激に減少した（下）．これと平行して，含水鉱物の安定な深度が急激に深くなり，70 km（10 億年以前）から累進的に 660 km 深度まで広がった（上）．大陸の下のマントルが含水化すると，大陸は持ち上げられ，海水準はさらに効果的に低下する（上）．海水準が現在よりも 200–300 m 上昇するだけで陸地面積は 30% から 10% まで減少する（下）．

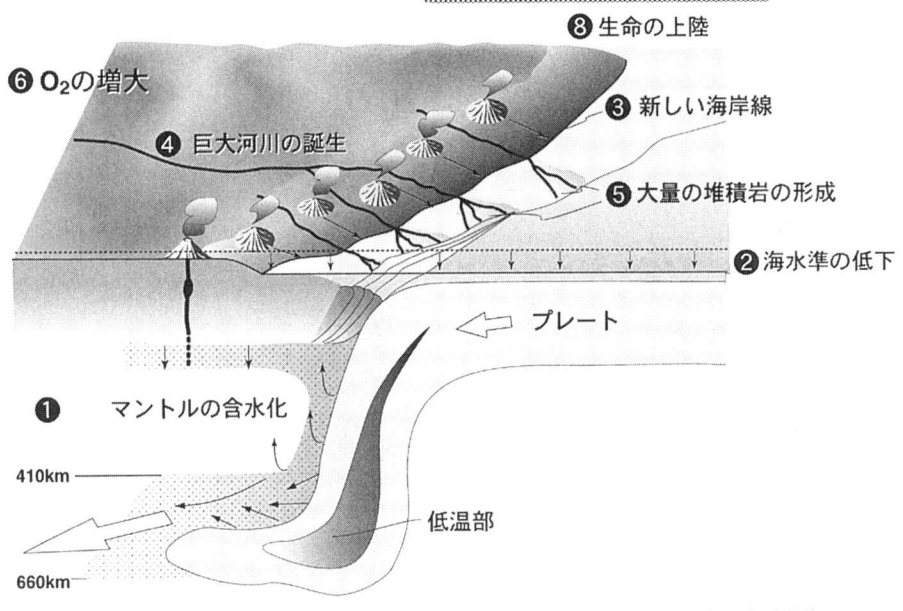

図 1.2.11b　海水の減少による表層環境の変化．海水の逆流に始まる一連の表層環境の変化を番号で表示してある．増加した酸素は生物を大型化させ，多様になった表層環境に適応して生物も多様化した．究極の多様化の選択を生んだのが性の分化である．

なる（図 1.2.11b）．

　第5事件の本質が，太平洋スーパープルームの誕生にあるのか，海水の逆流の開始にあるのかはよくわからない．後者が本質だとすれば，これは 1.2.3 項で説明したマントル対流の非定常的な活動とは別の次元の問題である．これは下部マントルに影響をおよぼさない．しかし，ひょっとすると，これら2つは実は共通の原因で起きているのかもしれない．つまり，超大陸の分裂は超大陸の下に選択的に濃集した水（含水鉱物の不安定性）が原因になっているのかもしれない．

　第5事件の本質が何であるにせよ，激しい環境の変化があったことは確かである．その環境の激しい変化によって，生物の進化が急速に進んだ．大気中の酸素濃度もこのころ増加したらしい（詳しくは 6.1 節参照）．おそらくそ

の結果として大型の多細胞動物が生まれた．生命が雌雄の性を獲得したのもこのころであろう．

顕生代（5.4億年前から現在まで）は多様な大型生物の時代である．5.4億年前より前に，すでにエディアカラ動物群と呼ばれる多様な動物たちがいたが，これが5.4億年前に絶滅し，新しい動物の戦国時代が始まった．これがカンブリア紀の生物大爆発と呼ばれる事件である．このとき生まれた動物は骨格を持っていたため，以後，化石の記録が豊富に残るようになる．5.4億年前の絶滅事件の原因は不明であるが，太平洋スーパープルームの誕生と関係した異常な火山活動と関係しているのかもしれない．

(6) 第6事件（**2.5億年前**）：アフリカスーパープルームの誕生，古生代・中生代境界での史上最大の生物大量絶滅（図1.2.12）

準超大陸パノチアとローレンシア大陸が4-3億年前に衝突・合体して，パ

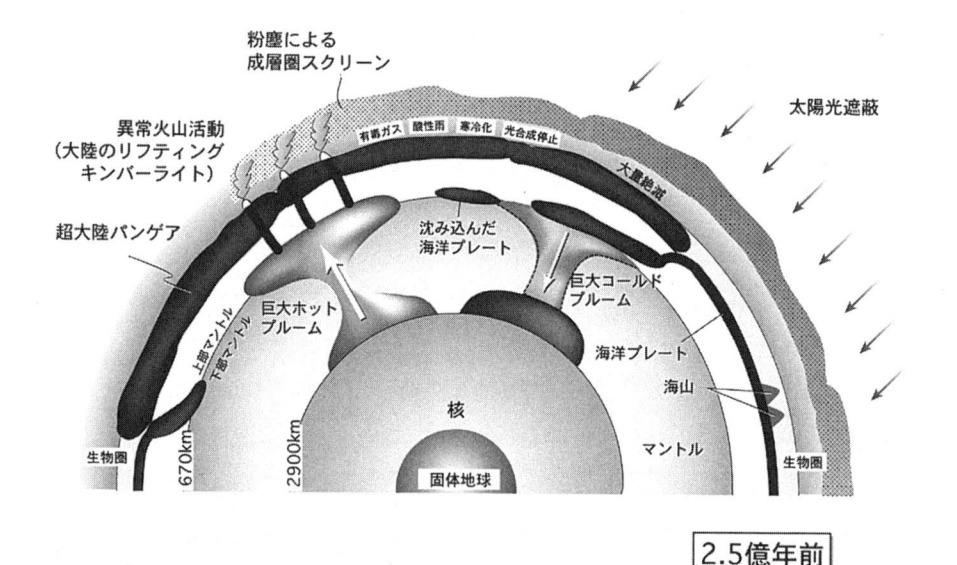

図 **1.2.12** P–T 境界の変動．2.5億年前に史上最大の生物の絶滅事件が起きた．その原因はアフリカスーパープルームの誕生に起因した異常火山活動であると考えられる．P–T 境界の物証の地球的なスケールでの探索が始まり，異常火山活動の直接的な痕跡が見つかり始めている（6.5節参照）．

ンゲア超大陸の原形が生まれ，このときにアパラチア造山帯やヨーロッパのヘルシニアン（バリスカン）造山帯が生まれた．イアピテス海はこのときに消滅した．2.5億年前にはその超大陸パンゲアが分裂を始める．アフリカ大陸の下にスーパープルームが上昇して大陸を引き裂くとともに，爆発的な異常火山活動が起きた．

このとき，地球史上最大の生物大絶滅が起きた．史上最大と言われるわけは，浅い海に住んでいた三葉虫，珊瑚，石灰藻，コケムシなどの無脊椎動物の96％の種が壊滅的な打撃を受けて絶滅したことによる（第6章参照；Isozaki, 1997）．そこで，これを第6事件とする．これは古生代と中生代の境界に相当し，P-T（ペルム紀・トリアス紀）境界とも呼ばれる．地上に残された記録から，この事件の具体的な内容が明らかになってきている．生物は，大陸棚のような浅海のみならず，大陸から遠く離れた遠洋域のサンゴ礁などでも壊滅的な打撃を受けた．その影響は当然，陸上にも及び，植物，昆虫，各種脊椎動物も大きな打撃を受けた．

この事件の特徴として，酸素が地球的な規模で減少したことが挙げられる．2.5億年前の地層は常に黒色をしており，有機物に著しく富んでいる．酸素があれば，有機物はすぐに酸化されるので，これは酸素が少なかったことを示している．サンゴ礁を起源とする石灰岩は普通は白色だが，この時代の石灰岩は黒色である．深海にたまったチャート（SiO_2を主とする岩石）は普通は赤色をしているが，この時期のチャートは黒色である．このような貧酸素の環境が2000万年もの長期間続いたようである（Isozaki, 1997）．酸素は光合成によって作られるので，貧酸素になったということは光合成が何らかの原因で著しく阻害されたことを意味するのかもしれない．

大絶滅は，アフリカスーパープルームの誕生による激しい火山活動が原因だと筆者たちは考えている．そのシナリオは以下のようなものである．マグマは大量の二酸化炭素や水分などの揮発性元素に富んだもので，噴出とともに大気中に大量の火山灰を放出した．マグマとともに噴出した亜硫酸ガス，炭酸ガスや重金属元素は毒性が強く，酸素呼吸型の生物の呼吸系，循環系，神経系を破壊して大きなダメージを与えただろう．また成層圏にまき散らされた粉塵は酸性雨となって地表に降り注いだり，成層圏に長期間漂い太陽光をさ

えぎって，森林や海洋プランクトンの光合成活動を著しく阻害しただろう．これが長期間継続すると，大型の動物たちは餌不足のために深刻なダメージを受けるだろう．長期的には炭酸ガスによる温室効果のために温暖化が起きて，棲息環境の劣悪化が加速しただろう（6.5節参照）．

(7) 第7事件：人類の誕生

　人類はアフリカで生まれたと考えられている．その背景には次のような大地の変動がある．今から3000万年前ころ，アフリカ大陸東部の下に大きなマントルプルームが上昇して，アフリカ大陸の分裂が始まった．この分裂は紅海から始まり，次第に南へと進み，アフリカ大陸の東部1/3が南北に走る断層によって西部から切り離されるような過程が現在進行中である．マントルプルームが上昇すると，まず広域的に2000kmもの長さにわたって2–3kmの高さにまで土地が隆起する．時間の経過とともに無数の断層が平行に発達して階段のような地形が作られる．それとともに，たくさんの火山も誕生して，場所によっては海抜5kmに達するような，火山の多い複雑な地形へと発達していく．地殻変動がさらに進むと，今度は隆起地帯のまん中が次第に沈み，そこから海水が大陸の中に侵入する．このようにして大陸は2つに割れる．この状態にまで進んだのが紅海で，こうしてサウジアラビアはアフリカから分離した．一方，アフリカの東部では，現在，大地を引き裂くような大きな割れ目（大地溝帯）ができて，割れ目の両側は年間0.3cm程度の速度で互いに遠ざかっている．

　このアフリカの大地を引き裂く運動のおかげで，この巨大な隆起地帯とその周辺の気候が一変した．1000万年前までに，南北方向に4000kmも続き，海抜3–5kmに達する巨大な山脈が出現したので，それまでは西から東へと吹いていた湿気を含んだ大西洋からの風の流れが，この山脈でさえぎられるようになり，山脈の西側で大量の雨を降らせてコンゴ川という新しい巨大な河を作った．一方で，地溝帯の中とアフリカの東側は乾燥してしまった．それまで熱帯雨林気候の恩恵を受けて，のどかに豊かに暮らしていた霊長類たちにとっては餌が急激に少なくなり，生死を決める試練がやってきた．この変化は地球的な規模で乾燥化が激しくなった500万年前ころに最も顕著にな

り，人類の先祖にあたる，ある種の霊長類が木から降りて二足歩行するようになってヒトへと進化した．このように，大地の変動が人類の誕生へとつながっている．

1.2.5　マントル対流の変動と生物の進化

地表に大きな環境変動が起こると，生物の進化や絶滅が起こる．マントル対流の活動に4つの階層があったのに対応して，生物界の変動にも4つの階層があるだろう（表1.2.1）．この階層分類を試みる．階層が高い変動ほど影響の範囲が大きい．

生命の進化に大きな変化を与えたできごととして，この他に隕石の衝突による絶滅事変がある（第6章参照）．たとえば，中生代の終わりに恐竜などの大型陸上生物が絶滅した事件（K–T境界）がそれにあたる．このときには，直径10km程度の隕石がメキシコのユカタン半島に落下して陸上の表層環境が激変した．この種の事件は地球史を通じて無数に起きたに違いない．ただし，隕石衝突では，主として陸上にしか強い影響を与えないので，陸上に生物が生息しなかった4億年前以前の生物進化に大きな影響は与えなかった．

表1.2.1　固体地球変動の階層性と生物進化・絶滅の階層性

	固体地球	環　境	生物界の変動(例)
①	プレートテクトニクス（大陸の衝突，小プルームの活動）	地表のみ	陸上大型動物
			その他の小型動物
②	スーパープルームの活性化（隕石の衝突）	地表＋浅海	中生代・新生代(K-T)境界（地球外天体の落下が引き金）
③	超大陸分裂期（スーパープルームの誕生）	地表＋浅海＋中層海	古生代・中世代(P-T)境界ベンド紀・カンブリア(V-C)境界
④	マントルオーバーターン	地表，浅海，深海	(27億年前)ストロマトライトの発達と光合成の増大

階層 1

マントルの活動が階層1のときには,大陸の分裂や,大陸の衝突による巨大山脈の形成などによって局所的な環境変動が起きて,それに伴って生物界が変化する.たとえば,人類の誕生のきっかけは,プレート運動の変化によって,特定の大陸(アフリカ)の表層環境が著しく変化したことにある.ヒマラヤ山脈の上昇やそれに伴う環境変動などもこの階層に属する.

階層 2

マントルの活動が階層2のとき,プレートの下のプルームの運動が活発化する.そのことによって表層環境が変化し,生物相も変化する.白亜紀(1億2500–8500万年前)に起きたグローバルな温暖化がこの例である.この変動によって,大気の二酸化炭素濃度が上昇して地球温暖化が進み,浅海から中層海の一部までに及ぶ生物相の変化が起きた.ただし変動はカタストロフ的でなかったので,生物界の変化も漸次的に進行した.

階層 3

階層3の変動では,スーパープルームの誕生に対応してグローバルな表層環境変動が起こる.激しい火山活動が起こるので,カタストロフ的な生物界の変化が起こる.その影響は陸上,浅海から中層海にまで達したであろう.古生代・中生代(P–T)境界やベンド紀・カンブリア紀(V–C)境界の生物変化に対応する(第6章参照).ただし,それらの事件で,海のどのあたりの深さまで影響が及んだのかは,化石の証拠からはまだよくわかっていない.

階層 4

階層4の変動では,全地球的な規模でマントルオーバーターンが起きる.すると地表は最大規模の環境変化を被るだろう.ホットスポット型火山活動だけではなく,マントルの激しい対流運動によってプレート運動も激しくなり,最大規模の火成活動を生じる.このときの環境への影響は陸域,浅海から深海にまで及んだであろう.光合成の開始や真核生物の誕生もこの事変と関係しているかもしれない.

1.2.6 これから解明すべき大きな課題

これから解明すべき大きな課題としては，マントルオーバーターンの全容と，海水の歴史がある．それらについて解説する．

(1) マントルオーバーターン

地球史の中で，第3，第4事件，およびひょっとすると第5事件の原因となったのは，マントル対流の大変動であるマントルオーバーターンであろう．これは地球の変動のうちで最大規模のものだから，上で説明した地球の歴史を踏まえて再度考察する．

図1.2.5からわかるとおり，大量のかこう岩質地殻の形成を伴う造山運動は27億年前，19億年前，8-6億年前にピークがある．そして，造山運動の頻度の曲線はノコギリ刃型の曲線を描く．すなわち，いったん盛んになった造山運動の強度は徐々に減衰し，その後突如として次のピークがやってくる．これは，プレート運動が短期間に不連続的に，地球的な規模で活性化した後で，徐々に衰弱していったことを反映している．筆者の考えでは，このような造山運動の活性化の原因は，マントルオーバーターンによって，より玄武岩成分に富みかつ高温の下部マントル物質が上部マントルと置き換わったことにある．マントルオーバーターンの周期は約10億年である．

マントルオーバーターンの時期に地表で何が起きたかはよくわかっていない．27億年前の記録は，西オーストラリアピルバラ地塊にとりわけ良好に残されている．そこで，今後はピルバラ地域の重点的な研究が待たれるところである．現在わかっているところでは，27億年前，ピルバラ地塊と，当時接合していたとされる南アフリカカープファール地塊の両地域をほぼ完全に覆う程の大量のソレアイトマグマの貫入と噴出が続いた．さらには，プレート運動により，南側に接続していたイルガルン地塊が分離した．27億年前の火山岩を調べてみると，起源となったマントルの部分には大量の玄武岩物質があった可能性がある．ひとつの解釈は次のとおり．27億年以前には，マントルが2層対流をしており，沈み込んだ海洋地殻が上部マントルの底に溜まった．それがマントルオーバーターンのときに融けて再び地表にマグマとして

噴出した．

(2) 海水の歴史

　第5事件の海水の逆流と関連して，海水の歴史も重要な問題である．筆者は海水の歴史を図2.1.13のようなものだったと考えている．地球誕生時には3ヵ所（核，上部マントル・下部マントル境界付近，表層）に分かれて水あるいは水素が分布していた．地球内部の水あるいは水素は時間とともにマグマによって表層へと移動し，海水の量が増えていった．7.5億年前を境に表層海水はマントルへと逆流を始める．この仮説はマグマの安定同位体元素を測定することによって検証可能である．

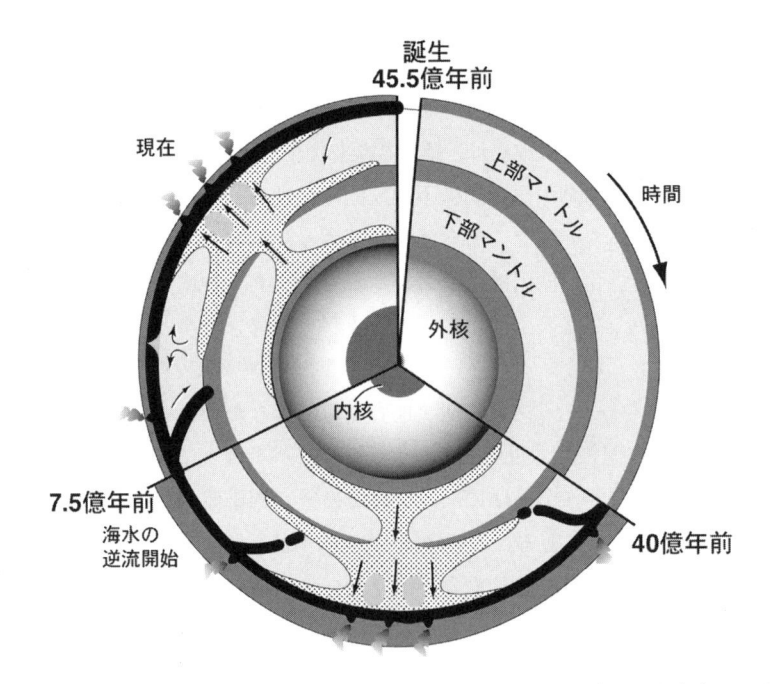

図 1.2.13　海水の歴史．地球が誕生したときに3ヵ所に分かれて分布した海水あるいは大量の水素は，歴史とともにプルームによって表層に運ばれた．ところが，7.5億年前に海水のマントルへの逆流が始まり，地球は新しい時代を迎えた．

1.3 システムに関係した言葉と概念の整理

吉田茂生

1.3.1 はじめに

　地球を対象にして研究をするときには，システム的な思考をすることが非常に大切である．それは，複雑にからみ合ったことがらを，分析的かつ総合的に見ていこうという態度を意味する．ところが，システムというキャッチフレーズがいたるところで使われる割に，その意味するところがあまりはっきりしないことが多い．人によって，その意味するところが違うこともある．また，システムの議論では，同じ単語が違う意味に使われることもしばしばあり，それが混乱を招くことも多い．本書の編集をしているときに，システムとは何だろうかということが話題に上り，議論をしていくうちに，用語や考え方を整理しておくことが，今後の研究の発展にとって重要ではないかということになった．そうして生まれたのが本節である．そこで，本節では，システムに関係する用語の整理をしつつ，システムに関する基礎的なことがらをまとめておく．

　本節では，用語の整理にひとつの重点を置く．そこで，言葉の多義性を分析することが必要となる．多義性を避けるために，用語を厳密に定義し直すということもありうるが，それは実際的ではない．言葉というものは本質的に多義的だからである．はじめに数学的にきちんと定義されていた言葉でも，数学の中でも少し違う分野では別の定義で流用されたりするし，それがさらにポピュラーになって，日常会話的に使われるようになると，また意味が広がってくる．逆に，もともと自然言語における通常の言葉だったものを，専門用語として流用するということもあり，そうすると，その両方の意味が重なって使われるようになる．その結果として，専門書の中でさえ，ひとつの言葉が多義的に使われることが生じる．ここでは，そのようないろいろな意味の存在をできるだけはっきりさせることを試みる．

なお，本節に書いてあることは，全般的にまとまった教科書がないものの，それぞれのことがらは一般的に知られたことであるため，とくに本文中で参考文献を引用することはしていない．より詳しく勉強したい方には，線形代数，常微分方程式，力学系，システム理論などの教科書が参考になる．力学系の初等的な教科書には，たとえば，スメール・ハーシュ（1976）がある．システム理論の教科書では，思想的な側面では，フォンベルタランフィ（1973）が有名．工学的見地から書かれた数理的教科書としては，最近では，たとえば，高原・飯島（1993）や鈴木ほか（2000）などがある．

1.3.2　系とシステムという言葉の意味

まず，問題としたいのは「システム」という言葉そのものである．英語のsystemということばの語源は，ギリシャ語で「一緒にまとまっているもの」という意味を表す．日本語で訳す場合には，「系」と書く場合と「システム」とカタカナで書く場合とがあり，日本語では区別がある．系は，われわれが考える対象の範囲を示す．言い換えると，系を定義するということは，「内」と「外」との区別を付けることである．一方，システムは，系ではあるのだが，その際に，系の内部での（相互）作用，および系の内部と外部との（相互）作用の総体に力点が置かれている．このことをもう少し詳しく考えよう．

(1) 系——内と外の問題

まず，「系」という言葉の意味を考えておく．「系」というのは，われわれがダイナミクスを考える際の対象の範囲である．われわれが「系」を考えるのは，対象を絞り込むことによって問題を浮き出させるためである．私たちはすべての対象を同時に考えることができないので，系の設定は問題を考えるために必要不可欠な手立てである．私たちが相手にするのは森羅万象であるとはいえ，そこから「系」を切り出してくることによって初めて問題の焦点を絞ることができる．

系を切り出すときの問題の第一は，「内部」と「外部」の区別を付けるということである．単純に考えると，これは考える対象をどう区切るかという定義だけの問題であり，恣意的な問題であるように思える．しかし，それは正

しくない．たとえば，東京の天気予報を考えてみよう．東京の天気である以上，考える対象は東京の上の空気である．そこで，東京の境界の上に線を引いて，そこの内側の空気が「内部」で，その外側の空気が「外部」である，と定義すれば，それはひとつの系である．これは形式上は正しいが，実際上はそのようにして系を定義するのはあまり役に立たない．それは大気の運動の空間スケールが東京の空間スケールより大きいので，系内では物事が何も決まらないからである．別の言い方では，系の外側で起こることが系の内側のことをかなり決めてしまっているので，系の外側に対する理解の方が系の内側の理解より本質的になってしまうからである．そう考えてみると，系というものには，あるまとまりがないといけないことがわかるだろう．物理的にいえば，時間スケールや空間スケールの分離，あるいは相互作用の強弱もしくは性質による分離があって初めて，意味のある系（内と外）を定義することが可能である．その意味で，系の定義と相互作用とは不可分である．このことを考えた上で，問題に応じて「系」を切り出すことになる．

相互作用の性質（運動の法則）の違いによる分離というのが，われわれが良く使う手であり，これでうまくいくことが多い．それは，たとえば，大気と海洋とは運動の法則が違うから，別々の系として扱うということである．しかし，気候のように大気と海洋の両方が関係する問題については，まとめてひとつの系と考えないといけない（第4章参照）．その場合でも，まず大気と海洋という2つの系を設定し，その上で大気と海洋という2つの系の相互作用を考え，全体としてひとつの系とする，というやり方もある．これは，後述するような，「階層性のあるシステム」という問題のとらえかたである（1.3.5項）．

また，内と外という言葉を使うと空間的な分割をまず頭に浮かべるが，上述のように相互作用の違いがむしろ本質的なので，系は必ずしも空間的に分かれないことがある．たとえば，人間社会で，仲良しグループは，その中での相互作用が強いという意味でひとつの系として考えるのが便利なことがある．これは空間的な分け方ではない．

そう考えてみると，われわれは無意識的に，相互作用という点から見てまとまった単位を考えそれに名前を与えることで，系と呼び得るものを想定していることがある．たとえば，「家族」というものはそういうものである．「家

族」は数人の人で構成され，その間の結びつきが強いために一体のものとして認識される．

その考察を進めてみると，家族を構成する「人間」も，人間を構成する臓器の相互作用が強いせいで一体のものとして認識される系である，と言える．ここで2つの問題がはっきりする．ひとつは，先にも少し触れたが，系を構成する要素自身がまたひとつの系と見られるということである．これは後で，「階層性のあるシステム」（1.3.5項）としてもう一度触れることになる．もうひとつは，同じものでも，ある場合には単なる構成要素として認識され，別な場合には系として認識されるということである．この違いは，系として認識される場合には，その構成要素の間の相互作用とその結果として生じる性質やダイナミクスが問題にされるということである．

以上のことをふまえて，「系」の定義に改めて戻ると，系を構成するための要件は（イ）相互作用によって他から区別されるまとまりであることと，（ロ）その相互作用の結果としての性質やダイナミクスが問題にされる，ということの2点であるということがわかる．

私たちの考察の対象である地球という系は，もともと時間的・空間的，あるいは相互作用の意味で閉じていない系なので，実際にこれをどう区切るかを決めることが容易ではないことがある．

(2) システム——相互作用の問題

一方で，同じsystemの訳語に「システム」がある．システムでは，相互作用のダイナミクスと，相互作用の総体とに重点が置かれる．ただし，システムという言葉自体はいろいろなコンテクストで使われるために，専門分野や論者によって，かなり力点の置きかたが異なる．ここでは，地球科学で用いられる場合の標準的な使い方について述べる．

地球科学においてシステムを研究するという場合，多様な要素が多様な相互作用をしているときに，それらを後述の「力学系」のような数学的表現によってまとめ，その力学系の振舞いを調べることを指す，というのが最大公約数的な使い方である．地球においては，「系」の中にさまざまな登場人物（要素）がいて，相互作用を行っている．そのような場合，そのうちのひとつの

要素や相互作用が重要な場合もあれば，本質的に多くの要素と相互作用が関わっている場合もある．後者の場合が，システム的な考え方が必要とされる場合である．そのときは，いろいろな要素の関わり合いを頭の中だけで考えていてもごちゃごちゃしてくるので，力学系のような数学の道具を借りて，場合によっては計算機の力も借りて，全体の振舞いを調べることになる．そのことによって，結果的に，どういう要素や相互作用が鍵になっていたのかがわかったり，場合によっては，多数の相互作用が持っている構造全体が鍵であることがわかることもある．

　システムという言葉について，いくつかのキーワードを使ってもう少し考察を深めてみよう．考察する言葉は，「システマティック」，「要素還元論」と「全体論」，そして「恒常性」など時間変化に関係した用語である．

　英語の systematic は，当然 system と同じ語源だ．しかし，意味は単に「system の」ということではなくて，「体系的に」「系統的に」ということである．地球科学においてシステムというときには，多様な要素と相互作用を，体系的，系統的に解きほぐしていって，さらに総合する，という意味が含まれている．多様な要素と相互作用を，数学的表現に乗る形で系統的に整理するのが第一段階で，数学的に表現されたものを数学的に系統的に解析することが第二段階である．そういった作業を通じて自然現象の本質に迫るのが，システム的な考え方である．

　このように，システム的な考え方では，多様な要素と相互作用の抽出と総合という作業が関わっている．抽出という意味では要素還元論的，総合という意味では全体論（ホーリズム）的な考え方が基礎にある．要素還元論というのは，物事を要素に分解して，その各要素の振舞いが理解できれば本質がわかるとする考え方である．一方で全体論は，一言で言えば「全体は部分の総和以上のものである」というテーゼで表される．物事の本質は，各要素がわかってもわからないとする立場である．システムという言葉では，全体論的な考え方が強調されている．それは，われわれがしばしば部分にとらわれがちなので，部分だけ見て全体を見ないでいると本質を見誤ることが多いよ，という警告のキャッチフレーズである．実際の地球システムは，必ずしも部分と全体のどちらが重要と割り切ることができるものでもないが，常に全体

を見渡していないといけないことは確かである．仮に，ある特定の要素が重要である場合でも，全体を見渡していないと，それが重要であると判断できない．「全地球史解読」というキャッチフレーズの「全」は主として時間空間スケールの広さを指しており，必ずしも全体論を意味するものではない．しかし，地球史を考える上では，さまざまの相互作用を考慮するシステム論的な考え方が必須であることは言うまでもない．

さて，多数の要素が相互作用した結果として何が起こるかは，もちろん場合による．システムの解析では時間変化に注目する．そこで，時間変化を，生物学的な用語をキーワードとして用いて考察してみよう．システムが結果的に時間変化のない状態に落ち着く場合は，「恒常性（ホメオスタシス）」というキーワードがある．これは，自然界はうまく調節がなされていて，調和の取れた安定な世界を生み出すのだという世界観と繋がっている．システム論的には，後述のような「負のフィードバック」が働くことによって安定が保たれる．システムがある「リズム」を持つこともある．自然界には，昼夜のリズム，季節のリズム，氷期・間氷期のリズムなど，規則正しく変化する現象がたくさんある．このような規則性も自然の調和を表すものとみなされる．一方で，システムは「進化」することもある．進化においては，変化の不可逆性が強調される．進化がポジティブなイメージをもって語られるときは，変化は高度な組織化であるが，実際の自然の行き着く先が高度化なのか堕落なのかはわからない．単に変化という言葉で括っておいた方が無難かもしれない．進化の通常のイメージが，ゆっくりした変化なのに対して，実際の進化には急激な変化が関わっていたのかもしれない．それは「カタストロフィ」と呼ばれる．システム論的には，後述のような「正のフィードバック」が働いて，調和が急速に崩壊したのかもしれない．歴史を事件や事変によって綴るというのは，カタストロフィを重視する世界観である．このように，さまざまな時間変化を生み出すシステムが存在する．最後に，規則があるようでないようでよくわからなくなっちゃった，というシステムが，最近流行の「カオス」であったり「複雑系」であったりする．

1.3.3 考えているシステムの種類

システムという言葉が指すものは非常に多様である．基本的には，前述のように，多くの要素が作り出す相互作用の総体が本質であるような系を指している．そうはいっても，それだけではあまりにも漠然としている．システムは数学的な表現をしたとき初めて明確な形を取る．数学的に見て，システムの種類はたくさんある．ここでは，本書で念頭に置くようなシステムを以下で2種類紹介する．これらは，後で見るように，別のものというわけではなく，同じものを見るときの観点の違いを指している．

(1) 力学系——システムの数学的記述

系（システム）としてわれわれが数学的に思い浮かべているもののひとつは，力学系（ダイナミカルシステム）である．力学系というのは，$x \in \mathbb{R}^N$ (x は，とあるベクトル)，$F: \mathbb{R}^N \times \mathbb{R} \to \mathbb{R}^N$（$F$ は，ベクトルと数からベクトルへのとある関数）としたとき，

$$\frac{dx}{dt} = F(x, t) \qquad (1.3.1)$$

というような連立常微分方程式を（広い意味では）抽象化したものである．ここでは，このような微分方程式のことだと思ってよい．t を時間，x を内部変数，N を自由度と呼ぶ．上の式を言葉で言えば，系の構成要素 x は，そのときの系の状態に応じて，ある規則 F にしたがって時間変化する，ということになる．私たちが考える系は，自由度が有限とは限らない．私たちは，内部変数が場所の関数であるような「場」を扱うことが多い．その場合，自由度は無限大で，方程式は偏微分方程式となる．それも象徴的に上の式に含まれていると考えよう．また，この力学系というシステムは，時間変化の式で表されていることに注意しよう．ものごとが時間的にどのように変化していくかが，システムの解析において注目されることになる．なお，時間の2階以上の微分があっても，適当な変数変換により (1.3.1) 式の形に変形できるから，そのような方程式も (1.3.1) 式の形で代表される．

4.3節の物質循環のところで使われているボックスモデルは，常微分方程式で書かれている力学系の一例である．一方で 4.1, 4.2 節で説明されている

ような大気海洋大循環モデルは，偏微分方程式で書かれる複雑な力学系の一例である．なお，4.3節でもダイナミカルシステムという言葉がでてきているが，上の力学系とは定義が異なる．4.3節のダイナミカルシステムは上で定義した力学系の特殊な場合である．

さて，ここで系を切り出して記述するときの問題の第二を述べることができる．系を切り出したときは，変数と式の数が揃っていなければならない．式というのは，相互作用の法則のことである．たとえば，天気予報をするときに，雨になるかどうかを知りたいだけだから，雨という変数を切り出せばそれで良いというわけではない．雨という変数を知るのにも，風や気圧などの情報とそれらを支配する法則が不可欠である．相互作用の法則を表す F と内部変数 s とは一体として系を形作り，それらはちょうど数が合っていなければ，意味のある記述とはならない．

(2) 入力出力システム——外力と応答あるいは因果の問題

力学系では，内部変数の相互作用に起因する内部ダイナミクスが記述される．一方で，系（システム）とは，何かのまとまりで，ある外からの影響（入力）に対して，ある応答（出力）を外へ出すというものである，と捉えることもある．このように捉えた系を入力出力システムと呼ぼう．式で書けば，

$$r = \mathcal{R}[f] \tag{1.3.2}$$

である．ここで，f は外力（forcing）あるいは入力（input）と呼ばれるものである．r は応答（response）あるいは出力（output）と呼ばれるものである．$\mathcal{R}$ は応答関数と呼ばれる．これは f の汎関数で，系の応答を表す．

f は広い意味で外からの影響を示し，見方によって，外力とか入力とか原因などと呼ばれる．「外力」と「入力」の違いは，外力が制御不能なものを指すことが多いのに対し，入力は制御されたものを指すことが多い．「原因」という場合は，因果の問題として捉えている．

r は応答とか出力とか観測量とか結果などと呼ばれる．「応答」や「結果」というのは，因果の結果の方として捉えている．「出力」は「入力」に対する言葉である．

これら，外力と応答，あるいは入力と出力を結び付けるのが，応答関数 $\mathcal{R}$ である．これは外からの影響に対して，結果がどうなるかを記述している．この入力出力システムという見方では，システムを「因果」として捉えたということもできるし，「入出力」という観測量と結び付けたということもできる．

（3）力学系と入力出力システム——自励系と非自励系

上で述べた力学系と入力出力システムはもちろん別々のものではない．力学系と入力出力システムは次のように結びついている．入力出力を，力学系の式の形の中に入れて書くと

$$\frac{dx}{dt} = F[x, t; f(t)] \tag{1.3.3}$$

$$r(t) = G[x(t)] \tag{1.3.4}$$

となる．ここで，F は x, t の関数であると同時に，入力 $f(t)$ の汎関数でもある．また，G は内部変数 x の汎関数で，内部変数と出力 $r(t)$ とを結び付けるものである．

(1.3.3) 式は系のダイナミクスを表す．(1.3.4) 式は出力として観測可能な量と内部変数とを結び付けるもので，観測方程式（observation equation）と呼ばれる．

とくに，系が外力の影響を受けない場合（$f(t) = 0$）を自励系と呼ぶ．言い方を変えると，系の内部ダイナミクスで時間発展の法則が決まっているということである．自励的 autonomous の英語の語源は，「自らの」を表す auto と「規則」を表す nomos から来ている．したがって，むしろ「自律的」と訳す方が，元々の意味を良く表している．入力出力という立場では，系に入力がない場合（$f(t) = 0$）の応答を零入力応答（zero-input response）という．

なお，純粋な数学の世界では，(1.3.1) 式で F があらわに時間に依存していない力学系

$$\frac{dx}{dt} = F(x) \tag{1.3.5}$$

を自励系と呼び，そうでないものを非自励系と呼ぶ．数学のレベルにまで抽象化してしまうと，(1.3.3) 式の右辺で，どれが系の外からの影響でどれが内部ダイナミクスかを区別する必要はない（内だろうが外だろうが，式が与えら

れていれば良い).そこで,(1.3.1) 式の右辺にあからさまな時間変化が入っていたら,その部分を外力だと見なすということすると,(1.3.5) 式が自励系の定義ということになる.外力は,系の内部としては与り知らぬやり方で時間変化し,外力がなければ,時間変化は (1.3.5) 式のように内部ダイナミクスの結果として決まると考えるわけである.

自励系を,もっと象徴的に

$$\frac{dx}{dt} = \mathcal{F}x \tag{1.3.6}$$

と書いたり($\mathcal{F}$ は演算子),

$$\mathcal{L} = \frac{d}{dt} - \mathcal{F} \tag{1.3.7}$$

として,

$$\mathcal{L}x = 0 \tag{1.3.8}$$

と書いたりすることもある.$\mathcal{L}$ が系の内部ダイナミクスを支配する演算子である.入力(外力)のある非自励系で,同様の象徴的な書き方をすると,

$$\mathcal{L}x = f \tag{1.3.9}$$

となる.

1.3.4 線形システム

(1) 自励系線形システムと安定性,リズム

一般のシステムを考えてもなかなか一般論ができないので,以下では,主としてシステムが線形の場合を考える.すなわち,システムを表す力学系が内部変数 x に関して線形であるとする.さらに,力学系は外力 $f(t)$ に対しても線形であるとする.また,単純化のため,変化の法則を表す F は陽に時間変化しないものとする.このとき,(1.3.3) 式は

$$\frac{dx(t)}{dt} = Ax(t) + Bf(t) \tag{1.3.10}$$

のように書ける.ここで,A, B は行列である.一方,観測方程式 (1.3.4) は,線形な場合には

$$r(t) = Cx(t) \tag{1.3.11}$$

と書ける．ここで，C は行列である．

　系が線形であるというのは，必ずしも非常に特殊な場合ではない．システムの十分な一般論は，線形の場合にしか作ることができないので，非線形なシステムも線形なシステムを適当に組み合わせて理解しようとすることが多い．したがって，線形なシステムこそがさまざまなシステムを理解する基礎となる．

　まず，外力がない自励系線形システムを考え，その性質を簡単に見ていく．外力がないとき，(1.3.10) 式は

$$\frac{dx}{dt} = Ax \tag{1.3.12}$$

と書ける．この場合は完全に一般解が求められる．詳細は，初等的な微分方程式の教科書に丁寧に書いてあるので省略するが，おおむね次のようになる．複素数の範囲で考えると，特別な場合を除いて，座標変換により A を対角化することができる．対角化する行列を T と書くと，

$$\tilde{A} = T^{-1}AT \tag{1.3.13}$$

は対角行列で，各成分は行列 A の固有値である．(1.3.12) 式の両辺に左から T^{-1} をかけると

$$\frac{d}{dt}\tilde{x} = \tilde{A}\tilde{x} \tag{1.3.14}$$

と変形できる．ここで，

$$\tilde{x} = T^{-1}x \tag{1.3.15}$$

である．$\tilde{A}$ が対角行列なので，(1.3.14) 式を成分ごとに書くと

$$\frac{d\tilde{x}_i}{dt} = \lambda_i \tilde{x}_i \quad (i = 1, 2, \cdots, N) \tag{1.3.16}$$

という N 個の方程式に分解されている．λ_i は，行列 A の固有値で，定数である．それぞれの方程式の解は，

$$\tilde{x}_i = \tilde{x}_{i0} \exp(\lambda_i t) \quad (i = 1, 2, \cdots, N) \tag{1.3.17}$$

のように書ける．ただし，$\tilde{x}_{i0}$ は定数である．それぞれの解が複素数になっても，物理的にはこれらの解を適当に組み合わせることで，実数の解が得られる．解は，次の 3 通りの振舞いを示す．

- λ_i の実部が正の時：解は時間とともに増大する．このとき，系は不安定であると言う．カタストロフィックな「事変」が起こることを示していると解釈できる．
- λ_i の実部が 0 の時：虚部が 0 でなければ，解は時間とともに，規則的な振動をする．リズミカルな変動を表していると解釈できる．
- λ_i の実部が負の時：解は時間とともに減少する．このとき，系は安定であると言う．これは，システムがある状態に落ち着くことを示していると解釈できる．

これは，さまざまなシステムの振る舞いを理解する上での基礎的なことがらである．

（2）線形システムにおける応答関数と内部ダイナミクスとの関係

次に，外力がある場合の応答という面を見ていく．以下，数学的な厳密性はあまり追求しないことにする．上で見たように，系は外力がなくても（自励系でも）ある時間変化をするので，外力が原因で起こる時間変化と，外力がなくても起こる内的な時間変化とに分けよう．すなわち，内部変数 x を

$$x(t) = x_{\text{int}}(t) + x_{\text{resp}}(t) \tag{1.3.18}$$

と分解する．$x_{\text{int}}(t)$ は外力がなくても起こる時間変化で，

$$\left(\frac{d}{dt} - A\right) x_{\text{int}}(t) = 0 \tag{1.3.19}$$

を満たす．これに対し，$x_{\text{resp}}(t)$ は，外力が原因で起こる変化で，

$$\left(\frac{d}{dt} - A\right) x_{\text{resp}}(t) = Bf(t) \tag{1.3.20}$$

を満たしている．外力あるいは入力が原因で起こる出力は

$$r(t) = C x_{\text{resp}}(t) \tag{1.3.21}$$

で与えられる．この応答は線形で，線形演算子 $\mathcal{R}$ を用いて

$$r(t) = \mathcal{R}f(t) \tag{1.3.22}$$

のように書ける．

　さて，線形のシステムでは，応答関数と内部ダイナミクスの間には密接な関係がある．すなわち，外力による応答と，外力がない場合の系の振舞いには関係がある．(1.3.20) 式と (1.3.21) 式とから，

$$r(t) = C\left(\frac{d}{dt} - A\right)^{-1} Bf(t) \tag{1.3.23}$$

が得られるので（$\{\cdot\}^{-1}$ は逆演算子を示す），応答関数は

$$\mathcal{R} = C\left(\frac{d}{dt} - A\right)^{-1} B \tag{1.3.24}$$

のように書ける．すなわち，応答関数は，本質的に内部ダイナミクスを表す演算子の逆演算子である．一方で，応答関数がわかっていると，内部ダイナミクスに関する演算子は

$$\left(\frac{d}{dt} - A\right) = B\mathcal{R}^{-1}(t)C \tag{1.3.25}$$

と表される．そういうわけで，線形の場合は，外力に対する応答から内部ダイナミクスの知識が得られ，内部ダイナミクスがわかれば，外力に対する応答が得られる．

　このような考え方は，地球内部の探査の基本的考え方である．地震学を使って，地球内部の探査をするということは，震源における物の動きという外力により引き起こされる揺れを，地震計で観測することによって（応答の観測），内部ダイナミクスに関わる情報（弾性定数など）を求めるということになる．

　地球システムは線形でないことも多い．しかし，全地球史解読計画でも，系が線形であることを仮定することで，地球システムに関する洞察を得ようとする考え方がある．たとえば，第 3 章で議論される IK ダイアグラムの考え方では，系が (1.3.20) 式と (1.3.21) 式で表されるような定係数線形システムのようなものであると仮定する．そうすると，外力が周期的であれば，応答

も同じ周期を持っていることになる．そのことを利用して，堆積物に時間スケールを入れようという試みが IK ダイアグラムの考え方である．もう少し数式に則した説明をすると，以下のようになる．堆積物という「観測」は時間に沿って行われるものではないために，観測方程式が (1.3.21) 式のようには書けない．本当は

$$r = DCx_{\text{resp}}(t) \qquad (1.3.26)$$

のようなものである．ここで，D は堆積速度を時間積分して堆積量という形に直して，時間情報を失わせる演算子である．この演算子には逆がないが，その他の部分は定係数線形システムに近いと仮定して，入力 f の情報を知った上で，D の逆をある程度復元しようという試みが IK ダイアグラムの考え方ということになる．

1.3.5 階層性のあるシステム

(1) システム間相互作用とシステムの階層性

　入力出力システムと力学系の関係をもうひとつ別の観点から見てみる．入力出力システムが複数個集まって，相互作用して，それがひとつの力学系を作るということも考えられる．このように，ひとつの系がまたいくつかの系から成るという階層性のあるモデルを考えることができる．この場合，下の階層の系をサブシステムと呼ぶ．

　この場合，世界は次のように構成される．一番下の階層のシステム群は，ある外力に対して，ある応答をする系の集団である．それらのサブシステムがお互いに影響を及ぼし合うと，それはひとつの系を構成する．その相互作用はひとつの「内部ダイナミクス」を形成する．その相互作用をし合うシステム群をその「外から見る」と，これはある外力に対してある応答をする系になっているだろう．このようにして，システムの階層が世界を構成する．以前に，「系」の見方を内部ダイナミクスを主に書くときと，外力への応答を主に書くときの 2 つに分けたが，それらは以上のようにしてかかわり合っている．

　図 1.3.1(a) は，サブシステムが 2 つの場合を関係を図示したものである．入力は，他のサブシステムから当該サブシステムへの影響であり，その出力は，当該サブシステムから他のサブシステムへの影響である．サブシステム

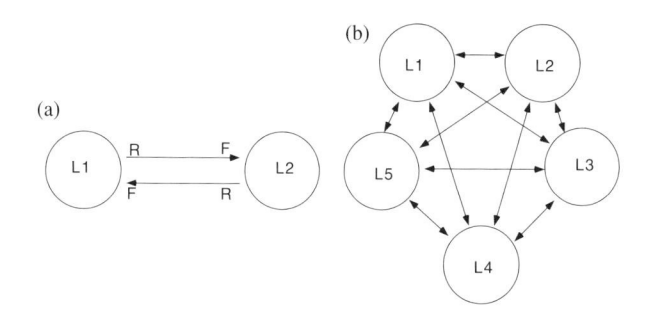

図 1.3.1 (a) 2 つのシステムの相互作用. 一方のシステムの入力が他方のシステムの出力となる. (b) たくさんのサブシステムがある場合の相互作用.

はそのように相互作用をするので，その全体をひとつのシステムと見なすことができる．その全体のシステムは，そのサブシステム間相互作用によって，ある内部ダイナミクスを形成する．図 1.3.1(b) は，さらに多くのサブシステムがある場合の図示である．

(2) フィードバック

図 1.3.1(a) のように，系 L1 が系 L2 に影響を与え，系 L2 が系 L1 に影響を与えるということがあるとしよう．そうすると，系 L1 の状態が，系 L2 に影響を与えた結果として，系 L1 に反映してくるということが起こる．このように，ある系の状態がめぐりめぐってその系自身に影響すること，あるいは，ある系の出力がその系の入力に影響することをフィードバックという．これはシステム論における重要概念のひとつである．

線形系を仮定して，式で表現してみよう．系 L1 のダイナミクスは，

$$\left(\frac{d}{dt} - A_1\right) x_1 = B_1 f_1 \tag{1.3.27}$$

$$r_1 = C_1 x_1 \tag{1.3.28}$$

で表される．系 L1 から見ると，系 L2 の働きは，系 L2 の応答関数 R_2 を用いて

$$r_2 = R_2 f_2 \tag{1.3.29}$$

と書ける．一方で，図 1.3.1(a) のように，系 L1 の出力は系 L2 の入力，系

L2 の出力は系 L1 の入力とみなすと，

$$r_1 = f_2 \quad (1.3.30)$$
$$f_1 = r_2 \quad (1.3.31)$$

である．以上のことをまとめると，

$$\left(\frac{d}{dt} - A_1\right) x_1 = B_1 R_2 C_1 x_1 \quad (1.3.32)$$

となっていることがわかる．

　行列 $B_1 R_2 C_1$ の固有値の実部が正であれば，右辺はその固有ベクトルを増加させるように働く．これを正のフィードバックという．逆に固有値の実部が負であれば，右辺はその固有ベクトルを減少させるように働く．これを負のフィードバックという．数学的な説明は 1.3.4 項の線形システムの安定性の説明と同様である．システムを全体としてみれば，元々2つのシステムの結合であったかどうかとは関係なく，その安定性を 1.3.4 項と同様に議論することができる．安定性を2つ以上のサブシステム間の相互作用の結果として捉えることが，フィードバックという概念である．

　一般に，負のフィードバックがあれば，系は外から多少乱されても，元の状態に戻る性質があることになる．このような乱されにくい状態を，安定平衡な状態と呼ぶ．これは，システムが恒常性（ホメオスタシス）を持っていることを表している．

　反対に，正のフィードバックがあれば，状態を表すベクトル x_1 は増大すると考えられる．しかし，自然界では，ものごとは無限には増加せず，非線形性によってある状態に落ち着くか，でなければ長時間にわたって時間変化を続けるだろう．ある状態に落ち着く場合のことを考えよう．線形システムでは，状態は正の方向に増大する可能性と，負の方向に増大する可能性が等しくあり得る．その結果，最終的には2つ以上の状態に落ち着く可能性が考えられる．そのようなものを多重解（多重平衡）と呼ぶ．

　負のフィードバックの例としては，4.3 節でウォーカーフィードバックが解説される．この問題では，風化システムと温室効果システムを考える．温度が上昇すると，風化が促進されることによって，大気中の二酸化炭素が減る．

そうすると，二酸化炭素による温室効果が減って，温度が下がる．このような負のフィードバックによって，地表の温度は安定に保たれて，生命が生存できる環境が保たれる，ということになる．

正のフィードバックの例としては，気候の問題で雪氷・アルベドフィードバックがある（4.1, 4.5 節参照）．この問題では雪氷システムと放射システムを考える．雪氷が増えると，太陽の光が雪氷で反射される量が多くなる（アルベドが大きくなる）ので，太陽の光が吸収されず，気温が下がって，ますます雪氷が増える，という正のフィードバックが起こる．これが，雪氷・アルベドフィードバックである．この考え方は，4.5 節のスノーボールアース問題を考える上で基本的に重要である．4.1, 4.5 節で，気候システムに全球凍結，部分凍結，氷なしの多重解が現れることが示される．

図 1.3.1 (b) のように多数のサブシステムがあると，その間のフィードバックの関係は複雑である．系 L1 から見ると，自分の影響は，たとえば L1 → L2 → L4 → L1 というふうに自分に帰ってくる．このようなフィードバックのループが無限に考えられることになる．

1.3.6 外力とパラメタと境界条件——偏微分方程式における外の影響の表現

ところで，「外からの影響」と一口に述べたときに，それがどういう形で表現できるかによって，呼び名が変わることがある．有限次元の力学系の場合は，先に述べた通りだが，偏微分方程式を思い浮かべてみると，広い意味では上の通りであっても，外力の入り方は一通りではない．外の影響がない場合（自励系）のダイナミクスが

$$\mathcal{L}x = 0 \tag{1.3.33}$$

で支配されるとしよう．ここで，$\mathcal{L}$ として思い浮かべているのは，時間と空間に関する偏微分演算子である．とくに線形の場合を頭に思い浮かべよう．そうすると，外の影響の表現は，代表的には次の 3 つの場合があるだろう（非線形な場合は一概には言えない）．

　（イ）　$\mathcal{L}x = f$ の右辺という形で表される場合．

（ロ）　そのような分離ができず，$\mathcal{L}$ の中に含まれると考えられる場合．線形偏微分方程式の係数が外の影響で変化するようなものが代表的である．それを象徴的に書けば，

$$\mathcal{L}_p x = 0 \tag{1.3.34}$$

となる．ここで，p がそのような影響を象徴的に表している．

　（ハ）　偏微分方程式の境界条件として表現される場合．
（イ）が狭い意味での外力と呼ばれ，（ロ）はパラメタと呼ばれ，（ハ）は境界条件と呼ばれる．サブシステム間の相互作用も，1.3.5 項では（イ）のような外力の形でなされる場合で説明したが，（ロ）（ハ）のようにパラメタや境界条件の形でなされることもある．

　ところで，外力，パラメタ，境界条件という言葉の使い分けはここで述べたようなこととは異なる場合も多いので，それを以下にまとめておく．

(1) 外力とパラメタ――いろいろな使い分け方

　外力というのは，そもそも文字からして，外の影響を表している．そこで，広い意味では，外の影響すべてを指し，狭い意味では，上述のように，方程式の右辺に書けるもの，を指すことになる．また，「力」の方に意味の力点を置けば，因果関係の「原因」を広く表すということもできる．英語では，外力に forcing という言葉を使い，これにはもともと外という意味がないから，むしろ因果関係を軸に考えた方が良いこともある．原因自体の原因を問うことがないという意味で，原因は系の外という言い方ができるわけである．

　パラメタ parameter の方は，英語の語源が「側の」を表す para と「ものさし」を表す meter からできていて，内外の概念とは元々関係がないので，いろいろな意味で使われ得る．数学では，補助変数とか，媒介変数とか訳されることもあり，上述の使い方は，演算子 $\mathcal{L}$ に補助的に入っている変数という意味から派生したものである．

　語源が以上のような意味であってみれば，とくにパラメタという言葉はいろいろな使われ方をされ得ることは明らかだろう．使い方をひとつに統一するのは容易でないので，むしろいろいろな使い分け方を列挙する方が良いで

あろう．

(イ) 外力は系の外の問題，パラメタは系の中の問題（系の外から見えない）と考える．これは，パラメタは内部を表す演算子 $\mathcal{L}$ や応答関数 $\mathcal{R}$ の中の物差が変わることを表すと見れば，自然な使い方である．パラメタが変化するとき，系の外の人は，その系の応答の仕方が変化しているように見える．

(ロ) パラメタの para の補助的という意味から派生して，モデルの上で，良くわからないので人為的に設定する変数をパラメタと呼ぶ．

(ハ) これも，補助的という意味から派生して，外からの影響のうちで，時間変化するのが外力，しないのがパラメタ．ただし，両方まとめて外力と言ったり，パラメタと言ったりすることもある．

(ニ) 原因と結果という区別を強調する場合で，2つ以上の原因がある場合に，主たる方を外力，従の方をパラメタと呼ぶこともできる．これも para が「補助的」という語感から派生している．

逆に，上のように列挙したことから，外力とパラメタの共通点を挙げるとすれば，どちらも，完全な定数ではなく，何らかの意味で変化し得る（させ得る）．パラメタは，式の上での定数ではあり得るが，情報がない，あるいは別の状況を考えることがあり得る（たとえば地球だけでなく金星のことを考える）等の理由で，人為的に変化させ得る，あるいは自動的に変化しうることを前提としている．

(2) 境界条件

境界条件という言葉は，文字どおり内と外の境界における条件である．数学的には，偏微分方程式の解を得るために，空間的な境界で与える条件である．それから派生して，一般的には，境界条件は系の内と外との境界での条件や相互作用を示す．

もし，系の内と外で外力とパラメタを分けるならば，外力は外の問題，パラメタは内の問題，境界条件は内と外の境界という分類もできる．

また，境界条件には，「外からの影響」ではなくて，系を定義する条件であると考えた方が良い場合もある．たとえば，大気力学では，地面の下には大

気は潜らないという境界条件を置くが，これは系の範囲を決めているという意味合いが強い．

1.3.7 時間スケールと応答

本書では，いたるところに時間スケール（時間尺度）ということばがでてくることでわかるように，どのくらいの時間で起こる物事を考えているのかは，地球の歴史を考える上で重要である．ここでは，それを入力出力システムという意味で考えてみよう．ここでは，外力の時間スケールと内的な時間スケールの関係で系の振舞いが大きく変わることを示す．

ある時間スケールを持つ系として最も簡単な系は，

$$\left[\frac{d}{dt} + (\lambda + i\omega)\right] x = f \qquad (1.3.35)$$

のような式で表現される（線形の）系である．ここで，x が系の状態を表す変数，f は外力，λ と ω は実数の定数である．なお，ここで，複素数を使っているのは，系が線形の場合は，意味があるのは実数部分だけといつでも考えることで，指数関数の持つ有利な特質が利用できるからである．外力がないとき，この式の解が

$$x = x_0 \exp\left[-(\lambda + i\omega)t\right] \qquad (1.3.36)$$

と表されることから，λ^{-1}，ω^{-1} はこの系が（内的に）持っている時間スケールである．なお，意味のあるのが実数部分であるというのは，(1.3.36) 式で言えば，意味のある部分は

$$\begin{aligned} x &= \mathrm{Re}\left\{x_0 \exp\left[-(\lambda + i\omega)t\right]\right\} \\ &= \mathrm{Re}\left\{(\mathrm{Re}[x_0] + i\mathrm{Im}[x_0]) \exp(-\lambda t)(\cos\omega t + i\sin\omega t)\right\} \\ &= \exp(-\lambda t)\left[(\mathrm{Re}[x_0])\cos\omega t - (\mathrm{Im}[x_0])\sin\omega t\right] \end{aligned} \qquad (1.3.37)$$

と考えるということである．

さて，ω_0^{-1} という時間スケールを持った外力を考えよう．典型的には

$$f = f_0 \exp(i\omega_0 t) \qquad (1.3.38)$$

というものである．このときに，(1.3.35) 式を解くと

$$x = \frac{f_0}{i\omega_0 + (\lambda + i\omega)} \exp(i\omega_0 t) \tag{1.3.39}$$

となる．ただし，外力がなくても起こる変化の部分（1.3.4 項の x_{int} の部分）は，ここではあまり興味がないので除いた．

さて，外力の時間スケールが，内的な時間スケールよりもはるかに長いとしよう．すなわち，

$$\omega_0 \ll \lambda, \omega \tag{1.3.40}$$

の場合である．このとき，(1.3.39) 式は

$$x = \frac{f_0}{\lambda + i\omega} \exp(i\omega_0 t) \tag{1.3.41}$$

となる．この解は，系がもともと

$$(\lambda + i\omega)x = f \tag{1.3.42}$$

であったと考えて得られるものと同じものである．つまり，系の応答は初めから時間変化を無視したようなものになる．このとき，出力はその時点での入力にのみ依存し，過去の履歴に依存しない．このような応答を定常応答とよぶ．この典型的な例は，第 3, 4 章で扱われているような，数万年スケールの日射量変動に伴う大気や海洋の応答である．大気や海洋は，その時点での日射量に応じたある状態を持っていると思って良い．

一方で，外力の時間スケールが内的な時間スケールよりも短い場合，すなわち

$$\omega_0 \gg \lambda, \omega \tag{1.3.43}$$

の場合には，(1.3.39) 式は

$$x = \frac{f_0}{i\omega_0} \exp(i\omega_0 t) \tag{1.3.44}$$

となる．この解は，系がもともと

$$\frac{dx}{dt} = f \tag{1.3.45}$$

であったと考えて得られるものと同じものである．このような場合，系の応答は，外力の過去の履歴に依存する．内的な時間スケールは系の振舞いにとってあまり重要でない．

　上の2つの場合の中間の，外力の時間スケールと内的な時間スケールが同程度のときは一番振舞いが複雑である．この典型的な例は，4.1節で触れられている，数万年スケールの日射量変動に伴う氷床の応答である．実際の応答は，非線形性が加わるのでますます複雑なことになる．

　このように，内的な時間スケールと外的な時間スケールのどちらが大きいかによって，系の振舞いは大きく変わる．それが，入力出力システムにとって，時間スケールが非常に重要になる理由である．

　ただし，内的な時間スケール，外的な時間スケールの他に，関心のある時間スケールが何であるか，というのも重要なファクターである．関心のある問題より，ずっと短い時間スケールで起こるものごとは，長時間平均をして考えることになる．逆に，関心のある問題よりずっと長い時間スケールで起こるものごとは，瞬間的な値だけをたとえばパラメタとして問題に取り込む．

1.3.8　おわりに

　以上，線形システムを中心として，地球科学でよく現れるシステムに関係する概念をまとめてみた．このような概念を知っておくと，自然界のふるまいを理解するのに便利である．実際の自然界にはもっと複雑な非線形システムが現れることもあるが，線形システムを理解しておくことは，非線形システムを理解する前提として不可欠である．より進んだ理解のために，非線形力学系の数学の代表的な教科書として，Guckenheimer and Holmes (1983) を挙げておく．

第1章文献

阿部　豊（1998）地球システムの形成.『岩波講座地球惑星科学 13 地球進化論』, 岩波書店, 1-54.

Agee, C. B. (1998) Phase transformations and seismic structure in the upper mantle and transition zone. in *Reviews in Mineralogy*, **37** (Hemley, R. J., ed.), 165–203.

Alibert, C., Norman, M. D. and McCulloch, M. T. (1994) An ancient Sm-Nd age for a ferroan noritic anorthosite clast from lunar breccia 67016. *Geochim. Cosmochim. Acta*, **58**, 2921–2926.

Awramik, S. M., Schoph, J. W. and Walter, M. R. (1983) Filamentous fossil bacteria from the Archean of western Australia. *Precambrian Res.*, **20**, 357–374.

Bijwaard, H. and Spakman, W. (1999) Tomographic evidence for a narrow whole mantle plume below Iceland. *Earth Planet. Sci. Lett.*, **166**, 121–126.

Boehler, R. (1996) Melting temperature of the Earth's mantle and core: Earth's thermal structure. *Ann. Rev. Earth Planet. Sci.*, **24**, 15–40.

Breuer, D. and Spohn, T. (1995) Possible flush instability in mantle convection at the Archean-Proterozoic transition. *Nature*, **378**, 608–610.

Brocks, J. J., Logan, G. A., Buick, R. and Summons, R. E. (1999) Archean molecular fossils and the early rise of eukaryotes. *Science*, **285**, 1033–1036.

Cameron, A. G. W. and Ward, W. R. (1976) The origin of the Moon. *Proc. Lunar Planet. Sci. Conf.*, **7**, 120–122.

Christensen, U. and Yuen, D. A. (1985) Layered convection induced by phase transitions. *J. Geophys. Res.*, **90**, 10291–10300.

Condie, K. C. (1976) *Plate Tectonics and Crustal Evolution*, Pergamon Press, New York, 289pp.

Condie, K. C. (1982) *Plate Tectonics and Crustal Evolution*, 2nd edition, Pergamon Press, New York, 310pp.

Condie, K. C. (1989) *Plate Tectonics and Crustal Evolution*, 3rd edition, Pergamon Press, Oxford, 476pp.

Condie, K. C. (1997) *Plate Tectonics and Crustal Evolution*, 4th edition, Butterworth-Heinemann, Oxford, 282pp.

Davies, G. F. (1992) On the emergence of plate tectonics, *Geology*, **20**, 963–966.

Dewey, J. F. and Spall, H. (1975) Pre-Mesozoic plate tectonics. *Geology*, **3**, 422–424.

Fukao, Y., Maruyama, S., Obayashi, M. and Inoue, H. (1994) Geologic implication of the whole mantle P-wave tomography. *J. Geol. Soc. Japan*, **100**, 4–23.

Guckenheimer, J. and Holmes, P. (1983) *Nonlinear Oscillations, Dynamical Systems, and Bifurcations of Vector Fields*, Springer Verlag, New York, 459pp.

Gurnis, M. (1988) Large-scale mantle convection and the aggregation and dispersal of supercontinents. *Nature*, **332**, 695–699.

Hale, C. J. (1987) Paleomagnetic data suggest link between the Archean-Proterozoic boundary and inner-core nucleation. *Nature*, **338**, 496–499.

Hartman, W. K. and Davis, D. R. (1975) Satellite-sized planetesimals and lunar origin. *Icarus*, **24**, 504–515.

Hayashi, M., Komiya, T., Nakamiura, Y. and Maruyama, S. (2000) Archean regional metamorphism of the Isua supracrustal belt, southern West Greenalnd: Implications for a driving force for Archean plate tectonics. *Int. Geol. Rev.*, **42**, 1055–1115.

Hoffman, P. F. (1989) United plates of North America, the birth of a craton: early Proterozoic assembly and growth of Laurentia. *Ann. Rev. Earth Planet. Sci.*, **16**, 543–603.

Hoffman, P. F., Kaufman, A. J., Halverson, G. P. and Schrag, D. P. (1998) A Neoproterozoic snowball Earth. *Science*, **281**, 1342–1346.

Hoffman, P. F. and Schrag, D. P. (2000) Snowball Earth. *Sci. Amer.*, Jan., 68-75.

Honda, S., Balachander, S., Yuen, D. A. and Reuteler, R. (1993) Three-dimensional mantle dynamics with an endothermic phase transition. *Science*, **259**, 1308–1311.

Ida, S., Canup, R. M. and Stewart, G. R. (1997) Lunar accretion from an impact-generated disk. *Nature*, **389**, 353–357.

井尻正二・湊 正雄（1957）『地球の歴史』, 岩波新書.

Ishii, M. and Tromp, J. (1999) Normal-mode and free air gravity constraints on lateral variations in velocity and density of Earth's mantle. *Science*, **285**, 1231–1236.

Isozaki, Y. (1997) Permo-Triassic boundary superanoxia and stratified suerocean: records from lost depp sea. *Science*, **276**, 235–238.

磯﨑行雄（1997）分裂する超大陸と生物大量絶滅. 科学, **67**, 543–549.

磯﨑行雄・山岸明彦（1998）初期生命の実像—野外地質学と分子生物学からのアプローチ. 科学, **68**, 821–828.

唐戸俊一郎（2000）『レオロジーと地球科学』, 東京大学出版会, 251pp.

Kasting, J. F. (1993) Earth's early atmosphere. *Science*, **259**, 920–926.

Kendall, J-M. and Shearer, P. M. (1994) Lateral variations in D'' thickness from long-period shear wave data. *J. Geophys. Res.*, **99**, 11575–11590.

Kitajima, K., Maruyama, S., Utsunomiya, S. and Liou, J. G. (2001) Seafloor hydrothermal alteration at an Archean mid-ocean ridge. *J. Metamorphic Geol.*, **19**, 583–599.

Knoll, A. W. and Walter, M. R. (1992) Latest Proterozoic stratigraphy and Earth history. *Nature*, **356**, 673–678.

小宮 剛（1998）中央海嶺玄武岩からマントルの温度を読む. 科学, **68**, 747–750.

Komiya, K., Maruyana, S., Nohda, S., Matsuda, T., Hayashi, M. and Okamoto, K. (1999) Plate tectonics at 3.8-3.7 Ga: Field evidence from the Isua accretionary complex, Southern West Greenland. *J. Geology*, **107**, 515–554.

Kumazawa, M. and Maruyama, S. (1994) Whole earth tectonics. *J. Geol. Soc. Japan*, **100**, 81–102.

Maruyama, S. (1994) Plume tectonics. *J. Geol. Soc. Japan*, **100**, 24–49.

丸山茂徳（1997）全地球ダイナミクス. 科学, **67**, 498–506.

丸山茂徳（1998）太古代付加体と新しい地球史. 科学, **68**, 763–774.

Maruyama, S., Liou, J. G. and Seno, T. (1989) Mesozoic and Cenozoic evolution of Asia. in *The Evolution of the Pacific Ocean Margins* (Ben-Avraham, Z., ed.), New York, Oxford University Press, 75–99.

丸山茂徳・磯﨑行雄（1998）『生命と地球の歴史』, 岩波新書, 275pp.

Maruyama, S. and Okamoto, T. (2002) Water transportation mechanism from the subducting slab into the mantle transition zone. *Tectonophysics*, in press.

都城秋穂（1998）『科学革命とは何か』, 岩波書店, 364pp.

Mojzsis, S. J., Harrison, T. M. and Pidgeon, R. T. (2001) Oxygen isotope evidence from ancient zircons for liquid water at the Earth's surface 4300 Myr ago. *Nature*, **409**, 178–181.
Nisbet, E. G. (1987) *The Young Earth*, Allen & Unwin, Boston, 402pp.
Nyquist, L. E. and Shih, C-Y. (1992) The isotopic record of lunar volcanism. *Geochim. Cosmochim. Acta.*, **56**, 2213–2234.
Ohta, H., Maruyama, S. and Takahashi, E., Watanabe, Y. and Kato, Y. (1996) Field occurrence, geochemistry, and petrogenesis of the Archean mid-oceanic ridge basalts (AMORBs) of the Cleaverville area, Pilbara craton, Western Australia. *Lithos*, **37**, 199–221.
Popper, K. R. (1934) *Logik der Forschung*, Julius Springer Verlag, Vienner. (英訳：(1959) *The Logic of Scientific Discovory*, Hutchinson, London; 和訳：森　博・大内義一訳 (1971-2) 『科学的発見の論理（上・下）』, 恒星社厚生閣, 296pp.+314pp.)
Popper, K. R. (1972) *Objective Knowledge: An Evolutionary Approach*, Clarendon Press, Oxford. (和訳：森　博訳（1974）『客観的知識——進化論的アプローチ』, 木鐸社, 440pp.)
Raup, D. M. and Sepkoski, J. J. (1982) Mass extinctions in the marine fossil record. *Science*, **215**, 1501–1503.
Ritsema, J., van Heijst, H. J. and Wodhouse, J. H. (1999) Complex shear wave velocity structure imaged beneath Africa and Iceland. *Science*, **286**, 1925–1928.
Rogers, J. J. W. (1993) *A history of the Earth*, Cambridge University Press, 292pp.
Schidlowski, M. (1988) A 3,800-million-year isotopic record of life from carbon in sedimentary rocks. *Nature*, **333**, 313–318.
Schoph, J. W. and Packer, B. M. (1987) Early Archaean (3.3-billion to 3.5-billion-year-old) microfossils from Warrawoona Group, Australia. *Science*, **237**, 70–73.
Schubert, G., Yuen, D. A. and Turcotte, D. L. (1975) Role of phase transitions in a dynamic mantle. *Geophys. J. R. Astron. Soc.*, **42**, 705–735.
Schubert, G., Turcotte, D. L. and Olson, P. (2001) *Mantle Convection in the Earth and Planets*, Cambridge University Press, Cambridge, 940pp.
Shimizu, K., Komiya, T., Hirose, K., Shimizu, N. and Maruyama, S. (2001) Cr-spinel, an excellent micro-container for retaining the primitive melts—Implications for a hydrous plume origin for komatiites. *Earth Planet. Sci. Lett.*, **189**, 177–188.
スメール, S.・ハーシュ, M.W. 著, 田村一郎・水谷忠良・新井紀久子訳（1976）『力学系入門』, 岩波書店, 388pp.
Summons, R. E., Jahnke, L. L., Hope, J. M. and Logan, G. A. (1999) 2-Methyl-hopanpoids as biomarkers for cyanobacterial oxygenic photosynthesis. *Nature*, **400**, 554–557.
鈴木正之・早川義一・安田仁彦・細江繁幸（2000）『動的システム論』（メカトロニクス教科書シリーズ 14), コロナ社, 208pp.
平　朝彦・清川昌一（1998）テクトニクスと地球環境の変遷. 『岩波講座地球惑星科学 13 地球進化論』, 岩波書店, 447–520.
田近英一（1998）地球システムの変遷. 『岩波講座地球惑星科学 13 地球進化論』, 岩波書店, 55–153.
高原康彦・飯島淳一（1990）『システム理論』, 共立出版, 267pp.
Ueno, Y. (2002) Diversity of Earth's Earliest Life: Geology, Paleontology and Carbon

isotope Geochemistry of the Early to Middle Archean Fossil Record. Ph.D. Thesis, Tokyo Institute of Technology. 206pp.

Ueno, Y., Isozaki, Y., Yurimoto, H. and Maruyama, S. (2001a) Carbon isotopic signatures of individual Archean microfossils from Western Australia. *Int. Geol. Rev.*, **43**, 196–212.

Ueno, Y., Maruyama, S., Isozaki, Y., and Yurimoto, H. (2001b) Early Archean (ca.3.5Ga) microfossils and ^{13}C-depleted carbonaceous matter in the North Pole area, Western Australia: Field occurrence and geochemistry. in *Geochemistry and origin of Life*, Universal Academic Press, 203–236.

Ueno, Y., Yurimoto, H., Yoshioka, H., Komiya, T. and Maruyama, S. (2002) Ion microprobe analysis of graphite from ca. 3.8 Ga metasediments, Isua supracrustal belt, West Greenland: Relationship between metamorphism and carbon isotopic composition. *Geochim. Cosmochim. Acta*, **66**, 1257–1268.

van der Hilst, R. D., Widiyantoro, S. and Engdahl, E. R. (1997) Evidence for deep mantle circulation from global tomography. *Nature*, **386**, 578–584.

フォンベルタランフィ著, 長野　敬・太田邦昌訳 (1973) 『一般システム理論—その基礎・発展・応用』, みすず書房, 288pp.

Wilde, S. A., Valley, J. W., Pech, W. H. and Graham, C. M. (2001) Evidence from detrital zircons for the existence of continental crust and oceans on the Earth 4.4 Gyr ago. *Nature*, **409**, 175–178.

Wilson, J. T. (1968) Static or mobile earth: the current scientific revolution. *Am. Phil. Soc. Proc.*, **112**, 309-320.

Windley, B. F. (1977) *The Evolving Continents*, Wiley, 385pp.

Windley, B. F. (1984) *The Evolving Continents*, 2nd edition, Wiley, 399pp.

Windley, B. F. (1995) *The Evolving Continents*, 3rd edition, Wiley, 526pp.

Zhao, D. (1999) Whole mantle tomography with grid parameterization, 3-D ray tracing and topography of mantle discontinuities, *EOS Trans.*, AGU, **80**, F716.

Zhao, D. and Kayal, J. R. (2000) Impact of seismic tomography on Earth sciences. *Current Science*, **79**, 1208–1214.

第2章
全地球史解読の技術

　全地球史解読計画とは，物証に基づいて40億年の地球の進化を統一的に理解しようという遠大なプロジェクトである．このような研究を行うためには，従来の地球科学の枠組みを越えた組織的な研究戦略と，それを支える研究手法・技術やシステムの確立が重要な課題となる．そこで，全地球史解読計画では，1) 地質学的・地球物理学的・地球化学的観測とモデリングを統合し，それらが相互にかみ合った研究スタイルを確立すること，および，2) 最先端のテクノロジーを導入し，さまざまな技術的課題を自前で解決できる戦略的な技術開発能力を構築することの2点を，最重要項目として掲げている（高野, 1998）．

　本章では主にその技術的側面に焦点を当て，われわれが検討ならびに実践してきたことを紹介する．2.1節では，全地球史解読計画という分野融合型の

研究スタイルにおいて，共通基盤として必要不可欠な物証となる試料データベースの構築の話題を軸にして，その概要を述べる．

2.2節では全地球史解読の試料データベース作成において一次記載に欠かせない非破壊連続試料の分析方法について，その必要条件と各種分析方法を概説し，2.3節ではとくに全地球史解読計画の中で重点投資してきた技術開発のうち，走査型X線分析顕微鏡による化学柱状図の作成について取り上げる．

また，全地球史解読計画では，昔から現在までの地球の歴史の時間目盛りをできるだけ等分に刻みたいと考えているので（1.1節参照），先カンブリア時代の試料の年代を高精度で決定することが重要である．そこで，そのような年代の測定の基本から最新の分析法までを2.4節で解説する．とくに，全地球史解読計画で重点をおいて開発してきた局所分析ウラン–鉛年代測定装置に関して詳しく説明する．なお，2.4節のタイトルの絶対年代とは，現在から昔に向かって測った年代を数字で表したもののことである．単に年代と呼ばず，「絶対」ということばが付いているのは，1) 時間の前後関係だけで数値を伴わない年代や，2) はっきり年代のわからない過去のある時点から測った年代などと区別するためである．

[岡庭輝幸・吉田茂生]

2.1 全地球史解読のために必要な技術と方法

岡庭輝幸

2.1.1 全地球史解読における連続試料と試料データベースの重要性

　全地球史解読計画の方法において画期的な点は，40億年前までの付加体堆積物を，堆積当時の地球環境変動を記録した「地球史記録テープ」ととらえ，これを徹底的に解読しようとするところにある．これまでに，グリーンランドのイスア地域（Komiya, 1999）やオーストラリアのピルバラ地域（椛島・寺林，1998；Ohta et al., 1996）などで付加体構造が確認され，少なくとも38億年前まで遡ってプレートテクトニクスが機能していたことが明らかになった．このことは，現在の海洋プレート上には存在しない2億年以前の海洋堆積物が，付加作用によって大陸地殻中に保存されていることを意味している．したがって，そのような堆積岩を連続的に採取することができれば，ODP（Ocean Drilling Program；国際深海掘削計画）が現在の海洋堆積物について行っているような総合的な地球環境変動の解明が，太古代にまで遡って可能になることを示している．

　われわれは，このような堆積岩の連続露頭の中で，各時代について世界中で最も保存状態の良いものを探して，系統的に採取してきた．現在までに，グリーンランド・イスア地域（38億年前），オーストラリア・ピルバラ地域（35億年および33億年前），カナダ・スレーブ地域（28億年および19億年前），ナミビア・オタビ地域（7億年前）などの連続試料を確保している．それらは，チャート，縞状鉄鉱床，縞状炭酸塩岩などの，厚さが数百 μm〜数 cm の縞のある縞状堆積岩である．連続試料の長さは，短いものは数mから長いものでは40mに及ぶ．これらの試料は，縞1枚1枚の堆積時間の時間分解能を持つ，「刻時マーク付き」記録テープとみなすことができる．したがって，とくに周期性の解析においては，この記録テープをできる限り欠損がないように採取することが必要であり，これを完全連続サンプリングと称している．

これらの大量な試料は，まさに全地球史解読のよってたつ貴重な物証に相当するものである．ただし，これらの試料とそこから得られる情報を，多様な分野の研究者が参入する組織研究において共通に利用できる基盤とするためには，試料データベースの構築が必要不可欠である．ここでいう試料データベースとは，「モノ」のデータベースと，それを記載した「情報」のデータベースの両者を指す．その構築とは，試料の採取から一次記載，そして「モノ」と「情報」の流通機構まで含めた研究手法を確立することである．世界各地から選りすぐった試料を採取してきても，それを多くの研究者に生かしてもらう形で整理し，情報を提供しなければ，その試料の価値を十分に生かすことができないだろう．陸上を主な調査地域としてきた従来の地質学では，多くの場合，試料は採集者本人しか利用できない形で保管され，最終的には保管場所に困って廃棄されてきた．そのような事態が生じる背景には，試料の採取スタイルには人それぞれ個性があり，他人の試料を使いたがらないということもある．一方で，たとえばODPのような海底ボーリングコアを分析する分野では，試料データベースの重要性がすでに十分に認識され，実際にデータも公開されて組織的な研究が展開されている (http://www-odp.tamu.edu/).それは，海洋ボーリング試料は量が少なくて貴重なため，試料データベースを作って，ひとつの試料を複数の研究者で最大限に利用しなければならないからである．また，試料の形が統一されているのでデータベース作成に有利でもある．そこで，全地球史解読では，それらの組織的研究における知識や技術も参照しつつ，われわれの課題に適合した試料データベースの構築を目指してきた．

2.1.2　全地球史解読の試料データベースの作成手順

図 2.1.1 は全地球史解読における試料データベース作成の流れを示す．手順そのものはきわめて伝統的な手法を踏襲しているが，そのひとつひとつの段階においては，本プロジェクトの趣旨に沿った独創的な要素が盛り込まれている．ここでは，各段階においてわれわれがたどってきた手順を解説する．

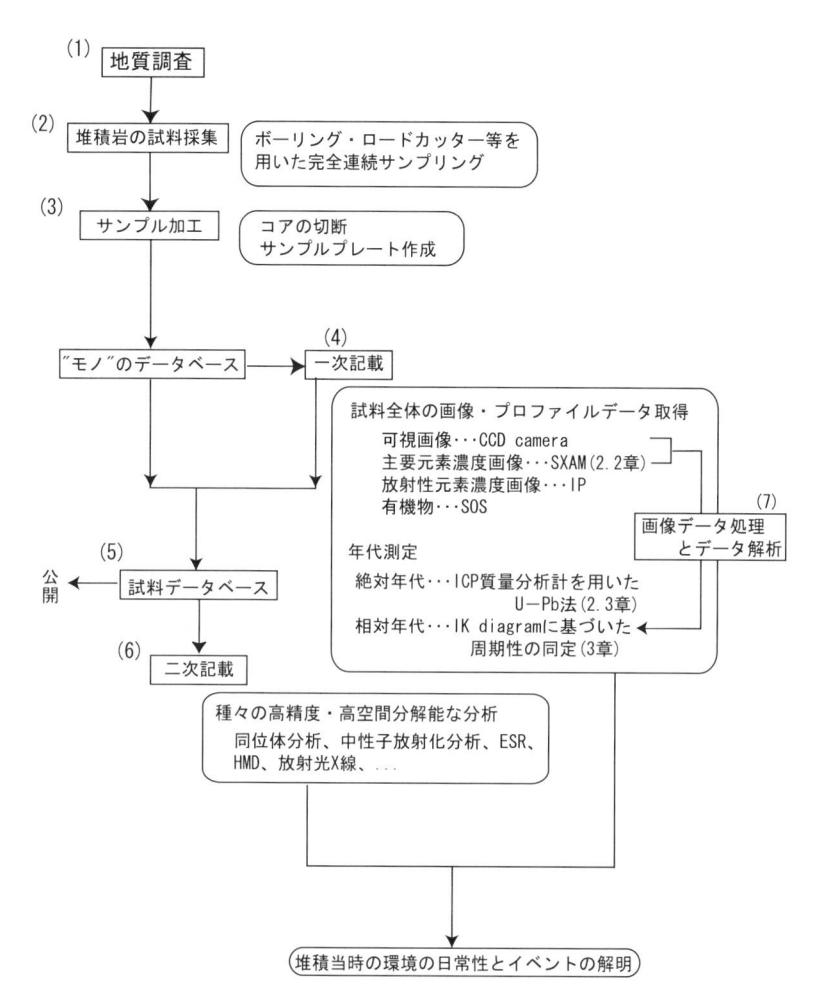

```
(1) 地質調査
     │
(2) 堆積岩の試料採集 ── ボーリング・ロードカッター等を
     │                   用いた完全連続サンプリング
(3) サンプル加工 ── コアの切断
     │              サンプルプレート作成
     ▼
 "モノ"のデータベース ──→ (4) 一次記載
     │                        │
     │            ┌───────────┴────────────────┐
     │            │ 試料全体の画像・プロファイルデータ取得
     │            │   可視画像…CCD camera
     │            │   主要元素濃度画像…SXAM(2.2章)
     │            │   放射性元素濃度画像…IP
     │            │   有機物…SOS                      (7)
     │            │                              画像データ処理
     │            │ 年代測定                      とデータ解析
(5)  ▼            │   絶対年代…ICP質量分析計を用いた
公開← 試料データベース    U-Pb法(2.3章)
(6)  │            │   相対年代…IK diagramに基づいた
     ▼            │        周期性の同定(3章)
   二次記載       └────────────────────────────┘
     │
     │   種々の高精度・高空間分解能な分析
     │     同位体分析、中性子放射化分析、ESR、
     │     HMD、放射光X線、…
     ▼
 堆積当時の環境の日常性とイベントの解明
```

図 2.1.1 試料データベースの作成．完全連続サンプリングによって採取された岩石片やコアをプレート状に加工するなどして「モノ」のデータベースとして取り扱えるようにする．さらに，一次記載として各種非破壊分析や年代測定を行い，情報データベースを作成する．これら「モノ」と「情報」のデータベースを合わせて試料データベースを構築し，より詳細な研究を発展させる基盤とする．

(1) 地質調査

まずは研究対象とする時代の試料を確保するのに最適な場所を，世界中の地質から吟味し，当時の堆積物として最も保存状態が良いものを特定する．現

地においては，周辺の詳細な地質図を作成し，堆積場を明らかにすると同時に，サンプリングに適切な露頭を探し出すことが肝要である．

(2) 堆積岩の試料採集

堆積岩の連続試料を採取するには，一般にはボーリングによる方法が適し

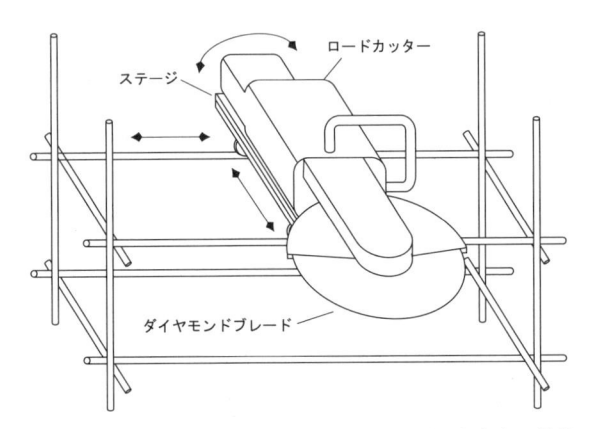

図 2.1.2a　連続採集用足場の模式図．ステージ全体はパイプ上を左右に移動でき，ステージの上板側は前後にスライドできる．また，エンジンカッターはステージ上で回転できるように取り付けられている．

図 2.1.2b　ロードカッターによるサンプリングの様子．

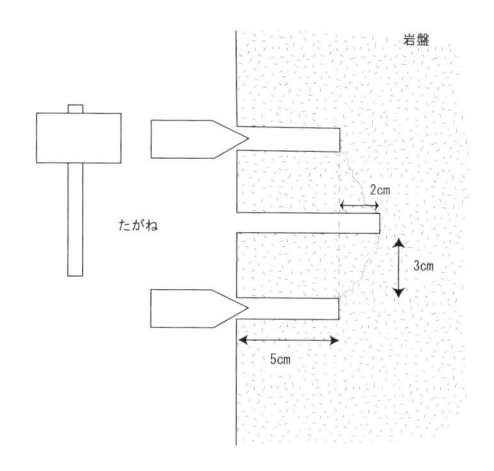

図 2.1.3　露頭に入れる溝の断面図.

ていると考えられる．とくに，地表で風化の激しい岩層では，地中のよりフレッシュな堆積物を手にすることができる利点は大きい．しかしながら，ボーリングには多額の経費がかかり，また大型の機材を使用するために，設置できる場所に制約がある．さらには，ボーリング時に試料のクラックの部分が破砕されたりして，縞のスケールによっては連続性が保持されなくなってしまう可能性もある．一方，ハンマーなどを使った従来の採取方法では，地表の露頭から採取する場合，たとえ連続露頭があっても，試料を完全に連続的に採取することはできず，必ず欠損や重なりを生じることになる．

　そこでわれわれは，エンジン付きのダイヤモンドカッターを用いて，露頭を切り取る手法を確立した．エンジンカッターは STIHL 社製 TS400 という 2 サイクルエンジンのカッターで，軽量かつメンテナンスを軽減できる工夫がなされており，野外での取り扱いに適している．図 2.1.2 のように，建設現場で用いられる足場を組んで，平行な 2 本のパイプの上をスライドするステージにエンジンカッターを取り付け，垂直や斜めの露頭からもサンプリングすることが可能になった．露頭には 3 cm の間隔をおいて，3 本の溝を切る（図 2.1.3）．それらの溝は，外側を深さ 5 cm 程度，中央はさらに試料の厚さ程度（ここでは約 2 cm）深く切ることにより，割れ目が斜めに入りやすくな

るようにしている．外側の溝に幅広たがねを並べて挿し，徐々にハンマーでたたき入れて溝の間の部分を取り外すことにより，同一のセクションから2セットの試料を採取することができる．この方法は，試料の状態を目視しながら採取を行うことができるので，試料の欠損を極力防ぐことができ，1セットを非破壊保存用，もう1セットを破壊分析用として使用することができる．

　このような，エンジンカッターを用いた連続サンプリングの方法は，堆積物の種類と露頭の状況に対応して，さまざまな工夫や開発が要求される．たとえば，地層が水平で露頭が垂直な場合には，本格的に足場を高く組んで，カッターを垂直にスライドさせる仕組みを開発する必要があるかもしれない．今後もそのようなノウハウを蓄積して，効率よく欠損のない試料採取の技術を高めていく必要がある．

(3) サンプル加工

　エンジンカッターで切り取った試料は形状も多様性があり，構造的にも弱いので，試料を補強し，統一的に取り扱えるように規格化した寸法に加工す

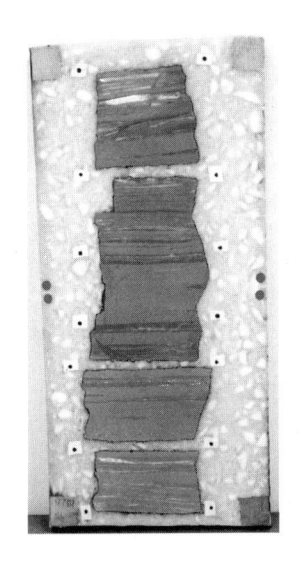

図 2.1.4　試料プレートの写真（縦 40 cm × 横 20 cm）．試料の周囲には位置合わせ用のマーカーが貼り付けてある．また，プレートの4隅には，固めるときに金属枠を支えるベニアチップが埋め込まれている．

る．試料の規格が統一されていることは，その保管・管理もしやすくなり，後述する非破壊一次分析のためにも都合がよいという長所もある．

手順はまず，$20 \times 40\,\mathrm{cm}$（あるいは $20 \times 20\,\mathrm{cm}$）の金属枠の中に岩石試料を順に並べ，骨材を混ぜたエポキシ樹脂を隙間に流し込んで固めることにより，試料プレートを作成する（図 2.1.4）．プレートのサイズは，後に述べるイメージングプレートのサイズに合わせた．また，骨材は樹脂の使用量を減らすためと樹脂が硬化するときの発熱を抑えるために混ぜるもので，チャートや石灰岩などの岩屑片を用いる．固化したプレートは片面を研磨し，厚さを $3\,\mathrm{cm}$ にそろえる．研磨については石材店に委託することで，大型の岩石用研磨装置を用いた自動研磨が可能である．このようにして作成されたサンプルプレートが「モノ」のデータベースに相当する．

(4) 一次記載：非破壊連続測定

試料データベースにおける一次記載とは，いわば試料のカタログ作りにも相当する．このカタログを見て，研究者は試料の重要な箇所を見つけ出し，「モノ」のデータベースにアプローチすることになる．もちろん一次記載のデータ自体は，たとえばミランコビッチサイクルなど，長大な試料全体を把握することによって得られる情報を検出することにも大いに活用される．

従来の方法における堆積物の一次記載において，まず最低限記録すべき事柄は，堆積物の色・構造・組成・粒度・化石・岩石磁気などが挙げられる．しかし，これらを測定するためには試料を切り出して薄片を作成したり，粉末にしたりしなければならないものもあり，数 m〜数十 m といった大量の試料を，縞のスケールで記載するのに必要な数百 μm〜数 mm という高空間分解能で分析するためには膨大な時間を要することになる．このように大量の試料を処理するためには，精度は多少悪くても，非破壊で効率よく測定できる分析法や装置を導入・開発することが必要となる．また，一次記載において非破壊分析を行えば，カタログ作成のために試料自体を破壊する必要がないという利点も生じる．

試料を破壊せずに分析するためには，電磁波や粒子線などを試料に照射して，その応答から物性や組成を知る方法を使う．われわれは，さまざまな非破

壊分析法の中から大量の堆積物試料の一次記載に適した方法を見定め，必要ならば装置を開発しなければならない．全地球史解読において，とくに重点的に開発・導入した非破壊測定装置としては，走査型 X 線分析顕微鏡（Scanning X-ray Analytical Microprobe）と堆積物有機物スキャナ（Sediment Organic Scanner）がある．また近年は，主にボーリングコアの一次記載を目的にした種々の非破壊連続測定方法も導入されてきている（池原，2000）．堆積物の非破壊分析法については，本章 2.2 節でさらに論じることにする．

(5) 試料データベース

たとえば ODP では，各種基礎データはインターネットのホームページ上で公開され，数値データとして簡単に入手することができ，画像データなど情報量の多いデータは希望者に CD-ROM にて配布されている．そして，研究者が各自の目的に応じて試料を入手することができるシステムが確立されている．その結果，より多くの研究者が参入でき，研究分野の裾野が大きく広がって，さらに活性化することになる．

一方，全地球史解読においても，測定された一次記載データは「情報」のデータベースとしてホームページで広く一般に公開し，そこから「モノ」のデータベースを検索・参照できるシステム作りを目指してきた．現在，この試料データベースシステムを構築するために，地球史データベースを立ち上げようとしている（川上，2001）．これは，一般市民から研究者までを広く対象としたインターネット上における仮想博物館のひとつの形態である．初歩的なレベルから研究の最先端のレベルまで階層的に情報を網羅し，そこに試料データベースをリンクさせることによって，ごく一部の研究者のみならず，広く一般の市民でも簡単に生の情報に触れられるように構想されている．これにより，博物館と市民と研究者とを複合的に結びつけた，従来にない新しいシステムを構築しようとしている．

(6) 二次記載

二次記載とは，一次記載を元にして試料全体の中から特徴的な箇所に絞って，さらに高分解能で高精度な分析を行うことを指す．二次記載に使われる

分析法には，たとえば同位体質量分析法，中性子放射化分析法，ESR，放射光 X 線分析法などが挙げられる．

2.1.3　連続試料の一次記載の利用

全地球史解読計画では，連続試料の一次記載を直接的に利用する方法も考えている．そのひとつは，第 3 章で詳述される IK ダイアグラムを用い，堆積物の堆積速度や相対年代を推定する方法である．この方法では，堆積物の縞の複数の周期性を，理論的に求めた天体力学的周期と比較することにより，堆積物の堆積速度や相対年代を推定する．この方法は，縞の成因が明らかになっていない堆積物においては，必ずしも常に有効であるとは限らない．しかし，もしこの方法で縞の周期が特定されれば，成因に対する制約条件になると同時に，当時の地球自転速度や月公転速度，月–地球間距離などの天体力学系パラメータが同定されることになる．これは地球史研究の中でも重要な課題のひとつである月–地球力学系の進化に対して，貴重な制約条件を与えることになる．

また，このような縞の系列データを得るためには，堆積物の二次元画像から褶曲などの変形や試料の部分的欠損などの影響を取り除いた上で，一次元的な堆積系列に直す必要がある．この目的で，Lamination Tracer というアルゴリズムの開発も行われた（Katsuta *et al*., 2003）．

2.2 連続試料に対する非破壊一次記載の方法

岡庭輝幸

2.2.1 一次記載における課題

縞状堆積物の連続試料に対する一次記載に課せられた課題は，先述したように大量の試料を高分解能で効率よく測定することである．ここでいう高分解能とは，認識できる最小単位の縞の層厚スケールよりも十分に小さいことを意味している．もし，一層内に10個の測定点を得ると仮定すると，層厚1cmの縞状堆積岩の連続サンプル10m分を測定するためには1万点の分析点が必要となり，これを破壊分析や薄片分析で行うことは現実的ではない．したがって，試料に複雑な処理をしなくても簡便に測定できる非破壊分析法が，大量の堆積物試料の一次記載に最も適した方法であるといえる．ただし，現実には装置の限界から，それぞれの堆積物に最適な分解能を常に確保できるわけではないことを言い添えておく．

2.2.2 大量・連続試料に対する非破壊分析法の原理

非破壊分析法の原理をモデル化すると，試料に対する入力と出力という単純な系に帰着する（図2.2.1）．試料に入力するものは，電磁波・粒子線・弾性波の大きく3つに分類される．それぞれに応じて物質はさまざまな相互作用をし，その結果として放射される電磁波・粒子線・弾性波を検出することにより，物質の特性を知ることができる．ただし，中には入力がなくて自然に放射されているものを検出できる場合もある（たとえば放射性核種からの自然放射線など）．電磁波にはエネルギーの高い順にγ線・X線・紫外線・可視光線・赤外線・マイクロ波・電波，そして波動としてのエネルギーゼロの極限として静電場・静磁場がある．とくに，エネルギー（波長）ごとに分けて電磁波の強度を測定する方法を分光法という．また粒子線には，α（He原子核）・β（電子）・中性子・陽子・イオンなどがある．

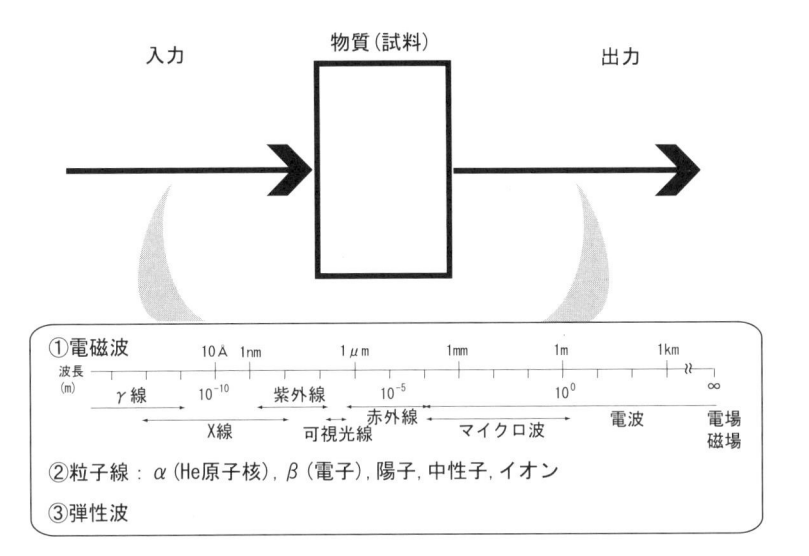

図 2.2.1 非破壊分析の概念．物質に対して電磁波などを入力し，それと物質との相互作用の結果として発生する各種電磁波などを検出することにより物質の特徴を知ることができる．入力と出力の組み合わせには様々なものがあり，欲しい情報に対して適切な方法を選択すればよい．

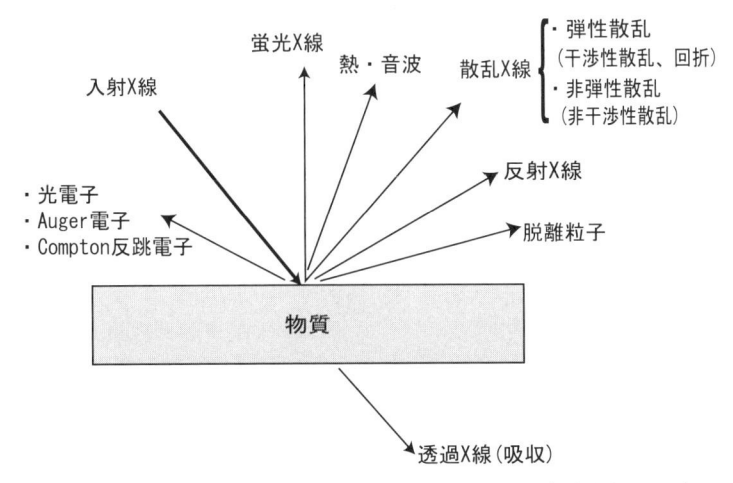

図 2.2.2 X 線と物質の相互作用によって発生する諸現象（西勝，1998）

2.2 連続試料に対する非破壊一次記載の方法

物質の応答の一例として，入力として X 線を照射したときに発生する諸現象を示す（図 2.2.2）．X 線を試料に入射させると，X 線の一部は散乱・反射し，一部は吸収されて残りは透過する．弾性散乱した X 線は，互いに干渉しあって回折線として観測され，これより結晶の格子面間隔が求められ，鉱物の同定ができる．また X 線の吸収に伴って電子が放出されたり，入射エネルギーと異なるエネルギーを持つ X 線（蛍光 X 線）が発生したりし，元素の種類や濃度が測定できる．透過 X 線の測定からは X 線の吸収率が求められ，物質の密度や組成の情報が得られる．さらに透過 X 線を分光して吸収端付近の吸収スペクトルの微細構造を調べることにより，化学結合の様子などを捉えることもできる．

2.2.3 非破壊分析法の技術条件

非破壊分析における，入力と出力の組み合わせにはさまざまなものがあり，欲しい情報に対して，適切な方法を選択すればよいのであるが，大量の堆積物試料の非破壊分析という課題に対しては，さまざまな制約条件が課せられることになる．まず大型試料を扱うことから，試料は 1) <u>前処理が簡単</u> で，2) <u>大気中において測定可能</u> であること，試料をセットしたら 3) <u>測定は自動化</u> されていることなどの条件が挙げられる．さらに，膨大な試料を処理するためには，4) <u>測定時間が短い</u> ことが制約として厳しくなるが，これは装置を増やして並行して計測できるようにしたり，占有時間を長くすることで解決できる場合もある．なお，これらの条件をクリアする装置を，「夕刻 5 時の帰宅前に試料をセットしたら，あとは一晩かけて自動的にデータを取ってくれる簡便な装置である」という意味で，通称「5 時からマシーン」とわれわれは呼んでいる．

さらに，一般に堆積物は異種鉱物の混合物であるために，測定結果の多くはひとつの特性に対応したものではない場合が多いという問題がある．たとえば，主に分子振動によって生じる近赤外〜赤外の吸収スペクトルは，ピークの幅が広くなだらかであるために，いくつかのピークが重なると，その判別が困難になる．また，解析には標準となるスペクトルが必要であり，測定の前にあらかじめ試料の主成分組成などが判明している必要がある．このように，

大量かつ大型試料の分析の条件を満たしていても，一次記載方法の優先順位としては低くなってしまう分析法もある．すなわち，非破壊分析法として，5) 得られるデータが比較的単純で解釈しやすいことが，きわめて重要な条件となる．

最後に付帯的条件としては，採取した試料からできる限り情報を抽出するために，6) 二次元データが取得できることをわれわれは重視してきた．二次元データの取得は，一次元のプロファイルを得るよりは測定時間が多く必要だが，縞の構造を把握しやすく，側方向の揺らぎを平均化でき，層内に挟在する粒子などの点状の特徴も把握できるなどの利点がある．

次に，これらの制約条件に基づいて，連続試料の一次記載に利用可能かどうかという観点で，さまざまな分析法を概観してみる．

2.2.4 原理的に大型試料の非破壊分析が可能な方法

表 2.2.1 に，原理的に大型試料の非破壊分析が可能な方法について，主なものをまとめた．ここではまず，基本的に 1)〜3) の制約条件を満たしているものを挙げ，さらに測定時間とデータの解釈のしやすさ等を考慮して，試料の状態別に有効性の評価を行っている．試料の分類として野外を加えているのは，野外でその場観察として用いられている方法は一般的に室内よりも厳しい制約条件にさらされており，その意味で室内における試料の測定にも十分導入できる可能性を持っている場合が多いと考えるからである．ここでは，ターゲットとする試料が主にプレート型の岩石試料なので，それに適した方法を中心に解説する．なお，海洋底や湖底のボーリングコアに用いられている方法についてはたとえば池原 (2000) を，検層についてはたとえば斎藤実篤氏のホームページ (http://www.ldeo.columbia.edu/~saito/logging.html) を参照されたい．

放射線を利用した方法においては，蛍光 X 線分析による元素濃度の測定が最も有効であると考えられる．蛍光 X 線は元素に固有のエネルギーを持ち，スペクトルピークもシャープなため，元素の同定が容易である．さらに，エネルギー分散型の分光法では同時に複数の元素濃度を測定できるため，汎用性も高い．陽子ビーム励起の特性 X 線分析法である PIXE は蛍光 X 線分析法

表 2.2.1 原理的に大型試料の非破壊分析が可能な方法

分析方法	測定原理	得られる情報	有効性 固結	未固結	野外※
中性子散乱 [1]	主に水素原子による中性子の後方散乱	含水率	×	○	◎
中性子放射化分析法 [1]	中性子照射により放射化された原子の壊変で放出されるγ線の測定	元素濃度	△	△	◎
透過・散乱γ線 [2]	γ線の透過率・後方散乱率測定	密度	○	◎	◎
イオンビーム蛍光X線分析法（PIXE）[3]	陽子線励起特性X線エネルギー分散分光	元素濃度	○	○	×
X線回折分析法 [4]	回折散乱の角度から面格子間隔を計測	結晶構造，鉱物組成	○	×	×
蛍光X線分析法 [5]	X線励起特性X線エネルギー・波長分散分光	元素濃度	◎	◎	△
X線吸収分光法 [6]（蛍光XAFS）	X線の吸収スペクトル測定→X線の吸収端付近の微細構造	原子の結合状態	△	△	×
X線透過測定法 [7]	軟X線の吸収量を画像化	密度と化学組成の不均質	○	◎	×
X線CT [8]	トモグラフィーによる，X線吸収係数（CT値）の断層画像	密度と化学組成の不均質の任意断面	○	◎	×
自然放射線エネルギー分光 [1]	固体検出器を用いた自然放射線の検出	放射性元素濃度	○	○	◎
オートラジオグラフィ [9]	IPを用いた自然放射線強度の不均質を画像化	放射性元素濃度	◎	○	×
可視光画像 [10]	CCDカメラやフラッドヘッドスキャナによるRGB画像の取得	色や構造など	◎	◎	◎
紫外蛍光画像 [11]	紫外線を光源にして，可視領域での蛍光分布をRGB画像で得る	蛍光物質（希土類，有機物など）の分布	○	○	×
紫外蛍光分光法 [11]	紫外線を照射して発せられる蛍光・燐光を分光測定	蛍光物質の同定と定量	○	○	×
可視・近赤外吸収分光法 [10]	可視〜近赤外の反射スペクトル測定	主に遷移金属元素の結合状態	◎	◎	◎
赤外・ラマン分光法 [10]	赤外吸収スペクトル・ラマン散乱スペクトルの測定	分子振動	○	○	×

画像分光法 [10]	二次元CCDや音響光学素子を用いてスペクトルと画像の同時測定	スペクトル強度の二次元分布パターン	○	○	○
光音響分光法（PAS）[12]	光の吸収により発生する音波の測定	光吸収スペクトルの高感度測定	△	×	×
電子スピン共鳴法（ESR）[13]	磁場中でのマイクロ波の吸収スペクトル	格子欠陥	△	×	×
核磁気共鳴イメージング法（MRI）[10]	核磁気共鳴による電波の吸収スペクトルを三次元画像化	水の分布	×	○	○
残留磁化測定法 [14]	超伝導磁力計を用いた磁場測定	残留磁化強度	○	○	○
初期帯磁率 [1]	微小磁場中での磁化測定	磁性鉱物量	○	○	○
P波速度 [15]	圧電素子を用いて弾性波を発信し，その走時を測定	密度	△	○	○
堆積物有機スキャナ [16]	レーザーで有機物を熱分解し，質量分析計に導入して測定	有機物の種類と分布	○	○	×

※）野外には，露頭でその場計測する場合とボーリング孔の検層とが含まれる．
1）斎藤実篤，孔内計測地球科学（Borehole Science）の現状と展望：http://www.ldeo.columbia.edu/~saito/logging.html　ODPの測定データに関するHP：http://www-odp.tamu.edu/isg/datatypes.htm　2）Boyce, R.E. (1976) Definitions and laboratory techniques of compressional sound velocity parameters and wet-water content, wet-bulk density, and porosity parameters by gravimetric and gamma ray attenuation techniques. in *Initial Reports of the Deep Sea Drilling Project*, vol.**33** (Schlanger, S.O., Jackson, E.D. *et al.*, eds.), Washington, U.S. Government Printing Office, 931–958.　3）林　茂樹・浅利正敏（1995）イオンビーム励起X線分析（PIXE分析）．田口勇編『最先端分析技術とその応用』，アグネ技術センター，67–78.　4）堀内俊寿（1998）カラーラウエ法による薄膜の構造解析．合志陽一監修・佐藤公隆編『X線分析最前線』，アグネ技術センター，265–282.　5）加藤誠軌編著（1998）『X線分光分析』，内田老鶴圃.　6）山口博隆・大柳宏之（1993）蛍光XAFS—高感度な測定法．宇田川康夫編『X線吸収微細構造—XAFSの測定と解析』，日本分光学会測定法シリーズ26，学会出版センター，138–146.　7）池原　研（1989）軟X線による未固結堆積物の堆積構造観察法．地質ニュース，418，17–25.　8）中野　司・中島善人・中村光一・池田　進（2000）X線CTによる岩石内部構造の観察・解析法．地質学雑誌，**106**，363–378.　9）森　信文・宮原諄二（1991）イメージングプレート—広がる放射線検出器としての応用—．ぶんせき，**6**，411–416.　10）地球化学分光学，月刊地球**18**（1996）.　11）西川泰治・平木敬三（1984）『蛍光りん光分析法』，機器分析実技シリーズ，共立出版.　12）澤田嗣郎編（1982）光音響分光法とその応用—PAS，日本分光学会 測定法シリーズ1，学会出版センター.　13）池谷元伺・三木俊克（1992）『ESR顕微鏡—電子スピン共鳴応用計測の新たな展開』，シュプリンガー・フェアラーク東京.　14）小玉一人（1999）『古地磁気学』，東京大学出版会.　15）Weaver, P.P.E. and Schultheiss, P.J.(1990) Current methods for obtaining, logging and splitting marine sediment cores. *Marine Geophysical Researches*, **12**, 85–100.　16）鈴木徳行（1998）堆積有機物の計測と解析．小泉英明編『環境計測の最先端』，三田出版会，209–219.

より感度が高く，より微量分析に適している．しかし，イオンビームを生成するためには加速器が必要となり，最近は比較的小型の装置も開発されているとはいえ，コスト面での負担が大きい．そこで，全地球史解読では，大型試料測定用のエネルギー分散型蛍光 X 線分析装置を導入し，一次記載の目玉として活用してきた．次節では，その装置と実際の応用例について紹介する．

　X 線回折分析は，鉱物の同定のためになくてはならない方法であるが，これまで大型試料の非破壊分析に適した装置はなかった．そこで現在，われわれはカラーラウエ法を応用した分析装置を開発しつつある．カラーラウエ法とは，連続 X 線を励起源とし，回折 X 線をエネルギー分散型 X 線 CCD で検出することにより，回折 X 線の角度・エネルギー・強度を同時に測定し，それにより結晶の格子面間隔を求め，鉱物を同定する方法である．回折 X 線の分析には少なくとも 1 点あたり数千秒はかかるので，連続分析には不向きであるが，蛍光 X 線分析による元素マッピングと組み合わせることで，それぞれの元素が含有される鉱物を推定することが容易になり，情報の価値を高めることができるようになる．

　オートラジオグラフィーは，イメージングプレート（IP）と呼ばれるシートを試料の表面に密着させた状態で一定時間放置し，試料中の放射線量分布の画像を得るものである．これから U, Th, K といった放射性元素の分布画像が得られる．IP は感度が非常に高いために，微量の放射性元素でも検出できる特長がある．この方法を用いることにより，たとえばジルコンなどの年代測定に用いる鉱物を大量の試料の中から効率よく発見することが可能になる．露光時間は 1 枚あたり数日と長いが，IP は 1 枚数万円と比較的安価であるために，複数の試料を同時に測定することができ，時間の制約という問題は解決できる．

　次に，紫外～可視～赤外のいわゆる光を用いた方法としては，主に CCD カメラやフラットヘッドスキャナによる画像計測と，分光法とに大別できる．画像計測は二次元情報のデジタルデータが短時間で得られるために，大量試料の処理にはきわめて有効である．しかし色の情報は組成だけでなく，表面の状態・粒度・水分量・結晶度など，さまざまな影響を大きく反映するため，一義的には解釈しにくい．また，光源の非均一性などから，データを定量的

に扱えない場合もある．したがって，より詳細な情報を得るためには各種の分光法を用いることになる．可視～紫外線の分光により外殻電子の情報が得られ，赤外線からは分子振動の情報が得られるので，主に鉱物や化合物を同定するのに適している．たとえば可視域では，ハンディな分光測定装置である，色彩色差計や分光測色計を用いて岩石や鉱物の色を定量化する手法が開発され，野外計測や ODP の一次記載などに活用されている（中嶋，1994）．

さらには，各点のスペクトルを得ると同時に画像も得ることができる画像分光法が，主にリモートセンシングの分野を中心に開発されてきた（たとえば村井，2000；山口・丸山，1999）．最初は，分光器やバンドパスフィルタなどを用いて通常 3–20 程度の帯域に分割された画像を測定する MSS（Multi Spectral Scanner）が採用されていたが，より連続的なスペクトルを観測するセンサとして，二次元 CCD アレーを用いたイメージングスペクトロメーターも利用されている．これは CCD アレーの一方をスペクトル分解に，他方を空間分解に用い，センサまたは試料を一方向に走査することによって画像情報を得るものである．また，音響光学素子（AOTF）を用いた画像分光法も近年開発され，これはリモートセンシングだけでなく顕微画像分光イメージングにも利用されている（中嶋ほか，1996）．音響光学素子とは，SiO_2 や TiO_2 などの結晶に超音波を加えると，光が回折される現象を用いるものである．超音波の波長を変化させると回折される波長が順次変化するので，容易に波長を変えながら画像分光を行うことができる．画像分光イメージングは，これまで大型試料の非破壊分析にはほとんど用いられていないが，今後大いに利用される可能性を持っているだろう．

Suzuki（1996）が開発した堆積物有機スキャナ（SOS; Sediment Organic Scanner）は，堆積物の試料表面上にレーザービームを断続的・連続的に照射し，それによって抽出される有機物を，He ガスなどをキャリアにして各種の分析機器に導入し，有機物の濃度を連続的に分析できる装置である（図 2.2.3）．レーザーの波長，ビームの直径とエネルギー密度などの選択によって，いろいろなレベルの熱分解生成物から各種分子のクラスターまでを抽出し，試料上で走査できる．こうして試料表面近傍から取り出した物質は，直接分析を行う方法の他，酵素分解，熱分解などの分解過程と，コールドトラッ

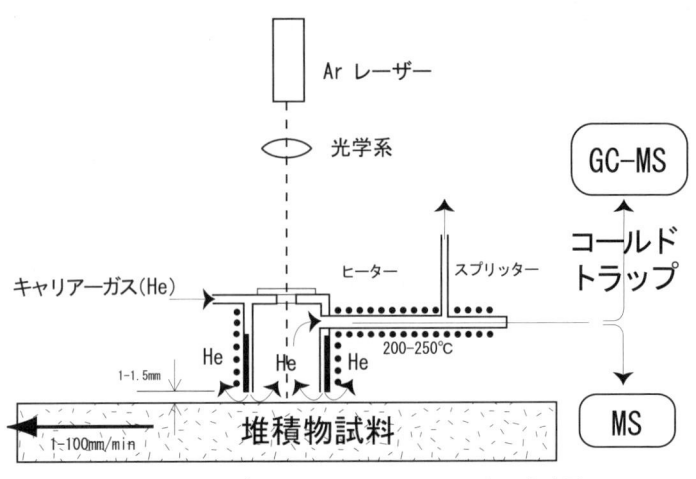

図 2.2.3 SOS（Sediment Organic Scanner）の概念図．

プ，液体クロマトグラフィー，ガスクロマトグラフィー，イオン化，質量分析などの分離過程を組み合わせて用いることにより，目的に応じて同位体レベルから分子レベルでの分析を行うことができる．これまでに得られた具体的例として，鈴木（1998）が行った SOS によるグリーンリバー頁岩の時系列走査分析の結果を紹介する（図 2.2.4）．

　有機物は形成後堆積物に固定されるまでと，その後の地質学的時間にさまざまな分解反応や重合反応による変質を受ける．またレーザーによる抽出とその後の分離分析過程においてもさまざまな反応を経由する．したがって，SOS による地球史解読には，有機分子の形成，安定性や反応性に関わる知見を総合した多段の解読を必要とする．多様な分子が高度に重合したケロジェンから特徴的な分子を分離分析するには，未開発のものまでを含めてさまざまな有力な手法が想定されている．生物とそれが作る有機物質の多様性は莫大な情報を持っているので，21 世紀にはこの解読手法のさらなる開発によって，生命進化と地球環境変動の理解に飛躍的な発展が期待されている．

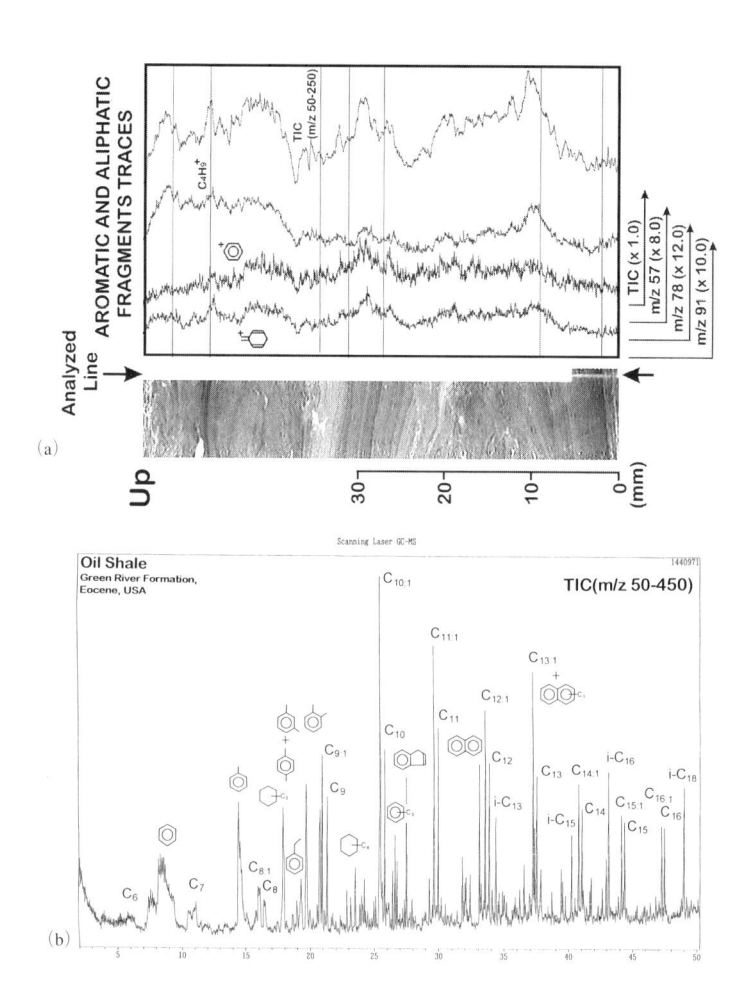

図 2.2.4 堆積物有機スキャナによるグリーンリバー頁岩の時系列走査分析（鈴木，1998）ここでは Ar レーザーを用い，熱分解された有機物を電子衝撃イオン化法（EI 法）でイオン化した後，質量分析計にて分析した（図 2.2.4a）．全イオン電流（TIC）の変化は試料の明度の変化と対応しており，これは有機物の濃度変化におよそ対応しているものと考えられる．また，質量数 57 のイオンは試料に含まれていた脂肪族構造に，質量数 78，91 のイオンは芳香族構造に由来している．ここでは，相対的に上部で脂肪族が多く中央付近で芳香族が多いという傾向が見える．図 2.2.4b では，走査中の生成物をコールドトラップし GC/MS 分析した結果も示す．TIC クロマトグラフィーから低エネルギーレーザー熱分解による生成物が主に n-アルカンやアルケンなどの脂肪族化合物であることがわかる．また，非環状イソプレノイド化合物も含まれている．この試料中の有機物は主に藻類の細胞壁が残存濃縮して形成されたものと考えられている．細胞壁は脂肪族構造に富んでいるので，レーザー熱分解生成物の組成はこのことと調和している．

2.3 走査型X線分析顕微鏡の連続非破壊分析への応用

岡庭輝幸

2.3.1 エネルギー分散型X線分光法の原理

　蛍光X線は，試料に入射するX線によって内殻の電子軌道の電子が叩き出され，より高い準位にある電子がその空席に遷移したときに放出されるX線のことである．蛍光X線のエネルギーは内側の殻にある電子状態に依存するので，化学結合の状態にほとんど関係せず，元素に特有のエネルギースペクトルを持つ（これを特性X線と呼ぶ）．蛍光X線のスペクトルは比較的単純であり，ピークもシャープであるため容易に元素を同定することができ，蛍光X線分析は元素濃度の分析法として幅広く活用されている．

　蛍光X線の分析法には，半導体検出器によるエネルギー分散型分光法（EDX; Energy Dispersive X-ray spectroscopy）と，結晶分光器による波長分散型分光法（WDX; Wavelength Dispersive X-ray spectroscopy）がある．EDXは多元素を同時に測定することが可能であり，原理的にはNa～Uまで測定できる．一方，WDXはEDXよりもエネルギー（波長）分解能が高いので，高精度の定量分析に適しているが，ひとつの検出器で1種類の元素しか測定できない．したがって，EDXはより迅速な測定が求められる一次記載の分析法に適しているといえる．

　しかし試料を大気中に置いた場合，軽元素側の蛍光X線は，大気や，大気と真空チャンバーとを仕切る膜に吸収されてしまい，管球X線で発生できる程度の一次X線強度では，試料の蛍光X線強度を十分に得ることができない．この問題を克服した堆積物コアの連続測定用の蛍光X線分析装置に，たとえばODPで用いられているCORTEX（Corescanner Texel）がある（Jansen et al., 1998）．これは，X線管・試料・検出器の間にHeガスを充填させることにより蛍光X線の損失を防ぐという方法で，長いボーリングコアを非破壊

で分析でき，$10 \times 10\,mm$ の空間分解能で 1m の測定を 1–2 時間で行える．

2.3.2 SXAM の特徴と精度

全地球史解読で導入した走査型 X 線分析顕微鏡（Scanning X-ray analytical microprobe）（HORIBA, XGT-2000）（図 2.3.1）は，X 線ガイドチューブ（XGT）によって一次 X 線ビームを絞ることにより，$10\,\mu m$ や $100\,\mu m$ という高分解能で試料を大気中に置いたまま測定できる EDX 型蛍光 X 線分析装置である（Hosokawa et al., 1997）．とくに，SXAM の鍵となる技術は XGT にある（Nakazawa et al., 1990）．ガラス管でできた X 線ガイドチューブの内側は放物面状に加工されており，X 線を内壁で全反射させて焦点を絞ることができる．これにより，通常の X 線源を用いても局所的に強い一次 X 線を発生させることが可能となり，試料を大気中においても Al や Si などの軽元素まで測定可能となった．試料台は X,Y 方向に走査できるため，最大 $20 \times 20\,cm$ の領域を 256×256 画素の蛍光 X 線強度画像として，31 元素分同時に計測することが可能である．測定時間は，たとえば 1 回走査するのに 2800 秒と

図 2.3.1a　走査型 X 線分析顕微鏡の概観．全地球史解読用に大面積試料測定用の X–Y ステージが装備されている．

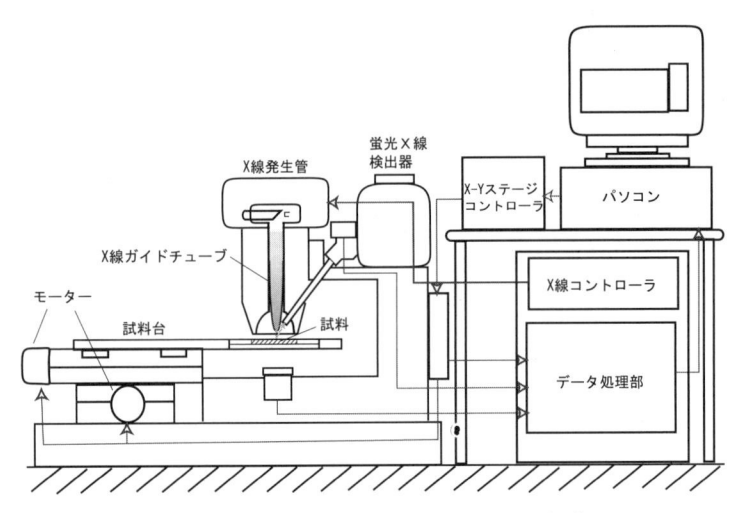

図 2.3.1b　走査型 X 線分析顕微鏡のシステム概念図.

設定した場合，通常 12–24 回ほど繰り返すことにより，十分な X 線強度を得ることができる．また，1 回の走査時間を短くし，何回かのデータを積算することは，一次 X 線の揺らぎの影響を平均化して抑える役割も果たす．

　元素の蛍光 X 線強度分布画像においては，各元素の $K\alpha$ 線あるいは $L\alpha_1$ のピークエネルギーを中心として前後 0.1 keV 程度のエネルギーバンド幅の中で計測された X 線を，すべてその元素由来の X 線とみなしている．したがって，バックグラウンドノイズや，近隣元素のピークによる干渉の影響を除去することができず，また，マトリックス効果の影響なども考慮されていない．しかし，各元素の相対的な変動を把握するに必要な精度はあり，半定量分析として一次記載には十分に活用できると考える（戸上ほか，1998; Togami et al., 1999; 高野，1999）．

2.3.3　実際に SXAM で分析した画像例

　図 2.3.2 は，19 億年前のカナダ・グレートスレーブ超層群ハーン累層最上部のストロマトライトを，SXAM で分析したスペクトルと蛍光 X 線強度画像である．肉眼で鮮明に見える明暗互層からなる層厚数百 μm の縞が，蛍光 X 線画像では，Si・Fe の多い層と Ca・K の多い層の互層として，はっきりと

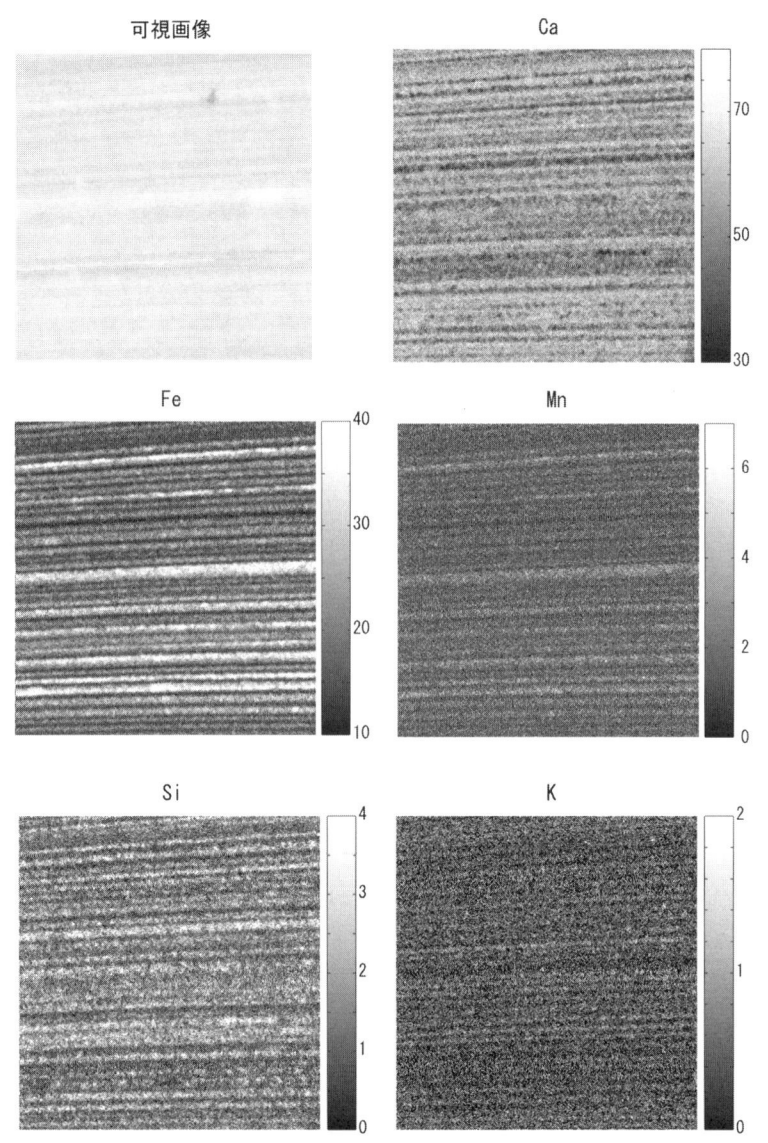

図 2.3.2a　ストロマトライトの蛍光 X 線画像（1 辺 5.12 cm）．カラーバーは X 線強度を示す（単位は a.u.：任意単位）．

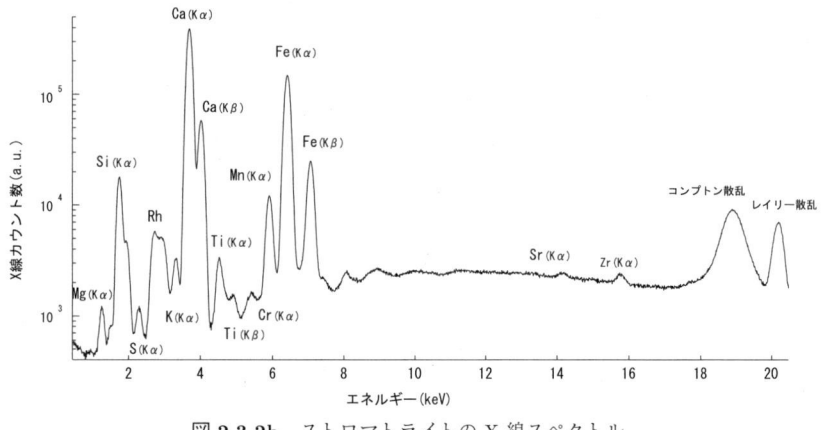

図 2.3.2b　ストロマトライトの X 線スペクトル.

表れている．明層は粒径が粗く Fe の多いドロマイトと石英が多いのに対し，暗層は細粒の Fe の少ないドロマイトと粘土鉱物が相対的に多い特徴がある．図 2.3.2b は，図 2.3.2a の画像全体における X 線強度の積算値から得られたスペクトルである．X 線画像では明瞭な分布が見られない Mg, S, Sr などの元素も，積算値によるスペクトルデータを取ることにより，ピークがはっきり見られ，存在が確認された．Mg はドロマイトの主要元素であるが，低エネルギー側の検出限界付近にピークがあるために，X 線強度が相対的に非常に小さくなっている．

カラー口絵 3 には同じストロマトライトの別の箇所における蛍光 X 線強度画像と，その画像データを縞に沿って横方向に平均したプロファイルを示した．この平均化により，元素パターンの相対関係がより明確化するのと同時に，横方向の揺らぎやノイズが軽減され，二次元画像でデータを取得した効果が発揮されている．たとえば K は X 線強度が小さく，画像データではあまり鮮明でないが，プロファイルでは明瞭なパターンを示していることがわかる．

2.3.4　具体例——ナミビアのキャップカーボネート

これまで説明してきた試料データベースの作成方法を踏まえて行われた，堆積岩の連続試料の研究例として，7 億年前のナミビア・オタビ層群ラストフ

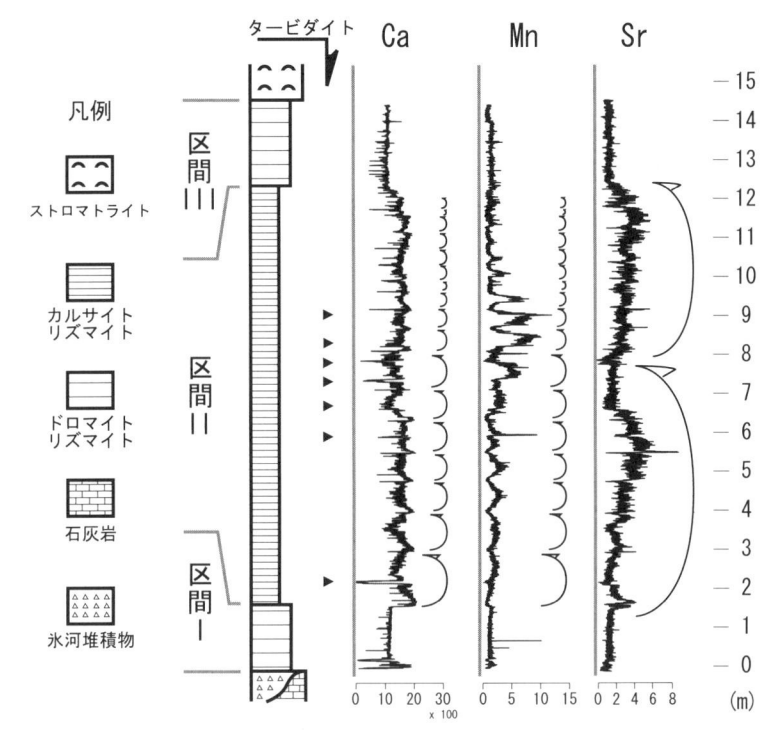

図 2.3.3 ラフトフ累層（キャップカーボネート）の分析データ（東條，2000）．サンプリングした試料の岩相，元素（Ca, Mn, Sr）プロファイル．元素プロファイルの横軸は X 線のカウント数．

累層のキャップカーボネートの化学柱状図データを紹介する．キャップカーボネートは，原生代末の全球凍結後に（4.5 節参照），それまで大気中に蓄積していた CO_2 が急激に海洋に吸収され堆積したものと考えられている（Hoffman et al., 1998）．したがって，その当時の環境変動を高分解能で捉えることは，地球史上の大イベントであった可能性のある全球凍結仮説を検証するために重要な情報を提供することになる．

試料は，氷河堆積物の直上 14 m 分を，垂直に切り立った露頭から完全連続サンプリングによって切り取ったものである．それらは，$20 \times 40 \times 3$ cm の試料プレートにして 36 枚分ある．これを空間分解能約 8×8 mm で SXAM によって元素マッピングを行い，作成された化学柱状図が図 2.3.3 である．区

間IIでは元素プロファイルに顕著な周期性が見られる．この周期性はカルサイト/ドロマイト比の変化を反映したもので，カルサイトが相対的に多いところでCaの強度は大きく，ドロマイト中に少量含まれるMnは小さくなっている．また，微量に含まれるSrのプロファイルには，より長い周期の変動が見られ，その1周期はCa, Mnに見られる周期の約10倍である．このキャップカーボネートには，さらに，数百μmから1mm程度の間隔で非常に細かい粘土鉱物の層がはさまれることによってできた縞がある．区間IIでは，そのような縞の枚数がCa, Mnに見られる1周期あたり1500–2000枚であり，そこから縞の周期に1：(1500–2000)：(15000–2000)の階層性があることが判明した．仮に粘土鉱物による縞の1枚が1年に対応するものとすれば，Ca, Mnの周期が数千年オーダーの全地球規模の海洋循環に対応し，Srの周期は地球自転軸の歳差運動による気候変動周期に対応する可能性がある．

2.4 絶対年代測定法

平田岳史

2.4.1 絶対年代

「年代」情報は，地球上での地質学的イベントを解明する上で，また，地球や太陽の形成・進化過程を明らかにする上で，最も基本的かつ重要な制約条件を与えるパラメタのひとつである．分析技術の急速な進歩に伴い，年代測定の適用範囲が広がり，また得られる年代精度も飛躍的に向上した．最近では，太古代（およそ25–40億年前）といった古い試料においても，年代値の不確定性がわずか100万年以下という超高精度年代データが得られるようになり，それにより詳細な地球科学的議論も展開され始めている．そして地質学的議論の厳密化に伴い，年代データの高精度化と，試料分析の高速化（簡便化・迅速化）に対する要請はますます強まっている．

しかしその一方で，問題点も現れ始めている．年代データは，直感的に理解しやすく，また直接議論に組み込みやすい情報であるため，得られた年代の意味や，その不確定性に関する厳密な議論がなされぬまま，年代値のみが一人歩きする危険性も増加している．本来，地球科学的議論の基幹となり得る年代データの信頼性と不確定性には十分な注意を払わなければならないのであるが，分析の簡便化・迅速化により得られる年代データの数が増えると，ひとつひとつの年代データに対して信頼性を評価するという作業（最も手がかかるが，最も重要な作業である）が手薄になりかねない．そこでここでは，絶対年代測定法の原理と年代測定の誤差要因を紹介するとともに，最近注目されている局所年代測定法の特徴とその問題点，さらには次世代の分析法を取り上げる．

地球や太陽，宇宙がいつごろできたのか，というのは誰もが知りたい疑問のひとつであろう．地球や太陽の冷却速度や地球–月系の潮汐効果，水星の離心率の変化といった物理的な手法に加え，海水中の硫黄，塩素，ナトリウムな

どの化学組成変化といった化学的な推定、さらには石灰岩の生成速度や堆積物の厚さなどの地質学的な手法など、これまでにさまざまな手法により地球の年齢が推定されてきた（Dalrymple, 1991；兼岡, 1998；清水, 1996；Dickin, 1995）．しかし、こうした手法により得られた年代は、短いもので数千万年、長いものになると1兆年というおよそ5桁も広がったものであった．物理学者であったケルビン卿は、太陽が石炭の燃焼で熱エネルギーを放出していると考え、石炭が燃え尽きるまでのタイムスケールとして、太陽が数千万年よりも若いと主張した．しかしその一方で、地質・生物学者のダーウィンやリルたちは、地球の年齢が数十億年のスケールであると主張した．物理学者が物理法則や計算に基づく推定であったのに対し、地質学者は、侵食速度や堆積速度、毎年の火山噴出量と火山岩の総量の比較といった、ある種の地質学的な「直感」に基づく結論であった．この論争は、地質学者に軍配があがった．その根拠となったのが、ここで述べる放射年代データである．地質学者はウラン–ヘリウム年代測定法（ウランの放射壊変に伴い放出されるアルファ線、つまりヘリウムの量を計測し、年代を求める手法．最初に実用化された放射年代測定法である）を用い、ある種の岩石が10億年以上もの年齢を持っていることを示したのである．

1920年代になると、放射性年代データの蓄積が進み、地球上のさまざまな岩石試料に対して形成年代が明らかとなってきた．しかし、今世紀の半ばになって「年齢」に関する論争が再燃する．今度は地球ではなく宇宙の年齢に関してである．物理学者のハッブルは宇宙の膨張速度から宇宙の年齢が約20億年であると示した．これに対し、ホームズ、ガーリング、ハウターンマンズなどの地質学者は地球の年齢が30–40億年であると主張した．宇宙の年齢が地球の年齢よりも若いということは考えられない．ここでの論争においても軍配があがったのは地球科学者であり、ここでも放射年代データが重要な役割を演じた．パターソンを中心とする研究グループは、隕石や地球の岩石の放射年代測定を精力的に進め、地球の年齢としてはじめて45億年という数字を提唱した（Patterson et al., 1995; Patterson, 1956）．彼らは鉛同位体分析に基づく高精度年代測定法を活用した．現在では、パターソンの仮定にはいくつか問題があることがわかっているが、地球の年齢が太陽系（隕石）と同じ45

億年であることを示した最初の報告として意義が大きい．また最新の鉛同位体に基づく地球の年齢として44億5000万年という数字が受け入れられており，パターソンの数字と大きくは異ならないことは注目に値する（Tatsumoto et al., 1973）．

試料の年代を推定する場合には，原子核の放射壊変現象を用いる．原子核の壊変速度は，地球環境では変化しないため，親核種の量と，壊変により作られた娘核種の量を測定すれば，試料の年代情報が引き出せる．この原理により年代測定を行う手法を放射年代測定法という．半減期が地球・太陽系の年齢と同程度の放射性核種を用いた年代測定法は，現在でも時計として動き続けており，「今から何年前のイベントである」という絶対年代（数値年代）を決定することができる（絶対年代（数値年代）測定法と呼ばれる）．これに対し，親核種の半減期が短い場合には，親核種はすでに壊変し尽くしてしまっており（消滅核種という），現在では時計は止まってしまっている．この場合，絶対年代は得られないが，半減期が短い分だけ，試料形成の相対的な年代差を精密に検出できる特徴を持っている．

放射性元素とその娘核種の化学的性質に応じて，年代測定が可能な試料の種類や，年代の「意味」が異なる．同一試料に対して，2つの年代測定法を適用した場合，年代値が異なってくる場合があるが，それは年代測定法が，スタートしたイベント（たとえば試料がマグマから結晶固化した時点や，加熱溶融により試料が同位体的に均一になった時点など）の違いや，二次的な変質・変成に対する耐性の違いを反映しているためである．これは換言すれば，複数の年代測定法を組み合わせることにより，複合的な地質イベントを区別して，より厳密な地質学的議論が展開できることを意味している（兼岡，1998；Dickin, 1995）．

2.4.2 ウラン–鉛年代測定法の原理

ウラン–鉛年代測定法は，放射性元素であるウランが鉛へと壊変する現象を利用した年代測定法である．ウランの2つの同位体（^{235}U および ^{238}U）が，鉛の2つの同位体（^{207}Pb および ^{206}Pb）へと壊変する．これまでにさまざまな放射年代測定法が実用化されているが，ウラン–鉛年代測定法は，親元素

であるウランの 2 つの同位体が,それぞれ別の壊変系列を経由しながらも同一の元素へと壊変する点に大きな特徴がある.これにより,ウラン-鉛年代測定法は,絶対年代法としては,現時点で最も高精度な絶対年代測定法となっており,多くの地球科学者が広く活用している.ではなぜ高精度な年代データが得られるのかを,その動作原理を通じて紹介することにしよう.

先にも述べたとおり,^{235}U と ^{238}U は,それぞれの放射系列を通して,^{207}Pb および ^{206}Pb へと放射壊変する.^{235}U と ^{238}U は,それぞれが直接壊変して Pb になるのでなく,その間に,それぞれ 7 個および 8 個の α 壊変(α 線を放出する原子核壊変)と,4 個および 6 個の β 壊変(β 線を放出する原子核壊変)を行う.それぞれの壊変系列の速さを律速するのは,最も壊変の遅い(半減期が長い)核種である ^{235}U と ^{238}U の壊変速度である(系が閉鎖系である場合).^{235}U と ^{238}U の半減期 ($T_{1/2}$) は,それぞれ 7.04 億年および 44.7 億年であり,その壊変定数 (λ) は次式で定義される.

$$\lambda = \frac{\ln 2}{T_{1/2}} \tag{2.4.1}$$

したがって,^{235}U と ^{238}U の壊変定数はそれぞれ,

$$\lambda_{235} = 9.8485 \times 10^{-10} \text{yr}^{-1}, \quad \lambda_{238} = 1.55125 \times 10^{-10} \text{yr}^{-1}$$

となる.半減期がこれほどの精度で決定されている放射系列は珍しく,これが絶対年代測定法としてのウラン-鉛年代測定法の正確度を高めるひとつの理由となっている.λ を用いて原子核壊変の速度を定量的に表すと次のようになる.

$$^{207}\text{Pb} = {}^{207}\text{Pb}_i + {}^{235}\text{U}(e^{\lambda_{235} t} - 1) \tag{2.4.2}$$

$$^{206}\text{Pb} = {}^{206}\text{Pb}_i + {}^{238}\text{U}(e^{\lambda_{238} t} - 1) \tag{2.4.3}$$

ここで添え字の "i" は,試料が形成されたときに存在した鉛を示す(初生鉛).右辺第二項はウランの壊変によりあとから付け加わった放射性起源の鉛である.実際の分析では試料中の ^{206}Pb あるいは ^{207}Pb の絶対個数を測定することは難しいので,一般に放射壊変の寄与を受けない同位体(ここでは ^{204}Pb)との比として計測する(^{204}Pb のような同位体を参照同位体という).

$$\frac{^{207}\text{Pb}}{^{204}\text{Pb}} = \left(\frac{^{207}\text{Pb}}{^{204}\text{Pb}}\right)_i + \frac{^{235}\text{U}}{^{204}\text{Pb}}(e^{\lambda_{235}t} - 1) \tag{2.4.4}$$

$$\frac{^{206}\text{Pb}}{^{204}\text{Pb}} = \left(\frac{^{206}\text{Pb}}{^{204}\text{Pb}}\right)_i + \frac{^{238}\text{U}}{^{204}\text{Pb}}(e^{\lambda_{238}t} - 1) \tag{2.4.5}$$

この式から，最初に存在する鉛の量と，試料中のウラン・鉛の量を決定すれば，試料の年代が決定できることがわかる．(2.4.4) 式および (2.4.5) 式より算出される年代を，それぞれ ^{235}U–^{207}Pb 年代 (t_{57})，^{238}U–^{206}Pb 年代 (t_{86}) と呼ぶ．いま，(2.4.4) 式と (2.4.5) 式の比をとると次式が得られる．

$$\frac{\left(\frac{^{207}\text{Pb}}{^{204}\text{Pb}}\right) - \left(\frac{^{207}\text{Pb}}{^{204}\text{Pb}}\right)_i}{\left(\frac{^{206}\text{Pb}}{^{204}\text{Pb}}\right) - \left(\frac{^{206}\text{Pb}}{^{204}\text{Pb}}\right)_i} = \left(\frac{^{235}\text{U}}{^{238}\text{U}}\right) \frac{e^{\lambda_{235}t} - 1}{e^{\lambda_{238}t} - 1} \tag{2.4.6}$$

この式の右辺第一項は現在のウランの同位体比であり，天然原子炉などきわめて特殊な環境にある試料を除けば，一定の値 (^{238}U/^{235}U = 137.88; Tatsumoto et al., 1973) を持つ．したがって，(2.4.6) 式は次のように書き表される．

$$\frac{\left(\frac{^{207}\text{Pb}}{^{204}\text{Pb}}\right) - \left(\frac{^{207}\text{Pb}}{^{204}\text{Pb}}\right)_i}{\left(\frac{^{206}\text{Pb}}{^{204}\text{Pb}}\right) - \left(\frac{^{206}\text{Pb}}{^{204}\text{Pb}}\right)_i} = \frac{1}{137.88} \frac{e^{\lambda_{235}t} - 1}{e^{\lambda_{238}t} - 1} \tag{2.4.7}$$

右辺は同じ年代をもつ試料に対しては同じ値となるため，それらの試料が年代 $t=0$ で共通の $(^{207}\text{Pb}/^{204}\text{Pb})_i$ および $(^{206}\text{Pb}/^{204}\text{Pb})_i$ を持っており，異なるウラン/鉛存在比で進化した試料は，^{207}Pb/^{204}Pb と ^{206}Pb/^{204}Pb をプロットしたグラフ上でひとつの直線を形成する．この直線は等時線（アイソクロン）と呼ばれ，傾きから年代が算出できる．この年代は Pb–Pb 年代と呼ばれ非常にユニークな特徴を持っている．まず，(2.4.7) 式からわかる通り，鉛の同位体比を測定すれば年代が算出できる．これは，年代決定に際し，ウランや鉛の元素濃度を決定する必要がないことを意味しており，年代精度を高める上で有利である．さらに，試料にウランの出入りや，鉛の損失が生じた場合でも，Pb 同位体比に変化が生じない限り Pb–Pb 年代に影響を与えないという点でも優れている．

フランスの Allègre らの研究グループも，この鉛同位体系を用いて地球の年齢を推定した．彼らは，鉄隕石に含まれる硫化鉄インクルージョン（鉛濃度が高くウランをほとんど含まないため隕石形成時の鉛同位体を保持していると考えられている）の中で，特に低い鉛同位体比を持っている Canyon Diablo 鉄隕石中の硫化鉄の鉛同位対比が地球形成時の同位体比を反映していると考え（(2.4.6)，(2.4.7) 式の左辺の "i" の添え字のある鉛同位体比），海嶺玄武岩の鉛同位体比（最近形成された試料）と，鉛同位体進化を仮定することにより，Pb–Pb 年代として 44 億 5000 万年という年代を与えた．このモデル年代は，地球内部での大規模なウラン/鉛存在比の分別が起こった時期，おそらく核の形成年代を示すのであろうと考えられている（Allegre *et al.*, 1995）．しかし，Pb–Pb 年代だけでは，核の形成年代に対して厳密な制約条件は与えられないので，現在のところ地球の核は地球形成後，数億年以内に形成されたと一般に考えられている（Oversby and Ringwood, 1971; Vollmer, 1977; 平田，2001）．

2.4.3　ウラン–鉛年代測定法を用いたジルコン年代学

以上は初生鉛同位体比を仮定したモデル年代であるが，一般の試料については試料形成時に鉛がどのような同位体比組成を持っていたかを推定するのはほとんど無理である．したがって，年代の正確度を高めるには，初生鉛を持たない試料について分析を行うことが重要となる．初生鉛がない場合，(2.4.7) 式は次式のように簡略化できる．

$$\frac{\left(\frac{^{207}\text{Pb}}{^{204}\text{Pb}}\right)}{\left(\frac{^{206}\text{Pb}}{^{204}\text{Pb}}\right)} = \frac{1}{137.88} \frac{e^{\lambda_{235}t} - 1}{e^{\lambda_{238}t} - 1} \qquad (2.4.8)$$

さらに，^{204}Pb の参照同位体を消去すれば最終的に次式を得る．

$$\frac{^{207}\text{Pb}}{^{206}\text{Pb}} = \frac{1}{137.88} \frac{e^{\lambda_{235}t} - 1}{e^{\lambda_{238}t} - 1} \qquad (2.4.9)$$

この式からわかるとおり，^{207}Pb/^{206}Pb 同位体比を測定すれば，試料の形成年代（^{207}Pb–^{206}Pb 年代，あるいは t_{76} 年代）が決定できることになる．鉛

同位体比を測定するだけで年代が算出できるため，得られる年代精度は，ウラン–鉛年代（t_{86} 年代あるいは t_{57} 年代）と比較して高く，年代測定精度を高めるには最も有用な年代計算法である．しかし，この年代計算法を利用するには，ウランのみを高濃度含み，また試料形成時に鉛（初期鉛）をほとんど取り込まないなどという「理想的」な試料を分析する必要がある．この条件を満たさない場合，得られる t_{86} 年代は実際の年代よりも古めの値を示してしまう（次節参照）．さらに，正確な年代情報を引き出すためには，試料が二次的な変質・変成作用に強いことも必要となる（機械的および化学的な強度が高いこと）．残念ながらこれらの条件すべてを満足する岩石試料はほとんど存在しないが，鉱物単位であればいくつか適合するものがある．

その代表的なものがジルコン（zircon）と呼ばれる鉱物である．ジルコンは，ウランを 0.1–1％程度含み，初生鉛をほとんど含まない．また，ジルコンは，分解・変質にも強い鉱物でもある．さらに，ジルコンは多かれ少なかれほとんどの試料に普遍的に含まれており，年代測定の適用範囲が広いという特徴も持っている．こうした理由から，ジルコンの高精度ウラン–鉛年代は，「ジルコン年代学」とまで呼ばれるようになっており，さまざまな地質学的議論に広く用いられている．

オーストラリア国立大学（ANU）の研究グループは SHRIMP（Sensitive High-Resolution Ion MicroProbe）と呼ばれる高分解能二次イオン質量分析計を開発し，ジルコン 1 粒から高精度な U–Pb 年代を決定することに成功し，世界最古の岩石や鉱物の発見を通じて，ジルコン年代学の重要性に脚光を浴びせるとともに，従来の地質年代学の概念を一変した（Compston and Pidgeon, 1986; Nelson, 1997; Wilde et al., 2001）．SHRIMP の優位性は，ジルコン 1 粒から年代が決定できることに加え，「1 粒のジルコンが多段階で成長している場合，そのおのおのの年代を決定することができる」という点や，「鉱物に含まれる不純物や，二次的な変成を受けた可能性のある部分を避けて分析できるため，試料が持つ「意味のある」年代データのみを読み出すことができる」点にある．これらの大きな特長から，今では SHRIMP により得られたウラン–鉛年代は，「SHRIMP 年代」とまで呼ばれるようになり，詳細な地質学的議論に不可欠な情報となっている．次項では，そのウラン–鉛年代の理解に役

に立つコンコーディアプロットを説明する．

2.4.4 コンコーディア図

(2.4.9) 式からわかるとおり，試料が形成されてから現在までのある時期に二次的に鉛を失った場合には，^{207}Pb–^{206}Pb 年代は正確な年代を与えない．試料が形成後，二次的に鉛あるいはウランの損失あるいは混入を経験したかどうかを判別することは，得られた ^{207}Pb–^{206}Pb 年代の信頼性を評価する上で非常に重要となる．この鉛の損失の有無を確かめるには，コンコーディア図 (concordia diagram) が有用である．このプロットでは，横軸に ^{207}Pb/^{235}U を，縦軸に ^{206}Pb/^{238}U をプロットする．

ここでは，先に述べたジルコンを例にとってコンコーディア図を説明する．ジルコンは結晶形成時に鉛はほとんど取り込まれないため，試料形成時の鉛（右辺第一項）は無視できる．初生鉛を含まず，二次的な汚染のないジルコンでは，鉛のほとんどは放射性起源のものであり，^{206}Pb/^{204}Pb 比は 1 万–10 万にも達する．したがって，ジルコンが形成されたときに取り込まれた初生鉛および二次的に汚染した鉛があるかどうかは，ジルコン中の ^{206}Pb/^{204}Pb 比からある程度推測できる．もし，初生鉛がない場合，(2.4.2) 式および (2.4.3) 式の右辺第一項が無視でき，次式が得られる．

$$\frac{^{207}\text{Pb}}{^{235}\text{U}} = e^{\lambda_{235}t} - 1 \tag{2.4.10}$$

$$\frac{^{206}\text{Pb}}{^{238}\text{U}} = e^{\lambda_{238}t} - 1 \tag{2.4.11}$$

この式からわかるとおり，ジルコンの鉛/ウラン存在比はゼロから出発して年代経過とともに増加するが，^{235}U と ^{238}U の壊変定数が異なるため，成長は直線的ではなく曲線となる（図 2.4.1 (a)）．この曲線を成長曲線と呼び，この曲線上にプロットされる試料は，試料が形成されてから鉛やウランの損失あるいは混入がないことを示している（つまりジルコンが閉鎖系であることを示している）．この場合，^{235}U–^{207}Pb 年代（(2.4.10) 式から算出される年代），^{238}U–^{206}Pb 年代（(2.4.11) 式から算出される年代），および ^{207}Pb–^{206}Pb 年代（(2.4.9) 式から算出される年代）はすべて同じ年代を示す（一致年代ある

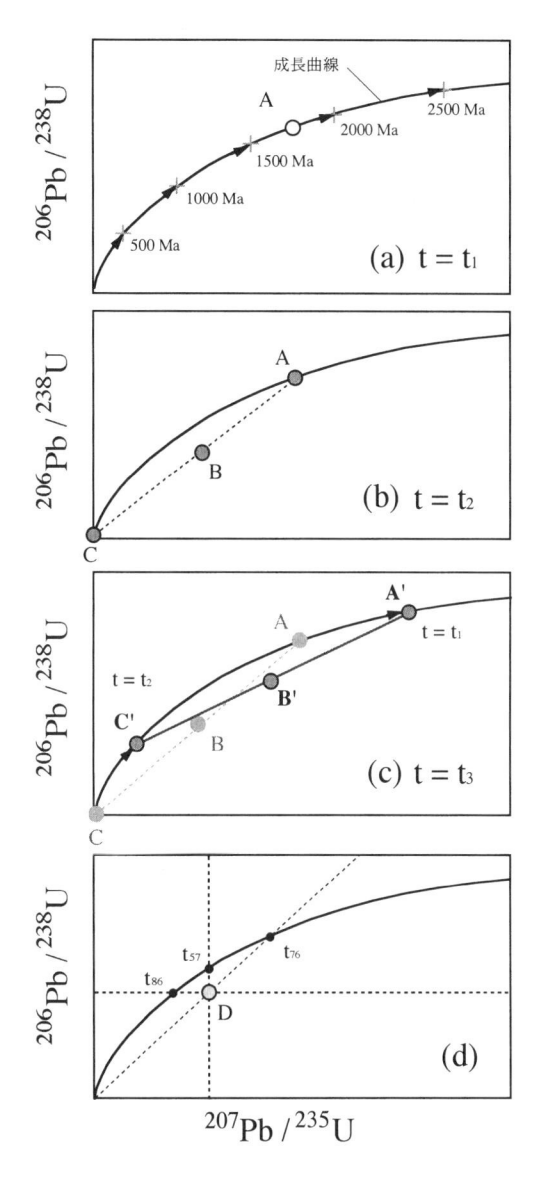

図 2.4.1 コンコーディアプロット．ジルコンが形成されてから，二次的に Pb の損失を受けた場合，このコンコーディアプロットを用いることにより，形成年代 (t_1) と，Pb 損失の年代 (t_2) を同時に推定することができる．ジルコンが二次的に Pb を失った場合，得られる U-Pb 年代は，$t_{76} > t_{57} > t_{86}$ なる大小関係が存在する．

2.4 絶対年代測定法

いはコンコーディア年代という).

　もしジルコンがある時期（$t=t_2$）で変成作用を受け，鉛が損失した場合（ウランはジルコンに取り込まれやすいため，変成によりウランが損失することはほとんどないが，二次的変成に際して鉛が損失することがある），鉛の同位体は同じ割合で損失するので，損失の程度により，点 A から原点に向かって直線上を移動する（図 2.4.1 (b)）．点 A にあったジルコンが，鉛を 100%，50%，0% 損失した場合，それぞれ点 C, B, A 上にプロットされる．

　鉛を損失した二次的変質イベントからさらに時間が経過して，$t=t_3$ になったとする．点 A はコンコーディア上を進み，新たに点 A′ へと移動する．点 C は，原点から出発して，同じくコンコーディア上を移動し，点 C′ へと移動する．点 B もウランからの放射壊変による鉛の付加を受け，移動する．こうして移動した点 A′, B′, C′ は，移動後も同じく直線関係を持っており，この直線のことをディスコーディアライン（discordia line）と呼ぶ（図 2.4.1 (c)）．

　今，ディスコーディアラインを構成しているジルコングループの中の，あるひとつのジルコン粒子（図 2.4.1 (d) の点 D）に注目すると，^{235}U–^{207}Pb 年代（図 2.4.1 (d) の t_{57}），^{238}U–^{206}Pb 年代（図 2.4.1 (d) の t_{86}），および ^{207}Pb–^{206}Pb 年代（図 2.4.1 (d) の t_{76}）は，それぞれ成長曲線との交点あるいは原点を結ぶ直線の傾きから計算される年代となる．このため，ディスコーディアなジルコンでは，それぞれの年代に対して常に次のような大小関係がある．

$$t_{86} < t_{57} < t_{76} \qquad (2.4.12)$$

前節で触れたとおり，鉛が損失した場合，^{207}Pb–^{206}Pb 年代が古めの値を示すのはこのためである．この 3 つの年代が一致しないことから，不一致（ディスコーディア）という名前がつけられた．

　図 2.4.1 (c) のようにいくつかのジルコンが 1 本のディスコーディアラインを定義すると，その直線と成長曲線との交点（点 C′ および A′）では，それぞれ，試料が二次的変成（鉛を損失する事件）の年代および試料が形成された年代を示しており，2 つの地質学的イベントの年代が同時に求まることとなる．これもウラン–鉛年代測定法の大きな特徴である．しかし，得られる年代

データの精度は，Pb–Pb 年代から得られる精度と比較すると劣る．これは，ディスコーディアな試料の場合，年代算出に際し，鉛の同位体比組成だけでなく，試料中の鉛とウラン濃度が必要となるうえ，回帰直線（ディスコーディアライン）を計算する必要があるためである．

2.4.5　新しい分析法—プラズマ質量分析法

ジルコン鉱物そのものの特性と，局所分析の有用性から，SHRIMP を用いたジルコン年代学の重要性は急速に高まった．しかし，SHRIMP に代表される二次イオン質量分析計は，装置が高価な上，分析には高度な技術と熟練を要し，さらにデータの解析にも複雑な補正計算が必要であるため，一般的な分析手法として普及するにはいたっていない．さらに，SHRIMP により得られた年代データは，その高い精度に加え，試料の局所部分が持つ情報であるために，他の独立した分析手法によりデータの信頼性を客観的に調べることが難しい．SHRIMP により得られた超高精度年代データの信頼性を客観的に評価し，また，誰もが高精度年代データを取得し，地球化学的議論に組み込むことができるようになるためにも，新しい分析法の開発が必要である．

そこで最近では，SHRIMP とはまったく別の分析手法として，レーザー試料導入法を組み合せたプラズマ質量分析法が注目されている（Arrowsmith, 1987; Falkner et al., 1995; Halliday et al., 1998）．プラズマ質量分析法の高感度化やレーザー技術の飛躍的な向上により，得られるウラン–鉛年代精度も徐々に向上してきており，今後，簡便かつ迅速な年代測定装置として普及するものと期待されている．この分析法では，ジルコン試料に絞り込んだレーザービームを照射し，たたき出されてきた試料を，高温のプラズマ（およそ 8000 K）に導入し，イオン化する．イオン源が大気圧であることから，試料交換に際して真空排気の必要がなく，迅速な分析が可能である．また，試料に照射するのがレーザー光であるため，試料表面を研磨処理することも，さらに電導性物質による表面コーティングも不要であり，試料の分析前処理が簡単なのもこの分析法の特長である．

このレーザー試料導入–プラズマ質量分析法を用い，南極産のジルコンから得られたウラン–鉛同位体データを図 2.4.2 に示す（Hirata and Nesbitt, 1995）．

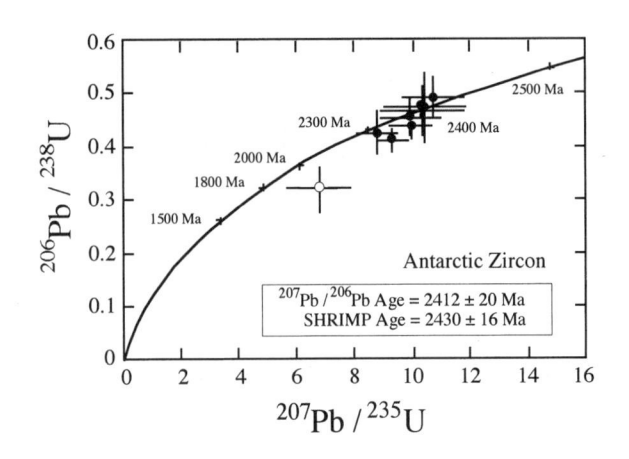

図 2.4.2 南極産ジルコンのウラン-鉛年代．ほとんどのジルコンが成長曲線上にプロットされ，ジルコンが二次的な Pb 損失を受けていないことがわかる．白丸で示したジルコンのみ，Pb の損失を経験しており，成長曲線からはずれている．

各データポイントは，それぞれひとつのジルコンから得られたものである．ほとんどのジルコンは，データは成長曲線上にプロットされており，^{207}Pb–^{206}Pb 年代（apparent 年代），^{238}U–^{206}Pb 年代および ^{235}U–^{207}Pb 年代はほぼ同じ値を示し，このジルコン試料が二次的な鉛の損失を経験していないことを示唆している．ここで得られた ^{207}Pb–^{206}Pb 年代（2412 ± 20 Ma；1 Ma は 100 万年を表す）は，SHRIMP により求められた ^{207}Pb–^{206}Pb 年代（2430 ± 16 Ma）と誤差範囲内で一致している．図 2.4.2 の中でひとつのジルコン（○印）は，ディスコーディアな年代を示しており，このジルコンのみが二次的な鉛損失を受けたことがわかる．

2.4.6　年代測定適用範囲

試料が形成された年齢を調べる上では，試料が古くなればなるほど，現存する情報量が少なくなるため，不確定なものとなる．たとえば，江戸時代の陶器と，縄文時代の土器では，考古学的な年代測定の精度は，おそらく江戸時代の方が高い．これは，試料（陶器あるいは土器）が作られた社会・文化背景や，書籍などの記録媒体から得られる情報の質と量の違いに起因する．

しかし，放射性同位体を用いた原子核年代測定法においては，しばしば古

い試料の方が年代測定が容易な場合がある．たとえば，浅間山の最近の噴火（1783年の天明噴火）で形成された岩石をウラン–鉛年代測定法により年代測定することは，現在の質量分析計の技術では不可能である．200年の間にウランが放射壊変して生成された ^{206}Pb は，試料1グラムあたりわずか 10^{10} 個（数 pg）程度にすぎず，もし検出できたとしても，二次的に汚染された鉛との区別が難しいためである．これに対し，試料形成後，年代が経過した試料については，放射性起源の鉛の量が多くなり，測定が容易となる．たとえば，ウランを高濃度（たとえば $1000\,\mu$g/g 程度）含むジルコンでは，試料形成後，数十億年が経過すれば，放射性起源の鉛濃度は数百 μg/g にも達し，放射性起源の鉛の検出および高精度年代測定が容易となる．先に述べた SHRIMP では，太古代（20–40億年前）のジルコンに対して，測定誤差100万年以下の年代決定もなされている．

ただし，分析の上では試料は古い方が都合がよいが，試料の閉鎖系を確保する上では，古い試料の年代を決定する場合には注意が必要である．ウランを高濃度含む試料は，ウランの放射壊変，とくに自発核分裂（spontaneous fisson）により，結晶格子が乱され，いくら頑丈なジルコンといえども，元素の閉鎖系が保持できない場合がある．事実，古い年代を持つジルコンを強酸でクリーニングすると，放射性起源の鉛が優先的に溶出されてくることも実験的に確かめられている（ウランは結晶中に安定に取り込まれているが，放射性壊変で形成された鉛は，本来ジルコンには取り込まれないため，結晶中では不安定なサイトに存在している）．したがって，古い試料に対して，より正確な年代情報を引き出すためには，結晶構造が壊れておらず，また内部に包有物が含まれておらず，さらには，結晶中の小さなひびわれなどが存在していない領域を注意深く選んで分析する必要がある．

これを可能にしたのが局所分析であり，またこれが局所年代情報が広く受け入れられる大きな理由である．現時点での局所年代測定法の適用年代範囲としては，ジルコンの閉鎖系の問題を注意深く排除すれば，分析技術的には1億年よりも古いジルコンについてはコンコーディア図を用いた正確なウラン–鉛年代測定が可能である．また，^{238}U–^{206}Pb 年代（t_{86}）のみによる年代推定であれば，1000万年程度の若いジルコンについても年代の推定が可能で

ある（ただし，^{235}U–^{207}Pb 年代，^{207}Pb–^{206}Pb 年代が得られない場合が多くなるので，ディスコーディアな試料を分析した場合，実際の年代よりも若い年代を与える危険性がある）．

　また，分析試料の大きさに関しても分析技術からの制約がある．二次イオン質量分析計やレーザー試料導入法を組み合わせたプラズマ質量分析法のいずれにおいても，分析領域はおよそ 20 ミクロンであるため，年代測定が可能なジルコンは，おおよそ 30 ミクロン以上の大きさを持つものに限られる．しかし，質量分析装置の感度は現在でも向上していることから，今後，より小さなジルコンから正確な年代測定が引き出せるようになるのも時間の問題であろう．さらに，プラズマ質量分析法を用いた測定では，ウラン–鉛年代データの取得と同時に，同一測定スポットから，微量元素（たとえば希土類元素）存在度情報を同時に引き出す試みも続けられている．この測定により得られた微量元素データは，年代の信頼性を評価し，またその意味を理解する上で有用である．

　試料の年齢が若くなると，どれくらいの測定誤差が発生するのかを具体的に考えることにする．試料の年代が若くなると，放射性起源の鉛の量が少なくなり，年代測定精度は低下する．たとえば，5 億年よりも若いジルコンになると，^{235}U から作られる ^{207}Pb が少なくなり（^{235}U の半減期は ^{238}U の半減期の 6 分の 1 であるため，すばやく壊変してしまいジルコンが形成されたときには残りが少なくなってしまう），^{207}Pb–^{206}Pb 年代，^{235}U–^{207}Pb 年代の精度が大きく低下する．さらに，1 億年よりも若い試料では，しばしば，^{206}Pb–^{238}U 年代でのみ正確な年代測定が可能となる．この場合，先にも述べたとおり，ジルコンが二次的に鉛を損失したかどうかをコンコーディアプロットを用いて判別することができず，ディスコーディアなジルコン試料の場合，測定される年代（t_{86}）は，実際のジルコン形成年代より若い年代データが得られるという問題が生じる．

　このような場合，試料の分析数を増やし，年代のヒストグラム（個数分布）を調べることも有効となる．分析試料数を増やし，ヒストグラムを作成することによって，ヒストグラムの右端（図 2.4.3，A 点）から，試料年代の上限

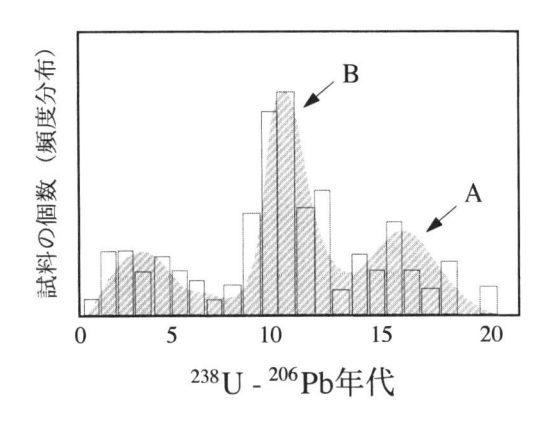

図 2.4.3 ウラン-鉛年代のヒストグラム.多数のジルコンの年代を測定することにより,過去に起こった地質イベントの年代や,規模についての情報が得られるかもしれない.

値が,そして,ヒストグラムのピーク(図 2.4.3, B 点)から,二次的な鉛の損失が起こった事件のおおよその年代が推定できる.ただし,二次的なイベントの年代の意味や信頼性を評価するには,多くのジルコンを測定し,ヒストグラムの信頼性を高める(サンプリング数が少ないと,本来,意味のない場所にみかけ上のピークが現れたりする)とともに,試料の地質学的なセッティングの十分な理解も必要不可欠である.より詳細なヒストグラムを完成するためには,ジルコン分析の処理能力を高める必要もある.レーザー試料導入法を組み合わせたプラズマ質量分析法では,1 日に 200 粒子のジルコンに対してウラン-鉛年代および希土類元素濃度を同時に測定することはたやすく,その高い分析処理能力からもヒストグラムの作成に適した分析法と言える.

2.4.7 スタンダードレス化―次世代の分析法

これまで述べてきたように,局所分析法により信頼性の高い年代情報が得られるようになり,地質学的な議論の精度が飛躍的に向上した.これらの局所年代情報の取得に際しては,二次イオン質量分析法やレーザー試料導入法を組み合わせたプラズマ質量分析法などが用いられている.しかし,これらの局所分析法には,共通の問題点がある.それは,測定に用いる標準物質の問題である.

質量分析計では，一般に分析試料中のウラン–鉛存在比と，実際のイオン検出器で測定されるウラン–鉛存在比は比例関係にあるが，その比例定数は実験的に求めなければならない．このため，実際の分析では，ウランと鉛を既知濃度含む物質（標準物質）を分析し，観測されるウラン–鉛信号強度比から比例定数を決定する．二次イオン質量分析計の場合，この比例定数は，試料の材質，分析条件，表面状態に依存するため，ジルコンの分析に際しては，ジルコンの標準物質が必要となる．しかし，ジルコンには鉛が入らないため（これがウラン–鉛年代測定の精度・信頼性を高めていた大きな要素であった），人工的にジルコンを合成しても，十分な鉛濃度を確保し，なおかつ20ミクロンのスケールで鉛濃度の均一性を確保することが難しい．このため，SHRIMPなどの二次イオン質量分析計では，単結晶で大きな宝石用天然産ジルコンに注目し，宝石用ジルコンを細かく砕き，その中からランダムに試料粒子を選び出し，化学処理を行ったのちにウラン–鉛存在度分析を行い，年代値にばらつきがないものを標準物質として用いている．しかし，ここで得られたウラン–鉛濃度の検定では，ある特定の粒子を粉砕・均一化したものを分析しているため，20ミクロンサイズでウラン–鉛濃度が均一であるとは確認できない．

　この標準物質の問題は，レーザー試料導入法を用いたプラズマ質量分析法といえども例外ではない．ただし，プラズマ質量分析法の場合，比例定数の組成依存性が二次イオン質量分析計に比べ小さく，ジルコンの分析に際し，ガラス標準試料（たとえば米国標準物質技術研究所からは NIST 610 あるいは NIST 612 などの微量元素分析用ガラス標準物質が有償で配布されている）が使用できるという利点がある．こうしたガラス標準物質の多くは，ウラン・鉛を含んだ多くの微量元素について，存在度，不均一性などに対して膨大なデータの蓄積があり，濃度データの信頼性や不確定性を客観的に判断できるという大きな利点を持っている（Pearce *et al.*, 1996）．二次イオン質量分析計の場合，信頼性の高いウラン–鉛年代データを得るためには，正確なジルコン標準物質の入手が不可欠であるが，プラズマ質量分析計の場合，市販のガラス標準試料による校正・年代計算が可能であるため，標準物質の選定における制約が小さく，より広い普及が期待できる．ただし，市販されているガラス標準試料は，現時点では20ミクロン程度のスケールでは均一性がほぼ確認

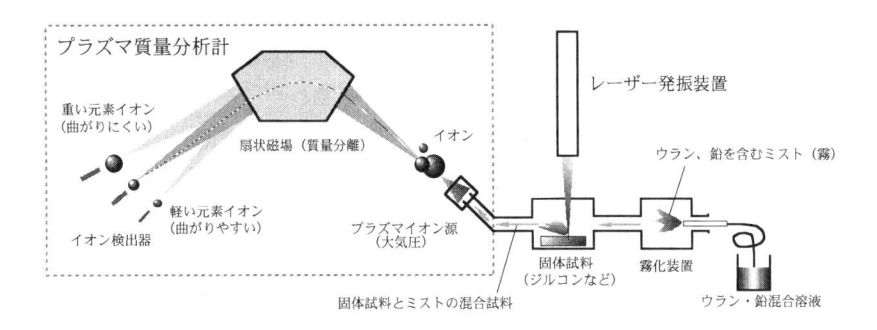

図 2.4.4　混合導入法によるスタンダードレス分析．固体標準物質を用いずに試料の化学組成や同位体組成を分析する手法．試料やイオン源が大気圧であることにより，さまざまな試料導入法を組み合わせることができる．

されているが，10 ミクロン以下のスケールでは確認されていない．したがって，質量分析計の高感度化により，より小さな分析領域での同位体分析が実現できれば，標準物質の均一性についてはさらにきびしい検討を加える必要があろう．

　この問題に対し，プラズマ質量分析法では，ユニークな試みが行われている．プラズマ質量分析法では，イオン源は大気圧であるため（通常の質量分析計ではイオン源は真空領域内にあり，分析に先駆け，試料を真空容器内に取り込む必要がある），さまざまな試料導入法を組み合わせることが可能である．そこで，レーザー試料導入法と同時に，溶液噴霧による溶液試料導入を行うことが可能である．試料導入に際し，溶液噴霧とレーザー導入法を組み合わせたものを混合導入法といい，概念図を図 2.4.4 に示す．そこで，ある既知濃度のウラン・鉛を含む溶液標準試料をプラズマに導入し，それにより得られた信号強度の比から先の比例係数を算出する (Horn et al., 2000)．次に，レーザー試料導入法を用いた実際の固体試料分析においては，試料溶液を純水（ウラン・鉛を含まないもの）に取り替えれば，プラズマイオン源に導入されるウラン・鉛は，レーザーにより固体試料からたたき出されてくるものだけとなる．溶液標準試料では，固体標準試料と異なり，任意の組成比のウラン・鉛を調製し装置に導入することが可能であり，また，試料の不均一性の問題もない．さらに，この補正法の特徴は，ジルコンのみならず，モナザ

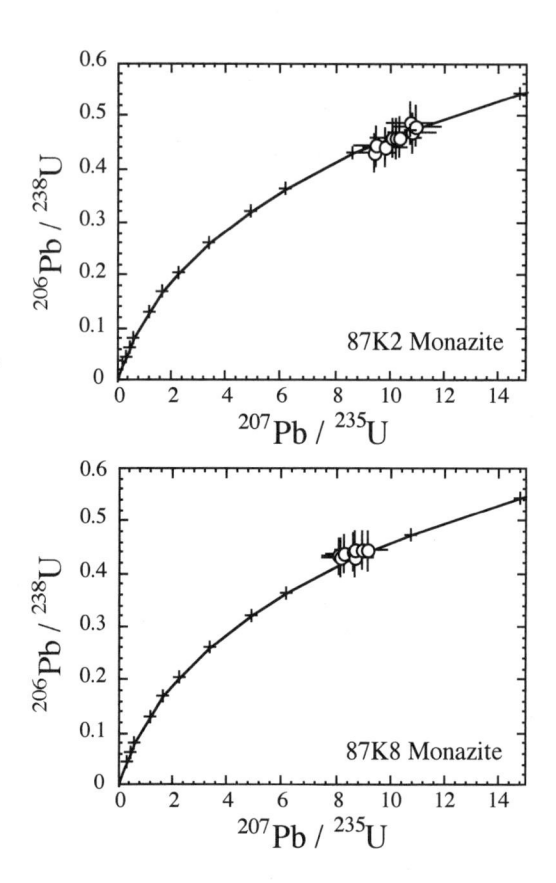

図 2.4.5 混合導入法によるモナザイトのウラン–鉛年代測定．固体標準試料を用いることなく年代測定を行った例．ジルコンやモナザイトだけでなく，さまざまな化学組成を持つ試料に応用できる．

イト，アパタイトといったさまざまな種類の試料についても適用可能なことである．この混合導入法の特徴は，装置の較正に際し，ウラン–鉛固体標準物質を用いないことにある．これにより，ウラン・鉛標準試料がない試料についても信頼性の高いウラン–鉛年代測定が行える．

分析例を図 2.4.5 に示す．分析した試料はジルコンではなく，モナザイトである．モナザイトもジルコン同様，放射性元素を多く含む鉱物の一種である．モナザイトについても，分析点がコンコーディア曲線上にプロットされており，試料が二次的な鉛損失を経験しておらず，正確な年代決定が可能である

ことがわかる．

　また，レーザー試料導入法では，分析の汎用性，操作性の向上のための改良も行われている．現在のレーザーは，主としてメンテナンス性の観点から，Nd-YAGレーザーの基本波（1064 nm）あるいは4倍高調波（266 nm）が広く用いられている（Nesbitt *et al.*, 1997）．一般に，試料に照射したレーザービームのすべてのエネルギーが試料の蒸発に用いられるわけではなく，一部は試料の加熱に使われる．この加熱効果により，固体試料から分析元素がたたき出される段階で，元素の揮発性の違いに起因する元素分別が起こる（Falkner *et al.*, 1995; Hirata and Nesbitt, 1995）．たとえば，揮発性の大きく異なるウランと鉛（鉛は揮発性が高く，ウランは難揮発性元素である）を分析する場合，固体試料からたたき出す際に元素分別が起こると，正確なコンコーディア図を作成することができない．このレーザーサンプリング時でのウラン/鉛分別を低減する最も有効な手法のひとつとして，より短い波長のレーザー光を用いることがある（Günther and Heinrich, 1999a,b; Horn *et al.*, 2000）．筆者の所属する東京工業大学理学部では，次世代のレーザー試料導入装置である波長193 nmの紫外線レーザーを用いたジルコンのU–Pb年代測定を続けており，分析空間分解能の向上と，定量性度の飛躍的な向上が達成できている．今後，さまざまな試料中のジルコンの年代および微量元素成分を分析することにより，精密かつ厳密な地質学的議論が可能になるものと期待している．

第 2 章文献

Allegre, C. J., Manhes, G. and Gopel, C. (1995) The Age of the Earth. *Geochim. Cosmochim. Acta*, **59**, 1445–1456.

Arrowsmith, P. (1987) Laser ablation of solids for elemental analysis by inductively coupled plasma mass spectrometry. *Anal. Chem.*, **59**, 1437–1444.

Compston, W. and Pidgeon, R. T. (1986) JackHills, evidence of more very old zircons in Western Australia. *Nature*, **321**, 766–769.

Dalrymple, G. B. (1991) *The Age of the Earth*, Stanford University Press, California, 305–356.

Dickin, A. P. (1995) *Radiogenic Isotope Geology*, Cambridge University Press, Cambridge, 104–132.

Falkner, K. K., Klinkhammer, G. P., Ungerer, C. A. and Christie, D. M. (1995) Inductively coupled plasma mass spectrometry in geochemistry. *Ann. Rev. Earth Planet. Sci.*, **23**, 409–449.

Günther, D. and Heinrich, C. A. (1999a) Enhanced sensitivity in laser ablation-ICP mass spectrometry using helium-argon mixtures as aerosol carrier. *J. Anal. At. Spectrom.*, **14**, 1363–1368.

Günther, D. and Heinrich, C. A. (1999b) Comparison of the ablation behaviour of 266 nm Nd: YAG and 193 nm ArF excimer laser for LA-ICP-MS analysis. *J. Anal. At. Spectrom.*, **14**, 1369–1374.

Halliday, A. N., Lee, D. C., Christensen, J. N., Rehkamper, M., Xiaozhong, W. Y., Hall, C. M., Ballentine, C. J., Pettke, T. and Stirling, C. (1998) Applications of multiple collector-ICPMS to cosmochemistry, geochemistry and paleoceanography. *Geochim. Cosmochim. Acta*, **62**, 919–940.

Hirata, T. and Nesbitt, R. W. (1995) U–Pb isotope geochronology of zircon: Evaluation of the laser probe-inductively coupled plasma mass spectrometry technique. *Geochim. Cosmochim. Acta*, **59**, 2491–2500.

平田岳史 (2002) 地球の誕生と形成直後の分化.『地球化学講座第 3 巻』, 培風館, 印刷中.

Hoffman, P. F., Kaufman, A. J., Halverson, G. P. and Schrag, D. P. (1998) A Neoproterozoic Snowball Earth. *Science*, **281**, 1342–1346.

Horn, I., Ludnick, R. N. and McDonough, W. F. (2000) Precise elemental and isotope ratio determination by simultaneous solution nebulization and laser ablation–ICP–MS: application to U–Pb geochronology. *Chem. Geol.*, **164**, 281–301.

Hosokawa, Y., Ozawa, S., Nakazawa, H. and Nakayama Y. (1997) An X-Ray guide tube and a desk-top Scanning X-ray Analytical Microscope. *X-Ray Spectrometry*, **26**, 380–387.

飯山敏道・河村雄行・中嶋 悟 (1994) 分光学—可視赤外分光と顕微鏡下・フィールドでの非破壊状態分析.『実験地球化学』, 東京大学出版会, 110–151.

池原 研 (2000) 深海堆積物に記録された地球環境変動—環境変動解析における試料の一次記載と非破壊連続分析の重要性—. 月刊地球, **22**, 206–211.

Jansen, J. H. F., Van der Gaast, S. J., Koster, B. and Vaars, A. J. (1998) CORTEX, a shipboard XRF-scanner for element analysis in split sediment cores. *Marine Geology*, **151**, 143–153.

椛島太郎・寺林　優（1998）35億年前の付加体の実証．科学, **68**, 751–754.
兼岡一郎（1998）『年代測定概論』, 東京大学出版会, 328pp.
Katsuta, N., Takano, M., Okaniwa, T. and Kumazawa, M. (2003) Image processing to extract sequential profiles with high spatial resolution from the 2D map of deformed laminated pattern. *Computers & Geosciences*, **29**, 725–740.
川上紳一（2001）全地球史ナビゲータ＆データベース．月刊地球, **23**, 157–161.
Komiya, T., Maruyama, S., Masuda, T., Nohda, S., Hayashi, M. and Okamoto, K. (1999) Plate Tectonics at 3.8–3.7 Ga: Field Evidence from the Isua Accretionary Complex, Southern West Greenland. *Journal of Geology*, **107**, 515–554.
村井俊治監修（2000）『リモートセンシング通論』, 日本リモートセンシング研究会編．
中井　泉（1997）考古学におけるX線分析の新手法．ぶんせき, **12**, 542–550.
中嶋　悟・佐伯和人・高田淑子（1996）可視・近赤外画像分光イメージング—顕微鏡下とリモートセンシング, 惑星探査—．月刊地球, **18**, 257–261.
Nakazawa, H., Kanazawa, Y., Nozaki, H., Hosokawa, Y., Wakiyama, Y. and Kamatani, S. (1990) X-ray guide tube, a potential tool for a scanning x-ray analytical microscope. in *X-ray Microscopy in Biology and Medicine* (Shinohara, K. et al., eds.), Japan Sci. Soc. Press, Tokyo, 81–86.
Nelson, D. R. (1997) Compilation of SHRIMP U-Pb geochronology data. *Geol. Surv. Western Australia Rec.*, 1997/2, 1–11.
Nesbitt, R. W., Hirata, T., Butler, I. B. and Milton, J. A. (1997) UV laser ablation ICP-MS: some applications in the earth sciences. *Geostand. Newslett.*, **20**, 231–243.
西勝英雄（1998）X線の特徴と使い分け—なぜX線分析を使うのか—．合志陽一監修・佐藤公隆編『X線分析最前線』, アグネ技術センター, 9–56.
Ohta, H., Maruyama, S., Takahashi, E., Watanabe, Y. and Kato, Y. (1996) Field occurrence, geochemistry and petrogenesis of the Archean Mid-Oceanic Ridge Basalts (AMORBs) of the Cleaverville area, Pilbara Craton, Western Australia. *Lithos*, **37**, 199–221.
Oversby, V. M. and Ringwood, A. E.(1971) Time of formation of the Earth's core. *Nature*, **234**, 463–465.
Patterson, C. C. (1956) Age of meteorites and the Earth. *Geochim. Cosmochim. Acta*, **10**, 230–237.
Patterson, C. C., Tilton, G. R. and Ingham, M. G. (1955) Age of the Earth. *Science*, **121**, 69–75.
Pearce, N. J. G., Perkins, W. T., Westgate, J. A., Gorton, M. P., Jackson, S. E., Neal, C. R. and Chenery, S. P. (1996) A compilation of new and published major and trace element data for NIST SRM 610 and NIST SRM 612 glass reference materials. *Geostand. Newslett.*, **21**, 115–144.
清水　洋（1996）元素の挙動．『岩波講座地球惑星科学5 地球惑星物質科学』第6章, 岩波書店, 233–278.
Suzuki, N. (1996) Scanning Laser Pyrolysis- Mass Spectrometry of Sedimentary Organic Matter. in *The Trans-disciplinary Forum on Science and Technology for the Global Environment- Environmental Measurement and Analysis*, Japan Science and Technology Corporation, 66–69.
鈴木徳行（1998）堆積有機物の計測と解析．小泉英明編『環境計測の最先端』, 三田出版会,

209–219.
田口　勇（1995）考古学資料．田口　勇編『最先端分析技術とその応用』，アグネ技術センター，217–229.
高野雅夫（1998）全地球史解読のための最新テクノロジー開発．科学，**68**，778–781.
高野雅夫（1999）走査型 X 線分析顕微鏡による画像分析とその地球科学への応用．ぶんせき，**14**，104–112.
Tatsumoto, M., Knight, R. J. and Allegre, C. J. (1973) Time differences in the formation of meteorites as determined from the ratio of lead-207 to lead-206. *Science*, **180**, 1279–1283.
戸上昭司・高野雅夫・道林克禎・村上雅美・熊澤峰夫（1998）走査型 X 線分析顕微鏡画像の解析による鉱物分布画像の作成．鉱物学雑誌，**27**，203–212.
Togami, S., Takano, M., Kumazawa, M. and Michibayashi, K. (2000) An algorithm for the transformation of XRF images into mineral-distribution maps. *The Canadian Mineralogist*, **38**, 1283–1294.
東條文治（2000）縞々から気候変動の速度を読む――スノーボール・アース仮説への制約．科学，**70**，370–373.
Vollmer, R. (1977) Terrestrial lead isotopic evolution and formation time of the Earth's core. *Nature*, **270**, 144–147.
Wilde, S. A., Valley, J. W., Peck, W. H. and Graham, C. M. (2001) Evidence from detrital zircons for the existence of continental crust and oceans on the Earth 4.4 Gyr ago. *Nature*, **409**, 175–178.
山口　靖・丸山裕一（1999）地質リモートセンシングの歴史と現状．日本リモートセンシング学会誌，**19**，340–350.

第3章
地球の気候に影響を与える宇宙のリズム

　この章では，地球の表層環境変動に対する基本的な外力としての日射量変動と潮汐に関する基礎的な解説を行う．天体の自転運動と公転運動に起因するこれらの変動（宇宙のリズム）は，力学的には比較的単純な系から産み出されるものであり，過去数百年にわたる研究によって緻密な理論体系が構築されてきた．ここではそうした理論体系のうち，とりわけ全地球史解読計画に関連する事柄を抽出して概観し，後の章への橋渡しの役を果たしたい．

[伊藤孝士]

3.1 IKダイアグラムの考え方

伊藤孝士

3.1.1 全地球史解読計画と IK ダイアグラム

　地球に代表される太陽系の惑星は，相互の重力によりその公転軌道要素や自転軸の傾き・方向を刻々と変えている．これに伴い，惑星の表面に入射する太陽放射の量と分布は周期的に変化しており，地球においては気候変動の主要な一因をなすと言われている．公転軌道要素や自転軸の周期運動の変動時間スケールは 10^4 年から 10^5 年であり，少なくとも地球の第四紀における氷期・間氷期サイクルのペースメーカーとなってきたことは間違いないようである．こうした日射量の変動については，地球の気候システムに対する入力の中でもメカニズムが明確に特定できる数少ないものとして盛んに研究がなされてきた．日射量変動の基礎となる天体力学の理論にいたっては数百年もの昔，自然科学の黎明期から始まる精密な理論が構築されている．これは，

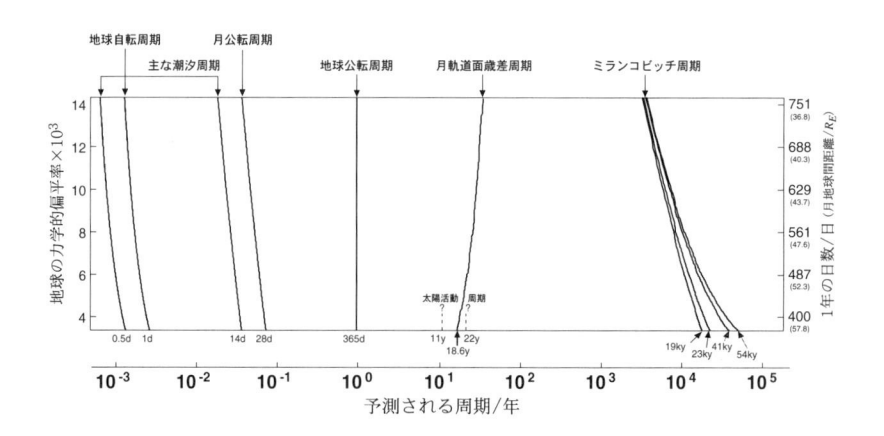

図 3.1.1　いわゆる IK ダイアグラム．横軸はそれぞれの現象の周期，左軸は地球の力学的偏平率．右軸は左軸に対応する 1 年の日数と月-地球間の距離（単位は地球の赤道半径 R_E）．

日射量変動の理論において扱われる力学系が,質点と剛体のみという古典力学の典型例であり,摂動が小さいために理論的な扱いを行いやすく,しかも対象となる天体の数も少ないために,計算機がなかった時代にも比較的精密な解を得ることができたためである.一方,地球を剛体とみなすことができない全地球史的時間スケール(数十億年)では,潮汐摩擦による月–地球系の力学進化によって月と地球の間の距離や地球の自転速度が変化し,それに伴って日射量変動の特徴的な周期あるいは各種の潮汐周期が変遷してきたものと予想されている.このような月–地球系に関連する各種の現象の周期を地球の力学的偏平率または地球の自転速度の関数として表示したものが,IK ダイアグラム(図 3.1.1)である(Ito *et al.*, 1993b; 熊澤・伊藤,1993;伊藤,1993).

ジルコンなどを用いて行われる放射年代決定法は,その精度の高さから試料の絶対年代を決定するためのきわめて有効な方法となっている.これに対しIK ダイアグラムは,全地球史解読計画における相対年代測定用の時計を供すると考えられる.本章の目的は,惑星運動の安定性や月–地球系力学進化の理論的・観測的推定に伴って現れる不確定性に対して,いくつかの大胆な仮定を置くことにより,全地球史的時間スケールでの日射量変動周期や地球潮汐周期の進化を推定し,更なる定量的な研究への礎を提供することである.全地球史研究の場で「使い物になる」相対年代測定用の時計を構築すると言い換えても良い.もちろん,日射量や地球潮汐の変動が堆積物中の記録として実際に残されるのかどうかは,地球の気候システムの性質に大きく依存しているので,過去の地球表層環境の振舞いと併せて考えなければ,説得力のある研究成果を産み出すことができないことは言を待たない.地球の気候システムの仕組みと全地球史解読計画内での位置付けについては,第 4 章において詳述される.

なお本章では,文部省科学研究費補助金重点領域研究として 3 年間に限り実行された「全地球史解読」の概念をさらに敷衍し,新しい科学運動としての「全地球史解読計画」という用語を頻繁に用いている.重点領域研究としての形式的な「全地球史解読」は終了したが,それは単なる契機に過ぎず,私たちが思い描く全地球史の解読作業は正に今から始まらんとしているという立場に立つものである.

3.1.2　作業仮説としてのIKダイアグラム

IKダイアグラム（図3.1.1）には時間軸が記載されていない．これはこのダイアグラムの最大の特徴であると同時に，最大の強みでもある．すなわちIKダイアグラムは，単純化された力学システムとしての月–地球系の進化が，時刻ではないパラメタで一意に記述されるということを意味している．そのパラメタとしては，地球の力学的偏平率または地球の自転速度，あるいは月–地球間の距離が採用され得る．この三者はケプラーの第三法則と月–地球系の角運動量保存則，それに回転楕円体の偏平率と自転速度との関係式を軸にして密接に聯関しており，独立ではない．各種の潮汐周期も日射量変動の周期もここで採用するパラメタに支配されて変化するので，研究者が任意に採用する月–地球間の潮汐トルクのモデルに依存することがない．IKダイアグラムに時間軸を入れるという仕事は，ある意味では私たちの究極の目標ではあるが，逆のある意味ではそれを行うことによって研究対象に個々人の恣意と主観を持ち込むことにもなり得る．IKダイアグラムではそれを行わず，単純な力学系としての月–地球系進化の一断面を提示することによって全地球史解読計画のための作業仮説を作り上げるという大目標を掲げてきた．IKダイアグラムが全地球史解読計画の精神的支柱と称される所以である．

全地球史解読計画の研究現場においてIKダイアグラムがどのように利用されるかの解説は第2章などに譲るが，ここでは典型的な一例について述べておこう．図3.1.1のIKダイアグラムのうち，とくに長周期側のミランコビッチ周期（日射量の変動）に着目する．現在のミランコビッチ周期は4万年と2万年の卓越周期を持ち，それは海底堆積物中の酸素同位体比などに記録されている．けれどもミランコビッチ周期は全地球史的な時間スケールで大きく変遷しており，地球史の初期段階では周期が1万年前後という時代もあった．過去の堆積物中にミランコビッチサイクルに由来する縞状構造が発見され，その周期が明確に特定できたとするならば，IKダイアグラムを用いて堆積当時の月–地球系の力学状態を推定することができる．仮に当該の縞状構造の周期が定量的に判明しない場合でも，ミランコビッチサイクル群の周波数比を用いて年代を推定することができる．現在の主要なミランコビッチ周期

の比は4/2～2であり，周波数比が2の二群の正弦波の重ね合わせが堆積物の縞状構造に反映されている．したがって，ある時代の堆積物にミランコビッチサイクル起源と覚しき周期構造が見られ，その具体的な周期がわからないとしても，複数の縞状構造の周波数比を特定することができれば，IKダイアグラムを用いて当時の地球自転速度などに関する情報を得ることができるのである．もちろんこうした作業においては，堆積物中の縞状構造をきわめて定量的に読み解くことが可能であるという仮定の他に，地層の堆積速度がほとんど一定（あるいは周期的）であり，天体力学的な変動の周期が地層に線形的に記録されるということを大前提に置いている．もしも地層の堆積速度が非線型（または単に不規則）に変動するものであれば，IKダイアグラムは言うまでもなく無用の長物となる．だが，物事の第零近似はすべからく線形の仮定から始まるということはここに記すまでもあるまい．ミランコビッチサイクルと地層堆積速度の線型性は，全地球史解読計画という壮大な物語の緒に立つ私たちが行う最初の賭けのようなものである．この賭けにはもちろん負ける可能性もある．が，だから何だと言うのか？ 第一の賭けに負けたならば，次の手，すなわち非線形な堆積モデルを構築して縞状構造に取り組んで行くだけの話である．

　もちろんIKダイアグラムの描画に際して置いた仮定は，上記の他にも数多くあるし，その中にはかなり怪しげなものもある．そうした仮定の中のいくつかは現在進行中の研究によって妥当性が示されるものもあろうが，遠い将来まで課題として残されそうなものもある．しかし忘れてならないのは，IKダイアグラムは私たちの基本的な作業仮説であるということである．わからないことに対して「わからんわからん」と叫ぶばかりでは何の進歩も望めない．言わずもがなのことだが，宇宙も人生もわからないことで溢れ返っている．重要なのは，そうした混沌とした状況の中でも何がわかっていないことで何がわかっていることなのかを見極め，わからないことは何故にわかっていないのか，どうやったらわかるようになるのかを考えようとすることである．これこそ，科学運動としての全地球史解読計画に課せられた最大の課題であり，私たちの生業そのものである．IKダイアグラムひとつ描いたところで新しい発見などひとつもないかもしれない．けれども，次の新しい発見を

成すために IK ダイアグラムが大いに役に立つ可能性がある．その確率は 1 に非常に近いとは言えないかもしれないが，決して小さくもないはずだ．

3.2 節では日射量変動の基礎理論として，惑星の公転軌道要素の変化およびその計算方法に関して概観する．地球自転軸の歳差運動と軌道要素変動との関連についても解説する．

3.3 節では，月や太陽からの潮汐力が地球上で具体的にどう発現するのかの概略を記載した．数百万年程度の比較的短い時間スケールにおいては，3.2 節や 3.3 節の前半に記述された力学理論はすでに完成の域に到達していると言って良い．これに対し 3.3 節の後半では，数十億年という長い時間スケールで月–地球系が営んで来た潮汐進化について，その要因とモデル化の一例を解説する．全地球史解読計画における相対年代測定用時計を確立する上で，月–地球系の進化モデルの構築は正に屋台骨を成す位置に立っており，理論と観測の両面から総力を挙げて取り組む必要がある問題である．

以上の結果を踏まえて 3.4 節では，相対年代測定用時計としての IK ダイアグラムの具体的な成立の経緯を説明する．IK ダイアグラムを描画する際に置いた仮定の妥当性，とりわけ数十億年スケールにおける惑星運動の安定性との関連についても簡単に触れる．

実際の地質学的証拠と IK ダイアグラムを相互参照することによって当時の古環境の様子を知る研究も，すでにいくつかが試行され始めている（Katsuta et al., 2002 や本書第 2 章を参照）．そのような研究は単に古気候学に対してのみならず，地球内部物理学や天文学に対して大きなフィードバックを与えてくれるもののはずである．

3.2 日射量変動の基礎理論

伊藤孝士

地球に入射する太陽放射量の変動が氷床変動として私たちの前に現れるまでの経路には，地球の複雑な気候システムが介在する．第4章において述べられるように，地球の気候システムの全貌を解明するのは容易な仕事ではない．けれども大気上端に到達する日射量変動の計算のみであれば，従来からある力学理論を用いてかなり精密に行うことができる．日射量の変動を解明することは，すなわち重力に支配された惑星の公転運動と自転運動を解明するということである．この領域は数世紀にわたり天文学の最も中心的な課題であり続け，非常に多くの研究が蓄積されてきた．本節ではこれらを踏まえ，他の惑星との重力相互作用によって地球の軌道が受ける影響，地球の自転軸運動の歳差，および軌道要素変動の計算法の基礎について概観する．

日射量変動の計算に関しては A.L. Berger が 30 年以上前からその道の大家として君臨しており，Brouwer and van Woerkom（1950）や Bretagnon（1974）らによる惑星運動の摂動解を用いて日射量変動の詳細な計算を行っている（Berger 1978a, 1978b, 1988, 1989; Berger et al. 1984）．さらに最近では Laskar（1988）によるきわめて精密な惑星摂動解を用いた日射量変動の計算（Laskar et al., 1993a）やウェーブレット変換を用いたその解析（Berger et al., 1998）などの研究論文が出版されており，日射量変動に関する定量的な研究は已むことを知らずに脈脈と継続されている．日射量変動研究の発展史については木下（1993）の解説が詳しい．ちなみに，日射量変動が気候システムに影響するのは何も地球に限った話ではなく，火星の日射量変動に関する研究も多く行われている（Murray et al., 1973; Ward, 1973, 1974; Ward et al., 1974; Toon et al., 1980; Rubincam, 1990; François et al., 1990; Rubincam, 1992, 1993）．火星の日射量変動の振幅は地球のそれよりも相対的にずっと大きいと予測されており，二酸化炭素でできた極冠の中にその記録が残されているのではないかと考えられている．

3.2.1 惑星の公転軌道要素とその変化

(1) 惑星の運動方程式

　三次元空間内での質点の運動は6個の変数(位置 $\boldsymbol{r}(x,y,z)$ と速度 $\dot{\boldsymbol{r}}(\dot{x},\dot{y},\dot{z})$)を用いて記述され,以下のような運動方程式によって表される.

$$m_i\ddot{\boldsymbol{r}}_i = -\sum_{\substack{j=0\\j\neq i}}^{N} \frac{Gm_im_j}{|\boldsymbol{r}_i-\boldsymbol{r}_j|^3}(\boldsymbol{r}_i-\boldsymbol{r}_j) + \boldsymbol{f}_i \qquad (3.2.1)$$

ここで G は万有引力定数,自然数 N は質点の個数である.現在の太陽系惑星に関して言えば $N=9$ で,$i=0$ は太陽を表す.m_i,$\boldsymbol{r}_i$ は i 番目の質点の質量と位置ベクトルである.$\boldsymbol{f}_i$ は質点間の相互重力以外の力であり,その影響の大きさについては3.4節にて触れる.運動方程式 (3.2.1) は簡単な形をしているが,一般の N に対して解析的な解は存在しない.わずかに $N=1$,すなわち重力二体問題の場合にのみ後述するように二次曲線という解が知られているだけである[*1].

　惑星運動の特徴は太陽重力の影響が他の力に比べて圧倒的に大きい,すなわち $m_0 \gg m_i(i=1,\cdots,N)$ ということである.これを念頭に置き,太陽を座標の原点として運動方程式 (3.2.1) を書き直すと以下のようになる.

$$\ddot{\boldsymbol{r}}_i = -\frac{G(m_0+m_i)}{|\boldsymbol{r}_i|^3}\boldsymbol{r}_i - \sum_{\substack{j=1\\j\neq i}}^{N} \frac{Gm_j}{|\boldsymbol{r}_i-\boldsymbol{r}_j|^3}(\boldsymbol{r}_i-\boldsymbol{r}_j) - \sum_{\substack{j=1\\j\neq i}}^{N} \frac{Gm_j}{|\boldsymbol{r}_j|^3}\boldsymbol{r}_j + \boldsymbol{a}_i$$

$$(3.2.2)$$

　(3.2.2) 式の右辺第一項は太陽重力による加速度で,第二項と第三項が惑星間の重力相互作用による加速度である.太陽重力の項の大きさを1とした場合の惑星間重力相互作用の項の大きさは最大でも 10^{-3} 程度となる.惑星間相互重力以外の力による加速度 $\boldsymbol{a}_i$ ((3.2.1) 式の $\boldsymbol{f}_i$ に由来するもの) はさらにずっと小さい.このことにより,惑星の運動は基本的には太陽と自分自身との重力二体問題であり,それに対する微小な摂動として惑星間の重力相互

[*1] 力学系や微分方程式に関する古典的名著の誉れ高い Hirsch and Smale (1974) の言葉を借りれば,(3.2.1) 式のような万有引力によるニュートンの運動方程式については:"Although there is a vast literature of several centuries on these equations, no clear picture has emerged. In fact it is still not even clear what the basic questions are for this 'problem'."

作用が働いているということがわかる．

ところで重力二体問題，すなわち a_i を無視した (3.2.2) 式で $N=1$ の場合には，惑星の運動を表すベクトル r_1 の解析解が存在する．太陽を焦点のひとつとした二次曲線（楕円または放物線または双曲線）である．もしも宇宙に太陽と地球だけしか存在しなければ，地球は太陽を焦点のひとつとする楕円軌道上を永遠に周回し続ける．軌道自体も慣性系に対して固定され，動くことはない．楕円に代表されるような二次曲線を解とする天体の運動はケプラー運動（Keplerian motion）と呼ばれるが，実際の惑星の運動はケプラー運動に非常に近く，太陽重力以外の力が摂動としてわずかに軌道を乱し，軌道自身のゆっくりとした変動を産み出しているのである．

なお，惑星の運動には太陽重力や惑星間の重力相互作用以外にも各種の力（(3.2.1) 式の f_i あるいは (3.2.2) 式の a_i）が働いている．具体的には衛星や小惑星の影響，一般相対論的効果，銀河の潮汐力，太陽の輻射圧や質量損失などが該当するが，いずれも太陽重力の効果と比べると非常に小さいものであり，本節の議論では取り上げない．これらの影響については 3.4 節で多少触れる．

(2) ケプラー軌道要素

ケプラー運動に近い天体の運動を議論する場合には，(3.2.1) 式や (3.2.2) 式を記述している直交座標 $r=(x,y,z)$, $\dot{r}=(\dot{x},\dot{y},\dot{z})$ よりも，ケプラー軌道要素と呼ばれる 6 個の変数 (a,e,I,ω,Ω,l) を用いる方がはるかに便利である．これらの軌道要素は各々以下のような意味を持ち，図 3.2.1 や図 3.2.2 のように表される．月の軌道との関係も図 3.2.3 として示した．

- 軌道半長径 a (semimajor axis)··· 楕円の長径の半分に相当する．短径（semiminor axis, 軌道半短径）は b で表されることが多い（図 3.2.1）．
- 離心率 e (eccentricity)··· 軌道の円からのずれ．$e=\sqrt{1-b^2/a^2}$ と定義される．
- 軌道傾斜角 I (inclination)··· 基準面に対する軌道面の傾きの角度．
- 近日点引数 ω (argument of perihelion)··· 近日点 P（太陽–惑星間距離が最小になる位置）の位置を表す角度であり，昇交点 A から計測する．

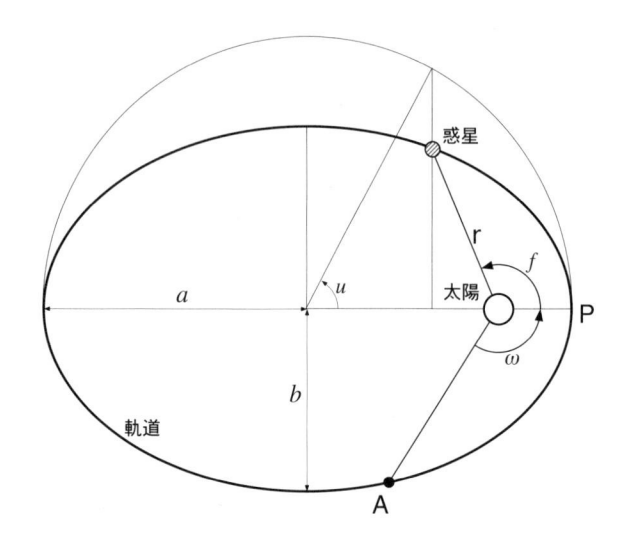

図 **3.2.1** ケプラー軌道要素の概念図 (1). 軌道半長径 a, 軌道半短径 b, 昇交点 A, 近日点 P, 近日点引数 ω, 真近点離角 f, 離心近点離角 u を示した. 太い楕円が惑星の軌道で, 上方の細い半円は離心近点離角 u を描くための補助円である.

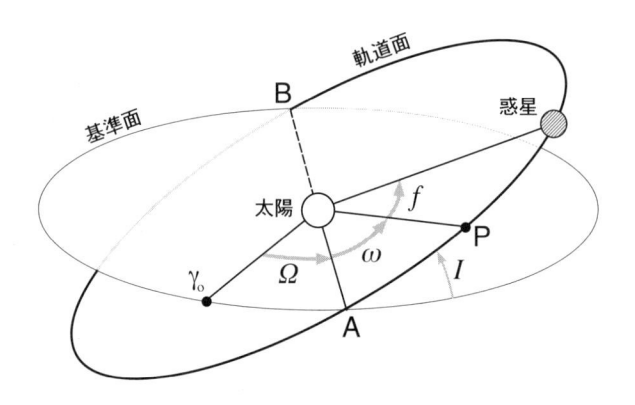

図 **3.2.2** ケプラー軌道要素の概念図 (2). 座標系の基準となる軌道が「基準面」上にあり, 現在の軌道が「軌道面」上にある. ケプラー軌道要素は基準面上の軌道から計測する. I が軌道傾斜角, Ω は昇交点経度, ω は近日点引数, f は真近点離角, A と B はそれぞれ昇交点と降交点, γ_0 は元期 (時刻の基準点) における春分点である.

- 昇交点経度 Ω (longitude of ascending node) $\cdots$ 基準面と軌道面が交叉する点 A の位置を表す角度. 空間に固定された点から計測する. 通常

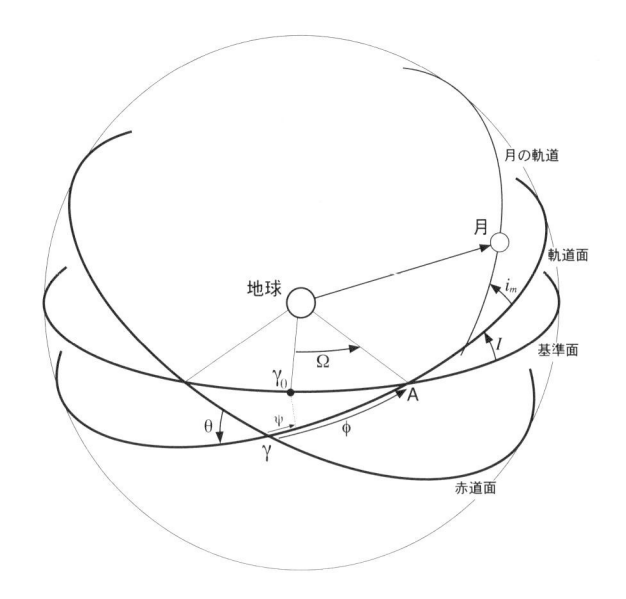

図 3.2.3 ケプラー軌道要素の概念図 (3). 地球を中心に置き, 自転運動との関連を示すために赤道面と月の軌道を加えて図示した. θ は地球の自転軸の傾き (赤道傾角; obliquity), ϕ は昇交点を基準として計測する歳差角 (precession angle, Ward (1974) らを参照), i_m は月軌道面の傾斜角で, γ は春分点である. ψ は一般歳差 (general precession) と呼ばれる角度で, 定義は $\psi = \phi - \Omega$ である (Berger and Loutre, 1991; Laskar et al., 1993a). 図中の軌道面と基準面は図 3.2.2 内のものと同一.

は元期の春分点 γ_0 から計ることが多い.

- 平均近点離角 l (mean anomaly)··· 軌道上での惑星の位置を表す角度. 軌道上の平均の角速度 n (mean motion) と時刻 t, 近日点通過時刻 t_0 を用いて $l = n(t - t_0)$ と表される. n は軌道半長径 a と惑星質量の関数で, ケプラーの第三法則 $n^2 a^3 = G(M_\odot + m)$ から計算される. ただし $M_\odot$ と m はそれぞれ太陽および惑星の質量である. なお, 平均近点離角 l の代わりに近日点通過時刻 t_0 自身を軌道要素とするやり方もある.

平均近点離角 l は時刻に直結する変数であるが, 陽に図示できない. 図示できるのは真近点離角 f と離心近点離角 u (図 3.2.1) である. f, u, l の関係は, いわゆる「ケプラー方程式」と呼ばれる超越方程式

$$u - e\sin u = l = n(t - t_0) \tag{3.2.3}$$

と，

$$\cos u = \frac{\cos f + e}{1 + e\cos f}, \quad \sin u = \frac{\sqrt{1-e^2}\sin f}{1 + e\cos f} \tag{3.2.4}$$

や

$$\cos f = \frac{\cos u - e}{1 - e\cos u}, \quad \sin f = \frac{\sqrt{1-e^2}\sin u}{1 - e\cos u} \tag{3.2.5}$$

などにより与えられる．また，これらの変数をいくつか組み合わせた変数もよく用いられる．近日点経度 $\varpi = \Omega + \omega$，元期近点離角 $\sigma = l - nt$，元期平均経度 $\epsilon = \sigma + \varpi$，などである．

重力二体問題すなわちケプラー運動の場合には $(a, e, I, \omega, \Omega)$ の 5 要素は時刻に対して一定であり，l のみが時刻とともに変化する．この状況は運動を記述する変数をケプラー軌道要素として選んだ場合に特有の現象であり，直交座標の場合にはこのようなことは起こらない（6 変数すべてが時刻と連動する）．このことはケプラー運動の大きな特徴であり，$(a, e, I, \omega, \Omega)$ が時間変化し出すのは惑星間の重力摂動などを考慮してから，すなわちケプラー運動からのずれが生じてからである．この意味で重力二体問題は縮退しているとも言われる．

コラム

ラグランジュの惑星方程式

直交座標で記載された惑星の運動方程式 (3.2.2) は，$\boldsymbol{a}_i$ の効果を除いて以下のようなケプラー軌道要素に関する一階の微分方程式群と等価である．これをラグランジュの惑星方程式と呼ぶ．導出については Brouwer and Clemence (1961) や木下（1998）などの教科書を参照してもらうこととし，結果だけを示す．ラグランジュの惑星方程式で使われる独立変数の組は幾種類かある．軌道半長径 a，離心率 e，近日点引数 ω，軌道傾斜角 I，昇交点経度 Ω，それに平均近点離角 l の代わりの元期近点離角 $\sigma = l - nt$ を用いたものは以下である（木下，1998）．ここで $R(a, e, I, \omega, \Omega, \sigma)$ は惑星間の重力相互作用を記述する関数で，摂動関数と称される．

$$\frac{da}{dt} = \frac{2}{na}\frac{\partial R}{\partial \sigma} \tag{3.2.6}$$

$$\frac{de}{dt} = \frac{1-e^2}{na^2 e}\frac{\partial R}{\partial \sigma} - \frac{\sqrt{1-e^2}}{na^2 e}\frac{\partial R}{\partial \omega} \qquad (3.2.7)$$

$$\frac{dI}{dt} = \frac{\cot I}{na^2\sqrt{1-e^2}}\frac{\partial R}{\partial \omega} - \frac{1}{na^2\sqrt{1-e^2}\sin I}\frac{\partial R}{\partial \Omega} \qquad (3.2.8)$$

$$\frac{d\omega}{dt} = \frac{\sqrt{1-e^2}}{na^2 e}\frac{\partial R}{\partial e} - \frac{\cot I}{na^2\sqrt{1-e^2}}\frac{\partial R}{\partial I} \qquad (3.2.9)$$

$$\frac{d\Omega}{dt} = -\frac{1}{na^2\sqrt{1-e^2}\sin I}\frac{\partial R}{\partial I} \qquad (3.2.10)$$

$$\frac{d\sigma}{dt} = -\frac{2}{na}\frac{\partial R}{\partial a} - \frac{1-e^2}{na^2 e}\frac{\partial R}{\partial e} \qquad (3.2.11)$$

また,近日点引数 ω の代わりに近日点経度 ϖ,元期近点離角 σ の代わりに元期平均経度 $\epsilon = \sigma + \varpi$ を用いたものは以下である.摂動関数は $R(a, e, I, \varpi, \Omega, \epsilon)$ となる.

$$\frac{da}{dt} = \frac{2}{na}\frac{\partial R}{\partial \epsilon} \qquad (3.2.12)$$

$$\frac{de}{dt} = -\frac{\sqrt{1-e^2}}{na^2 e}\left(1 - \sqrt{1-e^2}\right)\frac{\partial R}{\partial \epsilon} - \frac{\sqrt{1-e^2}}{na^2 e}\frac{\partial R}{\partial \varpi} \qquad (3.2.13)$$

$$\frac{dI}{dt} = -\frac{\tan \frac{I}{2}}{na^2\sqrt{1-e^2}}\left(\frac{\partial R}{\partial \epsilon} + \frac{\partial R}{\partial \varpi}\right) - \frac{1}{na^2\sqrt{1-e^2}\sin I}\frac{\partial R}{\partial \Omega} \qquad (3.2.14)$$

$$\frac{d\varpi}{dt} = \frac{\sqrt{1-e^2}}{na^2 e}\frac{\partial R}{\partial e} + \frac{\tan \frac{I}{2}}{na^2\sqrt{1-e^2}}\frac{\partial R}{\partial I} \qquad (3.2.15)$$

$$\frac{d\Omega}{dt} = -\frac{1}{na^2\sqrt{1-e^2}\sin I}\frac{\partial R}{\partial I} \qquad (3.2.16)$$

$$\frac{d\epsilon}{dt} = -\frac{2}{na}\frac{\partial R}{\partial a} + \frac{\sqrt{1-e^2}\left(1-\sqrt{1-e^2}\right)}{na^2 e}\frac{\partial R}{\partial e} + \frac{\tan \frac{I}{2}}{na^2\sqrt{1-e^2}}\frac{\partial R}{\partial I} \qquad (3.2.17)$$

(3) 軌道要素の変動を計算する

方程式 (3.2.2) で表される惑星の運動は,直交座標ではなくケプラー要素を使った6本の微分方程式として記述し直すことができる.この6本の方程式(コラム内の (3.2.6)～(3.2.11) 式,あるいは (3.2.12)～(3.2.17) 式)はラグランジュの惑星方程式(Lagrange's planetary equations)と呼ばれている.

摂動が小さい系の場合には,ある種の逐次近似的な方法(摂動論)によりラグランジュの惑星方程式の近似解を求めていくことができる.だがその具

体的計算には非常に手間が掛かる．ここで，氷期・間氷期サイクルに関与しているると思われる日射量変動の時間スケールは数万年から数十万年であることを思い出そう．こうした日射量変動のように，公転周期に比べてとても長い時間スケールの現象を対象とする際には，ケプラー運動では縮退して動かない5軌道要素 $(a, e, I, \omega, \Omega)$ のゆっくりとした変化のみが問題になる．1公転周期程度の時間ではこれらの軌道要素の変化は微小である．一方，軌道上での惑星の位置を表す変数である平均近点離角 l の動きは周期が短く，数万年や数十万年といった長周期の平均的な日射量の変動にはほとんど影響を与えないと考えて良い．このことを考慮し，あらかじめ公転周期に関して平均化したラグランジュの惑星方程式を解き，解の長周期の振舞い（永年変動）のみを抽出しようというのが，永年摂動論と呼ばれる方法である．惑星の運動を公転周期に関して平均化してから解くということは，物理的には惑星を質点ではなく角運動量付きのリングとして取り扱うことに相当する．具体的には，摂動関数 R の永年項（＝公転周期に関して平均化して残った項）だけについての微分方程式を解くことになる．この計算をもう少し進めてみよう．e, ϖ, I, Ω に関する変数変換

$$h_i = e_i \sin \varpi_i, \quad k_i = e_i \cos \varpi_i$$

$$q_i = \tan I_i \sin \Omega_i, \quad p_i = \tan I_i \cos \Omega_i$$

を施すと，惑星 j が惑星 i に及ぼす摂動を表す一次の摂動関数 R_{ij} の永年項は以下のような形で表される（Brouwer and Clemence, 1961）．ただし C_{ij}, N_{ij}, P_{ij} は惑星の質量と軌道半長径の関数であり，離心率と軌道傾斜角の低次項までを採用する近似では時間に対して一定となる．

$$R_{ij} = Gm_j \Big\{ C_{ij} + N_{ij}[h_i^2 + h_j^2 + k_i^2 + k_j^2 - p_i^2 - p_j^2 - q_i^2 - q_j^2$$
$$+ 2(p_i p_j + q_i q_j)] - 2P_{ij}(h_i h_j + k_i k_j) \Big\} \tag{3.2.18}$$

惑星 i に働く摂動の総和は $R_i = \sum_{\substack{j=1 \\ j \neq i}}^{N} R_{ij}$ なので，離心率と軌道傾斜角がともに小さいという仮定で e^2, I^2 以上の項を無視した近似におけるラグランジュの惑星方程式 (3.2.12)〜(3.2.17) は以下のような形になる．公転周

期に関して平均化することにより，惑星の軌道上の位置を表す変数 σ あるいは ϵ は消去され，これらの変数の正準共役に相当する a は定数になる．したがって，考慮すべき方程式の数は $6N$ 本から $4N$ 本に減ることになる．

$$\frac{dh_i}{dt} = \frac{1}{n_i a_i^2}\frac{\partial R_i}{\partial k_i}, \quad \frac{dk_i}{dt} = -\frac{1}{n_i a_i^2}\frac{\partial R_i}{\partial h_i} \qquad (3.2.19)$$

$$\frac{dp_i}{dt} = \frac{1}{n_i a_i^2}\frac{\partial R_i}{\partial q_i}, \quad \frac{dq_i}{dt} = -\frac{1}{n_i a_i^2}\frac{\partial R_i}{\partial p_i} \qquad (3.2.20)$$

摂動関数 $R_i = \sum R_{ij}$ の形が (3.2.18) 式のように h_i, h_j, k_i, k_j の二次式で表されることから，方程式 (3.2.19)(3.2.20) は最終的には行列の固有値問題に帰着される．固有振動数 g_j, f_j と初期値（観測値）から決定される初期位相 β_j, δ_j および初期振幅 M_{ij}, L_{ij} を用いれば，方程式 (3.2.19)(3.2.20) の解は以下のように表される．

$$h_i = e_i \sin \varpi_i = \sum_j^N M_{ij} \sin(g_j t + \beta_j) \qquad (3.2.21)$$

$$k_i = e_i \cos \varpi_i = \sum_j^N M_{ij} \cos(g_j t + \beta_j) \qquad (3.2.22)$$

$$q_i = \tan I_i \sin \Omega_i = \sum_j^N L_{ij} \sin(f_j t + \delta_j) \qquad (3.2.23)$$

$$p_i = \tan I_i \cos \Omega_i = \sum_j^N L_{ij} \cos(f_j t + \delta_j) \qquad (3.2.24)$$

すなわち私たちは運動方程式 (3.2.1) あるいは (3.2.2) から出発し，永年摂動の方法を用いることで，惑星の軌道要素変動を固有振動数 f_j, g_j を持つ線形振動の重ね合わせとして記述するにいたったのである．永年摂動の方法は大雑把な近似に基づくものであるが，得られた結果は近年の精密な数値計算と比較してもさほど大きな違いはない．このことも，惑星の運動がいかにケプラー運動に近いか（なおかついかに同一平面内での円運動に近いか）を示す良い指標であろう．

永年摂動は前世紀以前から研究されてきた方法であるが，高次の精密な解

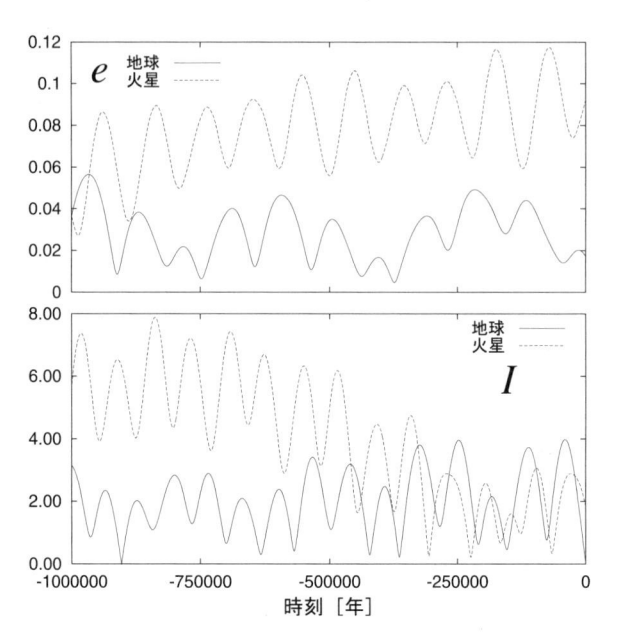

図 3.2.4　Laskar（1988）の結果を用いて描いた地球と火星の離心率 e（上図）と軌道傾斜角 I（下図，単位は度）の変動．現在から 100 万年前までをプロットした．

析理論は近年もなお改良が続けられている．とりわけ Laskar の一連の研究は，二次の摂動関数を用いた永年摂動において e^5, I^5 までを考慮した方程式を作り，それを計算機の力を借りて半解析的に解くという精密なものである（Laskar, 1985, 1986, 1988, 1990, 1994, 1996）．Laskar（1988）の結果を元にして，地球と火星の離心率と軌道傾斜角の変動を描いたものを図 3.2.4 として示した．

(4) 数値積分

惑星の運動を議論する際に用いる逐次近似法や永年摂動論といった解析的手法は，旧世紀以前から研究され続けてきたものである．これに対し，近年の計算機技術の急速な発達に後押しされて，運動方程式 (3.2.1) や (3.2.2) を直接数値積分する方法が大いに発展してきた．数値積分の具体的手法は多岐にわたるが，惑星運動の特徴として 1) 運動は非常に滑らかであり，天体同士の接近遭遇がなければ急激な変動はない，2) 系のサイズ（N の大きさ）が小

さいためにベクトル化や並列化にはあまり馴染まない，といった特徴がある．このため，予測子法（多段法）やルンゲ・クッタ法などの多項式近似タイプ（Kinoshita and Nakai, 1995）がよく用いられる．高精度が要求される場合には補外法（Gragg, 1965; Bulirsch and Stoer, 1966; Ito and Fukushima, 1997）もしばしば用いられる．また最近，惑星運動がハミルトン系として十分良く近似できるということに着目したシンプレクティク数値積分法という新しい解法が現れ，各種の改良が重ねられて惑星運動数値解法における主流を占めつつある（Yoshida, 1990, 1993; Wisdom and Holman, 1991; Kinoshita *et al.*, 1991; Mikkola, 1997; Rauch and Holman, 1999; Ito, 2001）．本章の後半で示される惑星運動の超長期計算例（図 3.4.6 など）は，ほぼすべてこのシンプレクティク数値積分法を用いて計算したものである．デジタル技術のさらなる進歩とともに，数値積分の重要性はますます増大していくはずである．

3.2.2　自転軸の歳差運動

地球の自転軸は軌道面に対して垂直ではなく，約 23.4° 傾いている．また，自転軸は軌道面の法線のまわりを周期約 26000 年で周回している．これが歳差運動（precession）と呼ばれるものである．地球に入射する日射量の変動は，こうした自転軸と傾きと歳差運動に大きな影響を受けている．本節ではこうした自転軸の運動について述べる．

(1) 地球の重力ポテンシャル

地球を軸対称な回転楕円体としたとき，地球の中心から距離 r で余緯度 ϑ の位置における重力ポテンシャルは近似的に以下のように表現することができる（Turcotte and Schubert, 1982; Stacey, 1992）．

$$V = -\frac{GM_\oplus}{r} + \frac{G(C-A)}{r^3}\left(\frac{3}{2}\cos^2\vartheta - \frac{1}{2}\right) \qquad (3.2.25)$$

(3.2.25) 式は重力ポテンシャルを Legendre 多項式 P_n を用いて展開し，$n=2$ までの項を採用したものである．$M_\oplus$ は地球の質量，C と A は地球の赤道回りと極回りの慣性モーメントである．

(2) 歳差運動の方程式

(3.2.25) 式で表される地球の重力ポテンシャルのうち，右辺の第一項は地球の重心にすべての質量が集まった効果，すなわち地球を質点と仮定した場合の項である．右辺第二項の r^{-3} に比例する項は，地球が実際には質点ではなく有限の大きさを持っている（重力ポテンシャルに非球対称な成分が存在する）ことを表す項である．太陽や月などの外部天体の重力がこの非球対称な重力ポテンシャルに作用することにより，地球の自転軸に歳差・章動といった変動が発生する．自転軸の歳差運動を表す方程式は，このような外部天体からの重力トルクが自転運動の角運動量を変化させるという状況を表現するものである．詳細な導出については Danby (1992) などを参照してもらうことにして，以下では結果だけを示す．

慣性系における地球の自転軸方向の単位ベクトルを s，地球の公転軌道面の法線ベクトルを n とする．公転周期に関して時間平均すると，地球自転軸の歳差運動を表す方程式は以下のような形になる（Ward, 1974, 1979; Rubincam, 1990, 1992）．

$$\frac{d\bm{s}}{dt} = \frac{3GM_\odot}{2\tilde{\Omega}a_s^{\,3}} \frac{C-A}{C}(\bm{s}\cdot\bm{n})(\bm{s}\times\bm{n}) \qquad (3.2.26)$$

(3.2.26) 式は地球と太陽の 2 天体で考えた場合の方程式であり，a_s は地球の軌道半長径，$\tilde{\Omega}$ は地球の自転角速度である．地球の形状軸と自転軸は一致していると仮定し，いわゆる極運動（polar motion）の類は無視している．公転周期に関して時間平均したことで，短周期の章動（nutation）の効果も無視されている．

太陽の場合のみならず，月による効果も同様にして求めることができる．地球に対する月と太陽の軌道が円ではなく楕円軌道であること（離心率 $e>0$）や，月の軌道面が地球の軌道面と同一ではないこと（月の軌道傾斜角 $i_m>0$）も考慮する必要があるが，これらはそれぞれ (3.2.26) 式の右辺に対し $(1-e^2)^{-\frac{3}{2}}$ および $1-\frac{3}{2}\sin^2 i_m$ の大きさで効果を持つ（Kaula 1964, Sharaf and Budnikova 1969a, 1969b．係数 $1-\frac{3}{2}\sin^2 i_m$ は月の軌道面歳差周期に関する平均操作の後に現れる）．これらをまとめれば，月と太陽からの重力トルクが地球の赤道部分の膨らみに作用することによる自転軸の歳差運動を表す方程式は

以下のようになる.
$$\frac{d\bm{s}}{dt} = \alpha(\bm{s}\cdot\bm{n})(\bm{s}\times\bm{n}) \qquad (3.2.27)$$
ただし
$$\begin{aligned}\alpha &= \frac{3n^2}{2\tilde{\Omega}}\frac{C-A}{C}\Bigl\{\left(1-{e_s}^2\right)^{-\frac{3}{2}}\\ &\quad+\frac{M_m}{M_\odot}\left(\frac{a_s}{a_m}\right)^3\left(1-{e_m}^2\right)^{-\frac{3}{2}}\left(1-\frac{3}{2}\sin^2 i_m\right)\Bigr\}\end{aligned} \qquad (3.2.28)$$
であり,n,e_s は太陽のまわりの地球軌道の平均運動と離心率,e_m,M_m は地球のまわりの月軌道の離心率と月質量,a_m は月の軌道半長径である.

コラム

歳差と章動

自転運動の方程式を短周期成分について平均化して議論を行う歳差運動は,より短い時間スケールの自転軸変動である章動の永年摂動版とも呼ぶべきものである.剛体地球の章動理論について,国際天文学連合(IAU)では長いこと 1950 年代に米国の Woolard が構築した理論(Woolard, 1953)を正式に採用していた.が,VLBI を始めとする超精密観測時代に入ると Woolard の計算値は精度が不足し,なおかつ地球の形状軸ではなく瞬間自転軸の章動を計算しているという欠陥もあった.木下宙は剛体地球の章動理論構築にハミルトン力学を持ち込み,剛体地球の形状軸,瞬間自転軸,および角運動量軸の章動の精密な数値を計算し直した(Kinoshita, 1977).Kinoshita (1977) で計算された章動の周期成分は 106 個であり,誤差精度は 1/10000 秒未満であった.この研究はさらに Kinoshita and Souchay (1990) で発展され,引き継がれている.なお,現在の観測値と理論値との差異は主として地球の非剛体部分が持つ不確定性が原因であるとされており,こちらに関しては笹尾哲夫による貢献があり(笹尾, 1979;Sasao et al., 1980; 笹尾, 1993),その後を白井俊道らが引き継いで精密な研究が継続されている(Shirai and Fukushima, 2000, 2001).

（３）歳差定数

　(3.2.27) 式中の係数 α は歳差定数（precession constant）と呼ばれる[*1)]．α は惑星の赤道偏平部分が月と太陽から受ける重力的なトルクの大きさを表す係数であり，単位は時間の逆数である．(3.2.28) 式を見ればわかるように，歳差定数 α は地球や月の軌道要素と慣性モーメント C, A に依存している．地球や月の離心率である e_s, e_m の絶対値は小さく，変動の振幅も小さい．また，地球の慣性モーメント C, A の変動の時間スケールは数千万年から数億年と非常に長い．したがって，第四紀程度の時間スケール（数百万年程度）では歳差定数 α は定数であると考えて良い．厳密に言えば，α の中には他の惑星や小惑星・彗星などの効果も入れるべきであるが，地球の自転運動に及ぼす重力トルクとしては太陽と月の効果が圧倒的に大きいので，通常は無視する．

（４）赤道傾角と歳差角

　(3.2.27) 式で表現されるのは慣性座標系に対する地球の自転軸の運動である．しかし実際の日射量変動に効果を持つのは，時々刻々と変動する地球の公転軌道面に対する自転軸の運動なので，この両者の変換を考慮しなければならない．慣性系内での自転軸の歳差運動の方程式 (3.2.27) を公転軌道上での赤道傾角 θ と歳差角 ϕ（図 3.2.3）の時間変化の方程式に変換した結果を以下に示す．これは単なる座標変換の問題であり，詳細については Ward（1974）らを参考にして読者が試みることを薦める．公転軌道面を基準にすれば $\bm{n}$ は z 軸方向の単位ベクトルであり，また $\bm{s}$ も単位ベクトル（$|\bm{s}|=1$）であることから変数の数が減り，方程式の本数は 2 本となる．

$$\frac{d\theta}{dt} = -\sin I \cos\phi \frac{d\Omega}{dt} + \sin\phi \frac{dI}{dt} \qquad (3.2.29)$$

$$\frac{d\phi}{dt} = -\alpha\cos\theta - (\cos I - \sin I \cot\theta \sin\phi)\frac{d\Omega}{dt} + \cot\theta\cos\phi\frac{dI}{dt} \quad (3.2.30)$$

　連立常微分方程式 (3.2.29)(3.2.30) を解けば，任意の時刻における公転軌

[*1)] 歳差定数の定義は業界により幾分か異なっている．地球物理学の業界では (3.2.28) 式の α をそのまま歳差定数と呼ぶようだが，天文学の業界ではこの α に (3.2.27) 式中の $(\bm{s}\cdot\bm{n})$，すなわち $\cos\theta$（これは実際には定数とする）を掛けたものを歳差定数の定義とする場合が多い．

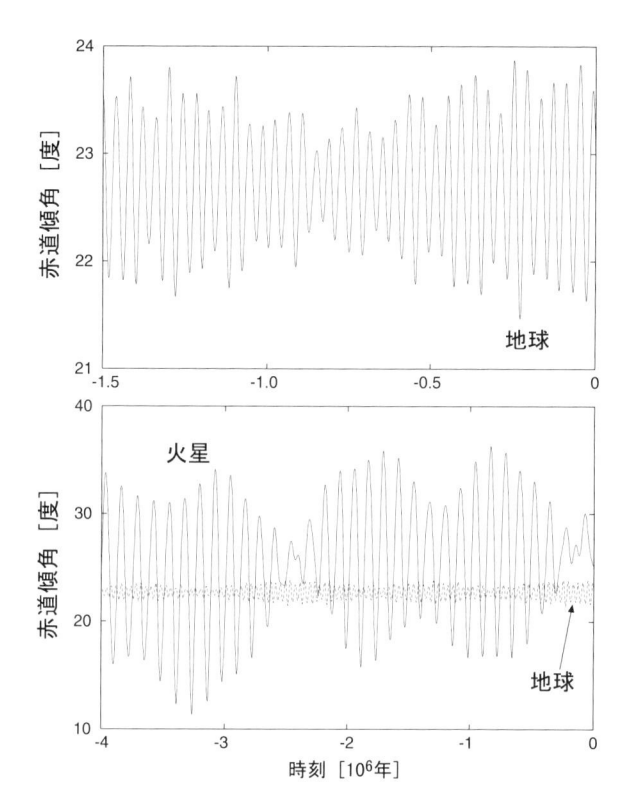

図 3.2.5　地球（上）と火星（下）の赤道傾角 θ の変動の様子．下図では火星（実線）と地球（破線）の両方をプロットしている．上下の図では両軸ともに描画範囲が異なっていることに注意．

道上での自転軸の方向 (θ, ϕ) を知ることができる．図 3.2.5 には，上述の方法で計算した地球と火星の赤道傾角 θ の時間変動を示した．惑星の軌道要素変動のデータとしては図 3.2.4 と同様に Laskar（1988）のものを用いている．

3.2.3　日射量変動に影響を与える力学変数

ここまで説明してきた軌道要素変動と自転軸の歳差運動を組み合わせることにより，任意の時刻・任意の地点における日射量を求める理論式を導くことができる（Berger, 1978c; 中島, 1980; Berger and Loutre, 1991; 増田, 1993）．前述したように，慣性系内での地球の位置は軌道要素変化の方程式 (3.2.6)〜

(3.2.11) または (3.2.12)〜(3.2.17), あるいは等価な運動方程式 (3.2.1) を用いて計算し,自転軸の向きについては歳差運動の方程式 (3.2.27) を用いて計算する.

ひと口に日射量変動と言ってもさまざまな面がある.誰もがすぐに思い付くのは 1 年間に地球に到達する日射量の平均値の全球総量であろう.太陽からのエネルギー輻射のフラックスは地球–太陽間距離 r の二乗に反比例する.したがって,全球の 1 年平均日射量は r^{-2} の年平均,

$$\left\langle \frac{1}{r^2} \right\rangle = \frac{1}{a^2\sqrt{1-e^2}} \qquad (3.2.31)$$

に比例することになる.しかし,前節で述べたように地球の離心率 e は 1 に比べて非常に小さく,その変化の振幅も小さいことから,r^{-2} に比例する全球の 1 年平均日射量の変動は,地球の気候変動に実質的に何らの影響も及ぼさないと言って良い.離心率 e の影響は,次に述べる季節別・緯度別の日射量変動の中に顕著に現れてくる.

(1) 歳差と近日点移動・赤道傾角の効果

以下では,地球上の緯度 φ の地点における積算日射量が数万年の時間スケールではどのように変化するのかを考える.この時間スケールで変動する日射量が氷期・間氷期のサイクルを駆動しているものと考えられる.その時間変動を詳しく定式化していくと,以下の 3 種類の項に分類できることがわかる(図 3.2.6 参照).

1) 自転軸の傾き(赤道傾角)の変化に起因する日射量変動を表す項.赤道傾角項と呼ばれ,$\sin|\varphi|\sin\theta$ に比例する.
2) 自転軸の方向(歳差角)と近日点の位置変化による日射量変動を表す項.気候的歳差項と呼ばれ,「動く近日点」を $\tilde{\omega} = \varpi + \psi$(図 3.2.3)で定義すると $e\sin\tilde{\omega}\cos\varphi$ に比例する.
3) 年間平均の日射量を表す項.主要項と呼ばれ,$\cos\varphi$ に比例する.

上記 3 項のうち,季節変化に関連するものは赤道傾角項と気候的歳差項である.主要項は「低緯度域ほど日射量が大きくて暖かい」という直感的な事実そのものを表している.地球軌道の離心率や赤道傾角が小さければ,日射量

(1) 赤道傾角項の効果

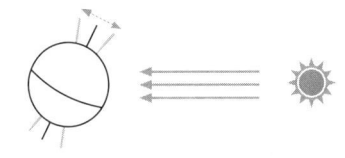

(2) 気候的歳差項の効果

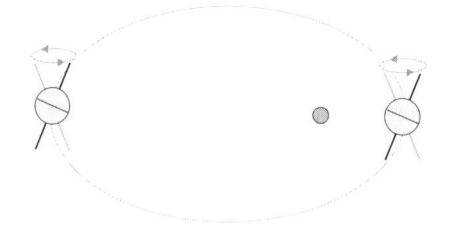

図 3.2.6　日射量変動における (1) 赤道傾角項と (2) 気候的歳差項の効果の模式図.

を担う割合は赤道傾角項および気候的歳差項よりも主要項の方が大きい．ただし氷床変動には日射量の季節変動が強く影響する（たとえば北極の氷の融解には北半球での夏半年の日射量が強い影響を持つ，という具合に．詳しくは第 4 章を参照のこと）．したがってここでは赤道傾角項および気候的歳差項の効果を重視し，それぞれの項がどのような意味を持っているのかについて，必ずしも厳密ではないが直観になるべく近い説明を試みる．以下では北半球の緯度 φ の地点における夏半年の積算日射量を例に取っているが，南半球，あるいは冬半年の積算日射量に関する議論も同様に行うことができる．

赤道傾角項　赤道傾角項 $\propto \sin|\varphi|\sin\theta$ と言う表式が意味するところを考えるため，低緯度域の代表として $\varphi \sim 0$，高緯度域の代表として $\varphi \sim 90°$ を選んでみよう．高緯度域では単位面積に入射する日射量がもともと少ないため（高緯度域での太陽の天頂角が小さいと言っても良い），赤道傾角の変化による入射日射量の相対的な変動は大きい．高緯度域 $\varphi \sim 90°$ では $\sin|\varphi|\sin\theta \sim \sin\theta$ であり，ここで赤道傾角項の大きさが最大になっていることからも理解できる．一方，低緯度域では単位面積に入射する日射量がもともと多いので（太陽の天頂角が大きい），赤道傾角の変化による入射日射量の相対的な変動は小さい．低緯度域 $\varphi \sim 0$ では $\sin|\varphi|\sin\theta \sim 0$ であり，ここで赤道傾角項の大

きさが最小になっていることからも理解できる．すなわち高緯度域の夏の日射量は赤道傾角 θ の変動により相対的に大きな影響を受けるが，低緯度域の夏の日射量は赤道傾角 θ の変動により相対的に大きな影響を受けないということになる．ここで言う「相対的」とは，季節変化に関係ない年平均の日射量（すなわち主要項）に比べて，ということである．

要するに，赤道傾角項は緯度帯毎の日射量のコントラストを形成する効果を持っている．また，この効果は離心率 e に依存していない．すなわち地球の公転軌道が円であろうとなかろうと，自転軸が傾いている限り赤道傾角項に由来する日射量変動は発生する．

気候的歳差項　自転軸の歳差運動により，地球が最も太陽に近くなる地点（近日点）における自転軸の方向は時々刻々と移り変わる．もしもある年に北半球の夏の時点で地球が近日点にあれば，北半球での夏の日射量は非常に大きくなるであろう．一方，その年の冬は地球は遠日点にあり，北半球が受ける日射はとても小さくなる．地球の軌道が楕円であることと自転軸が歳差運動することにより，夏と冬のコントラストが時間的に変動するという現象が発生するのである．$\tilde{\omega}$ は現在の春分点を基準として計測した近日点の位置だから，$\tilde{\omega} = 90°$ の場合には現在の春分点方向が近日点方向と直交している．すなわちこのときは北半球の夏至が近日点付近で実現され，夏の日射は激しいものになるであろう．その正反対の場合が $\tilde{\omega} = 270°$ であり，このときには北半球の夏至が遠日点付近で実現され，夏の日射は穏かなものになる．

気候的歳差項は地球の軌道が完全な円（離心率 $e = 0$）であれば発生しない．実際上の計算において話をややこしくするのは，地球の近日点自体も他の惑星からの重力摂動によって時間的にその位置を変えているということである．自転軸の方向と近日点の空間的位置の両方を把握して初めて，気候的歳差項の実際を知ることができる．

気候歳差項は緯度の余弦 $\cos\varphi$ に比例するが，これは年平均日射を表す主要項が $\cos\varphi$ に比例する事実と関連している．たとえば，地球の赤道傾角 θ が一定不変であると仮定しよう．地球の公転軌道面が慣性系に固定されていればこのような状況が生じる．それでも自転軸の歳差運動は発生するし，近日点の位置も移動し得る．地球軌道の離心率 e の値自体も時間的に変遷する．

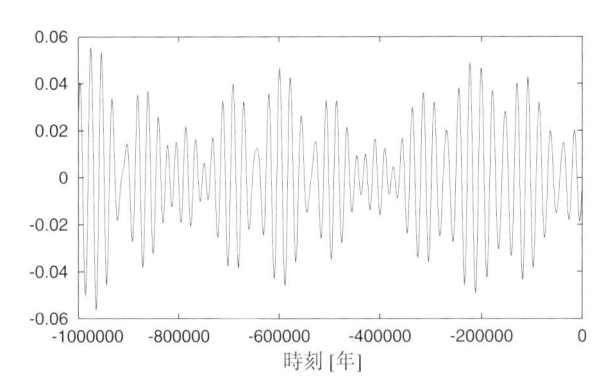

図 3.2.7　日射量変動で重要な役割を果たす気候的歳差項 $e\sin\tilde{\omega}$ の時間変化.

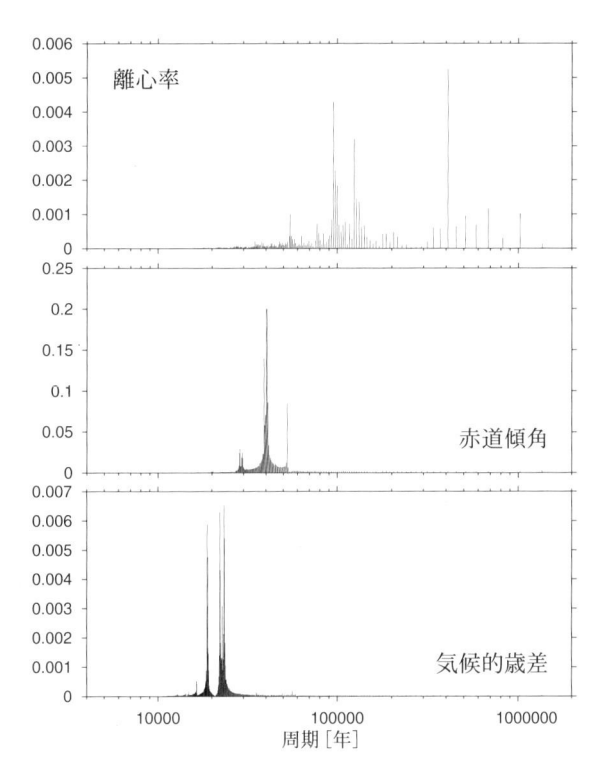

図 3.2.8　地球の離心率 e, 赤道傾角 θ, 気候的歳差 $e\sin\tilde{\omega}$ の周期性. 約 400 万年間の計算結果による.

3.2　日射量変動の基礎理論　　*155*

ここで夏を夏至で代表させて考えてみると[*1)]，赤道傾角が一定の場合でも，夏至が発生する軌道上の位置での地球–太陽間の距離は時々刻々と変化する．太陽からの距離変化による日射量の変化率は全球について均一だから，これによる相対的な日射量変化率の緯度 φ への依存性はいわゆる主要項（年平均日射量）と同様，すなわち $\cos\varphi$ に比例するものになる．

日射量変動を司る変数である地球の離心率 e と赤道傾角 θ の時間変動はそれぞれ図 3.2.4，図 3.2.5 として示されている．気候的歳差項 $e\sin\tilde{\omega}$ の時間変化も図 3.2.7 に示されている．また，これら 3 種の時系列データを周波数解析した結果を図 3.2.8 として示した．地球の離心率 e の振動は約 10 万年と約 40 万年の特徴的周期を持ち，赤道傾角には約 4 万年の周期が卓越している．気候歳差項は離心率 e と "動く" 近日点経度 $\tilde{\omega}$ を含んでいるが，周波数領域には離心率 e の周期は現れず，23000 年付近と 19000 年付近に強い周期性を持つ．$e\sin\tilde{\omega}$ という関数形を見てわかるように，気候歳差項は $\tilde{\omega}$ に起因する搬送波と e に起因する信号波を有する振幅変調波（AM 波，amplitude modulation wave）の形をしている．一般に信号波の波長が搬送波の波長に比べて十分に長ければ，AM 波のスペクトルには信号波の周期は現れない．異なる周期を持つ 2 種類の正弦関数の積を考えれば，このことはすぐにわかる．

3.2.4　緯度別の日射量変動

ここまでに議論してきた事柄を基にして，実際の日射量変動を計算してみよう．季節ごとの日射量変動の時系列としては，Milankovitch（1920, 1930, 1941）以来多くの文献が，夏半年日射量・冬半年日射量の長期間平均からの偏差を計算している．地球の公転角速度が一定ではないので「半年」の定義はいろいろ考えられるが，Milankovitch が使った熱量的夏半年（あるいは熱量的冬半年）は 1 年を時間で二等分し，日射量がその中央値よりも大きい（あるいは小さい）期間とするものである．これについての解説は中島（1980）が

[*1)] 夏至の厳密な定義はここまでの記載では与えられていなかった．夏至とは，考えている半球から見て自転軸が最も太陽の方向に傾いた状態，より正確に言えば，軌道面の法線ベクトルと自転軸ベクトルを含む平面が太陽を含み，かつその半球にある極が逆の半球にある極よりも太陽に近付いた状態のことを指す．地球上にいる人から見れば，夏至はもちろん 1 年で最も日照時間の長い日として観察される．

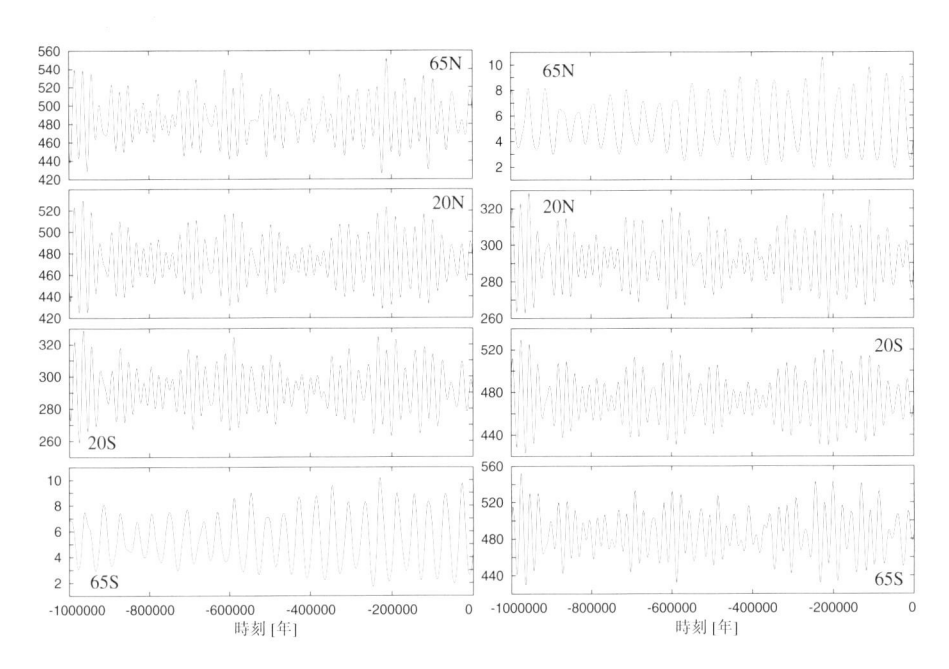

図 3.2.9 北半球の夏至（6 月 21 日）（左）と冬至（12 月 22 日）（右）の 1 日平均の日射量変動（W/m^2）．100 万年前から現在までを描いた．

非常に詳しい．本書ではこの熱量的夏半年・冬半年の代わりに夏至と冬至における 1 日平均の日射量を取り上げ，その変動状況を描いてみることにする（増田，1993）．

図 3.2.9 左には，Berger（1978b）の定式化による北半球の夏至（6 月 21 日）の 1 日平均の日射量（W/m^2）を北緯 65°，北緯 20°，南緯 20°，南緯 65° の 4 地点に関して示した．ただし日付は春分を 3 月 21 日として相対的に与えたものである．図 3.2.10 上はフーリエ変換によるそのパワースペクトルである．データ期間は約 400 万年分を用いた．同様にして北半球の冬至（12 月 22 日）の日射量を図示したものが図 3.2.9 右であり，その周期解析結果が図 3.2.10 下である．高緯度の冬の日射量（図 3.2.9 左最下段と図 3.2.9 右最上段）はもともと絶対値が小さいが，その位相は南北半球でほぼ揃っている．高緯度では赤道傾角項の効果が大きいためである．一方，夏至の回帰線付近の日射量（図 3.2.9 左上から 2 段目と図 3.2.9 右下から 2 段目）の日射量は，

3.2 日射量変動の基礎理論　　*157*

気候的歳差の効果を強く受けており，南北半球でしっかりと逆位相になっている．これらの事柄は周波数解析の結果を見ても如実に現れている．赤道傾角の典型的な変動周期（約4万年）が日射量に反映されているのは高緯度域であり，低緯度域では気候的歳差の変動周期を反映した2万年前後の周期性が卓越している．なお，各緯度における季節ごとの積算日射量の長周期変化（周期が数十万年程度の長期間の変動）に関しては，Vernekar（1972）に時間緯度の断面図が掲載されている．

　こうした各種の日射量変動を見ているとすぐに気が付くことがある．図3.2.10に示された日射量変動の周期成分には，地球の離心率の典型的変動周期である約10万年や約40万年という周期成分（図3.2.8）がほとんど現れないのである．前述したように地球の離心率 e の変動は日射量の変化の主要因のひとつである．けれども離心率の効果はほとんどが気候的歳差 $e\sin\tilde{\omega}$ を通した間接的な効果しか持たない．繰り返しになるが，気候歳差項は近日点の経度 $\tilde{\omega}$ の変化に起因する搬送波と離心率 e の変化に起因する信号波の掛け合わせから成っており，信号波の周期が搬送波の周期に比べて十分に長いために，周波数解析を行っても信号波自身が持つ周期性が現れることはない．したがって，10万年周期や40万年周期といった離心率 e の特徴的周期は日射量変動の周期性としてはほとんど存在せず，わずかに年平均・全球総和日射量の効果 $(1-e^2)^{-\frac{1}{2}}$ として影響を持つに過ぎない．日射量変動と気候変動の関係を議論していく上でこの事実には十分留意する必要がある．第四紀の氷床変動の特徴的時間スケールが**たまたま**約10万年であったために，これがあたかも離心率の変動と同期しているかのような誤解がときに見られる．しかしこれは飽くまで偶然である．10万年という周期は日射量変動の特徴的周期としてはほとんど存在しないということを念頭に置き，本書各所の記載（とくに第4章）に目を通していただきたい．

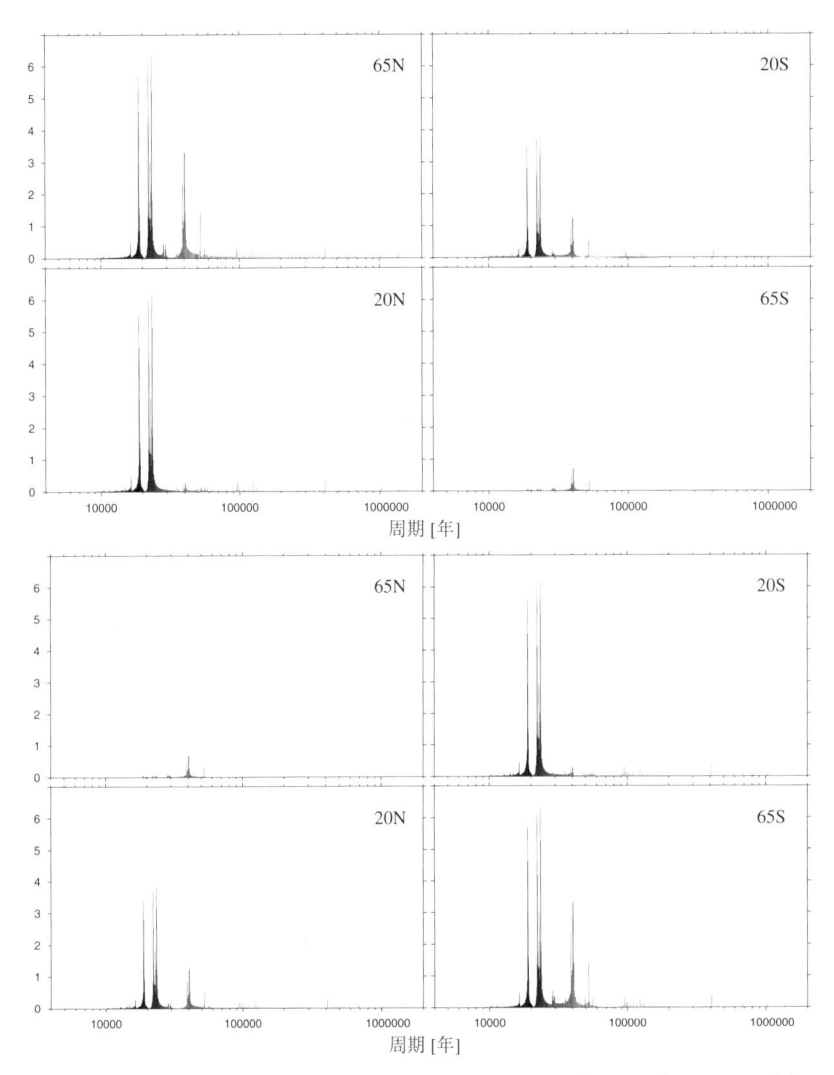

図 **3.2.10** フーリエ変換によって図 3.2.9 のデータの周期性を示したもの．上が夏至，下が冬至．

3.2 日射量変動の基礎理論

コラム

「ミランコビッチサイクル」の定義

いわゆる「ミランコビッチサイクル」をひとことで定義すると以下のようになろう.「地球の公転軌道面と自転軸の長期の運動によって太陽と地球との位置関係が変化し,地球上に入射する太陽放射の量および分布が変動すること.」太陽放射の量および分布という言い方は曖昧だが,長期の気候変動という観点からしばしば用いられるのは,北半球で言えば氷床の南限に当たる北緯 65 度付近での夏半年あるいは冬半年の平均日射量である.夏半年または冬半年を夏至 1 日あるいは冬至 1 日で代用することもある.氷床の南限における日射量の変動が氷床の消長に大きな影響を与えるであろうということは,19 世紀から言われてきたことであるが,これを精密に定量計算したセルビア人科学者 M. Milankovitch の名前を取り,日射量の長期変動について「ミランコビッチサイクル」という呼称が用いられることが多い.

ミランコビッチサイクルに関して流布しているきわめて有名な誤解がひと

図 **3.2.13** M. Milankovitch (1879–1958).

つある.それは「第四紀の氷床変動の特徴的時間スケールである約10万年の周期は,ミランコビッチサイクルのひとつである.」というものである.これは完全に誤った認識である.そもそもミランコビッチサイクルとはあくまで日射量変動の代名詞であり,氷床変動に代表されるような気候変動を指すものではない.本文中にも記載されているように,日射量変動の周期は天体の公転運動と地球の自転運動の力学から理論的に導かれるものに過ぎず,それらが地球の気候変動にどのような影響を与えるかについてはあずかり知らぬものなのである.第四紀氷床変動の10万年周期は非常に顕著なものではあるが,10万年という周期は日射量の変動周期にはほとんど存在しない.おそらくこの誤解は,日射量変動計算の理論の中に出てくる地球の離心率の変動周期が10万年に近い値を持つという事実との混乱の中で発生したものであろう.確かに地球の離心率変動を周波数解析すると,10万年周期付近にいくつかの強いピークがある.しかしこれは飽くまで公転軌道要素のひとつである離心率の変動に過ぎない.離心率が持つ日射量変動への直接の寄与はわずかに $1/\sqrt{1-e^2}$ の大きさであり,地球の離心率の小ささ(平均値・変動振幅ともに)を考えるとこれは他の項に比べてきわめて小さいと言わざるを得ない.本文中にも述べたが,離心率の効果は気候的歳差の項の中にも入っている.気候的歳差は日射量変動の最も重要な要素であるが,この場合にも離心率の周期性が直接現れることはない.たとえば,離心率の時間変化を $e = e_0 \sin(t/10万年)$,動く近日点の運動を $\sin\tilde{\omega} = \sin(t/2万年)$ などと置き,項 $e\sin\tilde{\omega}$ に現れる周波数を手計算してみればそれは一目瞭然である.ごく簡単な計算なのですぐに試してみると良い.

第四紀氷床変動の約10万年周期と地球の離心率の約10万年周期の数値がたまたま良く似ているために,かつてこのように大きな混乱が引き起こされた.私たちはこの一致が単なる偶然であることを改めて認識したい.専門書や学術論文の中でもこの点に関して誤った記述を載せている文献が存在するので,読者は十分に留意する必要がある.第四紀氷床変動の10万年周期の要因は気候システムの非線型性など内部的要因に求められるべきものであり,それらは阿部彩子らの研究(Abe-Ouchi, 1993)によっても確認されている.詳細については第4章を参考にしていただきたい.

3.3 月–地球力学系の潮汐進化

大江昌嗣・安部正真

　3.1 節で述べられた IK ダイアグラムには 2 つの根幹がある．ひとつは 3.2 節に記述された地球の軌道要素変動であり，もう一方の根幹は本節で記述される月–地球力学系の潮汐進化である．本節の前半（3.3.1〜3.3.3 項）では潮汐進化の実際について，理論・数値計算・観測データを相互比較することによって記載していく．

　その前に，変数の表記法に関する注意事項を記しておこう．本 3.3 節においては，3.2 節で述べられたものと同様に，天体の自転運動および公転運動に関係する変数が出てくる．しかしその表記法は 3.2 節や 3.4 節とやや異なっており，注意を要する．この差異は，天体の公転運動および自転運動という同じ現象に関する数式の取り扱いが，天文学と測地学において歴史的に異なって来たことに起因している．本書ではこの差異を統一して新しい表記法を提案することも考えたが，歴史的な表記法に従わないことによる余計な混乱の発生をおそれ，ここではあえて各節において伝統的な表記法に則った記載を行うことにした．主要な変数に関する各節での表記法の違いは表 3.3.1 にまとめておく．

　なお本節全般を通じた参考文献としては，Bartels（1957），Tamura（1987），緯度観測 100 年編集委員会（1999）などが挙げられる．

表 3.3.1　本節（3.3）と本節以外での主要な変数の表記の違い．

変数	本節（3.3）での表記	本節以外での表記
赤道傾角	ε	θ
万有引力（重力）定数	K	G
近点黄経（近点経度）	Γ	ϖ
平均黄経（平均経度）	l	λ
真黄経（真経度）	l_1	$\varpi + f$
平均近点離角	M'	l
平均運動	$\dot{M}'$	n
月軌道傾斜角（対黄道）	i	i_m

3.3.1 外部天体による潮汐ポテンシャルと地球の潮汐

地球の潮汐は外部天体に対する地球の力学的応答である．潮汐の作用により，地表での等ポテンシャル面の変化・物質の流れ・変形などが発生する．潮汐の原因となる主な天体は月と太陽である．こうした潮汐作用の地球史的時間スケールにおける変化は，地球と月・太陽の位置関係，および地球内部の状態（たとえば海洋の分布や面積，固体地球の粘性率等）の変化を反映するものとして理解できる．また間接的ではあるが，月自身の粘性率がその軌道進化にも影響することも重要である．本節ではまず潮汐の基礎理論を解説し，その後地球史との関連において海陸分布の影響に関して筆者たちの研究を中心に紹介する．

万有引力定数を K，外部天体（月もしくは太陽）の質量を M，地球重心から外部天体までの距離を R，地球中心から地上観測点までの距離を r，観測点で見た外部天体の天頂距離（天頂角）を z，地上の観測点での潮汐を起こすポテンシャル（潮汐ポテンシャル）を W とすると，W は一般に次のように記述できる．

$$W = \sum_{n=2}^{\infty} W_n \frac{KM}{R} \sum_{n=2}^{\infty} \left(\frac{r}{R}\right)^n P_n(\cos z) \tag{3.3.1}$$

ここで P_n は n 次の Legendre 関数である．(3.3.1) 式は，潮汐を起こすポテンシャルの大きさが天体までの距離の $n+1$ 乗に反比例し，地球中心から観測点までの距離の n 乗に比例することを示している．したがって，潮汐の振幅は地球の中では地表でほぼ最大になる．また潮汐ポテンシャルを表す (3.3.1) 式において，r/R は月の場合でも現在はたかだか 1/60 なので，$n=2$ の項が主要項である．現在での太陽と月の寄与率は太陽がおよそ 30%，月が 70% となっている．

さて，外部天体の天頂距離（天頂角）z は，天体の時角 H，赤緯 δ，観測点の緯度 φ を用いて以下のように書ける（図 3.3.1）．

$$\cos z = \sin\varphi \sin\delta + \cos\varphi \cos\delta \cos H. \tag{3.3.2}$$

(3.3.2) 式の関係を用いると，$n=2$ の場合の潮汐ポテンシャル W_2 は

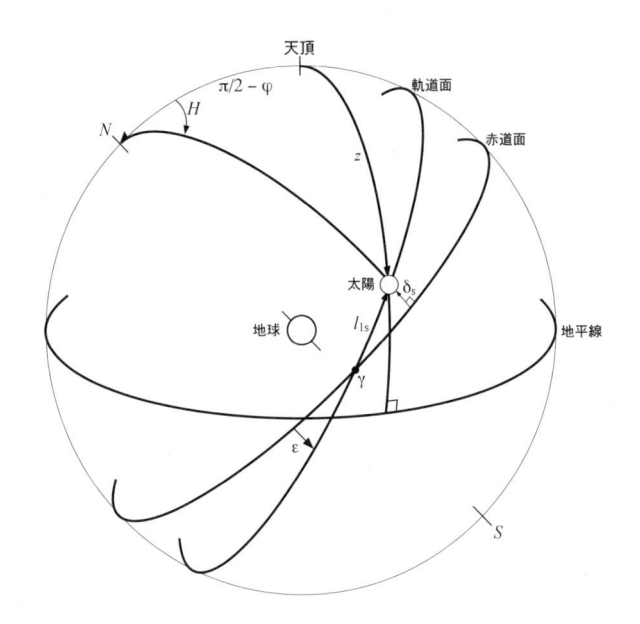

図 3.3.1 太陽を例に取った場合の地球と外部天体の位置関係. 太陽の時角 H, 天頂角 z, 赤緯 δ_s, 真黄経 l_{1s}, 地球上の緯度 φ, 地球の赤道傾角 ε の関係の模式図. 天頂と地平線は緯度 φ の地点のもの. 図中の軌道面と赤道面は図 3.2.3 内のものと同一.

$$W_2 = \frac{3}{4}KM\frac{r^2}{R^3}\left[3\left(\sin^2\varphi - \frac{1}{3}\right)\left(\sin^2\delta - \frac{1}{3}\right)\right.$$
$$\left. + \sin 2\varphi \sin 2\delta \cos H + \cos^2\varphi \cos^2\delta \cos 2H\right] \quad (3.3.3)$$

となる. (3.3.3) 式の右辺の H 依存性を見ると, [ ] 内の第一項は長周期潮, 第二項は日周潮, 第三項は半日周潮に対応することがわかる. これら各々は, 地球上の緯度・経度の関数としての球面調和関数の特徴からそれぞれ zonal, tesseral, sectorial 項と呼ばれている. 潮汐ポテンシャルの変化に対する地球の応答は, 地球の変形のしやすさを表すパラメタである Love 数 h_2 (高さの方向の変位のしやすさ), k_2 (ポテンシャルの変化率), l_2 (水平方向の変位のしやすさ) を用いて表すことができる. これらにより, 地殻の上下変位 u_r, 重力変化 Δg (これらは主に固体地球に起因するので通常「地球潮汐」と呼

ばれている),海水面の上昇 ζ(「海洋潮汐」と呼んでいる)はそれぞれ以下のように与えられる.

$$u_r = \frac{h_2}{g}W_2 \quad (3.3.4)$$

$$\Delta g = -\left(1 + h_2 - \frac{3}{2}k_2\right)\frac{\partial W_2}{\partial r} \quad (3.3.5)$$

$$\zeta = \frac{1 + k_2 - h_2}{g}W_2 \quad (3.3.6)$$

ここで g は観測点での地球の重力加速度であり,上式に現れてこない l_2 は地殻の傾斜に対応する.ζ は静水圧平衡を仮定した海水面の上昇であるが,実際の海洋潮汐は海洋の形状やコリオリ力などの影響を受け,(3.3.6) 式で表される単純な状況とはかなり異なった様相を呈する.一方,(3.3.4)(3.3.5) 式で表される固体地球の上下変位と重力変化は,流体核を含む弾性体地球モデルから計算された Love 数を用いた結果と観測値とが数%以内の誤差で良く一致する.

3.3.2 天体の運動と潮汐の主要分潮

潮汐を生じさせる外部天体の軌道長半径を c とし,(3.3.3) 式の右辺において $\mathcal{G} = 3/4KM(r^2/c^3)$ と置けば,$\mathcal{G}$ は短期的にはほぼ一定であり,潮汐の振幅を規定する定数を与える.ここで r として地球の赤道半径を用いれば,現在の月による潮汐に対しては

$$\mathcal{G} \approx 2.6279 \mathrm{m^2/s^2}$$

であり,太陽に対しては $\mathcal{G}$ は

$$\mathcal{G}_s \approx 1.2069 \mathrm{m^2/s^2} = 0.4593\mathcal{G}$$

となる.これが現在の潮汐に対する月と太陽の寄与比(約 7:3)を与える.

また (3.3.3) 式は,天体の運行の影響が長周期潮・日周潮・半日周潮のそれぞれについて

$$\left(\frac{c}{R}\right)^3\left(\frac{1}{3} - \sin^2\delta\right), \quad \left(\frac{c}{R}\right)^3\sin 2\delta\cos H, \quad \left(\frac{c}{R}\right)^3\cos^2\delta\cos 2H \quad (3.3.7)$$

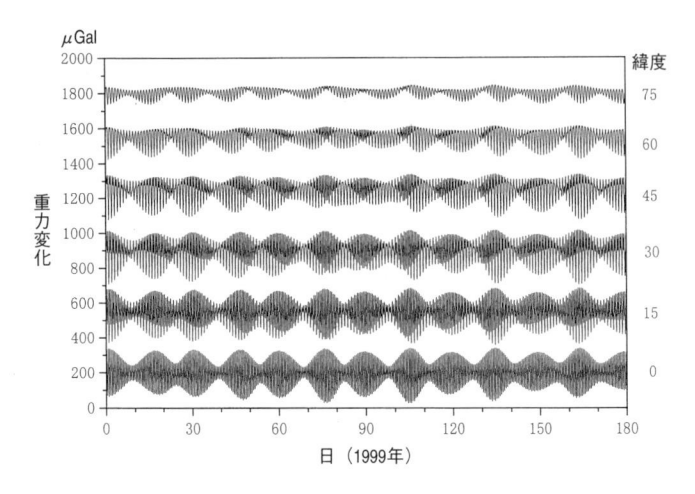

図 **3.3.2** 潮汐による重力変化の一例（田村良明氏からの私信 (2000) による）．横軸は 1999 年初めからの日数．潮汐変化を緯度ごとに示した．縦軸の単位は μGal で，$1\,\mu$Gal は $1\times 10^{-8}\mathrm{m/s^2}$ の重力加速度を示す．

の形で現れることを示している．すなわち，日周潮および半日周潮は天体の時角が 1 日および半日で $360°$ 変化することによって変わり，その振幅がそれぞれ $1/R^3 \sin 2\delta$ と $1/R^3 \cos^2 \delta$ のゆっくりした変化（月の場合は 1 月や半月などの周期）として変調されることになる（図 3.3.2）．そのような変調の結果，潮汐には多くの周期成分が現れることになる．そのひとつひとつの成分を分潮と言う．以下，その分潮の主要成分がどのようにして導かれるのかを解説する．

（１）長周期潮

外部天体の離心率と軌道傾斜角が小さい場合，(3.3.7) 式中に出てくる量 $(c/R)^3$ は近似的に

$$\left(\frac{c}{R}\right)^3 \approx 1 + 3e\cos M' + 3e^2 \cos 2M' + \cdots \tag{3.3.8}$$

と表せる．ここで M' は月または太陽の平均近点離角であり，平均黄経（平均経度）を l，近地点の黄経（経度）を Γ とすれば

$$M' = l - \Gamma \tag{3.3.9}$$

という関係がある．一方，太陽の赤緯を δ_s とすれば，黄道に対する地球赤道の傾斜角（赤道傾角）を ε，太陽の平均黄経を l_s として

$$\sin\delta_s \approx \sin\varepsilon \sin l_s \tag{3.3.10}$$

という関係がある．同様に月の赤緯を δ とすれば，黄道に対する月の軌道傾斜角が小さい場合は

$$\sin\delta \approx \sin\varepsilon \sin l \tag{3.3.11}$$

と表してよい．黄道に対する月の軌道傾斜角が小さいという仮定は，月-地球系の形成初期時代，具体的には月の軌道長半径が地球赤道半径の約 15 倍よりも小さかったごく初期の時代を除いては，十分に妥当であるものと考えられている．

さて，上記の (3.3.8)～(3.3.11) 式を (3.3.3) 式に代入すると，長周期潮のポテンシャルは以下のように表される．

$$\begin{aligned} V_0 &= 3\mathcal{G}\left(\frac{1}{3} - \sin^2\varphi\right)\left(1 + 3e\cos M' + 3e^2\cos 2M'\right) \\ &\quad \times \left(\frac{1}{3} - \frac{1}{2}\sin^2\varepsilon + \frac{1}{2}\sin^2\varepsilon \cos 2l\right) \end{aligned} \tag{3.3.12}$$

月-地球系の現在値を考慮すると，地球および月の軌道離心率 e は非常に小さいので e^2 の項は無視でき，また赤道傾角 ε の現在値は $23°26'21''$ なので，結局のところ

$$V_0 \approx 3\mathcal{G}\left(\frac{1}{3} - \sin^2\varphi\right)(0.254 + 0.0791\cos 2l + 3\times 0.2542 e\cos M') \tag{3.3.13}$$

となる．(3.3.13) 式の右辺第二項は以下のように太陽および月による長周期潮 S_{sa} と M_f を与える．

$$\begin{aligned} S_{sa} &: \quad 0.00791\mathcal{G}_s \cdot 3(\tfrac{1}{3} - \sin^2\varphi)\cos 2l_s \\ M_f &: \quad 0.00791\mathcal{G} \cdot 3(\tfrac{1}{3} - \sin^2\varphi)\cos 2l \end{aligned}$$

S_{sa}，M_f の周期はそれぞれ半年および半月（13.66 日）となる[*1)]．また，

[*1)] S は太陽（sun），M は月（moon）による潮汐を表す．添字の sa は半年（semiannual），f は 2 週間（fortnightly）の略である．

(3.3.13) 式の右辺第三項は以下のように長周期潮 S_a（1年）と M_m（1月）を表す[*1]．

$$S_a \;:\; 0.0127\mathcal{G}_s(\tfrac{1}{3} - \sin^2\varphi)\cos M'_s$$
$$M_m \;:\; 0.0419\mathcal{G}(\tfrac{1}{3} - \sin^2\varphi)\cos M'$$

ここで M'_s は1年周期，M' は 27.55 日（近点月）周期で変化する．

このように，長周期潮を支配しているものは，太陽および月の軌道運動による地球赤道面からの離角（半年および半月）と，離心率による距離変化（1年および1月）であることがわかる．

(2) 日周潮

次に日周潮について述べる．太陽と月の時角 H_s, H は，太陽時を t として近似的に

$$H_s = t - 12(\text{hour}), \quad H = t + l_s - l - 12(\text{hour})$$

で与えられる．つまり太陽の時角は一様に進む太陽時であり，また月の時角は太陽時と太陽および月の平均黄経の差の和で与えられることがわかる．さて

$$\sin 2\delta \approx 2\sin\varepsilon \sin l$$

なので，太陽に対しては

$$\sin 2\delta_s \cos H_s \approx -\sin\varepsilon[\sin(t+l_s) - \sin(t-l_s)] \qquad (3.3.14)$$

月に対しては

$$\sin 2\delta \cos H \approx -\sin\varepsilon[\sin(\tau+l) - \sin(\tau-l)] \qquad (3.3.15)$$

となる．ただし τ は，地方恒星時（あるいは地球自転角）Θ を用いて

$$\tau = t + l_s - l = \Theta - l$$

と定義される．したがって，(3.3.14)(3.3.15) 式の第一項はそれぞれ日周潮の K_1 分潮

[*1] 添字の a は1年（annual），m は1月（monthly）の略である．

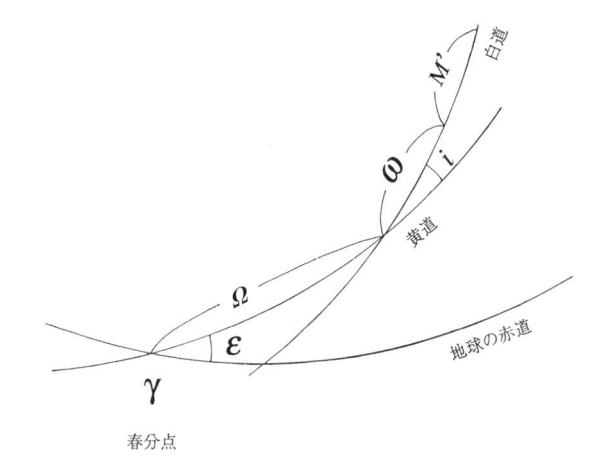

図 3.3.3　月の軌道と黄道および地球赤道との関係．γ は春分点，ε は地球の赤道傾角，Ω は月軌道の昇交点黄経，ω は月軌道の近地点引数，M' は月の平均近点離角，i は黄道に対する月軌道の傾斜角．白道とは月の軌道のことである．

$$\mathrm{K_{1s}} \; : \; -\mathcal{G}_s \sin 2\varphi \sin \varepsilon \sin \Theta$$

$$\mathrm{K_{1m}} \; : \; -\mathcal{G} \sin 2\varphi \sin \varepsilon \sin \Theta$$

を与え，同じく第二項はそれぞれ日周潮の主要分潮 $\mathrm{P_1}$, $\mathrm{O_1}$

$$\mathrm{P_1} \; : \; -\mathcal{G}_s \sin 2\varphi \sin \varepsilon \sin(\Theta - 2l_s)$$

$$\mathrm{O_1} \; : \; -\mathcal{G} \sin 2\varphi \sin \varepsilon \sin(\Theta - 2l)$$

を与える．ここで月の軌道面が黄道に対して角度 i 傾いている効果を考慮すると，(3.3.3) 式の $\sin 2\delta$ は

$$\sin 2\delta \approx 2 \sin \varepsilon \sin l + 2 \sin i \sin(l - \Omega)$$

となり，この効果によって以下の分潮

$$\mathrm{K'_{1m}} \; : \; -\mathcal{G} \sin 2\varphi \sin i \sin(\Theta - \Omega)$$

$$\mathrm{O'_1} \; : \; -\mathcal{G} \sin 2\varphi \sin i \sin(\Theta + \Omega)$$

が生じる．ただし Ω は月軌道の昇交点黄経であり，18.6 年で黄道上を一周する．これに対応して $\mathrm{K'_{1m}}$ は $\mathrm{K_{1m}}$ に対して 18.6 年周期でビートを発生し，$\mathrm{O'_1}$ は同じく $\mathrm{O_1}$ に対して 18.6 年でビートを発生する．$\sin \varepsilon$ の現在値は約 0.3978，$\sin i$ の現在値は 0.0894 である（図 3.3.3）．

（3）半日周潮

日周潮の場合と同様にして，(3.3.3) 式の右辺第三項に現れる天体の時角 (H) および赤緯 (δ) を地方恒星時 (Θ) と天体の平均黄経 (l_s) で表すことにより，太陽に対する K_2 分潮および S_2 分潮が導かれる．

$$K_{2s} \ : \ -\mathcal{G}_s \cos^2 \varphi \cdot \tfrac{1}{2} \sin^2 \varepsilon \sin 2\Theta$$
$$S_2 \ : \ -\mathcal{G}_s \cos^2 \varphi \cdot c_1 \cos(2\Theta - 2l_s)$$

ここで

$$c_1 = \frac{1}{4} + \frac{1}{2} \cos \varepsilon + \frac{1}{4} \cos^2 \varepsilon$$

であり，現在値は $c_1 \approx 0.9192$ である．また $1/2 \sin 2\varepsilon \approx 0.07911$ である．

同様にして，月に対しては次のように K_{2m} 分潮と M_2 分潮が与えられる．

$$K_{2m} \ : \ -\mathcal{G} \cos^2 \varphi \cdot \tfrac{1}{2} \sin^2 \varepsilon \sin 2\Theta$$
$$M_2 \ : \ -\mathcal{G} \cos^2 \varphi \cdot c_1 \cos(2\Theta - 2l)$$

さらに，月の軌道離心率の影響が $(c/R)^3$ の変化と月の真黄経（真経度）l_1 の変化に現れる効果を考慮すると，これらはそれぞれ

$$\left(\frac{c}{R}\right)^3 \approx 1 + 3e \cos M'$$

および

$$l_1 \approx l + 2e \sin M'$$

となるので，先述の M_2 分潮の式から N_2 分潮と L_2 分潮が得られる．N_2 と L_2 の振幅の現在値はそれぞれ $\mathcal{G} \cos^2 \varphi \times 0.1765$ および $\mathcal{G} \cos^2 \varphi \times 0.0252$ である．この他にも，地球軌道が円ではなく楕円であることや，月軌道面の昇交点が移動することなども潮汐の振幅に影響を与えるが，これらの影響による潮汐振幅の変化は上記の L_2 分潮と同程度である．

参考までに，分潮ごとの海水面の変化の分布の具体例として M_2 分潮の場合を図 3.3.4 に示した．これは月による半日周潮であり，最も振幅の大きな分潮である．南太平洋付近で振幅が 30cm ないし 40cm となっている．日本近海では太平洋岸が約 40cm 盛り上がっている．潮干狩りなどで東京湾など

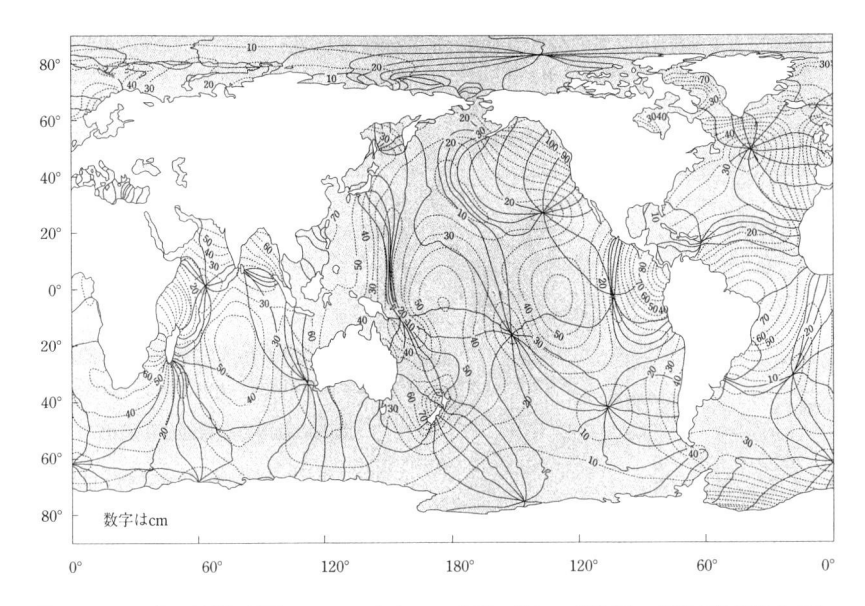

図 3.3.4 現在の最新の潮汐モデルによる M_2 分潮の等しい潮位図. 実線が位相角を示し, 点線が等潮位線を示す. Matsumoto et al. (1995) を改変して引用.

に行くと干満の差が 1m ほどあるが, これは湾内では潮汐の振幅が増幅されるためである. 日本の太平洋に面した湾岸ではおよそ 12 時間ごとに 1m 程度の振幅変化がある. 海域によってはさらに大きな振幅を持ち, イギリスの西岸など浅い海ではそれが 5m 近くに達する場合もある.

3.3.3 力学的偏平率と地球自転, および潮汐の角速度

前節までに求められた潮汐の角速度 (角周波数) をまとめて表現すると, 以下の形式になる.

$$\sigma = m\dot{\Theta} - (n-2p)\dot{\Gamma} - (n-2p+q)\dot{M}' \tag{3.3.16}$$

Γ は月軌道の近地点黄経 ($\Gamma = \Omega + \omega$) であり, n, m, p, q は整数である. たとえば M_2 分潮については $(n, m, p, q) = (2, 2, 0, 0)$ であり, $\sigma = 2\dot{\Theta} - 2\dot{\Gamma} - 2\dot{M}' = 2\dot{\Theta} - 2\dot{l}$ となる. 太陽による潮汐に関しても同様である.

ここで月–地球系の角運動量が保存することを仮定し，地球の自転角と月の平均近点離角の時間微分（$\dot{\Theta}$ と $\dot{M}'$）の関係を近似的に求めてみよう．静止空間に対して変わらない不変面に対する月軌道面の傾斜角を i^*，地球の赤道傾角を ε^*，月の質量を m として

$$\frac{M_E m}{M_E + m}\dot{M}' a_m^2 (1-e^2)^{\frac{1}{2}} \cos i^* + C\dot{\Theta} \cos \varepsilon^* = \text{constant} \quad (3.3.17)$$

となることがすぐにわかる．ただし a_m は月の軌道長半径である．最も簡単な場合，つまり $i^* = \varepsilon^* = 0$ かつ $e = 0$ の場合には，(3.3.17)式にケプラーの第三法則 $(\dot{M}')^2 a_m^3 = K(M_E + m)$ を併用して，$\dot{\Theta}$ と $\dot{M}'$ がほぼ一意の関係で結ばれる．一方，地球の力学的偏平度を示す係数 J_2 は

$$J_2 = \frac{3}{2}\frac{C-A}{M_E r_E^2} \quad (3.3.18)$$

で与えられ（たとえば Stacey, 1992），J_2 と自転速度 $\dot{\Theta}$ との間には近似的に

$$J_2 = \frac{1}{2}\frac{\dot{\Theta}^2 k_s r_E^3}{M_E K} \quad (3.3.19)$$

の関係が成り立つ．ここで M_E および r_E は地球質量と赤道半径，k_s は地球の secular Love 数であり，現実の地球に対しては $k_s = 0.947$（Munk and MacDonald, 1960）の値を取る．こうして J_2 がわかれば $\dot{\Theta}$ がわかり，$\dot{\Theta}$ がわかれば $\dot{M}'$ がわかり，結局 (3.3.16) 式で潮汐の角速度 σ が求められる（$\dot{\Gamma}$ を無視すればの話）．これが IK ダイアグラム（3.1 節）に記載された潮汐の周期に対応するものである．

(1) 月–地球系の進化と潮汐変化との関連

以上の結果から，地球の潮汐の各成分は地球–月および地球–太陽間の距離，公転周期，軌道傾斜角，離心率，そして地球自転速度の関数であることがわかった．3.3.2 項の各式からわかるように，すべての潮汐の振幅は天体までの平均距離の三乗に反比例する．また，各分潮の周期は天体の軌道運動と地球自転の種々の周期の組み合わせから構成されることがわかる．長周期潮の周期は天体の軌道運動のみを反映している．

天体の位置関係に関連するこのような変数や地球自転を表すパラメタのほとんどは，長期間にわたる月–地球系の力学進化過程で変化していくものである．これらが具体的にどのように変わるかは，次の 3.3.4 項において述べられる．月–地球系の力学進化によって R, M', i, ε などの変数はゆっくりと変化し，固体地球の粘弾性的性質（いわゆる Q で表される）も変化する．そのような変化を反映して各分潮の振幅と周期も変遷する．繰り返して言えば，3.3.2 (1) 項における長周期潮の分潮 S_{sa}, M_f, S_a, M_m らは，月や太陽までの距離とその軌道運動周期を反映して変動する．前節までにおいて述べた主要分潮である P_1, O_1 や S_2, M_2 の周期は，太陽あるいは月の平均軌道速度と地球自転の変化の影響を受けて変化する．分潮 K_{1s}, K_{1m}, K_{2s}, K_{2m} らの周期は地球自転そのものの周期を示しながら移り変わるはずである．さらに，月軌道の傾斜角 i および地球の赤道傾斜角 ε の変化は，3.3.2 項で述べた P_1, O_1, K'_{1m}, O'_1, K_{2m}, N_2, L_2 の各分潮の振幅の変化として現れる．

　さて，ここで不変面から見た量と黄道面から見た量の関係について触れておく．3.3.3 項で述べたように，$i^* = \varepsilon^* = 0$ かつ $e = 0$ の場合には M' と Θ の間に（すなわち M' と J_2 との間に）ほぼ一意の関係があることが導かれる．もちろん実際の月–地球系では i^* や e は 0 でない．けれども現在の不変面と黄道面の差は小さく，その変動も全地球史的な地質年代を通してかなり小さいと予想されている（3.4.3 項などを参照）．したがってたとえば $i^* = i$ および $\varepsilon^* = \varepsilon$ などと近似しても良く，そのようにすることで一連の議論に大きな問題は発生しない．

3.3.4　地球力学時計と月–地球系

　地球の潮汐にはある程度の位相遅れが付随し，これが地球の自転速度を変えるトルクを産む．この反作用で月の軌道運動が加速され，月は地球から遠ざかる（図 3.3.5）．これが月–地球力学系の潮汐進化である．

　太古に月が近かった事実を示す証拠は数多く存在する．たとえばアメリカの月探査船アポロ 11, 14, 15 号がかつて月面に降り，逆反射器を 4, 5 点ほど設置した．そのうち現在 4 点が未だに機能している．月面の逆反射器にレーザー光を照射し，地球に光が戻ってくるまでの時間をおよそ 30 年にわたって

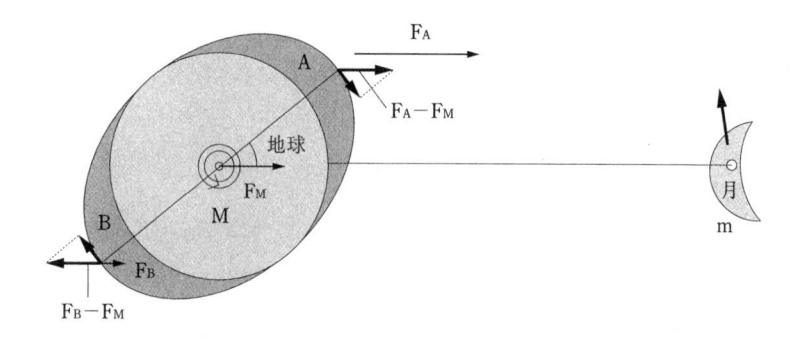

図 3.3.5 潮汐の位相遅れの作用．潮汐の膨らみ A と衛星 m との間の引力 F_A が，より遠い膨らみ B と m との間の引力 F_B を上回る．その結果トルクが発生し，惑星 M の回転を止めようとし，また衛星 m の公転を加速しようとする（$0 < \varepsilon < 90°$ の場合）．この図では F_M は惑星全体（重心）に作用する力であり，トルクは $F_A - F_M$ 及び $F_B - F_M$ の接線成分で表される．

調べてみると，月が 1 年間に 3.8 cm ほど地球から遠ざかっていることがわかる．これがもっとも直接的な月–地球系の潮汐進化の証拠のひとつである．また，かつての文献の中にも，月–地球系潮汐進化の証拠は散見される．たとえば今から 3300 年前，中国で日食が観測され記録が残されている．その日食の発生位置は，現在の地球の自転から予測される発生位置からやや異なり，より東で起こっている．このことから逆算すると，地球の自転速度はこの 3300 年間で 47/1000 秒ほど遅くなったことがわかる．

　生物化石や堆積物の中にも月–地球系の潮汐進化の証拠は存在する．このことを古い化石ではなく，現代の二枚貝を例に取って説明したのが図 3.3.6 である．二枚貝の成長を示す殻の部分を切ると，潮汐に同期した縞ができているのがわかる．図 3.3.6 上の連続曲線は潮汐による水深の変化，下は二枚貝の殻の切断面図である．1970 年 6 月 19 日が満月であるが，そのときに縞の間隔は最大となり，貝の成長がもっとも速くなっていることがわかる．二枚貝は潮をかぶっている状態のときに良く成長するからである．そして 6 月 26 日は下弦の月で潮が小さくなるため，貝が空中に出ている時間が長くなって成長は鈍くなり，成長線の間隔が密になる．また，新月には潮の満ち引きが大きくなるので，二枚貝の成長は早くなる．すなわち，二枚貝の殻は月の動きを表しているのである．この事実は現代も太古の時代も不変であろう．後述する

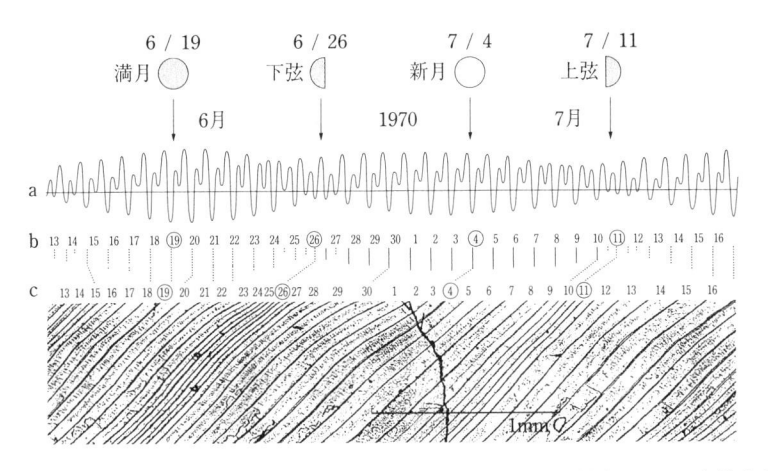

図 **3.3.6** 現代の二枚貝の成長線と潮汐周期の関係．a は Oregon 沿岸における潮位変化，b は非冠水時の二枚貝の予測成長線，c は実際の二枚貝の成長線を表す．Evans (1972) を改変して引用．

図 3.3.11, 図 3.3.12 には，いろいろな生物化石から得られた LOD (Length of Day, 地球の 1 日の長さ) の変化のデータもプロットしている．貝の殻の化石にある縞模様の数を数えることにより，1 年のうちの 1 日の数（あるいは潮汐イベントの数）が過去ほど多い，すなわち LOD が過去ほど短かったことがわかる．また，海底堆積物の縞にも潮汐が刻まれているものがあり，そこにも太古の潮汐周期の証拠を見出すことができる．

　潮汐を発生する外部天体としては，もちろん月だけではなく太陽も無視できない．ただし現在の地球に対する潮汐作用の約 70% 以上は，月に起因するものである．また，位相遅れの原因は約 90% 以上が海洋による．もちろんこれは現在の海洋に対する見積りであり，固体地球とのその比は全地球史的な時間スケールでは大きく変化してきたと予想される．月–地球系が構成する力学時計の変動を把握する上で，この海洋と固体地球の寄与比の時間変化を推定することは本質的に重要である．こうした事情に鑑み，全地球史解読計画との関連において行われて来た研究のうち，本節で紹介するものは以下のような内容のものである (Ooe, 1989; Ooe et al., 1990; Abe et al., 1992, 1997).

1) 海洋における位相遅れは，海陸分布と潮汐の角速度によって左右される．かつての大陸分布を復元する研究としては Scotese (1993) らがあ

るが,それでも比較的よくわかっているのはカンブリア紀まででである.さらに古い時代については,たとえば 27–5.7 億年前は大陸プレートが単一として振舞い,しかも大陸の中心は主として極にあったという指摘がある(Piper, 1983).また,27 億年以前は大陸はきわめて小さかったと指摘する研究もある.海水の全量の変化については種々の説があるので,Maruyama *et al.* (1997) による約 7–7.5 億年前の大陸分布モデルなどを考慮して検討を進める.

2) 15 億年以前については大陸分布を単純なもので仮定し,その影響量を推定する.海洋の水深は古地質学などで議論されている量に置き換え,その影響を調べる.
3) 初期の月の軌道進化の計算式を改良し,精度を高める.

(1) これまでの研究——起潮力に対する海洋の応答と月軌道および地球自転速度の変化

海洋潮汐を数値モデル化する試みはいくつか行われている.ここでは,海洋をニュートン流体と仮定し,球面上に置いたグリッド内での平均海水の運動方程式と連続の式を用いて,海洋潮汐に関する方程式を構成することを考える.具体的な定式化は Schwiderski (1980) に従い,渦粘性係数をグリッドの大きさと水深の関数として与える.海底摩擦は流速の一次式または二次式で与えることにする.海底摩擦については流速の一次式で与える方が単純であり,潮汐ポテンシャルの大きさに比例して海洋の応答が大きくなるという利点を持つが,一般には流速の二次式で与えた方が,現実の潮汐をより良く表現するという指摘もある.外部天体による潮汐ポテンシャルは地球の弾性変形を考慮して与え,海洋潮汐荷重による海底の変形をも考慮する.こうすることにより,流速と潮位についての差分方程式が得られる.この方程式を全海洋の $4°\times4°$ 格子モデルについて数値積分する.このようにして Ooe (1989) および Ooe *et al.* (1990) では,現在(図 3.3.7)とペルム紀(図 3.3.8)の大陸・海洋分布モデル(以下では「海陸配置モデル」という用語に統一する)について M_2 分潮の数値モデルを解き,海洋潮汐が地球の回転と月の軌道進化に及ぼす影響を議論した.

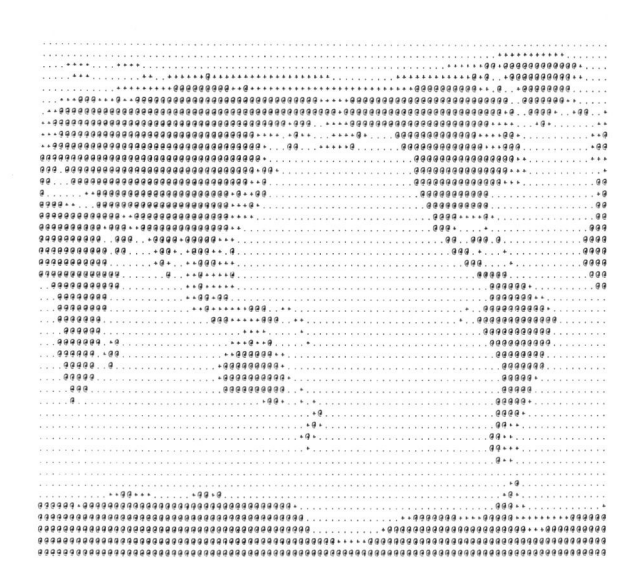

図 **3.3.7** 現在の海陸配置モデル．図中の @ は大陸，+ は大陸棚，・は海洋を表す（以下同様）．

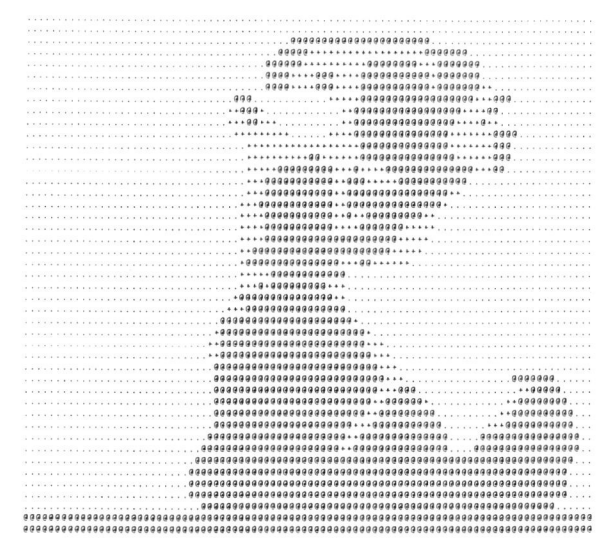

図 **3.3.8** ペルム紀の海陸配置モデル．

図 3.3.9 カンブリア紀の海陸配置モデル．

図 3.3.10 単純化した海陸配置モデル（左から子午線域モデル，赤道域モデル，極域モデル）．

Ooe (1989), Ooe et al. (1990) の研究を踏まえ, Abe et al. (1992) および Abe et al. (1997) ではさらに深い議論を行った. 具体的には, 現在の海陸配置モデルとペルム紀の海陸配置モデルのほか, カンブリア紀の海陸配置モデル（図 3.3.9）や, 単純化した各種の試験的な海陸配置モデル（図 3.3.10）による海洋の応答の検証を, 半日周潮 8 分潮・日周潮 5 分潮に関して数値的に行った. 海洋の水深は, 現在の海陸配置モデルおよびペルム紀の海陸配置モデル, カンブリア紀後期の海陸配置モデルのいずれにおいても 4200m とした. Abe et al. (1992) および Abe et al. (1997) では, 固体地球の Q モデ

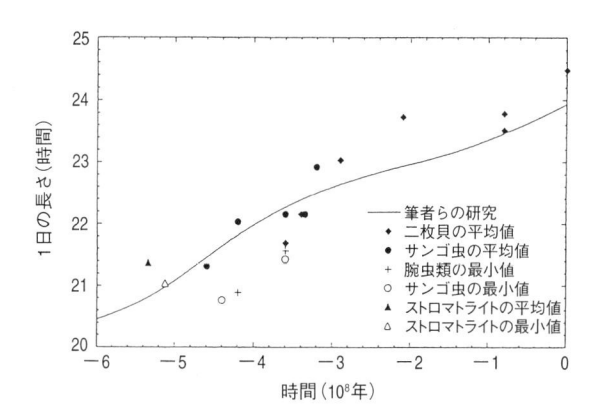

図 3.3.11 現在から6億年前までの LOD の変化（Abe *et al.*, 1997）．横軸は1億年単位時刻で，右端が現在．筆者らの研究：Abe *et al.*, 1997 による結果，二枚貝の平均値：二枚貝の平均的成長線からの予測，サンゴ虫の平均値：サンゴ虫の平均的成長線からの予測，腕虫類の最小値：腕虫類の成長線の最小値からの予測，ストロマトライトの平均値：ストロマトライトの平均的成長線からの予測，ストロマトライトの最小値：ストロマトライトの成長線の最小値からの予測．

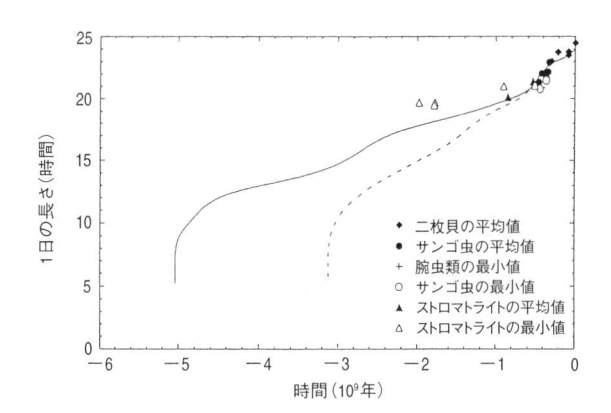

図 3.3.12 LOD の変化．実線は 7.5 億年以前をペルム紀の海陸配置モデルと同じとした場合（Type A），点線は 7.5 億年以前をカンブリア紀の海陸配置モデルと同じとした場合（Type B）である（Abe *et al.*, 1997）．

ルとして周波数依存型のものを取り入れた．

　全地球史にわたる海洋潮汐応答の進化を追う場合は，カンブリア紀以前についてはカンブリア紀後期の海陸配置モデルで代表させる．それ以降の時期

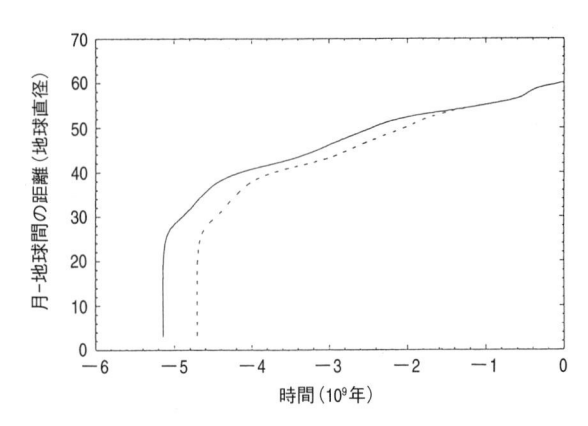

図 **3.3.13** 月–地球間の距離の変化．実線は図 3.3.12 の Type A の変形として，25 億年以前をペルム紀の海陸配置モデルに，30 億年以前を全球海洋分布モデルとした場合．点線は同じく 25 億年以前をカンブリア紀の海陸配置モデルとした場合（Abe *et al.*, 1997）．

については現在・ペルム紀・カンブリア紀後期各期の海陸配置モデルからの内挿を用いる．図 3.3.11 はこのようにして行われた数値計算結果の一例で，現在から 6 億年前までの LOD の変化の推定値である．比較のために各種の化石の縞の解析による推定値もプロットしてある．上述の数値モデルによる理論的な推定値が，6 億年前までの LOD 変化については化石資料とよく一致していることがわかる．また，図 3.3.12 は月–地球系の創成期である 40 億〜50 億年前近くまで LOD の変化を計算した例であり，図 3.3.13 はその間の月–地球間の距離の変化の計算結果である．全地球史解読計画の一環たるこれらの研究により，従来は困難であった月–地球系の潮汐進化モデルに初めて時間軸を書き込むことができたのである．

(2) 新しい数値モデルの調査と検討

古地磁気学の研究成果が蓄積されるにつれて，古代の大陸・海洋配置の復元がどんどん過去の時代へと遡られるようになった（図 3.3.14，図 3.3.15 参照）．けれども 5 億年前のカンブリア紀後期の海陸配置モデルは，研究者によって，大陸が赤道上に分かれているもの（Scotese *et al.*, 1979）や，南半球の高緯度に大陸が集中しているもの（Daliziel, 1995; Maruyama *et al.*, 1997）

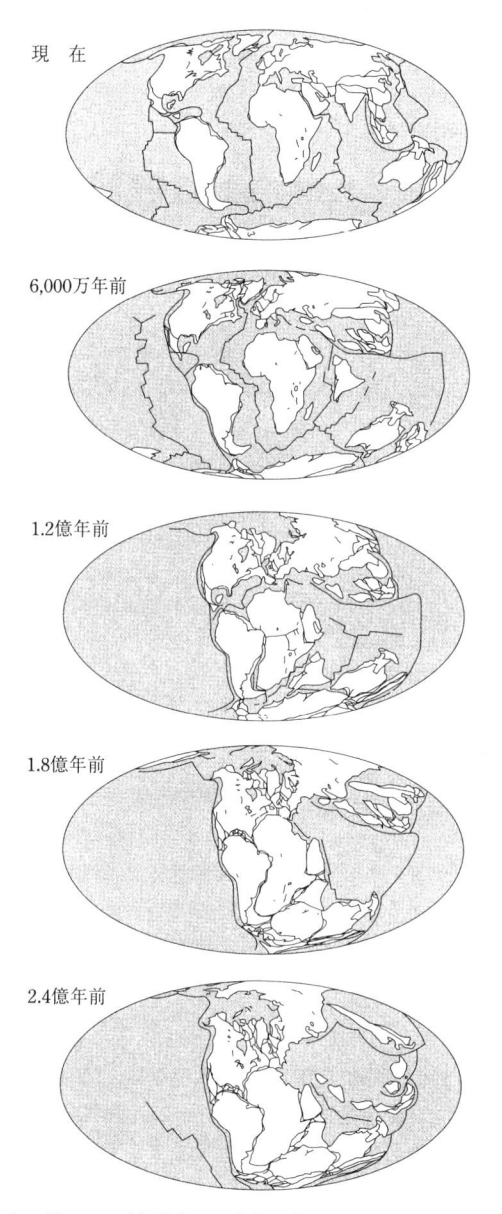

図 3.3.14 現在から 2 億 4000 万年前までの大陸の復元図の一例. Dietz and Holden (1970) を改変して引用.

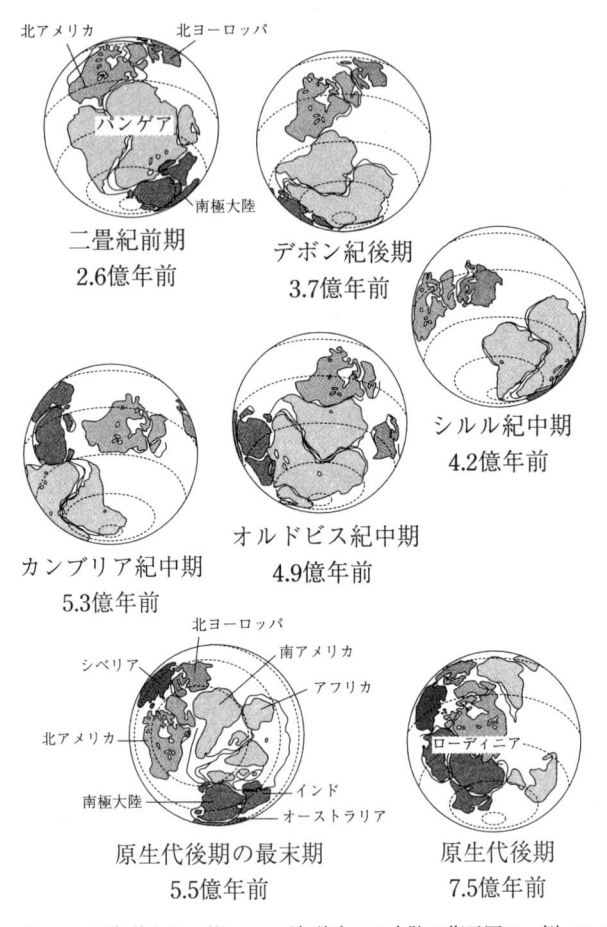

図 3.3.15　2 億 6000 万年前から 7 億 5000 万年前までの大陸の復元図の一例．Dalziel (1995) を改変して引用．

などがあり，相違が大きい．前節で述べた数値計算では前者，つまり Scotese et al. (1979) の海陸配置モデルを採用した．ここではさらにカンブリア紀後期における海陸配置の影響をより詳細に確かめるため，海陸配置モデルを以下のように工夫した数値計算を行った．

- Scotese et al. (1979) による 3 億年前（石炭紀）の海陸配置モデル（図 3.3.16，水深 4200m）の採用．

図 3.3.16 石炭紀（3 億年前）の海陸配置モデル（Scotese *et al.*, 1979 より）.

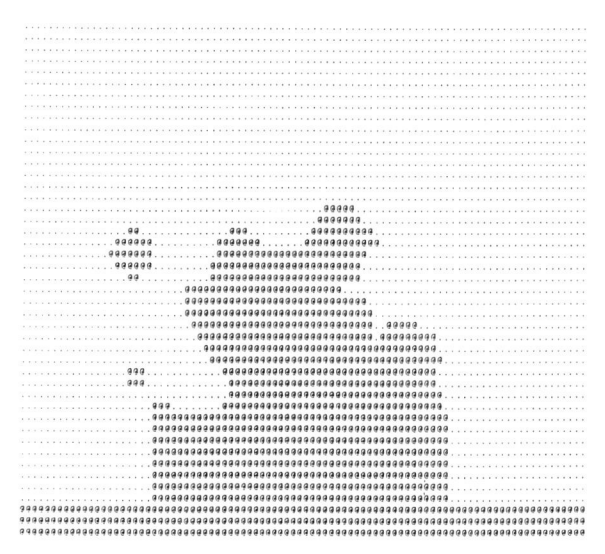

図 3.3.17 カンブリア紀前期（5.4 億年前）の海陸配置モデル（Maruyama *et al.*, 1997 より）.

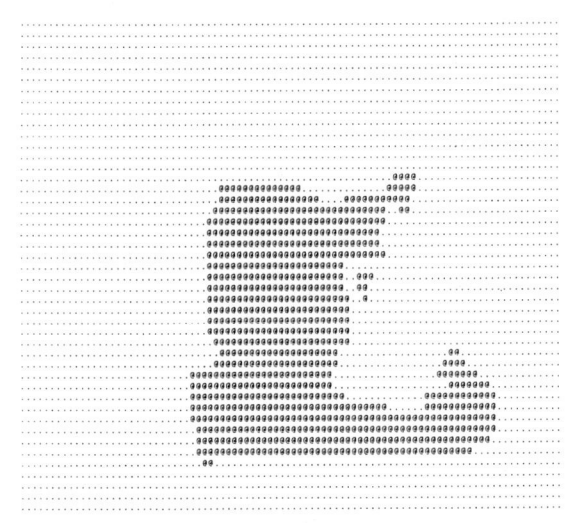

図 **3.3.18** 原生代前期（7.0–7.5 億年前）の海陸配置モデル（Maruyama *et al.*, 1997 より）．

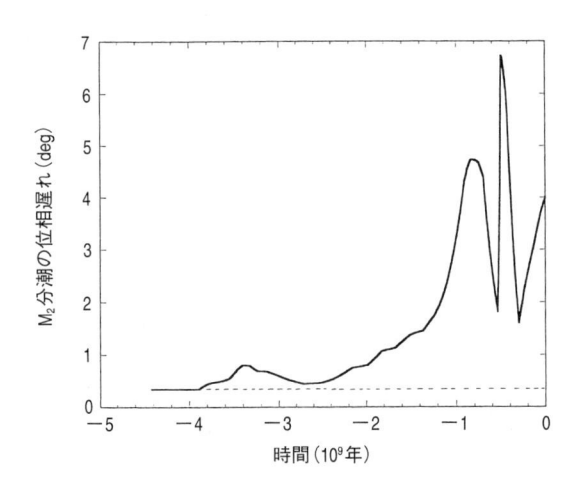

図 **3.3.19** 海洋の応答特性（固体地球潮汐に換算した潮汐の位相遅れ）の年代による変化．点線で示したものは固体地球潮汐そのものによる概算値．

- Maruyama *et al.*（1997）による 5.4 億年前のカンブリア紀前期の海陸配置モデル（図 3.3.17，水深 3550m）の採用．
- Maruyama *et al.*（1997）による 7.0–7.5 億年前（原生代前期）の海陸配置モデル（図 3.3.18，水深 3450m）の採用．

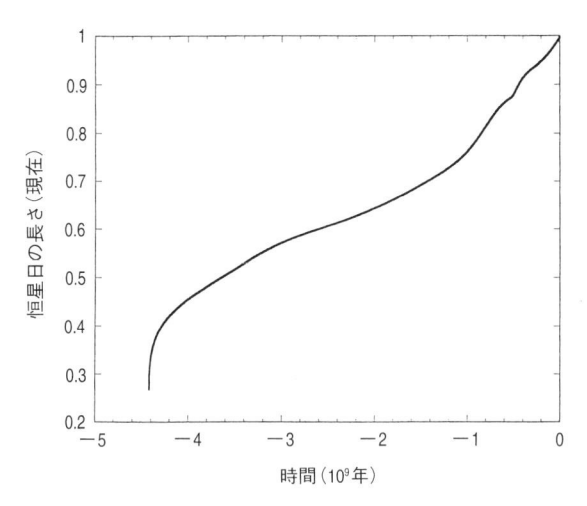

図 3.3.20 今回の計算により得られた LOD の変化．縦軸は現在の恒星日（siderial day）を単位にしている．

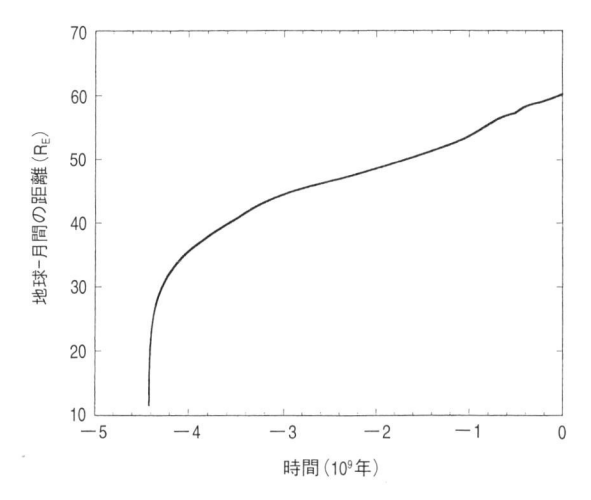

図 3.3.21 今回の計算により得られた月–地球間の距離変化．

- 25億年以前は，まったく陸がなく全球が海洋（水深 2600m）に覆われているものとした．

図 3.3.19 は，上述した各種の海陸配置モデルを時間軸に沿って内挿あるいは外挿して得られた過去の海洋の応答特性である．縦軸は固体地球潮汐に換算

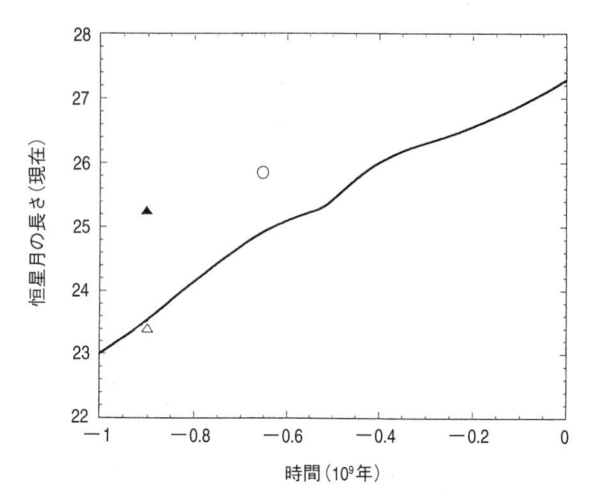

図 3.3.22　今回の計算により得られた 1 カ月の長さの変化. ○印は Williams (1989), △印は Sonett et al. (1996) の core 3, ▲印は Sonett et al. (1996) の core 1 による.

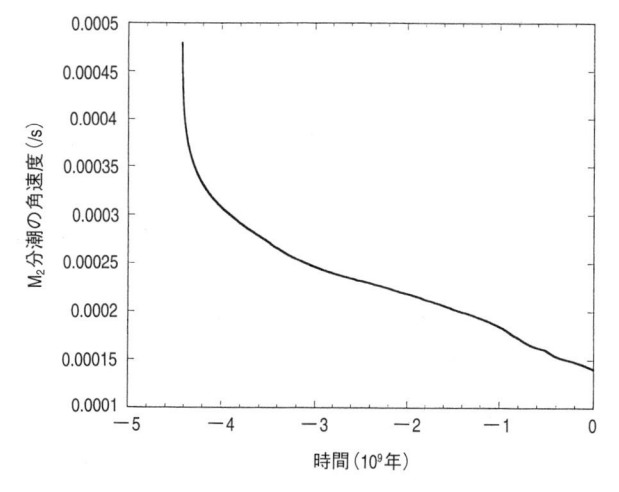

図 3.3.23　今回の計算により得られた M_2 分潮の角速度の変化.

した際の位相遅れであり，固体地球による位相遅れの効果（現在では約 0.3 度）を含んでいる．このようにして求められた海洋の応答特性を用い，LOD と月–地球間の距離を計算した結果が図 3.3.20 と図 3.3.21 である．また図 3.3.22,

図 3.3.23 は，この計算において得られた 1 カ月の長さの変化と M_2 分潮の角速度の変化である．以上に関する詳細な結果はすべて Abe and Ooe (2001) に記載されている．

(3) まとめ

以上の計算結果より，月–地球力学系の潮汐進化について言えることをまとめると次のようになろう．

1) 現在得られている海陸配置のデータを用いて，ほぼ 40 数億年に近い月–地球系の力学進化が記述できそうである．
2) M_2 分潮の角速度がおよそ 2×10^{-4} rad/s 以上になる年代（20 億年前以前）では，海洋の応答が比較的に静かになり，数値モデル間の差がなくなる．しかもこの時期には固体地球潮汐の効果が重要になってくるので，全球が海洋に覆われているとしても十分に潮汐進化の現象を表現できるはずである（図 3.3.19 参照）．
3) 5 億年前の海陸配置モデルの不確かさは，月–地球系潮汐進化の理論的な計算にはほとんど影響しない．これは，図 3.3.12 と図 3.3.20，図 3.3.13 と図 3.3.21 を比較したとき大きな違いはほとんどないことから言える．
4) 今回の数値結果と従来の観測データを比較すると，Williams (1989) による 6.5 億年前の縞々データの解析による結果，および Sonett *et al.* (1996) による 9 億年前の同様のデータとは依然として無視できない差があった．ただし，Sonett *et al.* (1996) の core 3 からの結果とはよく一致する（図 3.3.22 参照）．

地球潮汐およびそれに基づく月–地球系の力学進化はそれ自体で非常に深遠かつ興味深い研究対象である．けれども，月–地球系の潮汐進化が IK ダイアグラム上の複数の曲線として描画・発現されるとき，全地球史解読計画内におけるその重みは極大に達する．次節ではいよいよ具体的な IK ダイアグラムの描画手続きを解説し，本節までに述べられた各種の力学過程が全地球史の中でどのように変遷してきたかの描像を概観する．

3.4 IKダイアグラムとその不確定性

伊藤孝士

3.4.1 IKダイアグラムの描画

　第2章にも記述されているように，潮汐や日射量変動に起因していると覚しき周期的な地質学的記録は，第四紀のデータからだけではなく太古代や原生代のデータからも発見されている（川上，1995；高野・丸山，1998）．これらの周期的構造の成因が何であるのかについてはさまざまな議論があるが，詳細については未だに多くの事柄が不明と言って良い．将来の更なるデータの蓄積と解読および理論的なモデル研究の進展により，現在の謎はひとつひとつ明らかにされて行くことであろう．ひとつ言えることは，こうした地質学的データが示す周期構造に対応すると思われるさまざまな周期的現象の変遷と進化を理論的に示すことは現時点でも可能であり，なおかつ十分に意味があるということである．IKダイグラム（図3.1.1）はこの目的のために描画された．本節ではIKダイアグラムの具体的な作製手順を示すが，それは同時に全地球史解読計画における私たちの大きな目論見のひとつを解説することにも繋がる．

　IKダイアグラムに示された曲線群は，潮汐に直接関連するいくつかの周期の変遷と日射量変動周期の変遷とに二分される．以下ではまずIKダイアグラム中の日射量変動周期の変遷の計算の概略を記す．3.2節において学んだ惑星の軌道要素変動と地球自転軸の歳差運動の理論に，3.3節において述べた月-地球系の潮汐進化の理論を組み合わせ，そこにいくつかの仮定を与えることで，全地球史的な時間スケールでの日射量変動周期の変遷を知ることが可能になる．潮汐周期変遷の計算はより直接的であり，日射量変動周期の変遷を計算する過程においてほぼ自動的かつ同時に求めることができる．

(1) IKダイアグラムを描画するための仮定

　素朴に考えると，前節に述べられたような惑星の公転運動や歳差運動の方程式を46億年間にわたって直接解き続ければ，任意の時代の日射量変動を簡単に知ることができるように思える．しかしこれには膨大な量の計算が必要とされ，現実的とは言えない．そこで本書ではいくつかの大胆な仮定を置くことでこの直接計算を避けた，言わば簡便法としてのIKダイアグラムの描画を提案することにする．IKダイアグラムの基礎となる惑星運動の直接計算などの試みもいくつか行われつつあり，その予備的な結果は以下に述べるような仮定に矛盾するものではないことが確かめられつつある．

　私たちが置く仮定の主なものは以下のようなものである．

1) 惑星運動の準周期性

　　現在の惑星の軌道要素変動は準周期的とも呼ばれる非常に規則正しいものである．本節ではこうした準周期的な惑星の運動が，全地球史的時間スケールでも保たれてきたという仮定を置く．具体的に言えば，日射量変動に影響を及ぼす地球の離心率や軌道傾斜角の特徴的な変動周期は，現代も太古代も不変であったと思うということである．この仮定の妥当性については次節で述べられるが，悪いものではない．

2) 月–地球系の角運動量の保存

　　この仮定は地球の歳差運動の進化に関連するものである．月–地球力学系の場合，外からトルクを及ぼして系の角運動量に変化を与え得る可能性を持つ最有力候補は，太陽からの潮汐力である．いくつかの計算がこの見積りを行っているが，その結果は月–地球系の全角運動量が非常に良く保存されることを示している（図3.4.4(d)など）．こうした計算の結果を信頼し，本章では月–地球系の角運動量が全地球史的時間スケールで保存されるという仮定を置いて話を進める．

3) 地球の内部密度構造の不変性

　　この仮定は地球の慣性モーメントC，Aの値に関わり，歳差運動の進化に関連するものである．地球の内部密度構造が不変であることは，自転角速度が変わらなければ慣性モーメントC，Aの値が全地球史的時間スケールで変わらなかったということを意味する．だが，この仮定

は幾分か怪しい．地球の金属核は割に早い段階で形成され（Stevenson, 1990），地球の大局的内部構造がその後には変化しなかったというのが通説ではあるが，たとえば熊澤ら（Kumazawa et al., 1994）が唱えたように，金属核中の密度成層の大規模な崩壊が生じれば地球の慣性モーメントやその比は大きく変化せざるを得ないからである．その他にも，マントル対流のモード変化（丸山，1993）が慣性モーメントの値に影響を与えなかったはずはなく，いくつもの不定性を含んだ仮定と言わざるを得ない（1.2 節および第 5 章を参照）．

なおこの仮定は次の仮定 4.（地球の力学的偏平率が自転角速度の二乗に比例して変化する）と整合性を持たないように聞こえるかもしれない．だが，ここで仮定するのは，中心核–下部マントル–上部マントル–地殻という大局的な地球内部の密度構造がほぼ不変であるという命題である．そのような大局的描像の下で，自転角速度と力学的偏平率の関係を支配する仮定が次に述べられる．

4）地球の力学的偏平率と自転角速度の関係

この仮定は前述の地球内部構造の不変性とも密接に結び付いたものである．力学的偏平率（dynamical ellipticity）とは慣性モーメントの比 $H \equiv \frac{C-A}{C}$ のことを指す．完全に均質な流体からなる回転楕円体を考えると，力学的偏平率 H は自転角速度の二乗にほぼ比例する．自転角速度を $\tilde{\Omega}$ とすると $H \propto \tilde{\Omega}^2$ ということである．地球はもちろん均質でもないし完全な流体でもないので，この性質をそのまま適用できるわけではない．だが，固体地球物理学において使われている 1066B や PREM といった地球内部の密度構造モデルを与えれば，力学的偏平率と自転角速度との関係を一意的に導くことは原理的に可能であり，Zharkov and Trubitsyn（1978）や Denis（1986）らによって定量的解析がなされている．その結果によれば，ある種の地球内部密度構造モデルを仮定して 5 億年前までの地球自転速度のデータから逆算した力学的偏平率の時間変動の様子は，単純に自転角速度の二乗に比例するという上述の仮定を置いた場合とさほど変わらないという結果が得られている．この仮定も上述の 3. と同様にやや怪しげではあるのだが，

本章ではこれを採用し，以下では $H \propto \tilde{\Omega}^2$ と置いて議論を進めることにする．

上記の仮定の下で具体的に IK ダイアグラムをどのように作製したのかについて，以下の項で述べる．

（2）歳差定数の進化

日射量変動の周期性を決める因子は，地球の公転軌道要素の変化と自転軸の歳差運動の2種類である．このうち，地球の公転軌道要素の変動に関しては仮定1．において変動周期が不変であると決めてしまうことにした．自転軸の歳差と赤道傾角の変動については，月–地球系の潮汐進化に伴って長い時間スケールの変遷が生じてきたわけだが，仮定2．，3．，4．を置くことで非常に簡単に考えることができる．なぜならば，月–地球系の進化が自転軸歳差と赤道傾角の変動周期に及ぼす影響は，歳差定数 α のみにほぼ集約されており，いくつかのマイナーな要因を除けば，歳差定数 α の進化はたちまち計算されてしまうからである．歳差定数 α の主要部分を (3.2.28) 式から抜き書きすると以下のようになる．

$$\frac{3n^2}{2\tilde{\Omega}}\frac{C-A}{C}\left\{1+\frac{M_m}{M_\odot}\left(\frac{a_s}{a_m}\right)^3\right\} \tag{3.4.1}$$

(3.4.1) 式に記述された要素のうち，月と太陽の質量 M_m，$M_\odot$ は全地球史的時間スケールでも不変であろう．地球の平均運動 n と地球から見た太陽の軌道半長径 a_s は，仮定1．から一定であると思うことができる．残るは自転角速度 $\tilde{\Omega}$ と力学的偏平率 $\frac{C-A}{C}$ だが，これは仮定3．によって $\frac{C-A}{C} \propto \tilde{\Omega}^2$ の関係があるので，一方を決めれば一方は自動的に確定してしまう．また，月の軌道半長径 a_m に関しては，仮定2．の月–地球系角運動量の保存則より，地球自転角速度 $\tilde{\Omega}$ の関数として与えることができる．この際，月の自転角運動量については非常に小さいので無視できるとする．ということで，軌道要素の変化と自転軸の運動に支配された日射量変動の自由度が1になってしまった．すなわち，力学的偏平率 $\frac{C-A}{C}$ または自転角速度 $\tilde{\Omega}$ あるいは月–地球間の距離 a_m のどれかひとつを定めることで，日射量変動に関連するすべ

ての物理（力学）変数が一意に確定してしまうのである．このような扱いをしてしまうと，対象としている系から時刻という概念を排除することができる．図 3.1.1 に示された IK ダイアグラムの縦軸が，時刻ではなく地球の力学的偏平率 $\frac{C-A}{C}$ になっているのはそういう意味である．この扱いを行うことで以降の話の展開を非常に楽にすることができる．もちろん図 3.1.1 の縦軸は力学的偏平率 $\frac{C-A}{C}$ ではなく地球の自転角速度 $\tilde{\Omega}$ でも良いし，月–地球間距離 a_m でもよろしい．

（3）日射量変動周期の長期変遷

日射量変動周期の長期変遷に関する具体的な計算方法についてまず思い付くのは，それぞれの時代の歳差定数 α を与えて日射量変動を計算し，その数値結果をフーリエ変換して周期解析するという方法であろう．図 3.4.1 にはそのような計算の一例を示した（Ito *et al.*, 1993a）．ただし図 3.4.1 はある潮汐モデルを仮定して 10 億年前，20 億年前，30 億年前という時間軸を書き込んだものなので，ここでの説明にはあまり適当でないかもしれない．しかしいずれにせよ，日射量変動の周期変遷のみを求めるのであれば，この方法は余り効率的なものではない．実際の IK ダイアグラム（図 3.1.1）に示された日射量変動周期も，上述のような方法で描画されたものではない．より効率的な日射量変動周期の変遷方法を考えるため，自転軸の歳差運動の方程式にいったん戻り，日射量変動の特徴的周期がどのような物理量によって決められているのかを考えてみることにする（Ward, 1974）．

赤道傾角と自転軸歳差の運動は (3.2.29)(3.2.30) 式で記載される．ここで地球の軌道傾斜角 I は十分に小さいという事実を思い出すと，この方程式は逐次近似によって解を求めることができることに思い当たる．(θ, ϕ) の明らかな零次の解 (θ_0, ϕ_0) は，赤道傾角が一定で歳差角が時間に比例するというものである．

$$\theta_0 = \Theta = 一定 \tag{3.4.2}$$

$$\phi_0 = \Phi - \alpha t \cos\Theta - \Omega + \Omega_0 \tag{3.4.3}$$

ここで Φ, Θ, Ω_0 は積分定数である．解 (3.4.2)(3.4.3) は方程式 (3.2.29)

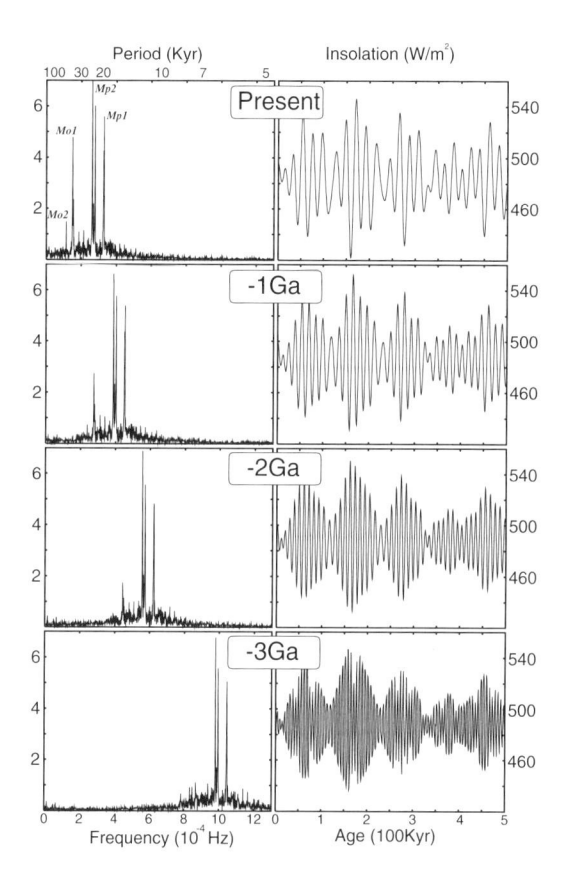

図 3.4.1 歳差定数 α を変化させて日射量変動を計算し，フーリエ変換によってパワースペクトルを表示したもの（Ito et al., 1993a）．この図では Abe et al.（1992）の潮汐モデルに依存した結果の例を示している．Mo2, Mo1, Mp2, Mp1 は日射量変動の周期成分を表す．その意味は図 3.4.2 と同様で，それぞれ現在の約 54000 年周期，約 41000 年周期，約 23000 年周期，約 19000 年周期の成分を指す．

(3.2.30) を $I=0$ として積分して得られるものである．零次の近似解 (θ_0, ϕ_0) から出発して一次の近似解 (θ_1, ϕ_1) を得るには，まず (3.4.2) と (3.4.3) を方程式 (3.2.29)(3.2.30) に代入する．すると

$$\frac{d\theta_1}{dt} = \sin I \cos \phi_0 \left(\alpha \cos \Theta + \frac{d\phi_0}{dt} \right) + \sin \phi_0 \frac{dI}{dt} \qquad (3.4.4)$$

$$\frac{d\phi_1}{dt} = \alpha\cos\theta_1 - \frac{d\Omega}{dt} - \sin I \cot\Theta \sin\phi_0 \left(\alpha\cos\Theta + \frac{d\phi_0}{dt}\right) + \cot\Theta \cos\phi_0 \frac{dI}{dt}$$
(3.4.5)

となる．ここで，(3.4.4) 式内の軌道要素 I, Ω に永年摂動論による解 (3.2.21)～(3.2.24) を代入し，三角関数の加法定理などを使って展開整理する．ϕ_0 には (3.4.3) 式を代入する．I について一次，すなわち $\cos I \sim 1$ とみなせる近似の範囲における結果は以下のようになる．

$$\frac{d\theta_1}{dt} = \alpha\cos\Theta \sum_j L_j \cos\left(f_j t + \alpha t \cos\Theta + \delta_j - \Phi - \Omega_0\right) + \frac{d}{dt}\left(\sin I \sin\phi_0\right)$$
(3.4.6)

上式は簡単に積分できる．再び三角関数の加法定理を援用すると，赤道傾角の時間変化に関する一次の近似解 θ_1 は以下のように表現できる．

$$\theta_1 = \Theta - \sum_j L_j' \left(\sin\left(f_j t + \alpha t \cos\Theta + \delta_j - \Phi - \Omega_0\right) - \sin\left(\delta_j - \Phi - \Omega_0\right)\right)$$
(3.4.7)

ただし

$$L_j' = \frac{f_j L_j}{f_j + \alpha\cos\Theta}$$
(3.4.8)

である．なお，(3.2.21)～(3.2.24) 式では全惑星の運動を表現するために L が行列の形式 L_{ij} となっているが，ここでは地球のみの運動を議論すれば良いので添字 i を省略し，L_j として考えている．

赤道傾角に関する一次の摂動解 (3.4.7) を見てわかるのは，赤道傾角の時間変動が単純な振動子の重ね合わせ $\sum_j L_j' \sin(f_j + \alpha\cos\Theta)t$ で表現されていることである．この中の振幅 L_j' と周波数 f_j は惑星運動の解として既知であり，定数として扱って良い．また，特徴的に大きな振幅を持つ周波数成分は少数のものにほぼ特定されている．ということは，赤道傾角変動の周期的変化は，主要な周波数 $f_j + \alpha\cos\Theta$ の値によってほとんど決まってしまうということである．したがって L_j' に最大の値を与える $j = j_0$ を考えると，日射量変動における赤道傾角項の現在の典型的周期を P_0，歳差定数の現在値を α_0 として，(3.4.7) 式の形から明らかに

$$P_0 = \frac{2\pi}{f_{j_0} + \alpha_0\cos\Theta}$$
(3.4.9)

となる．同様にして，その昔に歳差定数が α_1 だったころの赤道傾角項の変動周期 P_1 は

$$P_1 = \frac{2\pi}{f_{j0} + \alpha_1 \cos\Theta} \tag{3.4.10}$$

と表現できることになる．すなわち歳差定数 α の値をパラメタにして，(3.4.10) 式のように，赤道傾角由来の日射量変動の周期変遷を簡単に知ることができるのである．

同様にして気候的歳差 $e\sin\tilde{\omega}$ についても一次の近似解を得ることができる．詳細な計算は A. L. Berger の一連の論文（Berger, 1976, 1977, 1978b; Berger et al., 1987, 1989a, 1989b, 1992; Loutre and Berger, 1989; Berger and Loutre, 1987, 1991, 1993）を参照してもらいたいが，その周期は $g_j + \alpha\cos\Theta$ の値に支配されている．こうして得られた解を眺めて振幅の大きな順に並べてみると，赤道傾角と気候的歳差それぞれについて，現在の日射量変動では以下の周期成分が大きいことがわかる．

- 赤道傾角項 $\cdots$ $f_3 + \alpha\cos\Theta$ 由来の約 41000 年周期と $f_6 + \alpha\cos\Theta$ 由来の約 54000 年周期
- 気候的歳差項 $\cdots$ $g_4 + \alpha\cos\Theta$ 由来の約 19000 年周期と $g_5 + \alpha\cos\Theta$ 由来の約 23000 年周期

これらの結果は図 3.2.10 における周波数解析の結果に対応するものである．周波数 g, f の添字は，永年摂動論によって計算された惑星運動の固有周波数のうちのどれに対応するのかを特定するための番号である．

このようにして，惑星運動の固有周波数 g_i, f_i が全地球史的時間スケールで不変であると仮定すれば，歳差定数 α の変動を知るだけで日射量変動の特徴的周期の変遷を得ることができる．この 4 種類の日射量変動周期の変遷をプロットしたのが図 3.1.1 における「ミランコビッチ周期」と記された 4 本の曲線である．

図 3.1.1 の IK ダイアグラムに描かれた日射量変動周期（ミランコビッチ周期）の変遷以外の曲線に関して簡単に述べると以下のようになる．地球自転周期は上述の $\tilde{\Omega}$ そのものである．月の公転周期は a_m の変化を元にケプラーの第三法則から求められる．主な潮汐周期というのは，この地球自転周期と

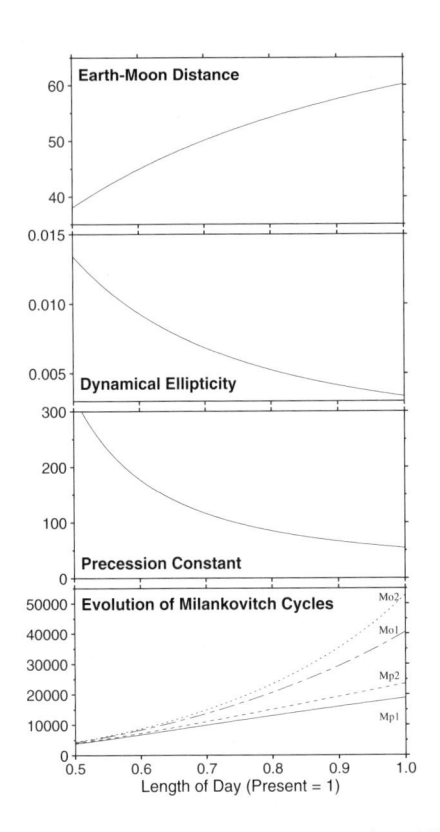

図 3.4.2 上から順に，LOD に対してプロットした月–地球間距離（Earth–Moon Distance，単位は地球の赤道半径），力学的偏平率（Dynamical Ellipticity），歳差定数（Precession Constant，単位は arcsec/year），および日射量変動の典型的 4 周期（Evolution of Milankovitch Cycles，単位は年）の変遷．Mo2, Mo1, Mp2, Mp1 はそれぞれ現在の約 54000 年周期，約 41000 年周期，約 23000 年周期，約 19000 年周期のものに相当する．

月の公転周期の半分，つまり半日と半月のことである．より詳細については，3.3 節に記した地球潮汐理論の項を参照していただきたい．地球の公転周期は不変であるという前提を置いたので，365 日のまま一定である．月軌道面歳差周期についてはコラム「月軌道面の歳差と IK ダイアグラム」にその概略が記されている．太陽周期と言うのは現在の太陽活動が有する 11 年や 22 年という有名な周期性のことであるが，この周期性の変遷については多くの事柄がわかっていないので "?" を記すに留めた．なお参考までに，図 3.4.2 には

地球のLODに対してプロットした月–地球間距離 a_m,力学的偏平率 $\frac{C-A}{C}$,歳差定数 α,および日射量変動の典型的な 4 周期の変遷を示した.日射量変動周期の図における Mo2,Mo1,Mp2,Mp1 はそれぞれ現在の約 54000 年周期,約 41000 年周期,約 23000 年周期,約 19000 年周期のものに相当する.

コラム

月軌道面の歳差と IK ダイアグラム

図 3.1.1 で示された各種の周期変遷のうち,月軌道面歳差の周期変動は他と異なって風変わりと言える.ほかはいずれも力学的偏平率の減少に伴ってその周期を長くしているのに対し,月軌道面歳差だけはその周期を短くしている.月の軌道面は地球の軌道面(黄道面)に対して数度傾いているが,この面が 18.6 年周期でゆっくりと歳差運動している.この歳差運動の周期が月軌道面歳差周期である.ここではこの理由を少し考えてみる.

図 3.1.1 中の月軌道面歳差周期の変遷は,以下のような簡略な方法で計算した.歳差運動の方程式 (3.2.27) は地球自転軸の歳差運動を記述するものだが,月–地球系を一体化して角運動量付きの円環だと考えることもできる.その場合の自転角速度 $\tilde{\Omega}$ に相当するものは月の公転角速度であり,力学的偏平率は以下のようにして計算できる.月の軌道を時間平均し,半径 R,太さ無限小の円環を考えると,慣性モーメント C に相当するものは R^2 であり,A に相当するものは $R^2/2$ である(小出,1980).したがってこの場合の力学的偏平率 $H \equiv \frac{C-A}{C}$ は

$$H = \frac{R^2 - \frac{R^2}{2}}{R^2} = \frac{1}{2} \tag{3.4.11}$$

となり,円環の自転速度に依存しない一定値となる.

ところで (3.2.28) 式にあるように,歳差定数 α はその定義から力学的偏平率 H と自転角速度の逆数 $\tilde{\Omega}^{-1}$ に比例する.

$$\alpha \propto \frac{H}{\tilde{\Omega}} \tag{3.4.12}$$

また 3.4.1(1) 項で述べたように,惑星の力学的偏平率 H 自体は一般に自転速度 $\tilde{\Omega}$ の二乗に比例すると仮定した.すなわち

$$H \propto \tilde{\Omega}^2 \tag{3.4.13}$$

(3.4.13) 式の関係を (3.4.12) 式に代入すると,歳差定数 α は結局

$$\alpha \propto \frac{\tilde{\Omega}^2}{\tilde{\Omega}} = \tilde{\Omega} \qquad (3.4.14)$$

あるいは

$$\alpha \propto \frac{H}{\sqrt{H}} = \sqrt{H} \qquad (3.4.15)$$

となる．すなわち，歳差定数 α は惑星の力学的偏平率 H の平方根に比例することになる．図 3.1.1 の IK ダイアグラム上のほとんどの周期が力学的偏平率 H の増大とともに短くなっている（＝歳差定数が増大して周波数が大きくなっている）のは，このような事情による．

然るに月軌道面歳差の周期に関しては (3.4.13) 式の関係が成り立たず，力学的偏平率 H は自転角速度によらない一定値を取る (3.4.11)．したがって (3.4.12) 式より，「月–地球系の」歳差定数 α は自転角速度 $\tilde{\Omega}$ のみに依存することになる．

$$\alpha \propto \frac{1}{\tilde{\Omega}} \qquad (3.4.16)$$

ここで，図 3.1.1 の縦軸は「地球の」力学的偏平率を意味していることを思い出そう．すなわち，月軌道面の歳差周期を論じる場合には，図 3.1.1 の縦軸を月の公転角速度 $\tilde{\Omega}$ と読み換えるべきであるということになる（月軌道面の歳差の場合，$\tilde{\Omega}$ は月の公転角速度に相当するということは前述した通り）．月–地球系の角運動量が保存するという仮定により，地球の自転速度が大きい（したがって (3.2.28) 式より「地球の」歳差定数 α も大きい）時代には月は地球に近く，月の公転角速度も大きかった．したがって，この時代には「月–地球系の」歳差定数は小さく (3.4.16)，月軌道面の歳差周期は長かったという結論が導かれる．他の周期とは異なり，月軌道面の歳差周期だけが「地球の」力学的偏平率の増大とともに長くなっているのは，こうした理由による．このように月–地球系を円環で代用してしまうという簡単な近似から得られた結果は，Abe *et al.* (1992) などの数値計算による結果とも良く一致することが確認されている．

コラム

IK ダイアグラムと潮汐モデル

本節では基礎的な力学系としての月–地球–太陽系を扱った．その結果たる IK ダイアグラム（図 3.1.1）においては各周期の進化から時間軸への依存性を排除でき，より本質的な物理量との関連を意識して IK ダイアグラムの描画を行うことができた．たとえば月–地球間の距離 a_m は，地球の力学的偏平

率あるいは自転速度を与えれば一意に確定する．私たちがこのような手法を採用した理由は，周期性の変遷と現実時間との対応を採るためには非常に精密かつ長期間にわたって信頼できる月–地球系の潮汐進化モデルが必要とされるためである．現段階では残念ながら私たちの要求に耐え得る潮汐進化モデルは存在しないが，そのような理論的研究の試みは現在でも已まずに行われ続けている．また，観測データ自体（潮間堆積物や貝殻の化石に記された過去の潮汐変動・自転周期変動の証拠）を収集する努力も不断に継続されている（Williams, 1989, 1990, 1994; 大野, 1993）．

たとえばある値の月–地球間距離に対応する時刻を確定するためには，時刻 t が陽に現れる定式化が必要となる．3.3 節にて詳述されているように，Abe et al. (1992) では古代の大陸海洋配置の状況を数値的に与え，月と地球がやり取りする潮汐トルクを連続的に数値計算することで，月–地球系の物理量と時刻との対応を得ようとしている（安部ほか，1992；安部，1992；安部・大江，1993）．これに対し Turcotte et al. (1977) では月–地球系の角運動量保存とエネルギー保存を基本的な制約条件とし，月–地球間距離は時刻 t の 2/13 乗に比例するという仮定の元に月–地球系の潮汐進化を計算している．月–地球系の潮汐進化に関しては，このほかにも多数のモデル化の例があり，いずれもそれぞれ工夫を凝らして物理的に妥当と思われるモデル化を行っている（Goldreich, 1966; Kaula and Harris, 1975; Williams et al., 1978; Conway,

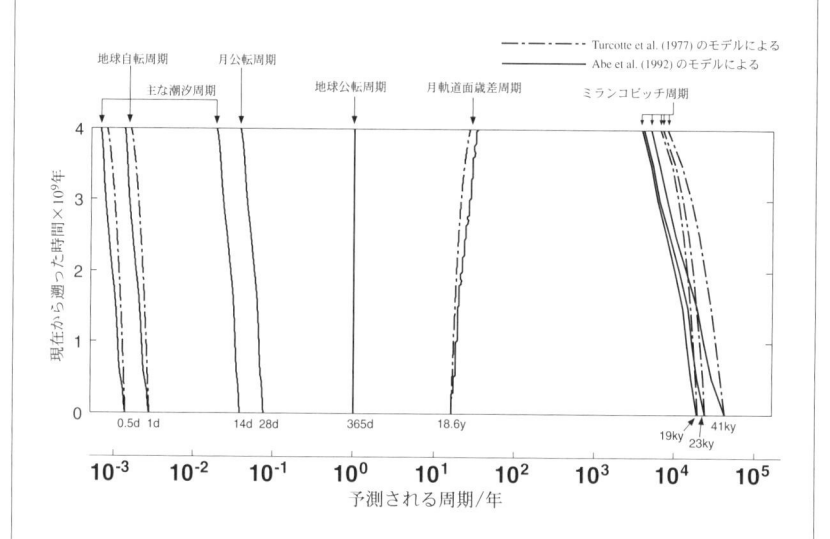

図 3.4.3　時刻を縦軸にした IK ダイアグラム．Abe et al. (1992) および Turcotte et al. (1977) の潮汐モデルを用いた例を示した．

3.4　IK ダイアグラムとその不確定性

1982; Hansen, 1982; Mignard, 1982; Walker and Zahnle, 1986; Touma and Wisdom, 1994). 参考までに上述の Abe et al. (1992) と Turcotte et al. (1977) による潮汐モデルを用いて，時間軸の入った IK ダイアグラムを再描画してみたものが図 3.4.3 である．両者の間には無視できない相違があることがわかる．時間軸の設定は，現在のところこのように不確定な要素を多く含む事項であり，私たちが IK ダイアグラムから時刻の要素を排除した所以である．

潮汐モデルへの依存性の話に関連して，歳差定数の表式の中で潮汐モデルに依存する量について触れておく．(3.2.28) 式で記述される歳差定数 α には，前述したいくつかの仮定だけでは定め切れない量が含まれている．月軌道の離心率 e_m と軌道傾斜角 i_m，地球の赤道傾角の平均値 Θ である．これらを精密に求める計算は簡単ではないが，ここでは Abe et al. (1992) の結果を図 3.4.4 として掲載した．月軌道の離心率 e_m，軌道傾斜角 i_m ともに絶対値は小さく，変化の振幅も小さいことがわかる．また，IK ダイアグラム成立のための仮定のひとつとして置いた月-地球系の全角運動量の保存状況もきわめて良好である．月-地球系の全角運動量の変化を促すものは，太陽との潮汐相

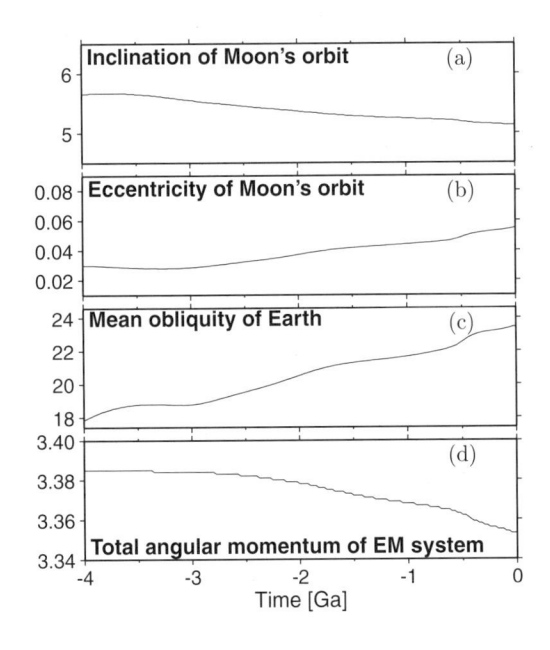

図 3.4.4 Abe et al. (1992) の計算による各種の量の時間進化．上から順に (a) 月軌道の傾斜角 i_m (度)，(b) 月軌道の離心率 e_m (無次元)，(c) 地球の平均赤道傾角 (度)，(d) 月-地球系の全角運動量 (10^{34} kg·m^2/s^2).

互作用がほとんどであるが，Abeらの計算によれば太陽との潮汐相互作用により失われる月–地球系の角運動量は40億年間で約1%以内であり，非常に小さいことがわかる．唯一不確定なのが地球の平均赤道傾角で，これは時間的にゆっくりと増大している．けれども歳差定数内での赤道傾角の効果は$\cos\Theta$であり，図3.4.4(c)のようにΘが$18°$から$24°$程度まで変化したとしてもその影響は大きいとは言えない．

3.4.2　IKダイアグラムが含む不確定性

ここでは，前項においてIKダイアグラムを描画した際に無視した各種の効果の大きさ，あるいは描画の前提となった仮定の妥当性について，再び検討する．とくに，前述した4種の仮定の中では比較的検討が進んでいる惑星運動の準周期性に着目して議論を進めることにしたい．

IKダイアグラム描画の基礎となる惑星の運動方程式(3.2.1)または(3.2.2)においては，右辺最終項にある「その他の力」$\boldsymbol{f}_i$（または加速度$\boldsymbol{a}_i$）を無視して計算を進めると述べた．果たして実際には$\boldsymbol{f}_i$はどの程度の大きさを持つものなのだろうか？　結論を先に言えば，全地球史解読計画的な精度での議論においては$\boldsymbol{f}_i$の各種効果は大きくはなく，惑星系および地球の自転運動は古典的なニュートン力学のみに支配された系であると近似しても十分良いということになる．以下では$\boldsymbol{f}_i$の内容について簡単に紹介する（Tremaine, 1995）．

- 衛星

  一般的には衛星の効果はそれが周回する母惑星の質量に組み込むことで処理される．この処理によって無視される最大の効果は惑星–衛星系が太陽から受ける二重極モーメント，すなわち惑星–衛星系が単なる質点ではないために発生する重力ポテンシャルの効果である．惑星と衛星の質量をそれぞれm_p, m_s，それぞれの軌道半径をr_p, r_sとすると，太陽重力と比較したこの二重極モーメントの効果はおよそ$(m_s/m_p)(r_s/r_p)^2$となる（Smart, 1953）．この量は月–地球系において最大であり，10^{-7}程度である．他の衛星–惑星系ではこれよりもはるかに小さい．月–地球系に関する10^{-7}という値が完全に無視して良い大きさのものかどうかは微妙な

ところだが，月の運動を直接解こうとすると計算量が一気に増加してしまう．そのため，実際の計算においては月–地球系の重心に月と地球の質量の和を持った仮想的天体が存在すると仮定して，運動方程式 (3.2.1) を解いていくことが多い．月–地球系のより精密な扱いに関しては，Quinn et al.（1991）や Saha and Tremaine（1994）などが参考になる．

- 一般相対性理論の効果

  惑星の運動に寄与する一般相対性理論的な効果の大きさを見積ると，$a = 1\mathrm{AU}$ の地点でおよそ $GM_\odot/c^2 r \sim 10^{-8}$ となる（Quinn et al., 1991; Saha and Tremaine, 1994）．これも太陽からの重力と比較した相対値であり，c は真空中の光速，r は太陽からの距離である．一般相対論的効果がもっとも大きく現れるのは太陽に近い水星の運動であり，地球くらい太陽から離れてしまうとその効果は非常に小さい．より詳細な記載については Will（1981）や Newhall et al.（1983）が参考になる．

- 小惑星・彗星

  火星と木星の間に分布する小惑星の総質量はおよそ $10^{-9} M_\odot$ と見積られている（Fukushima, 1995）．これは最小の惑星である水星のさらに 1/100 である．彗星の総質量の見積りは難しいが，冥王星軌道以内を飛び交っているものだけを考えれば，その質量和はさらに小さいと予想される．ある種の精密な天体暦の作製においては，主要ないくつかの小惑星の効果を考慮して計算する場合がある（NASA/JPL の DE シリーズなど；Newhall et al., 1983; Standish, 1990 などを参照）が，惑星運動の大局的な安定性に影響を及ぼすほどのものではないと考えられている．

- 銀河

  銀河に散らばる星たちが惑星の運動に対して持つ影響を正確に見積るのはとても難しい．ここでは，銀河中心に全質量が集中しているという簡単な仮定を置いてみる．私たちの銀河の中心までの距離を 3×10^4 光年とし，質量を $2 \times 10^{11} M_\odot$ とする．このとき，ある天体に働く銀河による潮汐力と太陽からの重力の比は，$r = 1\mathrm{AU}$ の地点で 10^{-17}，$r = 40\mathrm{AU}$ でも 10^{-15} 程度であり（木下，1998），非常に小さい．

- 近傍の恒星

銀河の効果と同様にして，太陽系近傍の恒星からの潮汐力の影響を見積ることができる．たとえば太陽系に最も近い恒星である α ケンタウリからの潮汐力と太陽からの重力の比は，$r=1\mathrm{AU}$ において 10^{-17} であり，$r=40\mathrm{AU}$ では 10^{-15} となる（木下，1998）．ここでは α ケンタウリまでの距離を 4.3 光年とし，質量は太陽と同じであると仮定した．

近傍の恒星の影響をつきつめて考えると，恒星が一時的にせよ太陽系のきわめて近くを通り過ぎたらどうなるかという問題に付き当たる．そのような場合に惑星系の安定性にどの程度の影響が及ぶかについてはいくつかの研究があるが（Kopnin et al., 1996），いずれも境界条件（通過する恒星の質量・距離・速度など）の不定性が大き過ぎ，憶測の域を出ていない．けれどもひとつだけ確実なことは，過去の太陽系の歴史においてさほど極端な恒星の大接近があったとすれば，惑星たちの軌道は現在のように美しく円軌道に近い状況を保ってはいないであろうということである．ただし近年，星は単独で誕生するよりも，むしろ集団で複数個が同時に形成される場合の方が多いという見方が強まっている．そうした状況のもとでは，星・惑星系形成の初期の段階で恒星同士の近接遭遇があった可能性は否めない．その場合，惑星運動の安定性が乱されるほどのものではなくても，いわゆる Oort cloud や Edgeworth–Kuiper belt などの太陽系外縁部にある小天体群の運動が乱されて，内側の惑星軌道に彗星を降らせる要因になったという可能性は大いにあり得る（Fernández, 1997; Ida et al., 2000; Kobayashi and Ida, 2001）．

- 太陽の質量損失

これについては地球の気候システムに対する基本的なエネルギー入力の変化という観点から，第 4 章においても述べられるが，ここでは惑星運動に対する力学的な影響を考えてみる．現在の見解では，私たちの太陽は $dM_\odot/dt \simeq 10^{-13} M_\odot/$年 程度でその質量を失っているものと予想されている．その多くは光子（photon）による放出であるが，太陽風による質量損失もある（Boothroyd et al., 1990, 1991; Sackmann et al., 1993）．中心星の質量損失は惑星の軌道をゆっくりと拡大させる．いくつかの数値実験によれば，そうしたゆっくりした軌道の拡大によっても，惑星軌道

の相対的周波数(各惑星の公転周期の比など)はほぼ変わらない模様である.それ故,太陽の質量損失がさほど急激でなければ惑星運動の安定性は保たれると考えられている(Duncan and Lissauer, 1998).

- 太陽系の長期安定性とカオス

この効果は上記のいずれとも異なる.なぜならば,上述した各種の効果は(太陽の質量損失を除いて)基本的にはすべて惑星の運動方程式 (3.2.1) 右辺の「その他の力」$\boldsymbol{f}_i$ の中に含まれるものであり,$\boldsymbol{f}_i$ を無視することによって考慮から外すことができる.けれども,太陽系が全地球史的時間スケールにおいて安定であるのかどうか,またそのカオス的性質による影響はどうかという事柄は $\boldsymbol{f}_i$ とは無関係であり,$\boldsymbol{f}_i$ を無視したとしても運動方程式 (3.2.1) が本然的に内包してしまう不可避な事項だからである.本章におけるIKダイアグラムの描画では,惑星の運動は準周期的なものであり,第四紀の軌道要素変動がほぼ全地球史にわたって保たれたと仮定した.けれども惑星運動のような非線型な性質を持つ力学系では,本来そのような準安定状況は永遠に保証されるものではない.太陽系の長期安定性とカオスとの関連については次項で触れる.

3.4.3 太陽系の力学的安定性とカオス

(1) 力学的安定性の定義と研究の歴史

太陽系の惑星運動の安定性に関する議論は,ニュートンの時代から数百年にわたって延々と続けられてきた課題である.Laplace, Lagrange, Poincaré, Arnold をはじめとする多くの著名な数学者がこの問題に取り組み,それらの結果として非線形力学系やカオス理論に大いなる発展があった.然るに,当初の問題自体——太陽系が力学的に安定であるかどうか——に明確な答が得られたとは言えない.これはひとつには「安定」という語の定義が簡単ではなく,人によって異なる定義で安定性が規定されていることによる.実際のところ,誰にも共通なものとして認識できる明解で,厳密で,かつ物理的に意味のある定義を太陽系の安定性に対して与えることは容易ではない[*1)].

[*1)] この混乱を表すにはたとえば,Nobili *et al.* (1989) の冒頭にある以下の記述を借りるのが適当かもしれない:"When the stability of our solar system is discussed, two

力学系の安定性について一般論を述べ出したら際限がない上，それは明らかに本書の目的を大きく逸脱する．安定性に関する無数の定義のうち，本節では Hill stability（ヒル安定性）を採用して先へ進みたい（Gladman, 1993; Chambers et al., 1996; Ito and Tanikawa, 1999）．厳密に言えば Hill stability は安定性の定義ではなく，不安定の定義である．惑星系のような質点系を考え，天体同士の近接遭遇が生じたときにその系は不安定になったと定義し，それ以外の場合には系は安定であるとする，これが Hill stability の定義である．天体同士の近接遭遇の定義としては，どれか2つの天体が互いの Hill 半径に突入した状況を指すのが普通である．Hill 半径とは，ごく簡単に言えば回転座標系における惑星の重力的な影響の範囲とみなせる距離であり，中心天体からの距離を d，自身と中心天体の質量をそれぞれ m, M とすると $(m/M)^{1/3}d$ と近似できる量である．なお惑星系のように中心天体の重力場が支配的な状況下では，この定義は天体の軌道が交差した時点を不安定とする定義でほぼ置き換えることも可能である．ある種の計算によれば，惑星同士の軌道の交差はさほど時を置かずに近接遭遇にいたるという結論が得られている（Yoshinaga et al., 1999）．

　安定性の定義をこのように置くことにより，冒頭に掲げた私たちの根源的疑問「太陽系は安定か？」を「太陽系の惑星たちは太陽の寿命である100億年間くらいは近接遭遇を起こさないでいられるか？」といくらか具体化することができる．そして現在のところ，太陽系の惑星運動はとことん安定であり，10億年程度の時間スケールでは近接遭遇どころか軌道交差の片鱗も見せず，ひたすら準周期的な運動を繰り返すだけであることが判明しつつある．

　惑星の運動方程式を解く場合には，主として2種類の方法が用いられるということについてはすでに述べた．伝統的な解析的摂動論と，運動方程式を直接解く数値積分である．解析的摂動理論に関して言えば，最終的な展開項数が150000項以上と言われる Laskar（1988）の永年摂動論が最先端のひと

---

objections often arise. Firstly, this problem has been around for too long, never getting to the point of stating clearly whether the system is stable or not; the few definite results refer to mathematical abstractions such as N-body models and do not really apply to the real solar system. Secondly, the solar system is macroscopically stable — at least for a few 10^9 years — since it is still there, and there is not much point in giving a rigorous argument for such an intuitive property."

つである．Laskar の計算結果によれば，地球の軌道運動は ±100 億年以上にわたり現状と同様に安定で，離心率も小さいままに保たれるという（Laskar, 1994, 1996, 1997）．もうひとつの手法，数値積分は近年の計算機技術の発達に後押しされて急速に進歩してきた．前節で述べたような多様な手法・多様な計算機を用いて，多くの研究者が惑星運動の数値積分に取り組んできている．1980 年代までは計算機能力の制限によって，主として外側の木星型惑星の軌道進化に関する研究がなされてきた．計算期間は数百万年から数千万年程度のものがほとんどだったが（Cohen and Hubbard, 1965; Cohen et al., 1973; Williams and Benson, 1971; Kinoshita and Nakai, 1984; Applegate et al., 1986; Roy et al., 1988; Richardson and Walker, 1989），1990 年代に入るとそれはさらに延長され，数億年から数十億年間の数値計算に関する論文も発表されるようになってきた（Sussman and Wisdom, 1988, 1992; Wisdom and Holman, 1992; Wisdom, 1992; Kinoshita and Nakai, 1996）．現在では遂に全 9 惑星の運動を数十億年にわたって数値積分できるところにまで到達した（Ito et al., 1996; Duncan et al., 1998）．ここではその典型例として，筆者たちがシンプレクティク数値積分法を用いて，全 9 惑星の運動を過去と未来の数十億年間にわたって数値的に追った例を紹介する（Ito and Tanikawa, 2002）．

　筆者たちの計算は，運動方程式 (3.2.1) 内の「その他の力」f_i を無視したものであり，古典的質点力学系としての太陽系の進化をとにかく長期間にわたって追いかけることを主眼とした試みである．この結果の一部の時系列を図 3.4.5 として示した．軌道要素の時系列を見ると，水星の離心率や軌道傾斜角がやや目立つ変化を示しているものの，肝心の地球の軌道要素 e, I については数十億年の間に大きな変動はない．ローパスフィルタを掛けて短周期成分を差し引いた図 3.4.6 と図 3.4.7 を見ても，地球の離心率や軌道傾斜角に永年的な変化は見当たらない．一方，周波数領域での変動を確認するために地球の離心率と軌道傾斜角の時系列をフーリエ変換した結果の一例を図 3.4.8 と図 3.4.9 に示した．それぞれの図におけるピーク値の振幅比はやや異なっているものの，ピークの周波数値はほぼ変わっていない．周波数領域での結果を並べて時間‒周波数断面を表示したカラー口絵図 4 a, b を見ると，それがさらに如実に判明する．若干の揺らぎはあるものの，±40 億年以上にわ

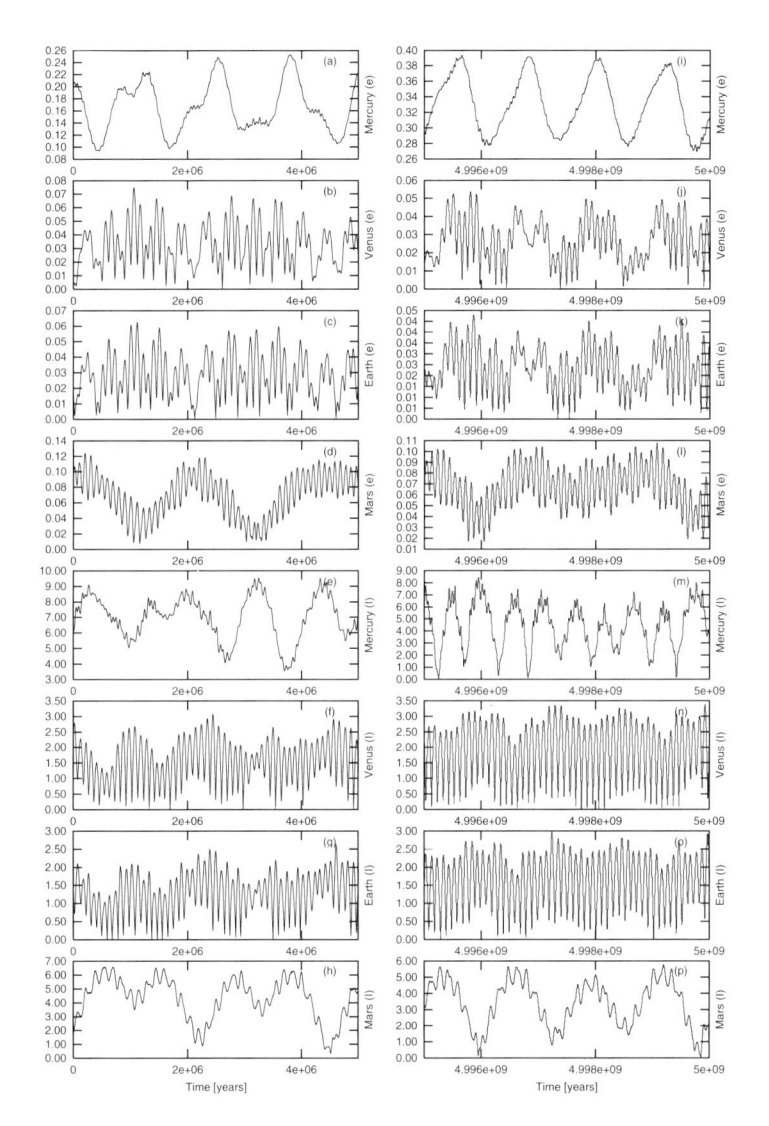

図 **3.4.5** ある数値積分における地球型惑星 4 個の離心率と軌道傾斜角の変動の例. (a)–(d): 数値積分冒頭部分の水星, 金星, 地球, 火星の離心率の変化. (e)–(h): 数値積分冒頭部分の水星, 金星, 地球, 火星の軌道傾斜角の変化. (i)–(l): 数値積分終了部分の水星, 金星, 地球, 火星の離心率の変化. (m)–(p): 数値積分終了部分の水星, 金星, 地球, 火星の軌道傾斜角の変化. 軌道傾斜角の単位は度. 軌道要素は太陽系の角運動量不変面にて計測され, 原点は太陽である.

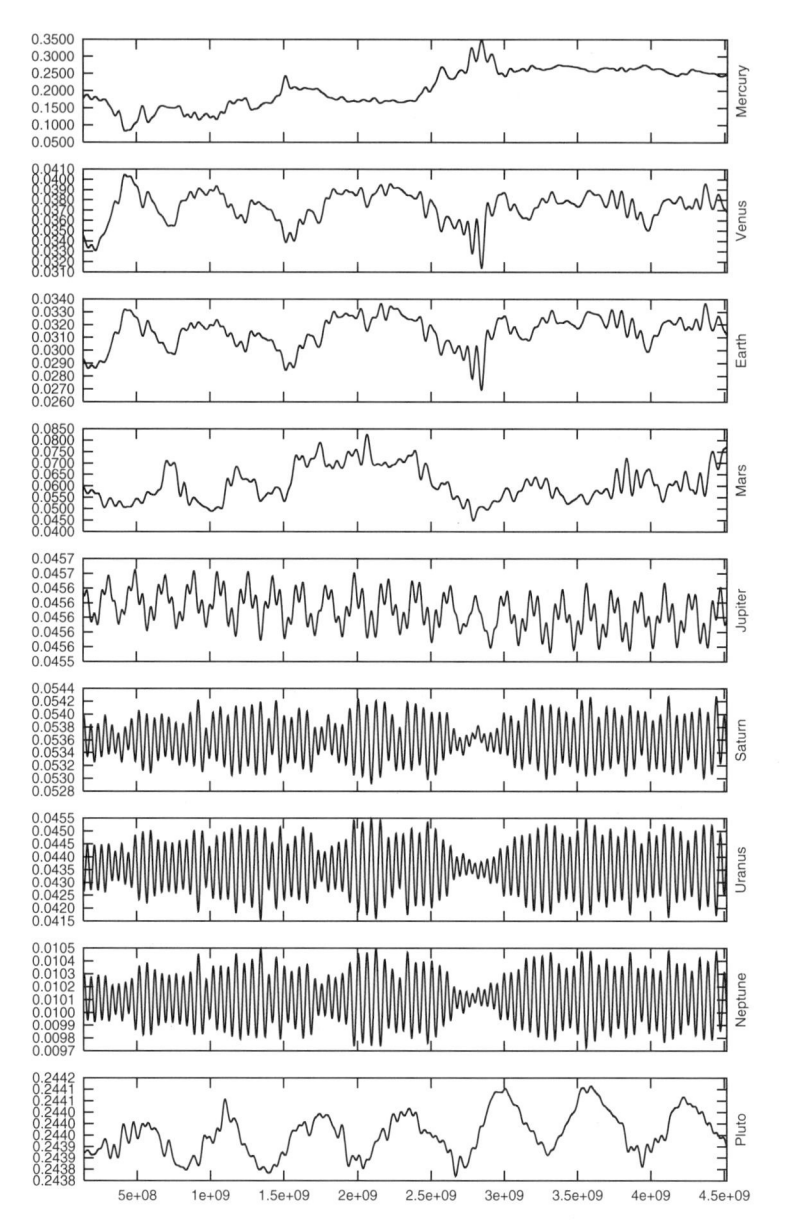

図 3.4.6 各惑星の離心率 e の変動の一計算例．計算結果に周期 5000 万年のローパスフィルタを掛け，短周期成分を取り除いた．横軸の単位は年で，左端が現在．

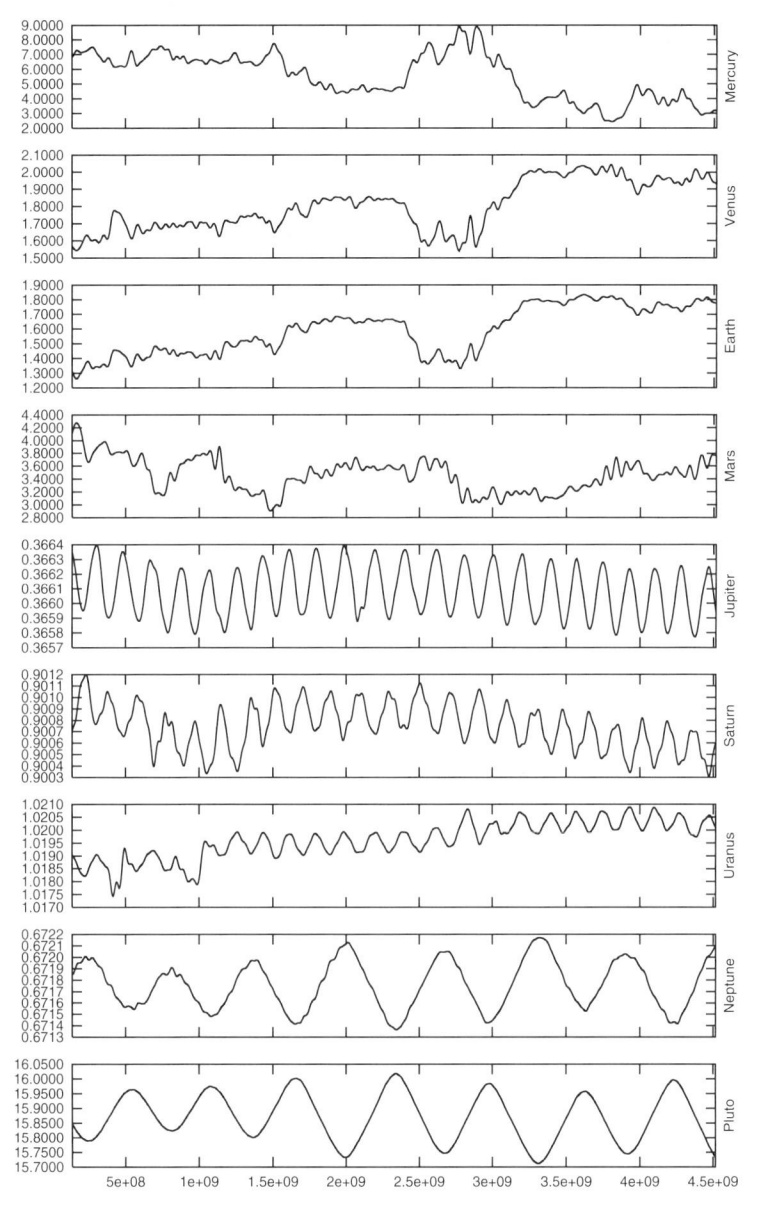

図 **3.4.7** 各惑星の軌道傾斜角 I の変動の一計算例．計算結果に周期 5000 万年のローパスフィルタを掛け，短周期成分を取り除いた．軌道傾斜角の単位は度．横軸の単位は年で，左端が現在．

3.4 IK ダイアグラムとその不確定性

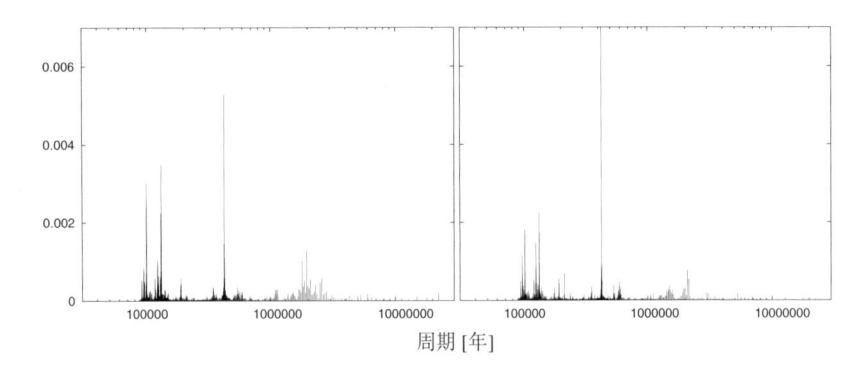

図 3.4.8 地球の離心率の変動を周波数分解した例.（左）約 40 億年前の約 2000 万年間のもの,（右）現在付近の約 2000 万年間のもの.

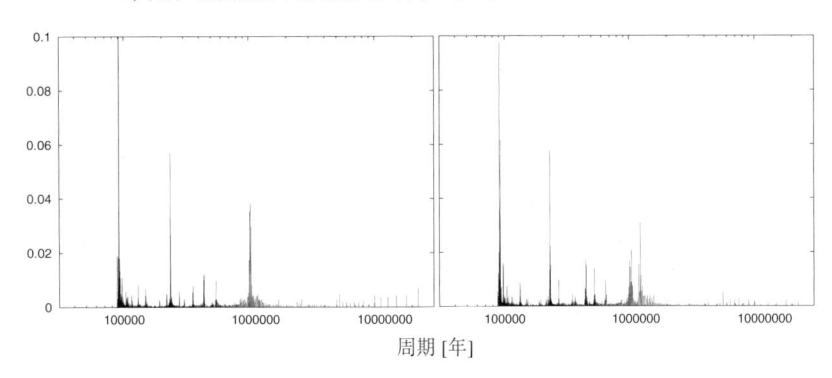

図 3.4.9 地球の軌道傾斜角の変動を周波数分解した例.（左）約 30 億年後の約 2000 万年間のもの,（右）現在付近の約 2000 万年間のもの.

たる数値積分期間において，地球の離心率と軌道傾斜角の変動はほぼ現在と同様な特徴的周期（10 万年付近のいくつかの周期性，40 万年の強い周期性）を保って変動してきたことがわかる．

　ここに示したように，数十億年間の数値積分期間内では，惑星の軌道は準周期的な運動を繰り返すばかりであり，近接遭遇や衝突などはまったく生じていない．Ito and Tanikawa（2002）では複数個の超長期数値積分を初期値を変えて実施したが，いずれの場合にも惑星の軌道は大局的な安定性を示している．また，参考までに外惑星系（木星から冥王星まで）のみに対象を絞って ±500 億年の数値積分を行ってみたが，ここでも目に付くような軌道の変

化は予想通りほとんど発生しなかった．少なくとも現在の太陽系惑星の運動は大変に安定で，軌道の交差や衝突・散乱にはほど遠い状況にいることがわかる．外惑星系の強い安定性に関しては，冥王星と海王星の興味深い力学的共鳴現象の解明に主眼を置いた木下らの研究（Kinoshita and Nakai, 1996）によっても示されている．

(2) カオスと安定性

惑星運動の長期数値計算の結果を眺めてまずわかることは，いくら長いこと惑星運動を追った場合にも，惑星は相変わらず太陽系内に存在し続ける—どれひとつとして系外に飛ばされたり，太陽に落ち込んだり，互いに衝突したりはしない—ということである．細かい部分を見ればそれなりの変化は生じているものの，惑星の運動は計算の期間中ずっと似たようなもの，すなわち準周期的な状態に保たれているように見える．

それにもかかわらず，力学系として見た太陽系はカオス的な性質を持っている．これに最初に気が付いたのは Sussman and Wisdom（1988）であった．冥王星の運動を長期にわたって数値積分しているうちに，彼らはその軌道進化の中にカオス力学系に特有の性質が現れていることを発見した．位相空間内での冥王星の挙動を見ると，冥王星の運動は初期値に鋭敏に依存し，速度や位置のわずかな初期条件の違いが，時間の経過とともに指数関数的な増大を見せる．これは系がカオス的性質を持っていることの定義そのものである．初期値が異なる軌道の発散の典型的時間スケールである Lyapunov 時間が，冥王星の場合わずかに2000万年であることもわかった．これは太陽系の年齢である46億年という期間に比べてはるかに短い．けれどもまた，だからと言って2000万年たったら冥王星が太陽系からいなくなってしまうのかといえば，そうでもない．Sussman らが実行した8億年以上の数値積分においても冥王星は常に太陽系内の現在と同じような位置に存在し，その軌道要素はどれも非常に規則的な変動を示していたのである．

冥王星は他の惑星と比べると離心率や軌道傾斜角が大きく，また海王星とのいくつかの特殊な共鳴に捕捉されている（Cohen and Hubbard, 1965; Nacozy and Diehl, 1978; Kinoshita and Nakai, 1984; Milani *et al.*, 1989; 木下・中井,

1994;Kinoshita and Nakai, 1995; Gerasimov and Mushailov, 1996). それ故に冥王星は力学的に特殊な存在で，太陽系惑星の運動一般を論じる場合の例としては適切でないようにも思える．けれども冥王星の運動に見られるようなカオス性は冥王星に固有なものでは全然ないことが，後に Laskar（1990）らによって示された．Laskar は自らの永年摂動論による計算において，冥王星のみならず他の惑星の運動もカオス的であり，とくに地球型惑星の4個は Lyapunov 時間が 500 万年にも満たないという事実を見出した．この事実は後に Sussman and Wisdom（1992）のより長期の数値積分によっても確認されている．木星型惑星ももちろんカオス的な運動を示し，Lyapunov 時間は 500 万年から 2000 万年だと言われている．こうした短い Lyapunov 時間に象徴されるカオス的な性質にもかかわらず，惑星たちの運動は一見とても規則的である．しかも，惑星たちが少なくともこの 46 億年を生き延びてきたという事実は，太陽系の運動にカオス的な性質が含まれていたとしてもそれは弱く，位相空間内におけるカオス領域はさほど大きくないことを意味しているものと思われる．

惑星運動が内包するカオス性はそれ自体で興味深い研究対象であるが，同時に，太陽系の構造と成り立ちに関するいくつかの深遠なる示唆を私たちにもたらしてくれる（Laskar, 1994, 1996）．以下にはその例をいくつか列挙してみる．

- 惑星の詳細なる軌道進化については予測限界が存在する．隣接軌道の指数的発散の典型的時間スケールである Lyapunov 時間が 500 万年程度であるという Laskar や Sussman らの研究結果が意味するところは，初期値に含まれる 10^{-10} 程度の誤差が，1 億年後には 100％の誤差にまで拡散し得るということである．もちろんこれは周期の短い角変数に関して顕著な事柄であるが，いずれにせよ惑星運動の数値計算を行う場合には多くの初期値で試験し，それらの結果を統計的な目で見て議論する必要がある．その意味で現状の数値計算的研究は質・量ともにまだまだ不足している．
- 惑星系のような多自由度のカオス力学系は，一般には不安定である．位相空間内のカオス領域はどこかで連結しており，いわゆるアーノルド拡

散(Arnold, 1962, 1963a, 1963b, 1964)によってトラジェクトリ内を動き回る．もちろんこの拡散の時間スケールは一般には長く，しかも不定である．したがって，私たちの太陽系もきわめて長い時間が経れば不安定に到達する可能性があるが，そのためにはおそらく太陽の寿命の何倍，何十倍もの時間が必要であろう．この意味で，私たちの太陽系はカオス的な拡散を続けてはいるものの，実質的には安定であると言える(Morbidelli, 1997)．

- 惑星などよりも短時間で不安定化する場合が多い微小質量の試験天体の軌道計算からわかることであるが，一般に，天体の軌道の不安定時間はカオス系の典型的時間スケールとされるLyapunov時間に比べて非常に長いのが普通である．これは小惑星の場合に関して知られているし(Lecar and Franklin, 1973, 1992; Lecar et al., 1992; Morbidelli and Froeschlé, 1996; Holman and Murray, 1996; Murray et al., 1998)，最近では太陽系外縁部のEdgeworth–Kuiper belt 天体についても言われている(Levison and Duncan, 1993; Holman and Wisdom, 1993; Morbidelli, 1997)．このことからも，Lyapunov時間が短いからといって惑星系がすぐに不安定化するわけではないことがわかる．

- 太陽系が持つカオス性は惑星の形成段階において重要な役割を果たした可能性がある．仮想的な惑星をランダムに配置したり(Quinlan, 1992)，惑星の質量を人為的に増やして安定性を調べたり(Nacozy, 1976)する数値実験の結果からは，そのようにして作られた惑星系の多くはカオス性がきわめて強く，その結果としてひどく不安定であり，長い期間を生き延びられないということがわかっている．したがって現在の非常に安定な太陽系惑星の姿は，惑星形成過程の初期段階において選択が可能だったであろう多くの選択肢の中からどれかひとつが偶然に選ばれ，そのまま生き残ってきたものと考えられなくもない．惑星形成段階でのちょっとした初期条件の違いがあれば，太陽系は現在とはまったく異なった姿にもなり得たかもしれないのである．昨今報告されている太陽系外惑星系の姿を見るに，このことは単なる予想を超え，確度の高い推測であると期待できる．というのも，現段階で発見されている太陽系外惑星系の姿

は私たちの太陽系惑星とは大きく異なるものが多く，惑星系の大いなる多様性の一因としてそのカオス的性質が寄与してきたのではないかという想像を行うことも容易だからである（Stepinski et al., 2000）．もちろん現在観測されている太陽系外惑星系の姿は観測による選択効果がかなり含まれているので，観測的研究の更なる発展を待つ必要があることは言うまでもない（コラム「太陽系外惑星系の発見が与えた衝撃」参照）．

　私たちはとりあえずの予想的結論——惑星の運動は非常に安定であり，太陽系の年齢程度の時間スケールでは準周期的に近い運動を繰り返すであろう——を手に入れた．けれども太陽系の力学に関するより深い理解を得るためには，数十億年にわたる長期間の数値実験をさらに多数回積み重ね，位相空間内での軌道の分布を詳細に検分する必要がある．そのためには計算機の能力が少なくとも現在よりも数桁は向上する必要があろうし，数値解法についても工夫する余地が多い．惑星運動の安定性に関する研究は数百年の歴史を持ってはいるものの，未だにその端緒にあるのである．

コラム

太陽系外惑星系の発見が与えた衝撃

　宇宙における地球の普遍性と特殊性を考える上で，昨今発見が相次いでいる太陽系外惑星系の研究に触れない訳にはいかない．1995年にMayorとQuelozによって最初の発見がなされて以来（Mayor and Queloz, 1995），太陽に似たスペクトル型を持つ他の恒星の周りに，惑星が次々と発見され始めた（Boss, 1996；井田，1997；Marcy et al., 2000; Marcy and Butler, 2000; Butler et al., 2001）．2002年8月現在でその数は100個以上に及んでいる．G. Marcyらを中心としたウェブサイト www.exoplanets.org にあるデータをもとにして，太陽系外惑星系の軌道半長径と軌道離心率および質量の関係を図示したのが図3.4.10である．白丸で示された私たちの太陽系の木星型惑星（木星・土星・天王星・海王星）と比べるとすぐにわかるが，発見された惑星系の姿は実に多様である．惑星の質量は木星の質量の0.12倍から17倍と大きくばらついている．惑星の軌道半長径はどれも6AU（天文単位）以内に収まっているが，特筆すべきは0.1AUよりも小さな軌道半長径を持つ惑星が非常に多いということである．すなわち，木星に匹敵する巨大な質量を持つ惑星が，主星のごく近傍を短い周期で公転しているという描像が得られているのである．

また多くの場合，惑星の軌道離心率は私たちの太陽系惑星のそれに比べてかなり大きい．これらの事実より，太陽系外惑星系の姿は一般に私たちの太陽系とは大きく異なることがわかり，時には異形という形容で表現されることすらある．

ただし図 3.4.10 に示されるような太陽系外惑星の描像には，その観測方法と観測限界に依存する選択効果が大きく寄与している．太陽系外惑星の検出は現在のところ，主として中心星の視線方向速度の変化によるスペクトル線のドップラー変位を観測することによってなされている．この視線速度変化の振幅は，惑星の質量が大きくかつ軌道半長径が小さい（＝公転周期が短い）ほど大きい．すなわち，上述されたような中心星の近傍を周回する巨大惑星は，観測的に最も発見されやすい種類の天体なのである．

最初の発見から早 7 年，新世紀を迎えて太陽系外惑星系研究も新たなる局面を迎えつつある．太陽系外惑星研究における近年の重要な進展のひとつは，複数の惑星を持つ太陽系外惑星系が発見され始めていることである．1999 年までに発見された太陽系外惑星系は，すべて主星と単独の惑星から構成されたものであった．しかし 1999 年の初め，以前から 1 個の惑星の存在が確認されていたアンドロメダ座ウプシロン星（υ Andromedae）に実は 3 個の惑星が存在することが確認された（Butler $et\ al.$, 1997, 1999; Lissauer, 1999; François $et\ al.$, 1999）．長期間のドップラー変位観測データの蓄積により，主星の運動の原因を複数の惑星の影響に細かく分離することが可能になった結果である．υ Andromedae の他にも，Gliese 876, HD 168443, HD 83443, HD 82943, HD 74156 などの各星の周りにもそれぞれ複数の惑星の存在が確認されている．複数惑星を持つ太陽系外惑星系の発見は，力学的研究の対象として興味深いだけではなく（Laughlin and Adams, 1999; Rivera and

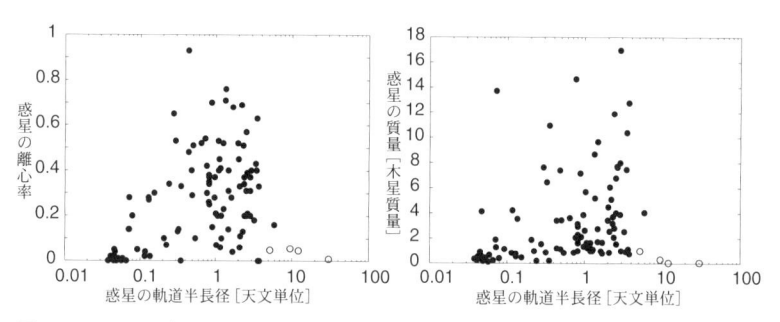

図 3.4.10 2002 年 8 月までに発見された太陽系外惑星の軌道半長径と離心率（左）および質量（右）の関係．黒丸●が太陽系外惑星，白丸○は太陽系の木星型惑星（木星・土星・天王星・海王星）．

Lissauer, 2000; Ito and Miyama, 2001; Kinoshita and Nakai, 2001），私たちの太陽系と似た惑星系が発見されるまでの道程における次の一歩としてもきわめて重要である．実際，2001年8月にはおおぐま座47番星（47 UMa）の周りに太陽系の木星・土星と良く似た軌道を持つ2個の惑星が発見され，この惑星が太陽系と同様な形成過程を経て誕生したのであれば，さらに内側には生命を育む地球型惑星が存在してもおかしくはないと考えられている．さらに2002年6月には，かに座55番星の周りにも太陽系の木星と良く似た惑星が発見されている．公転軌道要素のみならず，太陽系外惑星の自転運動を観測的あるいは理論的に見積ろうとする研究もすでに開始されている（Seager and Hui, 2002; Atobe et al., 2002）．

　太陽系外惑星系研究の究極の目的は，地球と似たような惑星を発見してそこに生命存在の証拠を見出すことであろう．現在の観測精度は残念ながら地球程度の大きさの惑星を検出するにはまだまだいたっていない．だが，すでに太陽系外の地球型惑星発見に向けた計画は着々と進みつつある．たとえばESAのDarwin計画（http://ast.star.rl.ac.uk/darwing/）やNASAのTPF計画（http://tpf.jpl.nasa.gov/）では直径数mの望遠鏡群を人工衛星に搭載して宇宙空間に打ち上げ，光や赤外線の干渉計を構築することによって大幅に分解能を向上させようとしている．この種の計画では地球型惑星の存在を確認するのみならず，惑星表面の分光観測を行うことによって，オゾンを始めとする生命活動起源（と予想される）分子の検出を目論んでいる．天文学の究極の目標のひとつである"SETI (Search for Extra-Terrestrial Intelligence)"に向けて，太陽系外惑星の研究は今まさにその黄金時代を迎えようとしている．もしも全地球史解読計画が全太陽系史解読計画として発展する可能性があるならば，太陽系外惑星系の研究はそのための重要なる第一段階として私たちを迎えてくれるであろう．

3.4.4　歳差運動の安定性と赤道傾角の進化

　IKダイアグラムに記載された日射量変動周期の変遷の信憑性を左右するもうひとつの主要な因子は，地球自転軸の歳差の安定性である．3.2節に述べられているように，地球の自転軸は現在のところ2万数千年の周期で安定な歳差運動を続けていると考えられている．その主な要因は地球の扁平な形状に働く月と太陽からの重力トルクである．もちろん他の惑星からの影響も存在するものの，地球の歳差運動への影響としては基本的に月と太陽による重力トルクが圧倒的に大きく，全地球史解読的な精度ではこの二者のみに支配さ

れていると考えても間違いではない．前節で例示した月–地球系の力学進化の計算（Turcotte et al., 1977; Abe et al., 1992）においても，地球の歳差運動に対する月と太陽以外の効果はすべて無視している．

月–地球系の角運動量比（＝月の公転角運動量/地球の自転角運動量）は，他の衛星–惑星系のそれに比べて非常に大きい（Tanikawa et al., 1991; Ohtsuki and Ida, 1998）．この事実は月の形成過程の研究に関する大きな制約条件となっているのだが，同時にまた地球の自転軸の運動を安定化させる大きな要因にもなっている．Laskar and Robutel (1993), Laskar et al. (1993a, 1993b)の計算によれば，地球以外の地球型惑星（水星・金星・火星）の自転軸の傾きは，どれも数百万年から数億年の時間スケールできわめて大きな変動を見せると言う．それらの惑星に共通なのは，どれにも月のような巨大な衛星が存在していないということである．月の存在は地球の自転運動に対する安定化機構として働いており，それ故に自転軸の歳差運動はほぼ現状を維持しながら今日にいたっていると予想できる．このような研究の結果を踏まえ，本章では地球の自転軸が月–地球系の潮汐進化という背景の中で定常的な歳差運動を続けてきたと仮定して議論を進めてきた．ただし月–地球系の潮汐進化がこのまま続いて月が地球から遠ざかっていくと，ある時点において歳差運動の周期と惑星運動の固有周期（3.4.1 (3) で言う f_3, f_4, f_6）が共鳴を起こし，自転軸の運動が不規則なカオス的状態に突入する可能性も指摘されている（Tomasella et al., 1997）．けれどもそのような状況にいたるまでには非常に長い時間がかかり，太陽の寿命があるうちにそこに到達するかどうかすら定かではない．

さて地球の自転運動を構成する各種の要素のうち，全地球史計画に深い聯関を持ちながらも不定性が大きいものは，地球の赤道傾角（obliquity）の進化である．繰り返し述べてきたように，地球の赤道傾角は日射量変動を通じて気候に大きな影響を与え得る．これに関して近年，太古代の堆積物の中から低緯度域にある凍土地形の痕跡と覚しきものが発見されている（G.E. Williams, 1993）．第4章で詳述されるように，これらの地質学的データの解釈のひとつは当時の赤道傾角が 50° や 60° もの大きさであったことである．この問題は，最近流行のスノーボールアース（雪玉地球）仮説の端緒ともなった．こ

の問題に関する明確な理解や結論は未だ存在していないが，地質学的な観測データが提出された以上，それに対して理論的な説明を与えるのが科学者の仕事であることは言を待たない．もしもそのように大きな赤道傾角の値が実現されていたならば，自転軸の歳差運動に対しても影響がなかったはずがない．Laskar らの計算においても，いかに月が安定化機構として存在していようとも，赤道傾角の初期値が 50°や 60°もある場合にはその後の変動が非常に大きくなり得るという結果が得られている．以下では，太古代に実現されたかもしれない数十度という赤道傾角を発生し得る，あるいは後の数十億年でその値を現在の値に戻し得る力学的機構をいくつか簡単に列挙してみる．

- 地球内部でのコア・マントル結合によるエネルギーの散逸過程（Ito and Hamano, 1995）．この機構は基本的には赤道傾角を小さくする方向に働くと考えられている．コアとマントルの境界において，流体核と固体マントルが摩擦することによるエネルギー散逸過程の具体的メカニズムとしては，1）流体核の粘性による運動エネルギーの散逸，2）コアとマントルの電磁気的結合によるジュール熱の発生，3）コア・マントル境界の凹凸により流体核内に乱流が生じることによるエネルギー散逸，の3種類が考えられる．これらが効果的に組み合わされれば，理論的にはわずかな期間に赤道傾角を大幅に減少させることも可能と言われていた（Aoki, 1969; Aoki and Kakuta, 1971）．けれども，コア・マントル境界の物理的諸条件に関する私たちの知見は，赤道傾角の永年変動を議論するほどの詳細な定量性を有していないというのが現状である．Aoki (1969), Aoki and Kakuta (1971) らの提示したコア・マントル境界でのエネルギー散逸理論は今や廃れており，観測事実も否定的な見解を呈している（笹尾, 1993）．
- 外部天体の衝突による赤道傾角の変化．たとえば月の成因については，地球集積の末期に火星サイズの微惑星が衝突して地球のマントルにあたる部分を吹き飛ばし月を形成したという説が支配的である（Ida *et al.*, 1997; 小久保，1999；Kokubo *et al.*, 2000）．このような衝突が後の時代にも起こったならば，地球の赤道傾角に大きな影響が及ぶのは必至である．けれども，月形成時のような heavy bombardment 期ならまだしも，その

後の穏やかな時代にこのような巨大衝突が生じた可能性は高いとは言えない．外部天体の衝突が赤道傾角に大きな影響を及ぼしたとしても，それは月–地球系の形成過程の非常に初期段階のみに留まったであろう．

- 月–地球系の潮汐摩擦による赤道傾角の変化についても，1960年代以来盛んに研究が行われてきた．潮汐摩擦は十億年スケールの非常にゆっくりした物理過程であるが，月–地球間の距離や月の軌道傾斜角などに依存して複雑に変化し，赤道傾角を増大させるか減少させるかを定性的に述べることは困難である．ひとつ確からしいことは，月–地球系の形成直後を除けば，ここ40億年くらいは潮汐摩擦は赤道傾角を増大させる方向に働いてきたであろうということである．複数の研究者の計算結果がこの事実を支持している（Kaula, 1964; MacDonald, 1964; Goldreich, 1966; Mignard, 1982; 安部・大江, 1993）．詳細については3.3節を参照していただきたい．

- 気候摩擦（climate friction）と呼ばれる効果．これは定性的には D.P. Rubincam らによって提案され（Rubincam, 1990, 1992, 1993, 1995），Ito et al.（1995）らによって定量化された力学的機構である．地球や火星には氷床（氷冠）が存在し得る気候システムが存在するので，氷床の消長に伴う慣性モーメントの変動が自転運動に対してフィードバック的な影響を及ぼしてきたということは十分に考えられる．日射量の変動に対する氷床の発達と消耗にはある程度の時間遅れが伴い，氷床の重みに感応する固体地球の変形にも，粘性的な変形の時間遅れが付随するはずである．この時間遅れが微妙なタイミングで月–地球系の角運動量交換に影響を及ぼし，赤道傾角の永年変化を駆動するというのが気候摩擦の概略的描像である．気候摩擦に関する研究は現在でも多く行われており，次第にその力学的側面を強調する呼称である "obliquity–oblateness feedback" が用いられるようになっている（Bills, 1994）．気候摩擦による赤道傾角の長期変動の量は，形成される氷床の大きさや固体地球の粘性的性質に依存するが，最大の場合には $1°/10^7$ 年の変化をもたらすという計算結果も存在する（Ito et al., 1995）．けれども，このような大きな変化率が全地球史的時間スケールにおいて継続されるかどうかはまだよくわかってい

ない.

いずれにせよ自転運動は前述した惑星の軌道進化の研究に比べると,現象の時間スケールが非常に短いため,理論的な研究には高い精度が要求される.また惑星内部の物理的構造に大きく依存するため,不確定な部分が多い.けれども地球自転運動の進化を定量的に解明できるかどうかは,多圏間相互作用の進化を扱う全地球史解読計画の成否を握る最重要な鍵と言っても過言ではなく,今後の研究の大いなる進展が強く望まれている領域である.

---- コラム ----

カオスと全地球史解読

カオスの概念は 1960 年代から 1970 年代にかけて確立し,現在では非線型な力学系に固有な性質の重要な側面を表す現象として広く知られている.カオス的な系において最も重要な点は,初期条件のほんのわずかな違いが時間を経ると大きく拡大されるという点である.これは「バタフライ効果」という名前で象徴的に表されている.「バタフライ効果」とは,たとえば香港で蝶が羽ばたくことが米国テキサスの天気に影響し得るということである.そのため,系が決定論的な方程式に従っていて一見予測可能に見えるにもかかわらず,未来の振舞いは実質的には予測不能になってしまうというのが,いわゆるカオスという言葉が適用される系の特徴である.

地球上の多くのシステムのダイナミクスは非線形である.そのためにカオス的な性質を示すことが少なくない.たとえば本章で述べたような惑星の軌道運動や自転運動も非線形力学系の典型であり,惑星の軌道運動にカオス的な性質があることは最近良く知られている.また,大気の運動もかなりカオス的であり,そのために天気の長期予報は非常に困難である.したがって「全地球史解読計画においてはカオスがとても重要である」と述べることは恐ろしく簡単である.だが,良く考えるとそうでもないということをここで考察したい.

以下では,カオスにまともに取り組む「解読」は現段階では実は考えにくい,ということを論じてみよう.その理由は次のようなものである.

- 私たちの関心が因果関係を強く求める故に,関心を持たれないカオスが多い.
- 研究の道具として使うには,カオス周辺の理論体系が未だ十分には強力ではない.
- 時間スケールを分離することにより,カオスが出現するより短い時間ス

ケールでは因果関係が判明し，カオスが出現するより長い時間スケールでは統計的な取り扱いで物事を理解することができる．これにより，カオスが現れる時間スケールを直接扱うことを回避し得る場合が多い．

まず，関心を持たれないカオス現象が非常に多いことを挙げておく．些細な原因で些細ではない結果が生じることをカオスと呼ぶことにすれば，多くの場合，そのような性質を持つデータを私たちは無意識のうちに排除している．たとえば，礫岩中のあるひとつの礫がどういう方向を向いているかということには，普通は誰も関心を払わない．「たまたまそういう向きで堆積したのでしょう」ということで話は終わる．礫の向きを決定付けた要因が些細である可能性が高いからである．礫の向きを決めるダイナミクスはカオスかもしれないが，強い関心が持たれることはない．ここではカオスは「たまたま」ということばで置き換えられてしまった．それに対し，礫の集団の平均的な向きはたとえば川の流れの方向を表している可能性があるので，興味が持たれる．その原因は些細ではなく，原因と結果の関係もカオスとは言えないからである．

礫の例はあまりにも些細すぎるので，系のカオス的な性質が全地球史に甚大な影響を与える場合を考えてみよう．第6章で扱うような隕石衝突による大量絶滅がその典型例である．全地球史上のある時代に隕石の衝突が起こるという事象，しかしその発生時期が簡単には予測できないという事柄は，まさに太陽系天体の運動がカオス的性質を持っていることに起因している．けれども，全地球史解読計画における隕石衝突と大量絶滅の関連研究において，隕石の運動がカオスであるとかカオスでないとかということはまったく問題にされない．問題にされるのは，それがいつの時代に地球に衝突し，地球表層環境にどのくらいの影響を与え，どの程度の確率で発生する事象であるかということである．ここでは，カオスは確率の言葉で置き換えられてしまう．この場合でも，物事がカオスであること自身に対する興味は薄い．そうなってしまうのは，カオスの理論体系が研究の道具として使うにはまだ十分には強力ではないことも理由に挙げられるだろう．

隕石衝突の例では「隕石は地球外の現象なので，地球科学者にとって関心が低い」という向きもあるかもしれない．では，隕石のような地球外のものにではなく，まさに地球上の大規模現象としてカオスが発生する場合はどうだろうか？ それでも，正面からカオスに取り組む必要がない場合が実はしばしばある．それは，時間スケールやデータ精度の問題に関係する．前述したように，カオスの重要な例のひとつは大気現象である．確かに長期の天気予報は難しい．けれども，たとえば過去1億年という時間スケールでの地球の平均気温変化の原因を知りたいとなれば，そのような時間空間スケールでのダイナミクスは恐らくカオスとは言えないから，カオスの存在による大

きな問題は発生しない．すなわち，小さな時間スケール・空間スケールについて平均化した後のダイナミクスはカオスではないであろう．平均という操作によってカオスは塗り潰されてしまう．気温の変化を 1K の精度で見るとカオスでも，10K の精度で見るとカオスではないということもあり得よう．逆に，Lyapunov 時間（＝カオス系の典型的時間スケール）よりも短い時間スケールでのダイナミクスもまた，カオスではない．このように，問題によってはカオスに正面から取り組む必要がない場合も多い．もっともこれは言葉の問題であるとも言える．大気の例で言えば，「大気現象はカオスである」などという曖昧な言い回しをせず，カオスであるものとカオスでないものをしっかりと定量的な区別をしてやれば，カオスが問題になる事例は実はさほど多くはないということがはっきりするかもしれない．

　かくして，全地球史解読計画の現場でカオスがもろに現れる問題は実は多くはない．ほとんどの場合には「たまたま」や「統計的に」などという確率的な言語にすり替えることが可能である．このことは，因果関係を探究する全地球史「解読」作業において，一面ではまだカオスの理論が不十分であり，一面では因果が追えない現象について研究者はそれほど深く追究しないという傾向を示すものでもある．カオスは世の中に普遍的に存在しているとは言うものの，実は全地球史解読計画とは縁遠い存在である．

[このコラムのみ吉田茂生]

第 3 章文献

安部正真 (1992) 地球–月系潮汐進化に及ぼす海洋大陸配置の影響. 修士論文, 東京大学.

Abe, M., Mizutani, H., Tamura, Y. and Ooe, M. (1992) Tidal evolution of the lunar orbit and the obliquity of the Earth. *Proc. ISAS Lunar Planet. Symp.*, **25**, 226–231.

安部正真・水谷 仁・大江昌嗣・田村良明 (1992) 地球–月潮汐進化における太陽潮汐力の効果. 太陽系科学シンポジウム, **14**, 226–231.

安部正真・大江昌嗣 (1993) 地球–月系力学進化の問題点. 地球, **15**, 306–310.

Abe, M., Mizutani, H. and Ooe, M. (1997) Influence of continental drift on the tidal evolution of the Earth–Moon system. *Proc. 30th Intern. Geol. Congr.*, **26**, 1–29.

Abe, M. and Ooe, M. (2001) Tidal history of the Earth–Moon dynamical system before Cambrian age. *J. Geod. Soc. Japan,* **47**, 514–520.

Abe-Ouchi, A. (1993) *Ice Sheet Response to Climatic Changes: A Modeling Approach*, Zürcher Geogr. Schrift., vol. 54, Geographisches Institut ETH, Zürich.

Aoki, S. (1969) Friction between mantle and core of the Earth as a cause of the secular change in obliquity. *Astron. J.*, **74**, 284–291.

Aoki, S. and Kakuta, C. (1971) The excess secular change in the obliquity of the ecliptic and its relation to the internal motion of the Earth. *Celes. Mech.*, **4**, 171–181.

Applegate, J.H., Douglas, M.R., Gürsel, Y., Sussman, G.J. and Wisdom, J. (1986) The outer solar system for 200 million years. *Astron. J.*, **92**, 176–194.

Arnold, V.I. (1962) The classical theory of perturbations and the problem of stability of planetary systems. *Soviet Math. Dokl.*, **3**, 1008–1012, (English translation).

Arnold, V.I. (1963a) Proof of a theorem of A.N. Kolmogorov on the invariance of quasi-periodic motions under small perturbations of the Hamiltonian. *Russ. Math. Surveys*, **18**, 9–36, (English translation).

Arnold, V.I. (1963b) Small denominators and the problems of stability of motion in classical and celestial mechanics. *Russ. Math. Surveys*, **16**, 85–191, (English translation from Report to the IVth All-Union Mathematical Congress, Leningrad, 85–191, 1961).

Arnold, V.I. (1964) Instability of dynamical systems with several degrees of freedom. *Soviet Math. Dokl.*, **5**, 581–585, (English translation).

Atobe, K., Ito, T. and Ida, S. (2002) Evolution of obliquity of a terrestrial planet due to gravitational perturbation by a giant planet. in *Proc. 34th Symp. Celes. Mech.*, National Astronomical Observatory, Mitaka, Tokyo, 255–264.

Bartels, J. (1957) Tidal forces. *Encyclopedia of Physics*, 48734–48774.

Berger, A.L. (1976) Obliquity and precession for the last 5000000 years. *Astron. Astrophys.*, **51**, 127–135.

Berger, A.L. (1977) Long-term variations of the earth's orbital elements. *Celes. Mech.*, **15**, 53–74.

Berger, A.L. (1978a) Long-term variations of caloric insolation resulting from the Earth's orbital elements. *Quaternary Res.*, **9**, 139–167.

Berger, A.L. (1978b) Long-term variations of daily insolation and Quaternary climatic changes. *J. Atmos. Sci.*, **35**, 2362–2367.

Berger, A.L. (1978c) A simple algorithm to compute long-term variations of daily or monthly insolation, Contribution de l'Institut d'Astronomie et de Géophysique, Université Catholique de Louvain, Louvain-la-Neuve, No.18.

Berger, A.L. (1988) Milankovitch theory and climate. *Rev. Geophys.*, **26**, 624–657.

Berger, A.L. ed. (1989) *Climate and Geo-Science — A Challenge for Science and Society in the 21st Century*, Kluwer Academic Publishers, Dordrecht.

Berger, A.L., Imbrie, J., Hays, J., Kukla, G. and Saltzman, B. eds. (1984) *Milankovitch and Climate — Understanding the Response to Astronomical Forcing*, D. Reidel, Norwell, Mass.

Berger, A.L. and Loutre, M.F. (1987) Origine des fréquences des éléments astronomiques intervenant dans le calcul de l'insolation. in *Sci. Rep.*, 1987/13, Inst Astron Géophys G. Lemaître, Univ. Catholique de Louvain, Louvain-la-Neuve, 45–106.

Berger, A.L., Dehant, V. and Loutre, M.F. (1987) Origin and stability of the frequencies in the astronomical theory of paleoclimates. in *Sci. Rep.*, 1987/5, Inst d'Astron et de Géophys, G. Lemaître, Univ. Catholique de Louvain, Louvain-la-Neuve.

Berger, A.L., Loutre, M.F. and Dehant, V. (1989a) Influence of the changing lunar orbit on the astronomical frequencies of pre-Quaternary insolation patterns. *Paleoceanograpy*, **4**, 555–564.

Berger, A.L., Loutre, M.F. and Dehant, V. (1989b) Pre-Quaternary Milankovitch frequencies. *Nature*, **342**, 133.

Berger, A.L. and Loutre, M.F. (1991) Insolation values for the climate of the last 10 million years. *Quat. Sci. Reviews*, **10**, 297–317.

Berger, A.L., Loutre, M.F. and Laskar, J. (1992) Stability of the astronomical frequency over the earth's history for Paleoclimatic studies. *Science*, **255**, 560–566.

Berger, A.L. and Loutre, M.F. (1993) Astronomical forcing through geological time, *Spec. Publs. Int. Ass. Sediment.*, **19**, 15–24.

Berger, A., Loutre, M.F. and Mélice, J.L. (1998) Instability of the astronomical periods from 1.5 Myr BP to 0.5 Myr AP. *Paleoclimates*, **2**, 239–280.

Bills, B.G. (1994) Obliquity–oblateness feedback: Are climatically sensitive values of obliquity dynamically unstable? *Geophys. Res. Lett.*, **21**, 177–180.

Boothroyd, A.I., Sackmann, I.-J. and Fowler, W.A. (1990) Our Sun. I. The standard model: successes and failures. *Astrophys. J.*, **360**, 727–736.

Boothroyd, A.I., Sackmann, I.-J. and Fowler, W.A. (1991) Our Sun. II. early mass loss of $0.1 M_\odot$ and the case of the missing lithium. *Astrophys. J.*, **377**, 318–329.

Boss, A.P. (1996) Extrasolar planets. *Physics Today*, **49**, 32–38.

Bretagnon, P. (1974) Termes à longues périodes dans le système solaire. *Astron. Astrophys.*, **30**, 141–154.

Brouwer, D. and van Woerkom, A.J.J. (1950) The secular variations of the orbital elements of the principal planets. *Astron. Pap. Amer. Ephemeris. Naut. Alm.*, **13**, 2, 81–107.

Brouwer, D. and Clemence, G.M. (1961) *Methods of Celestial Mechanics*, Academic Press, New York.

Bulirsch, R. and Stoer, J. (1966) Numerical treatment of ordinary differential equations by extrapolation methods. *Num. Math.*, **8**, 1–13.

Butler, R.P., Marcy, G.W., Williams, E., Hauser, H. and Shirts, P. (1997) Three New "51 Pegasi-Type" Planets. *Astrophys. J. Lett.*, **474**, L115–L118.

Butler, R.P., Marcy, G.W., Fischer, D.A., Brown, T.W., Contos, A.R., Korzennik, S.G., Nisenson, P. and Noyes, R.W. (1999) Evidence for multiple companions to υ Andromedae. *Astrophys. J.*, **526**, 916–927.

Butler, R.P., Marcy, G.W., Fischer, D.A., Vogt, S.S., Tinney, C.G., Jones, H.R.A., Penny, A.J. and Apps, K. (2001) Statistical properties of extrasolar planets. in Penny, A., Artymowicz, P., Lagrange, A.-M., and Russell, S. eds., *ASP Conf. Ser. for IAU Symp. 202: 'Planetary Systems in the Universe'*, Kluwer Academic Publishers, in press.

Chambers, J.E., Wetherill, G.W. and Boss, A.P. (1996) The stability of multi-planet systems. *Icarus*, **119**, 261–268.

Cohen, C.J. and Hubbard, E.C. (1965) Libration of the close approaches of Pluto to Neptune. *Astron. J.*, **70**, 10–13.

Cohen, C.J., Hubbard, E.C. and Oesterwinter, C. (1973) Planetary elements for 10000000 years. *Celes. Mech.*, **7**, 438–448.

Conway, B.A. (1982) On the history of the lunar orbit. *Icarus*, **51**, 610–622.

Dalziel, I.W.D. (1995) Earth before Pangea. *Scientific American*, **272**, Jan., 58–63.

Danby, J.M.A. (1992) *Fundamentals of Celestial Mechanics (second edition, third printing)*, Willmann–Bell Inc., Richmond, Virginia.

Denis, C. (1986) On the change of kinetical parameters of the Earth during geological times. *Geophys. J. R. Astron. Soc.*, **87**, 559–568.

Dietz, R.S. and Holden, J.C. (1970) Reconstruction of Pangaea: breakup and dispersion of continents, Permian to Present. *J. Geophys. Res.*, **75**, 4939–4956.

Duncan, M.J. and Lissauer, J.J. (1998) The effects of post-main-sequence solar mass loss on the stability of our planetary system. *Icarus*, **134**, 303–310.

Duncan, M.J., Levison, H.F. and Lee, M.H. (1998) A multiple time step symplectic algorithm for integrating close encounters. *Astron. J.*, **116**, 2067–2077.

Evans, J.W. (1972) Tidal growth increments in the cockle *Clinocardium nuttalli*. *Science*, **176**, 416–417.

Fernández, J.A. (1997) The formation of the Oort cloud and the primitive galactic environment. *Icarus*, **129**, 106–119.

François, L.M., Walker, J.C.G. and Kuhn, W.R. (1990) A numerical simulation of climate changes during the obliquity cycle on Mars. *J. Geophys. Res.*, **95**, 14,761–14,778.

François, P., Briot, D., Spite, F. and Schneider, J. (1999) Line profile variation and planets around 51 Pegasi and υ Andromedae. *Astron. Astrophys.*, **349**, 220–224.

Fukushima, T. (1995) Time ephemeris. *Astron. Astrophys.*, **294**, 895–906.

Gerasimov, I.A. and Mushailov, B.R. (1996) The evolution of Pluto's orbit in the system Sun–Neptune–Pluto. *Solar System Res.*, **30**, 155–159.

Gladman, B. (1993) Dynamics of systems of two close planets. *Icarus*, **106**, 247–263.

Goldreich, P. (1966) History of the lunar orbit. *Rev. Geophys.*, **4**, 411–439.

Gragg, W.B. (1965) On extrapolation algorithms for ordinary initial value problems. *SIAM J. Numer. Anal.*, **2**, 384–403.

Hansen, K.S. (1982) Secular effects of oceanic tidal dissipation on the Moon's orbit and the Earth's rotation. *Rev. Geophys. Space Phys.*, **20**, 457–480.

Hirsch, M.W. and Smale, S. (1974) *Differential Equations, Dynamical Systems, and Linear Algebra,* Adacemic Press, New York.

Holman, M.J. and Wisdom, J. (1993) Dynamical stability in the outer solar system and the delivery of short period comets. *Astron. J.*, **105**, 1987–1999.

Holman, M.J. and Murray, N.W. (1996) Chaos in high-order mean motion resonances in the outer asteroid belt. *Astron. J.*, **112**, 1278–1293.

井田　茂 (1997) 太陽系外惑星の発見 : 比較惑星系形成論の幕開け. 天文月報, **90**, 3, 116–121.

Ida, S., Canup, R.M. and Stewart, G.R. (1997) Lunar accretion from an impact-generated disk. *Nature*, **389**, 353–357.

Ida, S., Larwood, J.D. and Burkert, A. (2000) Evidence for early stellar encounters in the orbital distribution of Edgeworth–Kuiper Belt objects. *Astrophys. J.*, **528**, 351–356.

緯度観測 100 年編集委員会 (1999) 地球潮汐の理論と解析.『緯度観測 100 年』, 107–113.

伊藤孝士 (1993) ミランコビッチサイクルの進化. 地球, **15**, 316–323.

Ito, T. (2001) Application of Symplectic Integrators in Dynamical Astronomy. in *Proc. 33th Symp. Celes. Mech.*, National Astronomical Observatory, Mitaka, Tokyo, Japan, 19–90.

Ito, T., Kumazawa, M., Hamano, Y. and Matsui, T. (1993a) Evolutionary history of the Milankovitch cycles over 4000000000 years, preprint.

Ito, T., Kumazawa, M., Hamano, Y., Matsui, T. and Masuda, K. (1993b) Long-term evolution of the solar insolation variation over 4 Ga. *Proc. Jpn. Acad., Ser. B*, **69**, 233–237.

Ito, T. and Hamano, Y. (1995) Evolution of the earth's obliquity and the role of core-mantle coupling. in Yukutake, T. ed., *The Earth's Central Part: Its Structure and Dynamics*, Terra Scientific Publ., Tokyo, 301–318.

Ito, T., Masuda, K., Hamano, Y. and Matsui, T. (1995) Climate friction: a possible cause for secular drift of the earth's obliquity. *J. Geophys. Res.*, **100**, 15147–15161.

Ito, T., Kinoshita, H., Nakai, H. and Fukushima, T. (1996) Numerical experiments to inspect the long-term stability of the planetary motion -1. in *Proc. 28th Symp. Celes. Mech.*, National Astronomical Observatory, Mitaka, Tokyo, 123–136.

Ito, T. and Fukushima, T. (1997) Parallelized extrapolation method and its application to the orbital dynamics. *Astron. J.*, **114**, 1260–1267.

Ito, T. and Tanikawa, K. (1999) Stability and instability of the terrestrial protoplanet system and their possible roles in the final stage of planet formation. *Icarus*, **139**, 336–349.

Ito, T. and Miyama, S.M. (2001) An estimation of upper limit masses of v Andromedae planets. *Astrophys. J.*, **552**, 372–379.

Ito, T. and Tanikawa, K. (2002) Long-term integrations and stability of planetary orbits in our solar system. *Mon. Not. R. Astron. Soc.*, **336**, 483–500.

Katsuta, N., Takano, M., Okaniwa, T. and Kumazawa, M. (2002) Image processing to extract sequential profiles with high spatial resolution from the 2D map of deformed laminated pattern. *Computers and Geosciences*, submitted.

Kaula, W.M. (1964) Tidal dissipation by solid friction and the resulting orbital evolution. *Rev. Geophys.*, **2**, 661–685.

Kaula, W.M. and Harris, A.W. (1975) Dynamics of lunar origin and orbital evolution. *Rev. Geophys. Space Phys.*, **13**, 363–371.

川上紳一 (1995) 縞々学 —リズムから地球史に迫る, 東京大学出版会.

木下 宙 (1993) ミランコヴィチ周期計算の基礎について. 地球, **15**, 314–315.

Kinoshita, H. (1977) Theory of the rotation of the rigid earth. *Celes. Mech.*, **15**, 277–326.

木下 宙 (1998) 天体と軌道の力学, 東京大学出版会.

Kinoshita, H. and Nakai, H. (1984) Motions of the perihelions of Neptune and Pluto. *Celes. Mech.*, **34**, 203–217.

Kinoshita, H. and Souchay, J. (1990) The theory of the nutation of the rigid earth: Model at the second order. *Celes. Mech.*, **48**, 187–265.

Kinoshita, H., Yoshida, H. and Nakai, H. (1991) Symplectic integrators and their application to dynamical astronomy. *Celes. Mech. Dyn. Astron.*, **50**, 59–71.

木下 宙・中井 宏 (1994) 最果ての星・冥王星の奇妙な運動. 天文月報, **87**, 100–107.

Kinoshita, H. and Nakai, H. (1995) The motion of Pluto over the age of the solar system. in Ferraz-Mello, S. *et al.* eds., *Dynamics, ephemerides and astrometry in the solar system*, Kluwer Academic publishers, Dordrecht, 61–70.

Kinoshita, H. and Nakai, H. (1996) Long-term behavior of the motion of Pluto over 5.5 billion years. *Earth, Moon, and Planets*, **72**, 165–173.

Kinoshita, H. and Nakai, H. (2001) Stability of the GJ 876 planetary system. *Publ. Astron. Soc. Japan*, **53**, L25–L26.

Kobayashi, H. and Ida, S. (2001) The effects of a stellar encounter on a planetesimal disk. *Icarus*, **153**, 416–429.

小出昭一郎 (1980) 力学, 『物理テキストシリーズ第 1 巻』, 岩波書店.

小久保英一郎 (1999) 名残の月―巨大衝突により形成された周地球円盤から―. 天文月報, **92**, 6, 296–303.

Kokubo, E., Ida, S. and Makino, J. (2000) Evolution of a circumterrestrial disk and formation of a single moon. *Icarus*, **148**, 419–436.

Kopnin, M.Yu., Kopnin, Yu.M. and Nevzorov, E.V. (1996) The evolution of orbits in a planetary system under the influence of a closely passing star. *Astron. Rep.*, **40**, 431–435, Translated from Astronomicheskii Zhurnal, vol. 73, No. 3, 1996, 477–481.

熊澤峰夫・伊藤孝士 (1993) 全地球史解読のための時計. 地球, **15**, 263–267.

Kumazawa, M., Yoshida, S., Ito, T. and Yoshioka, H. (1994) Archean–Proterozoic boundary interpreted as a catastrophic collapse of the stable density stratification in the core. *J. Geol. Soc. Japan*, **100**, 50–59.

Laskar, J. (1985) Accurate methods in general planetary theory. *Astron. Astrophys.*, **144**, 133–146.

Laskar, J. (1986) Secular terms of classical planetary theories using the results of general theory. *Astron. Astrophys.*, **157**, 59–70.

Laskar, J. (1988) Secular evolution of the solar system over 10 million years. *Astron. Astrophys.*, **198**, 341–362.

Laskar, J. (1990) The chaotic motion of the solar system: A numerical estimate of the size of the chaotic zones. *Icarus*, **88**, 266–291.

Laskar, J. (1994) Large scale chaos in the solar system. *Astron. Astrophys.*, **287**,

L9–L12.
Laskar, J. (1996) Large scale chaos and marginal stability in the solar system. *Celes. Mech. Dyn. Astron.*, **64**, 115–162.
Laskar, J. (1997) Large scale chaos and the spacing of the inner planets. *Astron. Astrophys.*, **317**, L75–L78.
Laskar, J. and Robutel, P. (1993) The chaotic obliquity of the planets. *Nature*, **361**, 608–612.
Laskar, J., Joutel, F. and Boudin, F. (1993a) Orbital, precessional, and insolation quantities for the earth from -20Myr to $+10$Myr. *Astron. Astrophys.*, **270**, 522–533.
Laskar, J., Joutel, F. and Robutel, P. (1993b) Stabilization of the Earth's obliquity by the Moon. *Nature*, **361**, 615–617.
Laughlin, G. and Adams, F.C. (1999) Stability and chaos in the υ Andromedae planetary system. *Astrophys. J.*, **526**, 881–889.
Lecar, M. and Franklin, F. (1973) On the original distribution of the asteroids I. *Icarus*, **20**, 422–436.
Lecar, M. and Franklin, F. (1992) On the original distribution of the asteroids IV. numerical experiments in the outer asteroid belt. *Icarus*, **96**, 234–250.
Lecar, M., Franklin, F. and Murison, M. (1992) On predicting long-term orbital instability: a relation between the Lyapunov time and sudden orbital transitions. *Astron. J.*, **104**, 1230–1236.
Levison, H.F. and Duncan, M.J. (1993) The gravitational sculpting of the Kuiper belt. *Astrophys. J.*, **406**, L35–L38.
Lissauer, J.J. (1999) Three planets for Upsilon Andromedae. *Nature*, **398**, 659.
Loutre, M.F. and Berger, A.L. (1989) Pre-Quaternary amplitudes in the expansion of obliquity and climatic precession. in *Sci. Rep.*, 1989/4, Inst d'Astron et de Géophys, G. Lemaître, Univ. Catholique de Louvain, Louvain-la-Neuve.
MacDonald, G.J.F. (1964) Tidal friction. *Rev. Geophys*, **2**, 467–541.
Marcy, G.W. and Butler, R.P. (2000) Planets orbiting other suns. *Publ. Astron. Soc. Pac.*, **112**, 137–140.
Marcy, G.W., Cochran, W.D. and Mayor, M. (2000) *Extrasolar planets around main-sequence stars*, in *Protostars & Planets IV*, The University of Arizona Press, Tucson, Arizona, 1285–1311.
丸山茂徳 (1993) 46億年 地球は何をしてきたか?, 岩波書店.
Maruyama, S., Isozaki, Y., Kimura, G. and Terabayashi, M. (1997) Paleogeographic maps of the Japanese Islands: Plate tectonic synthesis from 750 Ma to the present. *The Island Arc,* **6**, 121–142.
増田耕一 (1993) 氷期・間氷期サイクルと地球の軌道要素. 気象研究ノート, **177**, 223–248.
Matsumoto, K., Ooe, M., Sato, T. and Segawa, J. (1995) Ocean tide model obtained from TOPEX/POSEIDON altimetry data. *J. Geophys. R.,* **100**, 25319–25330.
Mayor, M. and Queloz, D. (1995) A Jupiter-mass companion to a solar type star. *Nature*, **378**, 355–359.
Mignard, F. (1982) Long time integration of the Moon's orbit. in Brosche, P. and Sündermann, J. eds., *Tidal Friction and the Earth's Rotation II*, Springer, Berlin.
Mikkola, S. (1997) Practical symplectic methods with time transformation for the

few-body problem. *Celes. Mech. Dyn. Astron.*, **67**, 145–165.

Milani, A., Nobili, A.M. and Carpino, M. (1989) Dynamics of Pluto. *Icarus*, **82**, 200–217.

Milankovitch, M. (1920) *Théorie mathématique des phénomènes thermique produis par la radation solaire*, Gautier–Villars, Paris.

Milankovitch, M. (1930) *Mathematische Klimalehre und astronomische Theorie der Klimaschwankungen*, Springer–Verlag, in "Handbuch der Klimatologie" (Köppen and Geiger eds.), Band 1. Teil A.

Milankovitch, M. (1941) *Kanon der Erdbestrahlung und seine Anwendung auf das Eiszeitproblem*, Vol. 133 of *Königlich Serbische Academie Publication*, Königlich Serbische Academie, 邦訳は『ミランコビッチ気候変動の天文学理論と氷河時代』, 柏谷健二・山本淳之・大村　誠・福山　薫・安成哲三訳, 古今書院, 1992.

Morbidelli, A. (1997) Chaotic diffusion and the origin of comets from the 2/3 resonance in the Kuiper belt. *Icarus*, **127**, 1–12.

Morbidelli, A. and Froeschlé, C. (1996) On the relationship between Lyapunov times and macroscopic instability times. *Celes. Mech. Dyn. Astron.*, **63**, 227–239.

Munk, W.H. and MacDonald, G.J.F. (1960) *The Rotation of the Earth,* Cambridge University Press.

Murray, B.C., Ward, W.R. and Yeung, S.C. (1973) Periodic insolation variation on Mars. *Science*, **180**, 638–640.

Murray, N., Hansen, B., Holman, M. and Tremaine, S. (1998) Migrating planets. *Science*, **279**, 69–72.

Nacozy, P.E. (1976) On the stability of the solar system. *Astron. J.*, **81**, 787–791.

Nacozy, P.E. and Diehl, R.E. (1978) A semianalytical theory for the long-term motion of Pluto. *Astron. J.*, **83**, 522–592.

中島映至 (1980) 地球軌道要素の変動と気候. 気象研究ノート, **140**, 81–114.

Newhall, X X., Standish, E.M. and Williams, J.G. (1983) DE102: a numerically integrated ephemeris of the Moon and planets spanning forty-four centuries. *Astron. Astrophys.*, **125**, 150–167.

Nobili, A.M., Milani, A. and Carpino, M. (1989) Fundamental frequencies and small divisors in the orbits of the outer planets. *Astron. Astrophys.*, **210**, 313–336.

大野照文 (1993) Wells 以来—地球月力学系の歴史を記録した化石や堆積物の縞状構造解読 30 年の歩み, 地球, **16**, 53–59.

Ohtsuki, K. and Ida, S. (1998) Planetary rotation by accretion of planetesimals with nonuniform spatial distribution formed by the planet's gravitational perturbation. *Icarus*, **131**, 393–420.

Ooe, M. (1989) Tidal deformation of the Earth and evolution of the Moon's orbit. *Proc. NAO Symp. on the Earth and Planetary Interiors*, 107–115 (日本語).

大江昌嗣 (1994) 潮汐.『現代測地学』第 5 章, 日本測地学会.

Ooe, M., Sasaki, H. and Kinoshita, H. (1990) Effects of the tidal dissipation on the Moon's orbit and the Earth's rotation. AGU Geophysical Monograph 59, *Variations of Earth Rotation*, 51–57.

Piper, J.D.A. (1983) Proterozoic palaeomagnetism and single continent plate techtonics. *Geophys. J. R. astr. Soc.*, **74**, 163–197.

Quinlan, G.D. (1992) Numerical experiments on the motion of the outer planets. in

Chaos, resonance and collective dynamical phenomena in the solar system, Kluwer Academic publishers, Dordrecht, 25–32.

Quinn, T.R., Tremaine, S. and Duncan, M. (1991) A three million year integration of the earth's orbit. *Astron. J.*, **101**, 2287–2305.

Rauch, K.P. and Holman, M. (1999) Dynamical chaos in the Wisdom–Holman integrator: origins and solutions. *Astron. J.*, **117**, 1087–1102.

Richardson, D.L. and Walker, C.F. (1989) Numerical simulation of the nine-body planetary system spanning two million years. *J. Astronaut. Sci.*, **37**, 159–182.

Rivera, E.J. and Lissauer, J.J. (2000) Stability analysis of the planetary system orbiting v Andromedae. *Astrophys. J.*, **530**, 454–463.

Roy, A.E., Walker, I.W., Macdonald, A.J., Williams, K., Fox, I.P., Murray, C.D., Milani, A., Nobili, A.M., Message, P.J., Sinclair, A.T. and Carpino, M. (1988) Project LONGSTOP. *Vistas Astron.*, **32**, 95–116.

Rubincam, D.P. (1990) Mars: Change in axial tilt due to climate? *Science*, **248**, 720–721.

Rubincam, D.P. (1992) Mars secular obliquity change due to the seasonal polar caps. *J. Geophys. Res.*, **97**, 2629–2632.

Rubincam, D.P. (1993) The obliquity of Mars and "climate friction." *J. Geophys. Res.*, **98**, 10827–10832.

Rubincam, D.P. (1995) Has climate changed the Earth's tilt? *Paleoceanography*, **10**, 365–372.

Sackmann, I.-J., Boothroyd, A.I. and Kraemer, K.E. (1993) Our Sun. III. present and future. *Astrophys. J.*, **418**, 457–468.

Saha, P. and Tremaine, S. (1994) Long-term planetary integrations with individual time steps. *Astron. J.*, **108**, 1962–1969.

笹尾哲夫 (1979) 流体核をもつ地球の運動.『現代天文学講座1 地球回転』, 恒星社, 109–167.

笹尾哲夫 (1993) 地球の章動. 地球, **16**, 4–7.

Sasao, T., Okubo, S. and Saito, M. (1980) A simple theory on the dynamical effects of a stratified fluid core upon nutational motion of the Earth. in Fedrov, E.P., Smith, M.L. and Bender, P.L. eds., *Nutation and the Earth's Rotation*, Reidel, Dordrecht, Netherlands, 165–183, International Astronomical Union Symposium No.78.

Schwiderski, E.W. (1980) Ocean tides, part I: Global ocean tidal equations. *Marine Geodesy*, **3**, 161–217.

Scotese, C.R. (1993) *Late Precambrian and Paleozoic Palaeogeography*, 1993 SEPM meeting Abstracts with Program, 44–45.

Scotese, C.R., Bambach, R.K., Barton, C., Voo, R.V.D. and Ziegler, A.M. (1979) Palaeozoic base maps. *J. Geol.*, **87**, 217–277.

Seager, S. and Hui, L. (2002) Constraining the rotation rate of transiting extrasolar planets by oblateness measurement, *Astrophys. J.*, **574**, L1004–L1010.

Шараф, Ш.Г. и Будникова, Н.А. (1969а) О вековых измениеыех элементов орбиты Земли, влияющих на климаты геологического прощлого, БЮЛ-ЛЕТЕНЬ ИНСТИТУТА ТЕОРЕТИЧЕСКОЙ АСТРОНОМИИ, **11**, 231–261 (Sharaf, S.G. and Budnikova, N.A. On secular perturbations in the elements of the earth's orbit and their influence on the climates in the geological past. *Bull.*

Inst. Theor. Astron., **11**, 231–261, 1969).

Шaраф, Ш.Г. и Будникова, Н.А. (1969b) ВЕКОВЫЕ ИЗМЕНЕНИЯ ЭЛЕМЕНТОВ ОРБИТЫ ЗЕМЛИ И АСТРОНОМИЧЕСКАЯ ТЕОРИЯ КОЛЕБАНИЙ КЛИМАТА, ТРУДЫ ИНСТИТУТА ТЕОРЕТИЧЕСКОЙ АСТРОНОМИИ, **14**, 48–84 (Sharaf, S.G. and Budnikova, N.A. Secular perturbations in the elements of the Earth's orbit and the astronomical theory of climate variations. *Trudy Inst. Theor. Astron.*, **14**, 48–84, 1969).

Shirai, T. and Fukushima, T. (2000) Numerical convolution in the time domain and its application to the nonrigid-earth nutation theory. *Astron. J.*, **119**, 2475–2480.

Shirai, T. and Fukushima, T. (2001) Construction of a new forced nutation theory of the nonrigid earth. *Astron. J.*, **121**, 3270–3283.

Smart, W. (1953) *Celestial Mechanics*, Longmans, London.

Sonett, C.P., Kvale, E.P., Zakharian, A., Chan, M.A. and Demo, T.M. (1996) Late Proterozoic and Paleozoic tides, retreat of the Moon, and rotation of the Earth. *Science*, **273**, 100–104.

Stacey, F.D. (1992) *Physics of the Earth (Third Edition)*, Brookfield Press, Brisbane, Australia.

Standish, E.M. (1990) The observational basis for JPL's DE200, the planetary ephemerides of the astronomical almanac. *Astron. Astrophys.*, **233**, 252–271.

Stepinski, T.F., Malhotra, R. and Black, D.C. (2000) The v Andromedae system: models and stability. *Astrophys. J.*, **545**, 1044–1057.

Stevenson, D.J. (1990) Fluid dynamics of core formation. in *Origin of the Earth*, Oxford University Press, New York, 231–250.

Sussman, G.J. and Wisdom, J. (1988) Numerical evidence that the motion of Pluto is chaotic. *Science*, **241**, 433–437.

Sussman, G.J. and Wisdom, J. (1992) Chaotic evolution of the solar system. *Science*, **257**, 56–62.

高野雅夫・丸山茂徳 (1998) 全地球史試料データベースシステムの開発. 地学雑誌, **107**, 817–821.

Tamura, Y. (1987) A Hermonic development of the tide generating force. *Marees Terrestres Bultin d'Informations*, **99**, 6813–6855.

Tanikawa, K., Kikuchi, N. and Sato, I. (1991) On the origin of the planetary spin by accretion of planetesimals II. collisional orbits at the Hill surface. *Icarus*, **94**, 112–125.

Tomasella, L., Marzari, F. and Vanzani, V. (1997) Evolution of the Earth obliquity after the tidal expansion of the Moon orbit. *Planet. Space Sci.*, **44**, 427–430.

Toon, O.B., Pollack, J.B., Ward, W.R., Burns, J.A. and Bilski, K. (1980) The astronomical theory of climatic change on Mars. *Icarus*, **44**, 552–607.

Touma, J. and Wisdom, J. (1994) Evolution of the Earth–Moon system. *Astron. J.*, **108**, 1943–1951.

Tremaine, S. (1995) Is the solar system stable? CITA–95–3. in *Proceedings of Rosseland Centenary Symposium of Astrophysics*, Oslo, June 16–17, 1994.

Turcotte, D., Cisne, J. and Nordmann, J. (1977) On the evolution of the lunar orbit. *Icarus*, **30**, 254–266.

Turcotte, D. and Schubert, G. (1982) *Geodynamics — Application of Continuum*

Physics to Geological Problems, John Wiley & Sons, Santa Barbara.

Vernekar, A. (1972) Long-period global variations of incoming solar radiation. *Meteor. Monogr.*, **12**, 34, 1–21.

Walker, J.C.G. and Zahnle, K.J. (1986) Lunar nodal tide and distance to the Moon during the Precambrian. *Nature*, **320**, 600–602.

Ward, W.R. (1973) Large-scale variations in the obliquity of Mars. *Science*, **181**, 260–262.

Ward, W.R. (1974) Climatic variations on Mars, 1, Astronomical theory of insolation. *J. Geophys. Res.*, **79**, 3375–3386.

Ward, W.R. (1979) Present obliquity oscillations of Mars: fourth-order accuracy in orbital e and I. *J. Geophys. Res.*, **84**, 237–241.

Ward, W.R., Murray, B.C. and Malin, M.C. (1974) Climatic variations on Mars: 2. Evolution of carbon dioxide atmosphere and polar caps. *J. Geophys. Res.*, **79**, 3387–3395.

Will, C.M. (1981) *Theory and Experiment in Gravitational Physics*, Cambridge University Press, Cambridge.

Williams, G.E. (1989) Tidal rhythmites: geochronometers for the ancient Earth–Moon system. *Episodes*, **12**, 162–171.

Williams, G.E. (1990) Tidal rhythmites: Key to the history of the earth's rotation and the lunar orbit. *J. Phys. Earth*, **38**, 475–491.

Williams, G.E. (1993) History of the earth's obliquity. *Earth-Sci. Rev.*, **34**, 1–45.

Williams, G.E. (1994) History of Earth's rotation and the Moon's orbit: a key datum from Precambrian tidal strata in Australia. *Aust. J. Astron.*, **5**, 135–147.

Williams, J.G. and Benson, G.S. (1971) Resonances in the Neptune–Pluto system. *Astron. J.*, **76**, 167–177.

Williams, J.G., Sinclair, W.S. and Yoder, C.F. (1978) Tidal acceleration of the moon. *Geophys. Res. Lett.*, **5**, 943–946.

Wisdom, J. (1992) Long term evolution of the solar system. in *Chaos, resonance and collective dynamical phenomena in the solar system*, Kluwer Academic publishers, Dordrecht, 17–24.

Wisdom, J. and Holman, M. (1991) Symplectic maps for the N-body problem. *Astron. J.*, **102**, 1528–1538.

Wisdom, J. and Holman, M. (1992) Symplectic maps for the n-body problem: stability analysis. *Astron. J.*, **104**, 2022–2029.

Woolard, E.M. (1953) Theory of the rotation of the Earth around its center of mass. *Astron. Pap. Amer. Ephem. Naut. Alm.*, **15**, 3–165.

Yoshida, H. (1990) Construction of higher order symplectic integrators. *Phys. Lett. A*, **150**, 262–268.

Yoshida, H. (1993) Recent progress in the theory and application of symplectic integrators. *Celes. Mech. Dyn. Astron.*, **56**, 27–43.

Yoshinaga, K., Kokubo, E. and Makino, J. (1999) The stability of protoplanet systems. *Icarus*, **139**, 328–335.

Zharkov, V.N. and Trubitsyn, V.P. (1978) *Physics of Planetary Interiors*, Pachart, Tucson.

第4章
地球表層環境の変遷

　地球の歴史を物的証拠から読み解く作業は，決してやさしいものではない．証拠は，複雑なシステムが生み出した産物の断片であるに過ぎないからだ．証拠を正しく読むためには，その背後にある複雑なシステムを理論的にモデル化する必要がある．それは，現在では計算機の発達により数値シミュレーションという形で可能になってきている．また，そのようなモデル化により，単に証拠を読むだけでなく，過去の地球の姿とその営みを再現することができる．地質学的証拠のうちのかなり大きな部分は，地球の表層のさまざまなプロセスの反映である．この章では，そのような表層プロセスのモデル化の成果を解説する．

[吉田茂生]

4.1 気候システムと地球史

阿部彩子

　地球の表層環境は，全地球史にわたる長い時間スケールで見ると，宇宙や固体地球内部の要因により大きく変動している．数億年ごとにやってくる氷河時代は，固体地球内部の活動と関係している．氷河の存在する時代をさらに細かい時間尺度で見ると，地球の軌道要素の変動によって大陸氷河（以下では「氷床」と呼ぶ）が数万年ごとに拡大・縮小を繰り返していることがわかる．このような宇宙や固体地球内部の要因に対して，表層環境は一体どのくらい容易に変化するものなのだろうか？　地球環境の歴史を堆積物から読み解いたり生物の進化を考えたりする上で，このような地球の表層環境の安定性について考えることは避けて通れない．

　過去の地球環境の安定性を語るためには，気温などの物理的状態，および二酸化炭素濃度などの物質分布状態という両面からの把握が必須である．何故なら，物理状態の変化の要因として，二酸化炭素など物質の循環が重要である一方，気温や海洋循環などの物理的状態が物質循環に強い影響を与えているからである．本節では主に地球環境の物理的状態（以下では「気候」と呼ぶ）の決まり方という側面から，地球環境の安定性を考察する．

4.1.1　地球の過去の気候変動

　地球の表層環境はその初期には非常に高温だったが，大陸の形成に伴って大気中二酸化炭素が取り除かれるようになると徐々に冷えてきた．現在では，温度に対する炭素循環の強い負のフィードバックによって気温が安定に保たれていると考えられている（4.3節，あるいは Berner, 1991 などを参照）．この間，現在のように高緯度域に氷床が存在する氷河時代が頻繁に訪れた．24–22億年前付近と約7億年前と6億年前，3億年前，および今日である．とくに約7億年前と6億年前の少なくとも2回氷床が低緯度または赤道付近に断続的に広く存在していたことは，氷河性堆積物が多くの場所で発見されているこ

とにより証拠付けられている．この時代の地球表層は全球凍結状態，いわゆるスノーボールアースであったという説が最近になり有力になっている（4.5節参照）．一方，6億年前から3億年前と2億年前から1億年前にかけては森林が高緯度に広く分布し，砂漠も大きく広がって，地球は全般的に現在より暖かい気候であったらしいと言われている．

　このような数億年間隔での氷河時代と無氷河時代の交代は，固体地球の変動と関係が深い．このことは，氷河の痕跡が残っている時期が超大陸の形成時期とよく一致することとも整合的である．超大陸とは，離合集散を繰り返す大陸がすべて合体したものであり，超大陸が形成する状況下では脱ガスなどの固体地球の活動が鈍くなると言われている．代表的な超大陸としては3億年前から2億年前に存在したパンゲアが挙げられる（1.2節を参照）．また，とくに6億年前以降の気候の温暖期と寒冷期は，海底の拡大速度が速い時期と遅い時期とも一致している．これらの事柄から，数億年にわたる気候変化は固体地球内部の活動度の変化によってもたらされる大気中二酸化炭素濃度の増減が原因と考えられている（4.4節を参照）．

　今日の氷河時代は，今の南極に氷床が形成し始めた3000万年前ころから始まった．正に氷河時代に該当する現在の気候でも，氷床が拡大する時期（氷期）と氷床が縮小する時期（間氷期）とが周期的に出現している（増田・阿部，1996）．今から約2万年前は最近で最大の氷期（＝最終氷期）であったことが，CLIMAPやSPECMAPといった古気候研究プロジェクトの成果から明らかになっている（CLIMAP Project, 1976, 1981, 1984; Imbrie et al., 1984）．海底に沈む堆積物の掘削データ，陸上の湖沼や砂漠の堆積物，グリーンランドや南極の氷床掘削データなどの多岐にわたる証拠から，以下のような氷期の世界像が再現されている．

　当時は，今日では森林に覆われているような気候にある地域が広く氷床に覆われていた（図4.1.1）．全球の平均海面水温は今より3°C以上低く，大気中の二酸化炭素濃度は現在の半分近くに落ち込んでいた．中緯度地域には乾燥域が広がり，空に砂塵を多く含む風が吹き荒れる一方で，夏のアジアやインドの季節風は弱く，現在に比べてずっと乾燥していた．北大西洋の深層循環は現在と比べると不活発であったなど，海洋循環の形態も現在とは異なっ

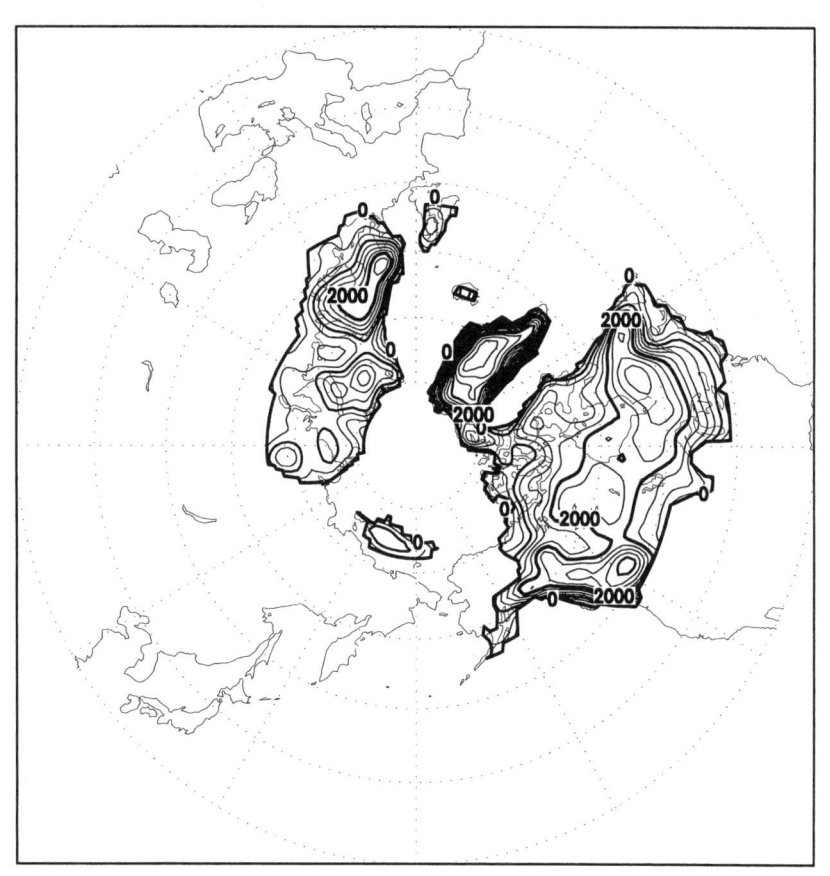

図 **4.1.1** 最終氷期の氷床分布 (Peltier, 1994 に基づく). 図中の数字は標高 (m) を示す.

ていた.

このような氷期と間氷期が交代するような気候変動 (以下では「氷期・間氷期サイクル」と呼ぶ) は, 実は 10 万年くらいの周期で起こっている. 氷期と間氷期の交代は 200 万年くらい前から始まり, 最初の内はもっと小刻みに繰り返されていた. 最近数万年になると変化の振幅は大きく, 変動周期に 10 万年が卓越するようになった. 図 4.1.2 の時系列はこれを示している.

氷期・間氷期サイクルの原因は, 地球の公転運動と自転運動が変化を決める天文学的パラメタ, すなわち離心率・近日点の位置・地軸の傾きが数万年

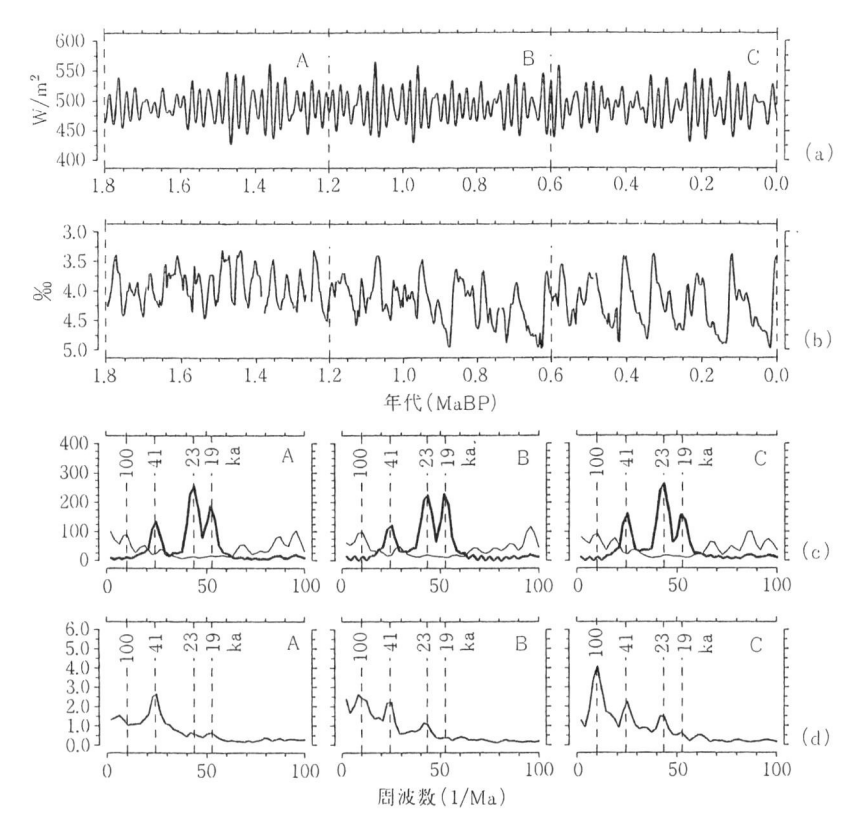

図 4.1.2 日射量と海底コアの酸素同位体比の 180 万年間の時系列を，60 万年ごとに区切ってパワースペクトルを比較したもの（Imbrie *et al.*, 1993 の図の再現；増田・阿部，1996）．
(a) 北緯 65° の 6 月半ばの日射量 (W/m^2)（Berger, 1979 にならって計算）．
(b) 底生有孔虫の酸素同位体比 (‰)．1.8 Ma から 0.4 Ma までは ODP 677 (1° N, 84° W) コアのもの，0.4 Ma から現在までは多数のコアを総合した benthic stack である（Imbrie *et al.*, 1992 で記述されている）．
(c) 図 (a) で破線で区切られた A, B, C のそれぞれの期間について，Blackman-Tukey（ラグ共分散）法によって計算した (a) の時系列のパワースペクトル（太線）．細線は (a) の時系列の長時間平均からの偏差の二乗のパワースペクトル．破線は地球の公転の軌道要素の主要な周期を示す（第 3 章参照）．
(d) A, B, C のそれぞれの期間についての (b) の時系列の Blackman-Tukey 法によるパワースペクトル．

の周期で変動し，地球に入射する太陽放射の量と分布が変化することにある．この理論を最初に定量的にまとめた科学者ミランコビッチの名をとり，この時間スケールでの日射量変動はミランコビッチサイクルと呼ばれている（第3章を参照）．図4.1.2に示すように日射量変動と氷期・間氷期サイクルの周期性が一致することから，軌道要素のわずかな変化が地球に入射する日射量の緯度分布や季節分布を変えることで，気候が氷期と間氷期の間を行き来すると解釈されるようになった．

そもそも，大気中の二酸化炭素濃度の変化や太陽の明るさ，それに軌道要素の変動に対して，気候はどれほど敏感に変化するのであろうか？ 軌道要素の微小な変化がどのようにして地球環境の大きな変化をもたらすのだろうか？ あるいは，氷期・間氷期サイクルにおける卓越周期はどうして突然変化したのだろうか？ このような謎を解くために，現在では数値的な気候モデルによる研究が利用されている．本節の以下ではまず，研究の道具として用いられている数値的な気候モデル，および現段階で行われている数値実験を簡単に紹介し，そこから得られた示唆について考えたい．

4.1.2 気候システムと外力

気候とはそもそも地球表層の大気や海洋や陸上表層の状態であり，周囲の影響（以下，「外力」という）を受けて応答する．太陽活動や地球軌道要素の変化などによって決まる日射量分布，大陸配置や二酸化炭素の脱ガス量に関係する固体地球の活動などの「外力」は数万年から数億年の時間の尺度でゆっくり変化するのに対し，気候の状態は変化の時間尺度が短く，せいぜい数万年で状態が確定する．また，気候にとって「外力」とみなせる太陽活動・地球軌道の変化・固体地球の変動に対して，ほとんどの場合に気候自体は何ら影響を及ぼさない．これを「フィードバックがない」とも言う（1.3節を参照）．このように，「外力」に対して比較的速くかつ一方的に応答して「外力」との区別が付きやすいことから，気候をひとつの「系」として捉えることができる．また，「外力」に対する系の応答として気候を「システム」として扱ったり，数値モデルを作って計算機の中でその振舞いを再現し，気候変化のメカニズムを解析したりすることが可能である．

気候という系の中で最もゆっくり変動するものは氷床である．たとえば日射量が突然変動して大陸氷床が発生し，流動して最終状態の体積や面積が決まるまでには数万年もの時間がかかる．その次に長い時間スケールを持つものは海洋の深層水（1000 m 以深）であり，水温などが定常に落ち着くのに数千年かかる．大気の場合，循環や対流のプロセスは数週間という短い時間スケールを持つが，気温の場が落ち着くのに関係する放射過程は時間スケールがより長く，数十日から 100 日くらいである．いずれも，外力の方がはるかに長い時間スケールを持っていることが多く，全地球史という時間スケールから見れば，気候は「外力」に対してほぼ定常の応答をしていると考えることができる．

　数万年から数億年の時間スケールで語られる地球史上の気候解読において注目される変数は，気温や乾燥湿潤状態，氷床量や海洋循環などである．このような変数は何が決めているのだろうか？　全球平均的な気温は，基本的には気候の系全体としてのエネルギーの出入り，すなわち入ってくる太陽放射（短波放射）と出ていく地球放射（長波放射）との釣り合いによって決まっている．さらに，気温や大気の乾燥湿潤状態は，主に大気中および陸や海面などの表層とのエネルギーや水や運動量のやり取りで決まっている．エネルギー・水・運動量のやり取りに関わるサブシステムとして列挙できるものには，放射・大循環・水循環などの過程が関わる大気，あるいは大循環・対流・拡散過程を含む海洋，そして相変化・流動の関わる氷床（陸氷）や海氷，さらには陸上の水循環や熱交換に関わる陸面や植物などが挙げられる．氷床の形状（体積や面積）は，降雪などの氷床の涵養過程と，大気とのエネルギーのやり取りに影響された融解などの消耗過程と自身の流動で決まる．海洋循環は，表層に関しては大気との運動量のやり取りで決まる（主として大気に擦られて海流が決定される）が，最も深い部分も含めた状態は，海洋の密度を決める水温や塩分に影響するエネルギーや淡水が決定し，やはり大気とのやり取りが重要になる．次の節では，このような原理を基に組み立てた数値モデルを用いて，気候変動を読み解く方法について見ていくことにする．

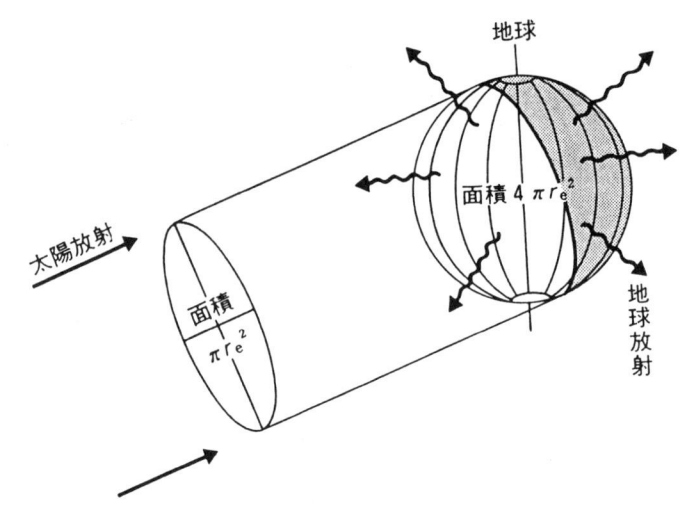

図 4.1.3 地球の放射平衡の概念図（小倉，1984 を改変）．r_e は地球の半径．

4.1.3 地球史解読のための気候モデリング

数億年スケールでの気候変動や氷期・間氷期サイクルを説明するのに用いられる数値モデルとして，以下では（1）エネルギーバランスモデル，（2）大循環モデル，（3）氷床力学モデルの3種類を紹介する．

(1) エネルギーバランスモデル

気候の状態は，基本的には地球に入射する太陽放射と出ていく地球放射の出入りで決まっている．この考えに基づき，エネルギー収支の式を主要な構成要素としたモデルをエネルギーバランスモデル（Energy Balance Model；以下では EBM と呼ぶ）という．このモデルは運動方程式や水蒸気の保存式などを含まない．

気候系を全体として見ると，エネルギー収支は太陽放射を（一部反射し，残りを）吸収し，地球放射を宇宙空間に出すことで成り立っている．単位表面積あたりのエネルギーが地球の単位表面積あたりの熱容量 C と代表温度 T の積で書けるとすると，エネルギーの時間発展の式は以下のようになる．

$$4\pi r_\mathrm{e}^2 C \frac{dT}{dt} = \pi r_\mathrm{e}^2 S(1-\alpha_\mathrm{p}) - 4\pi r_\mathrm{e}^2 I \qquad (4.1.1)$$

右辺の第一項は地球が吸収する太陽放射を表し，S は日射量（太陽定数）である（図 4.1.3）．α_p は惑星反射率（＝太陽放射のうち地球が反射する割合で，以下ではこれを「惑星アルベド」あるいは単に「アルベド」と呼ぶ），I は地球が射出する地球放射を表す．地球が理想的な黒体であれば，地球放射はステファン・ボルツマン定数 σ を用いて

$$I_0 = \sigma T^4 \qquad (4.1.2)$$

と書けるが，実際にはいわゆる温室効果のために

$$I = \varepsilon_\mathrm{p} I_0 \qquad (4.1.3)$$

となる．ここで ε_p は見かけの射出率である．

　温室効果は，地球が宇宙空間へ放射しようとした赤外線を大気が吸収してしまい，宇宙空間への射出を妨げることによって生じる．地球から放射する赤外線（要するに熱）を大気が吸収して宇宙空間への放射効率が低くなる程度を表すパラメタが ε_p である．$\varepsilon_\mathrm{p}=1$ であれば地球からの放射はすべて宇宙空間に逃げていくし，$\varepsilon_\mathrm{p}=0$ であれば地球からの放射はすべて大気によって吸収される．したがって結局，エネルギー収支の定常状態では

$$0 = \frac{S}{4}(1-\alpha_\mathrm{p}) - \varepsilon_\mathrm{p}\sigma T^4 \qquad (4.1.4)$$

となり，惑星アルベドと射出率が与えられれば日射量に対する温度の応答を求めることができる．このように，エネルギーバランスモデルでは，惑星アルベドやエネルギーの射出率を定数または温度の単純な関数と置き，見通しを良くすることで系の温度を求められるようにしている．たとえば気温が下がれば地球が氷で覆われて，氷の白さのために惑星アルベドが上がり，このためにますます気温が下がることが考えられる．このことを雪氷・アルベドフィードバックと呼ぶが，これは上のエネルギーバランスモデルにアルベドの温度依存性を取り込むことで表現できる．α_p が温度の低下とともに上昇すると，正のフィードバックを表すことになる．

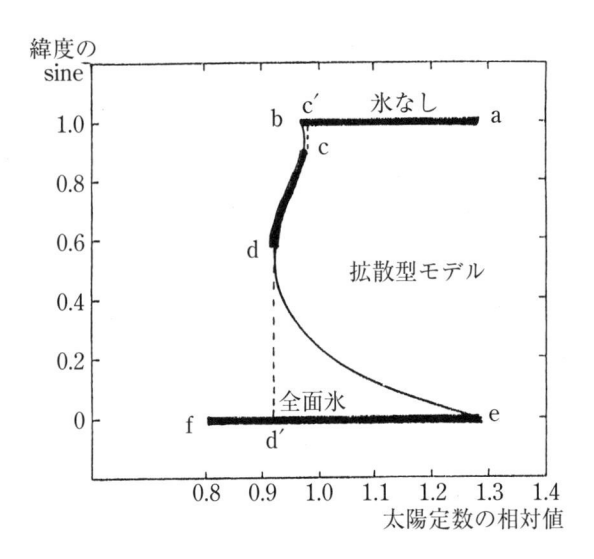

図 4.1.4 North 型南北一次元エネルギーバランスモデルの定常解の,氷の限界の緯度 x_c のサイン関数 $\mathrm{sine}(x_c)$ を太陽定数の相対値の関数として表示したもの(North et al., 1981 を加筆修正).太線は安定な定常解を示す.

　また,地球の気温が上昇すれば地球上の水が蒸発して大気中の水蒸気が増加し,温室効果が顕著になってますます気温が上がることが考えられる.このことは,ε_p の温度依存性を考慮に入れることで表現できる.ε_p が温度の上昇とともに下がる(上がる)と正(負)のフィードバックを示すことになる.もちろん,フィードバックの強さは α_p や ε_p といったパラメタの与え方の数学的表現に大きく左右される.現実世界では,惑星アルベドや射出率に強く影響する氷の張り出し方や水蒸気分布などは,大気や海洋の循環に強く影響されている.そこで,全球零次元 EBM をさらに南北一次元に拡張し,大気や海洋の循環効果を拡散過程によって表現して,気温だけでなく氷の末端の緯度も計算するモデルがよく用いられる.

　さて,標準的なパラメタ設定をした南北一次元 EBM を用いて,定常状態の日射量への依存性を調べてみよう.一例として,氷の限界緯度の正弦(sine)を太陽定数の相対値 S の関数として示したものが図 4.1.4 である(North et al., 1981; 阿部・増田, 1990).太陽定数 S が小さな値と大きな値の領域に定

常解がひとつずつ存在し，それぞれ氷がまったくない状態 (a–c′) と地球全面が氷に覆われる状態 (e–f) に対応する．中間的な S の値に対しては，ひとつの S に関して 3 個以上の定常解が存在する．同じ太陽定数でも，部分的に氷に覆われる解もあれば，全球凍結状態が発生し得る解もあるということである．この状態を「解が多重に存在する」と呼ぶ．また，微分方程式の性質を調べて解の安定性を解析してみると，図 4.1.4 の解曲線のうち傾きが正または 0 の部分は安定で，傾きが負の部分は不安定であることがわかる．すなわち図 4.1.4 の b–c と d–e は不安定であり，それ以外は安定な解である．これは，傾きが正，つまり日射量が増えるに従って氷が減る（=高緯度に後退する；傾きが正の解曲線）という現象は現実に発生するが，日射量が増えるに従って氷が増える（=低緯度に張り出す；傾きが負の解曲線）という現象は発生しないという直感的常識に対応していると思えば良い．全球凍結という安定状態と部分凍結という安定状態に挟まれたこのような不安定状態は，とくに大規模氷床不安定（large ice cap instability）と呼ばれている．

このような気候の多重解の存在および不安定解の存在には，前述した雪氷・アルベドフィードバックが重要な役割を果たしている．たとえば，いったん地表が全面的に氷に覆われてしまうと，氷は白いためにアルベドが高くなり，太陽放射が吸収できなくなるが，低温になることで宇宙空間に射出する地球放射も小さくなり，熱の収支が小さい値でバランスする．一方，地表が氷に覆われないと地表は黒く，大きな太陽放射量が吸収されるが，地表面温度が高くなることで地球からの放射も大きくなり，熱収支が大きな値の水準でバランスする．正の雪氷・アルベドフィードバックに対して温度と地球放射の間の負のフィードバックが働き，定常解に落ち着く方向が複数存在するようになるのである．こうした多重解の存在や複数の安定解の間の不安定解の存在には，このような正のフィードバックと負のフィードバックの両方のプロセスが存在することが必要なのである．

エネルギーバランスモデルのような単純なモデルを用いると，解の構造や安定性解析など定性的な見通しが大変良い．だが一方，求める解の定量性が拡散係数やアルベドといったパラメタの数学的表現に大きく左右される．また，エネルギーバランスモデルでは，大気や海洋循環や降水量に深く関連す

る水循環を表現することが困難である．後に示す大気海洋大循環モデルや氷床力学モデルといったより複雑なモデルは，これらの困難をある程度解決したモデルである．

(2) GCM（大気海洋結合大循環モデル）

　大気海洋結合大循環モデル（GCM; General Circulation Model）は流体の運動方程式を数値積分することによって大気の運動をシミュレートしようとするものであり，最初のものは1960年代に作られた（Manabe and Bryan, 1969）．大気と海洋を三次元的な格子に切り，格子間の熱・水蒸気・塩分・運動量などのやり取りを数値的に表現することで，運動や水蒸気の輸送の表現があらわになる．そのため，かなり現実的な気候分布を再現できるだけでなく，多くの数値実験を試行することで気候変動の原因や結果，その過程に関する洞察を得られることが期待される．大気海洋結合大循環モデルの中で，太陽定数・大気中二酸化炭素濃度・地球軌道要素といった入力（外力）を変化させることで，これらの外力が地球表層環境の重要な変数である海面水温や降水量などの地理的分布に対してどのような影響を持っているのかを知ることができる．その結果，気候を司る主要な物理プロセスを特定することができるようになるのである．大気海洋結合大循環モデルはまた，海洋物質循環モデル（4.2節）や地球の物質循環モデル（4.3節）にとっての入力を提供する役割をも担っている．

　大気海洋結合大循環モデルを主に構成するのは，気温，水蒸気量，風，地上気圧，降水量，積雪量，土壌水分量などを予報変数とする大気大循環モデルと，海流，海水温，塩分などを予報変数とする海洋大循環モデルである．この他に海氷の厚さ分布や密接度を予報する海氷モデルや，陸水を海洋に供給する河川モデルなどが含まれる．これらすべてを計算機の中で結合し，地球表層の運動量・水・エネルギーなどがひとつの閉じた系の中で循環することを表現するのが，大気海洋結合大循環モデルである（図4.1.5）．通常，ある外力に対する気候の状態の変化を求めるのに，最低でも1000年程度の数値積分が必要である．気候という結合系において最長の特徴的時間スケールを持つものは，前述のように深層の海洋であり，これが定常状態に到達するに

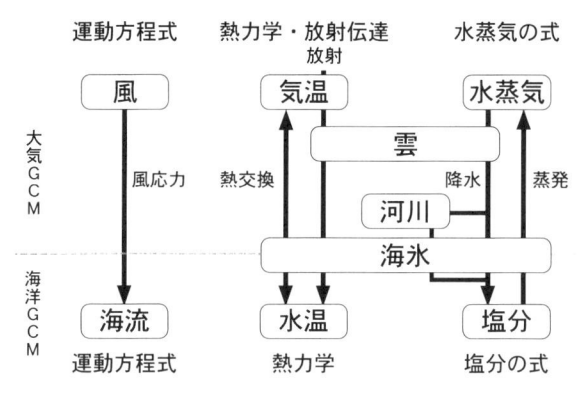

図 4.1.5　大気海洋結合大循環モデル（GCM）の概念図.

は 1000 年の時間が必要とされるのである．

　大気海洋結合大循環モデルのうち大気を担う部分，つまり大気大循環モデルは基本的には天気予報に用いられる数値予報モデルと同じものであり，数値予報モデルの発展とともに発達してきた．天気予報と異なる点は，主にモデルの初期値や境界値の扱いにある．数値予報モデルでは初期値の影響が残っている数日間という短い現象を対象にするのに対して，気候研究に使われる大気大循環モデルは初期値が忘れられるような長期間，つまり系が統計的な定常状態に移行したとみなせる1カ月以上の長い期間での平均場や統計量を問題にする．このため，数値予報モデルでは初期値への依存性が大きく，境界条件への依存性はそれほど大きくない．一方，大気大循環モデルでは積分時間を長く取り，初期値にではなく境界条件への依存性を問題にする．統計的な定常状態を求めるために，たとえば毎月の海面水温を境界条件として与える場合には，大気大循環モデルで 10 年程度の積分が必要である．

　大気大循環モデルを構成する物理法則は静水圧近似式，大気の水平方向の運動方程式，大気の連続の式，エネルギー保存式（熱力学第一法則），水蒸気の保存の式，状態方程式などである．大気大循環モデルにおいて風，気温，水蒸気量などの時間発展を計算する部分を「力学過程」，各時刻の摩擦項，加熱項，水蒸気源の項などを見積る部分を「物理過程」と便宜的に呼ぶ．物理過程には積雲過程，大規模凝結過程，放射過程，大気境界層過程，地表面過程などが含まれる．最近の大気大循環モデルの格子サイズは約数百 km（緯度

および経度で 5° から 1° の間隔) のものが使われている．格子サイズより小さい空間スケールの過程 (微プロセス) は統計的かつ経験的に表現されており，その表現法をパラメタリゼーションと呼ぶ．このパラメタリゼーションをどのように取り扱うかがモデル中の物理過程構築の最大の課題であり，この扱いの違いが，各種の大気大循環モデルの性質の違いとなって現れる．大気大循環モデルの改良と言えば，すなわちこれらの物理過程の改良を指すことが多く，衛星観測や各種地上観測に基づく現実の大気の観測結果を利用して，より良いモデルの追究が今も行われている．

現在の大気大循環モデルは，たとえば現実的な海面水温を境界条件にすると，年平均や季節平均程度の気温や風・降水量の分布を，十分に観測と合致する程度の精度で表現するまでに発展している．もちろん格子サイズを小さくすればその分だけ精度が向上することが期待されるが，格子サイズを2倍にすると数値積分のための計算時間は 10 倍程度に増大するので，計算の目的と計算機資源量との兼ね合いによって格子サイズが選ばれる．カラー口絵 5 には，大気大循環モデルで求められた年平均の降水量の地理分布 (高い分解能では緯度経度 1.1° 間隔，低い分解能で 5.6° 間隔) を観測量と比べて示す．低い分解能の計算でも，赤道付近の熱帯収束帯 (熱帯でハドレー循環[*1]のため風が集まってくる地帯) における多大な降水や，緯度 20° から 30° に広がる砂漠地帯に相当する少降水の地域 (ハドレー循環の下降域に相当する)，中緯度の低気圧の通過に伴う降水の極大域などについては，観測結果と定性的には合致した結果が得られている．だがもちろん，定量的な降水の分布や量の合致は当然ながら高分解能のモデルの方が良いこともわかる．現在の最速水準のベクトル型スーパーコンピュータの 1CPU を用いて計算した場合，数値モデルの定常状態を得るための 10 年間を積分計算する実時間は，低い分解能のモデルでも約 20 時間，高い分解能のモデルでは 2 カ月近くが必要となる．

海洋大循環モデルの方は，数値予報モデルや大気大循環モデルを基にして

[*1] ハドレー循環とは，緯度による日射量の差と浮力によって起こる低緯度での大気循環のことを指す．赤道付近で上昇した空気が，高度 1 万 m 強の上空で高緯度方向に向き，亜熱帯で下降気流となる．その空気が再び赤道に集まって循環を形成する．

海洋の大循環を表現する目的で開発されてきたものである．その構成は大気大循環モデルに良く似ており（Bryan, 1969），やはり運動方程式，連続の式，熱力学の式，状態方程式，静水圧近似式などから構成される．海洋大循環モデルと大気大循環モデルとの違いは，状態方程式の形の違い，水蒸気の保存式の代わりに塩分保存の式があること，そして境界条件の設定が海底・海面・海岸（壁）で行われることなどである．また，いわゆる物理過程の部分は対流過程および拡散過程であり，大気大循環モデルに比べてかなり単純であり，異なるモデル間の特徴や性質の違いがあまり顕著にならない．格子サイズは緯度および経度で4°間隔から1°間隔くらいであり，格子サイズ以下の中規模渦の効果は水平方向の拡散過程として間接的に採り入れられている．これは，数十から数百 km スケールの中規模渦が熱や運動量を輸送する効果は大変に重要だが，数値計算で用いる格子がこれより大きいと，直接には計算することができないことによる．中規模渦を陽に扱うためには緯度経度で6分の1°以下の格子サイズが必要であり，そのような高精度の数値モデルで定常的な気候状態を得ようとすると，現在最速のベクトルコンピュータを用いても数カ月程度の実時間が必要となってしまう．

　大気大循環モデルと海洋大循環モデルを結合した大気海洋結合大循環モデルの場合，1回の数値実験にかかる実時間を1カ月以内にして，かつある程度現実的な（＝観測結果と大きく矛盾しない）シミュレーション結果を得るためには，大気側の解像度を約5°，海洋側の解像度を約2.5°にする必要がある．大気と海洋による熱輸送がかなり現実的に表現されるようになり，水温を東西平均した際の南北分布などは相当に観測結果に近くなったが，東西の差，たとえば太平洋ペルー沖と西太平洋の水温差などは観測結果よりも小さくなってしまったり，北大西洋での水温分布が現実よりも低くなってしまっているなど，まだ問題は多い．こうした問題を回避するため，海面水温や塩分を観測値に合うように調整するフラックス調節項を大気海洋間フラックスに付加することが多い（Manabe et $al.,$ 1991）．

　このような形での大気海洋結合大循環モデルは1990年代以降急速に発展し，近い将来の地球温暖化予測に用いられてきている．最近ではフラックス調節を行わない数値モデルも実用化され，過去の氷期による寒冷化のメカニ

ズム解明などに応用されているし（Hewitt *et al.*, 2001），今後も過去のさまざまな時代の気候の問題に適用されることが期待されている．

（3）氷床力学モデル

　氷床の形状（体積や面積）は，降雪などによる氷床の涵養過程，大気とのエネルギーのやり取りに影響される融解などの消耗過程，そして，氷床自身の流動で決められる．これらを数値的に表すために必要となるモデルは，降雪や融氷を予報する大気・表層モデルと，流動や氷床全体の質量収支を扱う氷床力学モデルである（Abe-Ouchi, 1993; Abe-Ouchi *et al.*, 1994）．大気・表層過程と氷床流動過程では，特徴的時間尺度がそれぞれ約1年と約100年以上と大きく異なっているので，物理量の重要なやり取り（あるいはフィードバック）を考慮に入れさえすれば，両者をある程度切り離して取り扱うことが可能と考えられる．ただし，氷床と地殻は相互に影響を及ぼすので，注意深く取り扱うことが必要である．氷床力学モデルの予報変数は，氷床の面積，高さ，流動速度，温度，物質分布などである．氷床の流動は非ニュートン連続体の力学に基づいて計算される．氷床の上端の境界条件としては，夏の気温や降水量によって決まる氷床表面での質量収支（＝降雪による涵養と融解蒸発による消耗）の高度分布を採用する．氷床下部での境界条件としては，基盤地形と熱流量を考える．基盤地形の応答は，氷床の荷重が加わった場合に基盤岩が平衡形状の地形へと適当な時間スケールで変形していくと仮定することが多い．この種の氷床モデルは現存する氷床を対象とした数値シュミレーションにおいてすでに用いられており，氷床の流動や温度分布を再現することが確認されている．

　大気・表層過程と氷床流動過程の間で重要となるフィードバックは主に4つ挙げられる．ひとつめはローカルな高度・質量収支フィードバックと呼ばれるもので，氷床が高くなると大気の気温減率が影響し始め，寒いところに存在する氷床面積が広がって氷床が融けにくくなり，さらに高度を増しながら流動によって面積も拡大していくというものである．2つめは雪氷過程で重要となる雪氷・アルベドフィードバックが挙げられる．3つめは大気大循環の過程を経るもので，氷床地形（厚さ数千m級）や冷源によって惑星（定

在）波が変調されて気温の空間分布が変調される定在波・温度フィードバックが挙げられる．4つめとして，氷床地形によって低気圧経路（低気圧が最も頻繁に通過する経路；storm track と呼ばれる）の位置および降水帯が氷床南縁に局在化し，氷床涵養を助けるようなフィードバックが考えられている．各々のフィードバック過程の詳細については，Oerlemans and van der Veen（1984），Cook and Held（1988），Hall *et al.*（1996）らの文献が参考になろう．

　高度・質量収支フィードバックは，多くの場合に氷床流動モデルと併せて考慮される．雪氷・アルベドフィードバックは，氷床モデルとエネルギーバランスモデルとを組み合わせた研究で取り入れられてきた．第三および第四の大気大循環を経たフィードバック過程は，線形の大気モデルや大気大循環モデルによってその重要性は指摘されてきたものの，他のフィードバック過程と比較して，定量的にどれほど氷床形状を変え得るほどのものであるかの評価をした研究は存在しなかった．これは，大気大循環モデルと氷床流動モデルとを組み合わせた研究がこれまでほとんど存在しなかったためである．

　筆者たちのグループ（東京大学気候システム研究センター）は，大気海洋大循環モデルおよび氷床力学モデルの開発とそれを用いた数値実験に取り組んでおり，氷床が大気に与える影響と大気が氷床に与える影響の両側面を調べている (Saito, 2002)．大気海洋結合大循環モデルで気候状態の変化を求め，これを入力として，氷床モデルを用いて氷床の形状を計算する．求められた氷床の形状を大気大循環モデルの境界条件として再び入力すれば，一連の時間発展問題として氷床と気候の変動を求めることができる．筆者たちのグループでは現在，南極やグリーンランドだけでなく，過去の北半球の氷床（Laurentide, Fennoscandian など）の成長・維持・後退過程を数値的に扱う段階に入っている．図 4.1.6 には，代表的な数値計算によって再現された最終氷期の北半球氷床の三次元高度分布を示している．これを図 4.1.1 にある観測データから推定された氷床分布（Peltier, 1994）と比べると，計算された氷床の高度分布は観測からの推定に比べて高めになっていることがわかる．実は氷床の高度に関して観測に大きな不確定性があるので，ここではあまり詳細な議論はできない．氷床の平面分布については，氷床が北米には広く存在する一方で

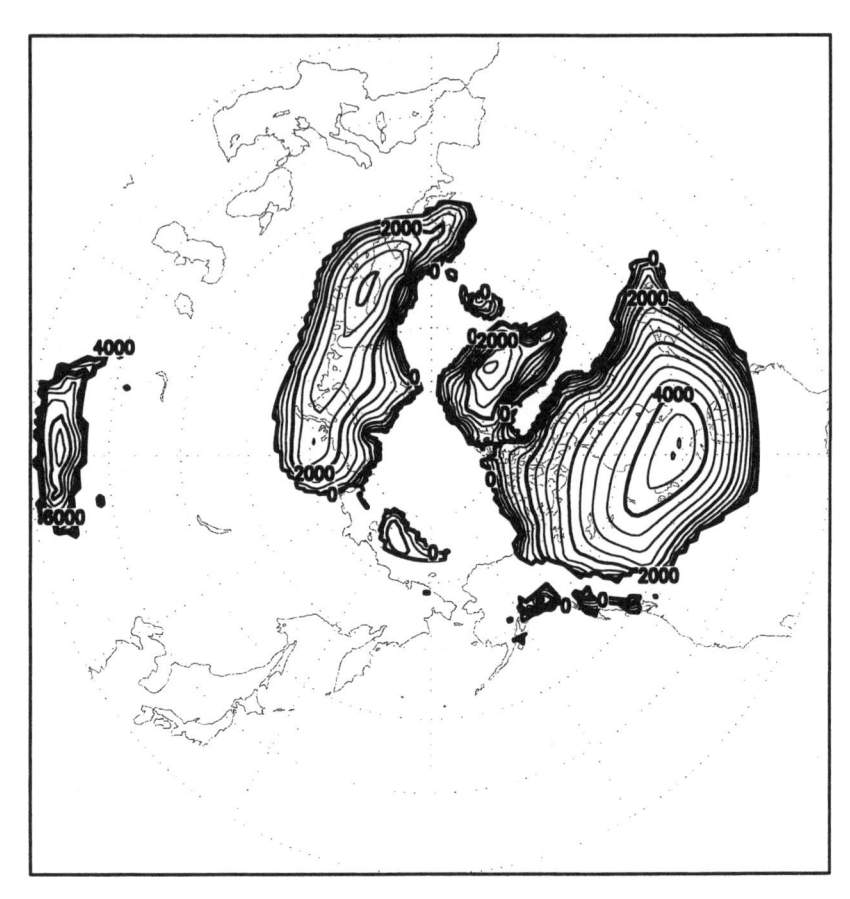

図 4.1.6 数値計算によって再現された最終氷期の北半球氷床の三次元高度分布．氷床モデルと大循環モデルを組み合わせた結果．CCSR/NIES GCM による計算結果．図中の数字は標高（m）を示す．

ロシアやアラスカには存在しないという観測結果と，数値計算による結果がよく一致していることがわかる．

4.1.4 気候モデルによる数値実験と地球史解読への示唆

　地球史上の重要な環境の変化の原因やメカニズムを知るため，また断片的な観測データを総合的に解釈するために，上述したような数値的気候モデルは大いに役立つはずである．ここでの数値実験の方法には大きく分けて 2 種

類ある．数千万年から数億年の気候変動研究の場合には，気候システムの特徴的時間スケールがほとんどの場合に外力のそれより短いことから，気候の定常状態だけを求めていけば良いことになる．たとえ全地球「史」を知りたいとしても，基本的には定常状態の断片（スナップショット）を連続的に繋いでいけば良いのである．また，非定常状態が問題になるような気候問題でも，まずは定常状態での気候の応答を求め，解の構造などを調べておくことが有用なことがある．氷期・間氷期サイクルのように，スナップショットの数値実験と時間変化を追う数値実験の両方が必要な問題もある．気候に含まれている物理プロセスの特徴的時間スケール（たとえば氷床と地盤の変形などの時間スケール）と外力の時間スケールが近い場合である．

従来は計算機資源の制約により，エネルギーバランスモデルなどの単純な数値モデルを用いた実験的研究が盛んであり，大気海洋大循環モデルのような複雑な数値モデルによる研究は少なかった．だが近年の計算機資源の増加に伴い，大気海洋結合大循環モデルの開発も大幅に進み，過去の気候変動への応用がここ数年でようやく活発になってきた．

以下では，全球凍結問題と氷期・間氷期サイクルに関する数値実験を例に取り，全地球史解読に対して気候の数値モデリング研究が与える示唆について考えてみる．

(1) 全球凍結問題への気候モデリングによる示唆

本節の冒頭において，気候はさまざまな外力の影響を受けており，全地球史を長い目で見る際には，外力に対する気候の応答について考えることが重要であると述べた．全球凍結問題では正に，太陽の明るさと大気中二酸化炭素濃度の変化に対して気候がどれほど変わりやすいかが問われる．Budyko (1965) や Sellers (1969) はエネルギーバランスモデルを用い，日射量を5%程度低下させるだけで地球が全球凍結状態に陥るという衝撃的な結果を発表した．また，同様な数値モデルに炭素循環モデルを組み合わせることで，スノーボールアース仮説の検証がされつつある（4.5節を参照）．一方 Held et al. (1981) や Lintzen and Farrell (1981) は，大気力学の性質を考慮に入れると日射量に対する気候の感度が多少鈍くなることを指摘しており（阿部・増田, 1991），

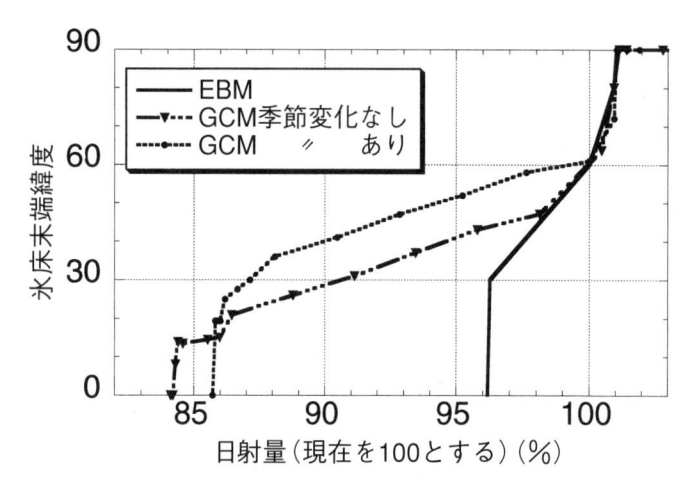

図 4.1.7 太陽定数に対する氷末端緯度の応答．大気海洋結合大循環モデル（季節変化のあるもの，ないもの）とエネルギーバランスモデルによる結果の違い．

スノーボールアース仮説に疑問を投げかけるような大循環モデルによる数値実験（Hyde et al., 2000）も発表されている．Hyde らは，6 億年前から 8 億年前の地球環境を想定した大循環モデルによる数値実験を行い，その結果全球凍結にはいたらなかったこと，それでも当時の環境指標である低緯度の氷床の維持などが説明可能であること，および低緯度で氷床が維持される方が全球凍結状態よりも生物の進化を説明しやすいことなどを論じた．大循環モデルを用いた場合にエネルギーバランスモデルと比較してどのように異なる結果が生じるのかについては，定量的かつ系統的な研究がこれまで行われてきていない．以下ではその予備的結果を示す．

ここでは簡単のために全球に大陸がないとし，太陽の明るさ（年平均日射量）を 1% から 2% ずつ変えた定常応答の数値実験をいくつも行い，氷の末端の緯度を調べてみた．現在のように季節変化がある状況に加え，季節変化がない状況での数値実験を行い，エネルギーバランスモデルと大気海洋大循環モデルの結果を比較したのが図 4.1.7 である．各モデルについて，氷の末端が緯度 60° に達する場合の日射量を基準に規格化した（すなわち，図中の 3 本の曲線は（日射量 =100%，氷の緯度 =60°）の点で交わっている）．全球凍

結状態（氷床の末端が0°にいたる）に陥る条件は，エネルギーバランスモデルでは現在に比べて約5%の日射量の低下であるが，大循環モデルの場合には，季節変化がある場合にもない場合にも約15%の日射量の低下を要することがわかる．この違いは，大気海洋の循環による南北熱輸送の効果が両者のモデルで大きく異なることに起因している．エネルギーバランスモデルでは南北の熱輸送は拡散過程によって表現されるが，大循環モデルでは，あらわに表現された循環による乾いた大気の熱輸送と，湿潤な空気の移動に伴う凝結の潜熱輸送によって南北の熱輸送が決まっている．とくに氷の末端が中高緯度にある現在のような気候ではいずれのモデルもよく結果が一致しているが，氷の末端が40°より低緯度にくる状況ではかなり結果が異なっているのは，この緯度よりも低緯度の循環による南北熱輸送が，エネルギーバランスモデルのような単純な拡散型の熱輸送では表現し切れないことに問題があるのである．かくして，低緯度での大気循環は地球が全球凍結状態に陥ることを妨げる方向に働くことがわかる．

ところで，このような定量的考察は一体全地球史解読に対してどのような意味を持つのであろうか？ ここでは，地球の全球凍結現象，いわゆるスノーボールアース仮説を例に取って考えてみる．現在から約6-10億年前の時代には，低緯度の赤道付近で氷床の発達した痕跡が数多く発見されている．また，そうした氷河期の後には再び気候が温暖になるという繰り返しがあったという地質学的証拠（有機炭素の堆積物など）も確認されている．こうした現象の要因として現在注目を浴びているのが，4.5節で述べられるスノーボールアース仮説である．恒星進化の理論によれば，約6-10億年前の時代には太陽放射量が現在よりも6%から7%程度低下していたと推測されている．スノーボールアース仮説は現在のところエネルギーバランスモデル（EBM）に基づいて議論されており，そこでの全球凍結状態のための日射量低下条件はちょうど6-7%程度と見積もられている．そのため，この約6-10億年前の時代には地球はスノーボールアース状態であったと考えられている．

一方，前節までに述べた大循環モデルを用いて計算すると，全球凍結状態にいたるための日射量低下の条件は，現在に比べて−15%程度である．6-10億年前に太陽放射量が−6%程度低かったとしても，これでは全球凍結状態に

はいたらない．また，現在の大気中の二酸化炭素（350 ppm）が持つ温室効果を日射量のエネルギーフラックスに換算すると，これも約6%（約 20W/m^2）になるのだが，これがないとしよう．すなわち6-10億年前の大気中には二酸化炭素が存在しないと仮定してみよう．すると日射量はさらに -6% となるが，これでも $-6\% - 6\% = -12\%$ であり，-15% という全球凍結条件に到達しない．このように，エネルギーバランスモデルよりもはるかに現実地球の気候状態を良く表現すると考えられる大循環モデルでの計算結果が全球凍結に否定的な予想を出したことにより，6億年前以前の気候変化を考える際のスノーボールアース仮説は，もしかすると大幅な修正を余儀なくされることになるかもしれない．今後の重要な研究課題のひとつである．

（2）氷期・間氷期サイクルに対する示唆

地球の氷期・間氷期サイクルに関する大きな問題は，現在から約100万年前を境に周期が約4万年から約10万年へと変化したことである．ここでは，この現象が何故起こったのか，さらにこの現象に伴って生じた振幅変化の原因を論じてみたい．

第四紀を通じて，ミランコビッチサイクルの2つの要素のうち，高緯度の日射の変動に最も効くのは自転軸の傾きの変化であり，次が気候的歳差の効果である（第3章を参照）．もしも氷期・間氷期サイクルがミランコビッチサイクルの周期をそのまま反映したものなら，氷床質量の変化を示す時系列には，第四紀全体を通じて自転軸の傾きの変化に起因する約4万年周期が卓越しているはずである．けれども，第四紀前半には確かに約4万年周期が卓越していたが，最近では10万年周期の卓越が顕著になっている．これは何故だろうか？　ここでは，この10万年周期が出現するのはいかなる条件のもとでなのか，10万年周期の氷期・間氷期サイクルは第四紀特有の出来事なのかなどの事柄について，氷床の数値モデルを用いて議論してみたい．

ミランコビッチサイクルのような周期的な外力に対して氷床がどのように応答するか調べるため，氷床表面での質量収支が夏の日射量に線形に応答して変化すると仮定してみる．そこで，境界条件となる寒暖（＝夏の日射量の変化と思えば良い）を外力として周期的に，たとえば2万年を周期として与え

てみると，ある条件下では氷床は2万年とは異なる周期を持つ非線形な応答を示す場合があることがわかった．また，氷床に対する外力として入力された寒暖の振幅が一定でも，結果として得られる氷床の大きさの変化振幅は一定ではないことがある．このような応答を仮に「強い非線形な応答」と呼ぶことにする．この「強い非線形な応答」が生じるのは，氷床成長と基盤岩の変形の相互作用，および大気の鉛直温度構造のためである．氷床は海面から対流圏中部にいたる大気の影響を受ける．氷床の高度の変化は，大気との相互作用による質量収支の変化を通じて自身の成長・後退に影響を及ぼす．さらに，氷床の変動にある時間差をもって沈降・隆起する基盤岩の変動は，氷床の高度と質量収支の変化を通して氷床の成長と後退に影響を及ぼす．氷床が周期的な外力に対して非線形な応答を示すのは，氷床の定常応答の性質に加え，ミランコビッチサイクル，氷床の拡大・縮小，および基盤応答の三者の時間スケールがある適当な組み合わせになっている場合である．

　この非線形な応答はどんな状況の下でも必ず現れるわけではない．計算機で数値実験を行う場合，地球表層の平均気温を外力として与え，それをゆっくりと変化させてみる．すなわちたとえば，気候状態を温暖から寒冷へとゆっくり変化させて氷床の応答を計算してみる．すると，長期的には氷床は次第に成長していくが，その周期的変動の様子も徐々に変化していく様子が見られる（図4.1.8a）．すなわち，まず(A)外力と同じ周期で氷床が生成と消滅を交互に繰り返す状況が現れ，次に(B)外力とは異なる周期で氷床が拡大・縮小するような強い非線形応答の状況が現れ，最後に(C)再び外力と同じ周期で大氷床がわずかな振幅で拡大・縮小する状況が現れる（図4.1.8bで言えば下側にある右から左への矢印「気候変化の軌跡」で表された方向への進化）．このように，仮に外力の周期が時間的に変化しなくても，ある時点では氷床変動の周期が時間変化し得ることが数値実験によって示されるのである．

　この結果を現実の氷床に適用してみよう．最近約300万年間の海底コアに残された氷床総質量の変動を表す酸素同位体比のデータを例にとり，数値実験の結果を現実の氷床に適用してみる．第三紀の末ごろ，つまり北半球に氷床ができ始めたころには，氷床変動にはまだ10万年周期変動の卓越は見られず，ミランコビッチサイクルと同じ周期の4万年で氷床の生成と消滅が繰

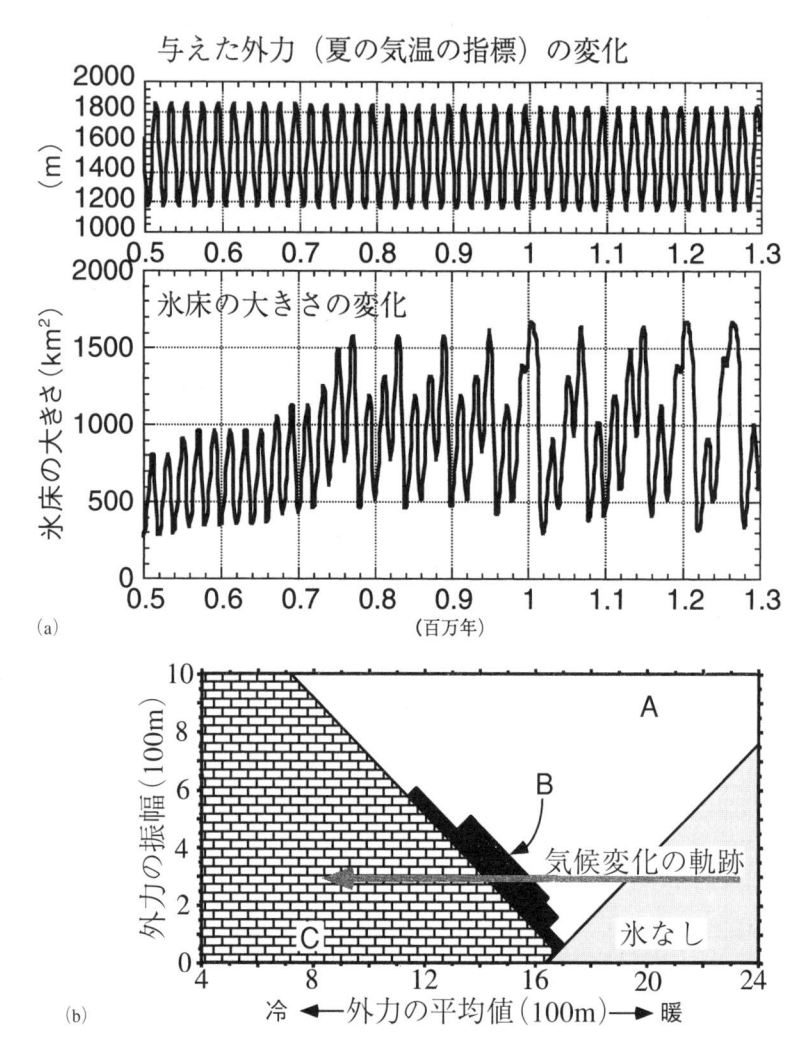

図 4.1.8 (a) 氷床モデルに与えた外力，および外力に応答した氷床量変動の時系列．外力とは地球表層での夏の気温に比例する指標であり，2万年の周期で変化させながら地表がゆっくりと寒冷化することを想定したパラメタである．(b) 氷床の応答の相図．横軸は (a) でいう外力パラメタの（振動周期よりも長期間の）時間平均値で，縦軸はその振幅．

り返されていたと考えられる．これは酸素同位体比の観測データから言えることであるが，前述した数値実験ではちょうど(A)の段階に相当する．次に，第四紀の最近70万年以降になると，酸素同位体の時系列はミランコビッチサイクルには存在しない10万年の周期が顕著になり始め，非線形応答に特有な鋸歯形の時系列を示し始める．これは前述した数値実験の(B)相当の段階である．これは，地球上の氷床の総質量の7割近くを占めたローレンタイド氷床とフェノスカンジナ氷床の寄与による現象と考えられる．ローレンタイド氷床とフェノスカンジナ氷床はその質量の大きさのためのみならず，地理的分布も中緯度に及んでいたことから，全球の大気循環や海洋の深層循環に影響を与え，全球的な表層環境を巻き込んだ（ミランコビッチサイクルという見地から見れば非線形な）10万年周期の氷期・間氷期サイクルをもたらしたものと考えられる．また第三紀以降，（平均的に見れば）気候が寒冷化していると考えられる証拠がある（多田，1991）．このような状況から見て，第四紀の気候の遷移は，全般的なゆるやかな寒冷化に伴って，上述のような氷床の応答の型が遷移したという説明を与えられそうである．

将来に目を向け，寒冷化がさらに進む状況を想定してみよう．すると，ローレンタイド氷床やフェノスカンジナ氷床などが間氷期になっても現在のように縮小しないような状況，前述した数値実験の(C)のような状況の発生が考えられるだろう．もし逆に，寒冷化が進まずに温暖化が進行したとすれば，10万年周期が卓越するような複雑な氷期・間氷期サイクルは見られなくなり，地球の気候システムは前述した数値実験の(A)の段階に戻っていくであろう．

本節では数万年周期の日射量変動に対して氷床がどのように応答するかについて考えてきた．大気大循環や海洋循環を変えることにより，氷床変動は地球表層環境の全体に影響を与えるはずである．氷床の「強い非線形応答」に伴って，大気・海洋の応答周期も変調されるであろう．だが，これについてはまだ十分に検証されてはいない．さらに，大気・海洋の変動は氷床にフィードバックされるだろう．過去の地球表層環境の変動を考察するためには，複数の氷床が存在したときの周期的外力への応答や大陸配置の違いがもたらす影響などを調べる必要もある．今後は，大気と海洋と氷床を含む気候モデルを用いたたくさんの数値実験が必要である．それに加えて，全地球史解読計

画で得られた地質学的サンプルの縞からその周期性や突発的イベントを読み取る際には，その時代の環境を構築していたであろう気候システムの振舞いをある程度は理解しておくことが非常に重要であることも明らかである．気候がどのような状況下では外力に従い，どのような状況下では外力と異なる周期や振幅を持つのか．とりわけ大陸配置によって気候の応答や周期変動の様子が変わるという事象の理解は重要であろう．

4.2　海洋物質循環と古海洋

山中康裕

4.2.1　過去の気候と地質学的証拠との関係

　過去の気候は，直接的に記録されるわけではなく，間接的に地質学的な証拠として記録される．風速や海流，温度，雨などの過去の気候を直接示す化石などの地質学的証拠が存在するわけではなく，その気候の影響を受けた花粉や有孔虫の種構成などが湖底堆積物や海底堆積物中に記録として残る．これらの地質学的記録は，気候の要素と 1 対 1 に対応した関係ではない．したがって，ひとつの地質学的記録にはさまざまな解釈が可能となるが，ある特定の気候状態に応じた地質学的記録がいくつか得られるため，それらを組み合わせて，過去の気候状態を推定することができる．

　たとえば，(1) 陸上から遠く離れた海底に陸上起源の物質が見つかる場合を考えてみよう．風が強い場合には，風成塵として，海底に堆積する量も増え，大きな粒子が相対的に増える．それに対し，陸上が乾燥していれば，海底に堆積する量も増えるが，粒子サイズは小さいままである．場所によっては，陸上起源の物質が河川から運ばれ，洪水の頻度を示すような指標として用いられる場合もある．また，(現在の南極大陸やグリーンランドにあるような) 大陸上の氷床から切り離された氷山に付着したものがバラバラと海底に降ることによって，風で輸送できないような大きなものも運ばれる．

　次に，(2) 酸素同位体を用いた過去の気候を知る手法について考えてみよう．酸素同位体には ^{16}O，^{17}O，^{18}O という 3 つがあり，これらの同位体の比から求める方法である．海洋のプランクトンの殻の炭酸カルシウム ($CaCO_3$) 中の酸素同位体に重い酸素 (^{18}O) がより多く含まれる場合は，大陸上に氷床があったか，プランクトンが生息している海水が冷たくなったかということを示している．前者の場合の原因は，軽い酸素を含む水が海水からより多く蒸発し，それが雨や雪となり大陸上の氷床に蓄積され，残った海水中には

重い酸素を含む水が残るためである．後者の場合の原因は，海水中に含まれる炭酸イオンや重炭酸イオンの間の同位体のやり取りが温度によって決まっており，炭酸イオンからプランクトンが殻を作る際の温度を反映して，重い酸素を含む炭酸カルシウムの殻が作られるためである．

　さらに，(3) 海底において海水中の溶存酸素が無酸素状態になったことは，海底堆積物をかき混ぜるはずの底生生物が生息せず，細かい縞を伴った層が残っていることや，有機物が酸化されずに多く含まれていることによって示される．海底が無酸素状態になったことは容易にわかるが，その原因を突き止めることは難しい．海洋表層における溶存酸素は，大気–海洋間のガス交換により，ほぼ飽和濃度である．溶存酸素は，海洋循環により深層に運ばれるとともに，海洋表層から深層へ沈降してきた粒子中の有機物が酸化される際に消費されるため，深層水中の溶存酸素濃度は減少する．海底が無酸素状態となった原因として，海洋深層水が停滞したために，溶存酸素が長い時間をかけて減少したのか，あるいは，海洋表層の生物生産が高く海底に多くの有機物が供給されたために，溶存酸素が急速に減少したのか，という解釈になると難しい．

　以上のように，地質学的記録を気候状態にそのまま読み替えることは難しく，どのような気候状態のときにどのような地質学的データが得られるのかという知識が予め必要となる．物質循環は，次に述べるようにそれ自身，気候システムの一部として重要であるが，もうひとつ重要なことは，物質循環は気候状態と地質学的記録を結び付けるものなので，その研究が気象学，海洋学などと古気候学・古海洋学との橋渡しを行うという点である．

4.2.2　海洋物質循環

(1) 海洋中の炭素の振舞いと出入りの時間スケール

　物質循環は，大気中二酸化炭素濃度を決める役割を通じて，気候システムの一部として重要な役割をしている．大気中二酸化炭素濃度は，大気–海洋間でほぼ分圧平衡にあり，大まかに言えば，海に溶け込んでいる炭素の総量と海洋表層–深層間の濃度分配比（および pH）で決まる．海洋での二酸化炭素の総量は，大陸上の物質が河川流入することにより増加し，海底に堆積した

物質が埋没することにより減少し，河川流入と埋没が釣り合った場合には定常（平衡）状態となる．河川流入した物質が海底埋没されるまでの海洋に留まっている平均的な時間をその物質の大気–陸面–海洋系における滞留時間といい，総量を単位時間あたりの河川流入量や海底埋没量で割ったもので定義される（(4.3.5)式参照）．この滞留時間は，たとえば，河川流入量が突然変化した場合に，総量や海底埋没量が変化し，新たな平衡状態に達するまでの時間スケールを示す便利なものである．したがって，今注目する現象の時間スケールがこの滞留時間より長い場合は，河川流入や埋没過程がその現象に影響を与え，本質的に関わっていることが考えられる．一方，この滞留時間より短い場合は，後で述べるような海洋生物生産や海洋循環の変化による海洋表層–深層間濃度差が，本質的に関わっていることが考えられる．

海洋に溶け込んでいる物質により，大気–陸面–海洋系の滞留時間は異なる．溶存物質の大部分を占めるナトリウムイオンやマグネシウムイオン，塩素イオン，硫酸イオンなどの主要成分は，100万年から1億年という長い滞留時間を持っているのに対し，後で述べるリン酸イオンや珪酸イオンは数万年程度の滞留時間を持っている．炭素はほぼ中間の数十万年の滞留時間を持っているが，大気中二酸化炭素濃度を決める海洋中二酸化炭素分圧に影響を与えるだけの総量の変化は，その1/10程度で十分なので，数万年程度である．

図4.2.1には，現在（産業革命前）の大気や陸上，海洋における炭素貯留量とそれらを結ぶ炭素フラックス量が表されている．海洋は大気の60倍もの炭素を，また陸上植生は土壌中に含まれるものを加えると大気の3倍半の炭素を貯蔵している．大気や陸上植生，海洋について，それぞれの滞留時間を定義することができ，その値はそれぞれ約3年，約20年，約600年となる．約20万年と見積られる大気–陸面–海洋全体の滞留時間は，それらに比べて桁違いに長い．したがって，大気–海洋間の分配比や海洋表層–深層間濃度差は，河川流入や埋没による影響は小さく，海洋生物生産や海洋循環によるものということがわかる．また海洋の生物について，その生産量は陸上のものの約半分もあるが，その貯留量は大変小さく，滞留時間を見積るとたった3週間程度である．この違いは，陸上の木の成長が数十年かかるのに対し，植物プランクトンが数週間程度で大繁殖（ブルーム）することから，納得できる．ま

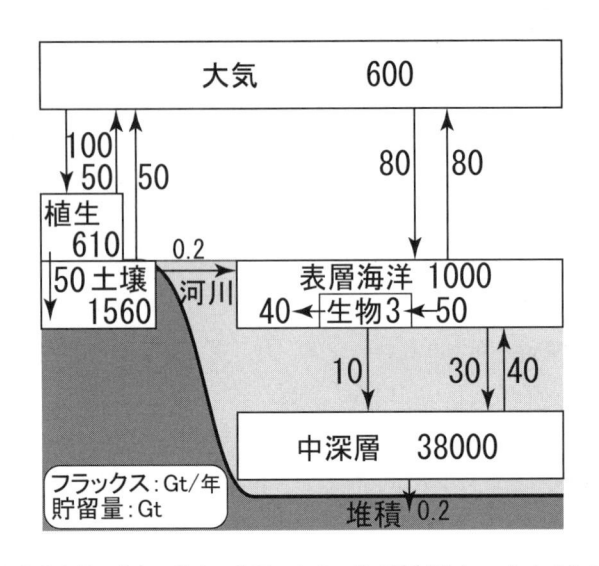

図 4.2.1 産業革命前の大気や陸上，海洋における炭素貯留量（GtC）とそれらを結ぶ炭素フラックス量（GtC/年）．1 GtC は炭素 10^{15} g を表す．人間による化石燃料の燃焼や森林伐採などによって大気に放出される量は，1980 年代では約 7 GtC/年と見積られている．

た，深さ 100 m 程度の海洋表層において，それ以深の深層とのやり取りよりも大気とのやり取りの方が大きいことがわかる．これは，たとえば，人間活動に伴って大気中に放出された人為起源の二酸化炭素が，海洋に吸収された後，海洋表層には速やかに貯まるが，深層にはなかなか貯まらないことを意味している．

海洋は大気の 60 倍もの炭素を貯めているが，下に示すような化学平衡によって，二酸化炭素だけではなく重炭酸イオンと炭酸イオンの形で海洋に溶けているためである．

$$CO_2 + H_2O \rightleftharpoons H^+ + HCO_3^- \tag{4.2.1}$$

$$HCO_3^- \rightleftharpoons H^+ + CO_3^{2-} \tag{4.2.2}$$

平衡定数は，温度や塩分，圧力の関数であるが，それぞれ $K_1 = 1.3 \times 10^{-6}$ mol/kg, $K_1 = 8.6 \times 10^{-10}$ mol/kg 程度の値である．現在の海水の pH は約 8 の弱アルカリ性である．図 4.2.2 に示すように，現在の海水では，

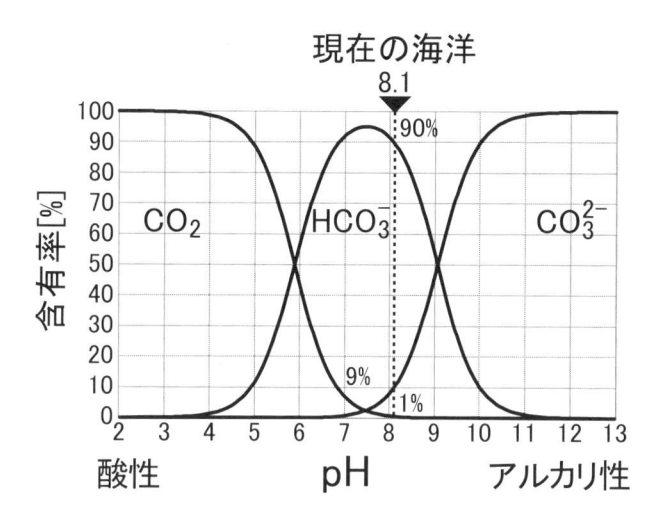

図 4.2.2　海水中に存在する二酸化炭素や重炭酸イオン，炭酸イオンの含まれる割合．pH によってその割合が変化し，酸性ではほとんど二酸化炭素，アルカリ性ではほとんど炭酸イオンとなる．現在の海洋表層水の pH はおよそ 8.1．

およそ 90％が重炭酸イオン，9％が炭酸イオン，1％が二酸化炭素となって溶けていて，それらを足しあわせた濃度を全炭酸と呼ぶ．二酸化炭素の検出方法として小学校で習った「二酸化炭素を石灰水に吹き込むと白濁する」際の化学反応は，強アルカリの（OH^- が豊富に存在する）もとで，上の化学平衡に従って二酸化炭素が重炭酸イオンや炭酸イオンに解離して，炭酸イオンがカルシウムイオンと反応して炭酸カルシウムを沈殿させるというものである．「さらに二酸化炭素を石灰水に吹き込むと透明に戻る」（高校の化学）というのは，二酸化炭素がさらに増えると，pH が少し酸性側に移動し，炭酸イオン濃度が低下し（図 4.2.2 からわかるように，弱アルカリでは，pH が減少するにつれ炭酸イオン含有率は大きく低下する），沈殿した炭酸カルシウムが再び溶け，透明となることで説明できる．現在の海洋は弱アルカリ性なので，後者の状態にある．後者の化学反応は (4.2.1) 式は右に移動すると同時に，(4.2.2) 式は（右ではなく）左に移動すると考えることができるので，この 2 つの式を足すと

$$CO_2 + CO_3^{2-} + H_2O \rightleftharpoons 2HCO_3^- \tag{4.2.3}$$

となる．この化学平衡が，海洋化学の専門外の人が海洋中の二酸化炭素の振舞いを理解することを難しくしている．

海洋に二酸化炭素がまったく溶けていない状態を考えると，強アルカリ性なので，上で述べた小学校の理科に相当し，図 4.2.2 から，新たに加えた二酸化炭素はほとんどすべて炭酸イオンになる．したがって，二酸化炭素を加えても，二酸化炭素濃度はほとんど上昇しないので大気–海洋間の分圧平衡に近づかず，効率よく二酸化炭素を貯められることがわかる．ところが，ある程度二酸化炭素が溶けると pH が変化し，加わったものの一部は二酸化炭素のままとなり，分圧平衡に近づきやすく，二酸化炭素を貯める効率は悪くなる．さらに，化学平衡をより詳しく計算すると，現在の海洋は大気の 60 倍もの炭素を貯めているにもかかわらず，人為起源の二酸化炭素のように，新たに加わったものについては，海洋は大気の最大 8 倍程度しか貯めることができないことがわかる．

(2) 海洋表層–深層間の濃度分布

海洋中の多くの物質分布は，生物生産と海洋循環とのバランスで決まっている．海洋における生物生産量は，光の量に加え，栄養塩と呼ばれるリン酸イオ

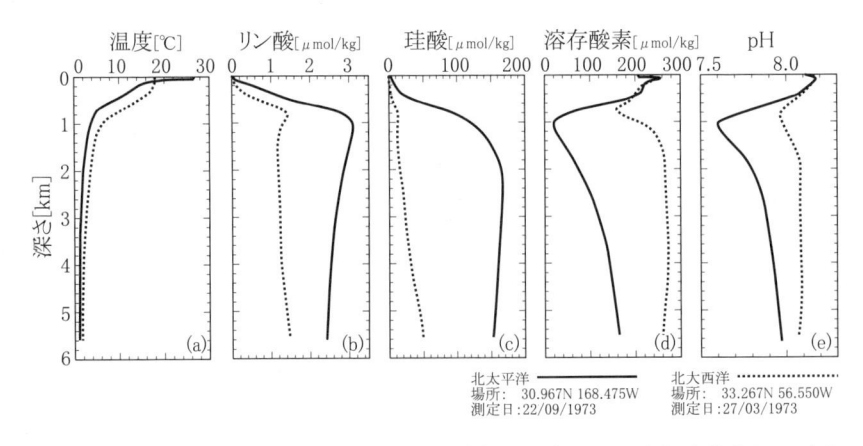

図 4.2.3　太平洋と大西洋における (a) 水温，(b) リン酸イオン，(c) 珪酸イオン，(d) 溶存酸素濃度と (e) pH の鉛直分布．実線が北太平洋，点線が北大西洋における濃度．

北太平洋　場所：30.967N 168.475W　測定日：22/09/1973

北大西洋　場所：33.267N 56.550W　測定日：27/03/1973

ン，硝酸イオン，珪酸イオンなどの濃度で決まる．これは，海洋生物の元素組成（P : N : C = 1 : 16 : 106）と海水中での組成（P : N : C = 1 : 15 : 1017）からわかるように，光合成で有機物が作られる際に炭素に比べてリンや窒素が相対的に欠乏するためである．およそ深さ400 mから1000 m，水温が5–10 °C付近を水温躍層または中層，それ以深を深層，それ以浅を表層と呼ぶが，栄養塩の濃度は，海洋の深層が高く，表層でほとんど枯渇している（図4.2.3）．海洋の生物生産量は，図4.2.1で見たように，炭素量で年間 50×10^{15} g 程度である．したがって，生物生産量は，栄養塩が深層からどの程度供給されるかでほぼ決まる．中高緯度では，海洋表層の海水が冬季に冷却され，海面から深さ100–200 mまで混合され，そのときに栄養塩が表層に供給されて，春季日射が増えると生物生産が高くなる（春季ブルーム）．また，赤道湧昇・ペルー沖などでは，沿岸湧昇に伴って栄養塩が表層に供給され，生物生産が高くなっている．生物生産された動植物プランクトンの生物組織（粒子状有機物；paticulate organic matter, POM）や殻（方解石，オパール）などの一部は，沈降粒子（いわゆるマリンスノー）として中層や深層へ運ばれていく．その量は，炭素量で深さ100 mで年間 10×10^{15} g 程度，深さ1000 mで年間 1×10^{15} g 程度となる．つまり，海洋循環によって，海水に溶け込んでいた栄養塩は表層に運ばれ，生物生産によって，有機物の沈降粒子として中深層へ戻っていく．このようにして，栄養塩の表層と深層の濃度差が作られる．

一方，深さ1000 m以深の深層は，深層水と呼ばれる5 °C以下の水によって占められている（図4.2.3）．現在，この水はグリーンランド沖および南極大陸周辺のきわめて限られた地域で生成され，深層循環として大西洋や太平洋などの他の全海洋の深層へ広がっていく．深層水は，広がるとともに，鉛直拡散によって徐々に暖められ，それに伴って年間3 m程度というごくごくゆっくりとした速度で上昇していき，中層や表層を通じてまた生成域へ戻っていく．深層水は，大西洋から南極海を経てインド洋や太平洋へ流れていくうちに，表層から深層へ降ってきた沈降粒子が深層水に溶け込んでいくため，栄養塩に富む水へと変質していく．したがって，深層水中の栄養塩濃度は大西洋に比べ太平洋で高くなる．このようにして，深層循環が存在する深いところで沈降粒子が溶けることにより，表層と深層の濃度差とともに，大西洋

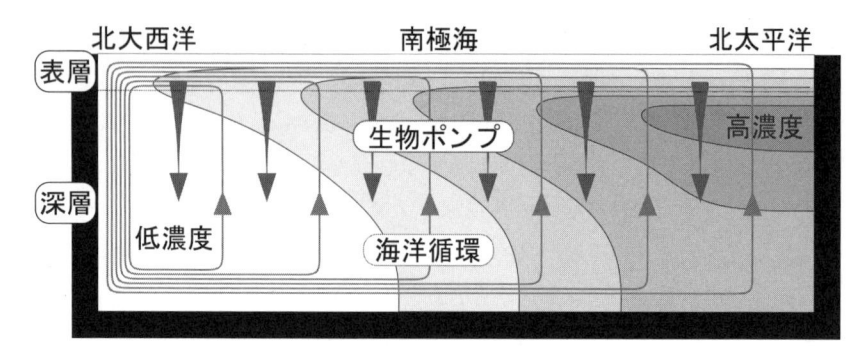

図 4.2.4　海洋における栄養塩濃度に対する海洋循環と生物ポンプの役割についての模式図．トーンは，栄養塩濃度を表し，北太平洋において最高濃度を示す．

と太平洋の濃度差も作られる．

　以上をまとめたのが，図 4.2.4 である．W. ブローカー（W. Broecker）は，深層循環が上から沈降粒子を溶かし太平洋へと運んでいき，表層で戻るときに沈降粒子としてこぼしていく様子をコンベヤーベルトにたとえ，このような全海洋規模の海洋循環をコンベヤーベルトと名付けた（Broecker and Peng, 1982）．図 4.2.3 に見られるように，珪酸イオン濃度は，リン酸イオンや硝酸イオン濃度に比べ，大西洋と太平洋の深層水中の濃度差が大きく，大西洋深層のイオン濃度は表層水の濃度程度に低くなっている．これは，リン酸を含む生物組織は，90%程度が深さ 1000 m までに溶けてしまい，深層循環が存在する深いところではあまり溶けないのに対し，沈降粒子中の珪酸を含むオパールの殻は，80%程度が深さ 1000 m より深いところで溶けるので，より積極的に大西洋と太平洋の濃度差が作られることによる．表層への栄養塩供給量は，深層での濃度によってほぼ決まるので，植物プランクトンのうちオパールの殻を持つ珪藻などは，大西洋ではなく太平洋・南大洋に生息する．つまり，珪藻が持つ殻の溶けにくさが珪藻自身の生息域を限定しているといえる．

　このように，海洋循環のもとで，生物生産分布と栄養塩分布はお互いに影響しながら決まる．また，珪藻などの生息分布を見れば，深層水がどのようなところで形成されていたかわかる．北大西洋では，珪藻の殻が 1700 万年前から減少し 300 万年前以降の海底堆積物から見つからないことが知られてい

る．この地質学的記録から，1700万年前からグリーンランド沖で深層水が形成されはじめ，300万年前には現在の気候状態にいたったと解釈されている（たとえば，多田，1991）．

(3) 堆積過程

はじめに述べたように，海洋循環や海洋中の三次元的な栄養塩分布が，そのまま海底堆積物に記録されるわけではない．海洋循環や栄養塩分布に影響された生物活動によって生産された沈降粒子の一部が海底に達し，さらに堆積過程を経て溶け残ったさらにごく一部が埋没し，海底堆積物として地質学的証拠となるわけである．海底の堆積層は，海底に降ってきた堆積物の固相と海水が満たされた間隙水の液相からなり（60-80%が間隙水，20-40%が堆積物），軟泥（ooze）と呼ばれるごく柔らかい状態になっている．陸から遠く離れた海底では，堆積物は一般的に1000年間で数cmという大変ゆっくりした速度で堆積する．深さ10cm程度までは底生有孔虫などによって絶えずかき回されているので，数千年間に降ってきたものが平滑化されて記録される．したがって一般的な海底堆積物の記録の時間分解能は数千年程度である．沈降粒子のうち，生物組織である有機物はプランクトンの殻と同量程度に海底に達するが，その大部分は底生有孔虫やバクテリアなどの餌として分解されてしまい，堆積物中の主要な成分とはならない．有機物が分解される際に，溶存酸素を消費し二酸化炭素を発生させるために，一般的に，海洋堆積物中では深さ数cm以深では無酸素状態であり，間隙水のpHは海底直上の海水よりも少し酸性側に寄る．現在の海底堆積物の主な成分である生物起源（プランクトンの殻）の方解石（炭酸カルシウム）やオパールおよび陸起源の砕屑性物質の3つについて，どのように地質学的証拠となるのか次に見てみよう．

海水中の珪酸イオン濃度はいずれの海底でもオパールについて未飽和濃度なので，オパールはどの深さでも海底に達した後に徐々に溶け出す．したがって，海底に降ってくる速度の方が溶け出す速度よりも上回るような生物生産がとくに高いところの海底のみ堆積する．オパールの地域分布は，生物生産がとくに高い地域のうち，太平洋赤道域・北太平洋高緯度・南半球高緯度で堆積しているが，大西洋赤道域・北大西洋高緯度では堆積しない（図4.2.5）．

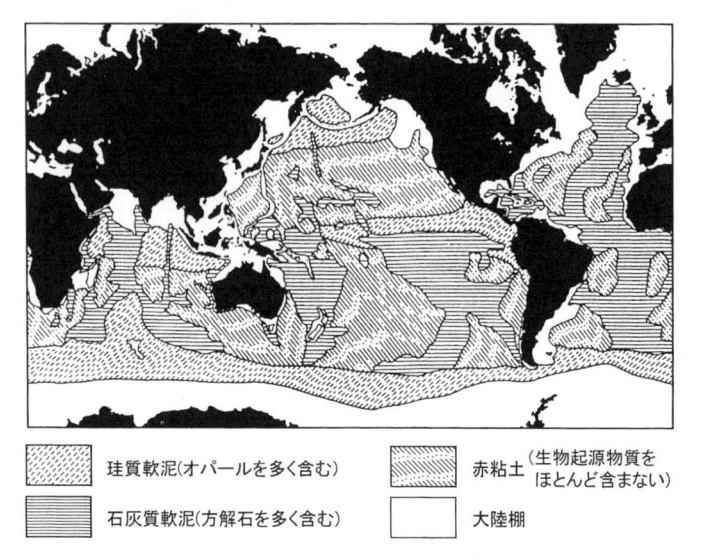

| | 珪質軟泥(オパールを多く含む) | | 赤粘土（生物起源物質をほとんど含まない）|
| | 石灰質軟泥(方解石を多く含む) | | 大陸棚 |

図 4.2.5　現在における海底堆積物中の主な成分についての分布（西村，1983 に加筆）．

これは，先ほど述べたように現在の深層循環のパターンによって決まっている．深層水の形成海域から遠いところでオパールが堆積するという関係を使って，過去の深層循環のパターンを推定することができる．

　方解石も，生物生産の高いところで多量に海底に達するので，堆積しやすくなる．しかし，その堆積分布は，オパールに比べて生物生産分布を反映しない．海水中の炭酸イオン濃度が一定でも，方解石の溶解度積は圧力依存性が大きいために，浅いところでは過飽和濃度であり，深いところで未飽和濃度となる．そのため，方解石は浅いところに堆積する傾向があり，図 4.2.5 を見ると，中央海嶺で方解石が堆積物中に最も多く含まれている様子が見られる．北太平洋で方解石が堆積しないのは，前に述べたように，北太平洋の深層水が多くの有機物を溶かし込んでおり，そのために海底直上の海水の pH が酸性寄りになり（図 4.2.3），海水中の炭素量は増加しても，炭酸イオン濃度は減少し未飽和濃度になっているためである．ちなみに，現在の海洋では，炭酸イオンが過飽和濃度であっても，マグネシウムイオンなどの影響により，炭酸カルシウムが析出することはない．オパールの堆積分布ほど明らかではないが，深層水の形成海域に近いところで方解石が堆積するという関係を使っ

て，過去の深層循環のパターンを推定できる．

ライソクライン（lysocline）は，方解石が堆積物中に含まれる量が急激に減少する海底の深さとして定義される．海底直上の海水の炭酸イオンが過飽和濃度でも，深さ数 cm 程度の堆積層中では，有機物が分解され，二酸化炭素を放出し pH が酸性寄りになり，炭酸イオンが未飽和濃度になる場合がある．その場合には，炭酸カルシウムが堆積層の間隙水中に溶け出し，鉛直拡散によって海水中に放出される．有機物が海底に多く降り積もる海域では，この堆積物中での化学反応によって，ライソクラインは海底直上の海水中の飽和濃度の深さより浅くなる．各深度の海底における方解石の堆積物に含まれる量から，かなりの不確実さが残るが，各深度の炭酸イオン濃度を推定し，過去の大気中の二酸化炭素濃度を推定することも行われている．陸上起源の砕屑性物質は，陸に近いところに多く堆積し，はじめに述べたように，その量は陸上の乾燥や風速によって決まる．

以上見てきたように，生物生産分布と栄養塩分布は，海洋物質循環を通じて，互いに影響しながら決まり，その結果，海底堆積物の分布が決まっている．

4.2.3 海洋物質循環モデルと堆積過程モデル

（1）海洋物質循環モデル

海洋の流れは，流体力学方程式に従うが，その流れはとても複雑で手計算で求められるものではなく，一般的には，スーパーコンピュータを用いて計算される．まず，全海洋を海洋循環が表現できるような大きさの格子に分ける．海洋は，数 mm から数千 km までのさまざまな大きさの現象を含んでいて，理想的にはそれらすべてを表現できるとよいが，実際には計算時間などの制約から，東西南北に 1°（100 km）から 4°（400 km）程度と非常に粗い格子をとる．この程度の格子をとると，完全ではないが，今まで述べたような深層循環や黒潮などの海洋循環を大まかに再現できる．海洋の状態を示す海流や水温，塩分などの値が格子上で与えられたとして，流体方程式などを用いて計算を行う．

ここで，海洋中の特定の格子に注目してみると，次のようになる．まず，水温や塩分の分布から，そこにおける密度や圧力を計算できる．隣の格子との

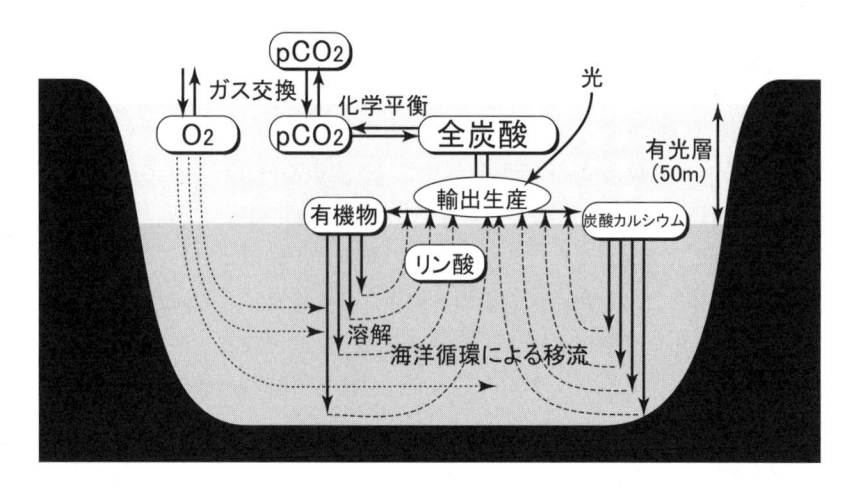

図 4.2.6 海洋生物化学大循環モデルに組み込まれた生物化学過程についての模式図（Yamanaka and Tajika, 1996 を日本語化）. pCO_2 は，二酸化炭素分圧を示す.

圧力差などから，流体力学方程式に従って，海流の変化を計算できる．また，海流が与えられると，海水がどう流され（移流という）周囲の水とどう混ざる（拡散という）のかを表現している水温や塩分の方程式に従って，水温や塩分の変化を計算できる．このように，海流と水温や塩分は，流体力学方程式と水温や塩分の方程式に従って，互いに影響を与えながら決まる．このようなものを，海洋大循環モデル（Ocean General Circulation Model）と呼ぶ．

栄養塩分布は，前に述べたように，水温や塩分とまったく同じ移流や拡散による物理過程と同時に，生物生産などや沈降粒子の溶解などの生物化学過程で決まる．海洋大循環モデルに簡単な生物化学過程を組み込んだものを海洋生物化学大循環モデル（Ocean Biogeochemical General Circulation Model）と呼ぶ．図 4.2.6 に示すように，海洋生物化学大循環モデルはさまざまな生物化学過程を含んでいる．光合成による生物生産は，海洋表層の栄養塩濃度に比例して行われる．栄養塩は湧昇流や鉛直混合という海洋循環によって下層から供給され，赤道域や高緯度域では，下層からの供給量が多くなるので，表層の栄養塩濃度は高くなり，自然と生物生産も高くなる．モデルでは，生物生産された有機物や炭酸カルシウムの殻は，海水中で溶けながら沈降して

いくものとし，その溶け具合は，セジメントトラップという測器を使って観測された結果を利用して決めている．このようにモデルに生物生産と沈降粒子の溶解という2つの生物化学過程を組み込むことによって，海洋中の栄養分布や海底にどのようなものが降ってくるかを再現することができる．海洋生物が作り出す有機物の元素組成比は比較的一定なので，そのことを考慮すると海洋中の全炭酸やpHの分布も計算でき，表層水中の二酸化炭素分圧は，それらと水温などから，化学平衡のもとで計算できる．こうして，二酸化炭素の大気–海洋間のガス交換が計算され，海洋の表層水中の二酸化炭素分圧によってほぼ決まる大気中二酸化炭素濃度も計算することができる．

現在から約2万年前の大気中二酸化炭素濃度は，産業革命前の280 ppmより約80 ppm低かったことが知られ，その原因として海洋物質循環の変化が影響しているといわれている．海洋生物化学大循環モデルを用いて，この海洋物質循環の変化を整理し，二酸化炭素濃度低下の原因を突き止めていけるのではないかと期待されている．また，海洋中の溶存酸素の濃度分布は，生物生産に伴う光合成や沈降粒子中の有機物の分解から計算される．海面において酸素の交換も計算されるので，冷たい海水にはより多くの溶存酸素が含まれるといった効果も計算される．深層水中の溶存酸素濃度は，元々海面でどの程度酸素を含み，海面を離れてどのくらい経過し，有機物の酸化によって酸素が消費されてきたかということによって決まる．このモデルを使って，溶存酸素の濃度分布や生物生産量がどのようになっていたかを見積ることができるので，過去の海洋無酸素事変を理解するのに役立つことが期待されている．

図4.2.7は，太平洋と大西洋におけるリン酸イオンの南北–深さ分布を示す．前節(2)で見てきたような特徴，すなわち，リン酸イオン濃度が表層で低く，北大西洋から北太平洋に向かって高くなっている様子が，モデルでも再現されていることがわかる．さらに，深層における北大西洋での最低値や北太平洋における最高値なども再現されている．北太平洋の深さ1 km付近にリン酸濃度が最も高い層が存在することも，われわれが世界で初めてうまく再現できたものである（Yamanaka and Tajika, 1996, 1997）．

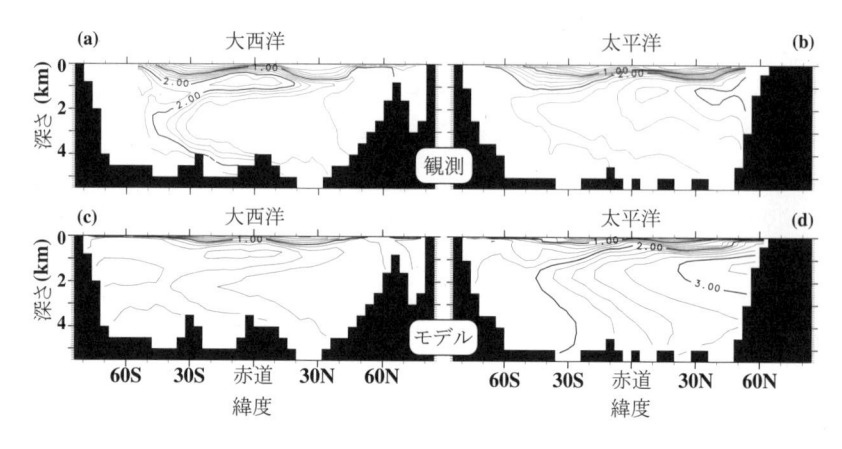

図 4.2.7　太平洋と大西洋における (a,b) 観測と (c,d) モデル（Yamanaka and Tajika, 1997）から得られたリン酸イオン濃度についての南北深度分布．(a) と (c) が大西洋，(b) と (d) が太平洋の南北–深度断面．等高線間隔は $0.2\,\mu\mathrm{mol/kg}$．

（2）堆積モデル

　前にも述べたように，海底に降り積もったものがすべて埋没するわけではない．ここで，炭酸カルシウムに注目したモデルを紹介する（図 4.2.8）．堆積層を，海底に降ってきた堆積物と海水が満たされた間隙水に分けて考える．堆積物中の有機物は間隙水中に含まれる溶存酸素によって酸化される．間隙水中の溶存酸素は，酸化によって減少し，間隙水中の拡散を通じ海底直上の海水と交換することによって供給され，バランスする．このことによって，堆積層の深さ数 cm 以深では無酸素状態となる．海底から深さ約 10 cm までは底生生物が生息し，堆積物をかき混ぜる．堆積物中の有機物の鉛直分布は，生物によるかき混ぜと酸化によって決まる．酸化によって間隙水中に二酸化炭素が溶け出し，pH がより酸性に寄り，海底直上の海水に比べ炭酸イオン濃度が低下する．間隙水中の炭酸イオン濃度が炭酸カルシウムに対して未飽和となった場合には，炭酸カルシウムが溶け出すようになっている．このようにして，間隙水中の全炭酸や pH の鉛直分布が，有機物の酸化や炭酸カルシウムの溶解，および鉛直拡散によって決まり，これらを計算することによって，降ってきた炭酸カルシウムのうち，どれだけが堆積層中で溶け，間隙水中を通じて海水中に戻るのか，あるいは，どれだけが埋没するのかを知ることが

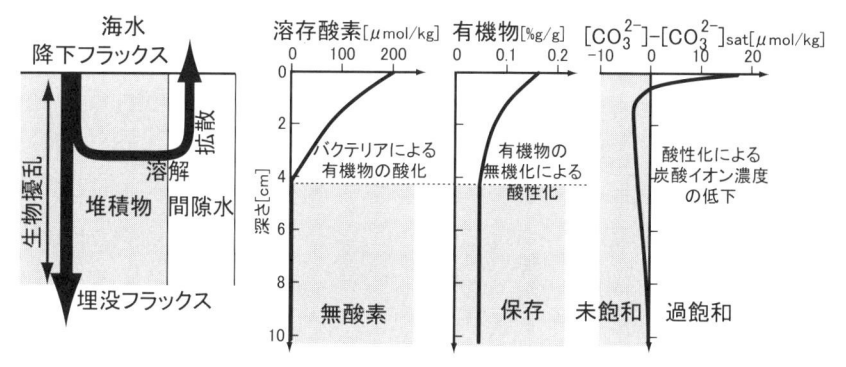

図 4.2.8 堆積モデルについての模式図とその結果.

できる.

カラー口絵6は,堆積物中の方解石の含有率について,観測と海洋生物化学大循環モデルと堆積モデルを組み合わせて計算した結果の全球分布である(大畑, 2001).モデルの結果は,前節(3)で見てきたような観測された方解石の堆積分布の特徴をほぼ再現している.すなわち,方解石の含有率は,水深が比較的浅い中央海嶺で高く,大西洋では北太平洋に比べてより高いことなどを再現している.注目すべきは,観測値についてかなり少ない情報を与えただけで計算されていることである.海面水温,海面塩分,風応力の全球分布の観測値を与えることで,海洋大循環モデルによって,海洋中の水温や塩分および海流の分布を決めている.そして,(海水中の物質分布は与えずに)海水中の全炭酸や栄養塩の観測された総量のみを与えることで,海洋生物化学大循環モデルによって,生物生産の全球分布や海洋中の栄養塩分布などを得た.さらに,海洋生物化学大循環モデルで得られた情報のみを使い,堆積モデルによって,堆積分布を計算したのである.つまり,海洋生物化学大循環モデルと堆積モデルを組み合わせることによって,海面水温,海面塩分,風応力の全球分布という現在の気候の情報から,堆積物の分布という地質学的証拠という情報を作り出し,それが観測を再現していることを示せたわけである.ただし,ここでは上述のように海水中の全炭酸や栄養塩の観測された総量を与えているが,これら総量は,まさしく,堆積過程が決めているものなので,将来的には,モデルの中でそれらについても計算ができるようにな

ると思われる．

　4.1 節で述べられたように，大気海洋結合大循環モデルを用いると，海面水温，海面塩分，風応力の全球分布も計算できるようになる．さらに将来的には，大気海洋結合大循環モデルと海洋生物化学大循環モデルとを組み合わせることで，大陸配置や太陽定数，地殻からの二酸化炭素供給量などを与えるだけで，任意の気候状態を再現し，さらにどのような地質学的証拠が得られるかということを計算できるであろう．ただし，残念ながら，それぞれのモデルの結果は，現時点で，観測を必ずしもよく再現できていないために，機械的にすべてを組み合わせて計算を行ったとしても，任意の気候状態を正しく再現できないと思われる．しかしながら，近い将来に任意の気候状態を再現ができるようになることを夢として持ちたいものである．

4.3　地球環境と物質循環

田近英一

　この節では，大気，海洋，生物圏に加えて，いわゆる地圏（地殻，マントルなど）が関与するような地質学的時間スケール（>100万年）の物質循環に注目する．とくに，ここでは長期的な物質循環のモデリング手法の概略および炭素循環と地球環境との関係について述べる．

4.3.1　物質循環とモデリング

　地球においてはエネルギーの絶え間ない流れが生じている．たとえば，地表は太陽放射によって暖められるが，それと同じ量のエネルギーを地球放射として宇宙空間へ放出している．一方，地球内部では放射性元素の崩壊に伴う発熱が生じているが，対流と熱伝導によって熱が地表へ輸送され，時間とともに徐々に冷却している．このようなエネルギーの輸送過程においては，物質の相変化・化学反応・移動・分別などが伴われる場合が多い．たとえば，マントル対流やマントルプルームによってマントル物質は地表付近へ輸送され，マグマの発生や噴出，揮発性元素の脱ガス，元素の分別などを引き起こす．また，地表においては太陽エネルギーに起因して水の蒸発や降水が生じ，これによって地表は風化・侵食され，さまざまな物質が河川を通じて海洋へ流入する．このような物質の流れは，地球上では全体として閉じた系を構成している場合が多く，その挙動は，一般に物質循環（geochemical cycle）と呼ばれる．物質循環は，地球におけるエネルギーの流れ（地球内部から地球表層への熱の流れや，太陽放射に起因した大気・海洋における熱の流れなど）に駆動されているものと考えることができる（田近，1996）．

　物質循環はひとつのシステムとみなすことができる．このシステムのことを，物質循環システムと呼ぶ．物質循環システムの構成要素は物質のリザーバー，各リザーバー間の単位時間あたりの物質の輸送量はフラックスと呼ばれる．物質循環はある特定の元素に注目して考えられることが多いが，同じ

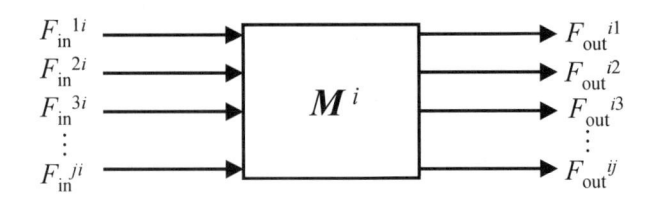

図 4.3.1 ボックスモデルの概念図.ある物質のリザーバー i に含まれる物質量を M^i,そこに流入する物質フラックスを F_{in}^{ji},そこから流出する物質フラックスを F_{out}^{ij} とする.

元素の循環でも注目する時間スケールによって考慮すべきリザーバーやプロセスは大きく異なる.

物質循環を定量的に考える際には,ボックスモデルが広く用いられる(たとえば,Holland, 1978).ボックスモデルは,物質のリザーバーをひとつのボックスとみなし,各リザーバー間の物質フラックスによってそれらのボックスを互いに結びつけたものである(図 4.3.1).ただし,非常に多数のリザーバーの集合を考えるためには,非常に多くの時空間的情報を必要とする.しかしながら,とりわけ地質学的時間スケールの問題を考える場合,入手可能な情報量はきわめて限定されているため,そのような情報量を確保することは困難である.たとえ,ある時間断面における多数の空間的情報をコンパイルすることができたとしても,それを時間的に連続して生成することは不可能といえる.一方で,大規模数値モデルを長時間積分することによって地質学的時間スケールにわたる変動を得ることは,少なくとも現時点においては困難である.このような理由から,物質循環の,とくに長期的変動を考える際には,ごく少数の重要なリザーバーのみから構成されるボックスモデルが用いられることが多い.

いま,ある特定のリザーバーに注目し,そこへ出入りする物質のフラックスとそのリザーバーに含まれる物質量との関係について考えてみよう(図 4.3.1).一般に,あるリザーバー i に含まれる特定の物質の量を M^i とすれば,その時間的変化は

$$\frac{dM^i}{dt} = F_{in}^{1i} + F_{in}^{2i} + F_{in}^{3i} \cdots - F_{out}^{i1} - F_{out}^{i2} - F_{out}^{i3} \cdots$$

$$= \Sigma F_{\text{in}}^{ji} - \Sigma F_{\text{out}}^{ij} \quad (4.3.1)$$

と書くことができる．ここで，F_{in}^{ji} はリザーバー j からリザーバー i へ流入する物質フラックス，F_{out}^{ij} はリザーバー i からリザーバー j へ流出する物質フラックスである．これは，質量収支方程式（mass balance equation）と呼ばれる．一般に，考慮すべき物質のリザーバーは複数あるため，それぞれのリザーバーに対してこのような質量収支方程式を立てて，それらを連立して解くことになる．

一方，対象となる元素の同位体比の時系列データが存在する場合，その同位体についても質量収支方程式を立てて，その情報を利用することができる．

$$\frac{dR^i M^i}{dt} = R^1 F_{\text{in}}^{1i} + R^2 F_{\text{in}}^{2i} + R^3 F_{\text{in}}^{3i} \cdots - R^i F_{\text{out}}^{i1} - R^i F_{\text{out}}^{i2} - R^i F_{\text{out}}^{i3} \cdots$$

$$= \Sigma R^j F_{\text{in}}^{ji} - \Sigma R^i F_{\text{out}}^{ij} \quad (4.3.2)$$

ここで，R^i はリザーバー i における元素 x とその同位元素 x' との存在比（$= M^{x'}/M^x$，ただし $M^x \gg M^{x'}$）を表す．これを同位体質量収支方程式（isotope mass balance equation）という．同位体比データを入力情報として同位体質量収支方程式を上述の質量収支方程式と連立させて解くことによって，方程式系の解に強い制約条件を課すことができる（たとえば，Garrels and Lerman, 1984）．

もちろん，これらの式を解くにあたって，各ボックス間のフラックスがすべて定数であるとしては有益な情報は得られない．それぞれのフラックスが条件（温度，圧力，酸化還元状態，物質総量など）の違いによってどのように変化するかを考慮する必要がある．ここでは，最も簡単な場合として，あるリザーバー i から流出する物質フラックスがそのリザーバー中に含まれる物質総量に比例する場合，すなわち $\Sigma F_{\text{out}}^{ij} \simeq kM^i$ と近似できる場合について考えてみよう．この場合，(4.3.1) 式の一般解は，

$$M^i(t) = e^{-kt} \left\{ \int_0^t \Sigma F_{\text{in}}^{ji}(t) e^{kt} dt + M(0) \right\} \quad (4.3.3)$$

となる．とくに，定常状態（時間微分=0）においては，(4.3.1) 式よりただ

ちに，

$$M^i = \frac{\Sigma F_{\text{in}}^{ji}}{k} \qquad (4.3.4)$$

が得られる．また，このとき

$$\tau^i \equiv \frac{M^i}{\Sigma F_{\text{in}}^{ji}} = \frac{1}{k} \qquad (4.3.5)$$

で定義される τ^i を，ある物質のリザーバー i における平均滞留時間と呼ぶ．

この場合，リザーバーに含まれる物質総量は流入率によって規定されることに注意しよう．一般に，あるリザーバーに含まれる物質総量の変化速度 dM/dt が物質総量 M と流入率 F_{in} で決まり，流出率 F_{out} も物質総量 M で決まるようなシステムのことを，システム理論においてはダイナミカルシステムと呼んでいる．物質循環システムの多くはダイナミカルシステムである，と考えることができる．ダイナミカルシステムにおいては，物質の流入率によってリザーバー中の物質量が規定され，流入率の時間変化によってリザーバー中の物質量の変動がもたらされる．

4.3.2　長期的炭素循環の素過程

物質循環の具体例として，炭素循環を取り上げる．炭素循環は大気中の二酸化炭素濃度の規定要因であるため，地球環境変動と密接な関係にある．大気と海洋は，地質学的時間スケール（> 100 万年）においては，大気海洋系というひとつの結合系とみなすことができるが，ここではそのような長期的時間スケールにおける炭素循環に注目する．

図 4.3.2 に長期的な炭素循環の概略を示す（Tajika and Matsui, 1992）．二酸化炭素は中央海嶺や島弧などにおける火成活動によって大気海洋系へもたらされる．これは，二酸化炭素の脱ガスと呼ばれるプロセスである．脱ガスによって大気中へ放出された二酸化炭素は，水（降水や地下水）に溶けて炭酸となり，地表鉱物を溶解していく．この過程は化学的風化と呼ばれる．風化作用によって地殻から溶出された陽イオンは，炭酸水素イオンとともに河川を通じて海洋へもたらされる．海洋においては，主として炭酸塩骨格を作る生物（有孔虫やココリスなど）によって，それらのイオンが互いに反応して

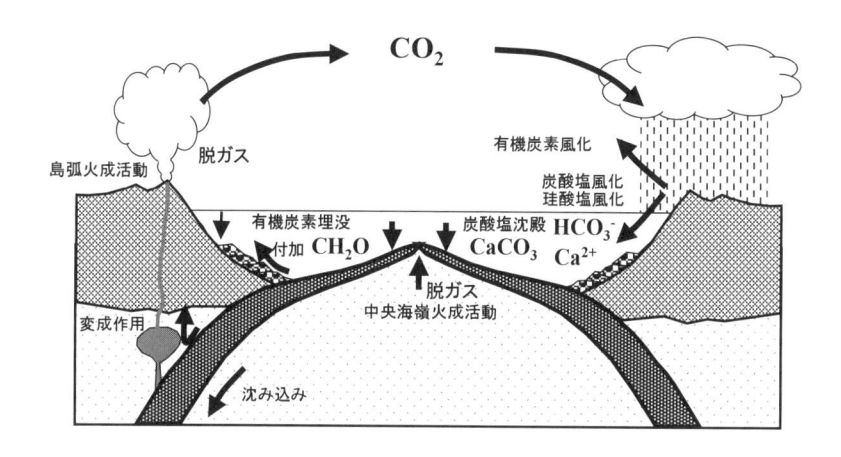

図 4.3.2 長期的な炭素循環の概念図（Tajika, 1992 を改変）．矢印は，長期的な炭素循環を構成するさまざまなプロセスに起因した炭素の流れを表す．

炭酸塩鉱物が沈殿する．このプロセスによって二酸化炭素が消費されていく．二酸化炭素は植物（陸上植物や海洋の植物プランクトン）による光合成によっても消費される．その大部分は死後分解して二酸化炭素を放出することになるが，ごく一部が分解を免れて海底堆積物中に埋没することによって，二酸化炭素が固定される．これらの堆積物は，沈み込み帯における陸側斜面への付加や地殻の隆起などによって，やがて陸上へもたらされ，ふたたび風化作用を受ける．このように，長期的な炭素循環においては，大気海洋系や生物圏だけでなく，地殻や地球内部との相互作用が重要となる（たとえば，Holland, 1978; Walker *et al.*, 1981; Berner *et al.*, 1983; Tajika and Matsui, 1992）．

ここで，地表鉱物の風化作用に注目してみよう．代表的な風化反応として，

$$CaAl_2Si_2O_8 + 2CO_2 + 3H_2O \rightarrow 2HCO_3^- + Ca^{2+} + Al_2Si_2O_5(OH)_4 \tag{4.3.6}$$

$$CaCO_3 + CO_2 + H_2O \rightarrow Ca^{2+} + 2HCO_3^- \tag{4.3.7}$$

がある．ここで，(4.3.6)式は珪酸塩鉱物（カルシウム長石）の風化反応，(4.3.7)式は炭酸塩鉱物の風化反応である．さまざまな地表鉱物の風化反応の結果，河川水中にはさまざまなイオンが溶存している（表 4.3.1）．これらのイオンは，最終的に海洋へ供給される．

表 4.3.1 河川水と海水の主要化学組成および各イオンの海水中における平均滞留時間（Berner and Berner, 1987 より）.

溶存イオン種	河川水中の濃度 (10^{-3}mol/ℓ)	海水中の濃度 (10^{-3}mol/ℓ)	平均滞留時間 (10^6 年)
Na^+	0.315	479.0	55
K^+	0.036	10.4	10
Mg^{2+}	0.150	54.3	13
Ca^{2+}	0.367	10.5	1
Cl^-	0.230	558.0	87
SO_4^{2-}	0.120	28.9	8.7
HCO_3^-	0.870	2.0	0.083
H_4SiO_4	0.170	0.1	0.021
NO_3^-	0.010	0.02	0.072

ただし，表に示される河川水中の溶存イオンは，すべてが風化起源とは限らず，一部には海塩起源のもの（海水中を上昇してきた気泡が海面で割れた時に生じる，海水とほぼ同じ化学組成を持つ海塩粒子が，大気を通じて陸域にまで運搬されたことに由来したもので，Na や Cl などはその影響が大きい）や，人類活動による影響なども含まれていることに注意を要する．したがって，海水中における各元素の平均滞留時間を計算する場合には，それらの要因を考慮して，河川水中の各イオンの濃度を補正しておく必要がある．そのようにして推定された各元素の海水中での平均滞留時間が，表 4.3.1 に示されている．海洋の混合時間は 1000 年程度であるから，これらの元素は海水中できわめて良く混合されて一様になっており，河川からの流入量が短時間に変化してもほとんど影響を受けない．しかし，海水と河川水の化学組成は大きく異なるため，この状況が長期間（1 億年程度）継続されれば，海水組成は全く変わってしまうはずである．それにもかかわらず，少なくとも過去 6-7 億年程度の間，海水組成は平均的にみるとあまり大きくは変わらなかったらしい（Holland, 1978; ただし Lowenstein et al., 2001）．その本当の理由はよくわかっていないが，基本的には海水中から化学沈殿物が形成されることによって，塩分が常に除去されているためであると考えられる．

たとえば，海水中のカルシウムイオンの収支について考えてみよう．カルシウムイオンの大部分は，陸上の珪酸塩と炭酸塩（カルサイトおよびドロマ

イト）の風化によって海洋へ供給される（このほかに，石膏の風化によっても供給される）．すると，海水中では主に生物活動によってカルシウムイオンと炭酸水素イオンが反応し，炭酸塩の沈澱が生じる．

$$Ca^{2+} + 2HCO_3^- \rightarrow CaCO_3 + CO_2 + H_2O \qquad (4.3.8)$$

この炭酸塩の一部は炭酸カルシウムに関して不飽和な深層水中では溶解してしまうが（4.2節参照），残りは海底堆積物として堆積する．この正味の沈澱率（約 20×10^{12} モル/年）は，カルシウムとマグネシウムの河川による供給率の合計とほぼ等しい（Berner and Berner, 1987）．これは，河川から供給されるマグネシウムイオンが，海底における海洋地殻と熱水との間でのイオン交換反応によってカルシウムに置換されるためである（Holland, 1978; Berner et al., 1983; Berner and Berner, 1987）．この結果，マグネシウムイオンは海洋地殻に取り込まれ，代わりにカルシウムイオンが海水中に放出される．海洋は，カルシウムイオンの供給率（$\simeq$ 風化＋熱水交換反応）と炭酸カルシウムの正味の沈殿率がほぼつり合うように，その飽和レベルを調節しているものと考えることができる．したがって海水中のカルシウムイオン濃度は，風化による河川からの供給率と炭酸塩の正味の沈殿率がつり合うことによって，過去においてもあまり大きくは変動しなかったものと考えられる．

ところで，(4.3.8)式で表される反応によって，1モルの炭素が固定され，1モルの二酸化炭素が大気中に放出されることに注意しよう．いま，炭酸塩の風化反応と炭酸塩の沈殿反応を考えると，この一連のプロセス（(4.3.7)式＋(4.3.8)式）では，陸上の古い炭酸塩が風化し，海水中で新しい炭酸塩が固定されただけで，大気中の二酸化炭素の正味での増減はないことがわかる．ところが，珪酸塩の風化反応と炭酸塩の沈殿反応の場合（(4.3.6)式＋(4.3.8)式）には，大気中の二酸化炭素が正味で1モル消費されることがわかる．このように，陸上における珪酸塩の風化とそれに続く海水中における炭酸塩の沈殿という一連のプロセスは，有機炭素の埋没過程とならんで，大気中の二酸化炭素を消費する重要なプロセスである．

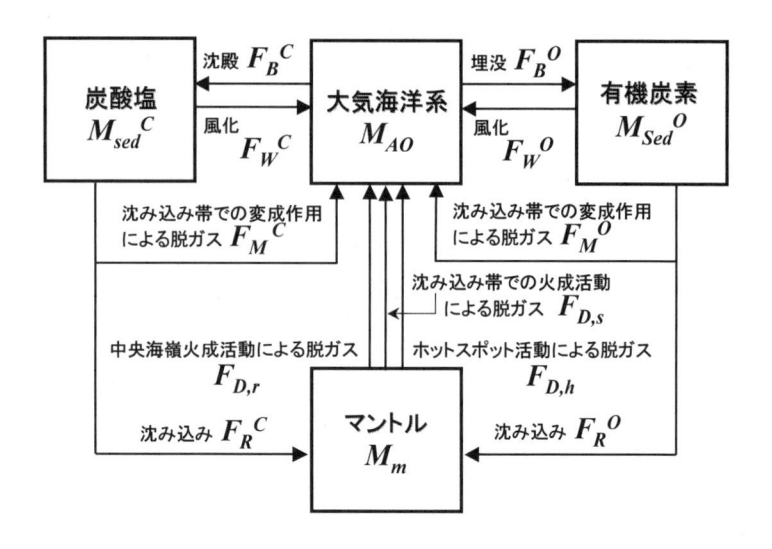

図 4.3.3 炭素循環モデル（Tajika, 1999 を改変）．長期的な炭素循環をボックスモデルを用いてモデリングしたもの．各ボックスは炭素のリザーバー，各矢印は炭素のフラックスを表す．

4.3.3 炭素循環と地球環境の長期的安定性

大気海洋系における炭素の質量収支を考えてみよう（図 4.3.3 参照）．大気海洋系における炭素量を M_{AO} とすれば，その質量収支方程式は，

$$\frac{dM_{AO}}{dt} = F_{D,r} + F_{D,h} + F_{D,s} + F_W^C + F_W^O + F_M^C + F_M^O - F_B^C - F_B^O \quad (4.3.9)$$

のように記述される（Tajika, 1998, 1999）．ここで，$F_{D,r}$，$F_{D,h}$，$F_{D,s}$ はそれぞれ中央海嶺，ホットスポット，沈み込み帯におけるマントル起源の二酸化炭素の脱ガス率，F_W^C は炭酸塩の風化率，F_W^O は有機炭素の風化率，F_M^C は炭酸塩の変成作用による二酸化炭素の放出率，F_M^O は有機炭素の変成作用による二酸化炭素の放出率，F_B^C は炭酸塩の沈殿率，F_B^O は有機炭素の埋没率である．長期的な炭素循環と気候変動（大気二酸化炭素濃度の変動）の研究においては，大気海洋系は常に定常状態，すなわち (4.3.9) 式の右辺=0 として扱われる．それにもかかわらず，大気中の二酸化炭素濃度の時間的変動を求めることができる．これは一見矛盾したことのように思えるかもしれないが，100

万年程度の時間スケールで見れば，大気海洋系は常に「定常状態の連続」(a succession of steady states) として扱うことができるため，境界条件の時間変化に対して上の式を解くことによって，大気二酸化炭素濃度をそれぞれの時刻における定常解として求めることができるのである（たとえば，Berner, 1991）.

さて，いま大気海洋系への二酸化炭素の全放出率を

$$F_V = F_{D,r} + F_{D,h} + F_{D,s} + F_M^C + F_M^O \tag{4.3.10}$$

とし，海水中におけるカルシウムイオンの質量収支が，

$$\frac{dM_O^{Ca}}{dt} = F_W^C + F_W^S - F_B^C = 0 \tag{4.3.11}$$

のように定常状態にある（風化による供給と炭酸塩としての除去が等しい）と仮定する．ただし，M_O^{Ca} は海水中のカルシウムイオン量，F_W^S は珪酸塩の風化によるカルシウムイオンの供給率である．実際には，カルシウムイオンの質量収支には，前述したようにマグネシウムイオンの風化による海洋への流入や，熱水循環における陽イオン交換反応などを考慮する必要があるが，ここでは簡単のために，他の陽イオンもカルシウムイオンに置き換えて考えることにする．すると，(4.3.9) 式は，

$$\frac{dM_{AO}}{dt} = F_V - F_W^S + F_W^O - F_B^O = F_{\text{in}} - F_W^S = 0 \tag{4.3.12}$$

となる．ただし，$F_{\text{in}} = F_V + F_W^O - F_B^O$ は大気海洋系に対する正味の二酸化炭素供給率である．したがって，大気海洋系の炭素量は，正味の二酸化炭素供給率と珪酸塩風化率とのバランスによって規定されるとみなすことができる．

ここで，珪酸塩の風化反応に注目してみよう．さまざまな珪酸塩鉱物の風化反応速度に関する室内実験等によると，風化反応速度は温度に対して，

$$F_W^S \propto \exp\left(-\frac{E_a}{RT}\right) \tag{4.3.13}$$

という依存性があることが知られている．通常の珪酸塩鉱物における反応の活性化エネルギーは，$E_a = 40\text{-}80$ kJ/mol 程度である（たとえば，Lasaga *et al.*, 1984). 風化反応には河川流出量（降水量−蒸発量）も重要な要因であるが，これにも海面からの水の蒸発を通じた温度依存性が存在するはずである (Walker *et al.*, 1981; Berner *et al.*, 1983). すなわち，温度が上がると水の蒸発が活発になり，降水量が増加するため，風化がより起こりやすくなる．したがって，風化率は地表温度が高いほど大きくなる傾向を持つ．地表温度は二酸化炭素の温室効果によって規定されていることを考えると，結局，風化反応は大気中の二酸化炭素分圧に強く依存していることになる．このような性質に注目すると，炭素循環が大気中の二酸化炭素量の調節機構として重要な役割を果たしていることが予想できる．

　たとえば，何らかの原因で大気中の二酸化炭素量が増加し，それによって地表温度が上昇する場合を考えてみよう．地表では珪酸塩の風化反応が促進され，海水中では炭酸塩が多量に沈殿する結果になるであろう．火山活動などによる正味の二酸化炭素供給率がそのあいだ大きくは変化しないとすれば，大気から二酸化炭素が除去される結果となる．逆に，大気中の二酸化炭素量が減少し，気候が寒冷化した場合を考えてみる．風化反応が弱くなっているあいだに火山活動によって二酸化炭素が供給されることで，大気中の二酸化炭素量は増加する．このように，風化反応の温度依存性によって，大気中の二酸化炭素分圧はその条件下における安定なレベルに保たれることになる (Walker *et al.*, 1981). このメカニズムは，提唱者の名前を取って，ウォーカーフィードバックとも呼ばれる．これは，いわゆる負のフィードバック機構である．地球史においては，火成活動度の変動，太陽光度の増大，大陸の成長や離合集散，生命の進化など，炭素循環システムに対するさまざまな擾乱が生じてきたと考えられる．それにもかかわらず，この安定化メカニズムの存在によって，地球環境は地球史を通じて比較的温暖な状態に保たれてきた可能性がある（たとえば，Walker *et al.*, 1981; Tajika and Matsui, 1992).

　もちろん，実際には，火成活動が激しい時期（白亜紀など）には大量の二酸化炭素が大気中に供給されるために非常に温暖な環境が生成される場合があるし，有機物の埋没率が異常に高くなるような時期（石炭紀後期など）には大量の二酸化炭素が固定されるために寒冷化が生じる場合がある (Berner *et al.*, 1983; Berner, 1991; Tajika, 1998, 1999). こうした気候変動が生じるの

は，炭素循環システムが物質フラックスの変化によってリザーバーサイズが変化するという，ダイナミカルシステムの特性を持つことによるものである．しかしながら，長期的に見て地球環境が安定であったことは，負のフィードバック機構が有効に機能してきたことを強く示唆している．

4.4 ウィルソンサイクルと気候変動

田近英一

　大陸の集合と分裂の繰り返しは，ウィルソンサイクル（1.2節参照）と呼ばれている．大陸は，ウィルソンサイクルに伴って超大陸を形成したり，いくつかの大陸地塊に分裂する，というプロセスを繰り返しているものと考えられている．ウィルソンサイクルに伴い，大陸は分裂し（リフティング），新しい海洋底が誕生し，海洋底が拡大し，やがて大陸同士の衝突が生じる．こうした一連の過程において，海底の拡大速度は変化し，全地球規模の火成活動も変動し，ある時期には急激な造山運動が生じたりする．

　ウィルソンサイクルに伴う海底拡大速度，火成活動，造山運動，大陸移動と大陸配置の変化などは，物質循環や気候に何らかの影響を及ぼしている可能性が考えられる．以下では，このような問題について考えるために，炭素循環モデルを用いたいくつかの研究について簡単に紹介する．

4.4.1　海底拡大と気候変動

　物質循環と気候変動に対するウィルソンサイクルの影響を考える上で，まずウィルソンサイクルに伴う海底拡大速度の変動に注目してみよう．顕生代には超大陸パンゲアの形成と分裂が起こったことが良く知られている．これに伴い，海底拡大速度は図 4.4.1 のように顕生代を通じて大きく変化してきたものと推定されている（たとえば，Gaffin, 1987）．

　過去における海底拡大速度の推定は，海洋プレートが存在する年代範囲においては，海底の年代分布から直接推定することができる．しかし，海洋プレートがすでに沈み込んでしまっているような時代（ジュラ紀以前）においては，この手法を使うことができない．そこで，そのような古い時代に対しては，海水準変動の復元結果に基づいた推定方法が用いられる．すなわち，汎世界的な海水準変動の推定結果に基づき，海底拡大速度の変化に伴う海洋プレートの沈降と海水準との関係（たとえば，Turcotte and Schubert, 1982）を

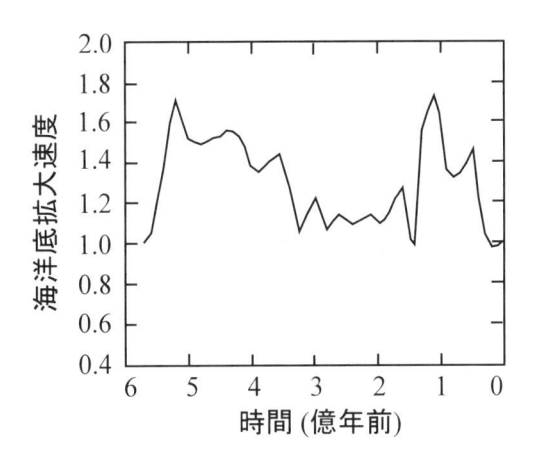

図 4.4.1 顕生代における海底拡大速度の変動の推定結果（Gaffin, 1987 に基づく）．顕生代における海水準変動の推定結果から求められたもの．縦軸は現在の海底拡大速度で規格化した相対値．

使うことによって，海底拡大速度の変化をインバージョン的に求めることができる．図 4.4.1 はこれらの手法を用いて推定された，顕生代を通じた海底拡大速度の復元結果である（図 4.4.1 の縦軸は，現在の海底拡大速度で規格化されていることに注意）．

海底拡大は中央海嶺における火成活動を意味している．沈み込み帯を持つ海洋プレートの場合には，海底拡大速度は沈み込み帯における火成活動とも密接に関係しているものと考えられる．火成活動は，通常，揮発性物質（二酸化炭素など）の脱ガスを伴う．島弧火成活動によって放出される二酸化炭素の大部分は，海洋プレート上に堆積した炭酸塩鉱物や有機物の分解によるものらしい．したがって，海底拡大速度が大きい時期には沈み込み帯に持ち込まれる堆積物の量も増加するので，中央海嶺におけるマントル起源の二酸化炭素の脱ガス率も，沈み込み帯における堆積物由来の二酸化炭素の脱ガス率もともに増加する．この結果，大気中の二酸化炭素レベルが増大する可能性が高い（4.3 節参照）．この意味において，海底拡大速度の変動は，炭素循環を通じて気候状態の変化と密接に結びついているのではないかと考えられる．

Berner（1991, 1994, 1997）は，図 4.4.1 のような海底拡大速度の変化などの炭素循環に影響を与えうる要因の変化を考慮した炭素循環モデル（GEOCARB

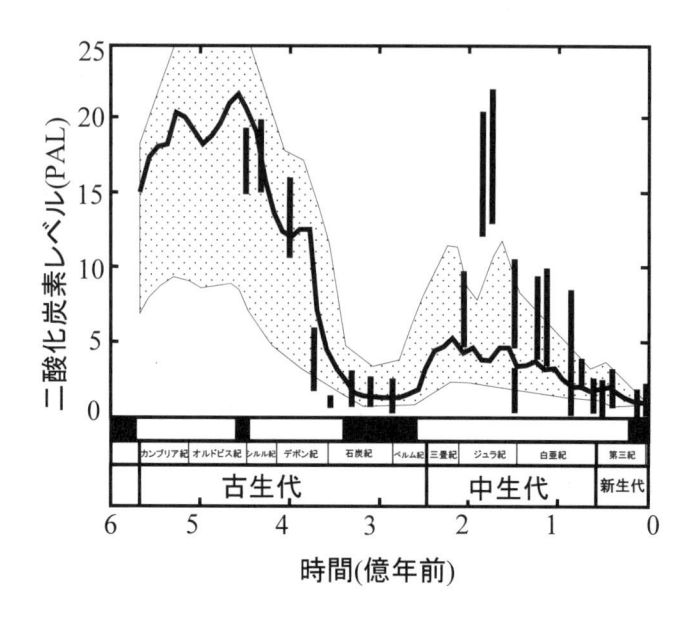

図 4.4.2 顕生代における二酸化炭素レベルの変動の推定結果（Berner, 1997 に基づく）．縦のバーは古土壌の分析に基づく地球化学的推定結果．時間軸の横のバーは寒冷期を示す．縦軸は現在の二酸化炭素レベルで規格化した相対値（PAL = present atmospheric level）．

と呼ばれる）を開発し，顕生代における大気中の二酸化炭素レベルの変動の推定を行った（図4.4.2）．GEOCARB モデルでは，4.3 節 (4.3.12) 式のような炭素の質量収支方程式と，炭素同位体の質量収支方程式とを連立させ，海底拡大速度の変化のほか，風化率に影響を与えるさまざまな要因の時間変化の推定値や，海水の炭素同位体比の時系列データなどをモデルに対する入力として与えて，大気中の二酸化炭素レベルやさまざまな炭素フラックスの時間変動をモデルからの出力として得ることができる．

その結果によると，海底拡大速度の大きい古生代前半と中生代中ころには二酸化炭素レベルが高く，海底拡大速度の小さい古生代後半と新生代後半には二酸化炭素レベルが低くなっていることがわかる（図4.4.2）．すなわち，二酸化炭素の脱ガス率の増減と，気候状態の温暖化・寒冷化とがそれぞれ対応している．これは，4.3 節の (4.3.12) 式からもわかるとおり，大気海洋系に対する正味の二酸化炭素供給率 F_{in}（$\propto F_V$；ただし F_V は火成活動に伴う二

酸化炭素の全放出率）は，長期的に見れば常に珪酸塩鉱物の風化率 F_W^S とつり合っているはずであるため，正味の二酸化炭素供給率が増減すると，それと珪酸塩風化率がバランスするように地表温度（すなわち二酸化炭素レベル）が調節される機構が働くためである（4.3 節参照）．

このモデルでは，二酸化炭素レベルの変動は，二酸化炭素の脱ガス率だけではなく有機炭素の埋没率の変動などによっても強く影響を受ける構造になっている（4.3 節参照）．したがって，図 4.4.2 の結果は，必ずしも海底拡大速度の影響だけを反映しているわけではない．しかしながら，大局的に見れば，二酸化炭素レベルの変動は海底拡大速度の変動と良く相関しているように見える（図 4.4.1, 4.4.2 参照）．

実際，顕生代における二酸化炭素レベルの変動を炭素循環モデルを用いてシステム解析してみると，古生代前半と中生代中ごろにおける二酸化炭素レベルの増加には，主として固体地球の変動が寄与していることがわかる（瀬野ほか，1995）．とくに，中生代中ごろの温暖化ピークの原因は，当時の激しい火成活動による二酸化炭素放出率の増大が強く影響していることが示唆される（Tajika, 1998）．顕生代に見られるこのような二酸化炭素の長期的変動は，古土壌などを用いた地球化学的推定によっても，基本的に支持されている（図 4.4.2）．

4.4.2　造山運動と気候変動

第三紀以降は寒冷化の時代として知られており，海洋循環の変化や南北両半球における大陸氷床の生成などが生じた．この原因のひとつとして，インド亜大陸とユーラシア大陸の衝突に起因した中新世におけるヒマラヤ・チベット高原の隆起が風化侵食率の増大をもたらした結果，全球的な風化率が増加して二酸化炭素濃度が減少したのではないか，という可能性が提唱されている（たとえば，Raymo and Ruddiman, 1992）．これは Raymo 仮説と呼ばれている．この問題を考えるために，炭素循環モデルを用いて推定された過去 1 億 5000 万年間の珪酸塩風化率の時間変化を検討してみたい．

海水中のストロンチウムの同位体比の時間変化は，通常は陸上の風化率（高いストロンチウム同位体比を供給）と海底における熱水活動（低いストロン

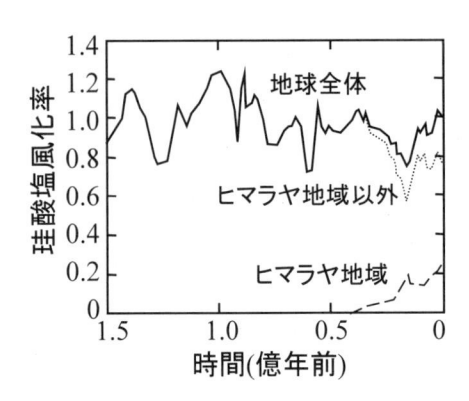

図 4.4.3　過去 1 億 5000 万年間における珪酸塩風化率の変動の推定結果（Tajika, 1998; 田近，1999b に基づく）．縦軸は現在の珪酸塩風化率で規格化した相対値．

チウム同位体比を供給）との競合によって決まると考えられている．しかしながら，従来の炭素循環モデルでは，新生代におけるストロンチウム同位体比の変動を再現することができなかった．その大きな理由は，新生代においては，ヒマラヤ・チベット高原の隆起が生じ，この地域の風化侵食率の増加に伴って，この地域特有の異常に高いストロンチウム同位体が海洋に供給されたことが推定されているが，従来の炭素循環モデルにはこのような地域的な効果がまったく考慮されていなかったためである．そこで，Tajika（1998）では，前述の GEOCARB モデルを改良し，海水中のストロンチウムの同位体比の時系列データをうまく説明できるように，ヒマラヤ・チベット高原地域の隆起とその風化侵食に伴う異常に高いストロンチウム同位体の海洋への供給率の変化をモデルに考慮した（詳しくは，Tajika, 1998 を参照のこと）．

このモデルの出力のひとつとして，珪酸塩風化率の時間変化を得ることができる．それを示したのが図 4.4.3 である．それによると，ヒマラヤ造山運動が開始された 40 Ma 以降に注目してみると，全球的な風化率が増加した様子はとくに見られないことがわかる．すなわち，40 Ma 以降の寒冷化は，少なくとも Raymo 仮説そのものでは説明することができない．それでは，この時期の寒冷化はどのように説明されるのであろうか．

そもそも，全球的な珪酸塩風化率は，基本的には地球内部からの二酸化炭

素の脱ガス率（より正確には，正味の二酸化炭素供給率）とつり合うべきである（4.3節(4.3.12)式参照）．すなわち，二酸化炭素の脱ガス率が高い時期には風化率も高く，低い時期には風化率も低くなるはずである（もしそうでなければ，二酸化炭素収支が崩れて，結局は収支がつり合うような状態に遷移する）．したがって，ヒマラヤの隆起によって局所的な風化率が増大しても，火成活動度が大きく変化しない限り，全球的な風化率はあまり変わらないことになる（図4.4.3）．ところが，局所的な風化率が増加しているにもかかわらず全球的な風化率が一定であるためには，ヒマラヤ地域以外の風化率は低下しなければならない（図4.4.3）．したがって，造山運動によって局所的な風化率が増加した場合，炭素循環システムは全球平均気温（すなわち二酸化炭素レベル）を低下させるように応答することになる．この結果，全球的な風化率は維持されたまま，地球全体が寒冷化する（田近，1999b）．

　ウィルソンサイクルに伴う造山運動が原因となるこのような寒冷化現象は，新生代以前においても生じてきた可能性があるが，まだよくわかっていない．

　ウィルソンサイクルに伴う気候変動について，海底拡大速度の変動の影響と，造山運動の影響についてごく簡単に述べた．しかし，地球史を概観すると，超大陸の形成・分裂の時期と大氷河時代とが密接な関係にあるように見えるなど（たとえば，4.5節参照），さらに重要な因果関係が存在している可能性がある．これらについてはまだわからない点が多く，テクトニックな環境条件とそれに対応した大気・海洋・生物圏の挙動については，今後の大きな課題である．

4.5 スノーボールアース仮説

田近英一・伊藤孝士

地球環境は，地球史を通じて比較的温暖な状態が維持されてきたものと，これまで漠然と考えられてきた．海洋が存在していたという証拠は地球史初期から知られているし，少なくとも真核生物が出現した地球史後半（現在知られている最古の真核生物の化石は，約21億年前の *Grypania spiralis* である）においては，通常の生命が生存可能であるような温暖な環境が維持されてきたはずである．この意味において，地球環境は長期的には安定であるものと考えられてきた．地球環境の長期的安定性は，大気中の二酸化炭素濃度を規定する炭素循環システムにおける珪酸塩鉱物の風化反応の温度依存性によって説明されている（4.3.3項を参照のこと）．すなわち，地球環境は炭素循環システムが持つ地表温度に対する負のフィードバック（ウォーカーフィードバック）機構によって，長期的に見れば安定化されているものと理解されている．

ところが最近の地質学的研究によって，地球史においては地球全体がほとんど凍りついてしまうようなイベントが何度か起こったのではないかと考えられるようになってきた．これは「スノーボールアース仮説」と呼ばれている．以下では，現在世界中の注目を集めているこの問題について，その経緯と理論的な観点からの議論を簡単に紹介する．

4.5.1 原生代の氷河時代の謎

顕生代（最近約5億4000万年間）においては数度の氷河時代が知られている．現在も約3000万年前から始まった新生代後期の氷河時代であるし，約3億年前には大陸氷床が中緯度にまで達するようなきわめて大規模な氷河時代が訪れたことが知られている（4.4節参照）．しかしながら，それ以前の原生代（25億年前～5億4000万年前）においても，氷河時代が何度か訪れたらしいことが，かなり以前から知られていた．

原生代の氷河堆積物を研究していた W. B. Harland は，原生代後期には氷

河性堆積物が汎世界的に分布しており，それが熱帯域にまで及んでいることを指摘して "Great Infra-Cambrian glaciation" と呼んだ（Harland, 1964）．その後，原生代後期には，実際には大きく2度の氷河時代が存在したことが明らかになった．それらは，スターチアン氷河期（約7億6000万年～7億年前）とヴァランガー（またはマリノアン）氷河期（約6億年前）と呼ばれている．

ここで最も興味深いことは，当時の氷河堆積物が低緯度域（熱帯域）で形成された可能性があるという，古地磁気学的な推定結果である．低緯度に氷床が形成されるということは，通常ではまったく考えられないことである．少なくとも，顕生代においては一度もそのような状況は知られていない．この問題に関しては，古地磁気学的に推定された値が当時の緯度を表してはいないのではないかという議論を含め，その後長い間論争が続いた．しかし，当時の氷河堆積物が低緯度で形成されたという疑いようのない結果がいくつか提出されるようになり，現在では，原生代後期に低緯度氷床が存在していたことはほぼ間違いないと考えられている．

低緯度氷床が存在するという証拠は，原生代前期のヒューロニアン氷河期（約24–22億年前）においても確認されている（Evans et al., 1997）．したがって，原生代における3度の大氷河期（ヒューロニアン氷河期，スターチアン氷河期，ヴァランガー氷河期）は，すべて低緯度氷床が存在していた可能性がある．

問題は，いかにして低緯度氷床の形成を説明するかである．この問題を以前から研究していた George E. Williams は，この時代には低緯度氷床の証拠があるのに，高緯度氷床の証拠がほとんど知られていないことに注目し，大胆な仮説を主張してきた．それは，地球の自転軸が原生代末までは大きく傾いており（60–70° 以上），それ以降は減少して現在のような小さな値（23.5°）に安定化されたのではないか，というものである（Williams, 1975, 1993）．自転軸が 54° 以上傾いていれば，日射量分布は現在とは大きく異なり，極域よりも赤道域の方が日射量が小さくなる．したがって，もし当時の自転軸の傾きがこのように大きかったとするならば，原生代後期における低緯度氷床の存在を説明することができるかも知れない．果たしてそのようなことが，力

学的に可能なのであろうか？　以下の項では，まずこの問題について検討してみたい．

4.5.2　赤道傾角の進化

　赤道傾角（obliquity）は，大気上端に入射する太陽放射量の緯度分布を通じて気候状態を大きく左右する重要な因子のひとつである．3章で述べたような理論によれば，地球の場合には大きな月の存在が自転軸の安定化に寄与することで，赤道傾角は現在と同様の穏やかな振動を全地球史のほぼすべての期間において繰り返してきたとされている．すなわち，原生代後期における地球の赤道傾角が現在値よりもはるかに大きかったというG. E. Williamsの主張は，このような従来の常識に反するものである．

　氷河時代に近い状況であったことを示唆する証拠のひとつとして，G. E. Williamsの研究の本拠地である南オーストラリアには，典型的な周氷河地形である氷楔（ice wedgeまたはsand wedge）が見つかっており，その年代は原生代末期の6億5000万年前と推定されている．氷楔は永久凍土帯で解けた水が地面に浸み込み，それが再び凍る際に地面を割って，楔（くさび）のような地形を形成したものである．氷楔は，気温の年較差が激しく凍結融解の作用が顕著な地域で形成されるもので（貝塚ほか，1985），現在の地球上ではシベリアなどの高緯度内陸部またはアンデス・ヒマラヤといった山岳地帯でしか形成されない．けれども一般的な大陸復元の研究結果を見ると，この時代のオーストラリア大陸は赤道域を中心とする低緯度に存在したらしい（Smith *et al.*, 1981; Scotese and Bonhommet, 1984）．第四紀の常識で考えればこのような低緯度域は気候温暖であり，氷楔が生成する環境が存在するとは考え難い．これは何を意味するのであろうか？

　G. E. Williamsの解釈はこうである．「地球の赤道傾角が現在と同様の23°程度であれば，日射量の分布は極域で最小，赤道域で最大という分布をする．しかし地球の赤道傾角が大きくなるとこの分布は逆転し，極域で最大，赤道域で最小という事態を迎え得る．南豪州で発見された6億5000万年前の氷楔は，こうした大きな赤道傾角がもたらした気候帯の逆転現象（reverse climatic zonation）の帰結である」．G. E. Williamsの説を支持する物証はまだある．

前述のように約 24–22 億年前といった原生代初期においても，やはり低緯度で氷床が生成した可能性がある．

　伝統的固体地球物理学の知見の範囲内では，G. E. Williams が提唱する原生代終わりの急激な赤道傾角の変動を発生する力学的機構を見出すことはできない．たとえば G. E. Williams が典拠するコア・マントル境界でのエネルギー散逸理論（Aoki, 1969; Aoki and Kakuta, 1971）が今や廃れており，観測事実も否定的であることは 3.4.4 項で述べた通りである．そもそも赤道傾角が太古代から原生代にかけて約 30 億年間も大きな値を保ってきたならば，その間は自転運動のエネルギー散逸がほとんどなかったということである．それなのに原生代の終わりになって突如として散逸過程が働き始めたというのは，いかにも奇妙である．摩擦が働くのであればとうの昔に働いて赤道傾角を小さくしていただろうし，働かないのであれば現在にいたるまでずっと働かずに赤道傾角の値は大きく保たれていてしかるべきであろう．外部天体の衝突という説にしても，その影響は月–地球系形成過程の初期にのみ留まったはずである．後の時代に月形成期のごとき巨大衝突が生じたとすれば，惑星表層全体がマグマオーシャンと化して岩石年代はすべてリセットされてしまうだろう（Melosh, 1990）．だが現在の地表からは 40 億年より古い年代を示す岩石も発見されており，そのような巨大衝突があったとは考えられない．また，月–地球系の潮汐進化に伴う赤道傾角の変化が大きなものではないということも，3.4.4 項において述べた．

　G. E. Williams の論文が出版されたのは 1993 年であったが，上述したような力学的根拠の薄さもあり，その後この件についてあからさまな議論が行われることは少なかった．しかし 1998 年，この件に関する論文が *Nature* 誌に大々的に掲載され，一大センセーションを巻き起こした（Williams, 1998）．とくに当該論文の著者が D. M. Williams という名前であったため，1993 年の Williams 論文と同一著者であると勘違いする向きも多かった．実際にはこの二人の Williams は別人である．George E. Williams はオーストラリアの地質学者，Darren M. Williams は米国の地球物理学者である．

　D. M. Williams らは，G. E. Williams（1993）の推測，すなわち先カンブリア時代の赤道傾角が非常に大きかったという結果を正しいものと仮定し，そ

の赤道傾角が現在はなぜ小さくなったのかという物理的機構に注目した．彼らは，Ito et al. (1995) らが提唱した気候摩擦（D. M. Williams 論文では"obliquity-oblateness feedback" と呼ばれる）による赤道傾角の永年変化が，あるパラメタ領域では負の方向，すなわち赤道傾角を減少させる方向に働くと主張する．気候摩擦が約 6 億年前に負の方向に向けて急激に発現したことにより，60°以上あった赤道傾角が現在の値である 23°付近に落ち着いたと考えたのである．3.4.4 項で述べたように，気候摩擦は固体地球物理学・気象学・天体力学の融合領域で見出された新しいジャンルの自転運動変化機構である．だが従来，気候摩擦は赤道傾角の永年変化をもたらし得るものの，第四紀でのパラメタを入力として与えた場合には，地球の赤道傾角の単調増加を与えるに過ぎないとされていた．それ故，G. E. Williams が唱える原生代終わりの急激な赤道傾角減少の要因にはなり得ないと信じられてきたのである．D. M. Williams らの説はこうした従来の常識の虚を衝くものであった．

具体的には，D. M. Williams et al. (1998) は Ito et al. (1995) らにより解明されてきた気候摩擦のパラメタ依存性のうち，今まで着目されていなかった部分に目を付けた．気候摩擦による赤道傾角の永年変化の向きは，日射量変動に対する氷床生成の時間差とそれに対する固体地球部分の反応時定数に依存している．もしも日射量変動に対する氷床消長の時間遅れが非常に大きなものだった場合，理論的には気候摩擦は赤道傾角を小さくする方向に働き得るのである．もしも先カンブリア時代の末期にそうした状況が実現されていれば，気候摩擦の発現によって大きな赤道傾角が短期間（数百万年）のうちに現在の値にまで減少することは可能であったというのが，D. M. Williams らの主張である．この他にも D. M. Williams らは，先カンブリア時代に地球の赤道傾角が大きかったことが月‒地球系の角運動量保存則を経由して現在の月軌道面傾斜角（= 3.3 節でいう i_m．黄道面に対して約 5°）の原因になっているとも主張している．このように，D. M. Williams らは先カンブリア時代の赤道傾角の大きさについて直接何らかの証拠を示しているわけではないが，赤道傾角を小さくするメカニズムを提案し，同時に現在の白道面傾斜角の可能な要因を指摘することで，G. E. Williams が提唱した説を間接的に支持する格好になったのである．

けれども現時点では，D. M. Williams らが提唱する極端なパラメタの下での気候摩擦の発現がどの程度のものであったのかを検証する術は非常に乏しい．先カンブリア時代末期の大陸配置復元の精度や，日射量変動に対する氷床生成のレスポンスを司る当時の地球の気候システムに関して精密な定量的情報が得られなければ，気候摩擦の実現について詳細な結論を得ることは不可能である．このように，G. E. Williams が提唱した原生代の大赤道傾角説は力学的には非常に興味深いものの，その信憑性は決して高いとはいえない．次項以降に述べるように，古気候学的見地からも G. E. Williams の説は否定されつつあり，D. M. Williams らのモデルの是非を議論する以前に原生代の大赤道傾角説は廃れつつあるというのが実状である．

4.5.3　スノーボールアース仮説の登場

原生代後期において地球の自転軸が大きく傾いていたという G. E. Williams の仮説は大変興味深いものの，現在それを支持する研究者はほとんどいない．それは，自転軸の傾きでは原生代後期の低緯度氷床の問題を説明することはできないと考えられているからである．これは，単に力学的に困難であるという理由だけではない．

この時代の氷河堆積物は炭酸塩岩にはさまれていることが多い．とくに，この時代の氷河堆積物の上位には，「キャップカーボネート（cap carbonate）」と呼ばれるドロマイト質の炭酸塩岩が厚く堆積しているという大きな特徴がある．現在の地球上では，一般に，炭酸塩岩は赤道をはさんだ低緯度の浅海域でのみ形成されている．したがって，このことは，当時，同一の場所が熱帯環境‒寒冷環境‒熱帯環境という，非常に大きな気候変化を短時間で繰り返し経験したことを示唆する．これは，当時の自転軸の傾きが大きかったという単純な考え方では説明することができない．また，ヒューロニアン氷河期とスターチアン氷河期とは 10 億年以上へだたっているが，この間の期間には氷河堆積物が見つかっておらず，一般的には温暖な時期が続いていたものと考えられている．このことも，原生代において地球の自転軸が大きく傾いていたとすることでは説明が難しい．そもそも，気候学的に考えれば，たとえ自転軸が大きく傾いていたとしても，春と秋における低緯度の日射量はかな

り大きく，むしろ季節変化のコントラストが強調されるため，氷床の成長に有利な条件とは決していえないのである．

　低緯度氷床の問題を説明するこれ以外の仮説としては，氷河堆積物と解釈されてきた淘汰の悪い礫岩層（ダイアミクタイト）は，実は巨大天体衝突によって形成されたイジェクタ層ではないかという考え（Rampino, 1994）や，この時代には地球の外層部（地殻+マントル）が自転軸に対して100万年程度の時間スケールで90°ずれるような運動を繰り返していたのではないか（IITPW=Inertial-interchange true polar wander）という考え（Evans, 1998）もある．しかし，これらの仮説も，実際の地層に見られるさまざまな地質学的特徴を整合的に説明することはできない．

　原生代氷河堆積物の地質学的・地球化学的側面に注目していたカリフォルニア工科大学のKirschvinkは，原生代後期のこの時期には地球表面の大部分が凍結していたのではないか，と考えた（Kirschvink, 1992）．彼は，この仮説を「スノーボールアース（Snowball Earth）仮説」と名付けた．彼がこのように考えた理由のひとつには，当時の氷河性堆積物に伴って縞状鉄鉱床が形成されているということがあった．彼は，スノーボールアース仮説によって縞状鉄鉱床の形成を説明できるのではないか，と考えたのである．

　もし地球表面の大部分が凍結すれば，海洋の表面は海氷で覆われるために大気とのガス交換が遮断され，海洋の大部分は貧酸素環境になることが予想される．この結果，海水中には溶存鉄が蓄積できるようになる．氷河期が終わって氷が融けると，海水中に溶存していた大量の鉄が大気中の酸素と結びついて酸化されるだろう．このように考えれば，鉄鉱床の形成を説明することができるのではないか，というわけである．この魅力的な仮説は，しかしながら，発表後しばらくのあいだ埋もれたままになっていた．

　その後，1998年になって，ハーバード大学のHoffmanらは，ナミビア北部にみられるスターチアン氷河期の堆積物を詳しく調査した結果，スノーボールアース仮説を強力に支持する証拠を発見した（Hoffman *et al.*, 1998a, b）．当時の氷河堆積物をはさむ炭酸塩岩を分析した結果，炭素同位体比が異常な挙動をしていることがわかったのである．得られた炭素同位体比の値は，氷河期の少し前にはいったん高い値（約10‰）に上昇し，氷河期直前から急激

に低下してマントル起源の炭素（火成活動によって大気海洋系へ流入する炭素）が持つ値（約 -5 ‰）に漸近し，氷河期終了後もしばらく低い値のまま回復しない，というのである．

海水の炭素同位体比の変動は，一般に，生命による光合成の際の炭素同位体分別効果に起因しており，有機炭素の埋没率の増減によって変動が生じるものと解釈されている．これは，光合成では炭素の2つの安定同位体（^{12}C と ^{13}C）のうちの軽い炭素（^{12}C）がより多く固定されるという性質があるため，光合成によって生成された有機物が堆積物に埋没して大気海洋系から除去される速度が変化すれば，残された大気海洋系の炭素同位体比も変化することになるからである．したがって，このことは，氷河期の前に有機炭素の埋没率（～生物生産性）が非常に高くなったものの，氷河期直前からそれが低下し始めたことを意味する．さらに，炭素同位体比の値がマントル起源炭素と同じになったということは，生命の光合成による炭素同位体分別効果の影響がまったく見られないことを意味し，海洋表層における生物生産活動が地球全体としてほとんど完全に停止していた可能性を強く示唆する．彼らは，このような状況を説明するためには，地球全体がほぼ完全に凍結するような極端な地球環境変動が生じたことを想定せざるを得ず，スノーボールアース仮説が最も妥当な解釈であると考えた．また，スノーボールアース仮説を考えることによって，氷河堆積物直上の厚いキャップカーボネートの形成も説明することができるとした（後述）．こうして，Hoffman らはスノーボールアース仮説を強力に主張し，これが世界中で議論が巻き起こるきっかけとなった．

なお，Hoffman らによって，原生代後期における大陸配置の復元がなされ，超大陸ロディニアの形成とその分裂の歴史がわかってきた（Hoffman, 1991）．それによれば，スターチアン氷河期のころ，ちょうどロディニア大陸の分裂が始まったらしい．ロディニア大陸は赤道付近に分布していたため，高緯度には大陸は存在していなかった．このために，高緯度の氷河堆積物の証拠が見つかっていないのだと考えられる．現在では，ロディニア大陸のほとんどの緯度帯（赤道域から 30–40° まで）で氷河堆積物が発見されている．

ところで，地球の大部分が氷で覆われるという現象は，気候学的に見れば，「全球凍結解」もしくはそれに非常に近い状態に地球が陥った可能性を意味す

る．そこで次に，気候モデルから示唆される全球凍結解について検討してみたい．

4.5.4　地球のエネルギー収支と全球凍結解

　地球のエネルギー収支は，正味入射太陽放射と地球放射とのバランスによって記述することができる．4.1節で述べられている通り，エネルギーバランスモデル（EBM）を用いた研究によれば，気候システムは多重平衡解を持つことが予想される（Budyko, 1969; Sellers, 1969; 4.1節参照）．従来のエネルギーバランスモデルの研究では，日射量の変化に対する気候システムの振舞いが注目されていた．しかし，地質時代における気候変動においては，実際には大気中の二酸化炭素濃度の変動が重要な役割を果たしてきたと考えられている．そこで，南北一次元エネルギーバランスモデルに地球放射の二酸化炭素濃度依存性を考慮することで，二酸化炭素濃度変化に対する気候システムの振舞いについて考えてみる方が，現実の古気候変動を理解しやすい．図4.5.1に，そのようなモデルを用いた結果を示す（Ikeda and Tajika, 1999）．この図は本質的には4.1節図4.1.4と同じものであるが，横軸が二酸化炭素分圧になっていることに注意する．

　図4.5.1から，大気中の二酸化炭素分圧が高い条件下では雪氷の存在しない「無氷床解」が実現される可能性が示される．実際，今から約1億年前の白亜紀中ごろには二酸化炭素濃度が現在の数倍程度（10^{-3} bar）あったものと考えられており（Cerling, 1991; Tajika, 1999），当時は雪氷の存在がまったく認められない非常に温暖な時期であったことが知られている．それに対し，現在は大気中の二酸化炭素濃度は約300 ppm（3×10^{-4} bar）で，雪氷がある緯度まで張り出した「部分凍結解」に相当しているものと考えられる．すなわち，白亜紀から現在にかけての寒冷化原因のひとつとして，大気中の二酸化炭素濃度の減少が重要な役割を果たしてきた可能性が高い．

　それでは，現在の状態からさらに二酸化炭素濃度が減少するとどうなるか考えてみよう．図4.5.1からわかるように，二酸化炭素濃度が約10 ppm程度まで下がって雪氷が緯度約30°にまで拡大したところで安定解が突然消失する．このため，もし二酸化炭素濃度がさらに減少しようとすると，大極冠

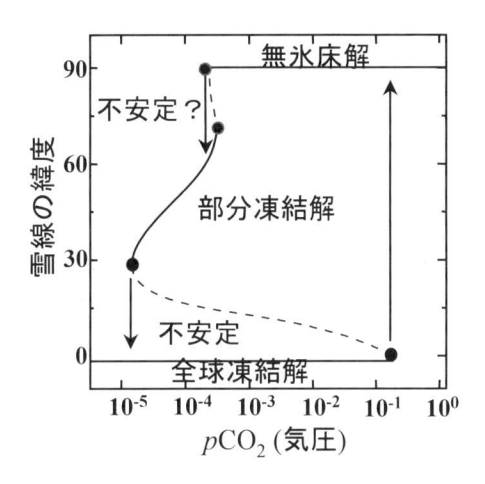

図 4.5.1 南北一次元エネルギーバランスモデルから得られる気候システムの定常解（Ikeda and Tajika, 1999 を改変）．太陽定数が現在値の場合．縦軸は雪氷が張り出している末端の緯度，横軸は大気中の二酸化炭素分圧．実線は安定解，破線は不安定解，矢印は安定解が存在しなくなることから予想される気候ジャンプ，をそれぞれ表す．

不安定（large ice-cap instability）が生じ，地球は赤道まで雪氷で覆われた「全球凍結解」に陥ることが予想される．全球凍結解は，高い反射率と低い地表気温によって正味入射太陽放射と地球放射とが互いに低い値でつり合った安定な状態である．

全球凍結という概念は 1960 年代後半から知られていた（Budyko, 1969; Sellers, 1969）．しかしながら，地球史においてそのような極端な気候状態が本当に実現されたとは，これまで考えられてこなかった．とくに，地球史初期の暗い太陽の時代（コラム参照）において全球凍結状態に陥ると，二酸化炭素は凝結して雲を形成するためにそこから抜け出すことができなくなり，現在のような温暖な状態には決して戻れないという可能性も指摘されている（Caldeira and Kasting, 1992）．そのため，全球凍結解は，理論的に実現可能な安定な気候状態のひとつであるにもかかわらず，これまであまり研究されてこなかった．そのため，それが実現するための条件，実現される際に支配的な物理化学過程やその時間スケールなどについては，まだほとんどわかっていない．

4.5.5 炭素循環と全球凍結現象

　大気中の二酸化炭素濃度の低下によって全球凍結状態が実現する可能性がエネルギーバランスモデルによって示唆される．しかしながら，二酸化炭素濃度の変動そのものは，炭素循環システムの変動によってもたらされる．そこで，炭素循環と南北一次元エネルギーバランスモデルを結合させ，全球凍結現象における炭素循環の役割と時間スケールについて検討してみたい（田近, 2000）.

　4.3 節で述べたように，大気中の二酸化炭素濃度は，長期的に見れば大気海洋系に対する正味の二酸化炭素供給率（$F_{\text{in}} = F_V + F_W^o - F_B^o$）と珪酸塩鉱物の風化率のバランスによって規定されていることが，大気海洋系における二酸化炭素の質量収支方程式から導かれる（(4.3.12) 式）．とりわけ，珪酸塩鉱物の風化率が強い温度依存性を持つため（(4.3.13) 式），大気中の二酸化炭素濃度は正味二酸化炭素供給率の増減によって規定されると考えることができる．すなわち，二酸化炭素濃度の低下の原因として，二酸化炭素の脱ガス率 F_V の低下（$\simeq$ 火成活動度の低下），有機炭素風化率 F_W^o の減少，有機炭素埋没率 F_B^o の増大，またはこれらの組み合わせが考えられる．

　そこで，大気海洋系に対する正味二酸化炭素供給率を低下させた場合の炭素循環システムの応答について調べてみる．すると，正味二酸化炭素供給率の低下に対応して，大気中の二酸化炭素分圧は 10^5 年の時間スケールで急激に減少することがわかる（田近, 1999a）．ただし，全球凍結解に陥るような二酸化炭素分圧にまで低下させるためには，正味二酸化炭素供給率は現在の約 1/40 以下にまで低下する必要がある．そのような条件が実現されると，地球は約 100 万年程度かかって全球凍結解に落ち込むことが予想される．また，この時間スケールは地球史を通じてあまり変わらない（田近, 1999a）．全球凍結状態における地球の平均気温は，$-40°C$ 以下である（図 4.5.2 (a)）.

　この過程に伴って，海洋は表面から冷却され，潜熱を放出しながら凍結していく．これは物質の相変化に伴う潜熱を考慮した冷却過程の問題（Stefan 問題）として扱うことができる．潜熱を放出するため，海洋の凍結には時間がかかる．それでも，もし単純な冷却過程だけを考えた場合には，海洋は 100 万年

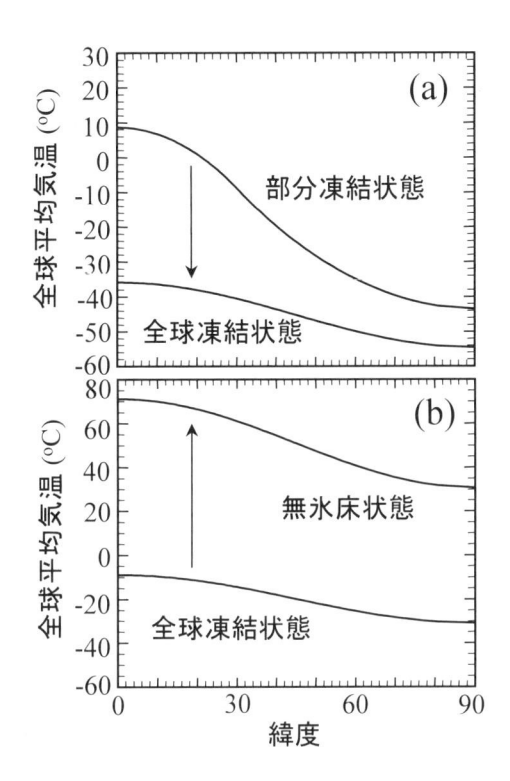

図 4.5.2　南北一次元エネルギーバランスモデルから推定される地表温度の南北分布．(a) 部分凍結状態から全球凍結状態への移行，(b) 全球凍結状態から無氷床状態への移行．

程度で完全に凍結すると推定される．しかしながら，地球内部は地球形成期の重力エネルギーや放射性元素の壊変に伴う発熱などによって高温になっており，地球表面全体から継続的に熱が放出されている．これは地殻熱流量と呼ばれており，全球平均では約 $87\,\mathrm{mW/m^2}$（海洋地域のみの平均は約 $101\,\mathrm{mW/m^2}$）である．これは，太陽放射の約 1/4000 という微量なものである．しかしながら，このような問題を考える上では，地殻熱流量の存在を無視することができない．実際，地殻熱流量の存在を考慮すると，海洋は表層 1000 m 程度が凍結した段階で熱平衡状態に達することが示される．したがって，海洋は表層部が凍結するだけで深層水は凍らない可能性がある．

一方，地球がいったん全球凍結解に落ち込んだ場合，その状態から脱出する

ことは容易ではない．全球凍結解から無氷床解へ移行するためには，大気中の二酸化炭素分圧が 0.2 気圧程度にまで増加することが必要である（図 4.5.1）．これは，基本的には，陸上火成活動による二酸化炭素の脱ガスとその大気中への蓄積によって達成される．現在の二酸化炭素の脱ガス率を仮定すると，この時間スケールは 10^6 年程度である．しかしながら，そもそも全球凍結解が火成活動度の低下によって生じた場合，この時間スケールはもっと長くなることが予想される．全球凍結状態がどのくらい継続するかは，そのような極限環境下における生命の存続を規定する重要な要因であると考えられる．

無氷床解へ移行した直後の大気中には 0.1 気圧程度の二酸化炭素が存在するため，地表は平均気温にして 50°C 以上という高温環境になる（図 4.5.2 (b)）．高い二酸化炭素分圧によって，海洋における炭酸イオン種間の平衡（4.2 節参照）が大きくずれる．このため，炭酸イオン濃度 $[CO_3^{2-}]$ は現在の 1/100 以下となり，海水は炭酸カルシウムに関して著しく不飽和な状態になる（飽和度 $= [Ca^{2+}][CO_3^{2-}]/K_{SP} < 1$；ただし，$K_{SP}$ は炭酸カルシウムの溶解度積）．このため，無氷床解移行直後において，当時の海底堆積物表層に含まれていた炭酸塩鉱物の大規模溶解が起こることが予想される．一方，高温環境のために地表は激しく風化侵食され，カルシウムイオンなどが海洋に大量に流入するため，海水中のアルカリ度（炭酸種を除いた溶存イオンにおける陽電荷の過剰分）は急激に増加する．この結果，大気と海水の平衡が変化することで大気中の二酸化炭素が海洋に吸収され，約 1 万年で海水は炭酸カルシウムに関して飽和（飽和度 =1）になる．この後，大気中の二酸化炭素は地表の風化と海洋における炭酸塩の沈殿によって消費され，100 万年かけて寒冷化以前のレベルまで減少する．このとき，最初の約 20 万年間において炭酸塩の沈殿が通常の 20–30 倍に達するような大きな速度で生じるが，これが原生代後期の氷河性堆積物直上に特徴的に見られるキャップカーボネートの成因であると考えられる．

原生代におけるスノーボールアース現象は，このようにして理論的に推定される全球凍結現象そのものか，またはそれに非常に近い現象であった可能性があるが，その詳細についてはまだよくわかっていない．また，ここで仮定した安定解間の気候ジャンプの存在は単純なエネルギーバランスモデルに

よって示唆されているものであり，現実にそれがどのような条件でどのように生じるのかについてはよくわかっていない（4.1節参照）．実際には，赤道域の海洋は凍らなかった可能性も指摘されている．今後の詳細な地質学的調査によって，スノーボールアース現象の実体が次第に明らかになることが期待される．おそらく，現実のスノーボールアース現象は，理論的に考えられているような描像よりも，はるかに複雑なものであろう．

　理想的なスノーボールアース環境下においては，光合成生物が生息している有光層は極から赤道に至るまで完全に凍結してしまうが，このことがもし本当に実現されたとすれば，非常に深刻な問題が生じる．すなわち，もしそのような状態が数百万年間にわたって継続された場合，光合成生物の絶滅と食物連鎖を通じた大量絶滅が生じる可能性がきわめて高い．一方では，このような状況下においても，海底熱水系における化学合成細菌を中心とした熱水噴出孔生物群集は生き延びることができたであろうし，陸上の温泉地帯や夏期に生成されたかも知れない海洋表面における融解水プールのような環境で，生命は生き延びることができたかも知れない．しかしながら，原生代後期には原核生物だけでなく真核生物（紅藻類，緑藻類，褐藻類など）も存在しており，これらの生物がこうした極限環境を生き抜いてきたという事実を説明する必要がある．原生代においては硬骨格を作るような生物が存在しなかったため，スノーボールアース現象と関係した大量絶滅の証拠は残ってはいない．しかしながら，原生代後期のスノーボールアース現象は，後生動物やエディアカラ動物群の出現と関係しているのではないかという指摘もあり，スノーボールアース現象による生命の大量絶滅とその後の生物多様性の回復という繰り返しが，生命の進化に重要な役割を果たしてきた可能性も考えられる．こうしたスノーボールアース現象と生命進化との関連は，今後の最も重要な研究課題のひとつであろう．

コラム

暗い太陽のパラドックス

　星間ガスの収縮によって誕生した原始星は，中心部における核融合反応の

開始によって主系列星としての一生を歩み出す．恒星の進化がその質量によって特徴づけられることは良く知られているが，核融合反応によって中心部の密度と温度が増大することで核融合反応効率が時間的に増大するということも重要な性質である．この結果，単位時間に解放されるエネルギーが増大するため，恒星は時間とともにその明るさを増していく．われわれの太陽もそのような主系列星のひとつである．したがって，誕生したばかりの太陽は，現在よりもずっと暗かったはずであるということになる．恒星進化論における標準モデルによれば，約46億年前の太陽光度は現在よりも25–30%程度低かったと考えられている（Gilliland, 1989）．太陽は時間とともにだんだん明るくなっているのである（図 4.5.3）．

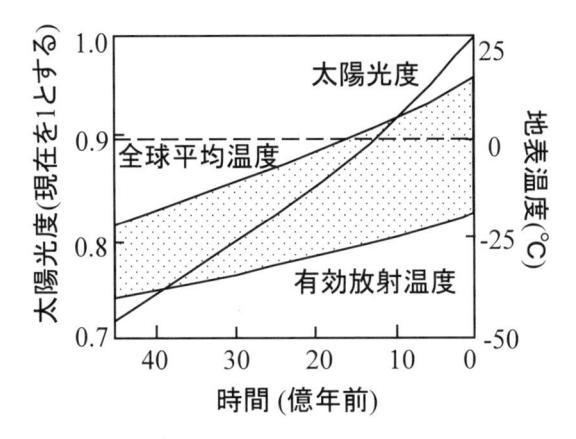

図 4.5.3 太陽光度の時間的増大とそれに対する地球の有効放射温度および全球平均温度（地球の反射率や大気組成が現在と同じであると仮定した場合）の時間変化．

太陽放射が過去に遡るほど小さかったのだとすれば，そのことは地球の気候の歴史に大きな影響を与えたはずである．C. Sagan らは，このような問題提起をしてはじめて定量的な議論を行った（Sagan and Mullen, 1972）．いま，地球の反射率や大気組成などの条件が過去も現在と変わらず一定であったと仮定し，太陽放射を低下させるとどうなるかについて考えてみる．すると，約20億年前以前は全球平均気温が摂氏零度以下になり，地球史前半は全球凍結状態であったことになってしまう（図 4.5.3）．しかしながら，そのような地質学的証拠は存在しない．この矛盾を称して，「暗い太陽のパラドックス（faint young Sun paradox）」という．

この問題は，南北一次元エネルギーバランス気候モデルを用いて考えてみ

るとよくわかる．すなわち，地球史前半の弱い太陽放射条件下において安定な気候状態は全球凍結解ということになり，しかもその条件から太陽放射が現在の値にまで増大しても，全球凍結解からは決して抜け出すことができない（4.1 節図 4.1.4 参照）．

　暗い太陽のパラドックスは，最も簡単には，過去の大気組成が現在とは異なっていたと考えれば解決する．とくに，大気中の温室効果気体の量が過去に遡るほど多かったとすれば良い．温室効果気体の候補としてはさまざまなものが考えられるが，現在では二酸化炭素がその有力候補と考えられている．すなわち，過去に遡るほど大気中に多量の二酸化炭素が含まれていたとすれば，太陽放射が弱い時代でも温暖な環境を実現することができるわけである（たとえば，Kuhn and Kasting, 1983）．

　もちろん，太陽光度が時間とともに増大する一方で，大気中の二酸化炭素がそれに合わせて都合良く減少してきたことの説明が必要となる．そのようなことが可能であった理由として，炭素循環システムにおけるウォーカーフィードバック（4.3 節参照）が有効に機能していたという可能性が考えられている（Walker *et al.*, 1981）．すなわち，珪酸塩鉱物の風化反応の温度依存性によって，大気中の二酸化炭素量が調節されてきた可能性がある．大気の進化にはマントルの進化や大陸成長なども重要な要因であるが，さまざまな外的要因の変化にもかかわらず，炭素循環のはたらきによって，地球大気は金星や火星のような二酸化炭素を主成分とする原始大気から現在のような二酸化炭素が微量成分であるような地球型大気へと進化してきたものと考えられる（Tajika and Matsui, 1993）．

　暗い太陽のパラドックスは，地球大気が不変なものではなく，地球史を通じて進化してきたはずであることを論理的に帰結する，きわめて重要な概念であるといえる．

第 4 章文献

Abe-Ouchi, A. (1993) Ice sheet response to climate changes. A modelling approach. Züricher Geographische Schriften, **54**, 134pp.

Abe-Ouchi, A. and Blatter, H. (1993) On the Initiation of Ice Sheets. *Annals of Glaciology* (International Glaciological Society), **18**, 200–204.

阿部彩子・増田耕一（1993）氷床と気候感度. 日本気象学会気象研究ノート, 177 号, 183–222.

Abe-Ouchi, A., Blatter, H. and Ohmura, A. (1994) How does the Greenland ice sheet geometry remember the ice age? *Global and Planetary Change*, **9**, 133–142.

阿部彩子・増田耕一（1996）第四紀の気候変動.『岩波講座地球惑星科学 11 気候変動論』, 第 4 章, 岩波書店, 103–156.

Aoki, S. (1969) Friction between mantle and core of the Earth as a cause of the secular change in obliquity. *Astron. J.*, **74**, 284–291.

Aoki, S. and Kakuta, C. (1971) The excess secular change in the obliquity of the ecliptic and its relation to the internal motion of the Earth. *Celes. Mech.*, **4**, 171–181.

Berner, E. K. and Berner, R. A. (1987) *The Global Water Cycle*, Prentice-Hall, 397pp.

Berner, R. A. (1991) A model for atmospheric CO_2 over Phanerozoic time. *Amer. J. Sci.*, **291**, 339–376.

Berner, R. A. (1994) GEOCARB II: A revised model of atmospheric CO_2 over Phanerozoic time. *Amer. J. Sci.*, **294**, 56–91.

Berner, R. A. (1997) The rise of plants and their effect on weathering and atmospheric CO_2. *Science*, **276**, 544–546.

Berner, R. A., Lasaga, A. C. and Garrels, R. M. (1983) The carbonate-silicate geochemical cycle and its effect on atmospheric carbon dioxide over the past 100 million years. *Amer. J. Sci.*, **283**, 641–683.

Broecker, W. S. and Peng, T. -H. (1982) *Tracers in the Sea*, Eldigio Press, Palisades, 690pp.

Bryan, K. (1969) Climate and the ocean circulation III. The ocean model. *Monthly Weather Review*, **97**(11), 806–827.

Budyko, M. I. (1969) The effect of solar radiation variations on the climate of the earth. *Tellus*, **21**, 611–619.

Caldeira, K. and Kasting, J. F. (1992) Susceptibility of the early Earth to irreversible glaciation caused by carbon dioxide clouds. *Nature*, **359**, 226–228.

Cerling, T. E. (1991) Carbon dioxide in the atmosphere: evidence from Cenozoic and Mesozoic paleosols. *Amer. J. Sci.*, **291**, 377–400.

CLIMAP Project (1976) The surface of the ice-age earth. *Science*, **191**, 1131–1136.

CLIMAP Project (1981) Seasonal reconstruction of the earth's surface at the last glacial maximum. Geol. Soc. Amer., Map and Chart Series, vol. MC–36.

CLIMAP Project (1984) The last interglacial ocean. *Quaternary Res.*, **21**, 123–224.

Cook, K. H. and Held, I. M. (1988) Stationary waves of the ice age climate. *J. Climate*, **1**, 807–819.

Evans, D. E. (1998) True polar wander, a supercontinental legacy. *Earth Planet. Sci. Lett.*, **157**, 1–8.

Evans, D. E., Beukes, N. J. and Kirschvink, J. L. (1997) Low-latitude glaciation in the Paleoproterozoic era. *Nature*, **386**, 262–266.

Gaffin, S. (1987) Ridge volume dependence on seafloor generation rate and inversion using long term sealevel change. *Amer. J. Sci.*, **287**, 596–611.

Garrels, R. M., and Lerman, A. (1984) Coupling of sedimentary sulfur and carbon cycles — an improved model. *Amer. J. Sci.*, **284**, 989–1007.

Gilliland, R. L. (1989) Solar evolution. *Palaeogeogr. Palaeoclimatol. Palaeoecol.* (Global and Planetary Change section), **75**, 35–55.

Hall, N. M. J., Valdes, P. J. and Dong, B. (1996) The maintenance of the last great ice sheets: a UGAMP GCM study. *J. Climate*, **9**, 1004–1019.

Harland, W. B. (1964) Critical evidence for a great infra-Cambrian glaciation. *Geologische Rundschau*, **54**, 45–61.

Held, I. M., Linder, D. I. and Suarez, M. J. (1981) Albedo feedbacks and the meridional structure of the effective heat diffusivity and climate sensitivity: Results from dynamic and diffusive models. *J. Atmos. Sci.*, **38**, 1911–1927.

Hewitt, C. D., Broccoli, A. J., Mitchell, J. F. B. and Stouffer, R. J. (2001) A coupled model study of the last glacial maximum: Was part of the North Atlantic relatively warm? *Geophys. Res. Lett.*, **28**, 1571–1574.

Hoffman, P. F. (1991) Did the breakout of Laurentia turn Gondwanaland inside-out? *Science*, **252**, 1409–1411.

Hoffman, P. F., Kaufman, A. J. and Halverson, G. P. (1998a) Comings and goings of global glaciations on a Neoproterozoic tropical platform in Namibia. *GSA Today*, **8** (5), 1–9.

Hoffman, P. F., Kaufman, A. J., Halverson, G. P. and Schrag, D. P. (1998b) A Neoproterozoic Snowball Earth. *Science*, **281**, 1342–1346.

Holland, H. D. (1978) *The Chemistry of the Atmosphere and Oceans*, Wiley, New York, 351pp.

Hyde, W. T., Crowley, T. J., Baum, S. K. and Peltier, W. R. (2000) Neoproterozoic 'snowball Earth' simulations with a coupled climate/ice sheet model. *Nature*, **405**, 425–429.

Ikeda, T. and Tajika, E. (1999) A study of the energy balance climate model with CO_2-dependent outgoing radiation: implication for the glaciation during the Cenozoic. *Geophys. Res. Lett.*, **26**, 349–352.

Imbrie, J., Hays, J. D., Martinson, D. G., McIntyre, A., Mix, A. C., Morley, J. J., Pisias, N. G., Prell, W. L. and Shackleton, N. J. (1984) The orbital theory of Pleistocene climate: Support from a revised chronology of the marine $\delta\ ^{18}O$ record. in *Milankovitch and Climate* (Berger, A. L. et al., eds.), D. Reidel Publishing Company, Norwell, Mass., 269–305.

伊藤孝士（1994）地球赤道傾角の進化．月刊地球，号外 10, 112–119.

Ito, T., Masuda, K., Hamano, Y. and Matsui, T. (1995) Climate friction: a possible cause for secular drift of the earth's obliquity. *J. Geophys. Res.*, **100**, 15147–15161.

貝塚爽平・太田陽子・小疇　尚・小池一之・野上道男・町田　洋・米倉伸之編（1985）『写真と図で見る地形学』，東京大学出版会，250pp.

Kirschvink, J. L. (1992) Late Proterozoic low-latitude global glaciation: the Snowball Earth. in *The Proterozoic Biosphere* (Schopf, J. W. and Klein, C., eds.), Cambridge University Press, 51–52.

Kuhn, W. R. and Kasting J. F. (1983) Effect of increased CO_2 concentrations on surface temperature of the early Earth. *Nature*, **301**, 53-55.

Lasaga, A. C. (1984) Chemical kinetics of water-rock interactions. *J. Geophys. Res.*, **89**, 4009–4025.

Lindzen, R. S. and Farrell, B. (1981) The role of polar regions in global climate, and a new parameterization of global heat transport. *Mon. Wea. Rev.*, **108**, 2064–2079.

Lowenstein, T. K., Timofeeff, M. N., Brennan, S. T., Hardie, L. A. and Demicco, R. V. (2001) Oscillations in Phanerozoic seawater chemistry: Evidence from fluid inclusions. *Science*, **294**, 1086–1088.

Manabe, S. and Bryan, K. (1969) Climate calculation with a combined ocean-atmosphere model. *J. Atmos. Sci.*, **26**, 786–789.

Manabe, S., Stouffer, R. J., Spelman, M. J. and Bryan, K. (1991) Transient response of a coupled ocean-atmosphere model to gradual changes of atmospheric CO_2. Part1: Annual mean response. *J. Climate*, **4**, 785–818.

Melosh, H. J. (1990) Giant impacts and the thermal state of the early earth. in *Origin of the Earth* (Benz, W. and Cameron, G. W., eds.), Oxford University Press, New York, 69–83.

西村雅吉編（1983）『海洋化学—化学で海を解く』，産業図書，286pp.

North, G. R., Cahalan, R. F. and Coakley Jr., J. A. (1981) Energy Balance climate models. *Rev. Geophys. Space Phys.*, **19**, 91–121.

Oerlemans, J. and van der Veen, C. J. (1984) *Ice Sheets and Climate*, Reidel, 217pp.

小倉義光（1984）『一般気象学』，東京大学出版会，314pp.

大畑めぐみ（2001）炭酸カルシウムの溶解に注目した海洋堆積過程に関するモデリング．修士論文，北海道大学大学院地球環境科学研究科．

Peltier, W. R. (1994) Ice age paleotopography. *Science*, **265**, 195–201.

Rampino, M. R. (1994) Tillites, diamictites, and ballistic ejecta of large impacts. *J. Geology*, **102**, 439–456.

Raymo, M. E. and Ruddiman, W. F. (1992) Tectonic forcing of late Cenozoic climate. *Nature*, **359**, 117–122.

Saito, F. (2002) Development of a three dimensional ice sheet model for numerical studies of Antarctic and Greenland ice sheet. Ph. D dissertation, 136pp.

Sagan, C. and Mullen, G. (1972) Earth and Mars: Evolution of atmospheres and surface temperatures. *Science*, **177**, 52–56.

Scotese, C. R. and Bonhommet, N., eds. (1984) *Plate Reconstruction From Paleozoic Paleomagnetism*, Vol.12 of Geodynamics series, American Geophysical Union, Washington, D. C.

Sellers, W. D. (1969) A global climatic model based on the energy balance of the earth-atmosphere system. *J. Appl. Meteorol.*, **8**, 392–400.

瀬野徹三・田近英一・丸山茂徳（1995）ウイルソンサイクルと環境変動．月刊地球，**17**, 257–264.

Smith, A. G., Hurley, A. M. and Briden, J. C. (1981) *Phanerozoic Paleocontinental World Maps*, Cambridge University Press, London.

多田隆治（1991）新生代における表層環境変化．地学雑誌，**100**, 937–950.

田近英一（1996）地球システムにおける物質循環．『岩波講座地球惑星科学2 地球システム科学』，岩波書店，21–53.

Tajika, E. (1998) Climate change during the last 150 million years: Reconstruction from a carbon cycle model. *Earth Planet. Sci. Lett.*, **160**, 695–707.

Tajika, E. (1999) Carbon cycle and climate change during the Cretaceous inferred from a carbon biogeochemical cycle model. *The Island Arc*, **8**, 293–303.

田近英一（1999a）連続脱ガスと地球環境の安定性：地球化学的炭素循環モデルからの制約. 地球化学, **33**, 255–263.

田近英一（1999b）地球環境と物質循環における大陸の役割. 月刊地球, 号外 23, 36–42.

田近英一（2000）全球凍結現象とはどのようなものか. 科学, **70**, 397–405.

Tajika, E. and Matsui, T. (1992) Evolution of terrestrial proto-CO_2-atmosphere coupled with thermal history of the Earth. *Earth Planet. Sci. Lett.*, **113**, 251–266.

Tajika, E. and Matsui, T. (1993) Degassing history and carbon cycle: From an impact-induced steam atmosphere to the present atmosphere. *Lithos*, **30**, 267–280.

Turcotte, D. L. and Schubert, G. (1982) *Geodynamics*, John Wiley and Sons, 450pp.

Walker, J. C. G., Hays, P. B. and Kasting, J. F. (1981) A negative feedback mechanism for the long-term stabilization of Earth's surface temperature. *J. Geophys. Res.*, **86**, 9776–9782.

Williams, D. M., Kasting, J. F. and Frakes, L. A. (1998) Low-latitude glaciation and rapid changes in the Earth's obliquity explained by obliquity-oblateness feedback. *Nature*, **396**, 453–455.

Williams, G. E. (1975) Late Precambrian glacial climate and the Earth's obliquity. *Geological Magazine*, **112**, 441–465.

Williams, G. E. (1993) History of the earth's obliquity. *Earth Sci. Rev.*, **34**, 1–45.

Yamanaka, Y. and Tajika, E. (1996) The role of the vertical fluxes of particulate organic matter and calcite in the oceanic carbon cycle: Studies using an ocean biogeochemical general circulation model. *Global Biogeochem. Cycles*, **10**, 361–382.

Yamanaka, Y. and Tajika, E. (1997) Role of dissolved organic matter in the marine biogeochemical cycle: Studies using an ocean biogeochemical general circulation model. *Global Biogeochem. Cycles*, **11**, 599–612.

第5章
地球深部ダイナミクス

　本章では，地球深部のマントルとコア（核）の進化や歴史について述べる．地球は半径 6370 km の球であり，内側の 3480 km の分が鉄でできていてコア（核）と呼ばれ，外側の地表から深さ 2890 km の分が岩石（珪酸塩）でできていて，マントルと呼ばれる．マントルの方がコアよりも質量，体積ともに大きく，そのせいもあって，1.2 節で述べられているように，マントル対流の変化は地球史上の大事件の原因となってきた．コアには，液体の金属鉄があるために，その流れによって地球磁場が発生する．そのため，コアの進化の痕跡は，磁性鉱物中の磁化の配列という形（残留磁気）で地球表面の岩石に残される．5.1 節では，マントル対流の進化の物理的メカニズムが解説される．5.2 節では核の歴史，5.3 節ではマントルと核の相互作用が解説される．5.4 節では岩石の残留磁気を通して，非常に古い時代（とくに 20 億年以前）の地球磁場のようすが解説される．

[吉田茂生]

5.1 マントル対流の進化

本多　了

　地球上で起こる大陸移動のようなグローバルな現象は，マントル対流に関係していることは疑いないことであろう．単純な熱対流の性質は，理論的に詳しく研究されよくわかってきている．しかし，マントル対流の複雑性（レオロジーの複雑さ等）のために，これらの理論のマントル対流への単純な適用は難しい．また，マントル対流の進化に関する研究はモデルの制限条件としての時間的な情報を必要とするため，さらに困難となる．情報のあいまいさはモデルの多様性を引き起こす．たとえば，過去の地球で起こったと考えられているマントルオーバーターンは，相変化の存在，マントルの溶融，変形の非線形性のいずれでも説明可能のように思われる（しかし，その現象が起こりうることが示されていることは重要であろう）．本節では，これらの問題を特定の考えやモデルになるべく捕われないように述べていく．なお，マントル対流の進化のシナリオに関しては最近，Sleep (2000) によって定性的ではあるが示唆に富む考察がなされていることを記しておく．

　ある系が，時間的に変化しない（定常），あるいは統計的に考えて定常であるならば，一般にその系は進化しているとは考えない．マントル対流が進化するのは，地球内部の熱源が有限であるために，マントルが徐々に冷却していることにより起こる．この過程において対流に起こる変化の原因は，大きく分けると，1）対流の激しさの変化，2）いろいろな臨界値の存在，に分けられよう．1）は簡単に言えばレイリー（Rayleigh）数（後述）が変化することであり，これによっては比較的，連続的な変化が期待される．一方 2) はたとえば，ある温度以上になるとマントル構成物質が溶け始めるというように，ある値を境に系に急激な変化をもたらすと考えられるような原因である．以下にマントル対流系に変化をもたらす原因に関して述べる．これらのうち 5.1.1 項は前述の 1）に相当し，他はおおむね 2）に相当すると考えられる．なおマントル対流の基礎理論については，たとえば本多（1997）を参照するこ

と.また,5.1.4 項および 5.1.5 項に扱った話題は,現在活発に議論されており,近い将来大きく変わってくる可能性があることを注意しておく.

5.1.1 熱対流による地球の冷却

地球の熱史を考える上で重要なのは,マントル対流による熱輸送の見積もりである.これは普通,マントル対流の「激しさ」と「熱輸送効率」の間の関係を求めることによって推定することができる.以下にこの点について議論する.なお,この節では対流が熱膨張によってのみ起こる熱対流の熱輸送を考える.

よく使われているマントル対流の激しさを表現する量は無次元数のレイリー数(Ra),

$$Ra = \frac{\rho g \alpha d^3 \Delta T}{\mu \kappa} \tag{5.1.1}$$

である.ここで ρ:密度,g:重力加速度,α:体膨張率,d:対流層の厚さ,ΔT:対流層の上面と下面の間の温度差,μ:粘性率,κ:熱拡散率である.よく知られているように対流は,レイリー数がある値以上より大きくなると起こる(これは,前述の臨界値のひとつである).

一方,熱輸送効率を示す無次元のパラメタとしてはヌッセルト(Nusselt)数(Nu)がよく用いられる.ヌッセルト数の最も一般的に用いられる定義は,実際に運ばれた熱流量を,同じ条件下で熱伝導によってのみ運ばれると仮定して得られる熱流量で割った値である.この定義によれば対流が起こっていない場合のヌッセルト数は 1 になる.厚さ一定で水平方向に無限に広がった対流層の上下面の温度を一定に保ち,内部加熱源がない場合の対流を考えると,前述の定義のヌッセルト数は

$$Nu = \frac{Q}{k\dfrac{\Delta T}{d}} \tag{5.1.2}$$

となる.ここで Q は実際に運ばれた熱流量,k は熱伝導率である.これは対流の室内実験で良く使われている定義である.ヌッセルト数とレイリー数の関係については,数多くの数値実験あるいは室内実験による研究が行われ,その関係は一般に

$$Nu \propto Ra^{\beta} \tag{5.1.3}$$

の形のべき乗則で与えられることが知られている．ここで β は 0.3 程度の値である．この関係に関する詳細な議論はコラムの中で行う．

コラム

レイリー数とヌッセルト数の関係

(5.1.3) 式の β の値は粘性や他の物性値がほとんど変化しない対流の場合の値であり，マントルのように物性値（とくに粘性率）が温度や圧力によって変化する場合にあてはまるかどうかは議論の余地がある．またレイリー数やヌッセルト数の定義は扱う問題によって異なることがある．たとえば熱源が内部加熱源のみの対流を考えると，表面に運ばれる熱は熱輸送の形態が何であれ同じなので，先に述べた定義ではヌッセルト数は常に 1 になってしまうので不都合である．さらに，マントル対流のように各種の物性値が温度，深さによって変わる場合，(5.1.1) 式のレイリー数に用いる各種の物性値の選び方にあいまいさが生じる．また (5.1.3) の関係式は基本的に定常状態においてのみ意味を持つ．これらの点について以下にやや詳しく考える．

対流が激しくなると，上下面に生じる熱境界層の振舞いが，あたかも独立しているようになる．したがって，そのような系においては用いるべきパラメタは (5.1.1)，(5.1.2) 式のような系全体を特徴づける値で定義されるパラメタではなく，個々の熱境界層を特徴付けるようなパラメタがふさわしいと考えられる．このようなパラメタとしてレイリー数を局所的な値で定義した

$$Ra_{\delta} = \frac{\rho_l g_l \alpha_l \delta_l{}^3 \Delta T_l}{\mu_l \kappa_l} \tag{5.1.4}$$

が考えられる．ここで添え字 l は局所（local）を意味し，各境界層内での代表的な値という意味である．δ_l は各熱境界層の厚さであり，ΔT_l は熱境界層をはさんでの温度変化量である．Howard (1966) は，熱境界層が，ある程度の厚さになるとレイリー–テイラー（Rayleigh-Taylor）型の重力不安定を起こして，はがれると考え（これを熱境界層不安定と呼ぶ），この熱境界層不安定が起こる条件として，

$$Ra_{\delta} = Ra_c \tag{5.1.5}$$

を与えた．ここで Ra_c は定数である．もし，このような条件が成立しているとすると，各熱境界層を通して運ばれる熱流量 Q_l は

$$Q_l \approx k_l \frac{\Delta T_l}{\delta_l} = \left(\frac{Ra_l}{Ra_c}\right)^{\frac{1}{3}} k_l \frac{\Delta T_l}{d} \tag{5.1.6}$$

となる．ここで Ra_l は

$$Ra_l = \frac{\rho_l g_l \alpha_l d^3 \Delta T_l}{\mu_l \kappa_l} \tag{5.1.7}$$

である．いま物性値は系全体で一定で内部加熱源がなく定常状態とすると，問題の対称性より $\Delta T_l = \Delta T/2$，$Q_l = Q$ であるので上式は

$$Q \approx \left(\frac{Ra}{2Ra_c}\right)^{\frac{1}{3}} k \frac{\Delta T}{2d} = \frac{1}{2} \left(\frac{Ra}{2Ra_c}\right)^{\frac{1}{3}} k \frac{\Delta T}{d} \tag{5.1.8}$$

と書き換えられる．つまり言い換えれば Nu と Ra の間には

$$Nu \approx \frac{1}{2} \left(\frac{Ra}{2Ra_c}\right)^{\frac{1}{3}} \propto Ra^{\frac{1}{3}} \tag{5.1.9}$$

なる関係が存在する．この関係は有限振幅の対流の近似理論である熱境界層理論の結果（たとえば Turcotte and Schubert, 2002 を見よ）と同じである．

マントル対流は (5.1.9) 式を導く際の仮定，つまり，物性値が一定，内部加熱源がない，定常状態のいずれの条件も満たさない．しかし，もし，(5.1.5) 式がこれらの条件にあまり影響されないとすると，それから導かれた関係 (5.1.6) 式と (5.1.7) 式は常に成立する．したがって以下のような定義の Nu_l を導入すると

$$Nu_l \equiv \frac{Q_l}{k \frac{\Delta T_l}{d}} \tag{5.1.10}$$

(5.1.6) 式と (5.1.7) 式の関係は

$$Nu_l = \left(\frac{Ra_l}{Ra_c}\right)^{\frac{1}{3}} \tag{5.1.11}$$

となる．Honda (1996) は，Nu_l と Ra_l をそれぞれローカルヌッセルト数，ローカルレイリー数と呼び，非定常を含むさまざまな対流について，それらの間の関係を調べ，多くの場合において，(5.1.11) 式が成立することを示した．

(5.1.11) 式の関係が成立しない場合で地球科学的に考えて重要なのは，粘性率の温度依存性が強くなったときの低温側の熱境界層に応用する場合である．この場合，(5.1.11) 式の関係は修正されるが，この理由を以下に考える．低温温度境界層内で粘性率の変化が小さい場合は，境界層不安定は熱境界層全体および，これに関与する温度差は ΔT_l となる．しかし，粘性率が大きく変わると，境界層不安定は低温熱境界層の下側（高温側）の一部のみで起

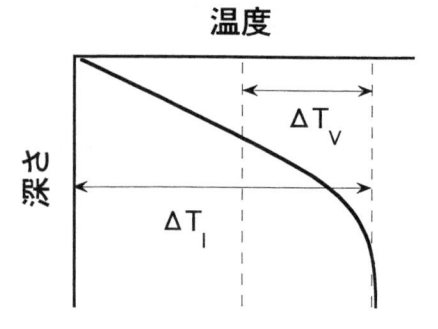

図 5.1.1 対流している粘性流体の上面の温度境界層の様子と粘性温度．温度は水平方向に平均した温度で，ΔT_l は温度境界層間の温度変化を示し，ΔT_V は粘性温度を示す．ΔT_V が ΔT_l よりある程度小さくなると，上面は動かなくなり停滞リッドの状態（stagnant lid regime）になる．

こるので，これに関与する温度差は，もはや ΔT_l でなくなる．それは以下に定義される粘性温度 ΔT_V（Morris and Canright, 1984）程度になる（図 5.1.1 参照）．

$$\Delta T_V \equiv -\frac{\mu}{\partial \mu/\partial T} \qquad (5.1.12)$$

粘性温度は粘性率の温度依存性がわかっていれば計算できる量である．Nu_l，Ra_l の定義式中の ΔT_l は，この粘性温度で置き換える必要がある（Honda, 1996）．このような状態においては，低温温度境界層はほとんど動かなくなり，対流はその下の高温の柔らかい部分のみで起こる．この状態を停滞リッドの状態（stagnant lid regime：後述）と呼ぶ．

この他にも，これまで述べてきた方法をマントル対流による熱輸送効率の推定に適用する際，考慮しなければならない重要な問題がある．それは，プレートが運動するという点である．プレートのような運動を自己完結的に実現するマントル対流の満足のできる数値シミュレーションはまだないが，次節で述べるように，プレートを動かすためには，何らかの原因でプレート境界が「柔らかく」なる必要がある．このようなプレート境界を柔らかくした数値シミュレーションの研究は，プレート境界が十分柔らかくなれば熱輸送がプレートの下面の粘性率によって支配されることを示唆している（たとえば Gurnis, 1989; Honda, 1997）．つまり，ローカルレイリー数の定義に使うべき粘性率がプレート直下のそれになり，ΔT_l は粘性温度ではなく実際の温度差になる．この結論はプレート境界が，どの程度柔らかいかということにも依存すると思われるが，第一近似としては有用な近似であろう．

マントルの熱的進化を考える直接的方法は適当な初期条件を与えて，支配方程式（質量保存則，運動量保存則，エネルギー保存則，状態方程式等）を解く方法であるが，この手法は数多くの可能性を調べる場合や，モデルの変更を迫られたとき，扱いに大きな支障をきたす．これに対し，いろいろな影響を適当なパラメタに押し込めて熱史を解明する方法があり，この手法は「パラメタ化対流論」と呼ばれている．ここでは概略を理解するために簡単な場合についてのパラメタ化対流論を示す．

　いま核とマントルの2層構造を考える．核は核内の対流によって十分かき混ぜられていると仮定し，一定温度 T_c とする．また，マントルの温度も薄い境界層の内部を除いて一定の温度 T_m であるとする．このとき，核およびマントル，それぞれのエネルギー保存則は

$$C_c \frac{dT_c}{dt} = -Q_c \tag{5.1.13a}$$

$$C_m \frac{dT_m}{dt} = H_m(t)M_m - Q_s + Q_c \tag{5.1.13b}$$

と書ける（核内の熱源は無視する）．ここで t は時間，C_c と C_m は，それぞれ核とマントルの熱容量，H_m はマントル内に存在する放射性熱源の濃度，M_m はマントルの質量，Q_c と Q_s は，それぞれマントル下部境界層，上部境界層を通して流れる熱流量である．(5.1.2) 式と (5.1.3) 式の関係を用いると，Q_c と Q_s は，それぞれ

$$Q_c = k\frac{T_c - T_m}{d}\left(\frac{Ra_b}{Ra_c}\right)^\beta S_c \tag{5.1.14a}$$

$$Q_s = k\frac{T_m - T_s}{d}\left(\frac{Ra_t}{Ra_c}\right)^\beta S_s \tag{5.1.14b}$$

と書け，Ra_b と Ra_t は

$$Ra_b = \frac{\rho g \alpha d^3 (T_c - T_m)}{\mu(T_m)} \tag{5.1.15a}$$

$$Ra_t = \frac{\rho g \alpha d^3 (T_m - T_s)}{\mu(T_m)} \tag{5.1.15b}$$

と定義される一種のレイリー数である（詳細はコラムを参照）．上式で S_c と

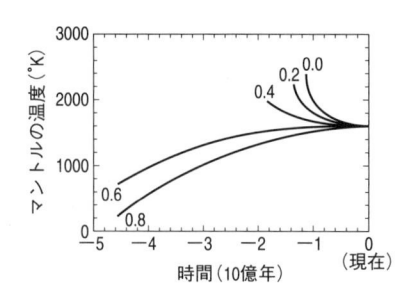

図 5.1.2　パラメタ化対流論によって得られたマントルの温度の時間による変化（Iwase and Honda, 1998）．図中の数字はユーレイ比を示す．ユーレイ比がある範囲にないと初期地球（45 億年前）で妥当な温度が得られない点に注意．

S_s は，それぞれ外核表面と地表面の面積であり，T_s は表面温度，d はマントルの厚さ，Ra_c は定数である．これらの方程式に加えて放射性熱源量の時間変化，粘性率 μ の温度依存性を与えれば問題は解ける．

図 5.1.2 に，上記のパラメタ化対流論によって得られた結果の一例を示す（Iwase and Honda, 1998）．これらの計算においては現在の温度を用いて過去の温度を推定する方法（つまり (5.1.13) 式を時間に関して逆行するように積分する）が取られている．また，図中の数字は現在のユーレイ比（放射性熱源による発熱量と地球表面から放出されている熱量の比）を示している．これらの図から判明することは，ユーレイ比が，ある範囲の値でなければ初期の地球の温度が現在より極端に高くなるか低くなってしまう．これを避けるためには，現在のユーレイ比が 0.4 から 0.6 と見積もられ，地球化学的推定と整合的な結果が得られる（詳細は Christensen, 1985 の議論を参照）．このように熱対流のみを考えても，もっともらしい地球の熱史を得ることができそうである．

5.1.2　マントル対流とプレートテクトニクス

地表面のプレートは明らかに動いている．このため地球内部からの熱の多くがプレートの冷却によって放出され，ひいては地球の熱史に重要な役割を果たしている．このようなプレートの振舞いが，マントル対流とどのように関わりあっているかを以下に議論する．

マントル対流の特徴で重要な点のひとつは，マントル構成物質の変形則（レオロジー）が非常に複雑であるという点である．高温・高圧下でのマントル構成物質は粘性流体的に振舞うと考えられており，その変形則は

$$\varepsilon_{ij} = A\sigma_{ij}\sigma^{n-1} \exp\left(-\frac{E+pV}{RT}\right) \qquad (5.1.16)$$

と表現される．ここで ε_{ij} は歪速度テンソル，A は定数，σ_{ij} は差応力テンソル，σ は差応力テンソルの二次の不変量，n は定数，E は活性化エネルギー，p は圧力，V は活性化体積，R はガス定数，T は絶対温度である．(5.1.16)式の関係は言い換えれば，有効な粘性率 η_{eff} が

$$\eta_{eff} = B\varepsilon^{\frac{1-n}{n}} \exp\left(\frac{E+pV}{nRT}\right) \qquad (5.1.17)$$

であると考えられる．ここで B は定数，ε は歪速度テンソルの二次の不変量である．マントルを構成する主要な鉱物であるカンラン石に対して，(5.1.16)式中の物性パラメタの推定値を表 5.1.1 に示す（Karato and Wu, 1993）．A，B の値は環境（揮発成分の有無等），粒径等によって左右されるが，ここでは一定とする．この法則で重要な点は，1) 変形は温度によって大きく変化する，つまり，温度が高くなると急激に「柔らかく」なる，2) 応力と歪速度の関係式は非線形であるという点である．低温・低圧下での変形則は破壊現象が入るなどさらに複雑になり，非線形性が卓越してくる．

表 **5.1.1** マントルのレオロジーに関する物性値
（Karato and Wu, 1993）

変形メカニズム	乾燥状態	湿った状態
転位クリープ		
n	3.5	3.0
$E\,(\mathrm{kJ\,mol^{-1}})$	540	430
$V\,(\mathrm{cm^3\,mol^{-1}})$	15–25	10–20
拡散クリープ		
n	1.0	1.0
$E\,(\mathrm{kJ\,mol^{-1}})$	300	240
$V\,(\mathrm{cm^3\,mol^{-1}})$	6	5

プレート運動の特徴,すなわちプレート境界を除くとプレートは剛体的に振舞い,プレート境界に変形が集中しているという点は,基本的には上の2つの性質(粘性率の温度依存性,変形の非線形性)で説明できる(あるいはできる可能性がある).剛体的なプレートの存在はマントルの粘性率が温度の強い関数であるために,低温の地表面では硬くなるためと説明できる.しかし,(5.1.16)式のような単純な粘性率の温度依存性を考慮するのみでは,表面の硬い部分(=プレート)が動かなくなり,対流はプレートの下の柔らかい部分にのみ起こる.つまり,プレートとマントルがデカップルする.表面の硬い部分が動かなくなる理由は,対流が下降あるいは上昇する部分(=プレート境界)が硬すぎるために曲がれないからである.したがって,その部分が柔らかくなればプレートのような動きが実現される(Schmelling and Jacoby, 1981).対流が上昇あるいは下降する部分では一般に応力/歪速度が大きくなるので,変形が非線形であれば,それらの部分が柔らかくなり,プレート運動に近づいていくことが期待される.この点について以下に定量的な議論を行う.

Solomatovら(Solomatov, 1995; Solomatov and Moresi, 1997)は,一連の研究で粘性率が(5.1.17)式で与えられるような温度と歪速度の関数で与えられる場合,対流の振舞いのタイプはレイリー数と粘性比(最大の粘性率/最小の粘性率)によって(I)小粘性コントラストの状態(small viscosity contrast regime),(II)遷移状態(transitional regime),(III)停滞リッドの状態(stagnant lid regime)の3つの領域に大きく分けられることを示した(図5.1.3).(I)の領域においては,対流は粘性率が一定の場合の対流と,ほぼ同じ振舞いをする.(III)の領域においては,前述のように対流は上側(低温側)のほとんど動かない部分(lidと呼ばれている)と下側(高温側)の対流が起こっている部分とに分かれる.(II)は(I)と(III)の中間領域である.

プレートテクトニクスが起こるためには少なくとも(III)の領域に入っていなければならないであろう.何故ならば(I),(II)の領域においては,表面は動くが,変形が広範囲にわたるために表面が剛体的な動きを示さないからである(しかし,Kameyama and Ogawa, 2000はIIとIIIの境界付近でプレートテクトニクス的振舞いを示す領域があることを主張している).では(III)の領域

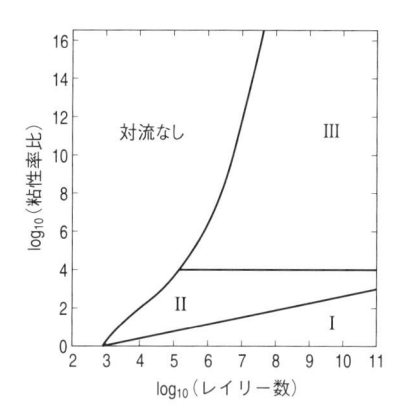

図 **5.1.3** 粘性率が温度に強く依存する場合の対流の様相を示した図（Solomatov, 1995）. $n=1$ の場合である．横軸はレイリー数（定義に用いた粘性率は最小の粘性率である），縦軸は粘性比（最大粘性率/最小粘性率）を示す．I, II, III については本文をみよ．

になる条件は，どのようなものであろうか？ Solomatov (1995) は，この条件を粘性比が一定（$\sim 10^4$）になったとき起こると推定した．一方，Davaille and Jaupart (1994) は，熱境界層（lid 内）の温度変化量 ΔT と粘性温度 ΔT_V の関係が

$$\Delta T > 2.24\, \Delta T_V \tag{5.1.18}$$

となったときに停滞リッドの状態となることを実験的に示した．ここで粘性温度 ΔT_V とは粘性率の温度依存性がわかれば (5.1.12) 式で求められる量である（詳細はコラム参照）．(5.1.18) 式は，粘性温度は以下のように解釈できる温度差であることを示している．つまり，熱境界層における温度差が粘性温度よりも小さければ，粘性の変化が小さく対流の振舞いは粘性率が一定の流体とあまり変わらない．逆に，熱境界層での温度差が粘性温度よりも大きいと，粘性の変化が大きくあまり動かない部分が現れる．このように粘性温度は物理的解釈ができるので，以後，(5.1.18) 式の条件を停滞リッドの状態と他の状態の境界を判定する条件として考えよう．

次にプレートのように表面が動き始める条件について考える．このためには前にも述べたように変形が非線形であることが必要である．破壊現象は非線形変形の一種と考えられ，また，それはプレート境界で地震として普遍的に

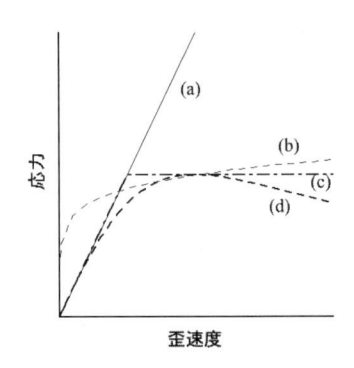

図 **5.1.4** 応力と歪速度の関係を示す概念図．(a) 応力と歪速度の関係が線形（$n = 1$）の場合．これは Newton 流体と呼ばれている．(b) 応力と歪速度の関係が非線形の場合（$n > 1$）．(c) 粘塑性体の場合．この場合，ある応力（降伏応力）まで変形は線形であり，降伏以降では歪速度に無関係に応力が一定になる．(d) 歪速度弱化（strain rate weakening）が起こっている場合．この場合においては降伏応力に達すると，その後は歪速度が大きくなるにつれて応力が小さくなる．

見られる．このモデルとして粘塑性体（visco-plastic body）の対流を考える．粘塑性体とは，応力がある降伏応力（yield stress）σ_Y 以下では粘性流体的に振舞い，応力が降伏応力以上にはならないような物質である（図 5.1.4 (c)；このような物質は (5.1.17) 式において n を大きくした場合と似ている点に注意）．Moresi and Solomatov (1998) は停滞リッドの状態における粘塑性体の対流の研究を行い，σ_Y の大きさにより，対流領域には停滞リッドの状態と上面が動き始める移動リッドの状態（mobile lid regime）が存在することを示した．また，停滞リッドの状態と移動リッドの状態の境界付近では，流れが前記の 2 つの regime を繰り返すために流れが振動的になることも示された．彼らの示した移動リッドの状態においては，表面はかなり剛体的に動いているが，まだ，プレートテクトニクスと言える程には変形が境界付近に集中していない．

さらに変形を集中させるメカニズムとして歪速度弱化（strain rate weakening）のメカニズムが考えられている．これは簡単に言えば，降伏後は低応力で変形が起こるような変形則である（図 5.1.4 (d) 参照）．実際，この変形則をモデルに組み込むことにより，Tackley (1998) はトランスフォーム断層的な動きを三次元の時間発展のない対流モデルで実現した．

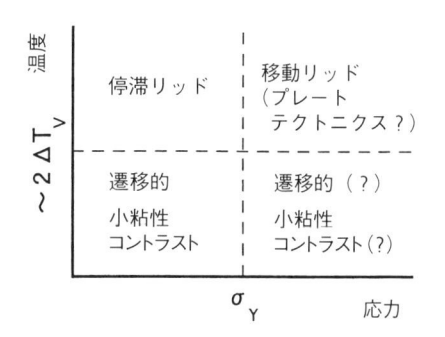

図 5.1.5 粘性率が温度に依存し降伏応力が存在する場合の対流の様相を示した概念図.横軸は降伏がない場合に得られる代表的な応力の大きさ.縦軸はプレートの表面と底面の温度差.

　歪速度弱化の具体的な物理メカニズムについては,いろいろ考えられている.たとえば,粘性発熱のために粘性率が小さくなり変形が大きく進行するような過程などである.また,変形の履歴効果もプレート生成のメカニズムのひとつとして考えられている.これはたとえば破壊した場所は,ある時間を経ても破壊しやすいというような過去の変形履歴の効果である.Honda et al. (2000) は,この履歴効果を考慮したモデル計算を行い,プレート運動に似た結果を得た.このような履歴効果は,プレート境界の位置の安定性や沈み込みの繰り返しの問題を考える際には重要な役割を果たすであろう.

　プレートテクトニクスが実現される条件としては,粘塑性体の流体を考えただけではまだ不十分であるが,プレートテクトニクスになる条件として,ある臨界応力 σ_Y が存在するという仮定を設けても,概念的にはそれほど間違いはないと思われる.したがって,粘性率の温度依存性が強く,変形が非線形である粘性流体の運動を特徴付けるパラメタは,粘性温度 ΔT_V と降伏応力 σ_Y であると第一近似的に考える.図 5.1.5 は,この考えに基づいて書いた概念図であるが,縦軸は上面の温度境界層内の温度変化量 ΔT であり,横軸は粘塑性体を仮定しないで得られたときの対流によって生じる代表的な応力の大きさ σ である.ΔT は地表面の温度が一定であるとすると,プレート下面の温度と等価である.前述のように ΔT が $2.24 \Delta T_V$ より大であれ

ば，降伏を考えなければ停滞リッドの状態になる．しかし，応力 σ が降伏応力 σ_Y を越えると移動リッドの状態（プレートテクトニクス？）になるであろう．応力やプレート下面の温度は地球が冷却するにつれ変化すると考えられる．したがってこのような図を用いれば，地表面のテクトニクスの変遷が理解できるかもしれない．

地表面の硬いプレートが動くかどうかは，地球内部からの熱の放出に大きく影響を与える．この議論については前項のコラムで触れた．

5.1.3　マントル対流と相変化の相互作用——フラッシング（なだれ現象）

マントルを構成する物質は多成分系であり，このためにマントル対流独特の問題が生じる．その例としては相変化，化学組成変化，溶融および分化である．このうち，相変化は古くから重要視されてきた問題である．以下の議論については 1.2.3 項，本多（1997）も参照のこと．

対流の下降部および上昇部に生じる水平方向の温度変化は，相変化を起こす位置（相変化面の位置）を変化させる．このために，相変化によって生じる密度変化が対流に影響を与える（相変化によって潜熱が放出あるいは吸収され，そのために温度変化が生じ対流に影響を与えるが，第一近似的にはその影響を無視してよい）．相変化が対流に与える効果は，相変化のクラペイロン（Clapeyron）曲線の傾き（dp/dT; ここで p は圧力，T は温度を表す）により変わる．傾きが正であれば，相変化は対流を助長するように働き，負の場合は，それとは逆に対流を阻止するように働く．阻止のされ方の程度はクラペイロン曲線の傾きの絶対値の大きさによって左右され，ほとんど影響がない場合から完全に対流が阻止されるまで，いろいろな場合が起こる．

この中で，対流が最もダイナミックな振舞いを示す場合は，阻止されるかされないかの境界付近の場合である（Christensen and Yuen, 1985）．この場合においては冷たい下降流（熱い上昇流）が，相変化により相変化面近傍で一時的に動きが阻止される．このために冷たい（熱い）物質が相変化面の上（下）に溜まる．これらの低温塊（高温塊）がある大きさになると，レイリー–テイラー型の重力不安定を起こして急激に相変化面を突き抜けていく（フラッシング（flushing）あるいはなだれ現象（avalanche）と呼ばれている．たとえ

ば Honda et al., 1993；Tackley et al., 1993 を見よ). このようなフラッシングは，地球内部の深さ 700 km 付近で起こっていると考えられているスピネルからペロブスカイトと酸化物への相変化に関連して十分起こりうると考えられており，さまざまな議論が交されてきた.

ではフラッシングは，どのような条件が満たされたとき起こるであろうか？

Christensen and Yuen (1985) は，以下に定義される相変化浮力パラメタ (phase buoyancy parameter) P が，対流が吸熱的相変化によって層状対流あるいは全体対流になるかを決定するパラメタであるとした.

$$P = \frac{\Delta\rho\gamma}{\rho^2 g\alpha d} \tag{5.1.19}$$

ここで $\Delta\rho$ は相変化によって生じる密度差，γ はクラペイロン曲線の勾配である. このパラメタは，温度差によって相変化面が変化した結果生じる密度変化と，温度差によって生じる熱膨張が原因の密度変化との比と考えられる. 詳細についてはコラムで触れる.

コラム

相変化浮力パラメタとレイリー数の関係

いま，対流は層をなしていて，その境界付近にたまった低温塊の厚さが δ であるとし，周囲より温度が ΔT だけ低いものとする. 吸熱的相変化であるので，この低温塊の中では相変化が起こる深さがまわりと比較して $|\gamma|\Delta T/\rho g$ だけ深くなる. したがって，この低温塊の単位面積あたりの全体としての重さは $(\rho\alpha\Delta T\delta - \Delta\rho|\gamma|\Delta T/\rho g)$ となる. この低温塊の全体としての重さが負になれば，層をなす対流になると考えられる. つまり

$$\rho\alpha\Delta T\delta - \Delta\rho|\gamma|\Delta T/\rho g < 0$$

あるいは

$$\frac{\Delta\rho|\gamma|}{\rho^2 g\delta\alpha} > 1 \tag{5.1.20}$$

となる. もし，δ が熱境界層の厚さ程度であるとすると，境界層理論から δ は $Ra^{-1/3}$ に比例するので (たとえば，本多，1997 を見よ) 上の条件は

$$|P| = \frac{\Delta\rho|\gamma|}{\rho^2 g d\alpha} > cRa^{-\frac{1}{3}} \tag{5.1.21}$$

となる．ここで c は定数である．この関係はレイリー数が大きくなるにつれて吸熱的相変化の影響が大きくなり，層状対流になりやすいことを示している．Christensen and Yuen（1985）は数値計算により，層状対流と全体対流の境界を与える P の値 P_{cr} を以下のように求めた．

$$P_{cr} = -4.4 \, Ra^{-0.2} \tag{5.1.22}$$

この結果は (5.1.21) 式のレイリー数との関係とやや違うが，この違いは低温塊の形状がフラッシングに与える影響を反映していると考えられる．

Solheim and Peltier（1994）は層をなしている部分の温度境界層の物性値をもとに定義されたレイリー数 Ra_δ (5.1.4) 式が，ある値になった場合フラッシングが起こることを数値シミュレーションの結果より示した．一方，これらの結果と対照的に，Honda and Yuen（1994）はマントルの永年冷却を考慮したモデルを用いて，層状対流から全体対流に移るときに巨大なフラッシングが起こることを示したが，これが起こるときのレイリー数は場合によって異なることを示した．図 5.1.6 に相変化によりフラッシングが起こることを考慮した場合のパラメタ化対流論の結果の例を示す．左図は，フラッシングが起こった時代を前もって仮定した場合の結果である（Honda, 1995）．一方，右図は Ra_δ がある値になるとフラッシングが起こるとした場合の結果である（Davies, 1995）．なお，これらの計算ではフラッシングが起こったときは，上

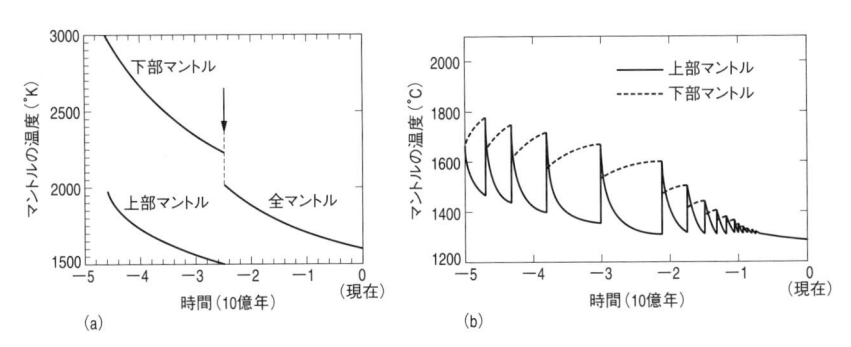

図 **5.1.6** 吸熱的相変化の存在により生じると考えられるフラッシングを考慮に入れたパラメタ化対流論によって得られた上部マントルと下部マントルの温度変化（(a) Honda, 1995；(b) Davies, 1995）．

部・下部マントルが十分に混合されることが仮定されている．得られた結果は地球の熱史のある可能性を示したものであり，これらのモデルの妥当性は，地質学的な事実との比較によって議論されなければならないであろう．

5.1.4 マントル対流と化学的不均質との相互作用

化学組成変化が重要になるのは，組成変化に伴って密度あるいは粘性が大きく変化する場合である．化学組成の変化による密度変化は現実に見られる．たとえば地殻とマントルの密度差は，化学組成の違いに対応しており，地殻の密度はマントルのそれより小さい．このために大陸地殻はマントルに戻りにくいと考えられている．また，コア・マントル境界での化学的相互作用はマントルの化学組成の変化を生じさせ，そのために生じた密度の変化が対流に影響を与える可能性も考えられている．

最近の地震学的研究により，南太平洋とアフリカの下に見られる低速度異常と正の密度異常との間に相関があることが示され（Ishii and Tromp, 1999），プルームと化学組成の違う物質の相互作用の問題が現実的になってきた．このような問題を扱う上で重要なパラメタは化学組成の違いによって生じる密度差 $\Delta\rho$ と温度差によって生じる密度差 $\rho\alpha\Delta T$ （ρ：流体の密度 $\gg \Delta\rho$, α：体膨張率，ΔT：対流層上面と下面の間の温度差）の比，

$$R_\rho = \frac{\Delta\rho}{\rho\alpha\Delta T} \tag{5.1.23}$$

である．直感的に考えると R_ρ が1より大きければ，化学組成の違いにより重い層と軽い層に分かれて対流が起こる．実際 Richter and McKenzie（1981）は，室内実験よりこの点を明らかにし，上部マントルと下部マントル内で別々に対流が起こっている可能性を議論した．しかし，対流の動的な側面を考えると，$R_\rho > 1$ であっても，長時間後には2つの層が混じりあう（Olson, 1984）．層をなしている場合，境界面では上下面の対流によって剪断応力が働く．このために，互いの層から，わずかずつ別の層の物質をそれぞれの層に巻き込む．この過程が長時間続くと，層の間の全体としての密度差は徐々に減少し，ある時点においてカタストロフィックに層状対流から1層の対流へと遷移する．

R_ρ が1より小さい場合の系の振舞いは非常に興味深い．これまでの結果に

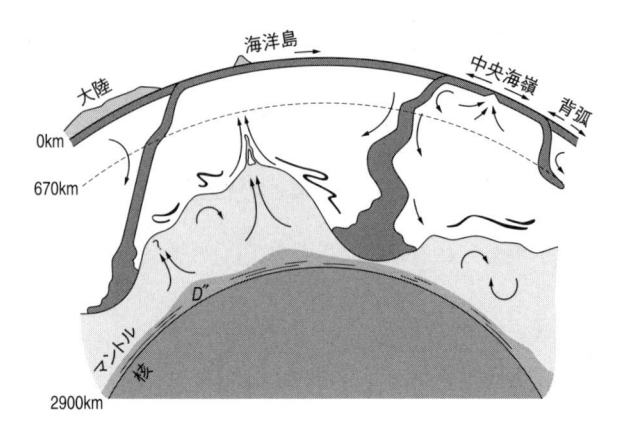

図 5.1.7 マントル対流の力学的描像（Kellogg et al., 1999）．数値計算，トモグラフィーの結果と地球化学的要請を考慮したモデル．

よると，重い物質は対流上昇部にかき集められ丘状構造が形成される．この丘の頂上は尖っており，ここからプルームが発生している（たとえば Hansen and Yuen, 1989）．これは上に述べた最近の地震学の結果と整合的である．このような丘の形成には R_ρ の他に粘性率の効果も重要である．何故ならば，粘性が小さければ，応力が小さくなるのでかき集める効果が小さくなる．Davaille（1999）は，丘あるいはドーム状構造は時間的に上下運動を繰り返すことを実験的に示した．

マントル対流が何らかの層構造を示しているという主張は，主に地球化学的要請からきている．すなわち，マントル内には，地球化学的に見て長時間互いに混じり合わないいくつかのリザーバー（reservoir）が存在するという主張である．図 5.1.7 は前述の対流の力学的描像，トモグラフィーの結果と地球化学的要請を満たすように考えられたモデルのひとつである（Kellogg et al., 1999）．このモデルの妥当性を検討するためには地震学，地球化学そしてジオダイナミクスのさらなる研究の進展を待たねばならないであろう．

このような組成の違いにより異なった密度を持つ多数の流体中に起こる対流による熱輸送効率は，対流形態の変化とともに変化するであろう．一般に時間が経過するにつれ均質な組成を持った対流に近付くと考えられるので，熱輸送効率も上昇してくるであろう．このような過程の定量的検討も今後の課

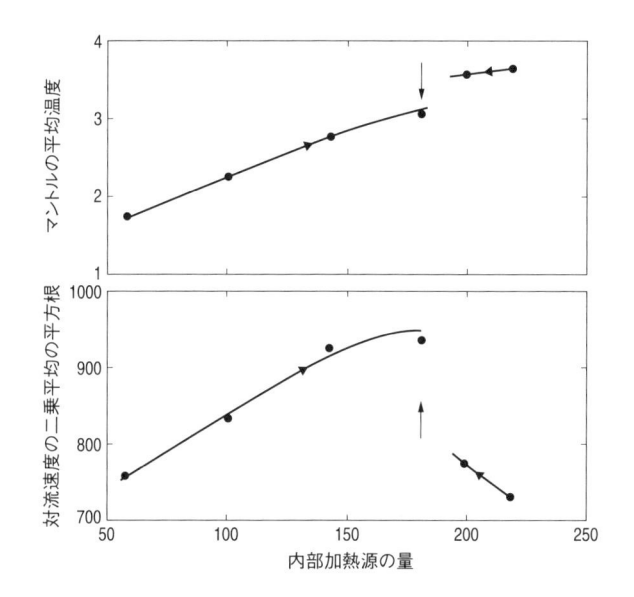

図 5.1.8 マントルの溶融を考慮した対流の様子を示す図（Ogawa and Nakamura, 1998）．横軸は内部加熱源の量を示す．上図の縦軸はマントルの平均温度を示し，下図は対流の速度の二乗平均の平方根を取った値（対流の代表的速度と考えてよい）を示している．図中の数字は相対的な大きさを示している．矢印の位置で不連続が生じている．この位置より右側は組成対流の領域で左側は熱対流の領域である．

題である．

5.1.5 溶融を考慮したマントル対流

マントルの溶融・分化を考慮に入れたマントル対流は，非常に複雑な振舞いを示す．また，数値シミュレーションも非常に難しい．その困難さの原因は，拡散のない移流方程式を長時間にわたり正確に解くことを必要とすること，単成分系の対流として扱えないこと，マントル対流の時間スケールと溶融した部分（メルト）の移動の時間スケールが大きく違うことなどである．小河は，この困難な問題に取り組んだ一連の研究で（たとえば Ogawa and Nakamura, 1998），系の温度が上昇すると溶融・分化による密度変化が温度によるそれよりも支配的になることを示し，これを組成対流と呼んだ．これに対し，温度変化による密度差が支配的になる対流を熱対流と呼ぶ．この組成対流から熱対流への遷移は，ある値（たとえば内部加熱源の量）を境に急激に起こる（図

5.1.8)．Ogawa and Nakamura（1998）は，このような遷移を地球上の大きなテクトニックな変化と結び付けて議論した．また，組成対流の性質は熱対流の性質とかなり異なる．たとえば，内部加熱量を増加させても系の平均温度は溶融温度によって支配され，あまり変化しない．また，溶融・分化に加えて（固体）相変化を考慮した対流でも，前述のフラッシング（なだれ現象）のような現象が起こることを示した．このような複雑な系における熱輸送の推定は今のところ非常に難しい．

5.2 核の誕生と内核の成長

隅田育郎・吉田茂生

5.2.1 はじめに——核の大まかな歴史

　地球は，石でできたマントルと鉄でできた核（コア）の2層からなっている．鉄は石より密度が大きいので内側にあって，地球の中心から半径3480 kmにわたる部分に存在している．核はさらに2層に分かれている．内側が固体の鉄で内核と呼ばれ，外側は液体の鉄で外核と呼ばれる．つまり，核は固体の内核のまわりを液体の外核が囲むという構造をしている．内核の半径は1220 kmである．地球がこのような構造をしていることは，地震波の伝わり方を調べることによって明らかにされている．

　固体である内核が地球の中心に近い温度の高いところあるのは，一見変に思えるかもしれない．しかし，次の2つの理由で，固体の鉄が中心に近いところにある．ひとつは，熱力学的な理由で，地球の中心の方が圧力が高いために固体ができやすいという効果が，温度の効果よりも勝っているためである．言いかえれば，核の内部の温度勾配よりも，鉄の融点勾配（融点の圧力依存性）の方が急だと考えられているため，高温高圧の深いところの方が固体になりやすい，ということである．もうひとつは力学的な理由で，固体の方が密度が高いため，深い方に沈むからである．もしも鉄の融点勾配が非常に緩かったりすると，熱力学的な効果と力学的な効果が相反することになるので，核の様子は今とはだいぶ違ったことになっていたかもしれない．

　地球の内核，外核，マントルという層構造は，いろいろな地層がそうであるように，地球の歴史の産物である．それはおおむね次のようなものであったと考えられている（図5.2.1）．地球は，原始太陽系にあった微惑星（石や鉄の塊）が集まってできたものと考えられている．地球は，最初はそういう石や鉄が混合した塊だった．それが，だんだん大きくなってくるにつれて，衝突のエネルギーで内部が融けてくる．その結果，石と鉄とが分離して，重い方の

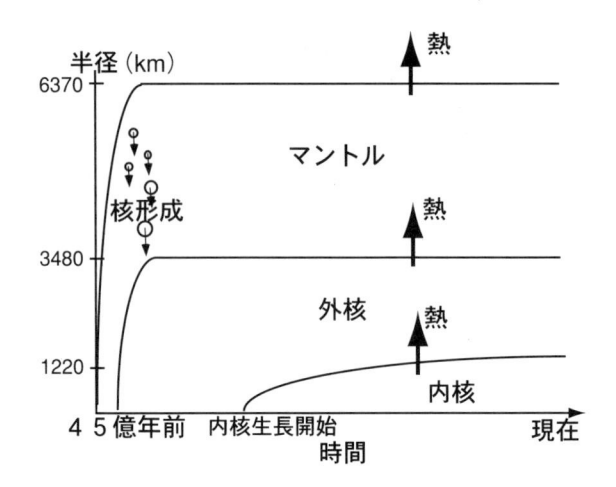

図 5.2.1 地球史の中での内核が成長していく様子の模式図（Sumita *et al.*, 1995）．縦軸は半径，横軸は時間である．地球は太陽系ができるときに急速に現在の大きさまで成長する．それに伴って鉄の部分と石の部分が分離して，それぞれ核とマントルになる．そのうち，地球が冷えてくると，固体の内核が液体の外核から析出してくる．そして，長い時間をかけて現在の大きさになる．

鉄が地球の中心に向かって落ちていって，核となった（たとえば，Stevenson, 1981）．地球がいったんできた後は，地球は全体的にだんだんと冷えていく．そうすると，そのうちに，液体だった鉄が固まって固体の鉄ができてくる．それが内核である．内核は，地球の冷却に伴って，液体である外核から析出することにより，地球史を通じて成長してきたと考えられている（Jacobs, 1953）．そういう意味で，内核は球状の堆積物である，という言い方ができる．

5.2.2　内核の歴史を解読するという観点

内核が前項で述べたような意味で堆積物であるということであれば，そのいわば堆積構造から，その歴史を解読していこうという観点が生まれる．本節では，そのような観点で内核の進化を解読していく道筋を，筆者たちの研究を基にして解説したい（詳しくは Sumita and Yoshida, 2003）．

内核の構造には，地球史のかなり初期のことまで記録されている可能性がある．それは，内核の内部にはエネルギー源となるものが非常に少ないため，対流の流動速度が年間 1 mm 以下ときわめて遅いと推定され（Yoshida *et al.*,

1996)，昔の痕跡が流れによってあまり乱されることなく残っている可能性があるからである．

では，内核の堆積構造をどうやって調べたら良いだろうか．残念ながら，地球表層で採集できる岩石とは異なり，私たちは内核まで潜って内核をじかに調べることはできない．しかしながら，私たちは地球の内部を伝わる地震波を調べることによって，内核を観測することができる．その結果を，内核の中で起きる物理プロセスのモデルと比べることによって，内核の歴史を解読することができる．

本節では，とくに地球の内核の進化に，外核との相互作用が基本的に重要な役割を果たしているという考え方を強調したい．以下の構成は次のようになっている．5.2.3項では内核の成長速度と内核の誕生の時期に関して定量的な考察をする．その後の5.2.4項と5.2.5項では，最近わかってきた地震波を使った観測結果を基に，内核の進化がどのように起こっていると考えられるかを議論していくことにする．

5.2.3　内核の成長の速さと内核の誕生の時期

内核の成長の速さを定量的に考察してみよう．マントルが核からどのくらい熱を奪うかがわかれば，内核がどのように大きくなっていくかを計算することができる．基本的には，外核が冷えて温度が下がる分，固体と液体の境界がより低圧の外側に動くと思えば良い．計算では，他のいくつかの効果も考慮しなければならないが，説明は省略する．図5.2.2は内核が時間とともに成長する様子を，マントルが核から奪う熱流量が一定として計算したものである．ここでは，簡単のため内核はすべて固体とし，内核成長に伴って生じる熱源は潜熱のみとした．内核が部分溶融していると成長は速くなるが，次項で述べるように内核では圧密が効くと考えられるので，この効果は小さい．また，他の効果は内核の成長を遅くするが，その程度も相対的に小さい（Buffett, 2000）．

コア・マントル境界での熱流量はいくつかの方法で推定できる．ひとつは，マントルの温度の低下率から推定する方法である．地球ができたときは，内部は非常に熱くなったと考えられている．ひょっとするとマントルが全部融け

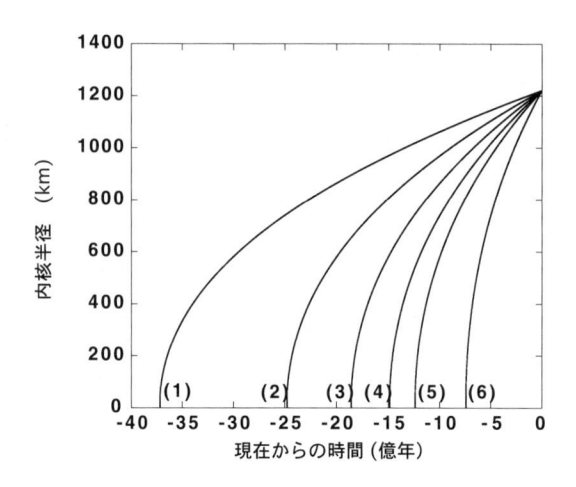

図 5.2.2 核から一定の割合で熱を奪っていったときの，内核の半径の増加の様子を計算した結果 (Sumita et al., 1995 を基に最近の物性の推定値を用いて計算した)．この計算では，内核は完全に固体であると仮定している．各々の曲線は，核からマントルへの熱流量が，それぞれ (1) 2×10^{12} W, (2) 3×10^{12} W, (3) 4×10^{12} W, (4) 5×10^{12} W, (5) 6×10^{12} W, (6) 1×10^{13} W の場合に対応する．内核の半径は，ほぼ時間の平方根に比例して増加する．

たこともあったかもしれない．しかし，マントルが液体状態で流動しやすいと，対流のために冷えるのも速い（たとえば Abe, 1997）．そこで，地球ができてからそんなに間をおかずにマントルは固体になってしまったであろうと考えることができる．現在のコア・マントル境界の温度が約 4000 K, 45 億年前はパイロライトの融点 4300 K であったと仮定すると（融点の値は Boehler, 2000 による），マントルの温度は 45 億年間に約 300 度低下したと推定される．また，地球の熱史（エネルギー収支の歴史）の考察 (Turcotte, 1980) からも現在のマントルの温度低下率としては，2×10^{-8} K/年程度，すなわち，地球史にわたって 100 度温度が下がる程度が適当である．さらに，岩石学的な証拠からもマントルの温度低下率は，約 32 億年で 120 度程度 (Ohta et al., 1996) から約 35 億年で 300 度程度 (Green, 1981) と推定されている．以上から，マントルは地球史を通じて，約 100–300 度冷却したと推定される．コアの温度の低下率も同程度だとすれば，コアから出ていく平均熱流量は $(3-8) \times 10^{12}$ W 程度となる（吉田，1996）．さらに別の方法として，Sleep (1990) は，マント

ルプルームがコア・マントル境界から熱を運んでいると考えて，この熱流量を約 3×10^{12} W と推定した．以上のことから，マントルがコアから奪っている典型的な熱流量は約 4×10^{12} W と推定できる．そうすると，図 5.2.2 によれば，内核は約 20 億年前にでき，地球史を通じてゆっくり成長をしてきたことがわかる．現在の半径の増加率でいえば，年間 0.1 mm 程度という非常に遅いものである．深海底堆積物の堆積速度よりは少し速いくらいである．

内核の誕生というのは，地球史上の大きな事件のひとつである．内核があるかないかで外核のダイナモ作用（地磁気を作る働き）に大きな影響があることが指摘されている．詳細は 5.4 節に譲ることにし，ここでは，内核の成長が外核の対流の駆動力の大きな部分を占めることを指摘しておこう．それには次の 2 つの効果がある．まず，液体から固体ができるときには必ず潜熱が出る．これは外核の対流にとってみれば，熱源になる．もうひとつは，「軽元素」の放出ということがある．「軽元素」とは何か？　核は鉄でできていると述べたが，これは純粋な鉄ではなく，ある程度の不純物が入っていると考えられている．不純物は鉄より軽い元素だと考えられているので，まとめて「軽元素」と呼ぶ．さて，そのような不純物は，鉄が固まる時には固体から排除される．そこで，固化に伴って，軽元素が外核の側に放出される．それはまわりの鉄より軽いので，浮き上がって対流を駆動する力になる．そういう 2 つの効果によって，内核ができた後は，できる前に比べて，外核の対流の駆動力が大きくなる．その結果として，内核が誕生した時にダイナモ作用が強くなったという考え方もある（Stevenson *et al.*, 1983）．

5.2.4　内核の部分溶融構造

次に，内核のとくに表面付近の構造に着目してみよう．地震学的には，内核にはっきりした固体表面があるという解釈と，表面付近には部分溶融状態があるという解釈がある．理屈からいえばどうなるべきかということをこれから述べる．

内核の構造は，液体から固体が析出するのに伴って形成される．さて，先に説明したように，核の鉄には不純物が混ざっている．このような多成分系では，一般に，固体が固まり始める温度と，完全に固まってしまう温度とが

異なる．その間の温度では，固体と液体が混ざった部分溶融状態を形成する．そう考えてみると，内核の表面付近，あるいは場合によると全体が部分溶融状態であってもおかしくはない．しかし，これは組成が一様の場合の話である．組成の分布まで考えないとどうなるかがわからない．とはいえ，不純物の拡散は遅いので，いずれにしても厚い部分溶融層ができるのだという議論がある（Fearn et al., 1981）．その後，液体部分の対流の効果を考えると，部分溶融層はそんなに厚くならないという議論もなされた（Loper, 1983）．

ところが，そのような表面部分溶融層が非常に長い時間をかけて形成されるということを考えたとき，筆者たちは圧密過程がむしろ本質的に重要であることに気付いた（Sumita et al., 1995, 1996）．つまり，固体は液体よりも密度が高いので，固体の部分は自重でつぶれて，液体部分は押し出される．この効果は長い時間で見ると，非常に重要になってくるはずである．結果として，表面の部分溶融層は非常に薄くなることが予想される．エネルギー輸送と圧密過程をきちんと考慮して内核内部の部分溶融度の構造を数値計算した例が図5.2.3（上）である（Sumita et al., 1995）．この図から，内核の成長とともに圧密が進行し，液体が押し出されて減少していくことがわかる．この図では内核の中心部まで液体がある程度の割合で残っているが，これは液体の流れやすさ（浸透率）に依存している．

図5.2.3（上）をもう少し丁寧に見ると，複雑な構造が見て取れる．上の方から見ていくと，まず，内核・外核境界直下では数kmの厚さスケールで，部分溶融度が急激に減少するものの，いったん減少した部分溶融度は深くなるにつれ再び増加し，それより深いところでは一定の部分溶融度の層が続くことがわかる．言い替えると，内核の表面より少し下のところに，部分溶融度の小さい「殻」のような層ができる．このような構造は，力学的な圧密によって主に決定されており，「殻」の成因は次のように理解される（Sumita et al., 1996）．先に5.2.3項で示したように，内核の成長速度（半径の増加率）は時代とともに小さくなってきている．一方で，内核の成長速度が小さいほど，液体が押し出されやすい．そこで，後の時代に溜った外側ほど液体が少なくなって，部分溶融度が小さくなるわけである．

内核に「殻」があるとすると，地表でいえばリソスフェアのようなものが

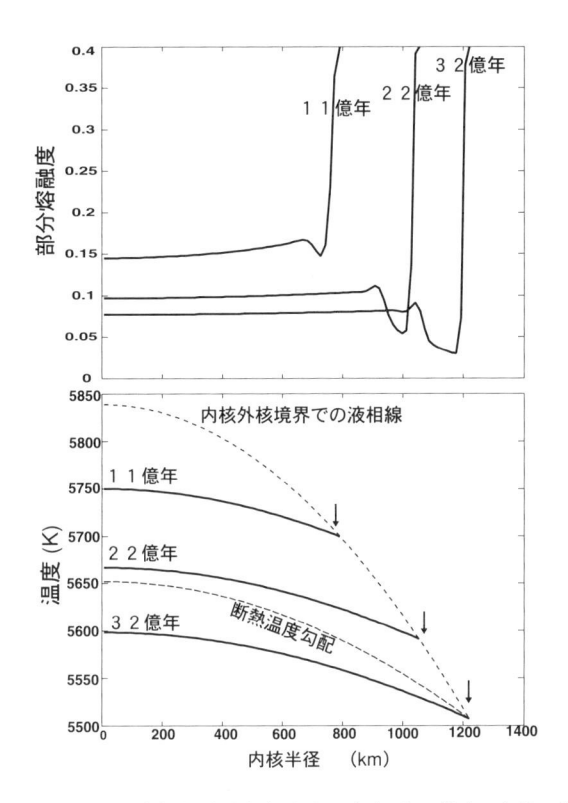

図 5.2.3 内核の部分溶融度(液体の割合)(上)と温度(下)の構造が内核の成長とともに変化していくようすの計算結果(Sumita et al., 1995). 核は一定の割合(3×10^{12} W)で冷却されており,この場合は約 32 億年かけて現在の大きさになった.内核・外核境界で析出する物質の部分溶融度は 0.4 と仮定されている.目安として,鉄の液相線(固化が始まる温度を圧力の関数として書いたもの)と内核の中の断熱温度勾配(温度勾配がこれより緩やかだと熱対流が起こらない)が記入されている.矢印は各々の時点での内核・外核境界の位置を示す.

核の冷却に伴って内核が成長し,内部の液体は圧密効果によって絞り出される.内核表層直下に液体の少ない「殻」ができて,そしてその下に液体の量が一定の層(地震波の低速度層)が地球中心まで続く.

存在することになる.直下に部分溶融度の高いアセノスフェアのような部分があるところも地球の表面と似ている.想像をたくましくすれば,内核にもプレートテクトニクスのようなものが存在するかもしれない,ということが予想される.殻の厚さは,いろいろなパラメタに依存するのではっきりとはわからないが,100 km 程度であろう.最近では,このような「殻」の存在を

示唆する観測事実もある（Song and Helmberger, 1998）.

ところで，このような計算では，同時に内核の温度構造も計算できる（図5.2.3（下））．この結果によると，内核の中の温度勾配が0.1 K/km以下と緩やかであることがわかる．温度勾配がこれだけ緩いと熱対流は起こらない．したがって5.2.2項で述べたように，内核には，古い堆積構造が乱されることなく残されることになる．また，温度勾配が緩いということは，内核が十分冷えていることを意味する．そうなるのは，内核が金属であるため熱を伝えやすいことに加え，圧密に伴って押し出される液体が熱を運ぶからである．

5.2.5　内核の異方的な構造

次に，内核内の流動について考察してみたい．1980年代半ばに，内核にはかなり大きな地震学的な異方性（波が伝わる方向によって波の速さが異なること）があることが発見された（Morelli et al., 1986; Woodhouse et al., 1986）．その後の研究により，内核では，自転軸に平行な方向に伝わる地震波が，垂直方向に伝わる波よりも約3％速いことがだんだんとはっきりしてきた（総説としては，Song, 1997; Tromp, 2001がある）．その解釈としては，内核を構成する金属鉄の結晶がある方向に並ぶという選択配向によるものとされているが，その成因に関しては諸説入り乱れている（総説としては，Yoshida et al., 1998; Buffett, 2000; 吉田・隅田，2001がある）．

ここでは，内核の異方性は，その成長に伴う流動によって作られた，という筆者たちの考え方を説明する（Yoshida et al., 1996）．その骨子は図5.2.4のように説明される．内核の成長は外核が内核から奪う熱流量に規定されている．一方で，外核の対流は自転の影響を強く受けるために，赤道付近からたくさん熱を奪う．したがって，内核は赤道付近でたくさん成長することになる．そうすると，内核は偏平な形になるだろう．ところが，液体より固体の方が密度が高いので，自重のことを考えると，内核は変形して球形に戻るはずである．その変形は，赤道から極へ向かうような，固体の中の流れとして表現できる．その流れに伴う応力によって異方性が発達するのだと考える．以下では，この考え方に含まれるいくつかの点について詳しく述べる．

外核の対流については，近年数値計算が発達し，いろいろな計算がなされ

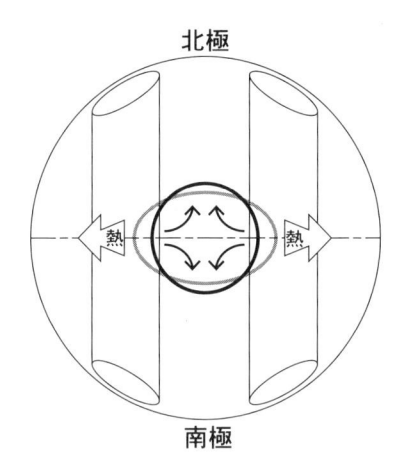

図 5.2.4 内核の地震学的異方性を生む流動のモデル（Yoshida et al., 1996）．外核の対流は自転の影響を強く受けるために，自転軸方向に軸を持つ柱状の対流パターンができると考えられる．そうすると，その「柱」が内核と接する赤道付近で，外核の対流は内核から熱をたくさん奪うことになる．そこで，内核の固化は赤道付近でたくさん起こることになる．そこで，内核は偏平な形になろうとするが，外核との密度差のため，自重で丸くなるように変形をする．言い換えると，矢印で示したような流動が起きる．この流動に伴う応力が地震学的な異方性の原因であると考える．

ている．その結果として，自転軸の方向を軸とするような柱状の対流セルができやすいことがわかっている．そもそも，自転している流体系では，流れが自転軸方向に一様になりやすいことがテイラー・プラウドマンの定理として昔から良く知られている．それに基づいて，Busse（1971）は，回転の効果が卓越するときの対流セルが，自転軸方向を軸とする柱状の対流セルの集まりになるであろうと予想した．これは弱い対流に対して予想されたものである．このこと自体は，多少の変更はあるものの，基本的には，その後の数値計算および実験によっても確認されている．このような対流では赤道付近の熱輸送が極付近よりも大きくなる．それは，まず，弱い対流の場合の数値計算について確かめられた（Zhang, 1991）．さらに，外核の状態により近い，対流が十分発達した乱流状態（Sumita and Olson, 2000）や磁場がある状態（Olson et al., 1999）でも，基本的にはこのような柱状対流ができ，赤道付近の熱輸送が極付近のそれよりも大きくなることが最近わかってきた．

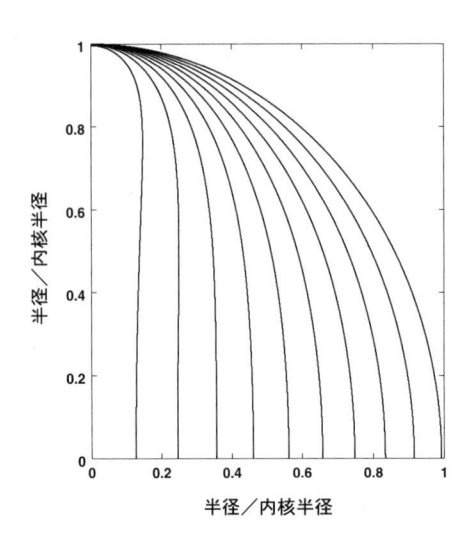

図 5.2.5　内核の「地層」(Yoshida et al., 1996). 同じときに固化した物質を線で結んだもの. 内核の半径は, 図 5.2.2 で示したように時間の平方根に比例して増加するとした. また, 図 5.2.4 に示したように, 赤道付近で固化がたくさん起こるとした. 各々の線は, 内核が現在の大きさになるまでに要した時間の 1/10 ごとに記入されている. 内核の「地層の縞」はほぼ自転軸に平行に並び, 初期に堆積した物質は自転軸付近に集まる. なお, 内核の半径を 1 としてある.

次に, 内核の中の流れについて検討する. 今考えている内核の流動は, 内核の不均一な成長によって引き起こされた, 自重による変形である. したがって, 流動速度は, マントル対流の速度の 1/100 程度というきわめて小さいものである. 内核には熱源がほとんどないため, 熱対流が起こりにくく, このような小さな変形が卓越しうると考える. このような変形を考慮して, 同じときに固化が起こった場所を線でつなぐと, 図 5.2.5 のようになる. これはいわば内核の「地層」の図である. もし内核が等方的に等速度で成長するならば, 地層は等間隔の同心球状になるが, 筆者たちの考えでは, 赤道付近でたくさん固化するので, 古く固化した物質が回転軸近くに集まるという「縦縞」構造を形成することになる.

さて, そのような流動に伴って, 鉄の結晶がどのように並ぶかは難しい問題である. 結晶の方向がそろうことを一般に選択配向という. 筆者たちは, Kamb (1959) の選択配向の理論を適用した. これは, 鉄の選択配向は弾性エ

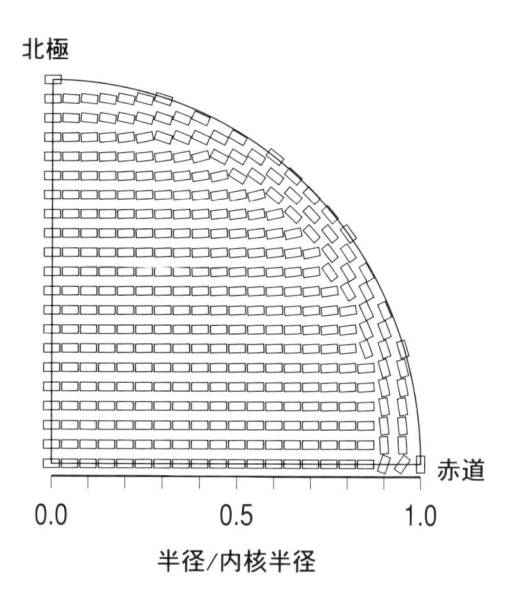

図 5.2.6 内核の中の鉄の結晶の選択配向の計算結果例.内核の半径を 1 としてある.計算手法は Yoshida et al.(1996)の pressure solution の場合と同一で,Steinle-Neumann et al.(2001)の理論的に計算した弾性定数を用いた.また,内核表層下 122 km(ここでは内核の半径の 1/10 とした)では圧密が起きるとした.内核が六方晶系の結晶の鉄でできているとしており,図では,長方形の短辺が a 軸方向,長辺が c 軸方向である.内核の大部分で,a 軸(地震波速度の速い方向)が自転軸方向に並ぶことがわかる.

ネルギーで決定されると考えるものである.この考え方に基づいて,Steinle-Neumann et al.(2001)の弾性定数を用いて,選択配向を計算した結果が図 5.2.6 である.見てすぐにわかる通り,内核の中の大部分では,六方晶鉄の a 軸(Steinle-Neumann et al.(2001)によると地震波速度が速いと考えられている方向)が,自転軸方向に並ぶことがわかる.これは観測される地震波速度の異方性と一致する.ただし,この選択配向の理論が適用できるかどうかは,議論の分かれるところである(Yoshida et al., 1998 参照).

さらに,この図を求めるに際して,図 5.2.4 に示したような赤道付近から極に向かう流れに加え,内核表層下 122 km(内核の半径の 1/10 とした)の範囲においては,5.2.4 項で述べた圧密効果が卓越すると考えた.そうすると,浅いところでは,結晶の a 軸は半径方向を向くことになる.その結果,浅い

ところでは，自転軸方向とそれに直交する方向という異方性は存在しないことになる．浅いところでそのような異方性が存在しないということは，最近の地震観測からも指摘されている（たとえば，Song and Helmberger, 1995）．さらに，5.2.4項で，自転軸の近くに初期に固化した物質が蓄積すると述べたが，このことからは，自転軸付近が最も強く選択配向しているだろうと推察される．それは，選択配向する結晶の割合は，時間とともに増加すると考えられるからである．実際，地震波の解析から，自転軸付近で異方性が強いともいわれており（Romanowicz et al., 1996），この推察と調和的である．

最近では，内核の地震波速度構造に異方性に関して，さらにいろいろ細かい構造がだんだんと明らかにされてきている．そのひとつは，東西方向の不均質である．自転軸方向に伝わる地震波速度が速いという異方性の程度は，大西洋を中心とする「西半球」では速く，西太平洋を中心とする「東半球」では遅いという研究がある（Tanaka and Hamaguchi, 1997; Creager, 1999）．本節で議論してきたように，内核の構造が外核の対流場によって決定されていると考えると，異方性の経度依存性も外核の対流のパターンが東西半球で違うということから説明されるべきであろう．定性的には，外核の熱輸送が大きいところでは，内核の成長速度が速く，固体の流動に伴う応力が大きいため，結晶選択配向しやすく，異方性が生じやすいと考えることができる．しかし，そのためには，外核の対流の大局的なパターンが内核に対して相対的に動いてはならない．それは，内核の構造が外核の対流のパターンを規定するような作用があることを示唆しているのかもしれない．あるいは，マントルが外核の対流パターンを規定し（たとえば，Bloxham and Gubbins, 1987），同時に，内核がマントルの影響によりマントルと同じ回転速度で回っている（Buffett, 1996, 1997; Aurnou and Olson, 2000）ということを示唆するのかもしれない．Sumita and Olson (1999) は，室内実験に基づき，コア・マントル境界での熱流量の不均質が，外核の対流熱輸送の不均質を通し，内核の成長の東西不均質をもたらす，というモデルを提案している．

5.2.6 おわりに

本節では，内核の構造を決めるものは，外核との熱のやり取りであるとい

う立場で，内核について考察してきた．その考え方で，現在わかっている内核の地震波速度構造のいくつかがよく説明できることを示した．まだ内核の中の「地層」に地球史上のイベントを確認するほどの観測データは得られていないが，次第に内核の「地層」の細かな構造が読み取れるようになることを期待したい．

5.3 マントルとコアの熱的相互作用

吉田茂生

この節ではコア（核）とマントルとの相互作用を扱う．地球は，大ざっぱに言えば，コアとマントルとの2層構造だと言って良い．その間の相互作用としては，力学的なもの，エネルギー（熱）的なもの，物質的なもの，等が考えられるだろう．本節で扱うのは，そのうちで，主として地球の長い歴史に関わるような長い時間スケールの現象で，また相互作用の種類としては主に熱的なものに限る．短い時間スケールの相互作用については，たとえば Hide and Dickey（1991）や Le Mouël et al.（1997）などを参照されたい．

はじめに，コアとマントルの熱に関わる諸量を概観して，熱的相互作用の特徴を明確にする（5.3.1項）．次に，地球史スケールの現象でコアとマントルの相互作用の現れであると見られている磁場逆転頻度の変化をめぐる議論を解説する（5.3.2項）．それから，地球磁場の停滞成分の成因を議論する（5.3.3項）．

5.3.1 マントルとコアの熱的な性質

地球内部は，マントルとコアの2層構造をしている（図5.3.1）．そして，コアはさらに外核と内核の2層構造をしている．ここで扱うのは，主としてマントルと外核との熱的な相互作用である．そこで，熱的相互作用に関わる基本的な性質を見ていこう．

まず，基本的に重要なことは，「地球」は外部に熱を放出し続けている系であるということだ．ここで「地球」と書いたのは，地球の表層（大気や海洋や地面のごく浅い部分）より下の内部のことである．以下この節では，内部のことしか語らないので，単に地球と書けば，それは内部のことを指している．さて，地球は外部に熱を放出し続けているから，長い間経てばその内部はいずれは冷えきってしまう．その冷えきる前の世界に私たちは生きている．だから，私たちは地震を感じたり，火山噴火を目の当たりにしたりする．これは，マントルが対流していることの現れだ．一方で，地球に磁場が存在す

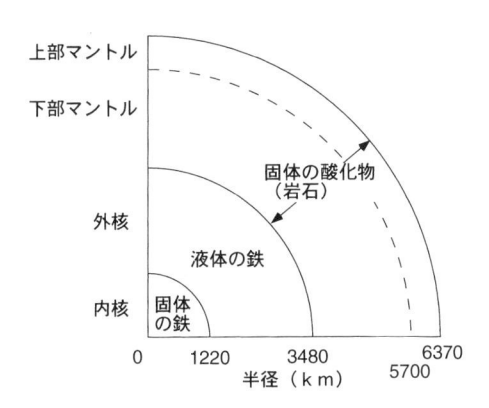

図 5.3.1 地球の内部構造.地球は,マントルとコア（核）の2層構造をしている.マントルは主として固体の岩石でできており,コアは主として鉄でできている.コアはさらに液体の外核と固体の内核よりなる.

ることは外核が対流していることの現れである.

　熱を放出するという点では,コアとマントルは同様だが,その中身や分量はだいぶん異なっている（たとえば,吉田,1996参照）.マントルは,内部にある放射性元素が放出する熱を主たる熱源として対流しており,その量は 4×10^{13} W くらいのものだ.だいたいそれだけの量を地表から放熱している.放射性元素の量は時代とともに減っていくので,それとともにマントルは冷えていく.一方で,外核のエネルギー源は,外核が冷えていくことそのものにある.冷えていくということは,内部エネルギーを解放するということだ.またそれに伴って,内核が冷え固まってきて潜熱を放出したり,軽元素を放出したりする（5.2節参照）.これも,外核の対流のエネルギー源となる.そのようなものを全部合わせて 4×10^{12} W (Buffett et al., 1996; Sumita and Yoshida, 2003) くらいの熱がコア・マントル境界から放出されている.

　ここで重要なことをまとめると,次のようになる.マントルの活動に使われる熱は,コアの活動に使われる熱の10倍くらいある.したがって,マントルの活動にとって,コアが放出する熱は二義的な意味しか持たない.しかし,コアがどの程度熱を放出するか,言い換えるとコアがどの程度の速さで冷えるかは,マントルの対流効率が決めている.別の言い方では,マントルは,コアにとっての熱的境界条件を定めている.マントルがどれだけ熱を逃

がすかが外核の対流と進化とを支配しているのだから，マントルはコアに熱的には本質的に大きな影響を与えているはずである．つまり，エネルギーの流れという意味においては，基本的には，マントルにとってコアはあまり重要でないが，コアにとってマントルは重要だ，という関係になっている．

マントルとコアの熱しにくさ，冷めにくさも比べてみよう．それは，熱容量で表され，マントルが 5×10^{27} J/K 程度，コアが 2×10^{27} J/K であり，マントルの方が大きい．ただし，相変化（内核の固化）も考えに入れた実効的な熱容量という意味では，コアも 6×10^{27} J/K くらいで，マントルと同程度であると言える（たとえば，Gubbins et al., 1979; Sumita and Yoshida, 2003）．ということは，マントルもコアも熱の出入りに対する温度変化の割合は同程度であるということである．この意味では，マントルもコアもだいたい対等である．

もうひとつの重要な基本的認識は，マントルもコアも対流の形で熱を運んでいるということである．これに関して大切なことは，マントルが固体で，外核が液体であるということだ．つまり，マントルは流れにくく，外核はサラサラと流れる．そのため，マントルは少しの熱的変化では流れは変化しにくく，外核は少しの熱的変化ですぐに流れが変化する．その結果として，外核の温度は速やかに均質になるが，マントルでは大きな熱の不均質性が維持され得る．そのため，マントルにとっては，外核は等温を保っているように見えるのに対し，外核から見ると，マントルには大きな熱的不均質性があるように見える．

流れやすさ，流れにくさは，時間スケールも決める．マントルは流れにくく，したがって対流速度が遅いので，マントル対流が関与する時間スケールは長い．マントル対流の速度を 3 cm/y くらいだとすると，マントルを構成する物質がマントルの上から下まで動くのにかかる時間は約 1 億年となる．これがマントル対流のおおよその時間スケールとなる．一方で，外核の対流の速さは，磁場の模様が移動する速度から，0.1 cm/s の程度と考えられている．したがって，外核を構成する物質が外核の上から下まで動くのに要する時間スケールは 1000 年の程度である．これが，外核の対流の時間スケールである．一方で，外核の流体運動を支配する典型的な波（磁場と自転の影響を受

けているという意味でMC波と言われる；Mは magnetic, Cは Coriolisの略）の時間スケールも1000年の程度である．そういうわけで，外核の対流の時間スケールは1000年程度である．このマントルと外核の運動の時間スケールの大きな開きも，相互作用を特徴付ける．マントルにとっては，外核は非常に速く動くので統計的にならされたものとして作用する．外核にとっては，マントルはほとんど止まっているも同然である．

以上が，マントルと外核の熱的相互作用を特徴付ける基本的な性質である．

5.3.2　地球磁場の逆転頻度の変化をめぐって

(1) 磁場の逆転頻度の変化とマントルの活動

外核では，対流によって磁場が作られている．そして，磁場の生成には，自転によるコリオリ力の影響が深く関与している．このことが，地球の磁場の極と自転運動の極とがだいたい一致する理由だと考えられている．ただ，磁場の極と自転運動の極がだいたい一致する理由は必ずしも明らかではない．天王星や海王星では，磁場の極と自転運動の極とが著しく異なっているのだが，その理由はよくわかっていない．しかし，地球では，少なくとも現在までの数億年間は磁場の極と自転軸の極がだいたい一致していることは確かだし，太古代まで遡ってもおそらくそうであろう（5.4節参照）．

ところで，極が一致するといっても，向きは，北極が磁石（地球磁場を棒磁石で近似したと考える）のS極になるのとN極になるのと2通りの可能性がある．実際，地球磁場は地球史を通じて頻繁に逆転し，正の向き（現在と同じ向き；北極がS極）と負の向き（現在と逆向き；北極がN極）が何度も入れ代わったことが，岩石に含まれている磁性鉱物が持っている磁気の研究によって知られている（5.4節参照）．その頻度は，100万年に数回という程度のものである．

地球磁場の逆転頻度は，地球史を通じて明らかに変化している（図5.3.2(c)）．海洋底に残る岩石の磁気記録から，1億6500万年前より最近の磁場の逆転の歴史は詳細にわかっている（図5.4.6）．それによると，白亜紀の8300万年前から1億1800万年前の間に磁場がまったく逆転しなかった時期がある（たとえば，Cande and Kent, 1995）．これを白亜紀のスーパークロンと呼ぶ（た

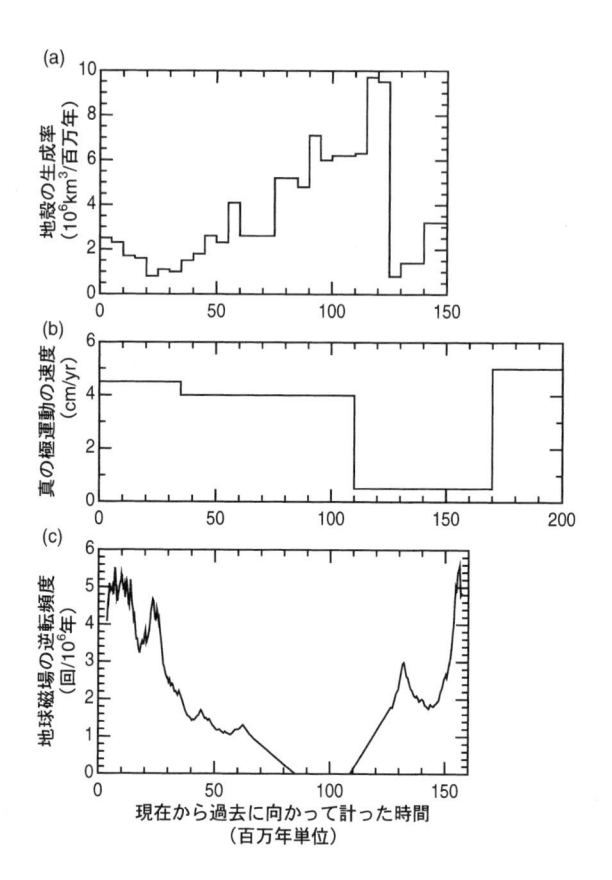

図 5.3.2 マントルの活動と地球磁場の逆転頻度の関係.(a) 海台,海山列,洪水玄武岩の生成量の時代による変化(Larson and Olson, 1991).(b) 地球の真の極移動の速さの変化(Courtillot and Besse, 1987).(c) 地球磁場の逆転頻度の変化(Cande and Kent (1995) と Kent and Gradstein (1986) の逆転年代に基づいて計算したもの).

とえば,Opdyke and Channell, 1996).この時期から現在に向かうにつれ逆転頻度は増加して,最近では 100 万年に 5 回程度になっている.また,白亜紀スーパークロンから古い時代に遡っても,逆転頻度は増加していっている.このような頻度の変化は,古い時代の地質的証拠が少ないせいで見かけ上見えているものではない.海洋底は定常的に海嶺で生成されているため,記録は 1 億 6500 万年にわたってだいたい一様である.だから,この逆転頻度の変化

は事実だと考えられる．

　逆転頻度の変化の時間スケールは，図5.3.2(c)で見られるように，1億年程度のものである．外核の内部のダイナミクスではこのような長い時間スケールはありえない．一方でマントル対流の時間スケールは1億年程度なので，この変化にはマントルの変化が関与しているであろう．磁場は外核内でできるのだから，これは明らかに，マントルがコア・マントル境界を通して，外核に影響を与えた結果であると考えられる．

　一方で，1億年程度の時間スケールでマントルの活動が変化していると見られる証拠がある．図5.3.2(a)は，海台，海山列，洪水玄武岩といった火山の噴出物の量の時間変化を表したものである．これらの火山の起源は，マントルの比較的深いところにあると考えられている．図5.3.2(b)は，地球の真の極移動の速さの変化である．真の極移動とは，マントルに対して，自転軸の位置が移動することである．これは，ホットスポットと呼ばれる火山群がマントルに対して固定されているものとし，磁極が自転軸に一致すると考えて求められたものである．このような真の極移動は，マントル対流によって引き起こされていると考えられている．

　さて，そうすると，実際にどのような相互作用がマントルと外核の間にあると考えれば良いのかを知りたくなる．そのためには，磁場の逆転現象や，マントル深部と火山活動の関連についての予備知識が必要になるので，以下でそれを解説する．

(2) 磁場の逆転現象

　地球磁場の逆転現象の原因はよくわかっていない．といって，まったく何もわからないわけではない．予備知識として必要なことを以下に記す．

　まず，地球磁場は外核の液体の鉄の対流によって作られていることは，ほぼ確実である（たとえば，Stevenson, 1983）．そのときの磁場の生成作用の基礎方程式は，ほぼわかっている（コラム参照）．しかし，基礎方程式がわかっているからといってそう簡単に解ける訳ではないので，地球磁場の生成機構や逆転機構は，現在にいたるまできちんとは解明されていない．

　基礎方程式から，簡単にわかることで，最も重要なことは，磁場の符号を

反転しても基礎方程式は不変に保たれるということである（コラム参照）．これが意味することは，まったく同じ流れの元で符号が逆向きの磁場が生成され得るということで，つまりどちらかの符号の磁場ができやすいということはまったくないということである．つまり，北極がS極だろうがN極だろうが，生成されやすさにはまったく差がない．といっても，磁場が，あるとき突然一斉に反転するということも方程式からは許されない．途中に何らかのプロセスを経て初めて磁場が逆転しうる．

　仮に流れが変化しなければ，生成される磁場には2つの型がある．それは，定常型と振動型である（コラム参照）．実際は流れが変化するので単純ではないが，このことから一般に，磁場の生成作用（ダイナモ作用）には定常型と振動型の2つのタイプがあると考えられている．定常型ダイナモでは，磁場がずっと一定に保たれる．振動型ダイナモでは，磁場は規則的に逆転を繰り返す．地球の磁場は，逆転があるといっても定常型に近い．逆転の間隔は不規則で，平均的には数十万年と長いのに，1回の逆転は数千年程度で完了する（たとえば，Merrill *et al.*, 1996）．これは，基本的には定常型のダイナモが，何かのきっかけで逆転したものと見られる．一方で太陽の磁場は振動型である．太陽の磁場は22年周期をもって振動しており，11年に1回必ず逆転をする．

　では，何が地球と太陽を分けているのだろうか？　地球が定常型である理由は必ずしも解明された訳ではないが，ひとつの有力な理由は内核の存在である（Hollerbach and Jones, 1993）．内核は固体だから内部は速く運動しない．したがって磁場の生成作用はないが，磁場の変化を妨げる作用がある．それは，内核も鉄でできていて電気を良く通すので，ファラデーの法則により磁場の変化を妨げるように電流が流れ，それが減衰しにくいのである．したがって，逆転のようにコア全体にわたる大きな変化が起ころうとする場合には，内核はそれを妨げ，逆転を起こりにくくする．

　すると，逆に，地球の磁場はなぜ逆転するのかという疑問が生じる．先に述べたように，逆転の間隔は数十万年で，1回の逆転に要する時間は数千年程度である．この数千年程度というのは，外核内で起こる物事の時間スケールとして自然であり，逆転現象そのものは内的なダイナミクスで決まっていると考えられる．ところが，逆転の間隔は，外核の内的な時間スケールより

もずっと長く，何か特別な（場合によっては外的な）きっかけをもって逆転しているという感じである．

比較的有力なイメージは以下のようなものである（たとえば Glatzmaier et al., 1999）．外核の中で流体力学的な不安定（たとえば，コア・マントル境界で冷やされた流体の塊が急速に外核の中を下降する）はしょっちゅう生じており，これが逆転のきっかけを生み出す．ところが，先に述べた内核の作用などにより，たいていの場合，逆転の芽は摘まれて元の磁場に戻る．非常にまれに大きな不安定が起こったとき，逆転の芽が成長し，内核の安定化作用も突破して逆転にいたる．

逆転のきっかけは，外核内の不安定を考えるのが有力だが，マントルに原因があるのかもしれない．たとえば，Doake (1977)，Muller and Morris (1986, 1988) や浜野（1993）は，マントルの自転速度変動がそのような逆転を起こすきっかけであると考えている．たとえば，気候変動で極地方の氷の量が変わり，海水面が 10–100 m 変わると，マントルの慣性モーメントが変化する．そのことによって，マントルの角速度も 10^{-6}–10^{-5} 変化する．これは，コア・マントル境界での速度にすると，0.03–0.3 cm/s である．これは，一見非常に小さく思えるかもしれないが，外核の流体の速度はせいぜい 0.1 cm/s の程度と考えられているから，それと同程度になるので，大きいといえる．この気候変動が 1000 年程度以内の短い時間スケールで起これば，外核には大きな影響があるはずだ．

その他に，マントル最下部での活動が逆転のきっかけであるということもありうる．数十万年というのは，マントルの流動の時間スケールとしては短すぎるのだが，マントル最下部は溶融しているかもしれないという証拠も見つかっており（たとえば，Williams and Garnero, 1996; Lay et al., 1998），それが正しければ，いわば火山活動のようなことがマントル最下部で起こっているかもしれない．そうであれば，地表の火山活動と同様，短い時間スケールで活動が起こっていてよい（たとえば，伊豆大島が数十年に1回噴火するように）．

> コラム

地球磁場生成の基礎方程式—ダイナモ理論の基礎

地球の外核は鉄の液体で，電気を良く通す流体なので，電磁流体力学（あるいは磁気流体力学 MHD=magnetohydrodynamics）によって運動が記述できる．その基礎方程式のうち，磁場の変化に直接関係してくるものは，磁場の時間発展を示す誘導方程式

$$\frac{\partial \boldsymbol{B}}{\partial t} = \nabla \times (\boldsymbol{v} \times \boldsymbol{B}) + \frac{1}{\mu_0 \sigma} \nabla^2 \boldsymbol{B} \qquad (5.3.1)$$

および，運動方程式

$$\frac{\partial \boldsymbol{v}}{\partial t} + (\boldsymbol{v} \cdot \nabla)\boldsymbol{v} + 2\boldsymbol{\Omega} \times \boldsymbol{v} = -\frac{1}{\rho_0}\nabla p + \frac{\delta\rho}{\rho_0}\boldsymbol{g} + \frac{1}{\rho_0\mu_0}(\nabla \times \boldsymbol{B}) \times \boldsymbol{B} + \nu\nabla^2 \boldsymbol{v} \qquad (5.3.2)$$

である．ここで，$\boldsymbol{B}$ は磁束密度ベクトル，$\boldsymbol{v}$ は流れの速度ベクトル，$\boldsymbol{\Omega}$ は自転角速度ベクトル，$\boldsymbol{g}$ は重力加速度ベクトル，p は圧力，ρ_0 は代表的な密度，$\delta\rho$ は密度の代表的密度からのずれ，μ_0 は真空の透磁率，ν は動粘性係数である．これらの式の導出は，適当な専門書（たとえば，Gubbins and Roberts, 1987）を見られたい．

これらの式は，一般には簡単に解くことはできない．しかし，いくつかの重要な性質が簡単にわかる．それらを列挙していく．

[A] ある磁束密度 $\boldsymbol{B}$ が (5.3.1), (5.3.2) 式の解ならば，磁束密度以外の量をまったく変えなくても，磁場の符号を逆にした $-\boldsymbol{B}$ も (5.3.1), (5.3.2) 式の解である．それは，(5.3.1) 式は磁場に関して線形の式で，(5.3.2) 式は磁場に関して二次の式だからだ．したがって，磁場が逆転するには，流速が逆になったりする必要はない．まったく同じ速度場で，逆向きの磁場がありうる．すなわち，地球磁場の N 極が北極にあるのか南極にあるのかは，偶然で決まっている．

[B] そうはいっても，ある日突然，磁場が逆転することはない．もしそういうことがあれば，(5.3.1) 式の左辺が非常に大きくなるが，そのような大きな値を右辺で作り出すことはできない．

[C] (5.3.1) 式で，仮に速度場 $\boldsymbol{v}$ が時間によらないものとすれば，(5.3.1) 式は $\boldsymbol{B}$ に関して線形なので，解の形は，$e^{\lambda t}$（λ は定数）に比例する．もし，λ が実数ならば，解は指数関数的に増大あるいは減少する．もし，λ が実数でなければ，解は指数関数的に増大あるいは減少するとともに振動する．ある速度場で磁場が減衰するようなら，そのような速度場ではダイナモ作用（磁場を維持する作用）は起こらないということになる．ある速度場で磁場が増

大するようなら，そのような速度場はダイナモ作用を持つ．磁場が指数関数的に増大するといっても，実際は (5.3.2) 式の作用により，磁場が増大すると速度が減少して，結局は磁場の無制限な増大は抑えられる．その結果，速度があまり急激に変化しない限り，磁場は，比較的一定な定常型と，比較的規則的に逆転を繰り返す振動型に分けられるであろう．地球の磁場は定常型，太陽の磁場は振動型である．

（3）マントル深部と火山活動

　火山活動の多くは，マントルの最上部で起きる現象である．しかし，中には，マントルの深いところに起源があると考えられているものがある．それは，ホットスポットと呼ばれる火山である（Morgan, 1971；レビューとしては，たとえば，Duncan and Richards, 1991）．といっても，マントル深部からマグマが上昇してきているという意味ではない．熱の源となるような上昇流が，マントル深部に端を発しているという意味だ．

　ホットスポットとは，その位置があまり動かないように見える火山である．動かないという意味は，動いているとしても，プレート運動よりもはるかに遅い，ということだ．それには，次のようなことが証拠になる．ホットスポットは，そこに端を発するような火山列を伴っている．最も有名なのは，ハワイの火山に端を発するハワイ・天皇海山列である．これは，動かないホットスポットの上をプレートが動いていったと考えると良く説明される．プレート間の相対運動は，海嶺での海洋底の拡大を利用すると，ホットスポットとは独立に決められるからだ．プレートに対して動きがないということから，ホットスポットの源は，マントルの深部に根ざしていると考えられている．どのくらい深いのかはよくわかっていない．それはコア・マントル境界だと考える人も多い．

　ホットスポットに端を発するような火山列（多くは海山列）を，ホットスポットトラックと呼ぶ．そのホットスポットトラックをたどっていくと，最後は巨大な玄武岩体（つまり，とてつもなく大きな火山の跡）に行き着くことが多い．その岩体は，海底にある場合は海台，陸にあると洪水玄武岩と呼ばれる．たとえば，南大西洋にあるトリスタンというホットスポットは，ちょ

うど海嶺軸上にあるので，ホットスポットトラックは海嶺の両側の東西に伸びている．東側にたどっていくと，アフリカ西岸のエテンデカという洪水玄武岩に当たる．西側にたどっていくと，南米東岸のパラナという洪水玄武岩に当たる．歴史の順番で言い直すと，まず洪水玄武岩が噴出することでホットスポットが生まれて，それが長く生き続けている，ということになる．

マントル内部で起きていることは次のように想像されている．まず，コア・マントル境界に暖かいものが溜まり，そこから上昇流が発生する．そのようにして発生した上昇流をプルームと呼んでいる．それは，オタマジャクシのように，丸い頭があって，しっぽをコア・マントル境界までずっと引っ張っているような形をしていると考えられている．その丸い頭が地表に到達すると，融けて大量のマグマを発生し，洪水玄武岩や大きな海台ができる．それが一段落した後も，しっぽの部分は生き続けて，マグマを少しずつ発生し，ホットスポット火山となると考えられている．

(4) 考えられるシナリオ

以上の予備知識を基に，図5.3.2のようなコアとマントルが原因の現象の正体，つまり地球の中で何が起こったのかを考えてみる．これにはいろいろな考え方がありうる（たとえば，Courtillot and Besse, 1987; Larson and Olson, 1991）．以下に示すのは，筆者が最も素直だと考える解釈である．

まず，1億2000万年くらい前に，急にマントル深部起源の火山活動が高まった（図5.3.2(a)）のは，そのときに巨大なプルームが地表に到達したせいだと考える．実際，その活動は太平洋の低緯度地域に集中していて，塊としての上昇流が到達したことを示唆している．Larson（1991）は，これをスーパープルームと呼んだ．そのスーパープルームはだんだん活動度を低下させながら現在にいたっている．

そのスーパープルームがマントルの底を出発したのは，それよりも数千万年前であろう．1億5000万から6000万年前の頃は磁場の逆転頻度が高かった．これが，スーパープルームの発生時期だと考えよう．プルームがマントルの底で発生して上昇を始めると，それを補うようにコア・マントル境界には冷たい物質が流れ込む．すると，外核からは熱が奪われるから，外核の中で

不安定が発生しやすくなる．これが高い逆転頻度を生む．その騒ぎが治まったところで，白亜紀のスーパークロン（逆転がない時期）が生まれる．

真の極移動が小さかった時期は，超大陸パンゲアが存在した時期と一致している．超大陸の存在のために，マントル対流のパターンが規定され（Gurnis, 1988）安定化し，真の極移動が小さくなったと考えられる．また，スーパープルームの発生も，このような超大陸の形成と関係していると考えられる．

（5）その他のシナリオ

白亜紀のスーパークロンが，ちょうど気候の温暖期に当たることから，浜野（1993）は次のように考えた．白亜紀には氷床がないから，自転速度変動が少なく，逆転のきっかけが少なかった．そのために，スーパークロンになった．しかし，この考えは，それ以前のスーパークロンにあてはまらないことから疑わしい．白亜紀の前のスーパークロンはペルム紀から石炭紀の3億1200万年前から2億6200万年前に起こった（たとえば，Opdyke and Channell, 1996）．しかし，ちょうどこのころはゴンドワナ氷河時代と呼ばれる氷河時代にあたり，白亜紀とはまったく状況が異なる．

5.3.3 地球磁場の停滞成分とその成因

（1）地球磁場の停滞成分

地球の磁場は棒磁石が作るような磁場の形をしている，というふうに教わることも多いし，先にもそう書いたが，これはかなり粗い近似で，実際の磁場の形はかなり複雑だ．たとえば，図5.3.3はコア・マントル境界における磁場の動径成分の等値線図である．これは，人工衛星で観測された磁場データをコア・マントル境界まで外挿したものだ．非常に大ざっぱにいえば，動径成分は北半球でおおむね負，南半球でおおむね正という軸双極子型（棒磁石の型）ではあるが，それからのずれはかなり大きいことがわかる．これは，外核の中の複雑な流れから磁場が作られているためである．だからこそ，この複雑な模様は，外核の中の流れに関する情報を持っている．

ところで，地表での観測をコア・マントル境界まで外挿するという操作は，マントルの電気伝導度がほとんど無視できることから正当化される．ここで

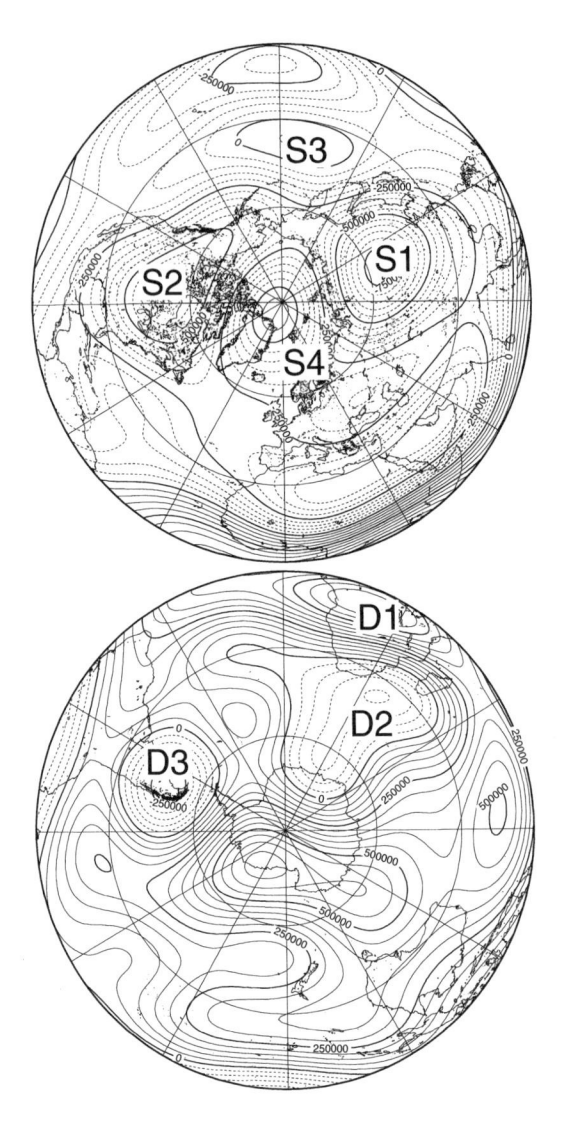

図 5.3.3 2000 年のコア・マントル境界での磁場の動径成分の等値線図．人工衛星 Oersted のデータを基に決定された地球磁場の球面調和関数展開 (http://www.dsri.dk/Oersted/Field_Models/) のうちの次数 8 次までを取って，コア・マントル境界に外挿したもの．数字は nT 単位．等値線は 50000 nT 間隔，太線は 250000 nT 間隔．実線は磁力線がコアから出ていく向きの部分，破線は磁力線がコアに入っていく向きの部分．図で S1–S4 とマークしてあるのは，動きの少ない模様（停滞成分），D1–D3 とマークしてあるのは，西向きに動く成分．

大切なことは，観測された磁場はコア・マントル境界までは外挿できるが，それより内側へ外挿することは不可能だということだ．外核の中は電気を良く通す金属鉄だからである．だから，地表で観測される磁場は，本質的にはコア・マントル境界の磁場であり，外核内の磁場は観測できない．

図 5.3.3 のような磁場のパターンを時間を追って見ていくと，どうやら比較的定常な部分（これを「停滞成分」と呼ぶ）と，西向きに動く部分（これを「西方移動成分」と呼ぶ）とがあるらしい，ということが知られている（たとえば，Yukutake and Tachinaka, 1969; Bloxham and Gubbins, 1985）．たとえば，図 5.3.3 の S1, S2 の磁場が強い領域，S3, S4 の磁場が弱い領域の位置はあまり動かない．一方で，D1–D3 の位置は年とともにゆっくり西に動く．以下，停滞成分の方に注目していく．コア・マントル間に相互作用がまったくないとすると，停滞成分は存在しないはずである．それは，回転流体の性質から，相互作用がなければ，磁場のパターンは西もしくは東に移動していくのが自然だからだ．したがって，停滞成分の存在はコア・マントル相互作用の存在を支持する．

実は，停滞成分の判定は非常に難しい．外核の流れの時間スケールは 1000 年程度なのに対し，しっかりした観測があるのはせいぜい数百年間だからだ．観測している範囲で動かないように見えても，外核の流れの時間スケールより十分長い時間スケールで本当にマントルに対して止まっているのかどうかを判定するのは困難である．しかし，コア・マントル間相互作用が本当にあるかどうかを知りたいので，古地磁気データの解析により停滞成分を調べた例がある（Gubbins and Kelly, 1993 など）．結果にはまだ不確定な点が多い．肯定的な結果については Gubbins (1998) の総説を参照されたい．それに批判的な結果については Kono et al. (2000) が参考になる．

以下では，外核の流れの時間スケールより十分長い時間スケールで安定な停滞成分が存在するものと考えて，議論を進める．

（2）停滞成分の成因

停滞成分があるということは，コアの中でどのような流れがあることに相当するのだろうか？ 磁場と流れの関係は，大ざっぱにいえば，「磁力線は流

れに流される」と思っておけばよい．

　そうすると，図5.3.3のS1, S2のように磁場の強い目玉が見えているところは，磁力線が集中しているところだから，流れが周囲から集まってきていると思えばよい．どんどん磁力線が流されてくると，どんどん磁力線が集中するはずだが，集中しすぎると，それを弱めようとする作用が働いて，適当なところでつり合って定常状態になる．集まった流れは，その中心付近で下降流となっているだろう．別の言い方では，ここは低気圧である．

　一方で，S3, S4のような磁場が弱いところは，流れがまわりに逃げていくところだと思えばよい．中心に上昇流があって，広がっていっていると考えられる．ここは高気圧ということになる．

　そのような流れを作る原因は何であろうか？　それには，マントルからの熱的影響や，コア・マントル境界のでこぼこの影響などが考えられよう（Gubbins and Richards, 1986）．どれが最も正しいかという議論には決着が付いていない（たとえば，Gubbins, 1998）が，マントルからの熱的な影響を考えるのが，ひとつの自然な解釈である（Bloxham and Gubbins, 1987）．

　Bloxham and Gubbins（1987）は，マントルの地震波の速度構造と磁場の模様に関連がありそうに見えることに着目した．マントルの地震波速度構造では，地震波が速く通る部分が，太平洋のまわりを取り巻くように存在する．地震波が速いということは，ものが硬いということで，温度が低いことを意味していると考えられる．太平洋のまわりといえば，ちょうど磁場の強いS1, S2のある部分である．ということは，マントル下部の温度が低いところの下は，外核においても温度が低くて，下降流になっており，そのために磁力線が集中している，と解釈できる．同様に，S3, S4のあたりは，マントル下部が暖かく，そのため外核においても温度が高くて，上昇流になっていると解釈できる．このように，マントルの温度構造が外核に伝わって，磁場の停滞成分を生成していると考えることができる．

(3) 熱的相互作用の理論

　おおむね以上のようなことで，地球磁場の停滞成分が説明できるにしても，それを定量的にどう考えるかということで，理論的あるいは実験的な研究が

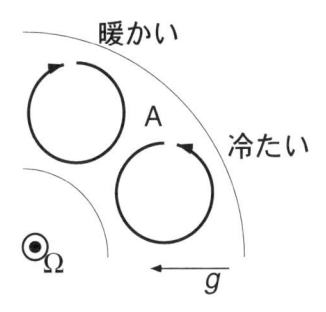

図 5.3.4 コア・マントル境界に温度不均質があったときにコア内に起こる流れ．赤道面で切った図．外側の 4 分の 1 円がコア・マントル境界，内側の 4 分の 1 円が内核・外核境界を表している．重力 g は中心向き，自転角速度 Ω は紙面に垂直な向きである．回っている矢印は，コア・マントル境界の温度不均質によって，外核内部に発生する流れを示す．磁場がない場合，自転の効果により，暖かいところと冷たいところの間（A の場所）の下に下降流ができる．

ある．実験的なものとしては Sumita and Olson（1999）が代表的なものだ．そこでは，磁場だけでなく，内核の構造までもがマントルの熱的影響を受けているという考えが述べられており，興味深い．

一方で，理論的に，コア・マントル境界の熱的不均質によって，外核の中にどのような流れができるかを研究したものも最近数多くある（たとえば，Zhang and Gubbins, 1992, 1993; Yoshida and Hamano, 1993; Gibbons and Gubbins, 2000; Yoshida, 2001）．

ここでは，そのうちで最も単純な Yoshida and Hamano（1993）のモデルを使って，問題がそう単純ではないということを説明する．単純でないのは，自転の効果のためである．次のような状況を考える．コア・マントル境界の低緯度地帯に経度方向に温度の不均一があったとする．低緯度地帯では重力の向きと自転軸の向きとが直交していることに注意する．磁場の効果は無視する．詳しい説明は省くが，自転効果が重要な系では，流れが自転軸方向を軸とするロール状の対流になりやすい．その状態を図にすると，図 5.3.4 のようになる．

ここで問題になるのは，温度の不均一と上昇下降の位置的な関係である．自転効果の重要な系では，低温域の真下が下降流にならない．暖かいところが東側に，冷たいところが西側にあるところ（図 5.3.4 の A）では，温度の効

果で負の渦度（時計まわりの流れ）ができようとする．しかし，渦度を自転軸方向に伸ばすような流れができれば，これに釣り合うような正の渦度を作ることができる．コア・マントル境界の形を考えると，そうなるためには内向きの流れ（すなわち下降流）ができればよい．そういう理由で，上昇流や下降流が暖かいところと冷たいところの間にできるようになる．

このように，自転の効果によって必ずしも直観的に明らかでない結果がうまれる．そういうわけで，マントルの熱的不均質が外核の流れに及ぼす効果はまだはっきり解明されたとは言えない．現在も研究が進んでいるところである．

（4）地球磁場の軸対称非双極子成分

以上の話題に関連した最近の話題を地球史との関連でもうひとつ紹介する．「磁場の停滞成分」ということでは，主として非軸対称磁場のパターンの東西方向の動きに注目した．一方で，軸対称成分が，双極子（地球中心に棒磁石を置いた時にできる磁場の形）からどれくらいずれているかも，長い時間スケールでの地球磁場を特徴付ける量であると考えられる．Kent and Smethurst（1998）は，古地磁気データの解析の結果，2億5000万年以前の磁場は，それ以後に比べて，軸対称成分の双極子からのずれが大きいという結論を出した．Bloxham（2000）は，ダイナモのモデル計算の結果，それがコア・マントル境界での熱流の分布が変わったのだと考えると説明ができるとした．コア・マントル境界での熱流の分布はマントル対流が決めているから，古地磁気データによって，過去のマントル対流のパターンをある程度推定できる可能性が示された，という意味で，地球史を考える上で重要である．

5.4 地球史と地球磁場
——とくに太古代の地球磁場

吉原　新・畠山唯達・隅田育郎・浜野洋三

5.4.1　地球磁場による核の観測

　地球中心核（コア）の活動の歴史をひも解いていくにあたって，地球進化モデルの数値シミュレーションなどの他に，より直接的な物証や観測量はないだろうか．われわれが核起源の物質を手に入れることはほとんど不可能であり，外核が流体であるために地震学的手法を用いて核の活動を観測することも大きく制限されている．しかし，外核が金属鉄を主成分とした電磁流体であるということが，核の観測に特殊な利点をもたらしている．それは，磁場を通した核の活動の観測である．

（1）地球磁場の全体像とその変動

　地表で観測される磁場の大局的な分布は，地球の中心に無限小の棒磁石（磁気双極子）をほぼ南北方向に置いたような地心双極子磁場で近似できる（図5.4.1）．磁気双極子の軸と地球の自転軸とは厳密には一致していないが，両者のずれはそれほど大きいものではない．実際の地球磁場はより複雑な非双極子成分を含んでいるものの，これらは双極子成分に比べてかなり小さいといってよい．このような磁場のパターンは決して不変ではなく，1ミリ秒から数億年に及ぶさまざまな時間スケールで変動していることが知られている．このうち数年以下の短い周期の変動は，電離層や磁気圏など地球外部起源の変動であるが，より長い周期の変動は主に地球内部（核）起源であると考えられる．たとえば，過去数百年の観測から，いくつかの非双極子成分の分布パターンが1年に $0.2°$–$0.3°$ という速度で西向きに移動していることがわかっており，地磁気の西方移動（westward drift）として知られている．

　地表における観測記録の存在しない地質時代の磁場の様子は，地球磁場の化石として岩石や堆積物に記録されている自然残留磁化（natural remanent

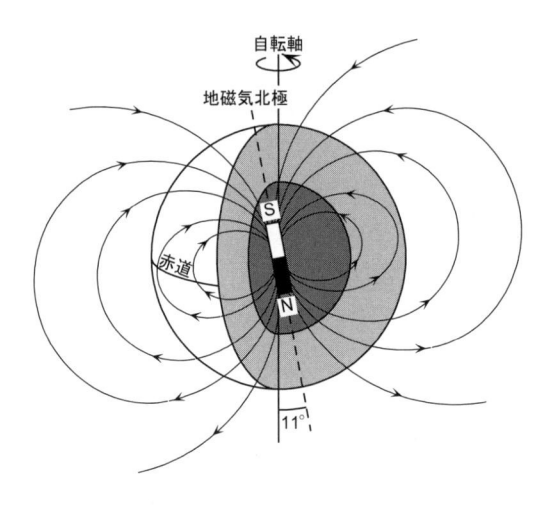

図 5.4.1 地心磁気双極子がつくる地球磁場の様子．現在の磁気双極子の軸と自転軸とのずれは約 11° である．

magnetization, NRM）を利用する古地磁気学（paleomagnetism）の手法によって間接的に「観測」することができる（コラム参照）．古地磁気学によってもたらされた最大の成果のひとつが磁場の逆転の発見である．磁場がその極性を反転させる（棒磁石の N 極，S 極が逆転する）というこの現象は，地球史においては珍しいものではなく，過去 500 万年間に限っても 30 回程度の逆転があったことが知られている．また，地球磁場はその強さも一定ではない．最近 150 年間の観測によると，磁気双極子モーメント（棒磁石の強さ）は 100 年に 5%の割合で年々減少する傾向にあることがわかっている．しかし，古地磁気学で得られた過去 1 万年間の磁気双極子モーメントは現在の値のおよそ 0.5–1.5 倍の間で増減を繰り返している（たとえば McElhinny and Senanayake, 1982）ので，現在の磁場強度もこのまま単調減少を続けるわけではないと思われる．

コラム

古地磁気学の手法による磁場の観測

　火山岩では，溶岩がキュリー点温度を経て冷却固化する過程で，磁鉄鉱

(magnetite) などの磁性鉱物が地球磁場方向の熱残留磁化 (thermoremanent magnetization, TRM) を獲得する．また，堆積岩や堆積物では，磁鉄鉱や赤鉄鉱 (hematite) などを含む磁性粒子が地球磁場方向にそろいながら堆積し圧密を受ける過程で，堆積残留磁化 (detrital remanent magnetization, DRM) を獲得する．古地磁気学では，これら自然残留磁化を超伝導磁力計やスピナー磁力計と呼ばれる装置で測定することによって，古地磁気方位や古地球磁場強度の推定を行ってきた．堆積岩や堆積物の連続試料は磁場変動の連続記録となり得るので，それらの堆積残留磁化を連続的に測定すれば磁場の逆転史や永年変化などを復元することができる．

自然残留磁化には，岩石がその生成時に獲得した初生磁化の他に，変成・変質時の再加熱や化学変化，落雷，長期間にわたって外部磁場中にさらされていることなどによって獲得される二次的な磁化が付け加わっている場合がほとんどである．これら二次磁化を消去し，さらに残った磁化成分の安定性を調べるために実験室内で自然残留磁化を段階的に消去していくことを「消磁」という．たとえば，熱消磁と呼ばれる方法では，試料に対する無磁場中での加熱・冷却が段階的に温度を上げながら繰り返し行われる．二次磁化は熱擾乱に弱い磁性粒子が担っている場合が多く，比較的低温の消磁段階で取り除くことができる．

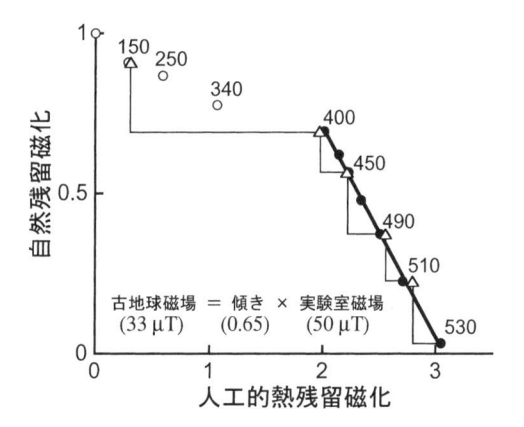

図 5.4.2 テリエ法の成功例．カナダのスレーブ地域の粗粒玄武岩質貫入岩から得られた結果 (Yoshihara and Hamano, 2000 より)．縦軸は自然残留磁化，横軸は実験室の既知の磁場中で着磁した人工的熱残留磁化の大きさ (規格化してある) を示す．実際には，熱消磁と着磁が段階的に温度を上げながら繰り返され (各点に付された数字は加熱温度を示す)，各点の作る直線の傾きが自然残留磁化と人工的熱残留磁化の大きさの比を表す．この例では，特徴的残留磁化成分に相当する 400°C 以上の直線部分の傾きを用いて磁場強度が推定されている．

二次磁化を取り去った残りの磁化成分が，その後の段階消磁によって磁化ベクトルの方向を変えずにその大きさだけを減じていく場合，その成分は「安定な磁化」であり，特徴的残留磁化（characteristic remanent magnetization, ChRM）と呼ばれる．特徴的残留磁化は初生磁化に相当することが期待されるが，それを証明するためにはさらなる古地磁気学的・地質学的・岩石学的証拠が必要である．古地磁気方位は複数の試料の特徴的残留磁化方向を統計的に処理して決定される．古地磁気学では，地球磁場が完全な地心双極子磁場であることを仮定して，古地磁気方位から古地磁気極（paleomagnetic pole）を求めてテクトニクスに応用したり，磁場の逆転史を復元したりする．

　磁場強度の絶対値推定は，火山岩などが持つ熱残留磁化の性質を利用して行う．磁性鉱物を含む岩石が地球磁場程度の弱磁場中で獲得する熱残留磁化の大きさは，獲得時の磁場強度に比例する．したがって，自然残留磁化を測定した試料を，実験室内でコントロールした既知の磁場中で再び加熱，冷却し，人工的に熱残留磁化を着磁すると，その両者の大きさの比から古地球磁場強度を推定することができる．この原理を利用した方法は，テリエ法（Thellier and Thellier, 1959）やショウ法（Shaw, 1974）と呼ばれ，信頼性の高い磁場強度推定法として広く用いられている（図5.4.2）．

（2）磁場変動の原因とそれを調べる意義

　それでは，このような地球磁場の変化はなぜ起こるのだろうか？　その問いに答えるためには，まず地球磁場の成因について考えなければならない（5.3節参照）．地球磁場の主要部分の生成維持機構は，導電性流体層である外核の対流運動に伴うダイナモ作用であると考えられている．磁場中を導電性流体が運動すると，電磁誘導によって流体中に誘導電流が生じる．誘導電流の作る磁場がもとの磁場を強める成分を持っていると，磁場はこの作用によって成長していく．もちろん，外核の電気伝導度は有限であるから，電流が流れ続けるためには，発生するジュール熱に見合うエネルギーの供給が必要である．このエネルギー源が外核中における対流運動である．システムに供給されるエネルギー源が有限である以上，磁場も無限に増大していくことなく，ある程度の大きさに維持される．対流運動は核の中で生じる浮力によって駆動され，これは核が時間とともに冷却されることで核内に生じる温度差に起因する．また，内核の成長に伴い，内核・外核境界から潜熱と軽元素が放出され

るが，これは外核の中で熱対流および組成対流を駆動する（5.2節）．さらに，核はマントルによって不均一に冷却されている可能性があり，これも外核の中に流れを作る作用をもたらす（5.3節）．地球磁場のパターンや強さの変化は外核中での対流運動を推定するための情報として用いることができるため，それが地球史を通じてどのように変化してきたかを古地磁気学の手法を用いて明らかにすれば，核の進化を制約することができるはずである．

(3) 太古代の古地磁気

　古地磁気学によって得られる情報の中で，核の活動そのものの性質について直接的な束縛条件を与えるのは，古地球磁場強度と磁場の逆転史（逆転の有無，頻度）である．これらの情報は，ダイナモの属性として流体核の運動状態を反映している．磁場強度は対流運動のもととなる浮力の大きさやダイナモの生成機構を制約する．磁場の逆転の原因についてはまだよくわかっていないが，内核の大きさ，エネルギー源，マントルの熱的状態などといった外核の内的および外的条件が異なっていたであろう過去の地球磁場の逆転史がわかれば，逆転のメカニズムを解明する鍵となる．

　とくに，地球史における核の進化ということを考えた場合，地球磁場が数億～数十億年というタイムスケールでいかに変動してきたかを知る必要があり，太古代や原生代といった非常に古い時代の古地磁気データを得ることが不可欠となってくる．これらの時代には，原始地球で形成された核が進化し，内核と外核に分化し始めるという，核にとって最も劇的な変化が起こったと考えられており（Stevenson *et al.*, 1983; Buffett *et al.*, 1992），後述するように，太古代・原生代境界という地球史上のイベントを境に，多圏相互作用を通じて核の活動様式が大きく変化したという考えもいくつか提唱されている．しかし，岩石の持つ自然残留磁化はその生成年代が古ければ古いほど，さらされている環境の変化による再加熱や化学変化，落雷の影響などによって複雑な履歴を持っている場合が多く，残留磁化から安定な成分を取り出せる可能性が低くなる．また，安定な磁化成分が得られた場合でも，それが初生的なものであるかどうかの判定がより困難になる．したがって，過去の研究において得られた太古代や原生代の古地磁気データは著しく不足しており，数

少ないデータもその信頼性に問題のあるものが多い．

　筆者たちは，太古代の磁場の存在，磁場強度，逆転を含めた磁場変動などを明らかにするために，太古代の火山岩，堆積岩試料を世界各地で採集し，その古地磁気測定を行ってきた．本節では，太古代，原生代の磁場強度および磁場の逆転史についてわかったことを概説し，それらの結果の意味について考えてみたい．

5.4.2　太古代の地球磁場強度

(1) 地球史における磁場強度変動

　地球磁場が地心双極子磁場であると考えた場合，地表で観測される磁場強度は緯度の関数となる．そこで，地球磁場の強さを比較する際には磁気双極子モーメントを用いる場合が多い．現在の磁気双極子モーメントは約 $8 \times 10^{22}\,\mathrm{Am}^2$ である．古地磁気学では，古地磁気方位から試料採集地点の古緯度を求め，それを用いて地表の古地球磁場強度を地心双極子モーメントに換算した，仮想磁気双極子モーメント（virtual dipole moment, VDM）と呼ばれる値を用いる．

　図 5.4.3 は，Tanaka and Kono（1994）の古地磁気強度データベースによる，テリエ法およびショウ法（コラム参照）を用いて見積もられた過去 35 億年間の磁場強度変動である．1 億年間ごとの平均値と標準誤差がプロットされており，各点に付された数字はデータ数である．数字の付されていない点はその期間にデータが 2 つ以下しか得られていないことを意味している．現在までに得られている古地磁気強度データは顕生代に集中しており，原生代や太古代のデータは非常に少ない．図 5.4.3 を見る限りでは，原生代以降で磁場強度が現在と比較してそう大きく異なっていた時代はない．Kono and Tanaka（1995）は磁場強度が過去 30 億年間のほとんどの時代において現在の値のファクター 2 から 3 の範囲内で変動していることを指摘しており，Prevot and Perrin（1992）はその典型的な変動範囲を $2 \times 10^{22}\,\mathrm{Am}^2$ から $12 \times 10^{22}\,\mathrm{Am}^2$ としている．

　これまで，地球史上最古の磁場強度データとされてきたのは Hale（1987a）によって報告されている約 35 億年前の火山岩を用いた測定結果である．こ

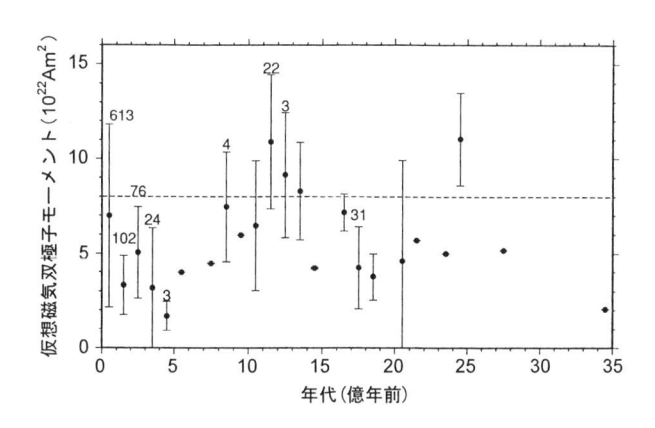

図 5.4.3　過去 35 億年間の磁場強度データ（Kono and Tanaka, 1995）．各点に付された数字はデータ数．破線は現在の磁気双極子モーメントを示す．

れは南アフリカのバーバートン地域に産するコマチアイトと呼ばれる超苦鉄質火山岩から得られたもので，その値は仮想磁気双極子モーメントにして $(2.1 \pm 0.4) \times 10^{22}\,\mathrm{Am}^2$（現在の約 4 分の 1）とかなり小さい．太古代から原生代にかけて地球磁場に大きな変化が生じたと考えられるようになったきっかけはこの Hale（1987b）による仮説である．彼は独自のデータセットを用いて 27 億年前から 21 億年前にかけて磁場強度が急増していることを示し，それを太古代・原生代境界における内核の誕生と結びつける仮説を提唱した．初期地球の核の中心部で固体鉄が析出する温度まで核の冷却が進み，内核が成長を始めると，内核・外核境界における軽元素と潜熱の放出，重力エネルギーの解放によって外核中での対流が活発化すると考えられる（Stevenson et al., 1983）．Hale（1987b）はこの磁場急増の原因を内核の成長開始に求め，太古代・原生代境界における火成活動の活発化と内核の誕生との関係を示唆した．

しかし，内核の成長がダイナモに及ぼす影響については疑問視する見方もあり，核内の対流運動の活発化がマントルの活動を活発化するという考えは，両者の熱容量の違いから考えて現実的でない．そこで，この磁場強度急増の原因を核の外部に求める考えがいくつか提唱されている．Ida and Maruyama（1992）は約 27 億年前にマントル対流のパターンが 2 層対流から 1 層対流へ遷移したことが，太古代・原生代境界における火成活動の活発化と磁場強度

急増の原因であるとしている．2層対流の場合には核がマントルから熱を奪われる速度は遅いが，1層対流になると冷たい下降流によって核表面が急激に冷却されるために核内部で対流運動が活発化し，磁場強度が増加するという説である．また，Kumazawa et al. (1994) は，核がその形成時に安定密度成層していたという立場 (Stevenson et al., 1983) から，磁場急増の原因を月–地球回転系が引き起こす核内の不安定に求めた．この仮説によれば，約27億年前に潮汐周波数と核の慣性重力振動の周波数が接近したことにより，核内の安定密度成層構造が一挙に崩壊して対流運動が始まり，強い磁場が生み出されるようになったという．

(2) 太古代の地球磁場強度

　以上の議論はすべて，太古代（とくに27億年前以前）の磁場強度は原生代以降に比べてかなり弱かったという前提のもとで行われてきたが，その根拠となっていたのは Hale (1987a) による約35億年前のデータだけであった．その後，Morimoto et al. (1997) がグリーンランドの約28億年前の粗粒玄武岩質貫入岩を用いて磁場強度の推定を行っており，Hale (1987a) による結果と同様，現在の強度の約4分の1という小さな値を得ている．たしかに，これら2つの研究で得られた結果は，古地磁気データが豊富な顕生代における磁場強度の変動範囲の下限に近い．しかし，磁場強度は1億年よりもはるかに短いスケールでかなり大きく変動し得るので，これら2つのデータだけから27億年前より古い時代全体を弱い磁場強度で特徴づけるのは困難である．筆者たちは，新たな太古代の磁場強度データの蓄積を目的として，カナダ，南アフリカ，ジンバブエ，オーストラリアで太古代の火山岩試料を採取し，それらを用いて地球磁場強度の測定を試みた．

　まず，Yoshihara and Hamano (2000) は太古代・原生代境界近傍で起こったとされる磁場強度の急増を検証するに足る信頼性の高いデータを求めて，カナダのスレーブ地域に産する太古代末期の火山岩による磁場強度の推定を行った．用いられた試料はスレーブ地域南端のイエローナイフ緑色岩帯に貫入している約26億年前の粗粒玄武岩質貫入岩である (MacLachlan and Helmstaedt, 1995)．試料の特徴的残留磁化方向は，正帯磁，逆帯磁の両方を含んでよくま

とまっており，母岩および周囲の原生代貫入岩の示す磁化方向とは明らかに異なっている．これらの情報は試料の持つ特徴的残留磁化が初生的な熱残留磁化であることを強く示唆する．テリエ法による磁場強度測定の結果，2本の貫入岩から磁場強度を求めることに成功し，仮想磁気双極子モーメントにしてそれぞれ $(6.3 \pm 0.2) \times 10^{22}\,\mathrm{Am^2}$ および $(9.0 \pm 0.2) \times 10^{22}\,\mathrm{Am^2}$ という値を得た．各岩体ごとのデータは非常によくまとまっており，磁場強度の推定は精度よく行われたといえる．この2つの値は顕生代の磁場強度変動の振幅内に十分入っており，現在の磁場強度（$8 \times 10^{22}\,\mathrm{Am^2}$）に非常に近い．この結果は，少なくとも約26億年前の核ではすでに現在と同程度の地磁気ダイナモが機能していたことを示唆している．

次に行われたのは Hale（1987a）による地球史上最古のデータの見直しである．Hale（1987a）が用いた南アフリカのバーバートン地域に産出する約35億年前のコマチアイト（Kamo and Davis, 1994; Armstrong et al., 1990）は顕著な蛇紋岩化作用を受けていることがよく知られており，その残留磁化の起源が変質時の化学残留磁化（chemical remanent magnetization, CRM: 磁性鉱物の結晶成長や化学変化によって獲得される残留磁化）である可能性が指摘されてきた（Prevot and Perrin, 1992）．吉原（2001）は Hale（1987a）が用いたコマチアイトを同地域で新たに採取し，さらに，ジンバブエのベリングウェ地域でも岩石学的性質の類似した約27億年前のコマチアイト（Chauvel et al., 1983）を採取して，より詳細な古地磁気研究を行った．バーバートン地域のコマチアイトから求められた古地磁気方位は，Hale and Dunlop（1984）によって報告されている同累層の古地磁気方位とよく一致する．また，テリエ法を適用して得られた結果は仮想磁気双極子モーメントの平均値にして $(1.8 \pm 1.3) \times 10^{22}\,\mathrm{Am^2}$ であり，Hale（1987a）による報告と矛盾しない．同様に，ベリングウェ地域のコマチアイトについても古地磁気測定が行われ，試料の持つ安定な特徴的残留磁化成分が，約26億年前に起こったとされる地層の大規模な褶曲より前に獲得されたものであることがわかった．これらの試料に対するテリエ法結果は平均値にして $(1.2 \pm 1.0) \times 10^{22}\,\mathrm{Am^2}$ である．

両地域のコマチアイトから得られた結果は現在の磁場強度のそれぞれ約23%および15%に相当するが，このように年代の異なる両地域の試料がどち

らも同様に非常に弱い値を示すということは実は重要な意味を持っている．これらのテリエ法結果を生む原因が，地球磁場ではなく，コマチアイトの残留磁化の起源や磁性鉱物の性質によるものである可能性があるからである．そこで，走査電子顕微鏡による観察を行った結果，試料に含まれる磁鉄鉱はそのほとんどが噴出直後の熱水循環に伴う蛇紋岩化作用によってカンラン石から二次的に晶出したものであることが明らかになった．蛇紋岩化作用自体は比較的低温で起こる反応であり，変成鉱物の組み合わせから考えて，これらのコマチアイトがその後の変成時に特徴的残留磁化成分が再帯磁されるような高温（～590°C）まで加熱された形跡はない．これは，これらのコマチアイトの持つ残留磁化が熱残留磁化ではなく，磁鉄鉱の結晶成長に伴う化学残留磁化であることを意味する．一般に，化学残留磁化は熱残留磁化に比べて磁化の獲得効率が悪いことが知られており（Stacey and Banerjee, 1974; Dunlop and Özdemir, 1997 など），化学残留磁化に対してテリエ法が適用された場合，得られる結果は実際の磁場強度の数分の一程度の値を示している可能性が高い．したがって，これらのテリエ法結果は，Hale（1987a）によるデータも含めて，約35億年前および約27億年前の磁場強度の下限を示していると解釈するべきであり，27億年前以前の磁場強度が原生代以降に比べて常に弱かったという従来の見方を否定するものである．

　さらに，オーストラリアのピルバラ地域の火山岩類を用いて，広い年代範囲にわたる新たな地球磁場強度データの獲得が試みられている．ピルバラ地域の岩石に顕著に見られる最大の問題は，落雷に伴う強磁場によって古地磁気記録が消去されている試料が多いということである．吉原（2001）は，落雷の影響を受けていない試料を選別することができた，年代の異なる2種類の玄武岩類を用いて磁場強度の推定を行った．まず，マウントロー玄武岩と呼ばれる約28億年前の洪水玄武岩（Arndt *et al.*, 1991）から得られた仮想磁気双極子モーメントは，平均値にして $(2.4 \pm 1.5) \times 10^{22}\,\mathrm{Am}^2$ で，これは現在の強度の約30%に相当するかなり弱い値である．これらの試料から求められた古地磁気方位は，マウントロー玄武岩の初生磁化方向であると報告されている方位（Schmidt and Embleton, 1985）と大きく矛盾せず，この実験結果が磁場強度の絶対値を示している可能性は高い．一方，サルガッシュ亜層群

に属する約35億年前の枕状玄武岩（Thorpe et al., 1992）から得られた磁場強度は $(5.3 \pm 1.9) \times 10^{22}$ Am^2 で，これは現在の値の約68%に相当する．これは太古代前期の磁場強度として，現在と同程度の値を示すはじめてのデータであり，南アフリカのコマチアイトが示す結果が実際の磁場強度の数分の一程度の値を示しているという結論と矛盾しない．しかし，この枕状玄武岩中には海嶺近傍の熱水変質による大規模な鉱物置換が観察されており（中村・加藤，2000），試料中の磁鉄鉱も二次的な鉱物である可能性が否定できない．もしこれらの磁鉄鉱の担う残留磁化が化学残留磁化であるとすると，前述したように，このテリエ法の結果は実際の磁場強度の下限を示していることになる．

また，Sumita et al. (2001) はピルバラ地域のハマスレー盆地から得られたフォーテスキュー層群に属する玄武岩類を用いて原生代前期（約20億年前）の磁場強度を推定した．これらの玄武岩類は約27億年前の形成年代を示すが（Arndt et al., 1991），約20億年前の変成年代も求まっており（Nelson et al., 1992），これは当時この地域が大陸衝突に伴う埋没変成を被った結果であると解釈されている．実際，これらの試料では中温部（390°C以下）に安定な残留磁化成分が分離でき，Schmidt and Embleton (1985) の解釈に従えば，この磁化成分は埋没変成に伴う再加熱による熱残留磁化である．この磁化成分にテリエ法およびショウ法を適用して得られた磁場強度は 1.8×10^{22} 〜3.6×10^{22} Am^2 で，その平均値は現在の約30%に相当する弱い値である．

図5.4.4は，35–20億年前の，テリエ法による利用可能なすべての磁場強度データ（Kobayashi, 1968; Schwartz and Symons, 1969; Bergh, 1970; Morimoto et al., 1997; Selkin et al., 2000）に加えて，筆者たちがこれまでに得た成果をプロットしたものである．南アフリカおよびジンバブエのコマチアイトから得られた結果については，化学残留磁化である可能性が高いことをふまえて，テリエ法結果の平均値とともに，理論的・実験的見地（Stacey and Banerjee, 1974; McClelland, 1996など）から実際の磁場強度が取り得る値として考えられる範囲を示した．26億年前以降に関しては測定に用いた試料の個数や実験方法などの点で信頼性に乏しいデータが多く含まれているため，系統的な磁場強度変動を議論することはできないが，26–22億年前の期間ではほとんど

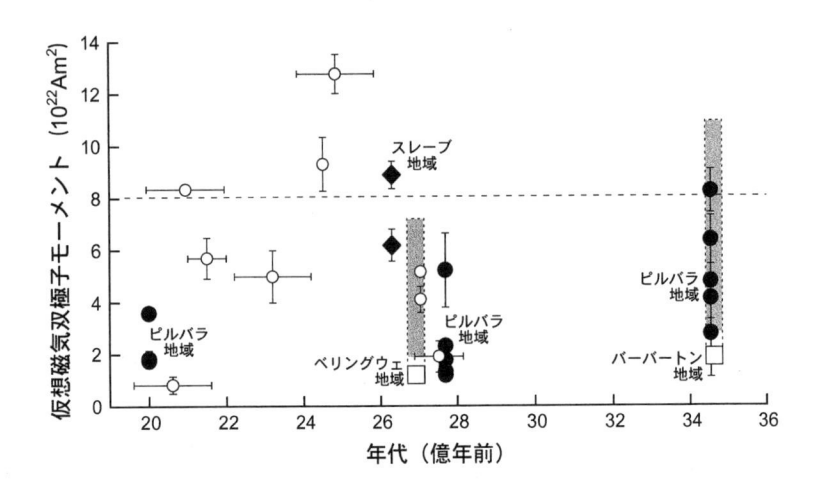

図 5.4.4　35–20 億年前の磁場強度データ（テリエ法による結果のみ）．◆●□は本研究で新たに得られた結果．◆：カナダ・スレーブ地域の貫入岩．●：オーストラリア・ピルバラ地域の玄武岩類．□：南アフリカ・バーバートン地域およびジンバブエ・ベリングウェ地域のコマチアイト（□はテリエ法結果の平均値．上に付したグレーの領域は実際の磁場強度が取り得る値として平均値を 1.5–6 倍した場合の範囲）．○はその他の利用可能なデータ（Kobayashi, 1968; Schwartz and Symons, 1969; Bergh, 1970; Morimoto et al., 1997; Selkin et al., 2000）．破線は現在の磁気双極子モーメントを示す．

のデータが現在の値（点線）のまわりにばらついており，期間全体としては最近の磁場と同程度の強度とその変動幅で特徴づけられることがわかる．すなわち，磁場生成過程である核内部の対流運動の活発さも現在と同程度であったということができる．21–20 億年前には非常に弱い磁場強度を示すデータが得られているが，今後この期間とその前後でも信頼できるデータを蓄積していくことは，約 19 億年前の地球史イベント（1.1 節，1.2 節の地球史第 4 事件）と磁場変動との関連を知る上で非常に重要である．

　これに対して，26 億年前以前のデータの分布にはある傾向が見てとれる．われわれは約 35 億年前に少なくとも現在と同程度の大きさを持つ磁場が存在した可能性を示唆する結果を初めて得た．35–28 億年前の期間はデータの空白域であるが，約 28 億年前近傍のデータはそのほとんどが顕生代の磁場強度変動の下限に近い弱い値を示しており，太古代前期の比較的強い磁場が約 28 億年前までの間にいったん減少した可能性がある．その後，約 28–26 億年前

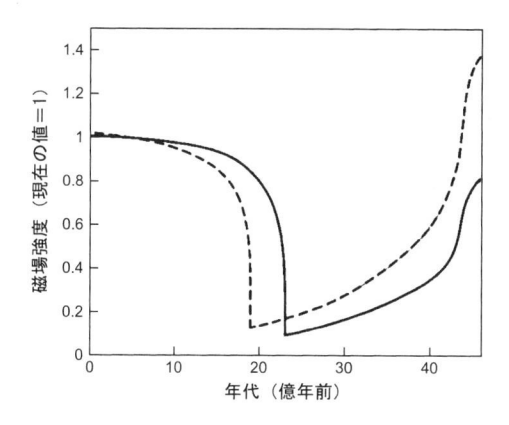

図 5.4.5　地球の熱史モデルから求められた磁場強度変化（Stevenson *et al.*, 1983 を一部改変）．磁場強度は現在の磁場で規格化された値．この磁場強度とはダイナモを駆動させるのに利用可能なエネルギー源から求められており，必ずしも地表で観測される磁場強度を表しているわけではない．実線と破線はパラメタの異なる 2 つの計算結果を示す．

にかけて現在と同程度の強度にまで磁場強度の回復が起こったように見えるが，この傾向は Hale（1987b）による指摘と一致している．

　もちろん，これらが本当に磁場強度のグローバルな長期変動を表しているかどうかを確かめるためには，さらなる研究の蓄積を待たなければならないが，これらの見方に説明を与えようとすれば，どのようなことが考えられるだろうか．Stevenson *et al.*（1983）は，地球の熱史計算に基づいて，浮力の大きさのみによって磁場強度が決まると考えた場合の磁場強度の時間変化を計算した．図 5.4.5 はパラメタの異なる 2 つの計算結果であるが，それによると，初期の地球には活発な熱対流によって核内に強い磁場が存在し，それが地球の冷却とともに次第に減少していくことが示されている．その後，内核が成長を開始すると，それに伴う軽元素と潜熱の放出，重力エネルギーの解放によって，得られる浮力が増大し，磁場強度が現在と同程度まで回復する．図 5.4.5 では，内核の誕生が 23 億年前（実線）と 19 億年前（破線）に設定されている．この計算結果を当てはめて考えれば，図 5.4.4 に示した磁場強度データは，約 35 億年前にはまだ活発であった核内の熱対流が約 28 億年前までに減衰し，内核の成長が 28–26 億年前に開始したことを示唆するも

のであるといえる．前述のように，この磁場強度の急増に関してはその原因をマントル対流パターンの変化や月−地球回転系が引き起こす核内の不安定など，核の外部に求めた方が現実的であるという意見もあるが，いずれにせよ，地球システムの大規模な変化があったとされる約27億年前をはさんで磁場強度の急増が見られることが，われわれが新たに得たデータによっても支持されたことは非常に興味深い．しかし，その一方で，約21–20億年前の非常に弱い磁場を示すデータは，急増以降の磁場強度が決して一定の強さを維持していた訳ではないことを示唆している．

5.4.3 太古代における地球磁場の逆転

(1) 地球史における地球磁場の逆転

以上では，地球史，とくに太古代から原生代初期にかけての地球磁場の強度の変動について述べてきたが，それでは，磁場の方向はどのように変動していたのであろうか．顕生代以降の地球磁場はその強さが変わるばかりでなく，過去幾度にもわたって逆転を繰り返してきたことが知られている．この磁場の逆転史，とくに逆転の有無やその頻度といった情報は，過去の核の活動の様子やダイナモの属性を知る上で，重要な手がかりとなり得る．

たとえば，ごく最近，今から約99万年前から約78万年前の間，地球磁場のN極とS極とは現在（南極がNで北極がS：磁力線が南極から出て北極に入っていく；図5.4.1参照）とは逆（南極がSで北極がN）であった．それが約78万年前に突如逆転（reversal）を起こし，現在のような磁場の方向を向くようになったことが，Matuyama (1929) の研究によってはじめて明らかになった．このような地球磁場の双極子の反転は，とくに海洋地殻に記録された地磁気異常の縞模様がはっきり残っている約1億6500万年前以降については詳細に研究されている（図5.4.6）．

この地球磁場が逆転を起こす間隔は地質時代によって大きく異なる．たとえば，白亜紀の中期（約1億1800万年前〜約8300万年前）には地球磁場はまったく逆転しなかったと考えられている（白亜紀スーパークロン：Cretaceous Normal Superchron）．しかし，その後の第三紀以降については，地球磁場は非常に不規則な間隔で，平均すると約20万年に1回の逆転を起こしてい

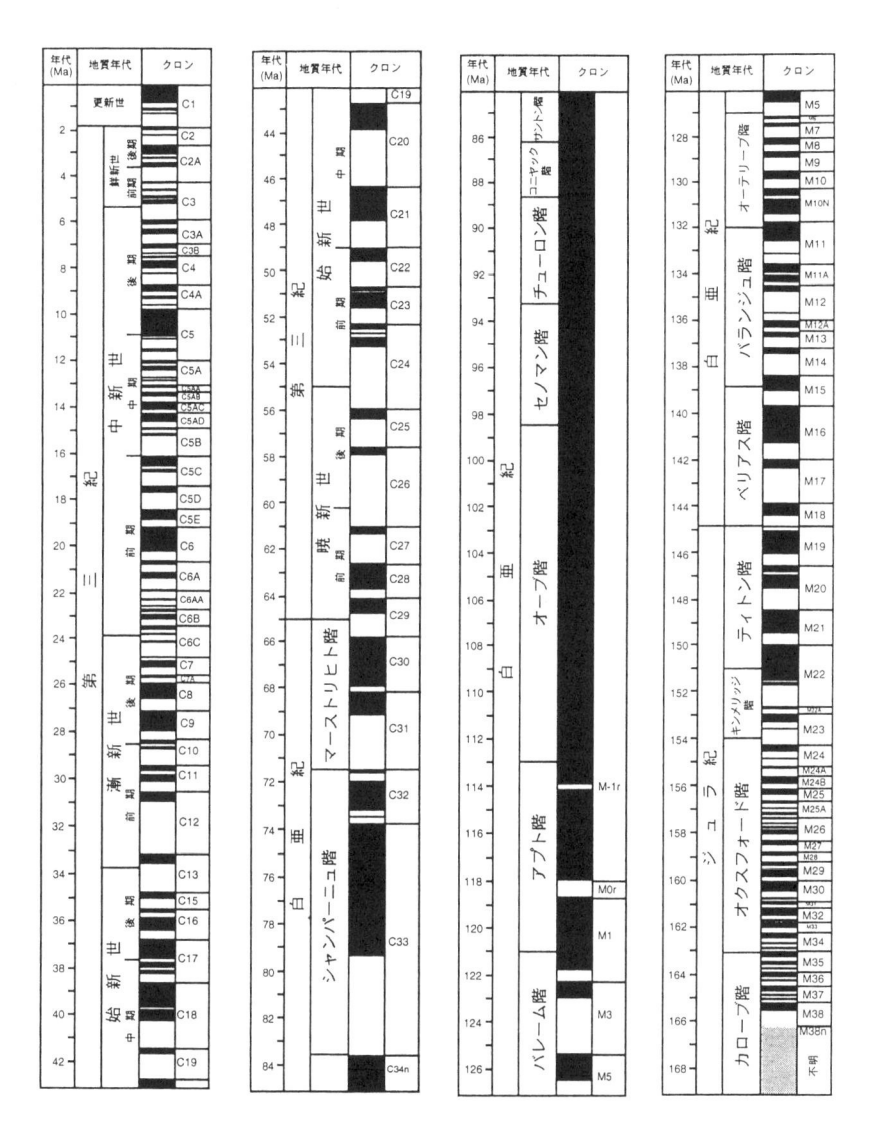

図 5.4.6 中生代中期（約 1 億 6500 万年前）から現在までの地磁気の逆転の歴史（小玉，1999 より転載）．黒は正磁極期（現在と同じ方向），白は逆磁極期（現在と反対方向）を示す．

ることが知られている．しかしながら，外核において生成されている地球磁場の双極子の極性が，どのような原因で，どのようにして不規則に入れ替わるのかという物理的なメカニズムについては，ほとんどといってよいほどわかっていない（5.3節参照）．

また，非常に古い時代の地球磁場逆転の様子はほとんど知られていない．その原因は第一に，約2億年前以前に生まれた海洋地殻はプレート運動によって大陸の下へ沈み込んでしまっていて地表に存在せず，そこに記録されている地磁気異常の縞模様が現存していないことが挙げられる．そのため，陸上の岩石の古地磁気データを追って過去にさかのぼって地磁気逆転の歴史を調べることになるが，当然その分布や連続性はとぼしい．さらに，前述したように，古い時代であればあるほどその時代に形成された岩石が多く残されていないことに加え，岩石が残っていてもそれらの試料からは二次的な残留磁化しか観測できないことも多く，古地磁気学的な研究には不都合である可能性が高い．

しかし，地球全体が暖かく，内核がまだ固化を始めていなかったと考えられている太古代における地球磁場の極性の変動は，その強度の変化とともに大変興味深い話題である．以下では，太古代の岩石の古地磁気測定によって逆転の証拠とおぼしき現象を発見した2つの研究について述べる．

(2) 太古代における地球磁場の逆転

Layer *et al.* (1996) は，南アフリカの直径30 kmにも及ぶ巨大なカープバレー花崗岩の中心部と周縁部で残留磁化のある成分が反対の方向を向いていることを発見した．この花崗岩の主要な磁性鉱物である磁鉄鉱は，岩体が冷却される過程において，そのキュリー点（約580°C）を下回ったあたりで磁化を獲得する．したがってこの測定結果は，貫入岩体がその周縁部から冷却していく間に地球磁場が逆転したことを記録したものと解釈できる．この花崗岩の形成年代は放射性同位体による絶対年代測定から約32億年前であるということがわかっており，このころにはすでに地球磁場の逆転が起こっていたようである．この結果は1回の地磁気逆転を示すものなので，その逆転がどのように起きたのか，また，その時代にどのくらいの頻度で逆転が起こっ

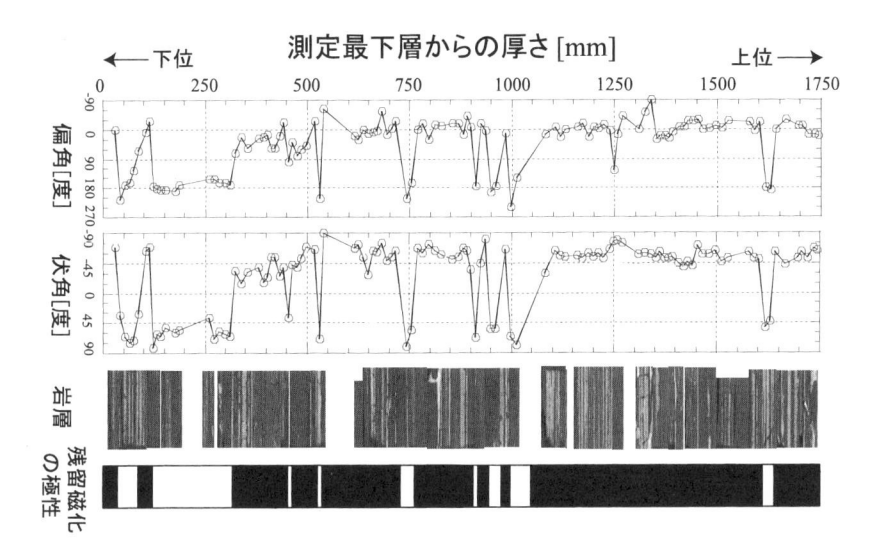

図 5.4.7 西オーストラリア,ピルバラ地域,クリーバービルの縞状鉄鉱床(BIF)約 1.7 m 分の厚さの層の残留磁化の偏角(D),伏角(I),岩石の写真,および残留磁化の極性(Hatakeyama et al., 1999 による).残留磁化の方向は現地における北,東,真下を軸とする座標系で表されていて,各層における方向は,$D=$ 約 0 度,$I=$ 約 -50 度の方向のまわりとその反対の $D=$ 約 180 度,$I=$ 約 50 度の方向のまわりに分布している(極性の図でそれぞれ,黒,白で表される).写真の欠落部分は完全な連続サンプリングができなかったため測定されていない.

ていたかについてはわからない.逆転の間隔など,双極子磁場の反転の時間変動の詳細を知るためには,堆積物に連続的に記録された堆積残留磁化を調べることが必要である.

そこで,われわれは西オーストラリア,ピルバラ地域において,約 32–33 億年前ごろに堆積した縞状鉄鉱床(banded iron formation, BIF)の連続試料を採取した.BIF は太古代から原生代初期の地層に顕著に見られる,海底で堆積した起源を持つ岩石である.Hatakeyama et al. (1999) は,厚さ約 1.7 m 分の赤鉄鉱とチャートを主体とする地層についての連続的で詳細な古地磁気方位の測定を行い,その層の中に 20 回ほどの残留磁化の逆転を発見した(図 5.4.7).この残留磁化が堆積およびその後の続成作用によって獲得された初生的なもので,古地磁気方位の逆転が堆積時の地球磁場の逆転を表しているならば,太古代の地球磁場も現在と同様に双極子磁場を主とし,か

つその極性の逆転がしばしばあったということができる．また，この BIF の堆積速度がわかれば，太古代中期の地球磁場がどのくらいの時間間隔で逆転を繰り返していたかを見積もることができる．しかし，BIF では直接的に年代を測定することができないため，堆積速度についての見積もりには，地層の上下や中間に含まれる火成岩の年代から内挿する方法（Barley et al., 1997）や，一番細かい縞が季節変化と対応しているという記載的な方法（Trendall, 1973）など諸説があって，実際のところはまだよくわかっていない．

　ここでは一例として，ピルバラ地塊の BIF が遠洋性の堆積物であること（Ohta et al., 1996; Kato et al., 1998）を考慮して現在の遠洋性堆積物の堆積速度の一般的な値である 1 mm/1000 年を適用してみる．そうすると，1.7 m の厚さの層の堆積時間は約 170 万年に相当するので，だいたい 10 万年弱に 1 回の頻度で逆転が起こっていたということができる．この堆積速度は，これまでに見積もられている BIF 堆積速度の中ではかなり遅い方であるので，逆転頻度の下限を見積もったものと考えられる．約 10 万年に 1 回というこの逆転頻度は，さきほど述べた第三紀以降の逆転頻度（約 20 万年に 1 回）に比べて幾分多い．太古代には内核は現在より小さいか存在しなかったと考えられるので，この傾向は，内核は逆転を起こしにくくする働きを持つという最近の理論的な予測（Hollerbach and Jones, 1993; Gubbins, 1999）と調和的である．

　一方，Hatakeyama et al.（1999）の測定結果に対しては，以下のようなまったく異なる解釈も存在する．第三紀，とくに漸新世から鮮新世にかけてオーストラリアは全大陸的に湿潤な気候下にあり，その間地表は大規模な風化を受けたことが地質学的に知られている（David, 1950）．この風化作用によって，湿潤な気候が終了した頃に磁性鉱物（赤鉄鉱）が再結晶し，通常あり得ないような（ふつう，岩体全部が一度に再帯磁を受けるため同一岩体の残留磁化はすべて同じ方向を指す）逆転を含む残留磁化を獲得した岩石が存在することもオーストラリアの他の地域で報告されている（Schmidt and Embleton, 1976）．ピルバラ地塊の BIF の残留磁化の方向は当地における第三紀の地球磁場の方向に非常に近いため，この逆転を含む残留磁化は主に第三紀に再帯磁した二次的なものであろうという解釈も成り立つが，このような岩石は非

常に珍しく，磁化の獲得機構も不明瞭であり，このBIFの残留磁化も同様の起源であると考えるのは難しい．

現在のところ，この残留磁化が初生的（太古代）であるのか二次的（第三紀）であるのかを判定する決定的な証拠が見つかっていないため，残念ながら太古代の地球磁場の逆転頻度について結論を下すことはできない．しかし，このBIF試料はこのような地磁気変動研究をすすめる上でたいへん興味深く，今後の研究が期待される．

5.4.4　まとめ

以上見てきたように，筆者たちが新たに得た古地磁気学による一連の成果は，太古代における核の活動の様子に関してこれまでにない新しい見方を提供するものであった．カナダ，南アフリカ，ジンバブエ，オーストラリアで採取された火山岩および堆積岩から得られた結果は，太古代前～中期において頻繁に逆転を繰り返しながら強い磁場を生成する活発な熱対流を行っていた核が，冷却とともにその活動を弱め，太古代・原生代境界における核内外の地球システム変動によって再び活性化して現在と同程度のダイナモ作用を持つにいたるという核の歴史を想像させる．しかし，太古代や原生代の地球磁場の強度や逆転の様子を知ることは非常に多くの困難を伴うために，データの量，質ともまったく不十分であり，現段階ではいかなる核の進化のシナリオもその正当性を証明することができない．今後，これら古い時代のデータを蓄積していくことは，核の歴史を知る上でも，磁場を生成するダイナモ作用の基本的な性質を知る上でも重要な情報を提供すると言えよう．

第 5 章文献

Abe, Y. (1997) Thermal and chemical evolution of the terrestrial magma ocean. *Phys. Earth Planet. Inter.*, **100**, 27–39.

Armstrong, R. A., Compston, W., de Wit, M. J. and Williams, I. S. (1990) The stratigraphy of the 3.5–3.2 Ga Barberton Greenstone Belt revisited: A single zircon ion microprobe study. *Earth Planet. Sci. Lett.*, **101**, 90–106.

Arndt, N. T., Nelson, D. R., Compston, W., Trendal, A. F. and Thorne, A. M. (1991) The age of the Fortescue Group, Hamersley Basin, Western Australia, from ion microprobe U-Pb zircon results. *Australian J. Earth Sci.*, **38**, 261–281.

Aurnou, J. and Olson, P. (2000) Control of inner core rotation by electromagnetic, gravitational and mechanical torques. *Phys. Earth Planet. Inter.*, **117**, 111–122.

Barley, M. E., Pickard, A. L. and Sylvester, P. J. (1997) Emplacement of a large igneous province as a possible cause of banded iron formation 2.45 billion years ago. *Nature*, **385**, 55–58.

Bergh, H. W. (1970) Paleomagnetism of the Stillwater complex, Montana. in *Paleogeophysics* (Runcorn, S. K., ed.), Academic Press, London, 143–158.

Bloxham, J. (2000) Sensitivity of the geomagnetic axial dipole to thermal core-mantle interactions. *Nature*, **405**, 63–65.

Bloxham, J. and Gubbins, D. (1985) The secular variation of Earth's magnetic field. *Nature*, **317**, 777–781.

Bloxham, J. and Gubbins, D. (1987) Thermal core-mantle interactions. *Nature*, **325**, 511–513.

Boehler, R. (2000) High-pressure experiments and the phase diagram of lower mantle and core materials. *Rev. Geophys.*, **38**, 221–245.

Buffett, B. A. (1996) Gravitational oscillations in the length of day. *Geophys. Res. Lett.*, **23**, 2279–2282.

Buffett, B. A. (1997) Geodynamic estimates of the viscosity of the inner core. *Nature*, **388**, 571–573.

Buffett, B. A. (2000) Dynamics of the Earth's core. in *Earth's Deep Interior: Mineral Physics and Tomography from the Atomic to Global Scale* (Karato, S.-i., Forte, A. M., Liebermann, R. C., Masters, G. and Stixrude, L., eds.), Geophysical Monograph, AGU, **117**, 37–62.

Buffett, B. A., Huppert, H. E., Lister, J. R. and Woods, A. W. (1992) Analytical model for solidification of the Earth's core. *Nature*, **356**, 329–331.

Buffett, B. A., Huppert, H. E., Lister, J. R. and Woods, A. W. (1996) On the thermal evolution of the Earth's core. *J. Geophys. Res.*, **101**, 7989–8006.

Busse, F. H. (1971) Thermal instabilities in rapidly rotating systems. *J. Fluid Mech.*, **44**, 441–460.

Cande, S. C. and Kent, D. V. (1995) Revised calibration of the geomagnetic polarity timescale for the Late Cretaceous and Cenozoic. *J. Geophys. Res.*, **100**, 6093–6095.

Chauvel, C., Dupre, B., Todt, W., Arndt, N. T. and Hoffman, A. W. (1983) Pd and Nd isotopic correlation in Archean and Proterozoic greenstone belts. *EOS*, **64**, 330.

Christensen, U. R. (1985) Thermal evolution models for the Earth. *J. Geophys. Res.*,

90, 2995–3007.

Christensen, U. R. and Yuen, D. A. (1985) Layered convection induced by phase transitions. *J. Geophys. Res.*, **90**, 10291–10300.

Courtillot, V. and Besse, J. (1987) Magnetic field reversals, polar wander, and core-mantle coupling. *Science*, **237**, 1140–1147.

Creager, K. C. (1999) Large scale variation in inner core anisotropy. *J. Geophys. Res.*, **104**, 23127–23139.

Davaille, A. (1999) Simultaneous generation of hotspots and superswells by convection in a heterogeneous planetary mantle. *Nature*, **402**, 756–760.

Davaille, A. and Jaupart, C. (1994) Onset of thermal convection in fluids with temperature-dependent viscosity: application to the oceanic mantle. *J. Geophys. Res.*, **99**, 19853–19866.

David, T. W. (1950) *The Geology of the Commonwealth of Australia*, vol.1, Edward Arnold and Co., London, 747pp.

Davies, G. F. (1995) Punctuated tectonic evolution of the earth. *Earth Planet. Sci. Lett.*, **136**, 363–379.

Doake, C. S. M. (1977) A possible effect of ice ages on the Earth's magnetic field. *Nature*, **267**, 415–417.

Duncan, R. A. and Richards, M. A. (1991) Hotspots, mantle plumes, flood basalts, and true polar wander. *Rev. Geophys.*, **29**, 31–50.

Dunlop, D. J. and Özdemir, Ö. (1997) *Rock Magnetism*, Cambridge University Press, 573pp.

Fearn, D. R., Loper, D. E. and Roberts, P. H. (1981) Structure of the Earth's inner core. *Nature*, **292**, 232–233.

Gibbons, S. J. and Gubbins, D. (2000) Convection in the Earth's core driven by lateral varations in the core-mantle boundary heat flux. *Geophys. J. Int.*, **142**, 631–642.

Glatzmaier, G. A., Coe, R. S., Hongre, L. and Roberts, P. H. (1999) The role of the Earth's mantle in controlling the frequency of geomagnetic reversals. *Nature*, **401**, 885–890.

Green, D. H. (1981) Petrogenesis of Archean ultramafic magmas and implications for Archean tectonics. in *Precambrian Plate Tectonics* (Kroner, A., ed.), Elsevier, Amsterdam, 469–489.

Gubbins, D. (1998) Interpreting the paleomagnetic field. in *The core-mantle boundary region* (Gurnis, M., Wysession, M. E., Knittle, E. and Buffett, B. A., eds.), American Geophysical Union, Washington DC, 167–182.

Gubbins, D. (1999) The distinction between geomagnetic excursions and reversals. *Geophys. J. Int.*, **137**, F1–F3.

Gubbins, D., Masters, T. G. and Jacobs, J. A. (1979) Thermal evolution of the Earth's core. *Geophys. J. Roy. Astron. Soc.*, **59**, 57–99.

Gubbins, D. and Richards, M. (1986) Coupling of the core dynamo and mantle: thermal or topographic? *Geophys. Res. Lett.*, **13**, 1521–1524.

Gubbins, D. and Roberts, P. H. (1987) Magnetohydrodynamics of the Earth's Core. in *Geomagnetism*, Vol.2 (Jacobs, J. A., ed.), Academic Press, London, 1–183.

Gubbins, D. and Kelly, P. (1993) Persistent patterns in the geomagnetic field over the past 2.5 Myr. *Nature*, **365**, 829–832.

Gurnis, M. (1988) Large-scale mantle convection and the aggregation and dispersal of supercontinents. *Nature*, **332**, 695–699.

Gurnis, M. (1989) A reassessment of the heat transport by variable viscosity convection with plates and lids. *Geophys. Res. Lett.*, **16**, 179–182.

Hale, C. J. (1987a) The intensity of the geomagnetic field at 3.5 Ga: paleointensity results from the Komati formation, Barberton Mountain Land, South Africa. *Earth Planet. Sci. Lett.*, **86**, 354–364.

Hale, C. J. (1987b) Paleomgnetic data suggest link between the Archean-Proterozoic boundary and inner-core nucleation. *Nature*, **329**, 233–237.

Hale, C. J. and Dunlop, D. J. (1984) Evidence for an Early Archean Geomagnetic Field: A Paleomagnetic Study of the Komati Formation, Barberton Greenstone Belt, South Africa. *Geophys. Res. Lett.*, **11**, 97–100.

浜野洋三 (1993) 『地球の真ん中で考える』, 岩波書店, 146pp.

Hansen, U. and Yuen, D. A. (1989) Dynamical influences from thermal-chemical instabilities at the core-mantle boundary. *Geophys. Res. Lett.*, **16**, 629–632.

Hatakeyama, T., Sumita, I. and Hamano, Y. (1999) Paleomagnetic reversals in an Archean banded iron formation and possibilities of their origin. Abstracts of the 22th International Union of Geodesy and Geophysics (IUGG) Assembly, Birmingham, UK, B.324.

Hide, R. and Dickey, J. O. (1991) Earth's variable rotation. *Science*, **253**, 629–637.

Hollerbach, R. and Jones, C. A. (1993) Influence of the Earth's inner core on geomagnetic fluctuations and reversals. *Nature*, **365**, 541–543.

Honda, S. (1995) A simple parameterized model of Earth's thermal history with the transition from layered to whole mantle convection. *Earth Planet. Sci. Lett.*, **131**, 357–370.

Honda, S. (1996) Local Rayleigh and Nusselt numbers for cartesian convection with temperature-dependent viscosity. *Geophys. Res. Lett.*, **23**, 2445–2448.

Honda, S. (1997) A possible role of weak zone at plate margin on secular mantle cooling. *Geophys. Res. Lett.*, **24**, 2861–2864.

本多 了 (1997) マントルダイナミクス II—力学.『岩波講座地球惑星科学 10 地球内部ダイナミクス』, 岩波書店, 73–112.

Honda, S., Yuen, D. A., Balachandar, S. and Reuteler, D. (1993) Three-dimensional instabilities of mantle convection with multiple phase transitions. *Science*, **259**, 1308–1311.

Honda, S. and Yuen, D. A. (1994) Cooling model of mantle convection with phase changes: effects of aspect ratio and initial conditions. *J. Phys. Earth*, **42**, 165–186.

Honda, S., Nakakuki, T., Tatsumi, Y. and Eguchi, T. (2000) A simple model of mantle convection including a past history of yielding. *Geophys. Res. Lett.*, **27**, 1559–1562.

Howard, L. N. (1966) Convection at high Rayleigh numbers. in H. Gvrtler (Herausg.), Proc. 11th Int. Congr. of Appl. Mech., München, Springer, 1109–1115.

Ida, S. and Maruyama, S. (1992) Drastic change of mantle convection from two-layered to whole mantle convection at 1.9 Ga. Abstracts of Evolving Earth Symp., 89.

Ishii, M. and Tromp, J. (1999) Normal-mode and free-air gravity constraints on lateral variations in velocity and density of Earth's mantle. *Science*, **285**, 1231–1236.

Iwase, Y. and Honda, S. (1998) Effects of geometry on the convection with corecooling. *Earth Planets Space*, **50**, 387–395.

Jacobs, J. A. (1953) The Earth's inner core. *Nature*, **172**, 297–298.

Kamb, W. B. (1959) Theory of preferred crystal orientation developed by crystallization under stress. *J. Geol.*, **67**, 153–170.

Kameyama, M. and Ogawa, M. (2000) Transitions in thermal convection with strongly temperature-dependent viscosity in a wide box. *Earth Planet. Sci. Lett.*, **180**, 355–367.

Kamo, S. L. and Davis, D. W. (1994) Reassessment of Archean crustal development in the Barberton Mountain Land, South Africa, based on U–Pb dating. *Tectonics*, **13**, 1, 167–192.

Karato, S. and Wu, P. (1993) Rheology of the upper mantle: a synthesis. *Science*, **260**, 771–778.

Kato, Y., Ohta, I., Tsunematsu, T., Watanabe, Y., Isozaki, Y., Maruyama, S. and Imai, N. (1998) Rare-earth element variations in mid-Archean banded iron formations: Implications for the chemistry of ocean and continent and plate tectonics. *Geochim. Cosmochim. Acta*, **62**, 3475–3497.

Kellogg, L. H., Hager, B. H. and van der Hilst, R. D. (1999) Compositional stratification in the deep mantle. *Science*, **283**, 1881–1884.

Kent, D. V. and Gradstein, F. M. (1986) A Jurassic to recent chronology. in *The Geology of North America*. Vol. M, The western North Atlantic region (Vogt, P. R. and Tucholke, B. E., eds.), Geological Society of America, 45–50.

Kent, D. V. and Smethurst, M. A. (1998) Shallow bias of paleomagnetic inclinations in the Paleozoic and Precambrian. *Earth Planet. Sci. Lett.*, **160**, 391–402.

Kobayashi, K. (1968) Paleomagnetic determination of the intensity of the geomagnetic field in the Precambrian period. *Phys. Earth Planet. Inter.*, **1**, 387–395.

小玉一人（1999）『古地磁気学』，東京大学出版会，258pp.

Kono, M. and Tanaka, H. (1995) Intensity of the geomagnetic field in geological time: a statistical study. in *The Earth's central part: Its structure and dynamics* (Yukutake, T., ed.), Terra Scientific Publishing Company, Tokyo, 75–94.

Kono, M., Tanaka, H. and Tsunakawa, H. (2000) Spheraical harmonic analysis of paleomagnetic data: the case of linear mapping. *J. Geophys. Res.*, **105**, 5817–5833.

Kumazawa, M., Yoshida, S., Ito, T. and Yoshioka, H. (1994) Archean-Proterozoic boundary interpreted as a catastrophic collapse of the stable density stratification in the core. *J. Geol. Soc. Japan*, **100**, 50–59.

Larson, R. L. (1991) Latest pulse of Earth: Evidence for a mid-Cretaceous superplume. *Geology*, **19**, 547–550.

Larson, R. L. and Olson, P. (1991) Mantle plumes control magnetic reversal frequency. *Earth Planet Sci. Lett.*, **107**, 437–447.

Lay, T., Williams, Q. and Garnero, E. J. (1998) The core-mantle boundary layer and deep Earth dynamics. *Nature*, **392**, 461–468.

Layer, P. W., Kroner, A. and McWilliams, M. (1996) An Archean geomagnetic reversal in the Kaap Valley Pluton, South Africa. *Science*, **273**, 943–946.

Le Mouël, J-L., Hulot, G. and Poirier, J-P. (1997) Core-mantle interactions. in *Earth's Deep Interior* (Crossley, D. J., ed.), Gordon and Breach, Amsterdam, 197–221.

Loper, D. E. (1983) Structure of the inner core boundary. *Geophys. Astrophys. Fluid*

Dyn., **22**, 139–155.

MacLachlan, K. and Helmstaedt, H. (1995) Geology and geochemistry of an Archean mafic dike complex in Chan Formation: basis for a revised plate-tectonic model of the Yellowknife greenstone belt. *Can. J. Earth Sci.*, **32**, 614–630.

Matuyama, M. (1929) On the direction of magnetisation of basalt in Japan, Tyosen and Manchuria. *Proc. Imp. Acad. Japan*, **5**, 203–205.

McClelland, E. (1996) Theory of CRM acquired by grain growth, and its implications for TRM discrimination and palaeointensity determination in igneous rocks. *Geophys. J. Int.*, **126**, 271–280.

McElhinny, M. W. and Senanayake, W. E. (1982) Variation in the geomagnetic dipole. 1. The past 50000 years. *J. Geomag. Geoelect.*, **34**, 39–51.

Merrill, R. T., McElhinny, M. W. and McFadden, P. L. (1996) *The Magnetic Field of the Earth—Paleomagnetism, the Core, and the Deep Mantle*, Academic Press, San Diego, 531pp.

Morelli, A., Dziewonski, A. M. and Woodhouse, J. H. (1986) Anisotropy of the inner core inferred from PKIKP travel time. *Geophys. Res. Lett.*, **13**, 1545–1548.

Moresi, L. and Solomatov, V. (1998) Mantle convection with a brittle lithosphere: thoughts on the global tectonic styles of the Earth and Venus. *Geophys. J. Int.*, **133**, 669–682.

Morgan, W. J. (1971) Convection plumes in the lower mantle. *Nature*, **230**, 42–43.

Morimoto, C., Otofuji, Y., Miki, M., Tanaka, H. and Itaya, T. (1997) Preliminary paleomagnetic results of an Archean dolerite dyke of west Greenland: geomagnetic field intensity at 2.8 Ga. *Geophys. J. Int.*, **128**, 585–593.

Morris, S. and Canright, D. (1984) A boundary layer analysis of Benard convection with strongly temperature-dependent viscosity. *Phys. Earth Planet Inter.*, **36**, 355–373.

Muller, R. A. and Morris, D. E. (1986) Geomagnetic reversals from impacts on the Earth. *Geophys. Res. Lett.*, **13**, 1177–1180.

Muller, R. A. and Morris, D. E. (1988) Magnetic reversal rate and sea level. *Nature*, **332**, 211.

中村謙太郎・加藤泰浩（2000）太古代初期（3.5Ga）の海底熱水活動による海洋地殻の炭酸塩化作用とその CO_2 シンクとしての重要性：(I) 鉱物記載. 資源地質, **50**(2), 79–92.

Nelson, D. R., Trendall, A. F., de Laeter, J. R., Grobler, N. J. and Fletcher, I. R. (1992) A comparative study of the geochemical and isotopic systematics of late Archean flood basalts from the Pilbara and Kaapvaal Cratons. *Precambrian Res.*, **54**, 231–256.

Ogawa, M. and Nakamura, H. (1998) Thermochemical regime of the early mantle inferred from numerical models of the coupled magmatism-mantle convection system with the solid-solid phase transitions at depths around 660 km. *J. Geophys. Res.*, **103**, 12161–12180.

Ohta, H., Maruyama, S., Takahashi, E., Watanabe, Y. and Kato, Y. (1996) Field occurence, geochemistry and petrogenesis of the Archean mid-oceanic ridge basalts (AMORBs) of the Cleaverville area, Pilbara craton, western Australia. *Lithos*, **37**, 199–221.

Olson, P. (1984) An experimental approach to thermal convection in a two-layered mantle. *J. Geophys. Res.*, **89**, 11293–11301.

Olson, P., Christensen, U. and Glatzmaier, G. A. (1999) Numerical modeling of the geodynamo: Mechanisms of field generation and equilibration. *J. Geophys. Res.*, **104**, 10383–10404.

Opdyke, N. D. and Channell, J. E. T. (1996) *Magnetic Stratigraphy*, Academic Press, San Diego.

Prevot, M. and Perrin, M. (1992) Intensity of the Earth's magnetic field since Precambrian from Thellier-type paleointensity data and inferences on the thermal history of the core. *Geophys. J. Int.*, **108**, 613–620.

Richter, F. M. and McKenzie, D. P. (1981) On some consequences and possible causes of layered mantle convection. *J. Geophys. Res.*, **86**, 6133–6142.

Romanowicz, B., Li, X-D. and Durek, J. (1996) Anisotropy in the inner core: Could it be due to low order convection?. *Science*, **260**, 1312–1314.

Schmeling, H. and Jacoby, W. R. (1981) On modelling the lithosphere in mantle convection with nonlinear rheology. *J. Geophys.*, **50**, 89–100.

Schmidt, P. W. and Embleton, B. J. J. (1976) Palaeomagnetic results from sediments of the Perth Basin, Western Australia, and their bearing on the timing of regional lateritisation. *Palaeogeogr. Palaeoaclimatol. Palaeoecol.*, **19**, 257–273.

Schmidt, P. W. and Embleton, B. J. J. (1985) Prefolding and overprint magnetic signatures in Precambrian ($\sim$2.9–2.7 Ga) igneous rocks from the Pilbara craton and Hamersley Basin, NW Australia. *J. Geophys. Res.*, **90**, 2967–2984.

Schwartz, E. J. and Symons, D. T. A. (1969) Geomagnetic intensity between 100 million and 2500 million years ago. *Phys. Earth Planet. Inter.*, **2**, 11–18.

Selkin, P. A., Gee, J. S., Tauxe, L., Meurer, W. P. and Newell, A. J. (2000) The effect of remanence anisotropy on paleointensity estimates: a case study from the Archean Stillwater Complex. *Earth Planet. Sci. Lett.*, **183**, 403–416.

Shaw, J. (1974) A new method of determining the magnitude of the paleomagnetic field. *Geophys. J. Roy. Astron. Soc.*, **39**, 133–141.

Sleep, N. H. (1990) Hot spots and mantle plumes: some phenomenology. *J. Geophys. Res.*, **95**, 6715–6736.

Sleep, N. H. (2000) Evolution of the mode of convection within terrestrial planets. *J. Geophys. Res.*, **105**, 17563–17578.

Solheim, L. P. and Peltier, W. R. (1994) Avalanche effects in phase transition modulated thermal convection: A model of Earth's mantle. *J. Geophys. Res.*, **99**, 6997–7018 .

Solomatov, V. S. (1995) Scaling of temperature- and stress-dependent viscosity convection. *Phys. Fluids*, **7**, 266–274.

Solomatov, V. S. and Moresi, L.-N. (1997) Three regimes of mantle convection with non-Newtonian viscosity and stagnant lid convection on the terrestrial planets. *Geophys. Res. Lett.*, **24**, 1907–1910.

Song, X-D. (1997) Anistropy of the Earth's inner core. *Rev. Geophys.*, **35**, 297–313.

Song, X-D. and Helmberger, D. V. (1995) Depth dependence of anisotropy of Earth's inner core. *J. Geophys. Res.*, **100**, 9805–9816.

Song, X-D. and Helmberger, D. V. (1998) Seismic evidence for an inner core transition zone. *Science*, **282**, 924–927.

Stacey, F. D. and Banerjee, S. K. (1974) *The physical principles of rock magnetism*, Elsevier, New York, 195pp.

Steinle-Neumann, G., Stixrude, L., Cohen, R. E. and Gulseren, O. (2001) Elasticity of iron at the temperature of the Earth's inner core. *Nature*, **413**, 57–60.

Stevenson, D. J. (1981) Models of the Earth's core. *Science*, **214**, 611–619.

Stevenson, D. J. (1983) Planetary magnetic fields. *Rep. Prog. Phys.*, **46**, 555–620.

Stevenson, D. J., Spohn, T. and Schubert, G. (1983) Magnetism and thermal evolution of terrestrial planets. *Icarus*, **54**, 466–489.

Sumita, I., Yoshida, S., Hamano, Y. and Kumazawa, M. (1995) A model for the structural evolution of the Earth's core and its relation to the observations. in *The Earth's Central Part: its Structure and Dynamics* (Yukutake, T., ed.), Terra Scientific Publishing Company, Tokyo, 231–261.

Sumita, I., Yoshida, S., Kumazawa, M. and Hamano, Y. (1996) A model for sedimentary compaction of a viscous medium and its application to inner-core growth. *Geophys. J. Int.*, **124**, 502–524.

Sumita, I. and Olson, P. (1999) A Laboratory model for convection in Earth's core driven by a thermally heterogeneous mantle. *Science*, **286**, 1547–1549.

Sumita, I. and Olson, P. (2000) Laboratory experiments on high Rayleigh number thermal convection in a rapidly rotating hemispherical shell. *Phys. Earth Planet. Inter.*, **117**, 153–170.

Sumita, I., Hatakeyama, T., Yoshihara, A. and Hamano, Y. (2001) Paleomagnetism of late Archean rocks of Hamersley basin, Western Australia and the paleointensity at early Proterozoic. *Phys. Earth Planet. Inter.*, **128**, 223–241.

Sumita, I. and Yoshida, S. (2003) Thermal interactions between the mantle, outer and inner cores, and the resulting structural evolution of the core. in *Earth's Core: Dynamics, Structure, Rotation* (Dehant, V., Creager, K. C., Karato, S.-i. and Zatman, S., eds.), Geodynamics Series, AGU, **31**, 213–231.

Tackley, P. J. (1998) Self-consistent generation of tectonic plates in three-dimensional mantle convection. *Earth Planet. Sci. Lett.*, **157**, 9–22.

Tackley, P. J., Stevenson, D. J., Glatzmaier, G. A. and Schubert, G. (1993) Effects of an endothermic phase transition at 670 km depth on spherical mantle convection. *Nature*, **361**, 699–704.

Tanaka, H. and Kono, M. (1994) Paleointensity database provides new resource. *EOS, Trans. Amer. Geophys. Union*, **75**, 498.

Tanaka, S. and Hamaguchi, H. (1997) Degree one heterogeniety and hemispherical variation of anisotropy in the inner core from PKP(BC)–PKP(DF) times. *J. Geophys. Res.*, **102**, 2925–2938.

Thellier, E. and Thellier, O. (1959) Sur l'intensite du champ magnetique terrestre dans le passe historique et geologique. *Ann. Geophys.*, **15**, 285–376.

Thorpe, R. I., Hickman, A. H., Davis, D. W., Mortensen, J. K. and Trendall, A. F. (1992) Conventional U–Pb zircon geochronology of Archean felsic units in the Marble Bar region, Pilbara draton. *Precambrian Res.*, **56**, 169–189.

Trendall, A. F. (1973) Varve Cycles in the Welli Wolli Formation of the Precambrian Hamersley Group, Western Australia. *Econ. Geol.*, **68**, 1089–1097.

Tromp, J. (2001) Inner-core anisotropy and rotation. *Ann. Rev. Earth Planet. Sci.*,

29, 47–69.

Turcotte, D. L. (1980) On thermal evolution of the Earth. *Earth Planet. Sci. Lett.*, **48**, 53–58.

Turcotte, D. L. and Schubert, G. (2002) *Geodynamics, 2nd ed.*, Cambridge University Press, Cambridge, 456pp.

Williams, Q. and Garnero, E. J. (1996) Seismic evidence of partial melt at the base of Earth's mantle. *Science*, **2736**, 1528–1530.

Woodhouse, J. H., Giardini, D. and Li, X-D. (1986) Evidence for inner core anisotropy from free oscillations. *Geophys. Res. Lett.*, **13**, 1549–1552.

Yoshida, S., Sumita, I. and Kumazawa, M. (1996) Growth model of the inner core coupled with outer core dynamics and the resulting elastic anisotropy. *J. Geophys. Res.*, **101**, 28085–28103.

吉田茂生（1996）地球システムにおける対流とエネルギーの流れ.『岩波講座地球惑星科学 2 地球システム科学』, 岩波書店, 55–97.

Yoshida, S. (2001) Linear response of the outer core flow to thermal heterogeneities on the core-mantle boundary. *OHP/ION Joint Symposium, Long-Term Observations in the Oceans, Workshop Report*, 152–155.

Yoshida, S. and Hamano, Y. (1993) Fluid motion of the outer core in response to a temperature heterogeneity at the core-mantle boundary and its dynamo action. *J. Geomag. Geoeletr.*, **45**, 1497–1516.

Yoshida, S., Sumita, I. and Kumazawa, M. (1998) Models of the anisotropy of the Earth's inner core. *J. Phys. Condens. Matter*, **10**, 11215–11226.

吉田茂生・隅田育郎（2001）内核の異方性と差動回転が意味するもの. 日本地震学会ニュースレター, **13** (2), 45–49.

吉原　新（2001）Intensity of the Earth's magnetic field during Archean. 博士論文, 東京大学.

Yoshihara, A. and Hamano, Y. (2000) Intensity of the Earth's magnetic field in late Archean obtained from diabase dikes of the Slave province, Canada. *Phys. Earth Planet. Inter.*, **117**, 295–307.

Yukutake, T. and Tachinaka, H. (1969) Separation of the earth's magnetic field into the drifting and standing parts. *Bull. Earthquake Res. Inst.*, **47**, 65–97.

Zhang, K. (1991) Convection in a rapidly rotating spherical shell at infinite Prandtl number: steadily drifting rolls. *Phys. Earth Planet. Inter.*, **68**, 16–169.

Zhang, K. and Gubbins, D. (1992) On convection in the earth's convection driven by lateral temperature variations in the lower mantle. *Geophys. J. Int.*, **108**, 247–255.

Zhang, K. and Gubbins, D. (1993) Convection in a rotating spherical fluid shell with an inhomogeneous temperature boundary condition at infinite Prandtl number. *J. Fluid Mech.*, **250**, 209–232.

第6章
生命と地球の共進化

　生命は地球形成史の比較的初期の時代に生まれ，それ以降，地球と生命は手を携えて進化してきた．生命は地球表層環境を改変し，地球表層環境は生命に恩恵やダメージを与える．さらに，地球表層は地球深部の影響をも受ける．

　本章では，生命と地球の進化の関わり合いのいくつかの側面を描く．6.1節では，生命が光合成を通じて酸素を作ることで自らの棲息環境を変え，それがまた生物進化に影響を与えてきたことが語られる．6.2，6.3節では，原初の生物がどのようなものであったかが，生物学の立場から解説される．6.2節では，初期の生命像が分子進化から見てどのようなものであったかが，6.3節では，初期の生物が生きていた環境が語られ，それが温泉バイオマットに似たものだっただろうということが解説される．6.4–6.6節は，大量絶滅に関することである．生命の歴史には，大量絶滅という事件が数回あったことがよく知られている．それは，生命の世界にとっては，大きなダメージであるとと

もに，次の進化のための余地を広げる準備でもある．大量絶滅の原因は，地球表層環境の激変であり，その表層の激変の原因は，隕石の衝突かもしれないし，地球深部の活動の活発化かもしれないし，また何か別のことかもしれない．6.4 節では，大量絶滅の一般的な様相の解説があり，6.5，6.6 節では，それぞれ，古生代・中生代境界，白亜紀・第三紀境界という大絶滅とその原因が語られる． ［吉田茂生］

6.1 生命と地球の相互作用の歴史

川上紳一

6.1.1 生命と地球の共進化の解読へ向けて

(1) 生命と地球の共進化

これまでに知られている最古の微生物化石は，約35億年前の西オーストラリア，ピルバラ（Pilbara）地域で発見されたものである．最近，約38億年前の西グリーンランドのイスア（Isua）地域の岩石や鉱物中に含まれるグラファイトの炭素同位体比の測定が行われ，大きな負の値を示す結果が得られた．その値は当時すでに生物による炭素同位体の分別があった可能性を示唆している（Mojzsis et al., 1996; Rosing, 1999）．そうだとすれば少なくとも38億年前までには，化学進化をへて生命が誕生したことになる．

地球上に生息する生物は，約40億年という長い時間の流れの中で，遺伝子の塩基配列に突然変異を繰り返しつつ，新たな機能を獲得して複雑化し，多様化の道をたどってきた．一方，地球表面に生命を育んできた地球も長い時間の中で変化を繰り返し，生命にとっての環境も当然変化してきた．

生命と環境は切っても切れない関係にあることはいうまでもない．一口に生命にとっての環境と言ってもとらえ方はさまざまで，私たち生物個体にとっての環境，ヒト科ヒトのようにある特定の生物種にとっての環境から，多様な生物種の集団にとっての環境という見方まである．したがって，環境にも個体をとりまくわずかな空間から，地球全体を包含するような地球環境までがある．本節のテーマは，46億年の地球の歴史における生命と地球の相互作用の歴史である．これは，生物の進化にとっては，最初に登場した単細胞の生命から高度な情報処理機能を持つ大きな脳を発達させた人類の出現にいたるまで，地球の歴史では46億年にわたる地球環境の変遷に関するすべてのカテゴリーを包含する．そして，その中で，生物進化で起こった大事件と地球史で起こった大事件との因果関係，すなわち，相互の関わり合いを探求するもの

である.こうした視点で地球と生物の歴史を探究すると,地球の進化と生命の進化は,相互に密接に関連してきたことが読みとれる.筆者たちは,全地球史解読計画を進める中で,地球と生命の相互に関わりを持ちながらたどった歴史を,生命と地球の共進化と呼び,地球科学と生命科学の研究者が緊密に連携して研究を進めることを提案してきた(川上・大野,1998;川上,2000b).

(2) 生命と地球の共進化の解読へ向けて

生物は自らの生命を維持したり,子孫を作って生き継いでいく情報を遺伝子として備えている.遺伝情報は,遺伝子を構成するDNAの塩基配列として暗号化されている.塩基配列は,損傷を受けたり,転写時に読み間違いや重複が起こることによって変化することがあり,それらが蓄積すると新たな生物種への分岐を促すことになる.同時に,遺伝子の変異による生物進化にはたえず環境からの淘汰圧が働いており,新たな機能を獲得した生物の繁栄には,生物種間の相互作用を含めた環境変動が重要な役割を果たしてきたに違いない.

1.1節で述べられているように,地球と生物の進化に関する検証可能な作業仮説は,地球史の解読において重要な研究指針を提示する.すなわち,研究の第一段階として,現在地球上に生息している生物に記録された歴史性と,古生物学的データを組み合わせて,40億年にわたる生物進化に関する論理的に矛盾のない一連の作業仮説群を選択して妥当なシナリオを絞り込んでいくことが重要である.

(3) 地球史七大事件

さて,生命と地球の相互作用という視点にたって,地球史の解読を進める際に,生物の飛躍的進化が何であるかを認定し,それを引き起こした主要な要因を地球環境変動との関連性に焦点を絞って検討していくという立場をとることにしよう.生物の起源と進化における大きな事件には,1)生命の誕生,2)化学合成や光合成の始まり,3)真核生物の出現,4)有性生殖の始まり,5)多細胞動物の出現,6)陸上への進出,7)人類の誕生などが挙げられる.一方,地球史上で起こった大イベントには,1.1節や1.2節で議論されている

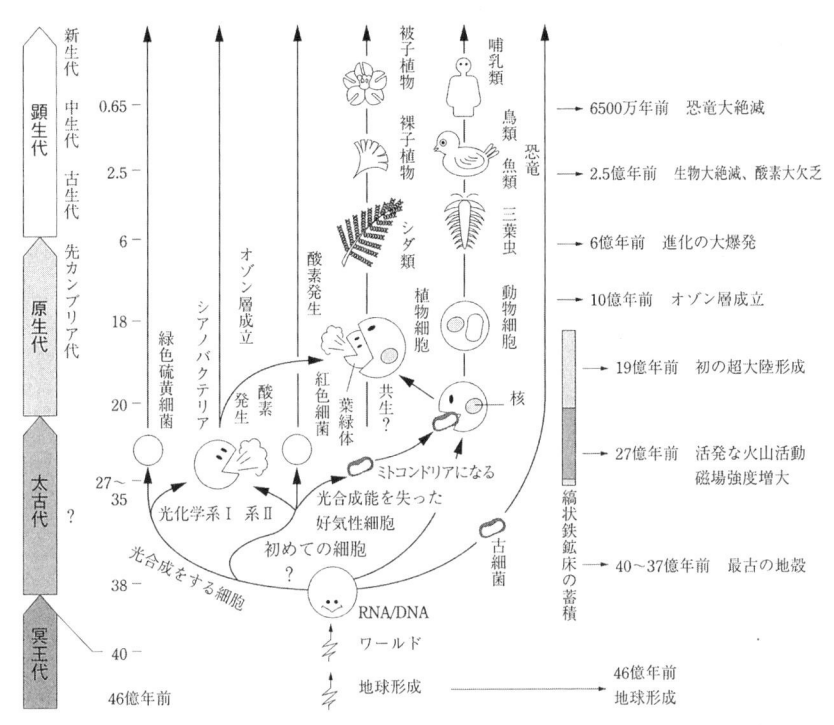

図 6.1.1 生命と地球の進化における大事件（伊藤，岩城，1995；伊藤，1999）．

ように，1) 約46億年前，地球が形成されたこと，2) 約40億年前，最古の地殻が保存されるようになったこと，3) 約27億年前，世界的に火山活動が活発化し，地球磁場が急増したこと，4) 約19億年前，大きな大陸地殻が形成されたこと，5) 約6億年前，超大陸が形成され，多細胞動物が出現したこと，6) 2億5000万年前，超大陸が形成され，顕生代最大の大量絶滅があったこと，7) 現在，ヒトが科学を発明し，宇宙の歴史とその摂理を探求し始めたことが挙げられている（図6.1.1）．

では，地球環境と地球生命にはどのような相互作用があり，お互いの進化を促してきたのか．生物進化における大事件の発生には，さまざまな要因が考えられているが，気候変動がきっかけとなったとする説や，大気組成の変化が重要な役割を果たしたとする説については，地質学的な証拠の蓄積やモデルによる合理的な説明を与えようという努力が続けられており，作業仮説と

して重要な役割を果たしてきた．とりわけ，光合成が成立したことによってもたらされた地球表層における酸素の蓄積が，惑星地球の進化の方向性を大きく変え，その後の生物進化における大事件である真核生物の出現，多細胞動物の出現，陸上への進出において重要な役割を果たしたとする Cloud（1968, 1972）の作業仮説は，これまでの研究の大きな流れを生み出してきた．この作業仮説はどこまで検証が進んでいるのか．以下では，酸素の歴史と生物進化に焦点を当てて，地球史と生物進化の研究を概観することにしよう．

（4）酸素濃度と生物進化—Cloud の作業仮説

酸素は現在の地球大気の 20% を占めている．大気中の酸素は長い年月にわたる植物の光合成によって生み出されたものである．形成期の地球を覆った大気は，水蒸気と二酸化炭素を主体としていたと考えられており，酸素は微量成分にすぎなかった．すなわち，地球史のどこかで酸素発生型の光合成が成立し，光合成生物の大発展によって今日のような地球大気が成立したのである．このような地球と生物の進化に関する考えは，米国の地質学者 P. Cloud によって 1960 年代後半から 1970 年代初期に提示され（Cloud, 1968, 1972），現在では広く受け入れられている．Cloud の考えによると，堆積岩の記録から読みとれる地球環境の変化と生物進化が対応している．すなわち，堆積岩の記録から地球大気に酸素が増えたのは 23–19 億年前ごろであり，酸素濃度の増加に対応して，それまでの原核生物の生物圏から真核生物の生物圏へと進化した．さらに，原生代の終わりになって，酸素分圧のさらなる増加を反映して多細胞動物が出現した．

6.1.2 地球を変えた光合成

（1）初期地球の酸素濃度は低かった

まず，光合成の副産物として酸素を発生するような生物が出現する前の地球では，大気中に酸素が乏しかったことを確認しておこう．

酸素は植物の光合成によって生み出されているが，大気上空での水分子の光分解を含む一連の光化学反応の生成物としても無機的に生成されている．Kasting *et al.*（1979）は，その生成率を地球化学的モデルで見積もった．無

機的に生成される酸素分子は，大気上空での一連の光化学反応によってできる．実質的な生成率は，水が光分解して水素と酸素になり，その水素が宇宙空間に逃げた分だけ酸素ができると考えて計算できる．その計算の結果，原子数で表した酸素の発生率は 7.4×10^7 O atoms cm^{-2} s^{-1} となった．一方，地球深部から脱ガスしてくる還元的な物質として，水素，メタン，一酸化炭素，二価鉄イオンなどがあり，これらは大気中の酸素と反応して水と二酸化炭素，三価鉄イオンになる．現在の地球における物質循環のモデルを用いて，それらを酸化するために必要な酸素の量を推定すると，5×10^9 O atoms cm^{-2} s^{-1} となる（Kasting and Brown, 1998）．両者を比較すると，水分子の光分解による酸素の発生率に比べて，マントルからやってくる還元的な物質の供給率の方が，圧倒的に多いことがわかる．さらに，初期地球の方がマントルからの揮発性物質の脱ガスが盛んだったことを考えると，初期地球ではより酸素が足りなくなることがわかる．すなわち，無機的に生成された酸素はほとんど水素などの還元的ガスの酸化に消費され，大気中の酸素分圧はきわめて低かったことになる（Kasting and Walker, 1981）．より詳細なモデルでは大気中での過酸化水素やホルムアルデヒドの生成なども考慮されているが，いずれにしても大気中の酸素は，現在の大気中の酸素より13桁も小さかったものと推察される（Kasting *et al.*, 1984; Kasting , 1987）．

(2) 光合成の進化をたどる

　光合成は，地球表層環境を大きく変えた．では，最初に光合成を行った生物はどのような微生物で，光合成が成立するまでの微生物の進化はどのようなものだったのだろうか．ここでは，まず光合成の出現にいたるまでの微生物進化のシナリオを外観しておこう（たとえば，Schopf, 1983; Bengtson, 1994などを参照）．

　地球の歴史の初期段階では分子状酸素が乏しかったので，初期の生命は嫌気的な環境で無機物質の酸化還元反応でエネルギーを獲得して生息していた．その後，嫌気的な環境で光のエネルギーを利用する原核生物が出現した．緑色硫黄細菌や紅色硫黄細菌，クロロフレクサス *Chloroflexus*（緑色非硫黄細菌，緑色糸状細菌とも呼ばれる光合成細菌のうちの好熱性の分類群）はその

流れをくむ原核生物である．これら酸素を発生しない光合成細菌はバクテリオクロロフィルという光合成色素を持っている．その後，酸素発生を行うシアノバクテリアが出現した．シアノバクテリアはクロロフィル（葉緑素）と呼ばれる光合成色素を持っている．以下では，まずシアノバクテリアの光合成系の起源について説明し，その後，酸素発生を行わない光合成細菌の起源を説明する．

シアノバクテリアの光合成系は，光合成系 I と光合成系 II の 2 つの両方をもって構成される．この 2 つの光合成系が連続して働くことで，水から電子が取り出され，光エネルギーを用いて強い還元力を持つ物質に電子が渡される．その後，その還元力を持つ物質が二酸化炭素を還元して有機物が作られる．光合成系 I は緑色硫黄細菌の光合成反応中心（バクテリオクロロフィルなどの色素とタンパク質の複合体），光合成系 II は紅色硫黄細菌やクロロフレクサスの光合成反応中心と類似している．したがって，酸素発生型光合成の起源は，これらの細菌の中で別々に進化した I 型，II 型反応中心が同じ生物の膜系の上に共存したことにあったと考えられている（伊藤・岩城，1995；松浦，1995）．光合成反応中心の進化の流れを図 6.1.2 に示す（伊藤，1999）．酸素発生型光合成の成立によって，水，二酸化炭素，太陽エネルギーといった無尽蔵の材料とエネルギーから有機物合成ができるようになり，その副産物として分子状酸素が環境中に放出されるようになった．

酸素発生型生物が持つクロロフィルには a, b, c_1, c_2, c_3, d の 6 種類あり，それらの系統関係は興味深い．とくにその起源となった生物はどのようなものだろうか．現在の植物の光合成は，細胞内器官である葉緑体で行われている．細胞内共生説によると，それらは原核微生物が真核細胞に入り込んだものとされる（6.2 章参照）．従来，最初に酸素を発生する光合成を行い，のちに真核細胞に入り込んで葉緑体となった原核生物はシアノバクテリアの祖先であるとされてきた．ところが，シアノバクテリアは緑色植物が持つ光合成色素であるクロロフィル a と b のうち b を持たない．一方，プロクロロン[1]と呼ばれる原核生物は，クロロフィル a と b の両方を持っているので，こちらが緑色植物の葉緑体の直接の祖先ではないかという考えが提唱され，紅藻や褐藻などのクロロフィル b を持たない植物と緑色植物は葉緑体の祖先が違

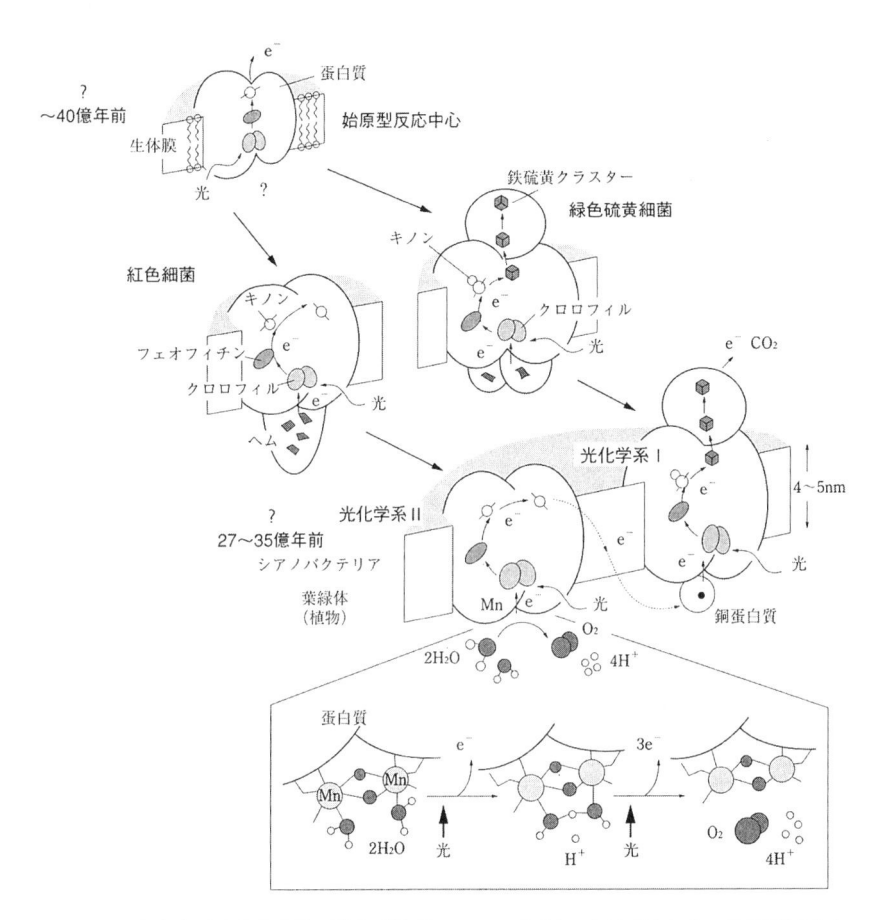

図 6.1.2 光合成反応中心分子の進化（伊藤，1999 による）．今は存在しない始原型反応中心から 2 種の細菌型光合成反応中心がわかれ，それらがシアノバクテリアの祖先の細胞の中で同じ膜の上で共同で働くことで酸素をだす光合成が始まった．

うかもしれないとも考えられた．その一方で，rRNA の解析からは，どの植物の葉緑体も起源は同じであると推定されていた．

Tomitani *et al.* (1999) は，緑色植物の葉緑体，プロクロロンなどのクロロフィル *b* 合成酵素をクローニングして，その遺伝子配列の解析から，この

---

*1) プロクロロンは原核単細胞生物で，クロロフィル *a* だけでなく *b* を持っている．他のクロロフィル *b* を持つ原核生物と合わせて原核緑色植物門（プロクロロフィタ）という分類群を設定することもあるが，分子系統解析からはこれらは単系統ではなく，むしろシアノバクテリアの一種と考えた方がよい（岩槻ほか，1999）．

生物はシアノバクテリアと進化的に共通の祖先から由来すると推定した．彼らの得た結果は，シアノバクテリアとプロクロロンなどの共通の祖先からクロロフィル b を失ったものが典型的なシアノバクテリアになったことを示唆する．すなわち，シアノバクテリアとプロクロロンなどの共通の祖先である原核の酸素発生型光合成生物がまず生まれ，いろいろな色素を使い，それが細胞内共生して葉緑体になり，あるものは色素を失い，あるものは新しいタンパク質と色素の組み合わせを作り出し，現生の多様な植物や藻類からなる光合成生物を生み出したというわけである．この結果は，光合成に関連する遺伝子群を用いて系統解析を行った Xiong et al.（2000）でも裏づけられた．

一方，酸素を出さないで 1 種の反応中心だけで光合成を行う微生物の系統関係も，バクテリオクロロフィルやクロロフィルなど，光合成色素をつくる分子の進化や，光合成系の起源や進化の視点から興味が持たれる問題である．現在生息する光合成生物の 16S rRNA（rRNA；リボソーム RNA，詳しくは 6.2 節を参照）の塩基配列によると，バクテリオクロロフィル a と c を持つクロロフレクサスが古い系統になる．しかし，前述の Xiong et al.（2000）の解析では，バクテリオクロロフィル a を持つ紅色細菌（proteobacteria あるいは purple bacteria とも呼ばれた）の仲間が最初に出現した光合成生物であるとも推定され，16S rRNA の結果とは違う．こうした遺伝子ごとの系統関係の食い違いは，生物進化のメカニズムがゲノム上に蓄積する突然変異だけでなく，頻繁に発生する遺伝子の水平移動によっても進んできたことを示唆している．光合成系の起源・進化については，クロロフレクサスについても新型の種が発見され，新たな説明も試みられている（花田，2001）．いずれにしても，光合成反応を担う色素のうち，最初に使われたものは，クロロフィル a よりも還元的な構造を持ち，段階の多い生合成系を必要とするバクテリオクロロフィル a であるようだ．

なぜバクテリオクロロフィルが光合成反応に最初に使われたかは興味深い課題である．昔は，生化学的により合成が容易なクロロフィル a から光合成が始まったとする Granick の仮説（Granick, 1965; Mauzerall, 1992）が有力とされていたが，上で説明したようにこれは誤りであることがわかってきた．クロロフィル a とバクテリオクロロフィル類では，吸収する光の波長が異なっ

ている.バクテリオクロロフィル a や c の方がクロロフィル a より長い波長の光を吸収するので,当時の環境中では波長の長い光の方が生物にとって利用しやすかったのかもしれない.あるいは,Nisbet et al.（1995）がスペクトルの類似性に基づいて指摘しているように,バクテリオクロロフィルの起源が,深海底の熱水環境で,高温の熱水が発する赤外線放射を感知するセンサーであることを示唆しているのだろうか.

以上述べてきたように,地球の歴史の初期に起こったと考えられる光合成系の成立過程については,現在地球上で生息している光合成生物を用いた研究が進められている.その結果,光合成系の進化や光合成を行う微生物の系統が明らかにされてきており,光合成の成立した環境を探る新たな手がかりも少しずつ見えてきた.

（3）光合成の始まり——物証に基づく検証

光合成によって酸素を発生する生物で最も単純なものは,原核生物に属するシアノバクテリアやプロクロロンである.先カンブリア時代の岩石から発見された微化石には,形態がシアノバクテリアと類似しているものがあり,地球表層環境を酸化的にした生物は,シアノバクテリアの祖先であると考えられてきた.では,シアノバクテリアは地球史の中でいつごろ出現したのだろうか.これまでに最古の堆積岩が残る38億年前とする立場から,地球表層に酸素が増加した約20億年前とする立場まで,さまざまな考えがあった.

Schidrowski（1988）は,シアノバクテリアの出現を38億年前とした.彼は,38億年前に形成された西グリーンランドのイスア地域の岩石からグラファイトを取り出して,炭素同位体比を測定した.そして,現生生物の炭素同位体比と比較して,当時すでにシアノバクテリアが出現していたと主張している.しかし,炭素同位体比に関する情報だけからそれを生成させた生物の種類を特定することはできない（図6.1.3）.

Schopf（1993）は,西オーストラリアのピルバラ地塊のノースポール（North Pole）地域で発見された微化石の形態が現生のシアノバクテリアと形態が類似していることから,生物の光合成活動は35億年前から存在したと主張した.この見解は,周辺地域にある以下に述べるようなストロマトライトと呼

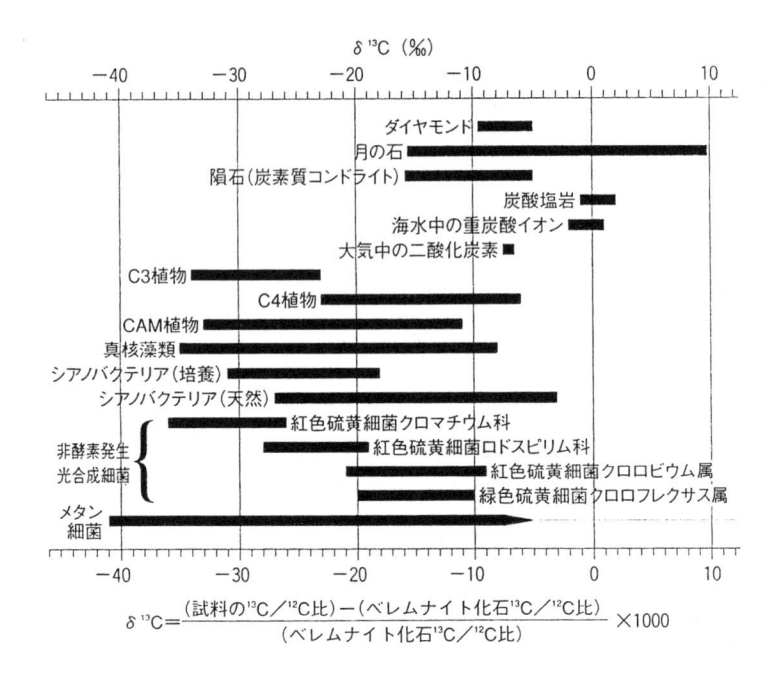

図 **6.1.3** 大気中の二酸化炭素，海水中に溶けている重炭酸イオン，生物体を構成する有機物の炭素同位体比 (Schidrowski, 1988). マントル起源の炭素の同位体比は $-5\sim-7$ ‰ であるが，海水中の重炭酸イオンの炭素同位体比は 0 ‰，生物体は $-10\sim-30$ ‰ の値をとるものが多い．生物が作った有機物の炭素同位体比は無機的な炭素に比べ軽い同位体に富んでいるが，その値からそれを作った生物の種類を特定することはできない．

ばれる堆積岩の存在からも支持された．しかし，Schopf (1993) が報告した微化石はシアノバクテリアの祖先であるかもしれないが，微化石の形態だけからは，微生物の種類を特定することはできない．

　先に触れたように，シアノバクテリアの存在を示唆する地質学的証拠としてストロマトライトがある．ストロマトライトは，ドーム状の形態をした細かい縞模様が刻まれた堆積岩である．地質時代のストロマトライトと同様の構築物が，オーストラリアのシャーク湾や大西洋のバミューダ島で発見されたため，ストロマトライトは一般的にシアノバクテリアを主体とする微生物マットが岩石化したものと解釈されてきた（たとえば，Walter, 1976）．シアノバクテリアが分泌する粘液に石灰質の固体微粒子が付着することでストロ

マトライトの構造が形成される．従来シアノバクテリアのマットが岩石化してできたと解釈されてきたストロマトライトで最古のものに，西オーストラリアのピルバラ地塊のものがある（Walter *et al.*, 1980; Lowe, 1980）．すでに述べたように，周辺地域でシアノバクテリアとよく似たバクテリア様化石も発見されており，シアノバクテリアは35億年前にはすでに出現したものとされていた（Schopf, 1993）．ところが，最近，磯崎ら（1995）によって，ピルバラ地域の詳細な地質調査が行われた．その結果，これまでストロマトライトと考えられていた岩石は，海洋底の熱水噴出孔の化学沈殿岩であることが明らかになった．したがって，シアノバクテリアとされていたフィラメント状化石の正体も再検討が必要となっている．同様に，太古代の地層から発見されたストロマトライトについては，最近再検討が行われており，シアノバクテリアのバイオマットが岩石化したものではないという解釈が浮上してい

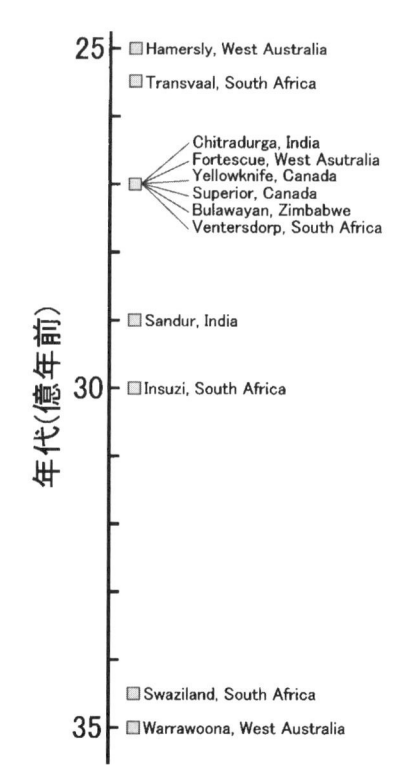

図 **6.1.4** 太古代のストロマトライトの年代分布．全地球史ナビゲータ＆データベース（URL: http://chigaku.ed.gifu-u.ac.jp/chigakuhp/）．27億年前より古い堆積岩中に細かい縞模様を持つ堆積岩が発見されるとストロマトライトとして記載されたが，それらはシアノバクテリアを主体とするバイオマットが岩石化したものであるとは断定できない．

る（Lowe, 1994）．図 6.1.4 に太古代のストロマトライトの産出年代と産出した地層を示す．

　こうした状況の中で，シアノバクテリアの構造物であることが疑わしいものを除くと，シアノバクテリアが構築したことが確かな最古のストロマトライトとして，27 億年前の西オーストラリアのフォーテスキュー（Fortescue）層群のものがある（Buick, 1992）．フォーテスキュー層群からは，オシレトリア科に属すると解釈されたシアノバクテリア様の細胞化石も発見されている．したがって，化石の記録に基づくシアノバクテリアの出現時期は少なくとも約 27 億年前まで遡ると結論される．また，最近の有機地球化学的研究によって，西オーストラリアの堆積岩からシアノバクテリアに由来すると考えられる 2-メチル-バクテリオホパンエチノールが発見され（Summons et al., 1999），シアノバクテリアの出現した年代が 27 億年前まで遡ることが裏づけられた．

(4) 大陸縁辺部を覆ったストロマトライト

　27 億年前より古い時代にできた変成度の低い地殻は，グリーンストーン帯と呼ばれる火成岩と，泥岩，砂岩などの砕屑岩とで構成されており，炭酸塩岩は量的に少なかった．ところが，27 億年以降になると南アフリカのトランスファール（Transvaal）超層群や西オーストラリアのフォーテスキュー層群など，当時の大陸棚に形成された厚い堆積物が広く分布するようになる．これらは厚い炭酸塩岩を含み，大規模なストロマトライトが形成されている．27 億年前を境に堆積岩の岩相が大きく変化したことは，大陸地殻の成長と深く関わっている．

　1.2 節で詳しく論じられているように，大陸地殻の歴史に関する最近の検討結果によると，約 27 億年前に大陸地殻の急激な成長があった．その結果，大規模な安定大陸が形成され，その周辺に広範に浅海域が形成された．これによってシアノバクテリアの生息域が拡大し，大規模なストロマトライトの形成が可能になったことを物語っている．それ以前の太古代のグリーンストーン帯の周辺でも浅海域が形成されていたと考えられるが，そこでは地殻変動が激しかったので，すでにシアノバクテリアが出現していたとしても，スト

ロマトライトの形成と保存に適した環境ではなかったのだろう．

では，27億年前の急激な大陸成長の原因はなんだろうか．この疑問については，いくつか仮説が提案されている．マントル対流様式が，2層対流から全マントル対流へと変化したとする丸山らの仮説（1.2節参照；Brauer and Spohn, 1995）と，地球形成期に形成された核の安定成層が潮汐によって崩壊し，混合によって均質化したとする熊澤らの仮説が提示されている（Kumazawa et al., 1993）．これらの仮説では，27億年前に上部マントルの温度が一時的に上昇したことが示唆されている．その検証へ向けて，マントル起源の玄武岩の化学組成の時間的変遷からマントルの温度変化を読み取る研究が進められている．

（5）縞状鉄鉱床が意味すること

Cloud の作業仮説では，シアノバクテリアの行う光合成反応によって発生した分子状酸素は，海水中の鉄イオンと反応して，縞状鉄鉱床が形成されたものと解釈された．縞状鉄鉱床は，マグネタイト，ヘマタイトなどの酸化物，パイライトなどの硫化物，シデライトなどの炭酸塩の層と細粒の石英粒子（シリカ）の層が互層した堆積岩であり，海水中に溶けていた珪酸（SiO_2）と二価の鉄イオンが化学的に沈殿物を作って堆積したものと考えられている（たとえば，Trendall and Morris, 1983; Appel and LaBerge, 1987; Klein and Beukes, 1992 を参照）．縞状鉄鉱床には，太古代のグリーンストーン帯にはさまれるアルゴマ型と呼ばれるものと，大陸棚斜面で大規模に堆積したスペリオル型と呼ばれるものに大別される．とくに，25億年前から19億年前にかけては，大陸棚斜面で堆積したスペリオル型の大規模な縞状鉄鉱床が形成されており，少なくとも後者はシアノバクテリアの酸素発生が盛んに行われるようになったことを物語っている（図6.1.5）．

19億年前以降には，縞状鉄鉱床は堆積しなくなり，かわって酸化鉄が付着した陸源性の赤色砂岩が広範に堆積するようになる．赤色砂岩中のヘマタイトやゲータイトなどの酸化鉄は岩石中の二価の鉄と大気中の酸素が反応してできたものと考えられている．こうした堆積岩の特徴は，海洋が酸化的になると同時に大気中の酸素濃度が増えたことを示唆している．

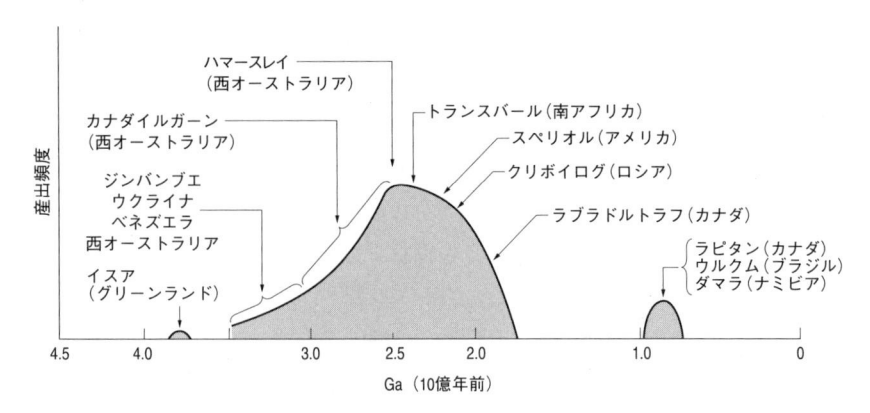

図 6.1.5 縞状鉄鉱床の年代分布（Klein and Beukes, 1992）．27億年前より古い時代の縞状鉄鉱床は，グリーンストーン帯に含まれており，多くはアルゴマ型に区分される．27億年前より若い時代になると，大陸棚で堆積した大規模な縞状鉄鉱床（スペリオル型）が多くなる．

なお，先に述べたように，微化石やストロマトライトなどの地質学的証拠や分子進化学的な検討によると，シアノバクテリアの出現時期は27億年前となる．しかし，縞状鉄鉱床は，38億年前のイスア地域や35億年前のスワジランド（Swaziland）やピルバラ地域でも発見されており，生物が光合成を開始する前から縞状鉄鉱床が堆積していることは謎である．これに関しては，鉄イオンを含む海水中での光化学反応が重要な役割を果たしたとする説（Braterman and Cairns-Smith, 1987）や，縞状鉄鉱床中の酸化鉄鉱物は炭酸塩鉱物として沈殿したものが続成作用を受けて酸化物に変化したとする説（Lepp, 1987）などがあり，縞状鉄鉱床の成因はいまだに大きな課題である．

(6) 酸素の歴史を復元する

Cloud の作業仮説が提示されて以来，地球化学的研究によって，23億年ごろに酸素濃度が急増したことを示唆するデータが増えている．Cloud がとりまとめた縞状鉄鉱床，赤色砂岩，砕屑性ウラン鉱床の年代分布に関するその後の研究は，図 6.1.6 に示すように Cloud の作業仮説を支持するものであった（Walker et al., 1983; Holland, 1994）．

Kasting（1987, 1993）は，地球表層の酸化の歴史が3つのステージに分け

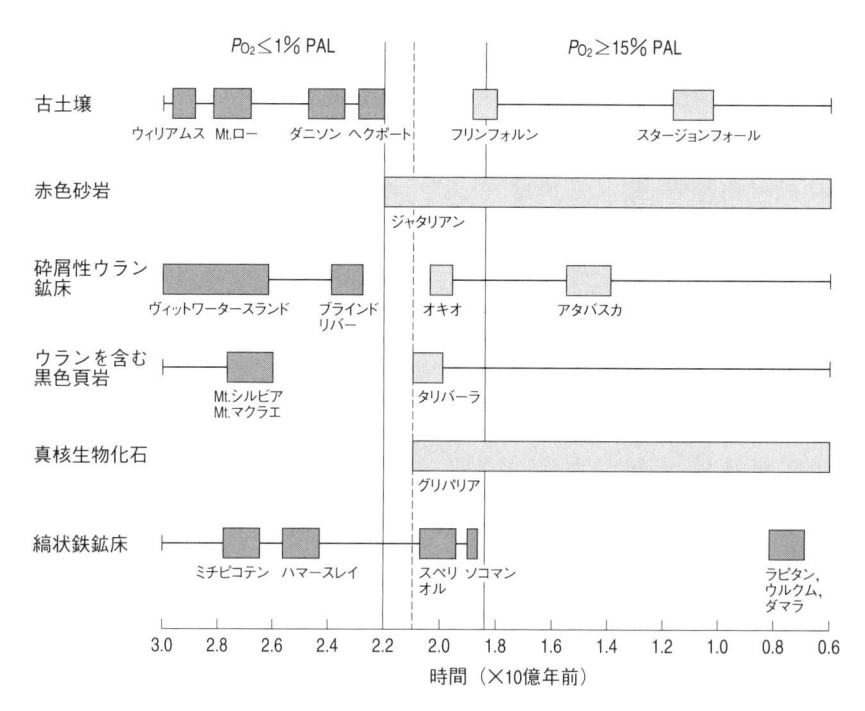

図 6.1.6 大気中の酸素濃度の変遷を示唆する地質学的証拠 (Holland, 1994). 古土壌：22億年前より古い古土壌では FeO の酸化は認められないが，19億年前より若い古土壌では FeO の酸化が認められている．赤色砂岩：これは陸上で堆積した砂岩で酸化鉄の色を反映して赤色を呈している．赤色砂岩は 19億年前より若い時代には普遍的に認められるが，カナダ，フィンランド，南アフリカでは，22–19億年前にかけての地層にも挟まれる．砕屑性ウラン鉱床：南アフリカのヴィットワータスランド超層群やブラインドリバー層群には，砕屑性ウラン鉱床が大規模に形成されているが，こうした鉱床は 22億年前より若い時代には認められない．黒色泥岩中のウラン，真核生物化石：大型化石で最古のものは，21億年前の地層から発見されたグリパニアがある．縞状鉄鉱床：ここではアルゴマ型大規模縞状鉄鉱床としてミチピコテン縞状鉄鉱床（カナダ），スペリオル型縞状鉄鉱床として，ハマースレイ（西オーストラリア），スペリオル（米国），ソコマン（カナダ）が示されている．原生代後期のラピタン（カナダ），ウルクム（ブラジル），ダマラ（ナミビア）は氷河堆積物に伴われる．

られるとして，酸素分圧の変遷のモデルを提示している（図6.1.7）．ステージ I は，大気も海洋も酸素が乏しい段階で，局地的には光合成が盛んで酸素の多い環境が過渡的に作られた可能性がある．ステージ II では，大気と表層海水は酸化的になったものの，深層海水は還元的な環境だった段階である．そしてステージ III では大気も海洋も酸化的になった段階である．ステージ II

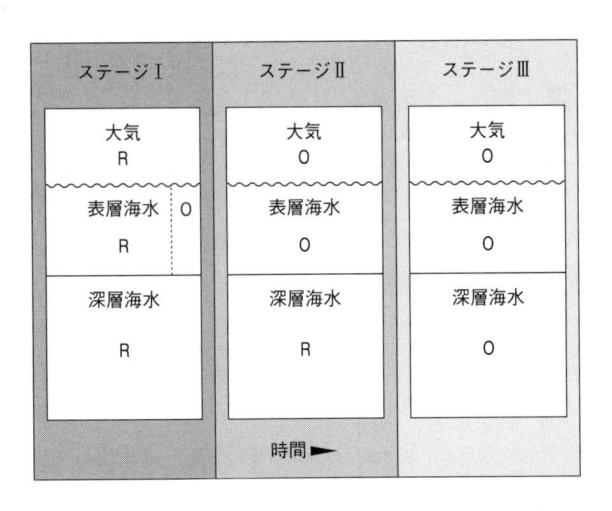

図 **6.1.7** 大気・海洋における酸素分圧の増加の3段階（Kasting, 1993）．ステージⅠでは，表層海洋で局所的に酸素分圧が高い領域が存在したかもしれないが，大局的には大気，海洋とも還元的（R）だった．ステージⅡでは，光合成で発生した酸素の蓄積によって表層海水と大気が酸化的（O）になったが，深層海水は還元的だった．ステージⅢでは，大気，海洋とも酸化的になった．

は，23–19億年ごろにかけて出現した．それを示す証拠は，海洋深層が還元的だったことを示す縞状鉄鉱床と大気が酸化的になったことを示す赤色砂岩の産出年代が重なることからである．

先に述べたように，ステージⅠにおける酸素レベルの見積もりは，物質循環モデルに取り入れる反応の種類に依存しているが，標準モデルでは現在の値に比べ13桁も小さかったと見積もられている（Kasting, 1987, 1992）．

次に，ステージⅡにおける酸素レベルの最大値は定常状態を仮定すると，次のように見積もられる（Kasting, 1987, 1992）．物質収支の計算によると，毎年堆積物中に埋没する有機物（B_{org}（mol/year））と等モルの酸素が大気中へ放出される．放出された分量の酸素は表層海水に溶け込み，海洋循環によって深海へ運ばれ，有機物の酸化に使われる．深海へ運ばれた酸素がちょうどすべて有機物の酸化に使われたと仮定すると，以下のようにして大気中の酸素分圧 P_{O_2} を求めることができる．毎年深層海水へ運ばれる酸素の量は，1年あたり深層水として潜り込む表層海水の量 k（l/year）に，表層海水へ溶け込んでいる酸素の量 αP_{O_2} をかけたものである．ここで α はヘンリー定数

である．したがって大気の酸素分圧は $P_{O_2} = B_{\text{org}}/k\alpha$ となる．ここで現在の海洋における $B_{\text{org}}\,(=10^{13}\,\text{mol/year})$，$k\,(=1.4\times10^{21}l/10^3\,\text{year})$，$\alpha\,(=1.3\times10^{-3}\,\text{mol}/l\cdot\text{atm})$ をもちいると $P_{O_2} = 5.5\times10^{-3}\,\text{atm} \fallingdotseq 0.03\,\text{PAL}$ (present atmospheric level；現在の大気中の量を1とする単位) が導かれる．実際は，深海が還元的になっているとすると，酸素の量は有機物を酸化するのに足りなくなっていたはずだから，大気の酸素分圧はこれより低かったはずだと言える．

ステージIIIの下限も同様に物質収支の観点から次のように見積もられる．1年あたりマントルから海水へ供給される還元的物質を酸化するのに必要な酸素の量を S_{MOR} (mol/year) とすると，海洋が酸化的な状態に維持されるためには，$P_{O_2} > S_{\text{MOR}}/k\alpha$ でなければならない．現在，中央海嶺で放出される還元的物質を酸化するのに消費される酸素量として $S_{\text{MOR}} = 4\times10^{11}\,\text{mol/year}$ を用いると $P_{O_2} > 0.002\,\text{PAL}$ が導かれる (Kasting, 1992)．

一方，砕屑性ウラン鉱床や古土壌の化学組成などの地質学的証拠から酸素分圧を復元する試みがなされている．そのために鉱物の安定性に関する熱力学的モデルが構築されているが，当時の大気中の二酸化炭素分圧などモデルパラメタの不確定性のため強い制約を与えることはできない (Holland, 1994)．こうした中で，Holland and Beukes (1990) は，22億年前までは古土壌中の Fe^{2+} が酸化された痕跡が認められないことから，この時期までの酸素分圧は 0.01 PAL に達しなかったとした．また，19億年前の古土壌はかなり酸化されており，この段階で 0.15 PAL に達していたと見積もっている．いずれの値も Kasting (1992) の導いた上限値，下限値と矛盾しない．

これまでの研究を考慮してとりまとめられた酸素分圧の歴史を図 6.1.8 に示す．地質学的な証拠からは，24億年前ごろから19億年前の間にステージIからステージIIIへ遷移したことが示唆されている．堆積物中の硫化物の硫黄同位体比の時間的変遷に関する最近の研究によって，大気中の酸素濃度が 24.5 億年前から 21 億年前の間に増加したことが示されており (Farquhar et al., 2000)，図 6.1.8 の復元と矛盾しない．

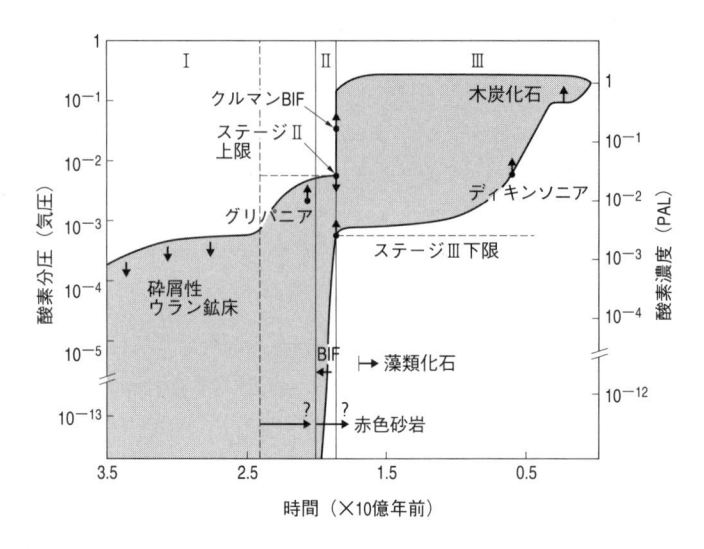

図 6.1.8 大気中の酸素濃度の変遷（Kasting, 1993）．物質収支の計算から，ステージ II の上限値とステージ III の下限値が与えられている．これらに地質学的制約を加味して，酸素濃度の時間的変化が描かれている．

（7）4 億年のギャップの謎

これまで述べてきたように，光合成を行うシアノバクテリアは 27 億年前ごろに出現した．一方，堆積岩に残された記録からは 23–19 億年前ごろになって大気や海洋における酸素濃度が増加していることが読みとれる．これらのできごとのあいだには約 4 億年のずれがある．このことは何を意味しているのだろうか．

1 年間に大気中に蓄積される正味の酸素は，光合成反応や大気中での光化学反応で発生する生成量と，還元物質の酸化によって消費される量の差で決まる．現在の地球では両者はほぼバランスしているが，前者が後者を上回ると酸素濃度が上昇することになる．23 億年前ごろに酸素濃度が急激に増加したとすると，その原因としては，1) 還元される物質の量に変化が生じ，バランスが大きくくずれた可能性と，2) 光合成活動が盛んになって消費を上回った可能性に分けられる．1) については，堆積物中に埋没する有機物の量が増えたとする説（Des Marais et al., 1992）と，マントル起源の還元的物質のなかで，とくに中央海嶺玄武岩中の Fe^{2+}/Fe^{3+} 比が変化したとする説（たとえば，

Sleep, 2001 を参照）が提案されている．一方，2) の可能性については，最近，全球凍結仮説（4.1, 4.5 節参照）と関連した議論が浮上している（Kirschvink et al., 1998）．

堆積物中に埋没する有機物の量が増えたことによって，酸素濃度が増えたとする説を検討する材料に，炭酸塩岩と堆積物中の有機物の炭素同位体比のデータがある．炭素原子には，質量数 12 のものと 13 のものとがあり，自然界におけるその存在比は 98.90 : 1.10 である．生物が二酸化炭素を反応基質として有機物を合成する際に，選択的に質量数の小さい ^{12}C を利用する傾向がある（図 6.1.3）．このことは，すでに述べたように堆積物中の有機物が生物起源かどうかを検討する材料として利用されてきた．そのような生物の働きの結果，生物の有機物合成に使われた残りの炭素は重い同位体成分に富むようになる．図 6.1.9 はそのことを利用して炭酸塩岩の同位体比が有機物の埋没率に応じてどう変化するかを計算したものである．この図を描く際に重要なことは，10^6 年より長い時間スケールでは，単位時間あたりに固体地球から放出される二酸化炭素の量は，最終的に炭酸塩岩あるいは有機物として大気・海洋から固体地球へ戻る量とほぼバランスしているということである．

さて，炭酸塩岩の炭素同位体比は当時の海水の炭素同位体比を表しており，その値の変動は有機物として堆積岩中へ埋没する割合の増減と相補的である．De Marais et al. (1992) は，炭酸塩岩と堆積岩中のケロジェンの炭素同位体比の分別の大きさから，23 億年前ごろに有機物の埋没率が増加したことを示唆し，この時期に段階的に大気・海洋中の酸素濃度が増加したと解釈している．その後，Karhu and Holland (1996) は，世界各地の 22 億年前から 20 億年前の炭酸塩岩の炭素同位体比をとりまとめ，+10‰ に達する大きなシフトが認められることを明らかにした．すなわち，22–20 億年前にかけての炭酸塩岩の炭素同位体比の正へのシフトは，堆積物中に埋没された有機物の割合が増加したことを示唆しているというのである．有機物の埋没は，結果として等量の分子状酸素を大気・海洋中にもたらすので，大気中の酸素濃度の増加したことと大局的には符合している．

次に問題になるのは，なぜこの時期に有機物の埋没率が増加したのかである．従来の研究によると，26–20 億年前にかけては火成活動や造山運動は活

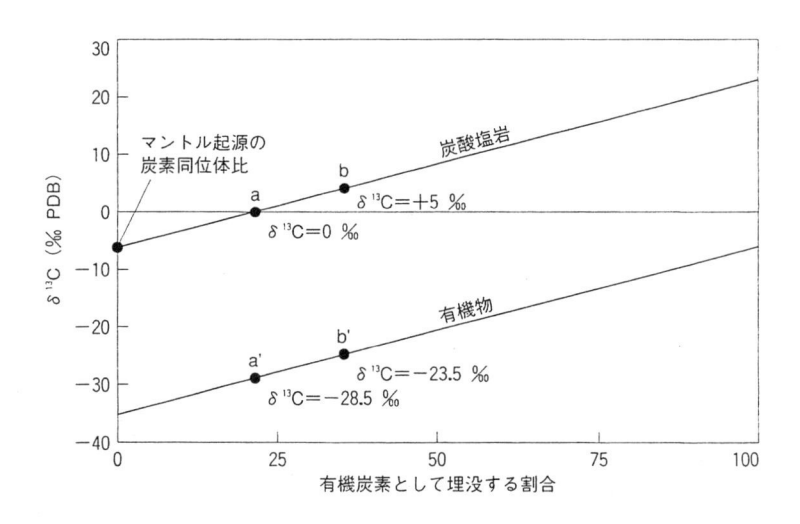

図 6.1.9 有機物として埋没する炭素の割合と有機物と炭酸塩岩の炭素同位体比の関係 (Knoll, 1991). 生物の炭素固定の際の酵素反応で,炭素同位体比は 27 ‰に達する同位体分別作用を受けて,有機物に軽い炭素が富むようになる.いま定常状態を仮定すると,マントルからやってくる二酸化炭素 ($-5 \sim -7$ ‰ の同位体比を持っている)のうち,ほとんどが炭酸塩岩として固定されると,炭酸塩岩の炭素同位体比は $-5 \sim -7$ ‰ の組成を持ち,わずかに形成される有機物は $-32 \sim -34$ ‰ の値を持つ(図の左端).一方,それがすべて有機物として固定されると有機物の同位体比は $-5 \sim -7$ ‰ の値をとり,わずかに形成される炭酸塩岩は $+22 \sim +24$ ‰ の同位体比を持つ(図の右端).マントルからやってくる二酸化炭素のうちの一部 (F) が有機物,残り ($1-F$) が炭酸塩岩になる場合は,有機物,炭酸塩岩とも F 値によって図中の右上がりの直線で示される同位体比を持つ.

発ではなかったとされており,22–20 億年前にかけて有機物の埋没率が増加した原因は大きな謎であった.ところが,過去の造山運動や大陸分布の復元に関する検討が近年急激に進み,21 億年ごろにも現在の南米や西アフリカで大陸地殻の成長が起こり,それらが集まってひとつの大陸を構成していたとする考えが提示された(図 6.1.10).この考えは,河川性ないしデルタ性を示す同時代に堆積した堆積岩が,南米や西アフリカに分布する地塊に広域的に分布していることが最近になって発見されたことから導かれたものである.堆積物の堆積速度の増加とそれによる有機物の埋没の割合が増えた原因として,これらの地域で起こった造山運動が重要な役割を果たしたのではなかろうか.22–20 億年前にかけての造山運動と表層環境の変化との関連性は,今後の検討課題である.

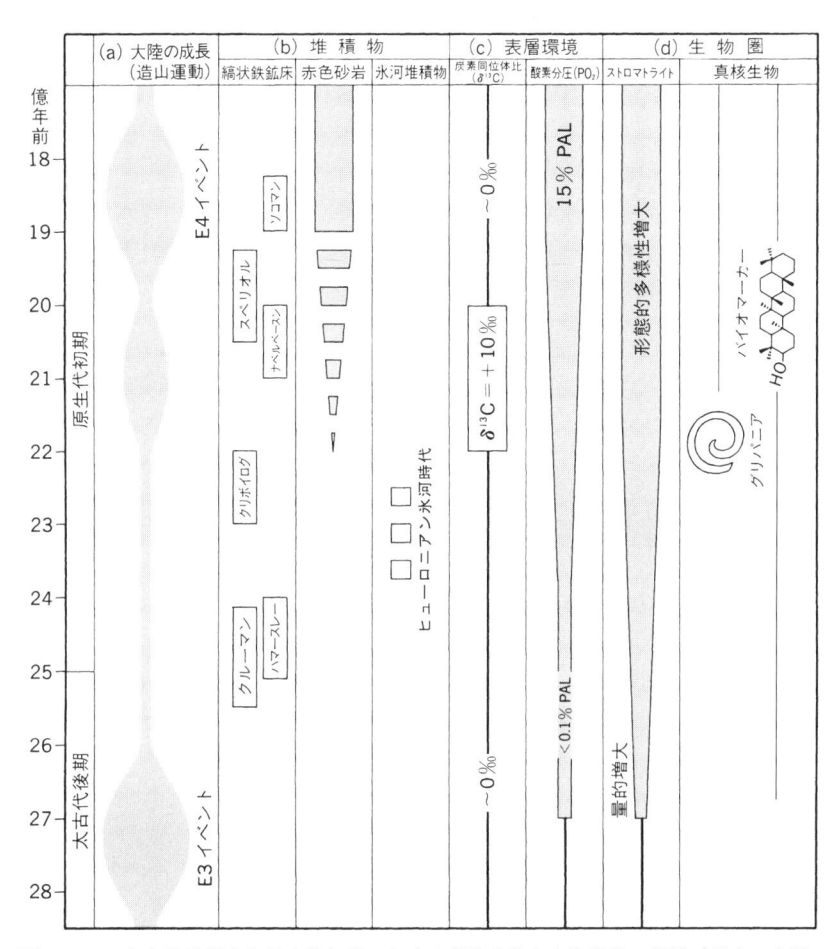

図 **6.1.10** 太古代後期から原生代初期における環境変動と生物進化の記録（川上・大野, 1998 を修正）.

もうひとつの中央海嶺玄武岩中の Fe^{2+}/Fe^{3+} 比が変化したとする説は，マントルの分化過程の考察から生み出されたものである．これについては太古代の中央海嶺玄武岩の組成からはそうした変化が認められないことや，この説の前提とされている，25億年前より前の時代には沈み込んだスラブが核-マントル境界まで沈み込んだとする立場は，太古代のマントル対流が2層対流だったとする考え方（1.2節参照）と矛盾することが指摘されよう．

一方，光合成活動が盛んになって酸素濃度が増加したとする説は，原生代初期の氷河時代が終って気候が温暖化するなかで光合成生物が大繁殖したという考えに基づいて，Kirschvink et al.（2000）が論じている．

　Kirschvink et al.（2000）は，南アフリカでは氷河堆積物の上位に大規模なマンガン鉱床が形成されていることに注目してさらに議論を一歩進め，氷河時代から温暖な気候へと回復した時期にシアノバクテリアが大繁殖した結果，海水中の酸素濃度が増大して，深層海水中に蓄積されたマンガンイオンが酸化されて沈殿したのではないかと主張した．そのような視点で，生物進化を調べ直すと，系統の古い微生物は酸素毒の解毒酵素（活性酸素は生物にとって毒なので，それを無毒化する酵素を大部分の生物が持っている）として Fe-SOD（スーパーオキシドジスムターゼ）を利用しているのに対し，後から登場した生物は Mn-SOD を利用していることに気づく（浅田, 1995）．Kirschvink et al.（2000）は，Fe-SOD と Mn-SOD の分岐が起こった時期が，23億年前の全球凍結事件直後の大規模マンガン鉱床の堆積時期に符合しているという作業仮説を提示している．

　いずれにしても，原生代初期の酸素濃度の増加，氷河時代の到来については，時期的な対応関係が明確になってきており，そうした地球史上の大事件の関連性が注目されるようになっている．

6.1.3　酸素濃度の増加と生物進化

（1）酸素濃度の増加が真核生物の出現を招いたか

　これまで見てきたように，光合成反応で発生した酸素によって大気や海洋の酸素濃度が高まって，23-19億年前ごろに地球環境を大きく変えた．Cloud（1972）の作業仮説の後半部分では，その後の真核生物の繁栄と，約6億年前ごろから5億年前にかけて起こった多細胞動物の出現からカンブリアの大爆発へといたる出来事を論じている．ここでは，真核生物の出現と多細胞動物の出現のそれぞれについて，酸素濃度が生物進化を促す必然性があったのかを検討し，化石の記録と地球環境の変動から大気・海洋中におけるさらなる酸素濃度の増加が生物進化を促したとする Cloud の作業仮説を検討してみよう．

（2）真核生物の出現には酸素が必要だったのか

　生命科学の研究成果によると，遺伝子が核に収まった真核生物に，酸素を発生する光合成を行う原核単細胞生物が入り込んで葉緑体になり，酸素呼吸を行う原核生物が入り込んでミトコンドリアになったと考えられている（細胞内共生；6.2節参照）．これらのほかにもスピロヘータなど原核生物も組み合わさって真核細胞が成立した可能性がある（Dyer and Obar, 1998）．また16S rRNAを用いた系統関係の解析によると，真核生物は原核生物のなかの古細菌（アーキア）から分岐している．細胞壁がなく細胞サイズの大きい好熱性細菌で古細菌に属するサーモプラズマのような原核生物が，真核生物の祖先となったのではないかと示唆されている（山岸，1996, 1999）．このような細胞構造の変化に，環境中の酸素濃度の増加は不可欠だったのか．

　真核細胞の多くは酸素呼吸を行っている．酸素呼吸によるエネルギーの獲得が，酸素以外の無機物の酸化還元反応で獲得できるエネルギーより格段に大きいことは，生物が生存するうえで重要な要因であろう．真核生物は，最初環境中の遊離酸素を用いてエネルギーを獲得していたものと考えられる．こうしたなかで，効率的に酸素呼吸を行うミトコンドリアの祖先生物が真核生物のあるものを細胞内に入り込んで共生生活を始め，真核生物の繁栄をもたらした．真核生物が誕生したあとで，ミトコンドリアの細胞内共生が始まったという出来事の序列は，真核生物のなかにミトコンドリアをもたないグループが存在することから導かれたものである．

　とりわけミトコンドリアとなった好気性バクテリアの宿主細菌への細胞内共生によって，真核生物は酸素分圧の高い環境での生息が可能になったのみならず，酸素呼吸によってエネルギー代謝の飛躍的向上がもたらされたことは，生物進化における大きなステップである．ミトコンドリアの酸素呼吸は，酸素分圧が現在の1%程度を越えると機能するといわれており，この酸素濃度（0.01 PAL）はパスツールポイントと呼ばれている．ミトコンドリアの細胞内共生は，環境中における酸素分圧がパスツールポイントを越えた原生代前期に起こったものと考えられる．

　広く生物界を見渡すと，ほとんどの真核生物がミトコンドリアを持っている．ミトコンドリアを持つ真核生物の繁栄は，ミトコンドリアがエネルギー

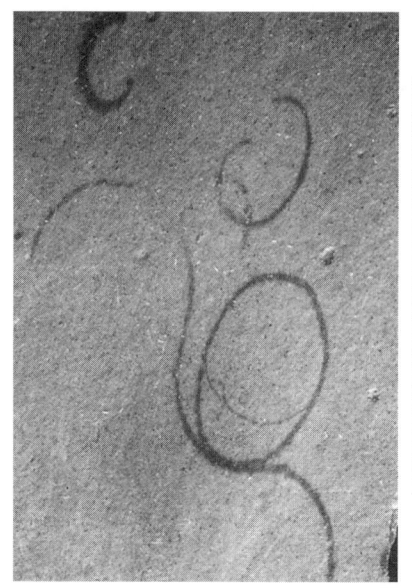

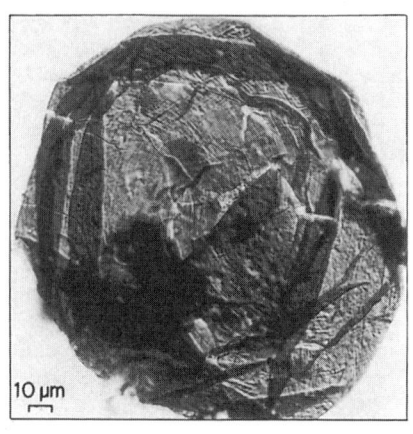

図 6.1.11　グリパニア化石（左：約 1.2 倍, Condie, 1997）とアクリターク化石（右；Vidal, 1985）.

代謝の重要な担い手であって，環境中の酸素レベルが 0.01 PAL を越えたことがエネルギー代謝系の進化における重要なステップであったことを物語っている．

(3) 真核生物の出現時期——化石による検証

　単細胞の原核生物や真核生物は化石になりにくい．また，先カンブリア時代の堆積岩は変成作用やテクトニックな変形を受けており，化石が保存されることはきわめてまれである．近年，古生物学者の努力によって古い時代の岩石からの化石の発見が増えてきているが，それらが原核生物なのか真核生物なのかを判定することは困難である．原生代初期から中期に形成された地層から発見された化石で，真核生物であると示唆されている化石には，アクリターク，グリパニアがあり（図 6.1.11），真核生物に由来すると考えられている有機分子にステラン（steranes）がある（Knoll, 1992）．これまでに発見されている最古のアクリタークは，18–19 億年前の中国の串岭沟（Chuanlinggou）

累層のものである．グリパニアについては，14億年前のものが最も年代が古かったが，最近21億年前の米国のネゴーニー（Negaunee）累層からも発見された（Han and Runneger, 1992）．真核生物であると示唆されている化石の最初の出現時期と，酸素が急増した時期との対応関係は，Cloud（1972）が仮説を提示した頃に比べると大きく前進したように見える．

一方，真核生物によってつくられる有機分子であるステランが検出された最古の地層は，オーストラリア北部のバーニークリーク（Barney Creek）累層であり，その形成年代は16億9000万年前であるとされてきた．最近，西オーストラリアのピルバラ地域27億年前のフォーテスキュー層群からもステランが発見され，真核生物は光合成が成立してまもなく出現したことが示唆された（Brock et al., 1999）．これは酸素が急激に増加したとされる23–22億年前に比べ，約3億年のずれがある．真核生物の誕生にはグローバルなスケールで酸素分圧が高まる必要はなく，シアノバクテリアのマットの中で局所的に酸素濃度が高まった場所で起こったのではなかろうか．

（4）酸素分圧の増大が多細胞動物の出現をまねいたか？

次に，原生代後期の多細胞動物の出現事件を検討しよう．化石の記録によると，多様な形態の多細胞動物がカンブリア紀にはいって突然出現する．これは19世紀以来大きな謎とされてきた．1950年代になって，地球環境の変化が多細胞動物の出現を招いたことが示唆されるようになり，海水準の上昇による浅海域の拡大あるいは大気・海洋中の酸素濃度の増加が原因ではないかと主張されてきた．

動物は植物の作った栄養を摂取するか，生物の遺骸あるいは生きた生物を直接捕食して栄養を取得する．食物を確保するための運動には大きなエネルギーを必要とするので，酸素の乏しい生活では適応できないものが多い．進化の視点から見ると，酸素の増大が多細胞動物の出現のきっかけとなったと見ることができる．

実際現在地球に生息している生物を見ると，エネルギー代謝はからだの大きさ（質量）の0.75乗に比例しており，大きな生物ほどよりたくさんのエネルギーを消費することが知られている．エディアカラ化石生物群のような平べっ

たい生物では,からだの表面から拡散過程で酸素分子を取り込んでいたものとして,それらの生物が生存するのに必要な酸素濃度が計算できる.Runneger (1991)の計算によると,当時の大気中の酸素濃度は現在の 0.01–0.03 PAL であったと見積もられている.

最近の分子系統学的検討や発生段階の胞胚の電子顕微鏡観察などによって,多細胞動物は単系統であり,襟鞭毛虫類が多細胞動物へと進化したとする仮説が有力視されつつある.実際,現生の多細胞動物で最も体制が単純な海綿動物は,約10種類の異なる機能を持つ細胞からできているが,個々の形態は襟鞭毛虫とよく似ている.しかし,襟鞭毛虫が群体を作っても多細胞動物にはならない.多細胞動物への移行には,海綿動物の発生過程で見られるように,受精卵が細胞分裂を行って胞胚を作ることが必要である.胞胚の起源はよくわかっていないが,個々の細胞は細胞外マトリックスで結合されており,その構成物質はコラーゲンであることから,コラーゲンの構築が多細胞動物の起源に重要な役割を果たした可能性が考えられている(Towe, 1970).実際,コラーゲンの分子進化学的検討では,原始的コラーゲン分子は多細胞動物と菌類の共通の祖先に由来したことが示唆されており(Celerlin *et al.*, 1996),その出現時期は多細胞動物の出現した時期とほぼ一致する 8–9 億年前ごろと見積もられている(Runneger, 1985).コラーゲンの生合成には酸素が不可欠であるので,コラーゲンと多細胞生物の出現時期の一致は,環境中における酸素分圧の増加が多細胞化のきっかけとなったとする酸素仮説の有力な根拠のひとつとされている.

(5) 原生代後期に酸素濃度は増大したか

原生代後期になって大気・海洋中の酸素濃度が増加したことの根拠として,図 6.1.12 に示すように,9 億年前から 5 億年前にかけての長期間にわたって炭酸塩岩の炭素同位体比が正の値をとっていることがある(Knoll, 1991).これは,6.1.2 (7) 項ですでに述べたように,有機物の堆積物中への埋没率が増加した結果,有機物の埋没率の増加に対応して大気中への酸素の放出率が増加したとする解釈に基づいている.しかし,この解釈は決定的ではない.というのは環境中に還元的な物質が豊富に存在する場合には,発生した酸素は

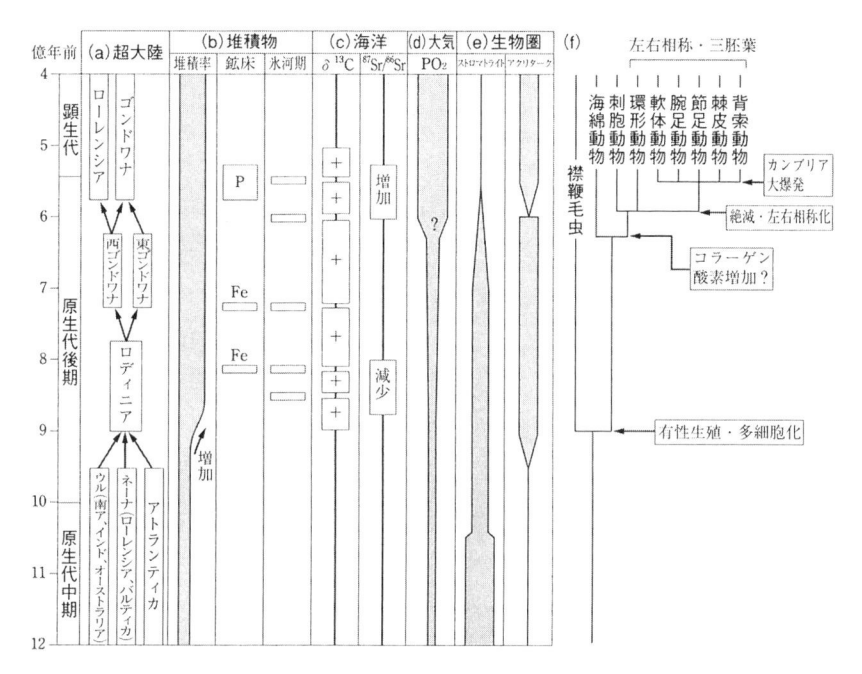

図 6.1.12 原生代後期の環境変動と多細胞動物の出現事件（川上・大野, 1998）.

それらの酸化のために消費され，必ずしも大気や海洋中の酸素分圧の増加と結びつかないからである．最近，硫黄同位体比の変動からも原生代後期に酸素濃度が増加したことが論じられている（Canfield and Taske, 1996）が，酸素濃度の増加量や酸素濃度の上昇時期は明らかではなく，多細胞動物の出現との関連性を検証するには化学反応に基づくような証拠も必要とされる．

（6）全球凍結事件との関連性

最古の多細胞動物化石とされるエディアカラ生物群にはすでに左右相称（体に軸があり，それに対して左右がほぼ対称なこと）に近い体制を持つ化石が含まれている．また，随伴する生痕化石も，当時堆積物中で孔をほって有機物を獲得するような動物が存在したことを物語る．その実体は不明であるが，環形動物あるいは節足動物程度の体のつくりを持った左右相称動物であると推察されている．これらはいずれも約6億年前のヴァランガー氷河時代（4.5

節参照）の終焉とともに突然現れており，氷河時代の到来と多細胞動物の出現の関連性が示唆されている．

　詳しく検討すると原生代後期の氷河時代は，他の時代に見られない特異性を持つことがわかる（たとえば，川上，2000a）．古地磁気学的研究によると，原生代後期の氷河堆積物は低緯度地域で堆積したとされる．氷床が低緯度に発達していたとすると，この時代は地球史上もっとも寒冷であったことになる．また，世界各地に分布する原生代後期の氷河堆積物を覆って縞状炭酸塩岩が堆積している．一般的に大陸棚に堆積している縞状炭酸塩岩は温暖な環境で堆積したと考えられてきたため，寒冷期の氷河堆積物と温暖期の縞状炭酸塩岩の組み合わせは大きな謎であった．最近の炭素同位体比を用いた層序学的研究によって，世界各地の氷河堆積物の上下に堆積した炭酸塩岩の炭素同位体比が，大きな負の値を持っていることが明らかにされつつある．すなわち，縞状炭酸塩岩の堆積と炭素同位体比の負の値はグローバルな出来事である可能性が高まった．Hoffman *et al.*（1998）は，炭素同位体比がマントル起源の炭素の同位体比にほぼ近い $-5‰$ 程度まで低下していることは，生物の光合成活動による有機物の生成が停止したことによると考えた．そのような状態は，地球表面全体が厚い氷床で覆われた状態，すなわち全球凍結状態（Kirschvink, 1992）になったとすれば起こりうる．この仮説は，Kirschvink（1992）によってスノーボールアース仮説と名づけられたものであるが，Hoffman *et al.*（1998）によって，大きく発展させられた．この仮説によると，いったん凍結した地球は 0.12 気圧に達する二酸化炭素が大気中に蓄積して温暖な気候へと回復する．そのような高濃度の二酸化炭素による温室効果により，氷床は短時間で消滅し，急激な温暖化が起こったはずである．大気中の二酸化炭素はやがて海水に溶け込んで炭酸塩岩として堆積したと考えられるので，氷河堆積物を直接覆う炭酸塩岩（cap carbonate）は，全球凍結事件の帰結とみなすことができるわけである．（全球凍結事件の全体像については，4.5 節や田近, 2000 を参照．）

　スノーボールアース仮説は，原生代後期の地質学的な謎を統一的に説明するが，地球表面全体が凍結するような寒冷化は気候学的に起こりえないとする批判があり，論争が続いている．こうしたなかで，氷河堆積物を直接覆う

縞状炭酸塩岩は，この仮説を検証する鍵である．筆者たちもナミビアで地質調査を行って，この仮説の検証作業を進めている（吉岡，2000；東條，2000；川上ほか，2001；川上・東條，2002）．

ここで多細胞動物の出現と関連して注目されることに，原生代後期の氷河堆積物に付随する縞状鉄鉱床にも，大規模なマンガン鉱床が含まれており，原生代初期の氷期と類似性が認められることが挙げられる（6.1.2（7）項参照）．こうした地層の形成は全球凍結状態が終わったあとの温暖な海洋で，シアノバクテリアや藻類が増殖し，大量の酸素を発生させた可能性が示唆されている．すなわち，こうした環境の激変のなかで大気や海水中の酸素濃度が高まり，多細胞動物の適応放散がトリガーされたのではなかろうか．

6.1.4　光合成がもたらした生命と地球の共進化

過去40億年間に起こった生物進化は，大気・海洋中の酸素濃度の増加と歩調を合わせてきたのか．Cloudの作業仮説は，両者の時期的対応関係に着目してその関連性を示唆したものであり，さまざまな視点からこの仮説の検証を促してきた．これまでの地質学や地球化学的研究によって，データや知識は膨大に増え，大気・海洋中の酸素濃度は，23–22億年前ごろに急激に増加したことは支持されている．さらに真核生物の出現時期を化石の記録で絞り込むと，大局的には酸素の増えた時期と一致しており，酸素分圧が上昇したことが真核生物の繁栄を招いたことも示唆される．

同様に，多細胞動物の出現時期を規制した環境要因として，酸素濃度の増加が考えられる．実際に原生代後期に酸素濃度が増加したことが，炭素や硫黄の同位体比から示唆されている．こうした中で，多細胞動物の出現の前に地球表面が全面的に凍結したとするスノーボールアース仮説が注目されるようになり，寒冷化のあとの温暖な気候のもとで，光合成をする微生物が大量に繁殖し，大気中の酸素濃度を上昇させる要因となった可能性が注目されている．

Cloudの提示した作業仮説は，地球史研究の中ではうまくころがった作業仮説のひとつであり，長年の研究によって蓄積された多くの事実によって洗練されたものにされてきている．この仮説を最新の地球史研究の成果をふま

えて言い換えると，次のようになる．

　地球内部の熱的活動度が低下する中で，大陸地殻の成長があった．地球が誕生して19億年くらいたったころ，地球で発生した生命は光合成を開始し，地球環境を大きく変え始めた．こうした地球表層環境の変化の中で，生命は，真核生物，多細胞動物へと，さらなる変化をとげていった．このように見ると，光合成の成立と，その副産物として発生した酸素の大気・海洋への蓄積は生命と地球の共進化において非常に大きな役割を果たしたことがわかる．

6.2 分子化石が示す微生物の系統と進化

山本啓之

　地球史において生物は地球環境の変遷に翻弄される小舟か木の葉のようにも見えるが，したたかに生き残り，残りし者たちは新たな空間へと拡散してきた．その原動力は積み重ねられた遺伝子の変異と多様性が生み出す環境適応である．なかでも微生物は多様な機能と素早い遺伝子の変異と獲得機能により，35–38億年にもわたる生物の歴史で出現した数々の環境変化に適応してきた生物群である．生命誕生のシナリオには地球史に残された痕跡は存在しないが，生物進化の歴史は数多くの痕跡からたどることができる．

6.2.1 自然選択と中立的分子進化

　われわれが生物の進化を観察する場合，異なる2つのレベルが存在するように見える（図6.2.1）．ひとつは個体の表現形質（形態，機能）に注目した場合である．個体の表現形質がある環境条件（選択条件）において生存に有利であれば，その形質を持つ個体は生き残る確率が高くなる．環境条件が変わらないかぎり，その系統の個体は生息環境で多数を占める優占群でありつづける．しかし環境が変化するとより優れた表現形質を持つ個体が台頭してくる．また優先群が絶滅すると，その生息空間に別の種類が入り込むこともある．

　地球史に記録された環境変動や生物の大絶滅の後に新たな生物種が出現したのは，環境が生物に及ぼす自然選択（natural selection）の力が働いたからといえる．生物進化は環境条件への適応性によるということが，A. R. Wallaceの詳細な観察と結論を受けてC. Darwinが1859年に出版した『種の起源』（一般には "The Origin of Species" として知られているが，"On the Origin of Species by Means of Natural Selection or the Preservation of Favoured Races in the Struggle for Life" が出版されたときのタイトルである）の中で提唱した自然選択説の骨子である．この自然選択に基づく進化論は，生物個体の多様な

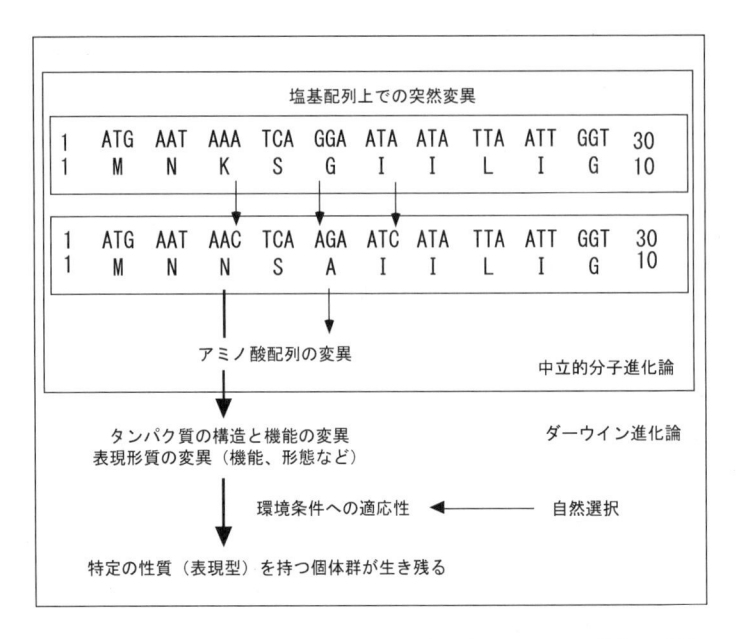

```
        ┌─────────────────────────────────────────────────────┐
        │              塩基配列上での突然変異                     │
        │  1  ATG AAT AAA TCA GGA ATA ATA TTA ATT GGT  30     │
        │  1   M   N   K   S   G   I   I   L   I   G  10     │
        └─────────────────────────────────────────────────────┘
                         ↓       ↓   ↓
        ┌─────────────────────────────────────────────────────┐
        │  1  ATG AAT AAC TCA AGA ATC ATA TTA ATT GGT  30     │
        │  1   M   N   N   S   A   I   I   L   I   G  10     │
        │                                                     │
        │         ↓                                           │
        │     アミノ酸配列の変異                                │
        │                              中立的分子進化論          │
        │     タンパク質の構造と機能の変異                       │
        │     表現形質の変異（機能、形態など）    ダーウイン進化論  │
        │            ↓                                        │
        │         環境条件への適応性  ◀────── 自然選択           │
        │            ↓                                        │
        │     特定の性質（表現型）を持つ個体群が生き残る           │
        └─────────────────────────────────────────────────────┘
```

図 **6.2.1** 中立的分子進化と自然選択による生物進化．遺伝子 DNA は複製の過程で一定の確率で読み間違いが生じる．塩基配列の変異が生じたとしても，遺伝子が記憶しているアミノ酸配列に変異が生じるとは限らない．これは 1 種類のアミノ酸をコードする 3 塩基の組み合わせが複数存在するためである．アミノ酸の配列に変異が生じたとしても最終産物であるタンパク質の性質が変わるとは限らない．タンパク質の特定の部位にのみ活性が存在するためである．遺伝子の配列に生じた変異が個体の性質に変化を与えると，環境から被る自然選択の影響を受けることになる．

変異（variation）に基づく環境適応と生息環境との密接な関係を示した原理でもある．

　遺伝子の存在とその構成分子が明らかになり，遺伝情報が塩基配列のレベルで解読され始めると，肉眼では観察できない 2 番目の生物進化の原理が見出された．生物の変異はすべて遺伝子の塩基配列に生じた変異に基づいているが，塩基配列の変異すべてが個体レベルの変異として発現するのではない．塩基配列上に発生する突然変異には特定の方向性がなく，一定の確率で生じる．図 6.2.1 に示したように，塩基配列に変異が生じてアミノ酸が入れ替りタンパク質の構造と機能に影響が出ないかぎり，その突然変異は自然選択から制約を受けない沈黙の変異（silent site）になる．確率から見ると個体の表

現形質（形態や機能）を変えてしまう変異は，発生した突然変異のわずかしか残らないように見える．これは発生した変異が致命的であれば，子孫が絶えるためである．遺伝子の変異は世代を経るたびに発生しているが，子孫に出現する目に見える表現形質の変異はわずかである．この木村により提唱された分子進化の中立説（Neutral Theory of Molecular Evolution）はその後の生物進化の研究に大きな影響を与えている（木村，1986, 1988）．

6.2.2　多様性と生物進化

　生物進化を語る2つのレベルは海に浮かぶ氷山に喩えることができる．船から見ると氷山の頭（表現形質）だけが見えているが，海中には巨大な氷が存在する．すなわちA.R. WallaceとC. Darwinが活躍した1800年代では，船上から生物を観察して肉眼で見える表現形質の違いだけを克明に記載していた．その後，目には見えない遺伝子，すなわち海中の氷を潜水艇で調べて生物進化の原理が解き明かされてきた．環境が変化して氷山の頭が融けると下から新たな形質が浮かび上がる．しかしこの新しい形質は環境の変化に対応して生み出されるのではなく，確率論的に発生した多様な遺伝子の変異の中から選び出されたのである．遺伝システムは自らと同じ遺伝子を残そうとするのに対して，生物進化は遺伝子の多様性から発生する．

　遺伝システムは遺伝子変異の多様性を拒否しているわけではない．多細胞生物の個体における，病原体に対して特異的な抗体を産生する免疫システムでは，個体発生の段階で多様な遺伝子変異を発生させて病原体に対抗する多様な抗体の鋳型を準備する．病原体に襲われると，無数の鋳型の中からその病原体に合致する型の抗体を選択して使用する．もし運悪く鋳型の持ち合わせがない場合は，その免疫システムはほとんど無力の状態で病原体と対峙しなければならない．生物は存亡の危機に対処するために，遺伝子の多様性を巧みに利用して免疫という危機管理システムを進化の途上で作り上げている．

　微生物，とくに有性生殖をしない原核生物では，世代間で遺伝子の多様性を生み出す確率が低い．有性生殖では異なる個体間で遺伝子の組換えが生じて，突然変異だけよりも高い確率で多様性が次の世代に出現する．一方，細胞分裂だけでクローン増殖をする原核生物では，遺伝子を複製する際に発生

する突然変異だけで多様性を生み出している．世代時間が短く（最速は15分で分裂増殖する），個体数が多いことから，突然変異だけでも多様性に富んだ系統群は維持できる．しかし原核生物の環境適応は，この突然変異だけで生み出されているのではない．

　抗生物質やさまざまな抗菌物質に対抗する耐性微生物の出現は，最も顕著な自然選択による現象である．この耐性機構には突然変異と遺伝子獲得の2つの様式が存在する．原核生物の遺伝子獲得には染色体DNA以外による遺伝子伝達の機構が働いている．ここで登場するのはプラスミド（plasmid）と呼ばれる染色体外遺伝子（extrachromosomal element）とウイルス（virus）である．プラスミドは自立した複製機構は持つが，分子量は染色体DNAの1/10以下で，運んでいる遺伝子数も限られている．しかし異種の間でも伝達することができる．

　原核生物に感染するウイルスは，バクテリオファージ（bacteriophage）とも呼ばれ，多くの場合では宿主を殺してしまう．ところがウイルスには，宿主のゲノム内に組み込まれて次の世代に受け継がれる種類が存在する．このタイプのウイルスは，ゲノム（genome）から目覚める際に宿主の遺伝子を抱えてしまうことがある．余分な遺伝子を抱えたウイルスが感染して再度ゲノムに組み込まれると，この外来遺伝子はゲノムに本来存在している遺伝子と同様に発現されることがある．

　異種間での遺伝子伝達で機能的に確立された遺伝子が拡散した場合，特定の形質が多くの種において同時に出現することがある．病原細菌の薬剤耐性株が複数種において短期間で出現するのは，遺伝子の水平伝達による現象が寄与している．またいくつかの遺伝形質は水平伝達で運び込まれた後にゲノムに固定されたことが発見されている．生物のゲノム解析が進むにつれて，外来性遺伝子を獲得して新しい環境に適応する生物の姿が明らかにされている．

　染色体外遺伝子やウイルスの起源は明らかではない．しかし系統の古い好熱性原核生物にもプラスミドは存在し，また温泉から原核生物に感染するウイルス粒子が検出されることなどから，太古代より原核生物の間では頻繁に遺伝子の交換がなされ，その進化に影響してきたと考えられる（Chiura, 1999）．

6.2.3 遺伝子に残された分子化石による進化系統の解析

　中立的分子進化の原理は，遺伝子の塩基配列にはタンパク質の設計図だけでなく，その生物系統がたどってきた歴史を解読する情報も刻まれていることを示した．DNA の塩基置換は遺伝子複製のたびごとに一定の頻度で発生することから，各生物系統内で保持されてきた遺伝子には，系統あるいは種に独自な配列が存在する．これが遺伝子の塩基配列に残された進化の痕跡，すなわち堆積物に残された分子化石（molecular fossil）に相当する生物進化の証拠になる．この遺伝子の塩基配列に存在する相違，すなわち累積した突然変異の数を統計的に比較すると，系統間の遺伝的な距離を算出することができる．この分子進化による生物の系統解析は 1990 年代において急速に進展した．

　生物の進化は，個体の表現形質を決めているゲノムの遺伝子全体が関わる現象である．にもかかわらず，特定の遺伝子が分子化石として生物界での進化系統を代表できるのは，分子進化の系統樹に使われる遺伝子がすべての生物に存在し，生命活動の根幹に関わる機能をつかさどる，という条件を備えているからである．遺伝子複製，タンパク合成，エネルギー代謝などの表現形質は，生命誕生の段階から存在した古い遺伝子により制御されていると考えられる．これらの遺伝子塩基配列が記録しているタンパク質のアミノ酸配列と機能には，生物種が離れていても相同性が存在する．すなわち生命を維持する基本機能は一定のアミノ酸配列により作り出されるタンパク質の構造に依存しているため，基本構造を変えるような変異は生き残ることができない．しかし基本機能が変わらない変異は受け入れられ，次の世代へ生き残る．したがって，現在見ることができる多くの変異は中立的であり，自然選択の影響を強く受けていない．

　機能とアミノ酸配列が類似していることは，祖先型の遺伝子から現存するすべての生物種へと遺伝子が突然変異を重ねながら派生してきたことを示している．一般に，類似の機能を示す酵素は，祖先型から変異を繰り返して新たな機能を獲得するという分子進化の筋道をたどることが示されている（Jensen and Gu, 1996）．したがって，特定の系統群にしか存在しない遺伝子は，その

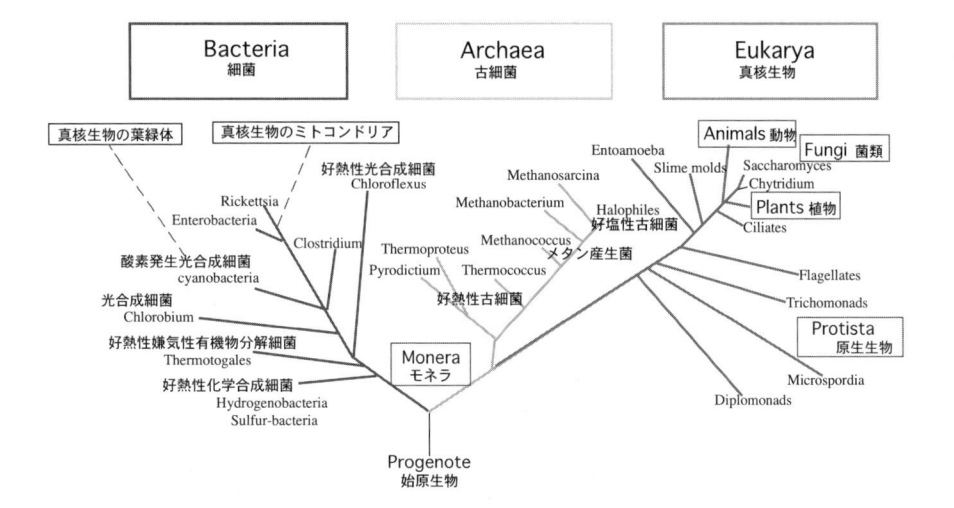

図 6.2.2　リボソーム RNA の遺伝子による生物の進化系統樹と分類体系．この系統樹はリボソーム関連の遺伝子（small subunit rRNA; 16S rRNA or 18S rRNA）の塩基配列に残された塩基の相違をもとに計算した系統関係を示している．この系統樹では，古典的な五界（モネラ，原生生物，真菌，植物，動物；The Five Kingdam）と，三系統（領域）をそれぞれ示してある．始原生物についての情報はないため通常は表記されないが，この系統樹では説明の都合上，推定される位置に始原生物を示した．進化系統樹の作成に必要な塩基配列はインターネット上の下記のホームページに開示されている．また系統樹の作成などに必要なプログラムも提供している．Ribosome Data Base Project II <http://rdp.cme.msu.edu/html/>

遺伝子を最初に獲得した祖先以降の系統関係を知るための痕跡として使用することができる．ただし，水平伝達により拡散した遺伝子では，本来の進化系統樹と系統分岐の位相が異なる系統樹を形成する．

　生物の分子進化系統の解析では，タンパク合成を担うリボソームの RNA（rRNA）が広く使われてきた．最初に生物全体の分子進化系統が示されたのは 5S rRNA による系統樹である（Hori and Osawa, 1979）．次いで，遺伝子解析の技術が進むとともに情報量が多い small subunit rRNA（ss rRNA；原核生物では 16S rRNA，真核生物では 18S rRNA となる）による詳細な系統樹とデータベースが作成された（図 6.2.2；Olsen et al., 1994; Maidak et al., 1994）．この 5S と 16S などの表記は，沈降係数と呼ばれる分子量の単位で，リボソームにはこのほかにも 23S rRNA が存在する．

これらのタンパク合成に関わるrRNA遺伝子群が示す分子進化の系統樹に出現する生物進化の序列は，他の生命維持の基本遺伝子（核酸合成，遺伝子複製，エネルギー代謝など）による系統樹と同様であることから，概ね正しい進化の系統関係を示していると考えられる．ただし，この分子進化の系統樹は現生の生物種から推定したものであり，多細胞生物のような化石で確認できる絶滅種についての情報は含まれていない．ここに示されているのは，地球史において登場したすべての生物による系統樹ではなく，生き残った生物による進化系統樹である．

6.2.4　進化のリズム

　生物系統が2つに分かれた分岐年代は，両方の系統を比較して変異の数を求め，変異の発生頻度（速度）を推定して計算する．これは，突然変異の発生頻度は一定である，とする分子進化時計の現象に基づいている．しかしこの時計は一定のリズムで稼働しているのではなく，確率論的に発生する気まぐれな突然変異の頻度に依存する時計である．単位時間あたりに発生する突然変異の数は，決して一定ではなくばらつきを認めるが，長い時間の観察ではある一定の速度に収斂することが観察されている．ただし突然変異の発生頻度はタンパク質の性質（遺伝子の種類），生息環境の条件（生態），世代時間の長さ，種の違いなどに影響される．たとえば，系統樹に使われているリボソームの遺伝子は生命維持において重要な機能的制約があるため，比較的ゆっくりと進む分子時計である．反対に機能的な制約が小さく自然選択を強く受けない遺伝子の塩基配列では，突然変異の累積が多くなり，見かけ上の変異発生頻度が高くなるため，分子時計は速く進む．したがって，解析対象データの収集と分子時計の設定によって，地質学的証拠と極端にかけ離れた年代設定が算出されることがある（Doolittle *et al.*, 1996）．時間単位が1–10億年の長さにおいて分子進化時計がどの程度の一定性を維持しているかには，注意深い解析が必要である．

　進化のリズムにおいて遺伝子レベルでは確率論的な分子時計が存在している．この分子時計が刻む中立的進化が表現形質として発現される場合にも「時計」は存在するのか．この疑問には「自然選択」という平易な原理と，これ

を稼働させる予測不可能な環境変動による方程式が内在している．表現形質レベルで発生する個体変異と自然選択の結果を観察するためには，度重なる世代間での個体変異を定量的に測定する必要がある．ガラパゴス諸島におけるダーウィンフィンチの長期観察では，環境変動による個体変異と自然選択の関係が観察記録されている（Weiner, 1994）．さまざまな生物で同様の観察が実施されているが，いずれも環境変動が生じると，次世代には環境に適応した変異個体の増加が観察されている．昆虫や病原微生物で出現する薬剤耐性などは，最も劇的な自然選択の現象である．しかしこれらは個体群（菌株）レベルでの変異であり，いまだに「新種」の出現に立ち会えた幸運な研究者はいない．

環境変動を伴わない，自然選択を極力除外した状態で細菌（*Escherichia coli*；大腸菌）を特定の培地で培養する実験が1988年から継続されている．その中間報告では，世代を重ねるに伴い細菌細胞の大きさが1.6倍まで増大したことを示し，しかもゆっくりと世代ごとに増加したのではなく，断続的に250世代と1300世代の段階で細胞サイズが増加したことを報告している（Elena *et al.*, 1996）．ここでは表現形質の変異は緩やかに変化するのではなく，突発的に出現する傾向が認められた．細胞サイズの増大，すなわち形質の変異は，一定間隔の世代数で発生していない．では複数の表現形質を観察すれば世代を基調にした進化リズムを見出せるだろうか．環境からの自然選択が与える影響から逃れる中立的表現形質が存在すると仮定すると，長期間の観察で何らかのリズムあるいは速度は算出できるだろう．地球環境の影響を受けない表現形質が存在するかは疑問であるが，人工的に制御された環境では観察できるかもしれない．

6.2.5 原核生物から真核生物へ

遺伝子上の変異とは独立に生物は進化を遂げている．生物進化の歴史で大事件のひとつが，細胞内共生による真核生物の誕生である．

真核生物の細胞は原核生物と大きく異なり，ゲノムは核内に包まれ，ミトコンドリアや葉緑体などの細胞内小器官を持ち，さらに複雑な機構の有糸分裂により細胞が分裂する．また運動器官である繊毛の構造も原核生物の鞭毛

とはまったく異なっている．さらに，ミトコンドリアや葉緑体には核内ゲノムと異なる遺伝子が存在しており，その塩基配列はそれぞれ好気性細菌とシアノバクテリアと近縁であることが明らかにされた．この事実が細胞内共生進化を裏付ける証拠となり，真核細胞は，原核細胞がゆっくりと変異を繰り返したのではなく，複数の原核生物が融合し，短期間で誕生したことが再確認された（Margulis, 1993）．

細胞内共生の視点から進化系統樹を描くと，原核生物と真核生物の間に間隙が生じる（図6.2.3）．現在のモデルでは，古細菌の細胞が真核細胞のもと

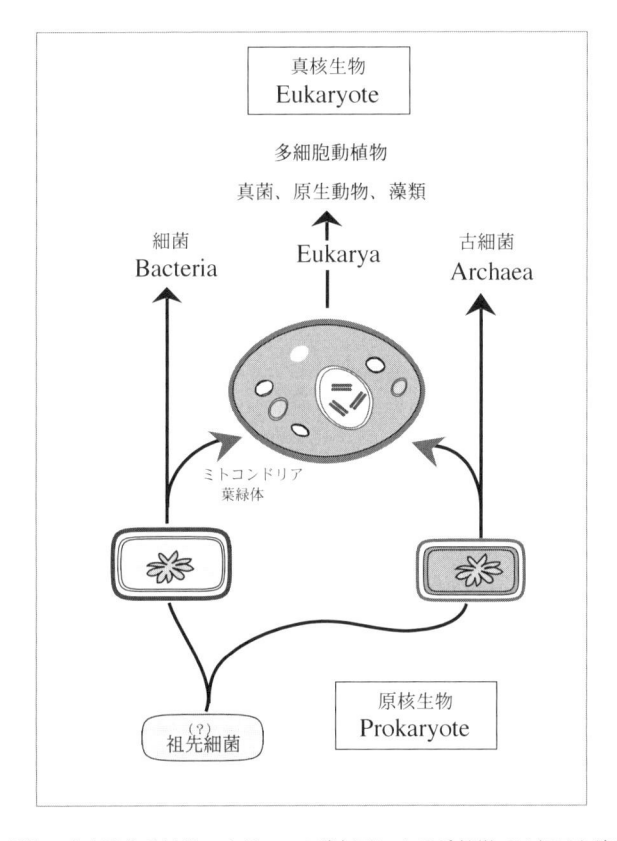

図 **6.2.3** 細胞の共生進化系統樹．リボソーム遺伝子による系統樹では相同な遺伝子が存在するため，真核生物が原核生物の古細菌につながる系統として表示される．細胞の進化から見ると，古細菌の細胞に細菌が共生して新しく真核生物が出現したと見ることができる．

になり，これに細菌が共生し，ミトコンドリアとなり現生の真核生物へと進化したとされている（Martin and Muller, 1998）．ミトコンドリアや葉緑体の例以外にも，微生物による多細胞生物への共生や寄生は環境適応や感染症という現象だけでなく，生物進化にも深く関係してきたと考えられている．

6.2.6 微生物の進化系統と化石証拠

多細胞動植物では化石に残された形態学的な特徴から，現生の生物種との系統関係を類推することも可能である．一方，微生物は形態学的特徴に乏しく，化石による系統に頼ることは困難である．微生物に含まれるのは，原核生物である細菌と古細菌，真核生物である原生生物（原生動物，微細藻類）と真菌，など多系統に及んでいる．原生生物や真菌には分類学的な指標になる形態の多様性も認められるが，原核生物では形態の多様性に乏しく，細胞の形や大きさで系統を推定することはほとんど不可能である．原核生物は生理機能や生態において真核生物と比べようもないほどの多様性を示す生物群である．この特徴から，現生種の生理機能や細胞成分，生態学的特徴などの種々の性状を調べて系統関係が決められていた．しかしこの方法では，指標となる生物性状の選択に人為的な操作が入るため，恣意的に系統を結びつけてしまう傾向があり，本来の進化系統とはかけ離れた分類体系が作成されていた．

微生物の進化系統を鮮明にしたのは，中立的分子進化説の方法論である．この分子進化の系統樹に現れた微生物の系統関係は古典的な分類体系（表6.2.1）を根底から再編する必要性を示していた．とくに，大分類として伝統的に生物を5つの世界（Kingdom）に振り分けていたが，分子進化系統と細胞の構造から生物は，細菌，古細菌，真核生物の3種の領域（Domain）に分類することが妥当であると提唱されている（Woese et al., 1990）．

微生物の範疇に含まれる生物群で分岐年代が新しい系統は，真核生物の菌類である．菌類には，単細胞の酵母類と，多細胞で明瞭な有性生殖を営む糸状菌やキノコ類が含まれる．原核生物に最も近縁で古い系統の真核生物は，原生生物に属するディプロモナド類（diplomonads）である．この系統からエントアメーバ類（entoamoeba）までの生物群にはミトコンドリアなどの細胞内小器官を保持しない原生動物が存在する．これらの生物種は真核生物がミト

表 6.2.1 生物の階層的分類体系

分類群（Taxon）	生物名
領域（Domain）	Archaea
界（Kingdom）	—
門（Phylum or Division）	AI
綱（Class）	Crenarchaeota
目（Order）	Thermoproteales
科（Family）	Desulfurococcaceae
属（Genus）	Desulfurococcus
種（Species）	Desulfurococcus amylolyticus

株（strain; infrasubspecific rank）:
「種」を構成する多様な性質の個体群に与えられた階層である．特定の形質を基準に個体群を識別するために使われる．

＊生物分類学では，「種」を基本的な構成単位として，類似性のある系統を定められた分類群ごとに統合して階層的な体系へと組み込んでいく．例示した生物名は古細菌の好熱性硫酸還元菌である．原核生物では，分類群の「界」については決められていない．また「領域」は細胞構造と分子進化の系統解析から得られた結果をもとに提唱された新しい階層である（Woese et al., 1990）．

コンドリアを獲得する以前に分岐した生物群と考えられている．原生動物のエントアメーバ，微胞子虫（microspordia），トリコモナス（trichomonads）などの現生種はいずれもヒトや動物に寄生している．多細胞生物が登場する以前に分岐したこれらの系統の祖先は，現生種と異なる生態を営んでいたのであろう．

　原核生物は古典的分類体系ではモネラ界に統合されていたが，分子進化系統では細菌と古細菌の二大系統に分岐している．この分岐点は複数の遺伝子による系統解析で検証され，古細菌は細菌と真核生物の中間に位置することが決定された．染色体遺伝子の解析結果では，古細菌の遺伝子には真核生物と細菌のそれぞれに類似した配列が同定されている．しかし古細菌は単なる中間的な性質を持つ系統群ではなく，水素と二酸化炭素からメタンを産生するメタン菌や，岩塩内に生息する高度好塩性菌など，独自の生理生態を持つ菌種を含む生物群である．細菌もまた機能性に富んだ生物群で，有機物だけでなく水素，硫黄，硫化物，鉄，マンガンなどの無機物からエネルギーを獲得して増殖する菌種も存在する（Ehrlich, 1996）．また生態において，古細菌

が自然環境を主な生息場所とするのに対して,細菌は多細胞生物の体表や消化管などをも生息場所とする.この違いが何に起因するのかは今のところ明らかではない.

　原核生物の分子進化系統樹で最も特徴的なのは,細菌と古細菌の分岐点近傍に位置する系統がすべて60°C以上の熱水で増殖する好熱性菌種で占められていることである.さらにこれらの好熱性菌種は,水素,硫黄,硫化物,硫酸塩,鉄(三価)などの無機物をエネルギー代謝系で利用している.この好熱性原核生物が分岐の根幹に位置するという進化序列は,生命は熱水で誕生したとする仮説を裏付ける証左のひとつとしてあげられている(6.3節参照).

　地質学的証拠については微化石ばかりが注目されているが(Schopf, 1993),これ以外にも化石から得られた貴重な報告がある.まず,ドミニカ産の琥珀(2300–4000万年前)の中に封じ込められたハチの体内から細菌(*Bacillus*属)の休眠芽胞が蘇生した報告(Cano and Borucki, 1995)は,同時に進められていた古代DNAの研究結果とともに,この菌株がまさに眠りから覚めた「生きた化石」であることを示した.また,多細胞動物に共生する硫化水素酸化細菌の系統解析では,分岐年代の推定に宿主である二枚貝の化石証拠を利用した(Canfield and Teske, 1969).このように,地質時代の示準となる化石や環境,生物の生存に関わる現象(大量絶滅や急激な環境変動)などが確認できる時点を利用して分子進化時計に補正を加えて,より精確な分岐年代を推定することが可能である.また細胞膜の脂質成分であるステロール(sterols)やホパン(hopanoids)などは堆積物中の残存有機物に含まれる生物痕跡(biomarker)として有力な地質学的証拠であり,微生物の系統分岐年代の推定に使われている(Brocks *et al.*, 1999).これらの物質を堆積物中(shales)から検出した結果によると,真核生物は27億年前,シアノバクテリアも27億年前にそれぞれ出現していたと推定されている(Knoll, 1999;6.1節参照).ただし,27億年前という年代に存在した真核生物は,あくまで細胞膜が現生の真核生物に類似していることを示しているだけであり,細胞構造や機能が類似していることを示しているのではない.生命活動の痕跡を探し出す指標として同位体元素の比率も優れており,35–38億年前の堆積岩からその活動の痕跡が検出されている(Holland, 1997; Mojzsis *et al.*, 1996).ま

た太古代の海底熱水噴出孔周辺で生息していた微生物の化石が発見されたことは，初期の地球生態系を推定する上で重要な知見をもたらしている（上野ほか，1999; Rasmussen, 2000）．

　現生の生物種による分子進化系統解析の結果は，相対的な系統関係を明らかにしてくれた．しかし分子進化の時計は，存在するがその一定性は普遍的でなくむしろ遺伝子や系統ごとに特異的であることを示している．微生物の系統分岐年代を精確に推定するためには，地球史に残されたさまざまな証拠による補正が必要である．

6.3 原核生物の出現と生態系の形成

山本啓之

　生命誕生の揺籃期を過ぎて，細胞構造が確立し，自立的なエネルギー獲得と自己複製の機能を獲得した最初の微生物が出現した．これが現生生物の進化系統樹の根幹につながる始原生物である．その生理生態は，好熱性で無機物からエネルギーを獲得，炭酸固定により生体高分子の炭素骨格を形成する化学合成無機栄養細菌（chemolithotrophic bacteria）と推定されている．

　微生物が地球環境に登場するとともに生態系が形成され始めた．最初に登場した細菌が地球生態系の主として君臨し，やがて古細菌や単細胞真核生物などの微生物が参加して群集が形成された．大陸の形成，光合成による分子酸素の提供，多細胞真核生物の登場をむかえて新たな環境が生まれ，多様で複雑な構造に支えられた現生の生態系へと変遷を重ねてきた．

6.3.1 原核生物と生態系

　生物が生息している環境を生態系（ecosystem）と呼んでいる．生態系には，生物のエネルギー獲得様式による階層（trophic structure），生物種の多様性（biotic diversity），物質循環（material cycle）による相互作用と構造が成立している（Odum, 1971）．古典的な生態系構造の解釈では，光合成生物が生産者，微生物が分解者，そして生産者を捕食する草食性捕食者，さらに肉食性捕食者がピラミッド状の階層を形成するとされている．この階層を構成するのが種の多様性であり，構造を支えるのが物質循環である．この基本的な生態系の階層構造は，地球環境の変遷と生物進化により形成されてきた産物であり，その内包する環境と生息する生物群の関係には，歴史的な経緯が反映されているはずである．

　現在の地球環境において確実に生物が生息できない場所は，おそらくマグマの中だけであろう．沸騰する温泉，硫化水素を噴き上げる熱水噴出孔，腐食性の強いアルカリ性あるいは酸性の水，雪氷，砂漠，数 km の地下地層な

どの極限的な環境にさえ,微生物が生息している.この地球上のどこにでも生息しているがわれわれには見えない住人が微生物である.彼らの広い生息範囲は,多様なエネルギー獲得能力に裏打ちされた環境適応力によるものである.

生態系において微生物は分解者であるとの見方は概ね正しいが,生産者としての役割も果たしている.無機物から高分子有機物を合成できるのは,原核生物だけである.また広大な海洋環境では,光合成細菌シアノバクテリアや微細藻類などの微生物が光合成生産者として働いている.

分解者と生産者には,実際の機能において物質変換という共通性がある.分解者というのは,多細胞生物が利用できない難分解性の高分子有機物を微生物細胞へと再構成する生産的な過程をも担当している.顕著な事例は草食動物における微生物の役割である.植物細胞はセルロースに代表される高分子多糖体で包まれている.この多糖体は建築資材に使われるほど丈夫で難分解性の物質である.動物にはこれを分解する酵素の遺伝子はない.草食動物が植物を栄養源にできるのは,腸内に植物の多糖体を分解できる微生物が生息しているからである.草食動物は,摂食した植物を消化するのではなく,植物体を分解して増殖した微生物を消化して栄養源としている.

この微生物を起点とする循環可能な有機物への変換あるいは再生産の過程は,動物の腸内だけでなく,さまざまな環境で観察することができる.これは自然界に存在する生物の相互関係,すなわち生産者である原核生物は捕食者である原生動物の栄養源に,さらにこの原生動物がより大型の生物に捕食されるという連鎖にほかならない.そして生態系での連鎖は,図6.3.1に示したように,複数の方向に向かう網目状の構造で,栄養物は食物連鎖(food chain)ではなく網目状(food web)の中を流れている(永田,2000; Azam, 1998).

地球生態系における生産者には森林や草原のイメージがつきまとう.しかし地球生態系において短期間に動く有機炭素量のかなりの割合は,微生物生態系の働きに委ねられると推定されている(Whitman et al., 1998).このような予測は1990年代に進展した微生物生態学の研究結果により導き出されている.分子進化による系統解析とともに微生物の検出技術も格段に進歩し,

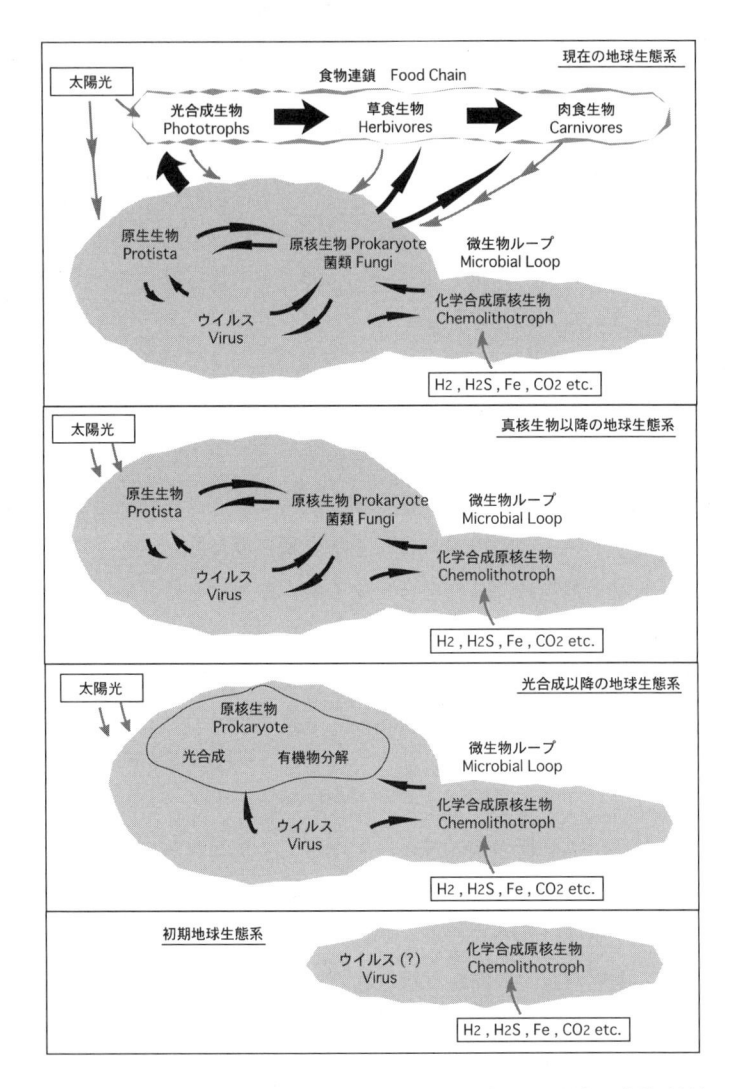

図 6.3.1 生態系に存在する食物連鎖と微生物ループの歴史．目に見える食物連鎖と，目には見えないが地球生態系全体に存在する微生物ループの概略を示した．それぞれの生物は物質循環，捕食，寄生，共生などの相互関係で結びついている．現生の地球生態系は，化学合成原核生物による原始生態系から，地球環境の変遷とともに多様なエネルギー代謝を持つ生物種が参入して複雑な相互関係に支えられる構造へと進化してきた．なお，ウイルスの起源については不明であり，太古代に存在したかどうかは推定でしかない．

その生息範囲はかつての予測よりもはるかに広く,かつ莫大な数の原核生物が地球環境に存在することが明らかにされている.地球生態系の生物において,原核生物と無関係に生息しうる生物種は存在しないと考えても支障はない.原核生物が生態系とその構成生物に深く結びついているのは,彼らが地球生態系を作り上げ,物質循環の要所において役割を果たしてきたからである.

6.3.2 原核生物の進化系統と生理生態

原核生物の系統群が示す生理生態で最も目を引くのは,細菌と古細菌の分岐点の近傍を好熱性菌種が占めていることである.ここに位置する好熱性菌種は60–110°Cの熱水に生息している.系統樹の計算結果では,好熱性化学合成細菌の *Aquifex-Hydrogenobacter* 群が最古の系統と考えられている(Reysenbach and Cady, 2001; Yamamoto, 1998).彼らは水素,硫黄,硫化水素をエネルギー源とし,有機物を分解する能力は持たない.好熱性古細菌もやはり硫黄や硫化水素を利用するが,有機物もまたエネルギー源とすることができる.この最初の分岐点から離れるに従って好熱性の性質は失われ,中温域に適応した菌種が登場する.

現生の原核生物が示すエネルギー獲得様式は,無機物からエネルギーを獲得する化学合成(chemosynthesis),太陽光を利用する光合成(photosynthesis),そして高分子有機物分解(decomposition)の3種類である.化学合成と光合成の原核生物は独立栄養(autotroph)であるから完全な生産者である.有機物分解の場合は他の生物が生産した物質を利用する従属栄養(heterotroph)であるが,先に述べたように二次的生産者(物質変換または再生産)としての役割をも持つ.このエネルギー獲得様式は必ずしも系統に特異的ではなく,独立栄養と従属栄養の二系統を使い分ける菌種も存在する.

原核生物のエネルギー獲得様式を系統樹にはめこんでみると,分子進化の系統樹で最も古い分岐である好熱性原核生物(thermophiles)では硫黄化合物や水素からエネルギーを獲得する化学合成の菌種が主流をなしている(図6.3.3参照).またこれらの菌種は三価の鉄を電子受容体として二価に変換するエネルギー代謝系を保有している(Liu *et al.*, 1997; Vargas *et al.*, 1998).水素,硫黄,鉄などは太古代の地球環境で最も潤沢に利用できた物質である.

原核生物では酸素を発生しない光合成（anoxygenic photosynthesis）が，好熱性細菌であるクロロフレクサス（*Chloroflexus*）の系統で出現している．この系統の細菌には，光合成の初期進化過程をたどる鍵が存在している（花田，2001）．

　酸素発生型光合成（oxygenic photosynthesis）は，中温性の菌種が広がる系統群の中に位置するシアノバクテリア（cyanobacteria；ラン色細菌）で出現している．酸素発生型の光合成は，2種の酸素を発生しない光合成細菌の光受容体から生み出された（Marais, 2000）．さらにシアノバクテリアは真核生物の細胞内に共生して葉緑体となり，多様な光合成生物へと受け継がれてきた（富谷，2001）．

　原核生物の従属栄養では，さまざまな有機物を分解する機能が発達している．この有機物分解の能力は，好熱性の細菌や古細菌のグループにおいても出現している．好気的な環境が形成された以降に登場する新生の系統（proteobacteriaなど）では，さらに多様な有機物分解機能が確認されている．植物のセルロース，動物のケラチン，ベンゼンなどの芳香族炭化水素，ダイオキシンなどの塩素化合物など難分解性有機高分子を完全分解できるのは細菌などの原核生物だけである．また新生の系統では，高分子有機物分解と化学合成の2系統を環境条件に応じて使い分けてエネルギーを獲得する，複合的な代謝系を持つ菌種さえ存在する．このような複合的な代謝機能を獲得することで，異なる環境に適応することが可能である．

　最古の系統群である現生の好熱性原核生物は，他の新生系統群にはない太古の形質，すなわち出現した当初の代謝機構や生態学的特徴を受け継いでいる．たとえば，電子伝達系へ電子を中継するイソプレノイドキノンの化学構造では，系統樹根幹付近に位置する好熱性菌種だけがキノン分子骨格に硫黄を含む'methionaquinone; MTK'を保有している（Hiraishi *et al.*, 1999）．これらの含硫キノンの機能が他のキノンとどのように違うのかは明らかではないが，硫黄が原核生物の初期進化においてエネルギー代謝の源としてだけでなく，生命維持機構を支える基本分子にも使われた元素であることを示唆している．

　化学合成細菌は光合成と同様に炭酸を取り込んで有機高分子を形成する経路

を保有している．炭酸固定（CO_2 fixation）の回路としては，糖代謝の経路に組み込まれたカルビン・ベンソン回路（Calvin-Benson cycle）が有名である．しかし好熱性の原核生物ではTCA回路（tricarboxylic acid cycle）を逆に回して二酸化炭素を固定する回路（reductive TCA cycle），あるいはTCA回路に付随した取り込み経路（acetyl-CoA pathway, hydroxypropionate cycle）により有機物合成に必要な炭素骨格を手に入れている．

一般的な生物学の教科書では，TCA回路は酸素呼吸によるエネルギー獲得の経路で，クエン酸などの有機酸分子により駆動して二酸化炭素を放出する回路とされている．しかし好熱性の原核生物では，このTCA回路を逆回転させて炭酸を固定していることが明らかになり，しかも，回路を構成する酵素の特性から，この回路は炭酸固定の方向にしか動かないとされている（Ishii *et al.*, 1989, 1997）．仮説では，TCA回路は炭酸固定の回路として登場し，以後の生物進化においてエネルギー獲得回路へと変化した，と推定されている．系統樹を見ると，細菌と古細菌の分岐に近い好熱性の系統では逆向きTCA回路が，その近縁群ではTCA回路に付随したバイパス回路が炭酸固定に使われている．一方，50°C以下の温度で増殖する化学合成細菌（Proteobacteriaに属する *Thiobacillus* など）は，高分子有機物を利用して増殖することもできる．このような細菌には，カルビン・ベンソン回路とTCA回路に付随するバイパス経路の2種類を保有している菌種（*Chlorobium* 属）が存在する．

生命活動の痕跡を示す指標として炭素同位体比が使われる．一般に生物は軽い元素を取り込みやすい性質がある．しかしこの取り込み比率は，上記の炭酸固定回路の種類や酵素の機能により異なることが知られている．この同位体比率から過去の堆積物に含まれている有機物が，どのような種類の生物により合成されたかを予測することが試みられている（Mojzsis *et al.*, 1996; House *et al.*, 2000）．ただし，補正に使われる数値は現生の生物種から測定されており，年代の古い堆積物の測定では，当時の生物が現生種と同じ数値を示さない可能性も考慮するべきであろう．

6.3.3　熱水環境の生態系

　好熱性原核生物が生息する熱水環境は，初期地球環境の生態系モデルと捉えることができる（Nisbet, 2000）．しかし同じ熱水環境でも，現在の陸上の温泉と海底の熱水噴出孔では生物群集の構成や棲み分け構造に大きな違いがある（図6.3.2）．

　陸上の温泉ではしばしば大きな微生物バイオマットが形成されている．硫化水素泉では特徴的なバイオマットの構成と温度による生物相の遷移が観察できる．源泉付近で温度が80°C以上の流れでは大きなバイオマット形成はないが，70°C前後から化学合成細菌による黒色マットや白色の硫黄芝（sulfur-turf）が生育する（Maki, 1991）．温度が60–50°Cになると光合成細菌や従属栄養細菌によるマットが主流となる．エネルギー獲得様式から見ると，有機物の不足する温泉水では，無機物からエネルギーを獲得する化学合成細菌が優占している．バイオマットや周辺環境から有機物が供給される温泉水では，古細菌（Archaea）のグループや*Thermotoga*属細菌など好熱性の高分子有機栄養型（organotrophy）の菌種の生息数が増えてくる．日当たりがよい温泉の流域においては光合成細菌が卓越してくる．さらに光合成細菌のバイオマット構成は，60°C前後では酸素を発生しないクロロフレクサス属，その下流域に酸素発生型のシアノバクテリアが生息する．さらに温度が下がると紅藻や珪藻など真核生物の微細藻類が混在する．この温度勾配に沿った温泉バイオマットの生物相遷移は，原核生物の進化系統樹の序列に一致する傾向でもある（Hiraishi *et al.*, 1999; 山本, 1998）．

　海洋の熱水噴出孔では，海水が存在するため好熱性細菌に適した高温環境は狭く，低温環境で発育する系統的に新しい化学合成細菌群（Proteobacteriaに属する系統）が主流になる．温泉と異なり，海底熱水噴出孔の周辺では，微生物バイオマットよりも動物が生物相の主体として存在する．海底熱水噴出孔には甲殻類，軟体動物，環形動物などが生息している．多細胞動物が生物群集を構成できるのは，単に温度障壁が海底の熱水噴出孔周辺では穏やかなためだけではない．熱水噴出孔周辺に生息するハオリムシなどさまざまな動物は，熱水に含まれる硫黄化合物をエネルギー源とする細菌と共生すること

温泉　Hot Spring

好熱性原核生物　Thermophilic Procaryotes

化学合成細菌
硫黄酸化古細菌　Chemolithotrophs

好熱性光合成細菌
（酸素非発生型）
Anoxygenic Phototroph

好熱性光合成細菌
（酸素発生型）
Oxygenic Phototroph

微生物被膜
Micorbial Mat

海底熱水噴出孔　Hydrothermal Vent

好熱性原核生物
化学合成細菌
硫黄酸化古細菌

多細胞動物
＋
共生化学合成細菌
Symbiotic Chemotrophic Proteobacteria

微生物被膜
Micorbial Mat

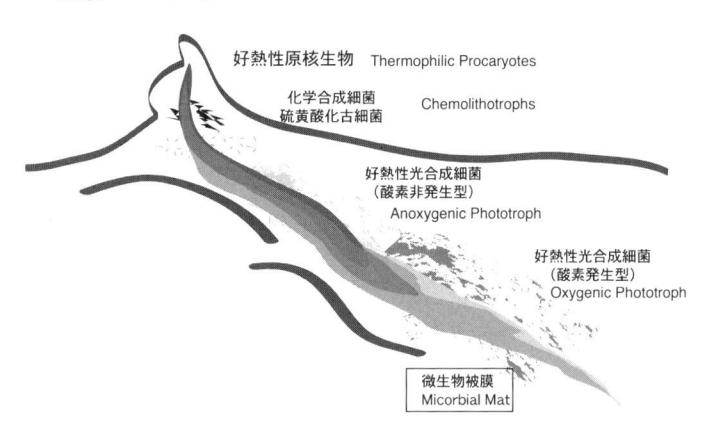

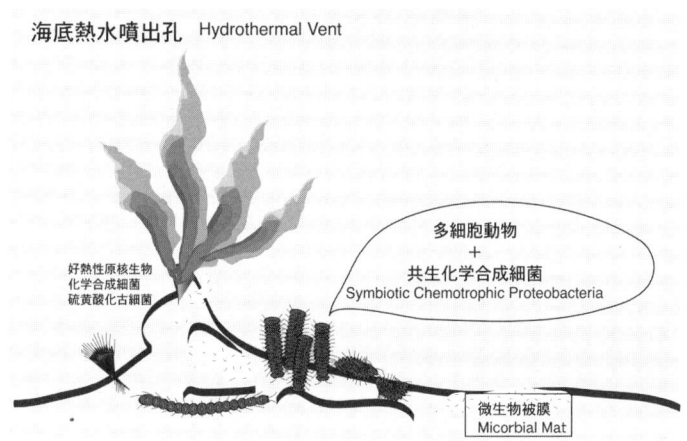

図 6.3.2　現生の熱水環境における微生物生態．同じ熱水環境でも陸上の温泉と海底の熱水噴出孔では生物相に違いがある．熱水からエネルギーを取り出せるのは，好熱性の化学合成原核生物だけである．彼らはエネルギー源となる物質を含む熱水が存在する場所で微生物被膜（microbial mat, biomat, biofilm）を形成している．海底の熱水噴出孔周辺に生息する多細胞動物は，化学合成細菌を共生させることで間接的に熱水からエネルギーを獲得している．これらの共生細菌は酸素大気が形成された以降に分岐したと考えられる新生系統の Proteobacteria に属している．

で熱水成分から間接的に栄養を摂取できる．すなわち表層で生じた光合成産物の残存沈降物や微生物バイオマットに依存することなく，熱水そのものを栄養源として発育する機能を進化の途上で獲得している．共生細菌の分子進

化時計と宿主の化石証拠から推定された結果では，およそ5-7億年前に最初の共生的関係が確立したと予測されている（Distel *et al.*, 1991; Canfield and Teske, 1996）.

熱水環境を初期地球の生態系モデルとして考えると，現在の海底熱水噴出孔には35-38億年前の痕跡もあるが，むしろ真核生物以降の生物進化が強く反映されている環境であろう．初期地球環境の主役は陸上の温泉に逃げ込むことで，その独自の世界を現在まで維持してきたと考えられる．また地球表面に噴出する熱水だけでなく，地下圏に存在する高熱環境にも，太古代の原核生物に直結する好熱性原核生物が存在している．地殻内生物圏（deep-subsurface bioshpere）の世界は21世紀に残された研究課題のひとつである．

6.3.4　地球生態系と微生物の生態進化

温泉を含めた熱水環境は38億年前の地球環境にも存在し，また現在と変わらぬ規模の海洋も存在していた．これらの地質学的な証拠と惑星形成の理論から導き出される初期地球環境で，最初の原核生物が生息したのは海底熱水噴出孔と考えられる．海底の熱水噴出孔は，最初に出現した好熱性細菌が初期地球の激烈な環境条件から逃れるのに最適な空間である．宇宙空間から降り注ぐ有害な紫外線などから遮へいされ，乾燥による群集絶滅からも逃れられる．さらには熱水噴出が停止した場合でも，海水という媒体中であれば子孫を拡散できる可能性が高い．

生物が増殖して群集を形成するためには，豊富なエネルギー源が必要である．このエネルギー獲得様式に基づいて原核生物の進化を推定すると，以下のような仮説を立てることができる（図6.3.3, 6.3.4）．原始地球には低分子の有機物（アミノ酸，有機酸など）は存在したが，高分子有機物（タンパク質，多糖類など）は生物が登場するまではきわめてわずかな量しか存在しなかったと考えられる．低分子の有機物は，惑星形成の際に隕石などで持ち込まれたものと地球上で化学的に生成するものだけであり，その供給は不安定である．この枯渇しやすい有機物をエネルギー源として従属栄養的に分解消費したのでは子孫繁栄は難しい．むしろ細胞構成成分の材料として利用したと考えるのが妥当である．生物活動を支えたエネルギー源としては，硫黄，硫化

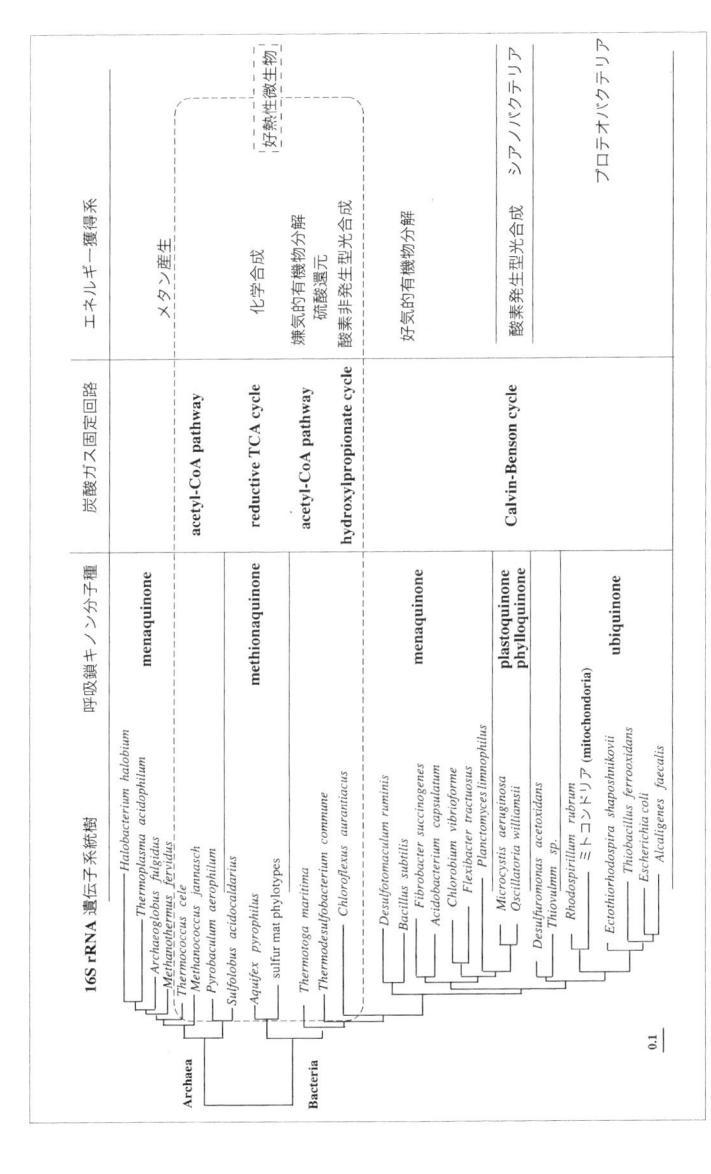

16S rRNA 遺伝子系統樹	呼吸鎖キノン分子種	炭酸ガス固定回路	エネルギー獲得系
Archaea: Halobacterium halobium, Thermoplasma acidophilum, Archaeoglobus fulgidus, Methanothermus fervidus, Methanococcus jannaschi, Thermococcus cele, Pyrobaculum aerophilum, Sulfolobus acidocaldarius	menaquinone		メタン産生
Aquifex pyrophilus, sulfur mat phylotypes	methionaquinone	acetyl-CoA pathway	化学合成
Bacteria: Thermotoga maritima, Thermodesulfobacterium commune		reductive TCA cycle	嫌気的有機物分解 硫酸還元
Chloroflexus aurantiacus		acetyl-CoA pathway hydroxylpropionate cycle	酸素非発生型光合成
Desulfotomaculum ruminis, Bacillus subtilis, Fibrobacter succinogenes, Acidobacterium capsulatum, Chlorobium vibrioforme, Flexibacter tractuosus, Planctomyces limnophilus	menaquinone		好気的有機物分解
Microcystis aeruginosa, Oscillatoria williamsii	plastoquinone phylloquinone	Calvin-Benson cycle	酸素発生型光合成 シアノバクテリア
Desulfuromonas acetoxidans, Thiovulum sp., Rhodospirillum rubrum, Ectothiorhodospira shaposhnikovii, ミトコンドリア (mitochondoria), Thiobacillus ferrooxidans, Escherichia coli, Alcaligenes faecalis	ubiquinone		プロテオバクテリア

好熱性微生物

0.1

図 6.3.3 原核生物の進化系統と生理機構．原核生物の rRNA 遺伝子系統樹に現れる各系統での呼吸鎖キノンの分子種，二酸化炭素の固定経路，エネルギー代謝の特徴を示した．好熱性生物（Thermophiles）から両端に向けて系統が新しくなる．原核生物の生化学は真核生物と異なる部分が多くあり，一般の生化学教科書には記載されていない場合がある．詳細は微生物学の書籍を参照のこと (Ehrlich, 1996; Madigan et al., 1997).

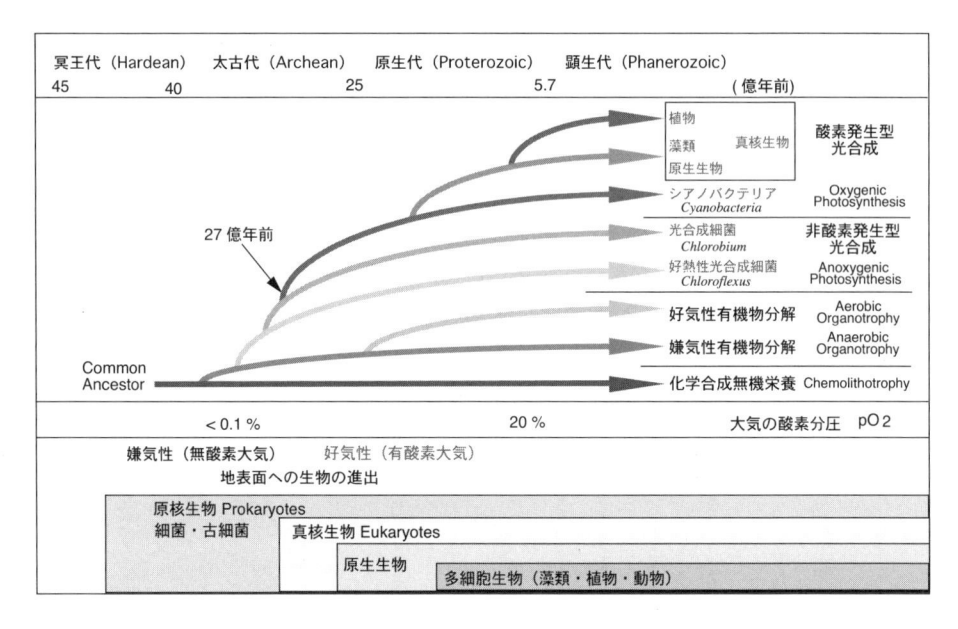

図 6.3.4 エネルギー獲得の様式から見た生物進化の系統樹．生物の進化系統と地球環境の歴史的変遷から推定したエネルギー代謝での進化系統樹を示した．時間軸の設定は便宜的であり正確ではない．

物，鉄，水素など地球から供給される無機物が最も安定していたと考えられる．現生生物から推定された分子進化系統樹に現れる各系統のエネルギー代謝の特徴でも，無機物をエネルギー源とする好熱性細菌が最初に生態系を形成した生物種であることを示している．またオーストラリアピルバラ地域の火山性堆積岩（32 億年前）に含まれる微化石の解析結果は，好熱性原核生物が太古代の海底熱水噴出孔周辺に存在したことを示唆している（Rasmussen, 2000; Rasmussen and Buick, 2000; 上野ほか，1999）．

　無機栄養化学合成により細胞を構成する高分子有機物が生み出されると，環境には分解されない高分子有機物が蓄積したはずである．これにより生じた環境の有機物汚染は，やがてこれを分解してエネルギーを獲得する高分子有機物分解者（従属栄養）の出現により解消されたであろう．この最少の構成員（原核生物）が栄養物質を受け渡す原始的かつ共生的な生態系（原始共生系; Pristine Ecosystem）は，現在の生態系で確立されている生産者と消費・

分解者の関係，すなわち生体物質を作る諸元素の循環系（物質循環）の基礎構造である．やがて太陽光を生体エネルギーに変換する光合成細菌が登場し，さらに酸素発生型の光合成細菌シアノバクテリアが登場して大気に分子酸素が供給された．酸素大気の出現は，酸素呼吸による高効率のエネルギー獲得様式を生み出し，多細胞真核生物の出現を促進したと考えられる．

原生生物 protista のような捕食性真核生物の登場は，餌になる原核生物の生息を抑制したかもしれない．その一方，細菌の系統では真核生物に共生あるいは寄生する菌種が出現した．真核生物が細胞内共生を通じて獲得したミトコンドリアに最も近縁な現生菌種が細胞内増殖性病原細菌（*Rickettsia* 属）であるという事実は，共生あるいは寄生が太古代において成立した生理生態であることを示している．

多細胞生物の出現は，細菌から見ると新たな生息環境（体表面や消化管など）が出現したにすぎないのかもしれない．また多細胞生物から見ると，自らの遺伝子の変異と多様化を待つよりも，共生により特定の機能を獲得すれば，短期間で進化を遂げたことになる．細胞外共生の事例としては，植物が上陸した時代の化石には菌類が根に共生している痕跡が発見されている（Redecker et al., 2000）．まだ十分な土壌が形成されていない陸上環境に植物が進出できたのは，共生菌類の存在によると考えられている（Blackwell, 2000）．

環境条件と生理生態の関係は，生物進化の方向性を決める要因のひとつでもある．初期地球は高熱と無機物栄養という比較的な単純な環境である．これに，好気的，常温，高分子有機物などの環境条件が付け加わり，地球環境が複数の条件で構成される多様な空間へと変遷するとともに，生物の世界には複雑な生理機能と体組織を持つ種が出現してきた．系統の新しい生物種ほど複雑な生理機能や形態を保有するというのは一面において正しい．しかしこれは生物が複雑化の方向を選んだのではなく，複雑に変化する環境条件に適応するのに必要な生理機能や形態の変異が選ばれた結果と考えるべきである．

現在の生態系が複雑なのは多様な環境を内在しているからである．特定の環境でのみ生息する生物種は，その環境が成立した時代から生理生態が変わらないことから「生きた化石」とも呼ばれる．逆に言えば，「生きた化石」が生息できる環境が現在の地球上に残存しているともいえる．まったく同じ遺

伝形質を維持してきたとはいえないが，温泉などの熱水環境に生息する好熱性原核生物もまた30億年以上を生き抜いてきた「生きた化石」といえるかもしれない．

6.4 大量絶滅と生命進化

磯﨑行雄

　地球生命の歴史は少なくとも40億年前ころまで遡ることが確実視されている．その後，光合成生物の出現，真核生物（細胞）の出現，多細胞生物の出現，硬骨格生物の出現，上陸などのいくつかの主要な革新的事件を経て，生命は大型化，複雑化そして多様化の道を歩んだ．ただし，その道のりはけっして平坦なものではなく，また最初からプログラムされたものでもなかった．40億年の間，固体地球の表面は，地球生命にとって自らが発生し進化してきた場であったが，見方を変えれば，地球生物圏は他に逃げ場がない限定された空間であったといえる．そして生物圏の環境はけっして一定不変ではなかった．固体地球の進化に伴って，表層生物圏の環境も必然的にあるいは偶発的に変化した．そのため，時々の生物は変化する環境にその運命を翻弄されながら，かろうじて現在まで生き延びてきたといえる．現在の生物界はそのような40億年間の多様な事件が累積した結果である．

　固体地球の歴史，とくに地球表層の歴史については，先カンブリア時代以降の各種岩石・地層が持つ地質学的記録に基づいて復元されてきた．その結果，地球表層環境はけっして長期間安定しておらず，ときにはきわめて急激に，しかも非可逆的に変化したことが明らかにされてきた．地球表層環境の歴史は，間欠的に起きた多数の激変期とその間に続いた安定期の繰り返しであった．とくに，ある安定状態から別の安定状態に向けてカタストロフィ的変化がいくつかの特定の時期に起きたらしい．地球の歴史を解明するにあたって，このような間欠的に起きたいくつかの特異イベントが重要である．とくに，生物圏は固体地球の表層にいわばまとわりつくように発達してきたことから，生命進化史におけるそれらのイベントの意味はきわめて大きい．固体地球に強く支配された生物圏という枠組みの中で，生物は特異なグローバル環境変化が起こるたびに，速やかな対応を迫られた．結果として，うまく適応できたものが生き残り，そうでなかったものが選択的に除去されてきた．

代	紀	世	期	年代(Ma)
古生代	ペルム紀	Lopingian	Changxingian	253
			Dulfian	
		Guadalupian	Capitanian	
			Wordian	
			Roadian	
		Cisuralian	Leonardian	
			Artinskian	
			Sakmarian	
			Asselian	
	石炭紀	Penn-sylvanian	Gzelian	290
			Kasimovian	
			Moscovian	
			Bashkirian	
		Mississippian	Serpukhovian	
			Visean	
			Tournaisian	
	デボン紀	Late	Famennian	353.7
			Frasnian	
		Middle	Givetian	
			Eifelian	
		Early	Emsian	
			Pragian	
			Lochkovian	
	シルル紀		Pridoli	408.5
			Ludlow	
			Wenlock	
			Llandovery	
	オルドビス紀		Ashgill	439
			Caradoc	
			Llandeilo	
			Llanvirn	
			Arenig	
			Tremadoc	
	カンブリア紀	Late		500
		Middle		
		Early	Toyonian	
			Atdabanian	
			Tommotian	
			Manykaian	
	ベンド紀			531
原生代				543
				565
太古代				2500
				4000

代	紀	世	期	年代(Ma)
新生代	第四紀	Holocene		
		Pleistocene		1.8
	Neogene	Pliocene	Piacenzian	
			Zanclian	5.2
		Miocene	Messinian	
			Tortonian	
			Serravallian	
			Langhian	
			Burdigalian	
			Aquitanian	23.8
	Paleogene	Oligocene	Chattian	
			Rupelian	33.5
		Eocene	Priabonian	
			Bartonian	
			Lutetian	
			Ypresian	55.6
		Paleocene	Thanetian	
			Danian	65.0
中生代	白亜紀	Late	Maastrichtian	
			Campanian	
			Santonian	
			Coniacian	89
			Turonian	
			Cenomanian	98.9
		Early	Albian	
			Aptian	
			Barremian	127
			Hauterivian	
			Valanginian	
			Berriasian	144
	ジュラ紀	Late	Tithonian	
			Kimmeridgian	
			Oxfordian	160
		Middle	Callovian	
			Bathonian	
			Bajocian	
			Aalenian	180
		Early	Toarcian	
			Pliensbachian	
			Sinemurian	
			Hettangian	200
	トリアス紀	Late	Rhaetian	
			Norian	228
			Carnian	
		Middle	Ladinian	242
			Anisian	
		Early	Spathian	
			Nammalian	
			Griesbachian	253

図 6.4.1 顕生代の地質年代区分 (Gradstein *et al.*, 1996 を改変). Ma は 100 万年前.

世界各地で多種類の生物がきわめて短期間に絶滅すると,地層記録としては1つの地層面を境に産出化石の種類が大きく入れ替わるという形で残されることになる.地質学者および古生物学者は,このような化石の産出パタンを多くの野外観察結果から経験的に認識した.彼らはその特異性を利用して,カンブリア紀やオルドビス紀といった過去の地質年代区分やその境界を識別し(図6.4.1),地層記録の中で古いタイプの生物が消える現象を絶滅(extinction)と呼んだ.さらにその規模が大きく,世界中でほぼ同時にかつ短期間に多種類の生物が絶滅する例,たとえば古生代と中生代との境界,あるいは中生代と新生代との境界での事件を大量絶滅(mass extinction)と呼んで,他の小規模な絶滅と識別した.

大量絶滅が,長い地質時代を通していわば定常的に起きる生物群集の入れ替わり(背景レベルの絶滅)から明瞭に区別される理由は,その規模やパタンの違いという現象的側面だけではなく,絶滅の原因およびプロセスがまっ

たく後者とは異なっており，おそらく生物圏に大きな外力が加わったことが想定されるからである．とくに1980年代に明確になった地球外小天体の衝突と大量絶滅との因果関係の具体的認識は，1960年代のプレートテクトニクスと並んで，それまでの地球観・生命観を大きく変えた20世紀を代表するパラダイムであった．このように，生物界自体の内的要因ではなく，外的要因によって生物進化の方向が左右された革命的イベントとして，大量絶滅が注目されるようになった．本節では，過去に起きた大量絶滅の実態，大規模な生物圏危機を引き起こした原因，そして生物進化史の中で大量絶滅が持つ意味を解説する．

6.4.1 大量絶滅の認定

大量絶滅という現象は，顕生代（Phanerozoic），すなわち5.4億年前から現在にいたるまでの地質時代においては，それに先行して約40億年間続いた先カンブリア時代よりも明瞭に認定される．その最大の理由として，先カンブリア時代と比べて，顕生代の地層からは圧倒的に豊富な化石群集が産することが挙げられる．すなわち過去の生物の消長の歴史が具体的に詳しく解明されているからである．ただし先カンブリア時代についても，近年知識が急増しつつあり，今後さらに詳しい研究が進むと，少なからぬ回数の大量絶滅事件が識別されるようになると予想される．

顕生代は，さらに古生代（Paleozoic；5億4300万-2億5300万年前），中生代（Mesozoic；2億5300万-6500万年前）および新生代（Cenozoic；6500万年前以降）の3つの地質時代に大別される．各々，古生代とは三葉虫，筆石，フズリナなど，現在ほとんど見られない古いタイプの生物が繁栄した時代，新生代とは哺乳類を含む新しいタイプの生物が発展した時代，そして中生代とは古生代と新生代との中間の古さの生物（恐竜やアンモナイト）が栄えた時代という意味で与えられた名称である．この3つの地質時代は互いに異なる特徴的な化石群集によって識別されており，これらの間には産出化石の違いから示される2つの明瞭な境界，すなわち古生代・中生代境界（P–T境界，6.5節で詳述）および中生代・新生代境界（K–T境界，6.6節で詳述）がある．これら2つの境界での生物の大規模な入れ替わり事件が大量絶滅の代

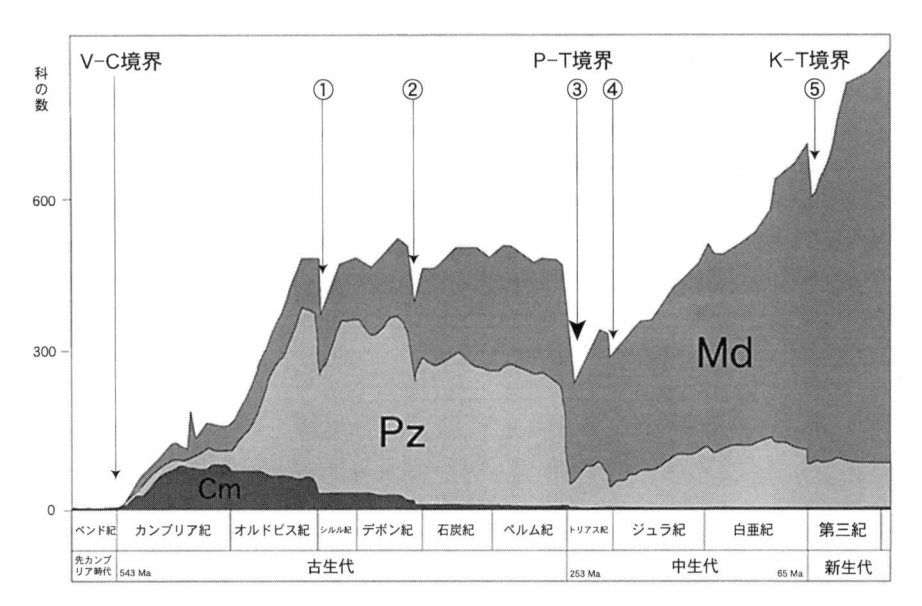

図 6.4.2　顕生代における生物多様性の変化（Sepkoski, 1990）．海洋無脊椎動物の多様性（科の数）が急激に減少する大量絶滅事件が，顕生代 5.5 億年間に少なくとも 5 回起きた（矢印）．最も明瞭な例が古生代・中生代（P–T）境界での大量絶滅である．Cm，Pz，および Md は各々，カンブリア紀型動物群，古生代型動物群そして現代型動物群を指す．

表的な例にあたる．

　詳細な化石記録が残されている顕生代において，これらの他にも多くの絶滅事件が識別されているが，大量絶滅と呼べる大きな事件は，少なくとも 5 回起きたことがわかっている（図 6.4.2）．それらはしばしばビッグ 5 と呼ばれ，上記 2 例を含む，約 4.5 億年前（オルドビス紀末），約 3.5 億年前（デボン紀末），約 2.5 億年前（P–T 境界），2 億年前（三畳紀末）そして 0.65 億年前（K–T 境界）の 5 回の事件である（Sepkoski, 1984; Stanley, 1987; Erwin, 1993; Hallam and Wignall, 1997 など）．さらに，先カンブリア時代原生代末のエディアカラ生物群の絶滅と，いわゆるカンブリア紀の爆発的進化を重要視して，5.4 億年前の原生代・古生代（V–C）境界を 6 番目の大量絶滅事件として扱う研究者もいる．

　具体的な大量絶滅の認定は，化石を多産する連続した地層の詳しい生層序

学的研究に基づいてなされる．たとえば，中生代では多様なアンモナイトや恐竜が繁栄したが，中生代の最後の地質時代である白亜紀の終わりにそれらのすべてが絶滅した．これは，白亜紀末期から新生代第三紀初めにかけて連続堆積した地層中の化石の消長パタンを調べることによって明らかにされた．すなわち，両時代の境界付近のある特定の地層を境に，その直下の（より古い）地層まで連続的に産出した白亜紀型アンモナイトや有孔虫（プランクトン生物）の化石が突如産出しなくなり，それに代わって，上位に堆積した地層からは新生代第三紀型のまったく新しいタイプの生物が一気に産出し始めるというパタンが読み取られた．この場合，白亜紀型の化石生物群集が特定の層準で急激に絶滅したことが示されており，典型的な大量絶滅のパタンといえる．

ただし，大量絶滅の認識においては以下の注意が必要である．まず，一見連続的に堆積したように見えている地層でも，実際に堆積の中断あるいは侵食による地層の欠損が起きている場合がしばしばあることである．地質年代の境界や絶滅パタンの認識においては，同時に詳しい堆積学的検討が不可欠である．海水準変動の影響を直接被りやすい大陸棚の地層とは別に，深海掘削試料として得られた連続堆積層中でもそれと同じ層準での急激な化石群集の入れ代わりが確認されると，大量絶滅の認定はより確実となる．また，ある地層から化石が産しないことは，必ずしもその時代に生物が生存していなかったことを示すわけではないことに留意せねばならない．過去の生物が化石として地層中に保存される確率，および化石となったものが偶然現代の地質学者によって発見される確率などを考慮する必要がある．人為作業によって明らかにされる化石の産出期間の範囲は，しばしば実際の生物の生息期間よりも短く見える傾向（Signor-Lipps 効果と呼ばれる；図 6.4.3）があることが知られている．

白亜紀型生物の急激な絶滅事件の場合も，このようなチェックをすませた上で，短期間の一斉絶滅のパタンが世界各地の同時代層で明瞭に識別できた時点で初めてグローバルな出来事であったことが確認された．このように地球上のさまざまな環境に生息する多様な生物，すなわち陸上の大型動物群や植物群，また海洋のプランクトン群集などが世界中で同時に，それも短期間

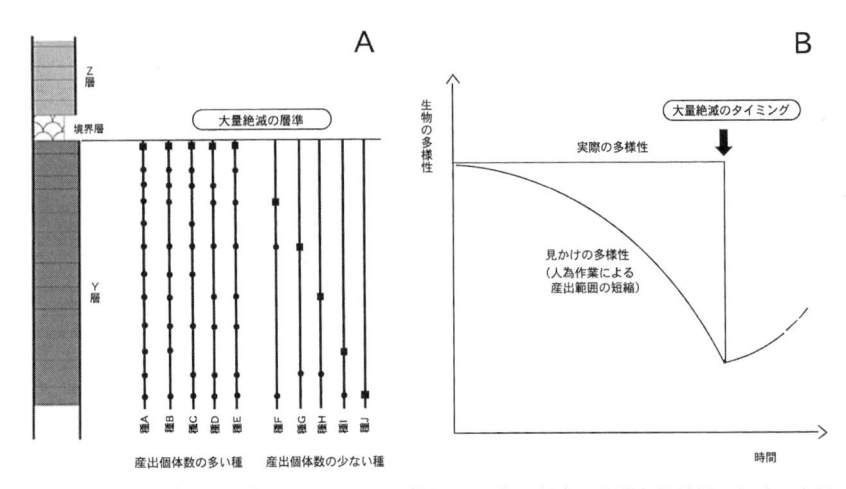

図 6.4.3　化石産出に関する Signor-Lipps 効果．A: ある任意の地質年代境界における大量絶滅時の化石産出パタンのモデル図．化石が野外で発見された層準を●で示す．実際に Y 層と Z 層との境界で，種 A-J のすべてが同時に絶滅した場合でも，個体数の大きな種と小さい種とでは，最終産出層準（■）の認定にズレが生じやすい．とくに個体数の小さな種は発見確率が低いので，人為的に認定される産出範囲は，実際の生存範囲よりも短かめに推定されやすい．このことを Signor-Lipps 効果と呼ぶ．B: 各層準における産出化石種の合計数をもとに生物多様性の時間変化を探る場合，Signor-Lipps 効果により実際には短期間の大量絶滅のパタンであったものが，見かけ上漸移的な絶滅パタンにみえることがあることに注意が必要である（Signor and Lipps, 1981）．

に消滅するという現象が明らかな場合に限って，大量絶滅が認定される．ちなみに，近年頻繁に報道されるジャイアントパンダ，クジラ，あるいはトキといった単独の種あるいは局地的な動物群が順次絶滅しつつある事実は，長い地質学的時間の中では通常に起きる背景レベルの絶滅とみなされる．これらは本節で扱う大量絶滅とは本質的に異なる現象なので，明瞭に区別する必要がある．

6.4.2　大量絶滅の原因

　過去の大量絶滅事件の具体的原因あるいはその過程については，詳しく明らかにされていない場合が多い．唯一の例外は，ビッグ 5 の中でも K–T 境界での大量絶滅のみである．K–T 境界については，1980 年以後急速に研究が進み，巨大天体の落下・衝突によって起きたことが証拠付けられた（Alvarez *et al.*, 1980; Hildebrand *et al.*, 1990; 6.6節参照).

　ビッグ5といえども,その他の4例については原因は不明のままで,これらについてはさまざまな仮説が提案されている (Wignall and Hallam, 1997など参照).それらは大きく二分され,地球外に原因を求める考えと,地球内部に原因を求める考えがある.前者には,巨大隕石・彗星の衝突だけでなく,超新星の爆発や,銀河系内における太陽系の相対的な動きなどを考慮する立場も含まれる.やや規模は小さいが,新生代古第三紀にも隕石の衝突による絶滅事件が確認されている (Sanfillipo *et al.*, 1985; Poag, 1997).またデボン紀後期やP–T境界での大量絶滅の原因を隕石衝突と考える研究者もいる (McGee, 1996; Becker *et al.*, 2001).ちなみに1980年代にしばしば議論された隕石衝突の周期性 (Raup, 1986, 1991参照) については,想定された小天体の周期的到来が天体物理学的に困難であることが指摘され,その後支持する研究者は激減した.

　一方で,地球内部に原因を求める立場でも,多種多様な考えがあり,主要なものだけでも,地球表層の温暖化・寒冷化,海水の塩分濃度の変化,大気酸素の激減,大海退に伴う生活域の減少,火山活動に伴う有害元素中毒など枚挙にいとまがない.いずれも現世において観察される生物が死にいたる直接的プロセスに基づいた考察であるが,実際にそれが地球規模で過去に起きたことを証明することは一般に難しい.さらに,これらの諸現象の根本的な原因の解明は困難である.

　しかし,グローバルにかつ短期間に多様な生物の絶滅が起こるには,少なくともグローバルな環境変化が必要なこと,また地球表層で起きているプレートテクトニクス的物質循環システムと表層環境・生命圏が無関係とはみなされないことを考慮すると,地球内での根本原因は,固体地球の大規模な変動と関わっていたと考えざるを得ない.非定常的に活動する地球内部の営力,たとえばマントル内の巨大な対流の一部であるスーパープルームの活動などはその大きな候補のひとつになりうると考えられている (6.5節参照).

　このように大量絶滅の原因としては,少なくとも地球外天体の衝突と,地球内部に原因を持つものの両方があることは確実と考えられており,今後の研究の進展が期待される.

6.4.3 生物進化史における大量絶滅の意味

究極の原因はさておき，実際に過去には何度も大量絶滅が起こり，そのたびに生物相は大きく入れ替わった．とくに大量絶滅の後では，地球表層環境が回復するに伴って，必ず新しいタイプの生物群が現れた．これは古いタイプの生物群の絶滅によって空白となった環境空間（niche）に，厳しい危機を生き延びた少数の生物群が急速に進出し，個体数の増大や地域拡散を通して一気に多様化した結果と考えられる．実際には，まず劣悪な環境でも生存できる特殊な災害時型生物群（disaster community）が現れ，やがて環境の回復につれて，より多様性の高い安定した群集に置き換わっていき，置き換わった群集はその後長期間安定化することが多い．すなわち突発的に起きる短期間の急激な絶滅・入れ替わり事件と，その次の事件との間の長い期間はいわば平衡状態に達した生物群が存続し続ける．このようなパタンが化石記録の中で繰り返し読み取れることに注目し，生物の進化史は，急激な変化期と長い安定期の繰り返しであったと見る断続平衡（punctuated equilibria）説が提案されている（Eldredge and Gould, 1972）．

過去の生物の入れ替わりパタンは，大量絶滅という本来生物を殺すという現象が，その直後の生物を多様化させ，結果として進化の加速装置として働いたという一見逆説的な意味を持つことを示唆している．地球の歴史そして生命の歴史を振り返ると，約40億年前に生命が出現し，その後，原始的なバクテリアから，真核生物，多細胞生物へと，より複雑で大型な生物が現れてきた．しかし，このような進化の道筋はけっして必然的な結果ではなく，いろいろな地質学的事件（その中の大規模なものは既存の生物にとって致命的な環境変化を伴ったものであっただろう）が偶然重なった結果といえる．

生物は地球表層に棲み続けてきたので，固体地球の変動が生物の運命に大きな影響を与え続けてきたことは疑いがない．したがって，たとえば過去のいくつかの時点でスーパープルームの活動や隕石落下がなかったら，あるいはそれらが起きた時期が異なっていたら，現在見るようなものとはまったく違った生物の世界ができていた可能性が強い．われわれ人類を含めて今日の生物界は，何度も訪れた環境激変の中をかろうじて生き延びた耐久力のある

生物，あるいはきわめて幸運な生物の子孫であるといえる．生物の進化は，このように固体地球の変動および進化につねに連動してきた．大量絶滅とその後の生物の入れ替わりという事実は，かつてダーウィンが唱えた進化論の基本概念と矛盾するものではない．

　本章では，主要な5つの事件すべてについて説明する紙数がないので，以下の6.5節および6.6節において，近年最も研究が進んだ2つの主要な事件，すなわち古生代・中生代境界（P–T境界；2.5億年前）事件，および中生代・新生代境界（K–T境界；0.65億年前）事件について説明する．

6.5 P–T境界—史上最大の大量絶滅事件

磯﨑行雄

6.5.1 P–T境界での大量絶滅

　化石記録が豊富な顕生代（約5億4300万年前から現在まで）における最大規模の大量絶滅は，古生代・中生代境界で起きた（6.4節の図6.4.2参照）．この境界は，古生代最後のペルム紀（Permian）と中生代最初のトリアス紀（Triassic）の頭文字をとってP–T境界と呼ばれる．その年代はジルコン（鉱物）単結晶のU-Pb（ウラン–鉛）放射性年代測定によって約2億5300万年前とされている（Mundil et al., 2001）．世界各地の地層中に残された化石記録は，P–T境界事件が，中生代・新生代（K–T）境界事件をはじめとする顕生代の主要な大量絶滅事件の中で最大規模であっただけでなく，中生代から現世にいたる現代型生物群の発展の始まりであったことを物語っている（Sepkoski, 1984; Stanley, 1989; Erwin, 1994）．

　Sepkoski（1989）による世界中の化石産出報告のコンパイルによると，その当時の海棲無脊椎動物属の78–84%がP–T境界で死滅したとされる．その代表は古生代の示準化石とされる三葉虫やフズリナ（有孔虫と一括される$CaCO_3$殻を持つ原生動物の仲間）であった．いずれも世界中の海に広範に生息していたが，古生代最後のペルム末に同時に姿を消した．その他にも海陸のさまざまな動植物も絶滅したり，あるいは多様性を大きく減じた（図6.5.1）．最も詳しく研究された南中国のP–T境界層では，150種を超える多様な生物がほぼ同時に絶滅しており（Yang et al., 1991; Jin et al., 2000），背景で起きた環境変化のストレスの強烈さがうかがえる．

　とくに被害が大きかったのが（古生代型）サンゴやウミユリなど，体内循環を拡散に依存し，海底固着生活をしていた動物であった（Knoll et al., 1996）．それらは，強力な循環系や遊泳・移動能力を持った動物とは異なり，急激な環境変化に迅速に対応できなかったからだと考えられる．さらに陸上の植物

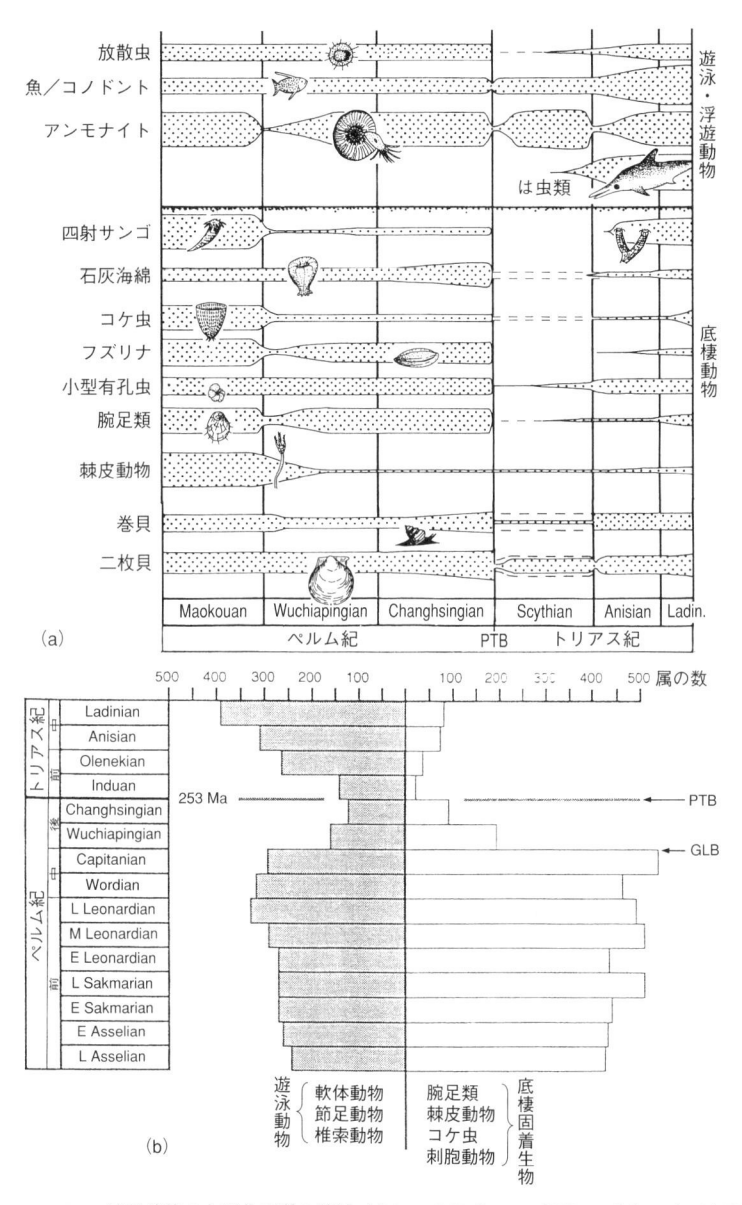

図 6.5.1 P–T 境界前後の主要化石群の消長パタン．a) Hallam and Wignall (1997), b) Knoll et al. (1996). P–T 境界では底棲動物が選択的に絶滅したことと，ペルム紀末の大量絶滅は実際には 2 段階（ペルム紀中期・後期境界と狭義の P–T 境界）で起きたことが注目される．

6.5 P–T 境界—史上最大の大量絶滅事件

および昆虫も絶滅を被り，石炭紀以来栄えた維管束植物の森林もほぼ消失して，P–T境界前後に菌類の短期大繁栄が起きた（Visscher et al., 1996）．P–T境界をはさんで，生物生産の量やパタンがグローバルに変化したことは，炭素同位体比の急激な変化（後述）からも推定されている（Holser et al., 1989; Baud et al., 1989 など）．このように，顕生代の中で最大規模の大量絶滅と新しいタイプの生物群への入れ替わりが起きたことから，P–T境界事件は生物進化史における重大事件のひとつ（第1章の地球史七大事件参照）として長年注目されてきた研究対象であった．

しかし，この未曾有の大量絶滅事件の原因はまだ十分解明されていない．K–T境界の研究結果を受けて，P–T境界層からも隕石起源のイリジウム異常の検出が試みられた（Xu et al., 1985）が，これまでのところ説得力のある報告例はなく，否定的な見解が一般的である（Clark et al., 1986; Zhou and Kyte, 1988 など）．さらに最近，境界層から原始太陽系起源とみなされる ^{3}He の異常濃集が報告され，隕石衝突の証拠とされた（Becker et al., 2001）．しかし，試料採取層準の誤りや分析方法に関して種々の疑問が出され（Isozaki, 2001; Farley and Mukhopadhyay, 2001 など），多くの研究者はその結果に対して懐疑的である．このように現時点では，隕石・彗星衝突を示す説得力のある証拠はなく，固体地球内部に絶滅原因を探る研究者が多い．

一方，地球内に起源を持つ直接的絶滅原因として，これまでにさまざまな解釈が提案された．たとえば，火山活動と急激な気温変化（寒冷化・温暖化），海水準変動と生息域の減少，酸素欠乏，海洋成層の崩壊と二酸化炭素中毒などが想定されている（Stanley, 1988; Hallam, 1991; Campbell et al., 1992; Knoll et al., 1996 など）．しかし，それらの多くは個々の生物グループの絶滅やいくつかの地質現象間の関係を説明できるものの，汎世界的に同時に起きた環境変化のすべてを説明できるわけではない．むしろこれらの現象は，大量絶滅と同様に，何らかの究極的な要因によって連鎖的に導かれた結果だったと考えられる．

これまでに提案された原因諸説をまとめた Erwin（1993）は，多様な海陸の生物を上述のような単一の原因のみで同時に絶滅させることは難しいと判断し，複数の特異事件が偶然（あるいはなんらかの必然性から）同時に起き

たことこそが P–T 境界事件の規模の大きさの原因だと述べた．しかし，これでは単に究極要因の特定を避けただけの折衷案でしかない．P–T 境界事件にはまだ未発見の特異な原因が隠されていると考えられる．

本節では，P–T 境界事件を考察する上で重要な観察事実を解説し，それらから導かれる推論と作業仮説を紹介する．

6.5.2　P–T 境界ごろの世界の古地理：超大陸と超海洋

P–T 境界での大量絶滅が史上最大の規模のグローバル事件であることから，その究極原因を探る上でも，当時起きたグローバルスケールの事件に注目する必要がある．P–T 境界当時に起きた大規模な地質学的事件として見すごせないのが，以下に説明する超大陸パンゲアの存在，とくにその分裂である．プレートテクトニクスが機能する惑星地球の表面では，大陸塊はそれにしたがって移動し，海洋プレートが沈み込み続けるとやがて大陸同士が接近して，衝突・合体する．このような大陸衝突がある特定の場所で一斉に起きると超大陸（supercontinent）が形成され，その他はすべて超海洋（superocean）によって占められるという特異な海陸分布が出現する．

ペルム紀およびトリアス紀（3–2 億年前）ごろには，北半球の北米（Laurentia），北欧（Baltica），シベリア（Siberia），そして南半球の南米，アフリカ，オーストラリア，南極など世界の主要な大陸塊は互いに衝突・合体して超大陸パンゲア（Pangea）を形成していた（図 6.5.2）．古生代後半に集合した北半球の諸大陸の部分はローラシア（Laurasia）と呼ばれ，一方，古生代初めからずっと一体化していた南半球の大陸塊はゴンドワナ（Gondwana）と呼ばれる．パンゲアは古生代末にローラシアとゴンドワナの合体によってできた超大陸である．地球表層の残りは巨大な超海洋パンサラサ（Panthalassa）で占められた．パンゲアの東側には巨大な湾入部をなすテチス（Tethys）海が存在した．

ほぼ北極から南極にいたる経度方向に長く伸びたひとつの超大陸およびひとつの超海洋という，当時のきわめて特異な海陸分布は，独特の大気・海水の循環パタンを生み出し，現在のものとはかなり異なった気候配置をつくっていたと推定される．顕生代において，超大陸の形成はこの時期以外には起

255 Ma, ペルム紀後期

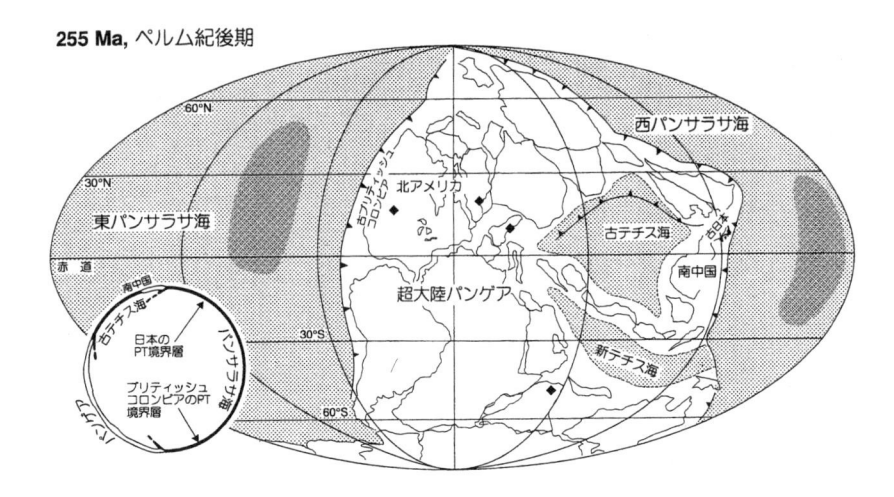

図 6.5.2　P–T 境界ころの世界の古地理（Isozaki, 1997; Scotese and Langford, 1995）．超大陸パンゲアと超海洋パンサラサのみによって占められる極端な海陸分布に注意．化石を多産する連続的な P–T 境界層（主に石灰岩，泥岩）の多くは，パンゲア東側に開いた湾入部（テチス海）沿岸の浅海で堆積した．低緯度で温暖な環境にあったテチス海では多様な生物が繁栄した．南中国はテチス海の東縁にあった．超海洋中央部の遠洋深海で堆積したチャートや古海山頂部の石灰岩は，海洋プレートの沈み込みに伴って移動し，ジュラ紀に南中国の東縁に付加した．

きていない．プレートテクトニクスが登場して間もない 1970 年代初めに，超大陸の形成・分裂と生物多様性の増減とがほぼ同じタイミングで連動していたことが初めて指摘された（Valentine and Moores, 1970; Schopf, 1974）．これは先見性という意味で特筆に値する（6.5.7，6.5.8 項参照）．

6.5.3　陸棚の P–T 境界層

　大量絶滅を含む P–T 境界に関する研究は，古生代と中生代が識別されて以来，すでに 100 年以上続けられてきた．その主要な研究対象とされたのは，もともと多様な生物が生息した大陸棚（水深 200 m 以浅）の浅い海底に堆積した P–T 境界層であった（Newell *et al.*, 1974; Iranian-Japanese Research Group, 1981; Zhao *et al.*, 1981; Shen *et al.*, 1984; Sweet *et al.*, 1992 など）．このような化石を多産する P–T 境界層は，現在のロシア西部〜中東，インド，南中国，さらに米国やヨーロッパなどに散点的に露出しており，日本には産しな

図 6.5.3　南中国浙江省煤山の P–T 境界層の露頭写真．a) 煤山 D セクション（P–T 境界の GSSP）全景．右手下位がペルム系最上部，左手上位がトリアス系最下部．b) 煤山 D セクションの P–T 境界．地層面が明瞭な部分がペルム系最上部，その上位にトリアス系最下部が整合に累重する．煤山 B セクションの P–T 境界についてはカラー口絵 7 参照．

い．P–T 境界当時，現在見られるすべての主要な大陸塊がパンゲアの一部となっていた（図 6.5.2）．これらの大陸地域に分布する P–T 境界層はすべて，もともと超大陸パンゲアの内湾あるいは縁辺部の大陸棚の浅海で堆積した地層であった．中でも重要なのは，パンゲアの東側にできた巨大な湾入海域であるテチス海周辺の浅海に堆積した境界層である．東に口を開いたテチス海は，主として低緯度地域に位置していた温暖な海域だったので，多様な生物が繁栄し，そこで堆積した地層中には豊富な化石記録が残されているからである．日本からも 1970 年代に京都大学を中心とした研究グループが P–T 境界層の研究に取り組み，イラン，パキスタンおよびインドの陸棚相 P–T 境界層の

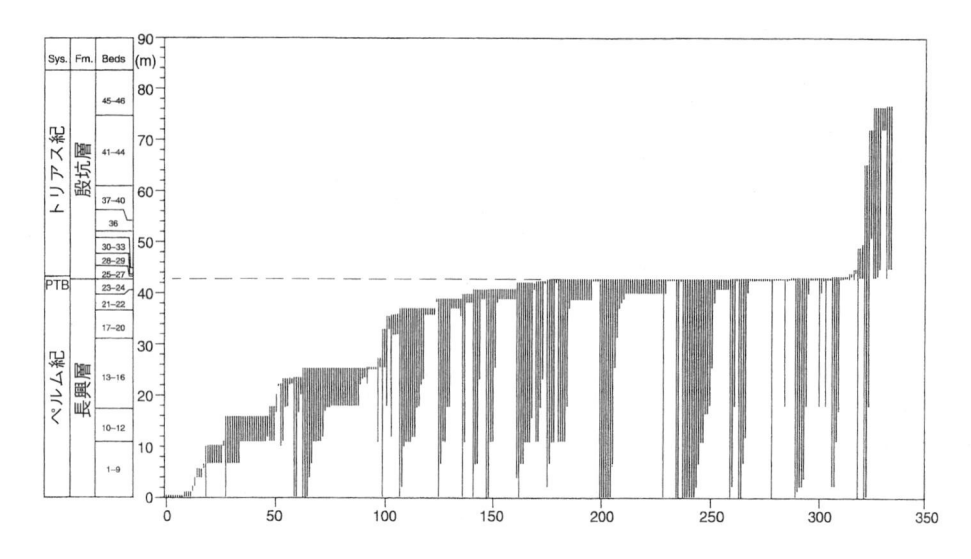

図 6.5.4 古生代ペルム紀化石生物の絶滅パタン (Jin et al., 2000). 縦軸：地層の厚さ，各化石種の産出範囲を直線で示す. Bed 24 と 25 の間で，多数の生物種が同時に絶滅している様子に注目.

層序学的研究に大きな貢献を残した (Nakazawa et al., 1975, Iranian-Japanese Research Group, 1981; Matsuda, 1981 など).

陸棚相 P–T 境界層の中で最も重要視されているのが，南中国浙江省長興市北西 20 km の煤山 (Meishan) に露出する層序断面 (セクション) である (図 6.5.3 a). 当時の南中国はパンゲアからは独立した揚子地塊 (Yangtze block) としてテチス海の東部の赤道近くに位置していた (図 6.5.2). 揚子地塊北東部にあたる煤山セクションにおいて，ペルム系長興 (Changhsing) 層とトリアス系殷坑 (Yinkeng) 層が整合的に累重する様子が観察される (Zhao et al., 1981；図 6.5.3 b, カラー口絵 7). このセクションはペルム紀最後期長興 (Changhsingian) 階の模式地であるのみならず，P–T 境界の世界標準模式断面・地点 (GSSP; global stratotype section and point) と指定されている (Ying et al., 2001). その理由は，P–T 境界をはさんで地層欠損がまったくない完全連続層であること，かつ年代決定に有効な化石を多産すること，さらに交通のアクセスが万人にとって容易であるという研究上の好条件を備えて

いるからである．

　煤山セクションのペルム系長興層が白色石灰岩からなるのに対し，トリアス系殷坑層は泥岩および泥質石灰岩からなる．長興層から産する多くのペルム紀型化石の産出上限は最上部の Bed（層）24 である一方，少数のペルム紀–トリアス紀移行期型化石（アンモナイトなど）が Bed 25 から産する（図 6.5.4）．しかし，ペルム紀型化石の数種はさらに上位の Bed 26, 27 まで産するため，Bed 25–27 には，ペルム紀型およびトリアス紀型化石が混在する．このような混在群集は世界各地の P–T 境界層で認められ，P–T 境界の認定に際しての困難や混乱の原因となっていた．最近では，世界各地から普遍的に産するトリアス紀前期グリースバック世（Griesbachian）最初期の示準化石であるコノドント *Hindeodus parvus* の初出層準（地層のレベル）をもって，生層序学的に P–T 境界を認定するという便宜的な合意がなされている．これに従って，煤山セクションでは，*H. parvus* の初出層準である殷坑層最下部の Bed 27c の底面（Yin *et al.*, 1992）をもって生層序学的な P–T 境界と定義される（カラー口絵 7 参照）．煤山の Bed 25 および 28 の火山灰層中から抽出したジルコン結晶の U–Pb 年代に基づいて，P–T 境界の年代は約 253 Ma（百万年前）と算定されている（Mundil *et al.*, 2001; Bowring *et al.*, 1998）．

　大陸棚相の P–T 境界の対比において，炭素の安定同位体比（δ^{13}C 値）の経年変化パタンの比較が重要である（Holser *et al.*, 1989; Baud *et al.*, 1989 など）．δ^{13}C 値は，生物活動による有機炭素固定の程度を，炭酸塩鉱物や炭質物中の炭素の安定同位体（^{12}C と ^{13}C）比としてみるための指標である[*1)]．海成石灰岩の主要成分である炭酸カルシウムは，方解石あるいはアラレ石という鉱物結晶の微粒子として堆積するが，その中の炭素の安定同位体比は周囲の海水（および大気）が持つ同位体比と平衡を保つ．したがって過去の石灰岩の炭素同位体比の経年変化を調べると，過去の海水および大気組成に影響を及ぼしたグローバルな生物の炭素固定プロセスの経年変化が読み取れる．煤山セクションをはじめ世界の主要な P–T 境界層は共通の特徴的な変化パタンを持つ（図 6.5.5）．ペルム紀後期の δ^{13}C 値は，どのセクションでも約+1

[*1)] $\delta^{13}\mathrm{C} = \dfrac{(^{13}\mathrm{C}/^{12}\mathrm{C}_{\text{sample}}) - (^{13}\mathrm{C}/^{12}\mathrm{C}_{\text{standard}})}{(^{13}\mathrm{C}/^{12}\mathrm{C}_{\text{standard}})} \times 10^3$ （‰, PDB）

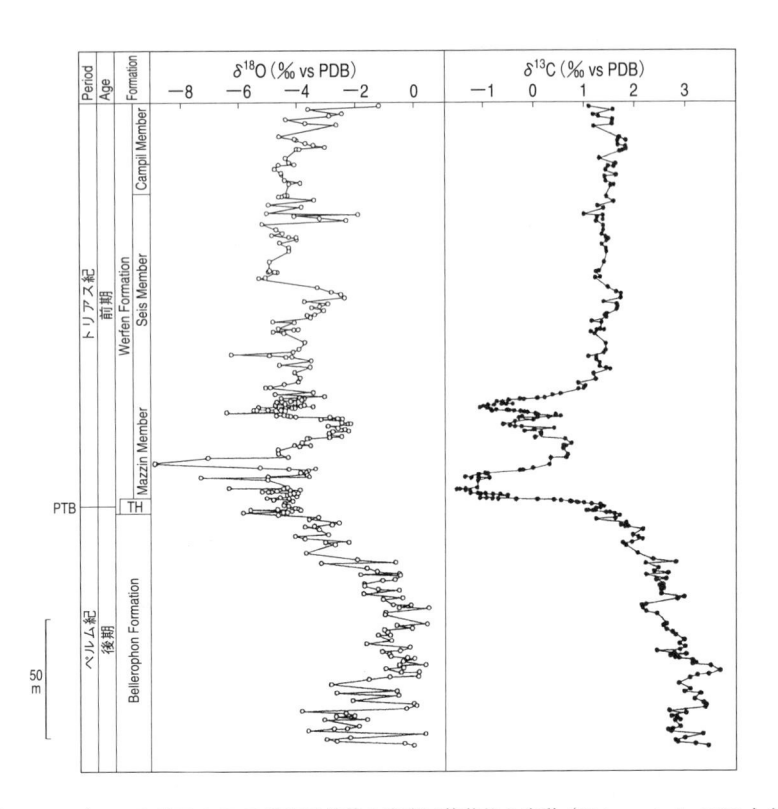

図 6.5.5 オーストリアの P–T 境界層前後の炭素同位体比の変動（Holser et al., 1989 から抜粋）．P–T 境界で炭素同位体比（δ^{13}C 値）が大きく負にシフトする．この特徴的なシグナルは，世界各地の P–T 境界層で確認されており，化石を用いた層序対比とは独立に，P–T 境界の世界対比にきわめて有効である．

〜+2 ‰ であったが，P–T 境界直下でほぼ 0 ‰ に急減する（Holser et al., 1989; Baud et al., 1989）．中には境界付近で 9 ‰ も減少する例がグリーンランドから報告されている（Twichett et al., 2000）．また生物によって固定された炭質物中の有機炭素の同位体比も同時に減少する（Magaritz et al., 1992）ことから，当時の大気–海洋系における全炭素の同位体組成の変化がグローバルに起きたと推定されるが，その原因やプロセスの詳細は不明である．

　ちなみに，このような地層の化学組成（とくに δ^{13}C, δ^{18}O, δ^{34}S などの安定同位体比）の変動に注目して地層対比を行う手法は，化学層序学（chemostratigraphy）と呼ばれている．中でも炭素同位体比の経年変化の測

定は，化石を産しない地層の正確な対比に有効で，たとえば，V–C 境界や K–T 境界などの主要な地質年代境界付近において，$\delta^{13}C$ 値の明瞭なシグナル（負異常）が知られており（6.6 節参照），特異なイベント層準の捜索に不可欠な研究手法となっている．

6.5.4 超海洋の深海 P–T 境界層

パンゲアが存在した時代であっても大陸の総面積はほぼ現在と同様で，全地球表面の約 30%程度を占めた．P–T 境界での大量絶滅の原因あるいは背景にあったグローバル環境変化を解読するためには，パンゲア周辺から得た情報のみならず，残り 70%を占めた超海洋の情報が不可欠である．しかし，1980 年代になるまで超海洋の記録はまったく入手できなかった．現在の地球表面に存在している世界最古の海洋底は日本の南方，マリアナ海溝東側に接する太平洋プレート上のもので，その年齢（中央海嶺で生まれてから現在まで）は約 2 億年である．2 億年前以前の海洋プレートはすべて海溝からマントルへ沈み込み，もはや地表には残っていない．すなわち，P–T 境界（約 2.5 億年前）ころの超海洋底の情報を直接現在の海洋底から入手することは不可能で，これが従来の P–T 境界研究の対象がパンゲア周辺の大陸棚堆積物のみに偏っていた理由であった．ところが，特定の大陸縁には失われた海洋底の記録が残されていた．

プレートが沈み込む海溝域では，しばしば付加と呼ばれる構造的プロセスが起きて，海洋プレートの最上部（深海堆積物や海山・中央海嶺の火山岩）が薄い板状のスライスとして剥がされ，沈み込む側のプレートから沈み込まれる側のプレートの下底へとはりつけられるように付加される（図 6.5.6）．したがって過去の海洋プレートの主体はマントルへと沈み込んでしまうが，かつての深海堆積物（たとえ 2 億年前以前のものであっても）の一部は，断片としてプレート沈み込み帯の陸縁の付加体（accretionary complex）中に保存されている可能性がある．海溝では板状の岩体がつねに下から付加されるので，古い岩体は順次押し上げられ，やがて陸上に露出するようになる．

日本列島の地表に露出する岩石の多くは，同様のプロセスで形成された古生代および中生代の付加体であり，その中にはかつて古太平洋（=超海洋パン

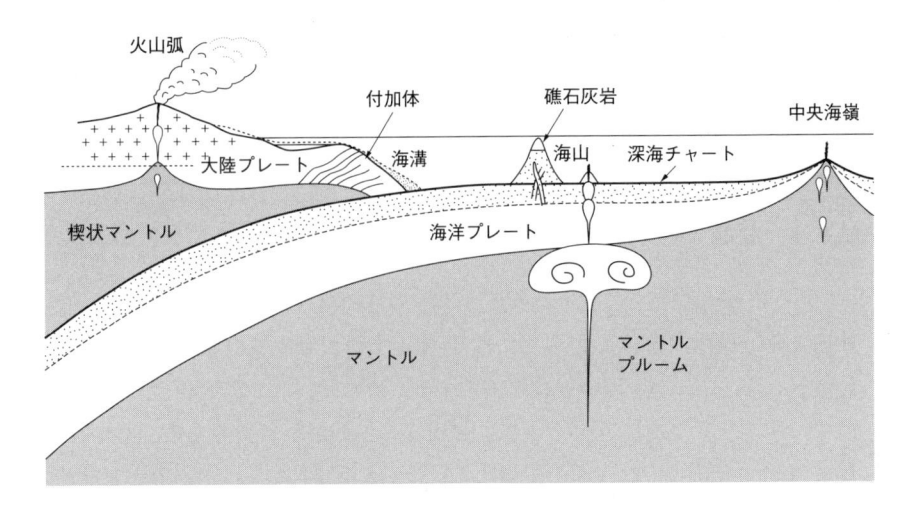

図 6.5.6 単純化した海嶺–海溝系の模式図（Isozaki et al., 1990 から簡略化）．2 億年前以前の海洋中央部の記録は，付加された遠洋深海チャートと古海山頂部石灰岩のみに残されている．初生的に海洋中央部に起源を持つ地層や岩石が，長時間の移動の後に表層の一部だけが海溝において陸側に付加される．新しい付加体は下から付け加えられるので，古い部分は陸上に露出する．

サラサ）中央部の遠洋深海で堆積した地層の断片が含まれている（Matsuda and Isozaki, 1991; Isozaki et al., 1990）．従来は入手不可能と考えられてきた過去の遠洋深海堆積物を陸上に露出した過去の付加体の中で解析するという視点は，1970 年代末の日本における研究から世界で初めて認識され（松田ほか，1980），その後深海 P–T 境界層の発見（山北，1987）という成果をもたらした．

　遠洋深海起源の珪質細粒堆積岩は層状チャート（bedded chert）と呼ばれる．層状チャートはリズミカルに成層した地層で（カラー口絵 8），組成の 90–95％が極細粒の SiO_2 からなるために硬い．主として直径約 0.1 mm の放散虫（radiolaria; SiO_2 殻を持つ原生動物，プランクトン）殻およびその破片からなり，風で運ばれた微粒の粘土鉱物を少量伴う．陸上での侵食で作られる粗粒の礫や砂はまったく含まれない．これらの特徴は現在の深海で堆積するプランクトン軟泥と共通である．日本に産するチャートは，もともと超海洋パンサラサの中央部の遠洋深海に低い平均速度（2–4 mm/1000 年）で堆積し

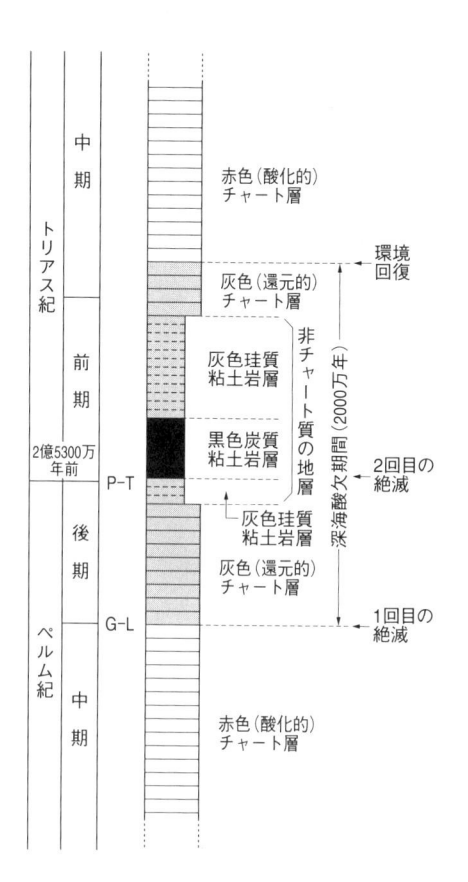

図 6.5.7 深海 P–T 境界層の柱状図（Isozaki, 1997）．遠洋深海での長期の酸素欠乏事件はペルム紀中期・後期境界からトリアス紀中期初頭まで，約 2000 万年間継続した．P–T 境界での大量絶滅は超海洋が深海から表層まですべて酸素欠乏に陥った superanoxia のピーク時に起きた．また深海酸素欠乏事件の開始時期はペルム紀中期・後期（G–L）境界での大量絶滅タイミングに一致する．

たもので，長時間をかけて海洋プレートとともに数千 km 移動した後に，アジア東縁に付加した（松田ほか，1980；Matsuda and Isozaki, 1991）．

　日本列島に付加された過去の遠洋深海堆積物の年代は石炭紀から白亜紀に及び，そのほとんどは単調な層状チャートからなる．その中に P–T 境界ころに堆積した部分が含まれている．通常の層状チャートは明瞭に異なる特徴的な粘土岩層（P–T 境界層）が P–T 境界前後の層準にかぎってはさまれる．こ

のP–T境界層は厚さが30–40m程度の細粒な灰色珪質粘土岩から構成され（カラー口絵8），その中には，厚さ5m程度の有機質な黒色粘土岩がはさまれる（山北，1987；Kajiwara et al., 1994; Isozaki, 1994; Kakuwa, 1996; Suzuki et al., 1998など；図6.5.7）．同様のP–T境界珪質泥岩はカナダ西部の付加体からも見出され，超海洋パンサラサの反対側に付加した遠洋深海堆積物にも同様の記録があることが確認された（Isozaki, 1997）．P–T境界をはさんで一定の期間，通常のチャートが堆積しなかったことから，放散虫の生産量が境界前後で減少したと推定される．さらに詳しい古生物学研究（桑原ほか，1991；Sugiyama, 1992など）から，P–T境界を境に放散虫の種類が古生代型から中生代型へと大きく入れ替わったことが確認された．このように，超海洋の中央部でも古生代型動物プランクトンの明瞭な絶滅があったことが示された．

6.5.5　Superanoxia（超酸素欠乏事件）

地球大気および海水中の遊離酸素のほとんどは，植物および光合成バクテリアが太陽光を利用して地球表層で生産したものである．通常の海洋では，活発な熱塩循環によって表層海水と深層水とが常時攪拌されているため，光が届かない深海にも定常的に酸素が供給される（4.2節参照）．その結果，現世海洋のように深海底には酸化物を含む赤色層が堆積する．過去の遠洋深海堆積物である付加体中の層状チャートは，わずかに含有される鉄が酸化鉄（赤鉄鉱；Fe_2O_3）であることを反映して，赤れんが色に近い赤褐色を呈する（カラー口絵8a）．これは深海底で鉄の酸化物を作るのに十分な酸素が堆積時の海水（厳密には堆積物中の間隙水）中に溶存していたことを示している．これに対して，P–T境界の前後の時期に堆積したチャートおよび珪質粘土岩に限って黒色ないし灰色を呈する（カラー口絵1, 8b）．これらは酸化鉄をまったく含まず，還元鉄（黄鉄鉱；FeS_2）のみを含む．チャート中の鉄の含有量は色調にかかわらずほぼ一定なので，色調に対応する鉄鉱物種の違いは，堆積当時の海水の酸化・還元状態（redox）を反映している（中尾・磯崎，1994）．チャート中での全鉄のredoxの違いは，価数の違う鉄（Fe^{2+}とFe^{3+}）の量比としてメスバウアー分光法で確認された（久保ほか，1996；Matsuo et al., 2002；図6.5.8）．

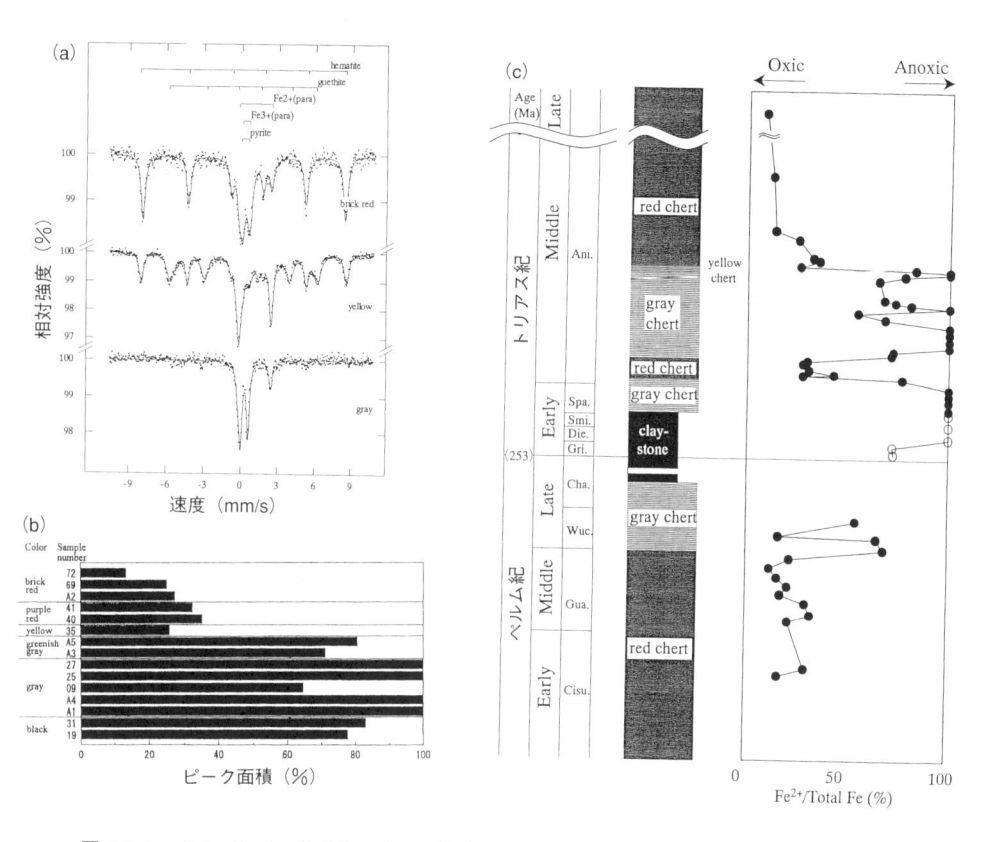

図 6.5.8 メスバウアー分光法による，遠洋深海チャート中の鉄の化学状態，とくに P–T 境界前後の redox の経年変化．a) 赤褐色，黄色および灰色チャートの鉄メスバウアースペクトル（久保ほか，1996），b) 二価鉄の全鉄に対する量比（久保ほか，1996），c) チャートの色調と redox の層序学的変化（Matsuo et al., 2002）．

チャート中の鉄の redox から判断すると，P–T 境界をはさんでペルム紀中期・後期境界（約 2 億 6000 万年前）からトリアス紀中期 Anisian 中ごろ（約 2 億 4000 万年前）までの約 2000 万年間は，深海底に供給される酸素量が通常レベルから相対的に減少し，酸化鉄を晶出できないレベルにまで低下したと考えられる（Isozaki, 1994, 1997）（図 6.5.8）．P–T 境界前後の深海底で長期の酸素欠乏が起きたことは，硫黄の同位体比（$\delta^{34}S$），堆積物中の生痕化石の貧弱さ，あるいは希土類元素の存在度などからも支持されている（Kajiwara et al., 1994; Kakuwa, 1996; Kato et al., 2001）．しかし，このような堆積岩中

の地球化学的指標は，あくまで固結直前の堆積物中の間隙水の redox を読んでいるにすぎず，また生痕化石についても低酸素濃度を定性的に示すのみである．大局的に長期間の酸素欠乏が続いたことはほぼ疑いないが，その期間の海水にどの程度酸素が溶存していたのかはまだ定量的に求められていない．

海洋中の溶存酸素量が減少する現象は，ジュラ紀や白亜紀のある時期をはじめ過去に何度かおきており，海洋貧酸素事件（OAE; oceanic anoxic event あるいは anoxia）と呼ばれている．しかし，詳しい地層記録がある例は，いずれも 100 万年以内の時間スケールで起きており，P–T 境界で観察されるような長期間に及ぶ例は知られていない．地質学的証拠から導かれた 2000 万年に及ぶ P–T 境界前後の深海 anoxia は，その継続時間の規模から判断して，おそらく他の例とはまったく異なった原因とプロセスで起きたと考えられるので，超酸素欠乏事件（superanoxia）と名付けられた（Isozaki, 1994）．

一般に深海の酸素欠乏は，海水の循環が低下ないし停止して，表層水と深海水とが成層する場合に起きるとされる．現世の海洋が活発な海水循環・撹拌で特徴づけられることから，深海酸素欠乏が実際に過去の超海洋で出現したことを認めたとしても，はたして P–T 境界層が示すように異常に長期間継続しえたのか否かについて疑問が生じる．そこで，当時の古地理を考慮にいれた気候モデリング（GCM；4.1 節参照）に基づく数値実験が試みられた．たとえば Hotinski et al.（2001）は，パンゲアが存在する状態で極域と赤道域との間に大きな温度勾配がない条件では，長期の海洋成層と深海での酸素欠乏は十分起こりうるという結論を導いた．石炭紀からペルム紀初めのゴンドワナ氷河期がおわって，P–T 境界ころには気候がグローバルに温暖化（海水準も上昇）しつつあったので，その結果と矛盾しない．一方で，Zhang et al.（2001）のように逆の結論を導く例もある．現時点でのモデリングは，計算に用いられる複数の変数の自由度がかなり大きいため，限定された解を導くことはまだ困難なようである．

深海での酸素欠乏の議論とは独立に，北米や南中国の大陸棚の浅海堆積層の研究によって，P–T 境界前後に浅海が短期間酸素欠乏になったことが確認されている（Wignall and Hallam, 1992; Grotzinger and Knoll, 1995; Kozur, 1998; Woods et al., 1999 など）．局所的な条件に大きく影響される浅海堆積物

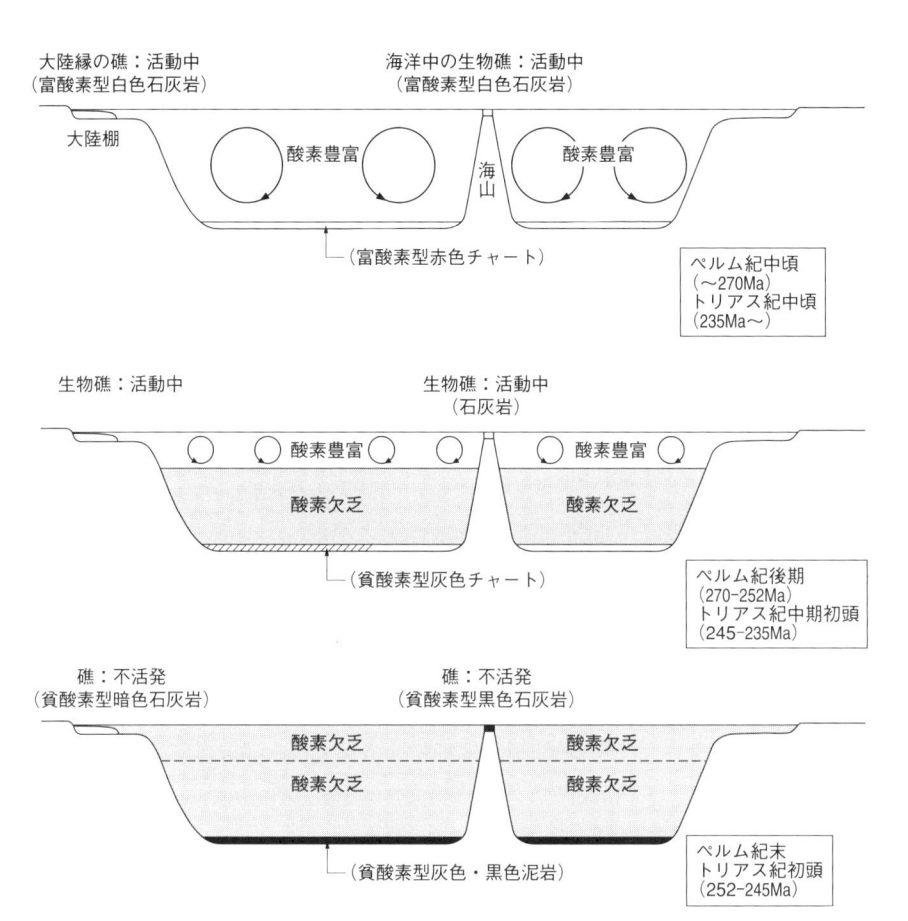

図 6.5.9 超海洋のモデル図（磯﨑，1997）．深海で発生した貧酸素海水は，徐々に海洋の上部に達し，P-T 境界ころの超海洋は深海から表層まで，すべて酸欠海水で満たされた．

ではあるが，テチス海のみならずパンサラサ海に面した北米西岸においても同様の証拠が認められるので，おそらく汎世界的に大陸沿岸の浅海で酸素欠乏が起きたと考えられる．

さらに，超海洋中央部の表層部でも P-T 境界ころに短期間の酸素欠乏が起きたことが日本で明らかになった．日本の付加体中には過去の超海洋中央部に位置していた古海山頂部に起源を持つ礁石灰岩の断片が含まれる（図 6.5.6）．

このような石灰岩中に P–T 境界層が発見され，明瞭な化石群集の変化，岩相変化，さらに炭素同位体比（δ^{13}C）の負シフトが認められた（Koike, 1996; Musashi et al., 2001）．とくにトリアス紀最前期 Griesbachian-Dienerian に黒色有機炭素質石灰岩が堆積したこと（Koike, 1996; Sano and Nakashima, 1997）は，超海洋の表層での酸素欠乏を示す．すなわち，P–T 境界直後では，超海洋の表層水は陸棚あるいは海洋中央部をとわず，短期間の酸素欠乏に陥るという異様な状況にいたったと推定される（Isozaki, 1996; 磯﨑，1997）．

　上述の諸観察事実をまとめると，P–T 境界前後に超海洋で起きた事件は次のように整理される．すなわち，海洋酸欠現象はペルム紀中期・後期境界（G–L 境界；後述）ころに深海から生じ，いったんは P–T 境界で表層にまで及び全海洋が酸素欠乏に陥った．しかし，トリアス紀前期には表層から環境が回復し始め，徐々に深海へ向けて海洋酸欠は解消していき，トリアス紀中期初めには完全に終了したと考えられる（図 6.5.9）．P–T 境界での大量絶滅は，ちょうど海洋酸欠事件がクライマックスに達したときに起きているように見えることから，大量絶滅の原因となったグローバルな環境変化との因果関係が示唆される．一方で，海洋酸欠事件そのものの発生原因やプロセスについては，ペルム紀中期–後期境界にすでにグローバルな深海酸素欠乏が始まっていたことから，狭義の P–T（Changhsingian-Griesbachian）境界事件のそれらとは独立に扱わねばならないことが判明した．

6.5.6　2 段階絶滅パタン

　ペルム紀後半の化石のデータのコンパイルによって，いわゆるペルム紀末の大量絶滅が実際には独立した 2 段階の事件を経て起きたことが明らかにされている（Jin et al., 1994; Stanley and Yang, 1994）．すなわち狭義の P–T 境界より約 1000 万年古いペルム紀中期・後期（Guadalupian 世–Lopingian 世，G–L）境界において，ほぼ P–T 境界での事件に匹敵する規模のもうひとつ別の大量絶滅が起きていた（図 6.4.1，6.5.1，6.5.7）．ほぼ 1000 万年以内という地質学的に短い期間に，大きな環境変化が 2 回続けて起きたことの意味は重要である．なぜなら，多様な古生代型生物に満ちていたペルム紀の生物圏がまず G–L 境界での急激な環境変化によって 1 回目の大量絶滅に導か

れ，その後，元の生物多様性をとり戻すのに十分な回復期間を与えられないまま，2回目の環境変化によって再度大量絶滅を被ったからである．このように短期間に相前後して起きた2回の環境激変と生物圏の応答の総和として，約3億年間継続した古生代というユニークな地質時代の終焉が導かれたと考えられる．

G–L境界およびP–T境界での2回の大量絶滅では，パンゲア周辺の陸棚浅海で，サンゴ，コケ虫，腕足類，有孔虫，古生代型アンモナイトなど多様な動物群が大きな被害を受けた（図6.5.1a）．たとえばペルム紀の代表的化石のひとつである有孔虫のフズリナについても，長径1cmに近い大形の殻を持つ*Yabeina*や*Lepidolina*などの系統がまずG–L境界ですべて絶滅し，長径2mm以下のサイズの限定された小型種のみが生き延びた．このフズリナ群集の置き換わりパタンは，G–L境界で新たに発生した環境ストレスに対して，フズリナがr-戦略（小型化と個体数増加）で対抗した結果と理解される．しかし，G–L境界を生き延びたそれら小型種もP–T境界で最終的に絶滅した．

同様のペルム紀中期型化石群集の絶滅パタンが，日本の付加体に含まれる古海山頂部起源石灰岩で確認され（太田ほか，2000；Isozaki and Ota, 2001），超海洋中央部でもパンゲア周辺と同様の2段階の絶滅事件が，そしてその背景となった2回の環境変化が起きたことが判明した．とくにG–L境界での絶滅タイミングは前述の深海酸欠の開始時期と一致し，酸素欠乏事件のピークはほぼP–T境界ころに訪れている（図6.5.7）．同じ超海洋中央部にあって，深海での酸素欠乏の開始と表層での絶滅のタイミングがほぼ一致することは重要である（Isozaki, 1997）．生物の大量絶滅とグローバルな海洋環境の変化という，ともに非日常的な2つの現象は互いに連動して起きたと考えられ，両者間に本質的な関連が推定される．

6.5.7 超大陸とプルーム

上述のように，P–T境界ころの超海洋で起きたsuperanoxiaという顕生代でも特異でかつグローバルな海洋イベントが，日本の付加体中の遠洋深海チャートや古海山頂部石灰岩の研究から明らかになった．しかし，その原因

はまだ特定されていない．短期間の深海での酸素欠乏に限れば，海水の循環が低下・停止すれば発生しうる．しかし，地球表層に太陽光が届き，光合成が続くかぎり，海洋表層での酸素欠乏を導く原因を考えるのは難しい．とくに超海洋の海水が表層から深層まですべて酸素欠乏になること（図6.5.9）は，通常の大気・海洋の条件ではほとんどありえない．したがって，P–T境界では通常状態とは異なる何らかの強い外力が当時の表層環境に加わったと推定される．

　2.5億年前のP–T境界で起きた特異なグローバルな事件を整理すると，1) 史上最大規模の生物大量絶滅，2) 超大陸パンゲアの存在，そして3) super-anoxia という3つに集約される．いずれも顕生代5.5億年間でただ一度だけ起きた特異な事件であり，それらがほぼ同時期に起きたことを単なる偶然の結果とみなすのは難しい．したがって，P–T境界事件の原因を探ることとは，これら3つの顕生代でも特異でかつグローバルな事件の間の関連を解明することにほかならない．また，超大陸という惑星地球自体のテクトニクスに関係した現象が関わっているのならば，P–T境界事件の根本的要因はおそらく惑星地球内部にあると考えざるをえない．

　近年の地震波トモグラフィーによる地球内部の観測は，固体地球のマントルが均質ではないことを明示した（Fukao et al., 1994; Bijwaard et al., 1998 など）．惑星地球の中心に蓄積された熱を外部に運搬するため，マントル内では固体の岩石がゆっくりと流動し，局部的に核・マントル境界から地表に向かって上昇する部分と，逆方向に下降する部分を生じている．数値計算によると，マントル内での対流は整然とした定常流をなさず，きわめて間欠的に動く非定常流と考えられる（Ogawa, 2000など）．このようにマントル内で上昇あるいは下降する鉛直方向の巨大な流れはプルーム（plume）と，とくに巨大なものはスーパープルーム（superplume）と呼ばれる．プルームは惑星地球内で最大規模の熱および物質の輸送である（1.2節参照）．

　超大陸は20億年前以降に少なくとも4回出現したが，それらは形成されると間もなく分裂するという歴史を繰り返した（1.2節参照）．超大陸の分裂は，マントル内から上昇したスーパープルームによって引き起こされた．マントル深部から上昇したプルームの先端が超大陸のリソスフェア（プレート）の

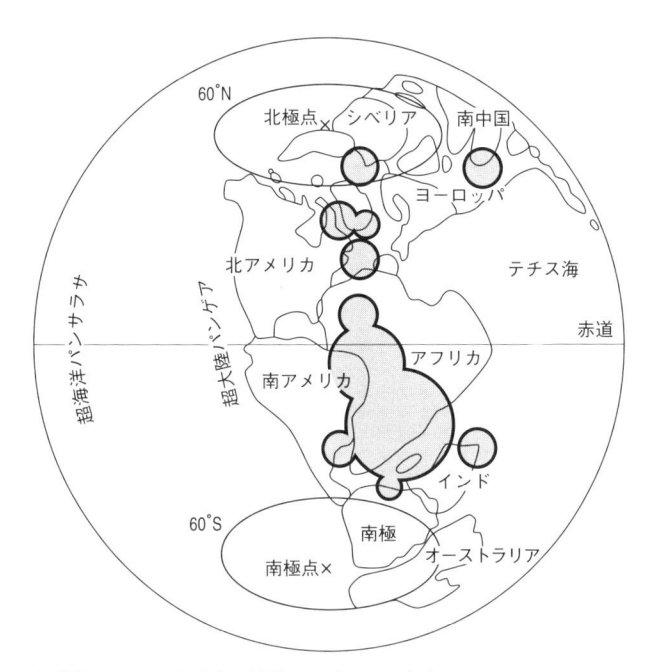

図 6.5.10 超大陸パンゲア分裂時に活動したプルーム由来の LIP (Maruyama, 1993; Chung et al., 1998 を改変). ペルム紀後期から P-T 境界ころに活動したシベリア, 中国西部およびインド北部の LIP 洪水玄武岩に注目.

下まで達すると, 大陸地殻を相対的に持ち上げるために表層地殻は展張応力場におかれる. 水平方向に引き延ばされた大陸地殻は正断層系の発達によってやがて厚さを減じ, 最終的に分断される. その裂けた間にはマントルから由来したマグマが貫入し, また既存の地殻の部分融解が起きて大量のマグマが生じ, 結果として大規模な火成活動域 (large igneous province; LIP) を形成する (Coffin and Eldholm, 1994). 大陸地殻が完全に分断されると, その間には玄武岩質の新しい海洋地殻が形成され, 新たな海洋底が誕生する.

最も若い超大陸であるパンゲアは中央部にできた南北方向の裂け目にそって東西に分裂した. その分裂線の起源は, 超大陸の下で複数のプルームが南北に線上に並んで発生したことにあった (図 6.5.10). パンゲアが分裂し始めた正確な時期は不明である. しかし, ジュラ紀には大西洋の海洋地殻が本格的に形成され始めていたこと, またトリアス紀のリフト性堆積盆地が北米東岸など

に形成されたことから，超大陸の地殻が最初に展張（rifting）したのは少なくともトリアス紀前半と考えられる．とくに最初にプルーム頂部が超大陸直下のリソスフェアの底に到達したのは，展張の開始以前だったと考えられ（Sheth, 1999），その時期はおそらくトリアス紀の初期あるいはペルム紀後期に遡ると推定される．P–T 境界前後の時期に大規模かつ短期間にできた LIP として，シベリア，南中国，インドの洪水（あるいは台地）玄武岩（continental flood basalt）が知られている．とくにシベリアの洪水玄武岩（Siberian Trap）は世界最大規模の例として有名で，噴出年代の類似性から P–T 境界の大量絶滅の原因の有力候補のひとつとして注目されてきた（Campbell et al., 1992; Renne et al., 1995）．また南中国の峨眉山玄武岩やインド北部の Panjal 玄武岩（Chung et al., 1998 など）は，ほぼ G–L 境界や P–T 境界に近い年代に噴出したことが知られている．

マントルプルームとくにスーパープルームによる火山活動は，数億年に一度起きる大規模なものであったと考えられる．したがって，放出された総エネルギーあるいは影響が及んだ範囲・期間という面で，通常われわれが経験するプレート沈み込み帯の火山（三宅島，雲仙普賢岳あるいはピナツボ山など）の噴火とは比較できないくらいに大規模なものであったと推定される．パンゲアが分裂し始めたときにも，プルーム由来の大規模火山活動が起きたはずで，当時の生物圏がその影響をほとんど被らなかったと考えることは難しい．

ペルム紀後半からトリアス紀初めにかけて複数の LIP が形成されたことは確実である．ただし，玄武岩の噴火は比較的穏やかであり，また玄武岩の主たる噴火時期が大量絶滅の時期と正確には一致しない．したがって，上述の LIP の形成が生物の大量絶滅や地球表層環境の変化とどのような因果関係にあったのかは必ずしも自明ではない．

6.5.8　「プルームの冬」シナリオ

本項では P–T 境界事件についてこれまで明らかにされた事実およびそれらの解釈を解説した．最後に，大量絶滅，超大陸の分裂，そして superanoxia という特異な 3 大イベントに注目したうえで，それらの間の因果関係を最も矛盾なく説明しうる作業仮説と筆者が考える「プルームの冬」シナリオ（磯﨑，

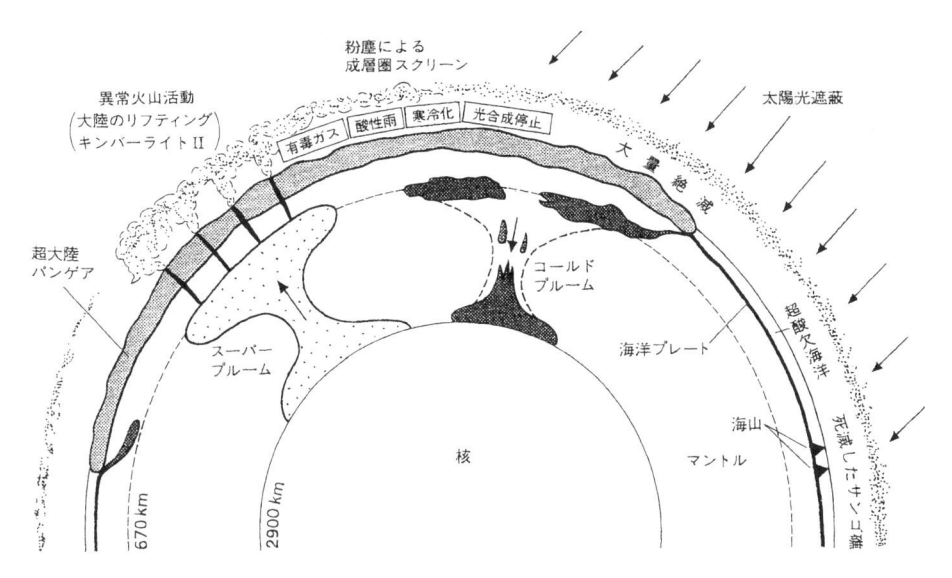

図 6.5.11 「プルームの冬」仮説の概念図（磯崎, 1995）.

1995; Isozaki, 2000）を紹介する（図 6.5.11）. この仮説は, 古生代末（G–L 境界と P–T 境界）に起きた大量絶滅や超酸素欠乏事件の究極原因を, 超大陸を分裂させたスーパープルームの活動に求めるものである. 以下に古生代末に起きたと考えられる諸事件と, それらの因果関係について時系列に沿って説明する.

　ペルム紀後期に, 巨大なスーパープルームから分岐した複数のプルーム群がパンゲアに向かって上昇し, 超大陸のリソスフェアの水平展張を起こした. その部分のマントルでは, プルーム由来の高温マントル岩石が断熱減圧によって融解し, 大量のマグマが生産された. そのために大規模でかつ特徴的な化学組成のマグマを噴出する火山活動を起こした. とくに, 初期のころにはマントル深部から急速に上昇した揮発性成分に富むキンバーライトがきわめて爆発的に噴火したと推定される. プルーム由来の火山活動の主体を占める洪水玄武岩については, 粘性が低いマグマゆえに, 爆発性は低かったと考えられるが, 大量の溶岩と火山ガスを地表にもたらした. また高温の玄武岩質マグマの上昇によって, 既存の大陸地殻の溶融が起こると酸性マグマの噴火が

加わり，塩基性および酸性の化学組成に二極化したバイモーダルな火山活動が起きた．これらの火山活動域周辺では大きな環境破壊と既存の生態系の損失が起きたと考えられるが，むしろ以下に述べる火山活動に伴う二次的被害の方が広範囲に及んだと推定される．

　上述の酸性（爆発性）火山活動が広域にあるいは断続的に起きると，大量の粉塵（ダスト）やエアロゾルが成層圏（高さ8–16 kmから50 kmまで）にまで舞い上げられたと推定される．いったん成層圏まで達したダストやエアロゾルは，滞留時間が長く，長期間地球をとり囲む巨大な塵のスクリーンを作った可能性が高い．ダストスクリーンは有効な太陽光遮蔽物となり，地表は暗黒化し，急激な気温低下が起きたと推定される．このような状況では，食物連鎖の基礎をなす光合成生産が極端に抑制され，食料をバクテリアや植物

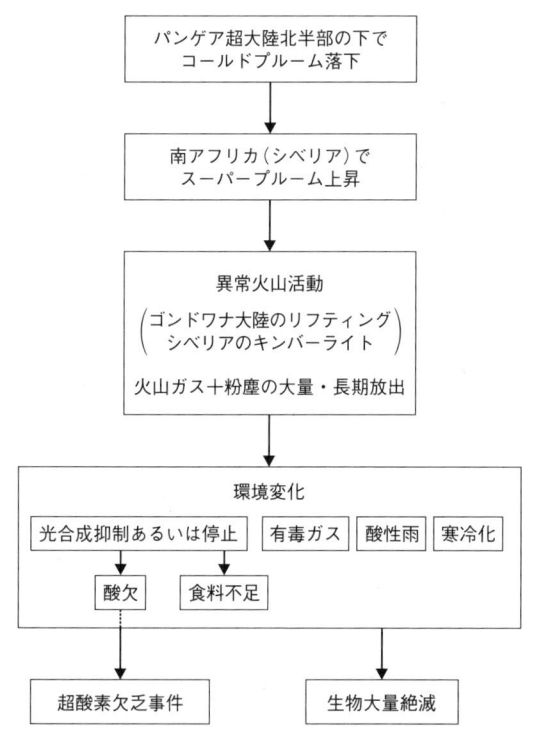

図 6.5.12 「プルームの冬」のフローチャート（磯崎，1997）.

の光合成産物に依存する多様な従属栄養動物は，大きな影響を受けたと考えられる．食物連鎖の基礎が破壊されたことによって，世界中のさまざまの階層の生物が絶滅し，また地表の酸素濃度が低く抑えられる結果にいたった可能性が高い．

一方で，地球の内部から放出された二酸化炭素は，ダストスクリーンが消えてからも有効な温室効果ガスとして働くので，地表の温度はやがて上昇に転じたと推定され，多くの生物は寒冷化からの極端な気温変化にさらされたであろう．また火山から放出された二酸化炭素，窒素酸化物，硫黄酸化物などの化学物質は雨に溶け込んで酸性雨となり，上述の日射量の激減とあわせて食物連鎖の基礎をなす光合成植物に大きな被害を与えたであろう．このようなプルームに起因する異常な火山噴火から派生して，多様な現象が起こり，そのすべてがそれまで安定していた生態系を短期間にかつ広範囲にわたって破壊したと考えられる．とくにスーパープルームから分岐した複数のプルームが相前後して活動したので，火山活動の期間そして表層環境が劣悪化した期間も長かったと考えられる．P–T境界での大量絶滅が明瞭に区別される2段階で起きたことは，主要なプルーム活動が相前後して2回起きたことを示すのかもしれない．このような複合した因果関係の連鎖の中で，未曾有の大量絶滅や超酸欠事件が結果として導かれたと考えられる（図6.5.12）．

以上のように，究極原因をプルームに求め，大量絶滅とsuperanoxiaを結果と見る作業仮説を，筆者は「プルームの冬」シナリオ（plume winter scenario）と呼んだ（磯﨑，1999；Isozaki, 2000）．その呼称は，最初のトリガーこそ異なるものの，グローバルな環境激変そして大量絶滅にいたるプロセスの主要な部分が，かつて想定された核爆発による「核の冬」や，巨大隕石衝突による「衝突の冬」シナリオと類似することによる．

6.5.9 仮説の検証をめざして

作業仮説はさまざまな観点や手法によって検証されねばならない．実際にP–T境界ころにプルームが原因となり，成層圏スクリーンを作ったという異常火山活動の証拠はあるのだろうか．従来から，シベリアの洪水玄武岩の噴出と，大量絶滅事件との年代一致が指摘されている（Campbell *et al.*, 1992;

Renne et al., 1995).しかし,玄武岩が上述のような爆発的噴火を起こすとは考えられず,またその主要噴出時期が P–T 境界での大量絶滅の直後であることから,直接の絶滅原因とはなりえない.

筆者らの研究グループは「プルームの冬」シナリオを検証するために,南中国の陸棚層や,日本の付加体に含まれる過去の超海洋堆積物の研究を進めている.世界で最も詳しく検討されている南中国のペルム紀後期の地層には,30 層もの酸性凝灰岩層がはさまれており(Yang et al., 1991; 磯﨑ほか, 2000),とくに 2 段階の大量絶滅が起きたペルム紀中期・後期(G–L)境界と P–T 境界の層準には,各々明瞭な酸性火山活動の証拠が認められる(カラー口絵 7).G–L 境界の凝灰岩層は 2 m の層厚を持ち,ほぼ南中国全域の多数のセクションで確認された(Isozaki et al., 2001, 準備中).さらにそれに対比される凝灰岩が日本の古海山頂部石灰岩や深海チャート中にも見出されたこと(Isozaki and Ota, 2001)は重要である.なぜなら,これらの海山や深海底はもともとアジア東縁から数千 km 離れた海洋中央部にあったので,G–L 境界当時に相当な広範囲に酸性の火山灰が降下したことを意味しているからである.おそらくきわめて爆発的な大規模酸性火山活動が起きたことを示している.さらに,P–T 境界にも数層準の酸性凝灰岩層が集中しており,この時期にも同様な大規模の酸性火山活動がおきたと考えられる.今後,これらの凝灰岩の正確な年代測定や化学組成分析を通して,「プルームの冬」シナリオの具体的検証が進むと期待される.

6.6 白亜紀・第三紀境界の大量絶滅

海保邦夫

　恐竜，浅海に住む無脊椎動物，海洋プランクトンなど多くの生物が白亜紀末に絶滅した．この事件は顕生代の5大大量絶滅のひとつであり，地球史の重要な事件として注目を集めてきた．この大量絶滅は徐々に起きたのか，突然急激に起きたのか．絶滅の原因は何なのか．どういう環境変動が起きたのか．科学者たちは，長年にわたりこれらの問題の解決に取り組んできた．本節では，これらの研究課題について，最近わかってきたことを中心にまとめを試みる．まず最初に，小天体の衝突説について説明し，その後で，衝突現場とその周辺地域の堆積学的研究，大量絶滅と小天体衝突の同時性の証明，衝突によって起こると予想される環境変動の証明，生物の種の絶滅と生き残りの理由について概説する．

6.6.1 小天体衝突説

　1980年以降，隕石に多く含まれるイリジウムやオスミウムなどの白金族元素の濃集層が世界各地の6500万年前の白亜紀・第三紀（K–T）境界で発見されている（Alvarez et al., 1980）．また，小惑星などの小天体の衝突によって形成される球粒（Smit and Klaver, 1981）や衝撃石英（Bohor et al., 1984）も見つかっている．小天体の衝突が大量絶滅を引き起こす様子は，次のようであると推定されている（Alvarez et al., 1980; Alvarez, 1986）．小天体が大気に突入し，地球に衝突すると，火玉が飛び散り大規模な森林火災が起きただろう．また，大気突入時の小天体および衝突後の噴出物が大気と反応し多量の窒素酸化物が作られ，酸性雨が降る．大量の塵が大気圏最上部に上がる．塵は，数カ月間大気圏に留まり太陽光を遮り，植物の光合成を止め，それを食べる動物をも死に追いやった．小天体の衝突によって気温は急激に変動した．初めに衝突による気温上昇，次に太陽光遮断による気温低下が起こり，その後その衝突により発生した水蒸気と二酸化炭素による温室効果の結果，温度

上昇が再び起きたと考えられる．K–T 境界に起きた小天体衝突は酸性雨，光合成の中止，森林火災，温度変化をほぼ同時に起こし，恐竜・アンモナイトなど多くの生物種を絶滅させた．この小天体衝突説が正しいことは，最近ほぼ証明されつつある．以下ではその研究成果を概説する．

6.6.2　衝突現場の検証

1991 年には，メキシコのユカタン半島のチクサラブ（Chicxulub）の地下に K–T 境界の年代値を持つ直径 200 km のクレーターとその埋積物が発見された（Hildebrand et al., 1991）．このクレーターの大きさは，イリジウムの量から計算された直径 10 km の小天体が衝突した場合にできるクレーターの大きさに一致する．これにより，小惑星または彗星が白亜紀末にユカタン半島の当時浅海であったところに衝突したことがほぼ確実になった．この衝突により，大陸地殻の縁辺が大規模な地滑りを起こし，海底に堆積した（Alvarez et al., 1992; Bralower et al., 1998）．衝突時の地滑り堆積物と飛散したイリジウム，ガラス球粒，衝撃石英が濃集した境界層の厚さは，チクサラブクレーターから約 100 km で数百 m であり，400–500 km で 50 m，約 1000 km 離れていたメキシコ湾岸やハイチでは数十 cm，約 1500 km 離れていた北米東岸サウスカロライナ州沖で 10 cm（Norris et al., 1999），6000–7000 km 離れていたヨーロッパ，北アフリカでは 2–3 mm，約 13000 km 離れていたニュージーランドではさらに薄い．境界層はチクサラブクレーターから離れるほど細粒で薄くなる．最近の太平洋の深海掘削コアの K–T 境界からも，チクサラブの衝突クレーターから供給されたらしい隕石のかけら（2.5 mm）が見つかっている（Kyte, 1998）．また，衝突したのは彗星ではなく小惑星らしい（Kyte, 1998）．衝突のモードはクレーターの非対称な形から斜め衝突と推定されている．

6.6.3　大量絶滅と小天体衝突の同時性の証明

恐竜・アンモナイトのような大型動物の他にも，浮遊性有孔虫・石灰質ナノプランクトンなど海洋プランクトンの大多数の種が白亜紀末に絶滅した．これらの生物が K–T 境界において急激に絶滅したとする説と，徐々に絶滅した

とする説があって,どちらが正しいのか未解決であった.恐竜・アンモナイトなどの大型の化石は地層の上下方向にときおり産出するので,実際には突然絶滅していたのかもしれないが,直接のデータからは徐々に絶滅しているようにも見える(図 6.4.3;Signor and Lipps, 1982).大型の動物が小天体衝突と同時に絶滅したことを証明することはなかなかむずかしい(海保,1995).

しかし,海洋プランクトンの化石は多量にかつ連続的に産出するので,この問題を解決できる可能性が高い材料である.筆者らはスペインのカラバカの K–T 境界の試料について,浮遊性有孔虫の層位学的研究と炭素酸素同位体比の研究を行った.具体的には,個体数でも体積でも浮遊性有孔虫群集の 99% 以上を占める 12 種について解析した(Kaiho and Lamolda, 1999).大量の個体がある種に着目すると,K–T 境界以前に絶滅したと考えられた種(Keller, 1989)でも,K–T 境界直上の境界粘土層まで産出することがわかった.また,浮遊性有孔虫化石種の炭酸塩 1g 当たりの個体数は K–T 境界で急激に減少し(図 6.6.1),かつ浮遊性有孔虫化石の保存の良い個体数比が減少することも見出された.石灰質ナノプランクトンを主とする細粒粒子の炭酸塩炭素同位体比は K–T 境界で約 2 ‰ 減少しているのに対し,浮遊性有孔虫殻の炭素同位体比は測定したすべての種について K–T 境界をはさんで変化していない(海洋表層と大気の炭素同位体比の減少はグローバルに認められているので,浮遊性有孔虫が生き残ったのであれば,同様に減少するはず).これら 3 つの事実は,K–T 境界のイリジウム濃集層より上位に細々と産出する浮遊性有孔虫が再堆積によるものであることを示す.すなわち,白亜紀の浮遊性有孔虫は,生き延びた小型の 1 種(*Guembelitria cretacea*)を除いてほとんどすべての種が小天体衝突と同時に絶滅したことになる.一方,北米東岸サウスカロライナ州沖の深海掘削コアの K–T 境界直上の白亜紀浮遊性有孔虫は,サイズの小さい個体が極端に少ないことから,再堆積(小さい個体は軽いので流された)と解釈されている(Norris *et al.*, 1999).これも小天体衝突と大量絶滅が同時であることを支持する.

同位体的に軽い炭素は海洋表層で光合成により生物に蓄えられ,生物の死後の沈降中と沈降後の有機物分解によって海洋中に溶け出す.このため,生物の生産が行われている通常の海洋では,炭素同位体比は常に海洋表層より

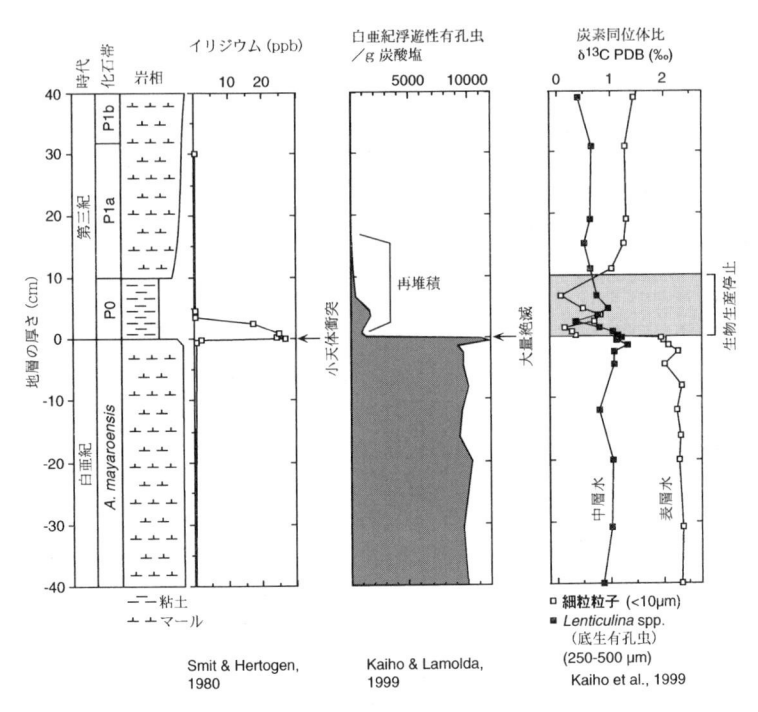

図 6.6.1 白亜紀・第三紀境界における小天体衝突と大量絶滅の同時性．スペイン，カラバカの事例．再堆積は，浮遊性有孔虫の炭素同位体比に基づく．

海洋深層のほうが軽い．生物の大量絶滅のように生物生産が止まる状態になると，海洋表層と海洋深層の炭素同位体比はほぼ同じになるはずである．北太平洋シャツキー海膨の深海掘削コアの K–T 境界直上では，石灰質ナノプランクトンからなる堆積物中の細粒粒子の炭酸塩と深海底生有孔虫殻の炭酸素同位体比の差がなくなることが認められている（Zachos et al., 1989）．この事実は，K–T 境界後に海洋表層と海洋深層の炭素同位体比が等しくなったことを意味する．すなわち，生物の量が激減したことになる．また，海洋生物の量と関連する炭酸カルシウムとバリウムの減少という生物の量の激減を支持するデータも得られた．しかし，小天体衝突と同時に発生したと明言できるほど精度はなかった．筆者らは生物量を決めるリンを加えて同様の手法により，スペインのカラバカの K–T 境界直上のイリジウム濃集層で海洋生物

の量の激減があったことを明らかにし，小天体衝突により大量絶滅が起きたことを示唆した（図6.6.1；Kaiho et al., 1999）．

6.6.4 衝突による環境変動の証明

カラバカのK–T境界直上での全有機炭素量，硫化物と硫酸塩の硫黄同位体比の差，有機物の水素指標（HI）の増加と酸素指標（OI）の減少，マンガンの減少，底生有孔虫溶存酸素指標の減少は，いずれも海洋中層水の溶存酸素量の低下がK–T境界において起こったことを示す（Kaiho et al., 1999）．この溶存酸素の減少は，中層水で堆積した北海道とニュージーランドのK–T境界層でも確認されており，当時の中層水の溶存酸素がグローバルに減少したことを示している．この原因は，光合成停止と森林火災と酸性雨による森林の崩壊と酸性雨による風化の促進により，多量の有機物が流出し，陸縁辺域に堆積したため，溶存酸素が有機物の分解のために消費されたからだと考えられている．

カラバカの堆積物中の炭酸塩の酸素同位体比と粘土鉱物の分析結果により，K–T境界後1000年以内に，温暖化が低緯度表層水と陸上で起きたことが明らかになった（Kaiho et al., 1999）．この温暖化の原因は，森林火災と衝突により発生した二酸化炭素による温室効果と考えられる．森林火災の証拠は，すすや燃焼起源の有機物分子の濃集により明らかにされている（Wolbach et al., 1985; Arinobu et al., 1999）．

6.6.5 絶滅と生き残りの理由

K–T境界に起きた小天体衝突は，酸性雨，光合成の中止，森林火災，温度変化をほぼ同時に起こし，多くの生物種を絶滅させた．しかしこのような事変時に，何事もなかったかのように生き延びた生物群がいる．陸上では体重25 kg以下の小動物であり，海中では150 m以深の海底に生息する底生有孔虫と，珪質殻からなる放散虫という浮遊性の微小生物である（Kaiho, 1994; 海保, 1995）．当時はまだネズミ大のサイズだった哺乳類と小型の爬虫類および両生類は穴に潜ってK–T境界で起こった惨事を逃れたが，恐竜などの大型動物は逃れるすべがなく，地球上から姿を消した．酸性雨の強度は不明であ

るが，もし強い酸性雨が降ったのであれば，酸性雨は陸上と海洋表層の生物を死に追いやったかもしれない．捕食の点でも，太陽光遮断による光合成の中止は，植物プランクトンとそれを餌にしている浮遊性有孔虫に壊滅的打撃を与えた．けれども，海洋表層から海底へ落ちて溜った有機物を食べている底生有孔虫と，中層水に主に生息する放散虫は生き残れたのである（Kaiho, 1994）．

6.6.6 まとめ

炭素同位体比などの研究により，直径10kmオーダーの小天体衝突と同時に，浮遊性有孔虫の種数と海洋生物の量が激減したことが明らかになった．これは，大量絶滅と小天体衝突の同時性を支持する．一方で，衝突クレーターとその付近の堆積学的研究が陸上と海底ボーリングで進んだ結果，衝突による乱堆積層が見つかり，衝突により飛散した物質が衝突現場から広がっている様子がわかった．また，衝突により起こるはずだと考えられていた環境変動のうち，森林火災と太陽光遮断後の温暖化が実際に起きたことは明らかになった．ここ数年で行われた1）衝突クレーターと飛散物の発見，2）小天体衝突と浮遊性有孔虫の種数・海洋生物量の激減の同時性の証明，3）衝突により起こりうる環境変動の解読の成功は，小惑星などの小天体の衝突により大量絶滅が起きたとするAlvarezらの仮説をほぼ証明したといえる．

第6章文献

Alvarez, L. W., Alvarez, W., Asaro, F. and Michel, H. V. (1980) Extraterrestrial cause for the Cretaceous-Tertiary extinction. *Science*, **208**, 1095–1108.
Alvarez, W. (1986) Toward a theory of impact crises. *EOS*, **67**, 649, 653–655, 658.
Alvarez, W. (1997) *T. rex and the crater of doom*, Princeton University Press, Princeton, 185pp.（和訳：月森左知訳（1997）『絶滅のクレーター：T. レックス最後の日』,新評論, 254pp.）
Appel, P. W. U. and LaBerge, G. L. (1987) *Precambrian iron-formations*, Theophrastus Publ., 674pp.
Arinobu, T., Ishiwatari, R., Kaiho, K. and Lamolda, M. A. (1999) Spike of pyrosynthetic polycyclic aromatic hydrocarbons associated with an abrupt decrease in $\delta^{13}C$ of a terrestrial biomarker at the Cretaceous-Tertiary boundary at Caravaca, Spain. *Geology*, **27**, 723–726.
浅田浩二（1995）酸素発生は地球と生物を変えた—生物の酸素シンドロームはいつ始まったか. 遺伝, **49** (2), 30–36.
Azam, F. (1998) Microbial Control of Oceanic Carbon Flux: The Plot Thickens. *Science*, **280**, 694–696.
Baud, A., Margaritz, M. and Holser, W. T. (1989) Permian–Triassic of Tethys: carbon isotope studies. *Geologische Rundschau*, **78**, 649–677.
Becker, L., Poreda, R. J., Hunt, A. G., Bunch, T. E. and Rampino, M. (2001) Impact event at the Permian–Triassic boundary: evidence from extraterrestrial noble gases in fullerenes. *Science*, **291**, 1530–1533.
Bengtson, S. (1994) *Early life on Earth*, Columbia University Press, 630pp.
Berggren, W. A., Kent, D. V., Aubry, M.-P. and Hardenbol, J., eds. (1995) *Geochronology time scales and global stratigraphic correlation*, Soc. Econ. Paleont. Miner., Spec. Publ., no. 54, 212pp.
Bijwaard, H., Sparkman, W. and Engdahl, E. R. (1998) Closing the gap between regional and global travel time tomography. *J. Geophys. Res.*, **10B**, 30055–30078.
Blackwell, M. (2000) EVOLUTION: Enhanced: Terrestrial Life—Fungal from the Start? *Science*, **289**, 1884–1885.
Bohor, B. F., Foord, E. E., Modreski, P. J. and Triplehorn, D. M. (1984) Mineralogic evidence for an impact event at the Cretaceous-Tertiary boundary. *Science*, **224**, 867–869.
Bowring, S. A., Erwin, D. H., Jin, Y. G., Martin, N. W., Davidek, K. and Wang, W. (1998) U/Pb zircon geochronology and tempo of the end-Permian mass extinction. *Science*, **280**, 1039–1045.
Bralower, T. J. (1998) The Cretaceous-Tertiary boundary cocktail: Chicxulub impact triggers margin collapse and extensive sediment gravity flows. *Geology*, **26**, 331–334.
Braterman, P. S. and Cairns-Smith, A. G. (1987) Iron photoprecipitation and the genesis of the banded iron-formations. in *Precambrian iron-formations* (Appel, P. W. U. and Laberge, G. L., eds.), Theophrastus Publ., 215–245.
Breuer, D. and Spohn, T. (1995) Possible flush instability in mantle convection at the

Archaean-Proterozoic transition. *Nature*, **378**, 608–610.
Brock, J. J., Logan, G. A., Buick, R. and Summons, R. E. (1999) Archean molecular fossils and the early rise of eukaryotes. *Science*, **285**, 1033–1036.
Buick, R. (1992) The antiquity of oxygenic photosynthesis: Evidence from stromatolites in sulphate-deficient Archaean lakes. *Science*, **255**, 74–77.
Campbell, I. H., Czamanski, G. K., Fedorenko, V. A., Hill, R. I. and Stepanov, V. (1992) Synchronism of the Siberian Traps and Permian–Triassic boundary. *Science*, **258**, 1760–1763.
Canfield, D. E. and Teske, A. (1969) Late proteozoic rise in atomspheric oxygen concentration inferred from phylogenetic and sulphur-isotope studies. *Nature*, **382**, 127–132.
Canfield, D. E., Habicht, K. S. and Thamdrup, B. (2000) The Archean sulfur cycle and the early history of atmospheric oxygen. *Science*, **288**, 658–661.
Cano, R. J. and M. K. Borucki (1995) Revival and identification of bacterial spores in 25- to 40-million-year-old Dominican amber. *Science*, **268**, 1060–1064.
Celerine, M., Ray, J. M., Schisler, N. J., Day, A. W., Stetler-Stevenson, W. G. and Laudenbach, D. E. (1996) Fungal fimbriae are composed of collagen. *The EMBO J.*, **15**, 4445–4453.
Chiura, H. X. (1999) Viruses could be promoters of biodiversity. *Jpn. J. Limnol.*, **60**, 238–240.
Chung, S. L., Jahn, B. M., Wu, G., Lo, C. H. and Cong, B. (1998) The Emeishan flood basalt in SW China; a mantle plume initiation model and its connection with continental breakup and mass extinction at the Permian-Triaasic boundary. *Amer. Geophys. Union, Geodynamic ser.*, **27**, 47–58.
Clark, D. L., Wang, C. Y., Orth, C. J. and Gimore, J. S. (1986) Conodont survival and low iridium abundance across the Permian–Triassic boundary in South China. *Science*, **233**, 984–986.
Cloud, P. (1968) Atmospheric and hydorospheric evolution on the primitive Earth. *Science*, **160**, 729–736.
Cloud, P. (1972) A working model of the primitive Earth. *Amer. J. Sci.*, **272**, 537–548.
Coffin, M. F. and Eldholm, O. (1994) Large igneous provinces: crustal structure, dimensions, and external consequences. *Rev. Geophys.*, **32**, 1–36.
Condie, K. C. (1997) *Plate Tectonics and Crustal Evolution, 4th ed.*, Butterworth-Heinemann, 282pp.
Des Marais, D. J., Strauss, H., Summons, R. E. and Hayes, J. M. (1992) Carbon isotope evidence for the stepwise oxidation of the Proterozoic environment. *Nature*, **359**, 605–609.
Distel, D. L., DeLong, E. F. and Waterbury, J. B. (1991) Phylogenetic characterizaion and in situ localization of the bacterial symbiont of shipworms (Teredinidas: Bivalvia) by using ^{16}S rRNA sequence analysis and oligodeoxynucleotide probe hybridization. *Appl. Environ. Microbiol.*, **57**, 2376–2382.
Doolittle, R. F., Feng, D.-F., Tsang, S., Cho, G. and Little, E. (1996) Determining divergence times of the major kingdomes of living organisms with a protein clock. *Science*, **271**, 470–477.
Dyer, B. D. and Ober, R. A. (1998) *Tracing the history of eukaryotic cells: The*

enigmatic smile, Columbia University Press, 259pp.
Ehrlich, H. L. (1996) *Geomicrobiology, third edition*, Marcel Dekker, New York, 719pp.
Eldredge, N. and Gould, S. J. (1972) Punctuated equlibria: an alternative to phyletic gradualism. in *Models in Paleobiology* (Schopf, T. J. M., ed.), Freeman, San Francisco, 82–115.
Elena, S. F., Cooper, V. S. and Lenski, R. E. (1996) Panctured evolution caused by selection of rare beneficial mutations. *Science*, **272**, 1802–1804.
Embry, A. F., Beauchamp, B. and Glass, D. J., eds. (1994) *Pangea: Global Environments and Resources*, Canad. Soc. Petrol. Geol. Mem., no. 17, 982pp.
Erwin, D. H. (1993) *The great Paleozoic crisis*, Columbia University Press, 327pp.
Evans, D. A., Beukes, N. J. and Kirschvink, J. L. (1997) Low-latitude glaciation in the Palaeoproterozoic era. *Nature*, **386**, 262–266.
Farley, K. and Mukhopadhyay, S. (2001) Impact at Permo–Triassic boundary? *Science*, **293**, 2343a.
Farquhar, J., Bao, H. and Theimens, M. (2000) Atmospheric influence of Earth's earliest sulfur cycle. *Science*, **289**, 756–758.
Fukao, Y., Maruyama, S., Obayashi, M. and Inoue, H. (1994) Geologic implication of the whole mantle P-wave tomography. *J. Geol. Soc. Japan*, **100**, 4–23.
Granick, S. (1965) Evolution of heme and chlorophyll. In *Evolving genes and proteins* (Bryson, V. and Vogel, H. J., eds.), Academic Press, 67–88.
Grotzinger, J. P. and Knoll, A. H. (1995) Anomalous carbonate precipitates: Is the Precambrian the key to the Permian? *Palaios*, **10**, 578–596.
Habicht, K. S. and Canfield, D. E. (1996) Sulphur isotope fractionation in modern microbial mats and the evolution of the sulphur cycle. *Nature*, **382**, 342–343.
Hallam, A. (1991) Why was there a delayed radiation after the end—Palaeozoic mass extinctions? *Hist. Biol.*, **5**, 257–262.
Hallam, A. and Wignall, P. (1997) *Mass extinctions and their aftermath*, Cambridge University Press, 320pp.
Han, T.-M. and Runneger, B. (1992) Megascopic eukaryotic algae from the 2.1 billion-year-old Negaugee Iron-formation, Michigan. *Science*, **257**, 232–235.
花田 智（2001）中房温泉で発見された新規光合成細菌—光合成の初期進化過程を解明するための鍵. 月刊地球, **23**, 180–185.
Hildebrand, A. R., Penfield, G. T., Kring, D. A., Pilkington, M., Camargo Z. A., Jacobsen, S. B. and Boynton, W. V. (1991) Chicxulub crater: A possible Cretaceous-Tertiary boundary impact crater in the Yucatan Peninsula, Mexico. *Geology*, **19**, 867–871.
Hiraishi, A., Umezawa, T., Yamamoto, H., Kato, K. and Maki, Y. (1999) Changes in Quinone Profiles of Hot Spring Microbial Mats with a Thermal Gradient. *Appl. Environ. Microbiol.*, **65**, 198–205.
Hoffman, P. F., Kaufman, A. J., Halverson, G. P. and Schrag, D. P. (1998) A Neoproterozoic snowball Earth. *Science*, **281**, 1342–1346.
Holland, H. D. (1994) Early Proterozoic atmospheric change. in *Early Life on Earth* (Bengtson, S., ed.), Columbia University Press, 237–244.
Holland, H. D. (1997) Evidence for life on Earth more than 3850 million years ago. *Science*, **275**, 38–39.

Holland, H. D. and Beukes, N. J. (1990) A paleoweathering profile from Griqualand West, South Africa: evidence for a dramatic rise in atmospheric oxygen between 2.2 and 1.9 BYBP. *Amer. J. Sci.*, **290A**, 1–34.

Holser, W. T., Schonlaub, H.-P., Attrep, M. Jr., Boekelmann, K., Klein, P., Margaritz, M., Orth, C. J., Fenninger, A., Jenny, C., Kralik, M., Mauritsch, H., Park, E., Schramm, J.-M., Stattegger, K. and Schmoller, R. (1989) A unique geochemical record at the Permian/Triassic boundary. *Nature*, **337**, 39–44.

Hori, H. and Osawa, S. (1979) Evolutionary change in 5S RNA secondary structure and a phylogenic tree of 54 5S RNA species. *Proc. Natl. Acad. Sci. USA.*, **76**, 381–385.

Hotinski, R. M., Bice, K. L., Kump, L. R., Najar, R. G. and Arthur, M. A. (2001) Ocean stagnation and end-Permian anoxia. *Geology*, **29**, 7–10.

House, C. H., Schopf, J. W., McKeegan, K. D., Coath, C. D., Harrison, T. M. and Stetter, K. O. (2000) Carbon isotopic compsition of individual Precambrian microfossils. *Geology*, **28**, 707–710.

Iranian–Japanese Research Group (1981) The Permian and the Lower Triassic Systems in Abadeh region, central Iran. *Mem. Fac Sci. Kyoto Univ., Ser. Geol. Mineral.*, **47**, 62–133.

Ishii, M., Igarashi, Y. and Kodama, T. (1989) Purification and characterization of ATP: citrate lyase from Hydrogenobacter thermophilus TK-6. *J. Bacteriol.*, **171**, 1788–1792.

Ishii, M., Miyake, T., Satoh, T., Sugiyama, H., Oshima, Y., Kodama, T. and Igarashi, Y. (1997) Autotophic carbon dioxide fixation in Acidianus brierleyi. *Arch. Microbiol.*, **166**, 368–371.

Isozaki, Y. (1994) Superanoxia across the Permo-Triassic boundary: record in accreted deep-sea pelagic chert in Japan. in *Pangea: Global Environments and Resources* (Embry, A. F., Beauchamp, B. and Glass, D. J., eds.), Canadian Society of Petroleum Geologists, Memoir, no.17, 805–812.

磯﨑行雄（1995）古生代／中生代境界での大量絶滅と地球変動. 科学, **65**, 90–100.

Isozaki, Y. (1996) P–T boundary superanoxia and oceanic stratification in Panthalassa. in *Geology and Paleontology of Japan and Southeast Asia*, Gakujutu-Tosho Insatsu Publ., Tokyo, 29–41.

Isozaki, Y. (1997) Permo–Triassic boundary superanoxia and stratified superocean: records from lost deep sea. *Science*, **276**, 235–238.

磯﨑行雄（1997a）超海洋中央部の P–T 境界危機. 神奈川博調査研報（自然），**8**, 117–130.

磯﨑行雄（1997b）超大陸の分裂と生物大量絶滅. 科学, **67**, 543–549.

磯﨑行雄（1999）プルームの冬—古生代・中生代（P–T）境界の大量絶滅事件と古環境変動. 化石, no. 66, 45–46.

Isozaki, Y. (2000) Plume Winter: a scenario for the greatest biosphere catastrophe across the Permo–Triassic boundary. 31st Intern. Geol. Congress, Abstract CD-ROM.

Isozaki, Y. (2001a) Impact at the Permo–Triassic Boundary? *Science*, **293**, 2343a.

Isozaki, Y. (2001b) Killer volcanism at the Guadalupian–Lopingian boundary (Permian): not basaltic but acidic. Geol. Soc. Amer. Abstracts & Program, A142.

Isozaki, Y., Maruyama, S. and Furuoka, F. (1990) Accreted oceanic materials in

Japan. *Tectonophysics*, **181**, 179–205.

磯﨑行雄・寺林　優・椛島太郎・角田地文・恒松知樹・鈴木良剛・小宮　剛・丸山茂徳・加藤泰浩（1995）35 億年前最古ストロマトライトの正体—西オーストラリア，ピルバラ産太古代中央海嶺の熱水性堆積物．月刊地球，**17**，476–481．

磯﨑行雄・松田哲夫・酒井治孝・川幡穂高・西　弘嗣・高野雅夫・姚　建新・紀　戦勝・久保知美（2000）南中国四川省における P–T 境界学術ボーリング：「プルームの冬」仮説の検証に向けて．月刊地球，号外 **29**，149–154．

Isozaki, Y. and Ota, A. (2001) Middle/Upper Permian (Maokouan/Wuchiapingian) boundary in mid-oceanic paleo-atoll limestone in Kamura and Akasaka, Japan. *Proc. Japan Acad.*, **77B**, 104–109.

伊藤　繁（1999）生命が地球をかえた？—光が地球をかえた．『生きている地球の新しい見方—地球・生命・環境の共進化』（第 13 回「大学と科学」公開シンポジウム組織委員会編），クバプロ，148–159．

伊藤　繁・岩城雅代（1995）地球を変えた光合成反応：明らかになりつつある光合成系の起源．遺伝，**49** (2)，12–17．

Jensen, R. A. and Gu, W. (1996) Evolutionary recruitment of biochemically specialized subdivisions of family I within the protein superfamily of aminotransferases. *J. Bacteriol.*, **178**, 2161–2171.

Jin, Y. G., Zhang, J. and Shang, Q. H. (1994) Two phases of the end-Permian mass extinction. *Can. Soc. Petr. Geol. Mem.*, **17**, 813–822.

Jin, Y. G. Wang, Y., Wang, W., Shang, Q. H., Cao, C. Q. and Erwin, D. H. (2000) Pattern of mass extinction near the Permo–Triassic boundary in South China. *Science*, **289**, 432–436.

Kaiho, K. (1994) Planktonic and benthic foraminiferal extinction events during the last 100 m.y. *Palaeogeogr. Palaeoclimatol. Palaeoecol.*, **111**, 45–71.

海保邦夫（1995）白亜紀／第三紀境界に何がおこったか．科学，**65**，603–611．

Kaiho, K. and Lamolda, M. A. (1999) Catastrophic extinction of planktonic foraminifera at the Cretaceous–Tertiary boundary evidenced by stable isotopes and foraminiferal abundance at Caravaca, Spain. *Geology*, **27**, 355–358.

Kaiho, K., Kajiwara, Y., Tazaki, K., Ueshima, M., Takeda, N., Kawahata, H., Arinobu, T., Ishiwatari, R., Hirai, A. and Lamolda, M. A. (1999) Oceanic primary productivity and dissolved oxygen levels at the Cretaceous/Tertiary boundary: Their decrease, subsequent warming, and recovery. *Paleoceanography*, **14**, 511–524.

Kajiwara, Y., Yamakita, S., Ishida, K., Ishiga, H. and Imai, A. (1994) Development of a largely anoxic stratified ocean and its temporary massive mixing at the Permian/Triassic boundary supported by the sulfer isotope record. *Palaeogeogr. Palaeoclimatol. Palaeoecol.*, **111**, 367–379.

Kakuwa, Y. (1996) Permian-Triassic mass extinction event recorded in bedded chert sequences of soputhwest Japan. *Palaeogeogr. Palaeoclimatol. Palaeoecol.*, **121**, 35–48.

Karhu, J. A. and Holland, H. D. (1996) Carbon isotopes and the rise of atmospheric oxygen. *Geology*, **24**, 867–870.

Kasting, J. F. (1987) Theoretical constraints on oxygen and carbon dioxide: concentrations in the Precambrian atmosphere. *Precambrian Res.*, **34**, 205–229.

Kasting, J. F. (1992) Models relating to Proterozoic atmospheric and ocean chemistry. in *Proterozoic Biosphere* (Schopf, J. W. and Klein, C., eds.), Cambridge University Press, 1185–1187.

Kasting, J. F. (1993) Earth's early atmosphere. *Science*, **259**, 920–926.

Kasting, J. F., Liu, S. C. and Donahue, T. M. (1979) Oxygen levels in the Prebiological atmosphere. *J. Geophys. Res.*, **84**, 3097–3107.

Kasting, J. F. and Walker, J. C. G. (1981) Limits on oxygen concentration in the prebiological atmosphere and the rate of abiotic fixation of nitrogen. *J. Geophys. Res.*, **86**, 1147–1158.

Kasting, J. F., Pollack, J. B. and Crisp, D. (1984) Effects of high CO_2 levels on surface temperature and atmospheric oxidation state on the early Earth. *J. Atmos. Chem.*, **1**, 403–428.

Kasting, J. F. and Brown, L. L. (1998) The early atmosphere as a source of biogenic compounds. in *The Molecular Origins of Life: Assembling Pieces of the Puzzle* (Brack, A., ed.), Cambridge University Press, 35–56.

Kato, Y., Nakao, K. and Isozaki, Y. (2002) Geochemistry of late Permian to Early Triassic pelagic cherts from southwest Japan: implications for an oceanic redox change. *Chem. Geol.*, **182**, 15–34.

川上紳一(2000a)新しい地球史—スノーボール・アース仮説からの視点. 科学, **70**, 406–420.

川上紳一(2000b)『生命と地球の共進化』, NHK ブックス, 267pp.

川上紳一・大野照文(1998)生命と地球の共進化. 科学, **68**, 829–838.

川上紳一・東條文治・吉岡秀佳(2001)スノーボール・アース仮説はどこまで検証されたか. 月刊地球, **23**, 203–207.

川上紳一・東條文治(2002)7億年前の凍てついた地球—スノーボール・アース仮説とその検証. ネイチャーサイエンス, **2**, No.5, 92–99.

Keller, G. (1989) Extended period of extinctions across the Cretaceous/Tertiary boundary in planktonic foraminifera of continental-shelf sections: Implications for impact and volcanism theories. *Geol. Soc. Amer. Bull.*, **101**, 1408–1419.

木村資生 (1986)『分子進化の中立説』, 紀伊国屋書店, 306pp.

木村資生 (1988)『生物進化を考える』, 岩波新書, 290pp.

Kirschvink, J. L. (1992) Late proterozoic low-latitude global glaciation: the snowball Earth. in *The Proterozoic Biosphere* (Schopf, J. W. and Klein, C., eds.), Cambridge University Press, 51–52.

Kirschvink, J. L., Gaidos, E. J., Bertani, L. E., Beukes, N. J., Gutzmer, J., Maepa, L. N. and Steinberger, R. E. (1999) The Paleoproterozoic snowball Earth: Deposition of the Kalahari manganese field and evolution of the Archaea and Eukarya Kingdoms. *Proc. Natl. Acad. Sci., USA*, **97**, 1400–1405.

Klein, C. and Beukes, N. J. (1992) Proterozoic iron-formations. in *Proterozoic crustal evolution* (Condie, K. C., ed.), Elsevier, 383–418.

Knoll, A. H. (1991) End of the Proterozoic Eon. *Sci. Amer.*, **265**, 64–73.

Knoll, A. H. (1992) The early evolution of Eukaryotes: a geological perspective. *Science*, **256**, 622–627.

Knoll, A. H. (1999) A new molecular window on early life. *Science*, **285**, 1025–1026.

Knoll, A. H., Bambach, R. K., Canfield, D. E. and Grotzinger, J. P. (1996) Comparative Earth history and Late Permian mass extinction. *Science*, **273**, 452–457.

Koike, T. (1996) The first occurrence of Griesbachian conodonts in Japan. *Trans. Proc. Paleont. Soc. Japan, N. S.*, **181**, 337–346.

Kozur, H. W. (1998) Some aspects of the Permian-Triassic boundary (PTB) and of the possible causes for the biotic crisis around this boundary. *Palaeogeogr. Palaeoclimatol. Palaeoecol.*, **143**, 227–272.

久保健一・磯崎行雄・松尾基之（1996）チャートの色調と堆積場の酸化・還元条件：^{57}Fe メスバウアー分光法によるトリアス紀深海チャート中の鉄の状態分析. 地質学雑誌, **102**, 40–48.

Kumazawa, M., Yoshida, S., Ito, T. and Yoshioka, H. (1994) Arcaean-Proterozoic boundary interpreted as a catastrophic collapse of the stable density stratification in the core. *J. Geol. Soc. Japan*, **100**, 50–59.

桑原希世子・中江　訓・八尾　昭（1991）美濃－丹波帯のペルム紀新世砥石型珪質泥岩. 地質学雑誌, **97**, 1005–1008.

Kyte, F. T. (1998) A meteorite from the Cretaceous/Tertiary boundary. *Nature*, **396**, 237–239.

Lepp, H. (1987) Chemistry and origin of Precambrian iron-formations. in *Precambrian iron-formations* (Appel, P. W. U. and Laberge, G. L., eds.), Theophrastus Publ., 3–30.

Liu, S. V., Zhou, J., Zhang, C., Cole, D. R., Gajdarziska-Josifovska, M. and Phelps, T. J. (1997) Thermophilic Fe (III)-reducing bacteria from the deep subsurface: the evolutionary implications. *Science*, **277**, 1106–1109.

Lowe, D. R. (1980) Stromatolites 3,400-Myr old from the Archaean of Western Australia. *Nature*, **284**, 441–443.

Lowe, D. R. (1994) Abiological origin of described stromatolites older than 3.2 Ga. *Geology*, **22**, 387–390.

Madigan, M. T., Martinko, J. M. and Parker, J. (1997) *Brock Biology of microorganisms, eighth edition*, Prentice Hall, Upper Saddle River, NJ.

Magaritz, M., Krishanamurthy, R. V. and Holser, W. T. (1992) Parallel trends in organic and inorganic carbon isotopes across the Permian/Triassic boundary. *Amer. Jour. Sci.*, **292**, 727–739.

Maidak, B. L., Larsen, N., McCaughey, M. J., Overbeek, R., Olsen, G. J., Fogel, K., Blandy, J. and Woese, C. R. (1994) The ribosomal database project. *Nucleic Acids Research*, **22**, 3485–3487.

Maki, Y. (1991) Study of the "Sulfur-turf": a community of colorless sulfur bacteria growing in hot spring effluent. *Bull. Jap. Soc. Microb. Ecol.*, **6**, 33–43.

Marais, D. J. (2000) When did photosynthesis emerge on Earth? *Science*, **289**, 1703–1705.

Margulis, Lynn (1993) *Symbiosis in Cell Evolution, 2nd edition*, W. H. Freeman and Company, New York, 452pp.

Martin, W. and Muller, M. (1998) The hydrogen hypothesis for the first eukaryote. *Nature*, **392**, 37–41.

Maruyama, S. (1994) Plume tectonics. *J. Geol. Soc. Japan*, **100**, 24–49.

丸山茂徳・磯崎行雄（1998）『生命と地球の歴史』, 岩波新書, 岩波書店, 275pp.

Matsuda, T. (1981) Early Triassic conodonts from Kashimir, India. *Jour. Geosci., Osaka City Univ.*, **24**, 75–108.

松田哲夫・磯﨑行雄・八尾　昭（1980）美濃帯犬山地域のトリアス系-ジュラ系の層序関係. 日本地質学会第 87 年学術大会講演要旨, 107.
Matsuda, T. and Isozaki, Y. (1991) Well-documented travel history of Mesozoic pelagic chert: from remote ocean to subduction zone. *Tectonics*, **10**, 475–499.
Matsuo, M., Kubo, K. and Isozaki, Y. (2002) Moessbauer spectroscopic study on characterization of iron in the Permian to Triassic deep-sea chert from Japan. *Hyperfine Interact.*, in press.
松浦克美（1995）原始光合成系と光合成細菌. 遺伝, **49** (2), 18–22.
Mauzerall, D. (1992) Light, iron, Sam Granick and the origin of life. *Photosynthesis Res.*, **33**, 163–170.
McGhee, G. R. (1997) *The Late Devonian mass extinction*, Columbia University Press, 303pp.
Mojzsis, S. J., Arrhenius, G., McKeegan, K. D., Harrison, T. M., Nutman, A. P. and Friend, C. R. L. (1996) Evidence for life on Earth before 3,800 million years ago. *Nature*, **384**, 55–59.
Mundil, R., Metcalfe, I., Ludwig, K. R., Renne, P. R., Oberli, F. and Nicoll, R. S. (2001) Timing of the Permian–Triaasic bioic crisis: implications from new zircon U/Pb age data (and their limitations). *Earth Planet. Sci. Lett.*, **187**, 131–145.
Musashi, M., Isozaki, Y., Koike, T. and Kreulen, R. (2001) Stable carbon isotope signature in mid-Panthalassa shallow-water carbonates across the Permo–Triassic boundary: evidence for ^{13}C-depleted ocean. *Earth Planet. Sci. Lett.*, **191**, 9–20.
永田　俊（2000）特集　海洋微生物：微生物ループ理論の展開. 月刊海洋, 号外 **23**, 76–82.
中尾京子・磯﨑行雄（1994）美濃帯犬山地域の遠洋性チャート中に記録された P/T 境界深海 anoxia からの回復過程. 地質学雑誌, **100**, 505–508.
Nakazawa, K., Kapoor, H. M., Ishii, K., Bando, Y., Okimura, Y. and Tokuoka, T. (1975) The Upper Permian and Lower Triassic in Kashmir, India. *Mem. Fac. Sci., Kyoto Univ., ser. Geol. Miner.*, **42**, 1–106.
Newell, N. D. (1967) Revolutions in the history of life. *Geol. Soc. Amer., Spec. Paper*, **89**, 63–91.
Nisbet, E. (2000) The realms of Archaean life. *Nature*, **405**, 625–626.
Nisbet, E. G., Cann, J. R. and Dover, C. L. V. (1995) Origins of photosynthesis. *Nature*, **373**, 479–480.
Norris, R. D., Huber, B. T. and Self-Trail, J. (1999) Synchroneity of the K–T oceanic mass extinction and meteorite impact: Blake Nose, western North Atlantic. *Geology*, **27**, 419–422.
Odum, E. P. (1971) *Fundamentals of Ecology*, Saunders, Philadelphia, 574pp.
Ogawa, M. (2000) Numerical models of magmatism in convecting mantle with temperature-dependent viscosity and their implications for Venus and earth. *J. Geophys. Res.*, **105E**, 6997–7012.
Olsen, G. J., Woese, C. R. and Overbeek, R. (1994) The winds of evolutionary change: breathing new life into microbiology. *J. Bacteriol.*, **176**, 1–6.
太田彩乃・勘米良亀齢・磯﨑行雄（2000）宮崎県高千穂町上村のペルム系岩戸層および三田井層の層序：海山頂部相石灰岩中に確認された茅口階, 呉家坪階および長興階. 地質学雑誌, **106**, 853–864.
Poag, C. W. (1997) The Chesapeake Bay bolide impact: a convulsive event in Atlantic

Coastal Plain evolution. *Sedimentary Geology*, **108**, 45–90.
Rasmussen, B. (2000) Filamentous microfossils in a 3,235-million-year-old volcanogenic massive sulphide deposit. *Nature*, **405**, 676–679.
Rasmussen, B. and Buick, R. (2000) Oily olod ores: Evidence for hydrothermal petroleum generation in an Archean volcanogenic massive sulfide deposit. *Geology*, **28**, 731–734.
Raup, D. M. (1986) *The Nemesis affair: A story of the death of dinosaurs and the ways of science*, W. W. Norton and Company, New York, 220pp.（和訳：渡辺政隆訳 (1990)『ネメシス騒動—恐竜絶滅をめぐる物語と科学のあり方』, 平河出版社, 316pp.）
Raup, D. M. (1991) *Extinction: Bad gene or bad luck?*, Norton, New York, 210p.（和訳：渡辺政隆訳 (1996)『大絶滅—遺伝子が悪いのか運がわるいのか』, 平河出版社, 250pp.）
Raup, D. M. and Sepkoski, J. J. Jr. (1984) Periodicity of extinctions in the geologic past. *Proc. Natl. Acad. Sci., USA*, **81**, 801–805.
Redecker, D., Kodner, R. and Graham, L. E. (2000) Glomalean Fungi from the Ordovician. *Science*, **289**, 1920–1921.
Renne, P. R., Zhang, Z., Richards, M. A., Black, M. T. and Basu, A. R. (1995) Synchrony and causal relations between Permian–Triassic boundary crises and Siberian flood volcanism. *Science*, **269**, 1413–1416.
Reysenbach, A. L., and Cady, S. L. (2001) Microbiology of ancient and modern hydrothermal systems. *Trends in Microbiology*, **9**, 79–86.
Rosing, M. T. (1999) ^{13}C-depleted carbon microparticles in > 3700-Ma sea-floor sedimentary rocks from West Greenland. *Science*, **283**, 674–676.
Runneger, B. (1985) Collagen gene construction and evolution. *J. Mol. Evol.*, **22**, 141–149.
Runneger, B. (1991) Precambrian oxygen levels estimated from the biochemistry and physiology of early eukaryotes. *Palaeogeogr. Palaeoclimatol. Palaeoecol.*, **97**, 97–111.
Sanfilippo, A., Riedel, W. R., Glass, B. P. and Kyle, F. T. (1985) Late Eocene microtektites and radiolarian extinctions on Barbados. *Nature*, **314**, 613–615.
Sano, H. and Nakashima, K. (1997) Lowermost Triassic (Griesbachian) microbial bindstone–cementstone facies, Southwest Japan. *Facies*, **36**, 1–24.
Schdrowski, M. (1988) A 3,800-million year old isotopic record of life from carbon in sedimentary rocks. *Nature*, **333**, 313–318.
Schopf, J. W. (1983) *Earth's earliest biosphere*, Princeton University Press, 543pp.
Schopf, J. W. (1993) Microfossils of the early Archean apex chert: New evidence of the antiquity of life. *Science*, **260**, 640–646.
Schopf, T. J. M. (1974) Permo–Triassic extinctions: relation to seafloor spreading. *J. Geology*, **82**, 129–143.
Schubert, W-D., Klukas, O., Saenger, W., Witt, H. T., Fromme, P. and Krauss, N. (1998) A common ancestor for oxygenic and anoxygenic photosynthetic systems: a comparison based on the structural model of photosystem I. *J. Mol. Biol.*, **280**, 297–314.
Scotese, C. R. and Langford, R. P. (1995) Pangea and the paleogeography of the Permian. in *The Permian of Northern Pangea, vol.1: Paleogeography, Paleocli-*

mates, Stratigraphy (Scholle, P. A., Peryt, T. M. and Ulmer-Scholle, D. S., eds.) Springer-Verlag, Berlin, 3–19.

Sepkoski, J. J. Jr. (1984) A kinetic model of Phanerozoic taxonomic diversity. III. Post-Paleozoic families and mass extinction. *Paleobiology*, **10**, 246–267.

Sepkoski, J. J. Jr. (1989) Periodicity in extinction and the problem of catastrophism in the history of life. *J. Geol. Soc. London*, **146**, 7–19.

Sepkoski, J. J. Jr. (1990) The taxonomic structure of periodic extinction. *Geol. Soc. Amer., Spec. Pap.*, **247**, 33–44.

Sheng, J. Z., Chen, C. Z., Wang, Y., Rui, L., Liao, Z. T., Bando, Y., Ishii, K., Nakazawa, K. and Nakamura, K. (1984) Permian–Triassic boundary in middle and eastern Tethys. *J. Fac. Sci. Hokkaido Univ., ser. 4*, **21**, 133–181.

Sheth, H. C. (1999) A historical approach to continental flood basalt volcanism: insights into pre-volcanic rifting, sedimentation, and early alkaline magmatism. *Earth Planet. Sci. Lett.*, **168**, 19–26.

Signor, P. W. and Lipps, J. H. (1982) Sampling bias, gradual extinction patterns and catastrophes in the fossil record. in *Geological implications of impacts of large asteroids and comets on the Earth* (Silver, L. T. and Schultz, P. H., eds.), Geol. Soc. Amer. Spec. Pap., **190**, 291–296.

Sleep, N. H. (2001) Oxygenating the atmosphere. *Nature*, **410**, 317–319.

Smit, J. and Hertogen, J. (1980) An extraterrestrial event at the Cretaceous–Tertiary boundary. *Nature*, **285**, 198–200.

Smit, J. and Klaver, G. (1981) Sanidine spherules at the Cretaceous–Tertiary boundary indicate a large impact event. *Nature*, **292**, 47–49.

Stanley, S. M. (1981) *The new evolutionary timetable*, Basic Books, New York.（和訳：養老孟司訳（1992）『進化―連続か断続か』, 岩波書店, 282pp.）

Stanley, S. M. (1987) *Extinction*, Scientific American Library, no. 2, Freeman, New York.（和訳：長谷川善和・清水　長訳（1991）『生物と大絶滅』, 東京化学同人, 240pp.）

Stanley, S. M. (1988) Paleozoic mass extinctions: shared patterns suggest global cooling as a common cause. *Amer. J. Sci.*, **288**, 334–352.

Stanley, S. M. and Yang, X. (1994) A double mass extinction at the end of the Paleozoic era. *Science*, **266**, 1340–1344.

Sugiyama, K. (1992) Lower and Middle Triassic radiolarians from Mt. Kinkazan, Gifu prefecture, central Japan. *Trans. Proc. Palaeont. Soc. Japan, New Series*, no.167, 1180–1223.

Summons, R. E., Jahnke, L. L., Hope, J. M. and Logan, G. A. (1999) 2-Methylhopanoids as biomarkers for cyanobacterial oxygennic photosynthesis. *Nature*, **400**, 554–557.

Suzuki, N., Ishida, K., Shinomiya, Y. and ishiga, H. (1998) High productivity in the earliest Triassic ocean: black shales, Southwest Japan. *Palaeogeogr. Palaeoclimatol. Palaeoecol.*, **141**, 53–65.

Sweet, W. C., Yang, Z. Y., Dickins, J. M. and Yin, H. F., eds. (1992) *Permo-Triassic events in the eastern Tethys*, Cambridge University Press, Cambridge, 181pp.

田近英一（2000）全球凍結現象とはどのようなものか：理論研究は語る. 科学, **70**, 397–405.

東條文治（2000）縞々から気候変動の速度を読む：スノーボール・アース仮説への制約. 科学, **70**, 370–373.

Tomitani, A., Okada, K., Miyashita, H., Mattijs, H. C. P., Ohno, T. and Tanaka, A. (1999) Chlorophyll b and phycobilins in the common ancestor of cyanobacteria and chloroplasts. *Nature*, **400**, 159–162.
富谷朗子（2001）酸素発生型光合成生物の起源と進化. 月刊地球, **23**, 168–172.
Towe, K. M. (1970) Oxygen–collagen priority and the early Metazoan fossil record. *Proc. Natl. Acad. Sci., USA*, **65**, 781–788.
Trendall, A. F. and Morris, R. C. (1983) *Iron-formations: Facts and problems*, Elsevier, 558pp.
Twitchett, R. J., Looy, C. V., Morante, R., Visscher, H. and Wignall, P. B. (2001) Rapid and synchronous collapse of marine and terrestrial ecosystems during the end-Permian biotic crisis. *Geology*, **29**, 351–354.
上野雄一郎・磯崎行雄・圦本尚義・丸山茂徳（1999）西オーストラリア産35億年前バクテリア化石とその炭素同位体比. Ah-006, 1999年地球惑星科学関連学会合同大会抄録集.
Valentine, J. W. and Moores, E. M. (1970) Plate-tectonic regulation of faunal diversity and sea-level: a model. *Nature*, **228**, 657–659.
Vargas, M., Kashefi, K. Blunt-Harris, E. L. and Lovley, D. R. (1998) Microbiological evidence for Fe (III) reduction on early Earth. *Nature*, **395**, 65–67.
Vidal, G. and Ford, T. D. (1985) *Precambrian Res.*, **28**, 349–389.
Visscher, H., Brinkhuis, H., Dilcher, D.L., Elisk, W.C., Eshet, Y., Looy, C., Rampino, M. and Traverse, A. (1996) The terminal Paleozoic fungal event: evidence of terrestrial ecosystem destabilization and collapse. *Proc. Natl. Acad. Sci., USA*, **93**, 2155–2158.
Walker, J. C. G., Klein, C., Shopf, J. W., Stevenson, D. J. and Walter, M. R. (1983) Environmental evolution of the Archean–Early Proterozoic Earth. in *Earth's Earliest Biosphere: Its Origin and Evolution* (Shopf, J. W., ed.), Princeton University Press, 260–290.
Walter, M. R. (1976) *Stromatolites*. Developments in sedimentology, 20, Elsevier.
Walter, M. R., Buick, R. and Dunlop, J. R. S. (1980) Stromatolites 3,400–3,500 Myr old from the North Pole area, Western Australia. *Nature*, **284**, 443–445.
Weiner, J. (1994) *The beak of the finch*. (和訳：樋口広芳訳『フィンチの嘴』, 早川書房.)
Whitman, W. B., Coleman, D. C. and Wiebe, W. J. (1998) Prokaryotes: The unseen majority. *Proc. Natl. Acad. Sci., USA*, **95**, 6578–6583.
Wignall, P. B. and Hallam, A. (1992) Anoxia as a cause of the Permian/Triassic extinction: facies evidence from northern Italy and western United States. *Palaeogeogr., Palaeoclimatol., Palaeoecol.*, **93**, 21–46.
Woese, C. R., Kandler, O. and Wheels, M. L. (1990) Toward a natural system of organisms: proposals for the domains Archaea, Bacteria, and Eucarya. *Proc. Natl. Acad. Sci., USA.*, **87**, 4576–4579.
Wolbach, W. S., Lewis, R. S. and Anders, E. (1985) Cretaceous extinctions: Evidence for wildfires and search for meteoric material. *Science*, **230**, 167–170.
Woods, A., Bottjer, D. J., Mutti, M. and Morrison, J. (1999) Lower Triassic large sea-floor carbonate cements: their origin and a mechanism for the prolonged biotic recovery from the end-Permian mass extinction. *Geology*, **27**, 645–648.
Xiong, J., Fischer, W. M., Inoue, K., Nakahara, M. and Bauer, C. E. (2000) Molecular evidence for the early evolution of photosynthesis. *Science*, **289**, 1724–1730.

Xu, D.-Y., Ma, S.-L., Chai, Z.-F., Mao, X.-Y., Sun, Y.-Y., Zang, Q.-W. and Yang, Z. Z. (1985) Abundance variation of iridium and trace elements at the Permian/Triassic boundary at Shangsi in China. *Nature*, **314**, 154–156.

山岸明彦（1996）裸の古細菌サーモプラズマ．科学, **66**, 464–466.

山岸明彦（1999）40億年前の熱い地球を忘れない生き物たち．『生きている地球の新しい見方—地球・生命・環境の共進化』（第13回「大学と科学」公開シンポジウム組織委員会編），クバプロ，138–147.

山北　聡（1987）四国東部秩父累帯中のチャート相二畳–三畳系間の層序関係．地質学雑誌, **93**, 145–148.

山本啓之（1998）温泉バイオマットは生きた化石か．*Microbes and Environments*（日本微生物生態学会誌），**13**, 263–268.

Yamamoto, H., Hiraishi, A., Kato, K., Chiura, H. X., Maki, Y. and Shimizu, A. (1998) Phylogenetic evidence for the existence of novel thermophilic bacteria in hot spring sulfur-turf microbial mats in Japan. *Appl. Environ. Microbiol.*, **64**, 1680–1687.

Yang, Z. Y., Wu, S. B., Yin, H. F., Xu, G. R. and Zhang, K. X. (1991) *Permo–Triassic events of South China*, Geol. Publ. House, Beijing, 190pp. (in Chinese with English abstract)

Yin, H. F., Zhang, K. X., Tong, J. N., Yang, Z. Y. and Wu, S. B. (2001) The global stratotype section and point (GSSP) of the Permian–Triassic boundary. *Episodes*, **24**, 102–114.

吉岡秀佳（2000）同位体比からみた全球凍結とその後の急激な温暖化．科学, **70**, 366–370.

Zachos, J. C., Arthur, M. A. and Dean, W. E. (1989) Geochemical evidence for suppression of pelagic marine productivity at the Cretaceous/Tertiary boundary. *Nature*, **337**, 61–64.

Zhang, R., Follows, M. J., Grotzinger, J. P. and Marshall, J. (2001) Could Late Permian deep ocean have been anoxic? *Paleoceanography*, **16**, 317–329.

Zhao, J. K., Sheng, J. Z., Yao, Z. Q., Liang, X. L., Chen, C. Z., Rui, L. and Liao, Z. T. (1981) The Changhsingian and Permian-Triassic boundary of South China. *Bull. Nanjing Inst. Geol. Palaeont.*, no. 2, 1–112.

Zhou, L. and Kyte, F. T. (1988) The Permian-Triassic boundary event: a geochemical study of three Chinese sections. *Earth Planet. Sci. Lett.*, **90**, 411–421.

第7章
むすび——われわれはどこへ行くのか

熊澤峰夫

　われわれはどこからきたのか，われわれは何者か，われわれはどこへ行くのか，それらを考えるのが本章である．物心のついた少年少女が自分の人生設計を考えるように，私たちは地球生命の将来設計をしたい．その知恵を得るには，地球と生命と環境の共進化の歴史をもっと深く学んで，その本質的なことがらをミームとして次世代に伝えることが重要である．

　　ソクラテスの遺伝子のうち今日の世界に生き残っているものがはたして一つか二つあるのかどうかわからない．しかしだれがそんなことを気にかけるだろうか．ソクラテス，ダ・ヴィンチ，コペルニクス，マルコーニ——彼らのミーム複合体はいまだ健在ではないか．
　　　　　　　　　　　　　　　Dawkins（1989）日高ら訳，より

7.1　なぜ地球の歴史を研究するのか？

　私たちは地球の歴史を読み解くことを科学研究として行っている．私たちが地球科学の研究を始めたのは，個人のレベルでいえば，たいていは誠に些細な偶然の結果だったことが多い．たとえば，子どものとき氷河のことを聞いて感動したとか，学生のとき物理学を勉強したかったが成績が悪くて地球科学分野にまわされたとか，そういった他愛のないことがきっかけだったかもしれない．きっかけはどうであれ，研究を行っている間に，私たちはとんでもなく大きな重要な仕事をしているのだ，と思うようになった．それは，われわれ一人一人を含めた生命を生み出し育んでくれた地球という母親の生い立ちと成長，彼女の育児の歴史が私たちの研究課題だ，ということに気がついたからだ．

　私たちはたいてい，大学の研究室という狭い世界で，先輩や先生方からこれまでの研究手法を学び，それを使って特定の個別的な研究課題に取り組んで育ち，何か褒めてもらえるような成果を出して渡世する．それがならわしだった．その研究が科学研究全体の中でどういう意味を持ち，また，社会や人にどう役に立つかなどは，とりわけ理学部ではほとんど考えなかったものだ．だから私たちは，それぞれ育った狭い個別分野の専門家として，その分野の伝統や勢力を守ることになる．

　筆者は地球科学を研究する意味について考えてきてわかったことがある．それは，私たちの研究は，「われわれはどうしてここにいるのか，われわれはいったい何者なのか，そしてどこへ行くのか」という問いに答える重要な鍵を与えるということだ．本当はもっと前からわかっていたことなのだろうが，一人の研究者にとってみると，勉強しているうちにだんだんわかってきた，というのが実感であり，また事実でもある．

　最近になって，私たちが幸せを求めて行う産業活動が，逆に地球の環境変動を引き起こし，幸せどころか生存さえ危うくする可能性が指摘されてきている．いったい私たちは何をやっているのか，と立ち止まって考察する必要がある．将来は見えない．専門家の見方は実に多様で，SFのように明るい未来から，汚染された地球上で絶滅する生きものたちまでが描かれている．私た

ちは何をどう考え,どうしようとしたら良いのか,どこへ行くのか,本当にわからない.このような事態に対処するには,まずその原因や実態や状況をはっきり理解する必要がある.その具体的な方法は,科学として解明した地球の歴史から学んだ理窟を使いながら,私たちの考え方を更新しつつ,もっと良い生き方を経験的に会得していくことである.

そう考えてみると,私たちが行ってきた全地球史解読計画(熊澤,1998)には2つの側面があることがわかる.ひとつは,科学として現在を含む全歴史を読み解くことで,もうひとつは,その結果からわれわれが未来を生きる知恵を引き出すことだ.その知恵としては,宗教を除くと科学的な温故知新以外に,少なくとも筆者は手立てを思いつかない.キザな表現をすると「われわれは何者で,どこからきて,どこへ行くのか,それを知る手がかりを得る」[*1)]というのが全地球史解読の目的ということになる.

7.2 われわれはどこからきたのか,そして何者か?

(1) 地球史第7事件の背景

1.1節で,地球史七大事件を設定し(図1.1.1),その中で7つめの大事件として「私たちが科学を始め,生命,地球,宇宙の歴史とその摂理を探り始めたこと」を挙げた.科学を始めたことが地球史上の大事件だというのは,奇妙だと思われるかもしれない.しかし,これはひょっとしたら,私たちが知っている範囲では,宇宙史上の大事件の可能性もある,と筆者は考えている.科学というものの成立が,宇宙に発生した生命が生き継いできた結果の産物だからだ.

筆者は,生命の営みを「生き継ぎ」ということばで表現する.生命は,親から子へ自分の遺伝子を伝えながら代を重ねて進化していく.そのように生死を繰り返しつつ自らの生を未来へ伝えていくことが,生命の営みの本質であると考えているからである.生き継ぎの連鎖の過程である進化は,突然変

[*1)] ゴーギャンの絵に「われわれはどこから来たのか.われわれは何者か.われわれはどこへ行くのか.(D'où venons-nous? Que sommes-nous? Où allons-nous?)」と題するものがある.またたとえば『方丈記』にも,「知らず,生まれ死ぬる人,いづ方より来たりて,いづ方へか去る」という一節がある.このような問いはいつの時代でも抱かれてきた.

異と自然淘汰の産物である．突然変異とは，分子が自分をコピーする複製過程が忠実ではなくて，小さなミスコピーを起こすことである．自然淘汰とは，突然変異の結果，生き継ぎに有利な性質を持ったものが確率的により多く生き残るということである．私たちの体が複雑で高度な機能を持つのは，他の種との相対的な関係で生き継ぎに有利に働くからだと考えられる．ただし，より高度で複雑な機能を持つことだけが生き物の生き継ぎ生存戦略ではない．考え方によっては，バクテリアのように簡単な構造で生き継ぎができる生き物こそ，高度な生存戦略を持っているとも言える．事実，単細胞の生物の量は，多細胞の生物よりも圧倒的に大きい．

　地球史の立場から見ると，生命は，地表に最も多くある炭素，水素，酸素などが結合してできたいろいろな分子のうちで，自己複製機能を持つものに始まる．このような分子の中で，偶然にでも高い機能を持つタンパク質を作るものができると，それが周辺にある資源を利用して生き継いで増殖する．これが分子レベルでみる生物の進化の始まりだ．そのような原始的な生物から，これまで何十億年もの間に数多くの生き継ぎの連鎖の結果できてしまった産物のひとつが，われわれヒトだ．

　生き物は，生きることで環境を変えると同時に，環境に応じて変化しながら生きる．たとえば，光合成と環境の関係を考えよう．太古代のおそらく第3事件より前に，光合成をする，すなわち太陽のエネルギーを使って生き継ぐ生き物ができた（6.1節参照）．これは意図してできたものではない．「使うつもり」という意思がなくても，自然に使ってしまったのだ．そして，光合成をする生き物は，地球表層に二酸化炭素と水という材料と光がある限り，どんどん増殖する宿命を持ってしまう．光合成をする生物は，二酸化炭素をどんどん還元して，結果として酸素を作り，環境を変える．酸素のないところで発生した生き物にとっては，酸素は有毒な生活廃棄物だが，今度はそこにある酸素を使ってもっとうまくやる生き物が出てくる．生き物は，有害でかつて使ったことがなかったものを，逆にうまく使う方法を次々に発明する．それも頭で考えて発明するのではなく，自然のなりゆきで酸素を使う機能が偶然できると，そのような生き物が生き継いで増えてしまうという宿命にある．地球は，複雑で高度な機能を持つ生き物たちができて，それらが共存して生

き継ぐ仕掛けがある世界である[*1)].

このような生き継ぎの産物として私たちヒトが生まれた．ヒトは生存に役立つ高度な環境認知センサーや，それで得られる情報を伝達する神経，それを記憶する脳まで持つようになった．さらに，ヒトはその脳を使って「考えて」生き継ぎをうまくやるという機能まで備えるようになった．ただし，その脳もなりゆきでできたものだ．私たちヒトは，今知っている強力な科学や技術を発明してその意義を悟るよりもはるか以前に，高度の学習機能や知的好奇心を支える脳をすでに持ってしまっていた．

高度な脳ができ，知識が文化として伝えられることになった結果として，ヒトは自分たちはどこからきた何者であるかを嗅ぎつけて，おぼろげにでもわかりかかってきた．少し前までは，そんなことはよくわからないので，神とか輪廻とかいう抽象概念の発明で対応してきた．このような概念は，頭脳で考えた画期的な発明だった．というのも，それで一応の満足が得られていたからである．近代になってからは，それを宇宙の摂理とか呼ばれる抽象概念に置き換え，それを能動的，組織的に探ることになった．それを知の学，すなわち，科学[*2)]と呼ぶ．

科学の発展は，よりよく生き継ぐ手立てとしての技と術，すなわち医学，農学，工学などの実学の発展に支えられてもきたし，実学の発展を支えてもきた．つまり，科学と技術は，変動する環境の中で生き継ぐという生命にとっての最高の存在理由を支える実利に誘導されて自律的に発達してきた．今や，基礎科学の理解に裏づけられた実学は，とくに他の生物との相対的な関係では，決定的な実利をもたらし，私たちがそれを享受しているのは紛れもない事実だ．同じ人間でも，たまたま科学と技術の発展に遅れた地域にいる人々は，その生活と生き継ぎに相対的には大きな不利益を受けていることも周知の事実だ．

[*1)] これを「地球は，生命が発展する物理条件を備えた場だった」と解釈することも考えられるが，それは厳密にいえば，結果を見ての後追い説明のひとつでしかない．逆に「生命は，地球に適合するように生まれて発展した」という別の後追い説明もできてしまう．このような「説明」は，単に事実の確認をしているだけで，必然性を論述しているのではないことに注意してほしい．

[*2)] 科学の日本語の意味は，専門（科）に分かれた学問ということだが，science の語源であるラテン語 scientia は「知ること」の意味である．

産業に直結する実学に対して,理学は人々の実生活には直接には役立たないので虚学とも言える.役に立ち儲かることを軽蔑する時代もあったので,役に立たない学問を不当に高く評価する観念もまだ拭えていない.逆に基礎的な科学は趣味のようなものであり役に立たないとして,不当に低く評価する風潮もある.地球の歴史とそこで育ってきた生命の生き継ぎの歴史を学ぶと,どちらも事実に整合していない偏った見方だと思える.基礎的な科学は私たちの生存に紛れもなく役に立ってきている.その理由は,そもそも科学というものが,生き物がよりよく生きるために役立つように蓄積してきた知的能力や知的好奇心という機能の産物だからだろう.科学は,地球上で自然に発生した生物に自然に備わってしまった機能の一部であるとも見ることができる.

(2) 地球史第7事件の意味

地球史の視点からは,生命がこれまでよりも高い機能を獲得するのは,その生物に備わった能動的な意志によるものではなく,種の進化におけるなりゆきの産物だった.ところが,知性という機能が科学を発明して,その実学的,工学的な効用がでてくるという事態は,以下の3つの意味で地球史上の大事件なのだと考える.

ひとつは,宇宙と生命の存在の意味に関わる.今になってみると,宇宙の一部を構成する地球の一部で,その宇宙全体に言及する情報を産む生き物というシステムが現れたということになる.「宇宙全体は重力という遠くまで及ぶ力によってその構造にまとまりがついている」などと人間が言うこと自体を,「宇宙の構造を情報でまとめる新しい力が発生したのだ」とか「宇宙が自分を認識させるために知的生命を産んだのだ」などとおもしろく表現することによって宇宙の摂理を語ることもできるだろう.しかし,私たちはそれだけではわかった気になりはしない.このような種類のわからないこともっと良くわかりたい,というとてつもなく欲張りな知的好奇心を持つ生命の存在を,その生命は知ってしまった.それはきっと大きな意味のあることに違いない.

人類の知が,地球史上の大事件だと考える2つめの理由は,知的群生生物であることが,新しい遺伝や進化のあり方を作ってしまった,ということに

ある．筆者は，ヒトを「知的群生生物」という言葉で特徴付ける．それは，ヒトが知識や文化を持っており，それが集団の中で受け継がれることを示している．これはヒトの最も重要な特徴である．そのことの結果として，知識や文化は，自律的に進化をし，それが生き物，とくにヒト自身の生き方まで変えてしまう．このような性質を持つ知識や文化を Popper (1972) は「第3世界」と呼び，Dawkins (1989) は「ミーム (meme)」という遺伝子 (gene) にひっかけた言葉を作って表現した．

　私たち生命は，祖先が獲得蓄積した生き方や生き継ぎ機能に関わる情報を，遺伝子の塩基配列としてコピーして受け継ぐ．その情報伝達には少しずつミスコピーがあって，長い間には大きく変わることで，進化という現象が起こる．遺伝は，遺伝子という物質によってなされてきたが，類人猿やヒトのレベルになると，まったく異なる要素が入ってきた．ヒトの子供は，食べ物などの物理的に生存可能な条件があっても，一人では生きられない．脳は，学習機能を持つが，子供のうちは生きるために必要な情報を完全には持っていない．そこで，親や周辺の大人から学ぶことで生きる術を獲得する．だから，後天的に学ぶ内容によって，生物学的基盤は同じなのに，まったく異なる資質を持つ生き物になってしまう．風俗などの社会習慣はもとより，感じ方から発想，生きる意味の理解まで違ってしまう．つまり，学習が決定的な役割を果たす．群れの掟を学んでそれに従わなかったら，その個体はまず生きていけない．現代でも，思想が異なるだけで抹殺される人がたくさんいる．そのようにして学習される情報は，親からコピーして受け継ぐ塩基配列と同様の性質を持っている．つまり，ミスコピーを行いながら，世代を継いで変遷進化していく．知的群生生物になったということは，生物としての遺伝と進化を担うものが，塩基配列だけではなく，文化という情報遺伝をも含む，ということを意味する．これが先に触れた「ミーム」である．

　現代では，そのような文化の進化の速度は非常に急速だ．文化の遺伝情報は，塩基配列という有限のハードウェアに書き込まれているのではなく，脳の中に自己発展型ソフトウェアとして組み込まれる．そしてそれは集団の中で共有財産として淘汰を受けながら，記憶され，保存継承されていく．さらに，論理の記号表現や動く3D画像や仮想現実感までもが，本などはもとよ

り，莫大な容量を持つ電子媒体などにも記録され，共有の知的財産となる．これらのことによって，私たちの知的遺伝情報の質的内容と量の変化速度は桁違いに大きくなり，それはとどまるところを知らない．これは，生命の進化にとって大事件と呼ぶにふさわしい．

　科学や技術の発展が地球史上の大事件と考える第3の理由は，ヒトの生き継ぎが，太古代にバクテリアが大気を酸素汚染したのとは比較にならないほどの速度と大きさで，地球はもとより，いずれは月や他の天体の状態さえも大きく変化させるということである．初期の生き物は，光や，水の中に溶け込んでいる分子やイオンを取り込んで使うだけだった．時代がたつと，できあがった他の生き物の塊をそのまま胃袋に放り込んで使うものも出てきた．それが人類になると，化石炭素という昔の生き物の死骸を掘り出して暖房や動力のエネルギーに使うことになった．さらに，生き物にとって有害な放射性物質を掘り起こして濃縮しさらに有害にして，エネルギーを取り出して楽をするということまで行いだした．たとえば，日本では電力エネルギーの3割は原子力で供給されている．エネルギーの確保は生命維持の基本だ．今や，放射性物質までもが生命維持の代謝系に組み込まれてしまった．

　化石炭素の利用の結果，温暖化などの地球環境問題が起こっている．これは現代世界が抱える重要な課題のひとつである．とはいえ，温暖化で気候と生態系が変わり，海水面の高さが少し上下する現象は，地球史の中ではめずらしいことではない．過去には水位が数百m変化したこともある．現在の政治経済の体制のままではそれに適応できそうもないから，カタストロフィをもたらすとして注意を喚起するとともに科学技術的な対応策を課題にしているのだ．

　ここで重要なことは，量の問題だけではなく，質の問題だ．生き物は，昔から環境をなりゆきで変化させてきた．しかし，科学や技術が今日のように発展してくると，それが「なりゆき」ではなく能動的になんらかの意思で行われるようになってきている，ということが重要だ．これまででも，地球上にはなかった新しい化学物質を使う，放射性物質を使う，遺伝子の塩基配列を人為的に変えるなど，私たちは能動的に環境を変えてきた．将来は，現在ではまったく想像もつかないようなこともするだろう．それがどのような結

果をもたらすかは，私たちの空想の範囲を越えている．その結果として，ヒトだけでなく他の生物の種が多数絶滅する可能性も，あるいは，地球自体が抹殺される可能性さえ否定はできない．それは，かつてのように受動的でゆるやかな「なりゆきによる進化」ではなく，ヒトの意志や計画に依存する「能動的な急速進化」である．それは，まさに地球史上の大事件と考えざるを得ない．

全地球史解読計画では，地球史上の大事件の実体を科学として研究しようとしている．それは，外から冷ややかにみる立場のようだが，この第7事件では，地球という舞台の上で私たち自身がその生き継ぎをかけて演出と出演の両方を行っている当事者だ．私たちが地球史を研究することも含めて，科学をするということがこの事件の大きな要素になる．いずれにしても，私たちは自分たちが知らない間に，地球史上の大事件を起こす科学を始めてしまっていた，というのが筆者たちの結論だ．

では，これは大変だとわかった現在，後戻りすべきなのだろうか．また，そうだとして，後戻りは現実にできるだろうか．これまでのような発展型で，私たちは生き延びられるのだろうか．そのことを考えるための材料として，次に少し寄り道をして科学の営みについて解説する．

(3) 科学の営み

第7事件の犯人の一人は科学である．すでに述べたように，科学は，私たちの生き物としての生き継ぎの技のひとつだ．ここではそれがどのような営みなのかを解説したい．

科学の営みにおいて，重要なことは3つあると考える．ひとつには，先に述べたように，知識は自律的に進化をするということだ．それがどのような過程でなされるのかをここで解説する．2つめは，科学が生き継ぎの技である以上，経験によって知られた生き継ぎにとって有利な方法論が取られるということだ．3つめは，第1章で述べたように，科学において重要なのは，反証可能性である．科学の営み（方法）の本質は，仮説を検証にさらしていくことである（Popper, 1934）．以上のような考え方と同様のものは，プラグマティズムの完成者である Dewey（1938）によっても一般的な探究行為という

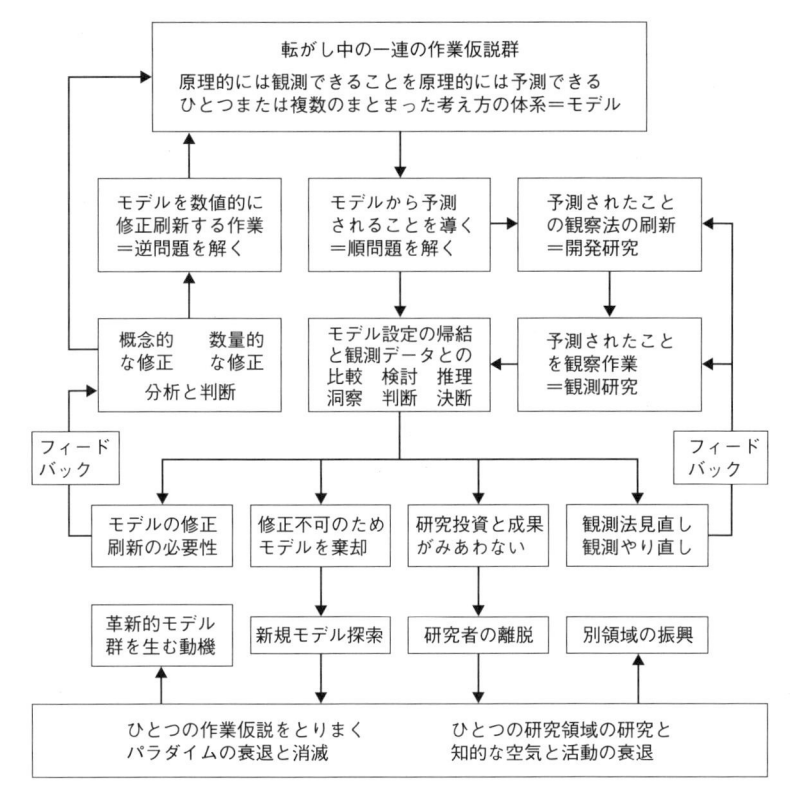

図 7.1 作業仮説づくりの試行錯誤の流転（熊澤，1998 を改変）

文脈で展開されている．ここでは，科学の営みについて，地球史研究を念頭に置きつつ平易に説明していきたい．

科学の営みとは要するに，図 7.1 に示したような，作業仮説作りの試行錯誤の流転に過ぎない，と主張したい．筆者はこれをときどき「作業仮説転がし」と呼ぶ．科学とは，私たちがその時点でわかった気になること，以前よりも「都合が良い」まとまった考えを得ることだ．科学をするということは，知っているつもりのことから何かを予測し，観測して予想した結果と比較検討しながら，もっと都合の良い考え方に改めていく能動的な作業である．そのことによって誤謬が改められ進化をする．あるときの科学的認識は，後の時代から見れば，改訂されるべき誤謬だらけといっても良い．しかし，だか

ら価値がないと言いたいのではもちろんない．先に，試行錯誤の流転に「過ぎない」と書いたのは実は逆説で，本当に主張したいことは，試行錯誤の流転だからこそ私たちは大きな価値を認めるということである．

ここでは，「都合が良い」あるいは「都合が悪い」という日常的な言葉をあえて使っている．普通は「合理的」とか「不合理」という言葉を用いるのだが，筆者はそれでは少し意味が狭いと感じる．「都合が良い」ことは，もともとはヒトの生き継ぎにとって有利なことであることを意味する．その有利さは，具体的な物質的あるいは情報的な利益のほかに，幸せという感覚の問題までを含むものとしてとらえたい．その有利さを得る手段が，科学の理知の方法としての論理で，それにかなっていることが合理性ということだ．理と利，知と情が矛盾なく整合することが最も都合が良いことだ．

一方で，利や情は，科学の対象でもある．人間の利や情の起源や発現が何であるかを知り，それに整合的な考えや使い方を知ることによって，初めて全体をわかった気になれる「私たちの科学」になるはずだ．科学には，利や情までを含めた合理性，すなわち都合の良さが求められていて，その追究が科学の次の大きな課題である．

図 7.1 のような流転が合理的であるというのは，もっと都合が良いように理を改訂して行く手だてが含まれているということだ．それを以下で説明していく．ふつうの研究では，ある基本的な考え方の枠の中で作業仮説転がしを行う．そのような基本的な考え方の枠組はパラダイム（Kuhn, 1962）と呼ばれる．まずひとつのパラダイムの内部での活動を説明し，次にそのパラダイムの終焉について説明する．

まず「作業仮説」という言葉を説明する．それは，「まとまったもっともらしいひとつの考え」のことで，科学的知の特定の部分を示す言葉だ．要するに，モデルとも呼べるひとつの解釈に過ぎない．それは自然のありさまを私たちの頭脳の中に写し取った観念，すなわち写像だ．あえて偏見と言っても困らない．よく「偏見なしにものを見よ」などと言うが，何らかの偏見あるいは予断がないと，ものは見えるものではない．このことは，Duhem (1906, 1914) によって問題提起をされて，今では「観察の理論依存性」と言われていることだ．ポイントは，ただひとつの偏見では見るなということで，たく

さんの見方を試してみることが重要である．それを試すための叩き台をモデルと呼んでいるわけだ．

そのような作業仮説は，検証を経て常に流転する．多くの科学者がもっともらしいと考えていることを，科学的事実とか真理とか呼ぶこともあるが，そのようなものもいずれ改訂・変更されるために存在する．知識というものが，根拠はあるが常に改訂を受けるという性質を持っていることを示す言葉として，Dewey（1938）は「保証付きの言明」という言葉を用いている．刷新・改訂のためには，まだ確かめられていない何かをその考えを用いれば予測できて，その予測されたことを観測や測定や計算などでチェック（検証）できるようになっていなければならない．このようなチェック機能のついたもっともらしい解釈がくるくる動いて変わるとき，「もっともではない不都合な考え」をどんどん捨てていくので，私たちは科学をしている，わかりつつある，という実感を持つことができる．くるくる解釈が変わるのを科学らしくないと感じる人がいるかもしれない．しかし，それはおかしい見方だ．よくわかっていないものをもっとわかるようにする営みのことを「科学をする」というのである．理解がくるくる変わるとき，科学は発展しつつある．

解釈，あるいはモデルを試すのには，それから予測されることを，実際に観察や観測をして，その結果と比べることになる．観測手法がなければ，工夫して作れば良い．たとえば，証拠とは認め難いかすかな兆候から，20億年前に巨大な隕石が地球に衝突したという考えが出たとすると，それなら，ここの地層にこんなものがあるはずだと予想し，それを探すことになる．出てきた結果が必ずしも決定的に見えないときは，それをどう解釈するかという次の段階の仮説を作り，比較検討，推理洞察などをした結果，判断を行う．判断ができないときは，決断をする．

さて，そのように判断あるいは決断をした結果は，作業仮説にフィードバックされる．観測が悪かったらそれをやり直すとか，観測の方法を作り直すとか，場所を再検討するとか，最初の仮説を見直すなどの選択をする．あるパラダイムの下で，このような作業仮説転がしがくるくる行われているときは，その分野は元気だ．

次に，パラダイムの終焉がどのようにして起こるかの説明をする．科学の

営みとしては，あるパラダイムの下で研究に対する投資と成果が見合わなくなると，そのパラダイムから研究者が離脱してくる．その離脱には2つのタイプがある．

ひとつは，ある考え方の体系あるいは分野がだいたい固まって，その時代の研究方法では新たに解明できることが少なくなる場合だ．標準的な教科書ができて，その内容が時代によっては大きくは変わらなくなる．「食い潰した」という言い方もできる．しかしこれは，その領域を突き詰めてしまったことに相当し，科学をしたことの最大の栄光として誇ってよい．

研究者離脱のもうひとつのタイプは，後になってみると都合の悪い前提や考え方の作業仮説（パラダイム）を中心にして研究が行われていた場合だ．この場合は，研究者の離脱が続くことによって，その考え方の体系が根本的に崩壊し，その分野の科学の活動は衰退し消滅する．そのかわり，そこにいた人材が他に流れて，別領域の活動が振興されていく．これが科学の動的な姿である．

以上のような，科学の営みを，少し時間をおいてから眺めてみると，科学的理解という情報の遺伝子が，ミスコピーを繰り返しながら変遷し進化していくように見えるはずだ．一見無機的で冷たい論理だけからなっているように思える科学も，それを支える生身の科学者の心理や生態，行動を通じて生き物のように振舞う．このような科学は，第7事件の火付け犯人であり，同時に消防隊のような役割を果たす宿命を負っている．

7.3　われわれはどこへ行くのか？

（1）未来代を展望して，将来代を予測・設計・制御する

明日以降，いまだ来ない時代を総括して未来代，まさに来たりなんとする目前の時代を将来代と呼ぼう．これまでの地球と生命とその環境の進化・変動は，私たちが知らないで自然のなりゆきで起こってきたものだった．しかし，宇宙科学，地球科学や生命科学の研究の成果によって，私たちはどこからきた何者であるかがわかり始めてしまい，しかも物理科学や数理科学の成果によって，きわめて未熟ながらも予測の方法も学んでしまった．こういうことを知ってしまったので，この地球史上の第7大事件は，自然のなりゆき

のせいではなく，自分たちが始末を付ける対象になってしまった．私たち生命の存在理由は，その生き継ぎにあったのだから，私たちは，地球生命の生き継ぎのために，未来代を見据えて，将来代を予測し，望ましい設計と施工をしたい．これが私たちのこれからの最大の課題である（章末 p.522 参照）．

　ここで設計，施工という言葉を使った．建築物や建造物を連想するので，こんな大事なことに適した言葉とは思えないかもしれないが，逆にわかりやすいと考えた．目的に合う安全な設計には，相応の基礎的な知識と技術を必要とする．施工にも，それ相応の知恵と技術や経験が必要となる．しかし，知恵には必ず穴があり，技術には必ず失敗があり，経験には常に不足がある．それでも，私たちはそれらの失敗に学びつつ生き継いで進んできた．それは，生命の進化が分子レベルのなりゆきで行ってきた莫大な数の試行錯誤の延長線上にあると考えられる．さらに，将来代を設計しようとする私たちには，なりゆきではなく意識的に「試行錯誤」という方法を使う必然性があると見ることができる．なぜならば，これまでに述べてきたように，私たちの存在も自然理解の科学も，結局は試行錯誤の産物としての歴史的存在だからである．

　期せずして起きてしまったこの第7事件を生き継いでいくのに必要な知恵はどこにあるのだろうか．それは，事件を起こした犯人である科学技術以外にはない．一方では，このように困難で難しい大事件をもたらした科学や技術に解決を依存するのは，破滅への直線コースであって，科学の発展を止めて森の中で原始の世界のように暮す後戻りが良いという哲学的な考えもあるだろう．しかし，個人や少数の集団がある期間そうすることは可能であるにせよ，人類全体の行動をそのように制御する手立てが現実的にあるだろうか．もしあるとしたら，それは，結局は今よりもはるかに高い水準の科学と技術の総合知に支えられて，賢い試行錯誤を行う高度な社会システムでしかあり得ない．

　宗教家にはこれと異なるいろいろな主張があるだろう．確かに，人類がこれまで蓄積してきた宗教的な知恵には偉大なものが実にたくさんある．しかし，科学の方法や論理に基づかない思想や知恵には，知恵の再生産と蓄積，伝達方法に限りがあるので，相対的な影響力は次第に小さくならざるを得ない．新しい宗教の中には，科学の成果を取り込んである程度の影響力を持つもの

もあるが,たいていは一過性だ.それは,科学の成果だけを言葉の上で取り込んだだけで,反証可能性や試行錯誤を認める寛容性に乏しい教条性が特徴だからだ.

健全な科学では,都合の良い知を理として組織的に生産し,それに支えられて利を追う技と術とが生産され,それがまた科学を支えるのに役に立つ.理と利は相反する一面があるにもかかわらず,生命の生き継ぎ機能として見たときは科学技術として一体で境界がなく,またその総体が大きな影響力を持ってしまう.その影響力が大きいほど,役立ち方も大きいが不都合な危険も大きいと直感する.その危険への対処については,また後で述べる.

未来の予測は非常に難しい.たとえば,最近の非線形数理科学の教えるところによると,この世界では,系が決定論的(最初の状態がわかれば将来が間違いなく決まる)であっても,現実的には予測不可能ということが起こる(3.4節コラム「カオスと全地球史解読」参照).それは,最初の状態を厳密に知ることができない影響が,時間とともに拡大するからだ.世の中にそのような困難があっても,それでも将来を予測し,自分たちを制御しながら生き継いでいくのが,私たち生命の宿命であり摂理である.

予測できないと言いながら,予測し制御しながら生きていくというのは,矛盾であるようだが,予測のできるできないは確度や精度の程度の問題なのだから,できる範囲で折り合いを付ければ良い.予測のできる範囲は,監視の質と量を総合した科学と技術のレベルに依存する.監視も予測も制御も,具体的な内容と時期と確度や精度を設定する必要がある.たとえば,枝にぶらさがっている熟したリンゴが落ちれば,確実に潰れると予測できるが,どう潰れるかという位置や形は予測ができない.潰れる時刻は,実が枝を離れる時刻や,そのときの風向きなどを正確に与えれば計算できそうだが,精度を1万分の1秒まで予測せよと言われれば,それはできない.また,実が枝を離れたとき,横にいた誰かが手を出して潰れないようにキャッチするかもしれないし,枝についている実をカラスがくわえて持っていってしまうかもしれない.落ちないように袋掛けをする,落ちても実が潰れないようにマットを敷いておく,カラスに取られないように網を張るなど,起こりうることを予測して,自然のなりゆきを人為的に変えてしまう制御もできる.それでも,

マットや袋が突風で飛んでしまうこともある．それにもかかわらず，リンゴとその周辺の状況を詳しく常時監視していれば，予測の精度や制御の確度が上がることは間違いない．結局，監視も予測も制御も，自然へのより深い理解と，現実問題への対応の効果的な技術に依存している．

　自然の制御というと，大げさでとんでもないと思う人もいるだろう．しかし，もう何千年も昔から，私たちの祖先は生き継ぎのために治水や耕作で自然の制御をしてきた．太古代のバクテリアたちも，1匹では小さなスケールだが，おそらく自分の環境の制御をしていた．地球史上の第7事件では，ヒトが意識して予測しながら非常に大きいスケールの制御をしようとしている点がこれまでにはなかった特徴だ．

　私たちの自然理解はまだ幼稚だから，自然のなりゆきの予測や制御は非常に危険なことで，ヒトの絶滅をもたらしかねないのでやめた方が良い，と私たちは直感する．しかし，それで科学や技術の発展を止めることができるだろうか．また，それが適切な方策なのだろうか．ヒトにとって，ここまで進んでしまった科学や技術を，人々の合意で幸せに止めることは，おそろしく困難な制御課題だ．近年問題になっている地球温暖化の阻止や環境汚染の防止と比べてもはるかに難しい．私たちはもはや自然のままでは生き残れない．それは，私たちの祖先が何億年も前に水の中から陸に上がって，空気を吸って生活する機能を得た代りに，水の中で暮せなくなってしまったのと同様だ．病気にせよ，地震や津波にせよ，隕石の衝突にせよ，自然に起こる気候変動にせよ，もともとの自然は非常に過酷なものだから，もとの自然に戻れば，知性を持って家畜化してしまった私たちヒトの幸せな生き継ぎは脅かされる．私たちは，高度な生き継ぎ情報を後天的に遺伝することによって自己再生産する方式の生き物に変わってしまっている．「そんな馬鹿な，私たちが生きるのに何かもっと明るい良い知恵はないのか」と，考えたくなる．しかし，その知恵としては，止めようとした科学や技術しかない．

　結局，生きる知恵を生む科学や技術を止めることは適切でもなく，かつ不可能だ．つまり，ヒトが生き継ぐということは，矛盾に満ち満ちた困難な課題なのだ．矛盾は気分が悪いから排除したいが，私たちが生きている世界のように複雑なものは，私たちが今持っている知恵だけでは辻褄を合わせて都

合良く理解することができない．ヒトが組織的に知恵を生産し蓄積する科学を始めてからまだほんの短い時間しか経過していないから，それは当然とも思える．私たちが今持っている科学の知恵には，いまだに矛盾が満ち満ちていて，私たちの生き継ぎの知恵に役に立つという保証はもともと存在しない．

　危険で幼稚な科学しか使いようがないように思えても，地球史的な視点で見れば，ヒトの絶滅の可能性を悲観的に捉えるのは，知恵のないことだと思える．どんな生き物の種も，その直系の子孫は絶滅しても，その親類の子孫たちが莫大な数の小さいミスコピーを重ねて試行錯誤をすることで生き継いできている．私たちは，自分が個体としては死ぬことを知っているので，子や孫の生き継ぎのために木を植えたり教育に投資したりすることで，自分の死を悲観的に捉えない知恵を持っている．私たちの社会では，そのようなことが組織的に行われている．同朋の子や孫は自分の遺伝子の一部を共有して受け継いでいるからだ．学校がその典型だ．知的な生命は，知恵の力で分子レベルでの試行錯誤の回数を何桁も減らして効率的な生き継ぎ戦略をとってきている．それは遺伝子レベルにも反映していて，他の生き物に比べてヒトは出産数が何桁も小さい種になっているわけである．知的な生命は，意識してこういう生き継ぎを図る宿命にある．

　ヒトという種は必ず絶滅するとしよう．それはかつてあらゆる種がたどってきた経験的事実だ．そうと知ってしまったら，他の地球生命にどう生き継ぐかということに科学と技術を駆使することが，地球生命としてのヒトの存在理由ということになる．他の地球生命とは，私たちから少し遡った祖先の直系だ．おばあさんにとっては「孫の太郎は不運にも死んでしまったが，花子よ，おまえが幸運に生き継いでくれてうれしい」というのが，生命の摂理だ．太郎だけをヒトになぞらえたとき，太郎の直系の子孫が切れるのが，ヒトの絶滅ということになる．しかし，花子が生きていてくれれば良い．地球生命としては，直系にこだわる必然性はほんの局所的なもので，生命系というものの原点で考えると本質的な意味があるようには思えない．

　生き継ぐための遺伝情報に，後天的に会得する情報が決定的になってしまったということは，私たちはアフリカに住んでいた私たちの祖先とまったく違った別種の生き物になってしまったとも言える．私たちは彼らの直系で生き継

いでいるにもかかわらず，生き継ぎ情報としてはまったく別の遺伝情報を獲得してしまっているからだ．アフリカに住んでいた私たちの祖先から見れば，私たちはウェルズのSF小説に出てくる火星人そっくりだ．軟弱な体しか持たないのに，ちょっとした器をまとって物凄い速さで自由自在に動き回りながら，地球の裏側と話す声や耳や目さえ持っている別の生き物だ．将来は，ヒトのDNAの塩基配列も人為的に変えているはずである．眼鏡や携帯電話，テレビや人工心臓，ワクチンなどで獲得した免疫などはもう体の一部分で，どこからどこまでがもともとの生き物で，どこが後で作った道具か区別がはっきりしないところまできている．しかも，生存自体が，個体間の相互依存関係や情報伝達に依存しており，社会構造という目に見えにくい強力な巨大システムに組み込まれているという意味でも，私たちは祖先とはまったく別種の生き物になってしまった．

　塩基配列という物質的基礎に基づく指標だけでヒトという生き物を規定するのには限界がある．そこで，この指標をもっと拡張して，科学技術や文化的情報の生産機能（研究），その情報の次世代へのコピー伝達機構（教育）まで取り入れたもので規定しなければならない．昔の意味でのヒトは絶滅してしまって別種のヒトになってしまっている，あるいはそうなっていくと考えても良い．しかし，そうすると，ヒトとか絶滅とかいったことがらも本当はたいへん曖昧な言葉で，今暫定的に使っている概念に過ぎないことに気付く．

（2）知恵という遺伝子の次世代への伝達

　私たちが何者で，その行く先がどこか，いろいろ考えてきた．生命の生き継ぎの基本は，生き継ぎに有用な情報を，小さなミスコピーを重ねて次世代に受け渡すことだった．知的群生生物になってしまった私たちにとって最も重要な遺伝子は，文化的情報だ．それは，アフリカに住んでいた先祖から見て火星人のように見えるテクノロジーのことだけではない．何を望ましいことと感じ，何を憎いと考えるか，といった感覚的なことまで含まれる．

　物質的なDNA遺伝子の情報の発現は，環境や状況に依存することがわかっている．仲間への優しさや思いやりも，群生動物として遺伝子に組み込まれている生物学的特性の発現だろう．残酷さや闘争心も同様だろう．しかし，それら

の発現の仕方は，後天的な環境や状況に依存する．ことに有名な例は，Lorenz がハイイロガンという鳥の生態研究から見出した「刷り込み（imprinting）」だ（たとえば，Lorenz, 1949）．ハイイロガンは生まれて初めて見た動くものを母親だとみなす，ということが遺伝的情報として組み込まれている．しかし，何を母親だと思うかは，初めて見た動くものが何かという状況に依存する．ヒトの学習能力はその高度なものだ[*1]．ヒトの脳には学習能力という遺伝的性質がある．しかし，何が学習されるかは周囲の環境による．文化的情報の一部はそこに書き込まれる．それが，文化的情報を組み込んだ遺伝子の受け渡しということのひとつの形態だ．

科学や技術は生き継ぎに今や必要欠くべからざるものではあるが，大きな危険を伴うものでもある．地球生命にとって何が都合の良い合理的なことであると感じるか，それは文化的情報の次世代への伝達の内容や方法で決まる．したがって，次世代が科学や技術をどう理解し活用するのかは，結局「教育」で決まる．

そう考えてみると，将来代の望ましい設計にとって最も重要なことは，教育システムの最適化の方向と方法の模索探究であるということになる．第1章で述べたように，アメリカの一部では，いまだに創造論者が力を持っており，学校教育の中で進化論が教えられていなかったりする．そのことを，私たち日本人は笑っていられる状況ではない．ちょっと違った形で日本の学校教育にもおかしなところがたくさんあるからだ．近年，日本の学生の学力低下が問題になっているが，本質は試験で測定する学力の問題ではない．

このままずっといけば，ヒトは惑星を改造して今までと違った天体を作ったり，自分たちのDNAの塩基配列をも変えて分子生物学的にも異なる生き物になったりするだろう．あるいは，ヒトの塩基配列上の直系は途中でちょっと一休みして，たとえば，遠い昔の親類だったイルカが，私たちが生産した科学技術上の情報を受け継いで，知的な地球生命を生き継いでくれるかもし

[*1] 本来の「刷り込み」は鳥などの生後ごく限られた時期に起こる特殊な学習のことなので，ヒトのふつうの学習とは区別すべきかもしれない．しかし，筆者は人間にも刷り込みに似た行動があると感じている．たとえば，最初に入った研究室の雰囲気が研究者の考え方にしみついてしまう現象などである．そういう気持ちもあって，刷り込みと学習とを同種のもののように論じた．

れない．だから，これから私たちに何が起こり，どこへ行くのかは，本当は
わからない．遺伝子の塩基配列上の直系子孫が絶滅するにしても，それは当
たり前のごく普通のことだ，と明るく受け止めて理解する地球生命観があっ
てもよい．少なくとも仏教の影響のある文化圏では，このような感覚や文化
を市民が持っているのではないかと筆者には思える．

　科学と技術に基づいてヒトが意識的に設計する進化も，その方向には無数
の選択が可能だが，そのすべての場合を尽くして検討することは不可能だ．現
実に行える選択は有限で，偶然の要素が必ず入る．だから，これは，これま
でとは次元が異なる「なりゆき進化」ということになる．確率的に考察して
みると，なりゆき進化の帰結には，多かれ少なかれ絶滅の可能性が必ずある．
私たちが進化しながら生き継いでいく状態を精密に監視，分析していけば，絶
滅の時期や様態も誤差付きで予測評価できるだろう．それを回避する手立て
を多数模索しながら研究し，それぞれの効果も予測検討するはずだ．それで
も絶滅が高い確率で予測されたなら，他の適切な地球生命に遺伝子の塩基配
列情報と科学技術文化などの情報をできるだけたくさん託して引き継いでも
らおうとして，その研究を始めるはずだ．それをヒトの絶滅プログラムと呼
ぶことにしよう．こう考えると，私たちの使命は，ヒトの絶滅回避プログラ
ムと同時に，からからと幸せにヒトの絶滅プログラムを研究し設計，施工す
ることであると，筆者は考える．

　そのようなプログラムに最も重要なのは，知的群生生物の親から子へ伝え
る新しい遺伝子，すなわち生き継ぎに有用な文化的遺伝情報だと考えられる．
その受け渡しの組織的システムが学校や教育である．その受け渡しに，適切
なミスコピーを仕組み進化させていくことが，私たちの将来の設計と制御の
根幹なのであろう．昨今の大学改革についても，そういう視点で対処するこ
とが望まれる．

7.4　おわりに

　全地球史解読計画に携わってきた筆者の主張と提案は次のようなものだ．
　40億年にわたる地球と生命と環境の共進化の中にあって，私たち人類は最
大の事件を引き起こしていることを明確に意識する必要がある．それは，必

然的にヒトを含めた地球生命の絶滅の可能性をも含むものだ．生命の存在理由は生き継ぎにあるのだから，たとえ困難で不可能に見えても，私たちは生き継ぎの知恵と技を鋭意追究する宿命にある．この生き継ぎ課題が困難であるほど，より根本的で基礎的なところからの深い理解を得ていく必要がある．それが，科学と技術と教育の役割だ．

　また，私たちが何かを設計するとき，現実的な価値評価から逃れることはできない．その価値をどう評価するのかといったことも，できるだけ根本のところから理解しなければならない．最終的に私たちの判断を決めるのは，論理だけからは導けない価値観や倫理観だ．その価値観や倫理観も，それがそもそも何なのかというところまで遡って検討する必要がある．筆者の考えでは，価値観や倫理観もヒトがかつて発明した概念だから，新しい状況でその内容に不都合が出てくれば，都合の良いように改訂すれば良い．したがって，倫理も私たちがいろいろ設計し試行錯誤しながら結果的に進化するものだと言って良い．しかし，そうした規範がなりゆきでくるくると変わるのも不都合で困る．

　なりゆきによっても変わり方の少ない価値や倫理とは何だろうか．価値や倫理などは，この世界と自分たちの存在理由に関する合理的で都合の良い理解に立脚していなければ，実効を持たないから意味がない．私たちが，この世界の最も都合の良い理解を得て地球生命の生き継ぎをしたい，と素直に思ったとき，そこにいずれ変わるとしても永続性のある価値観や倫理観が形成されるのだろう．

　私たちは太古代以来，地球に起こったいくつもの大きな環境変動をくぐり抜けて，40億年という長大な生き継ぎをしてきた．そして今，知的群生生物として地球史上の大事件を演出しているという存在だ．そういう歴史的存在の意味理解の中に，私たちは未来代に向けてどこへ行くのか，それを知る原点がある．行き着く先はまだ知らなくても，進む方法はわかってきた．私たちがなすべきことは，より高度な創造性を持って科学で考え，技術を生みながら，知的誠実さを持って地球と生命と環境の共進化を図ることだ，と筆者は考える．これが，地球史上の第7事件の意味であり，全地球の歴史から見た生命倫理あるいは地球倫理ということになる．筆者は倫理と科学を整合的

に結合させたい．将来設計の知は，地球と生命と環境の共進化をもっと深く理解することから導かれるはずだ．この章では，地球の科学に関心のある若手読者を念頭において，彼らに伝えたいミーム複合体について述べた．

第7章文献

Dawkins, R. (1989) *The Selfish Gene*, Oxford University Press, Oxford.（和訳：日高敏隆・岸　由二・羽田節子・垂水雄二訳 (1991)『利己的な遺伝子』，紀伊国屋書店，548 pp.）

Dewey, J. (1938) Logic: The Theory of Inquiry. in *The Collected Works of John Dewey, 1882-1953*, Southern Illinois University Press, Carbondale, 1967-1987.（和訳：魚津郁夫訳 (1980) 論理学—探究の理論．中公バックス世界の名著 59『パース・ジェイムズ・デューイ』，中央公論社，389-546.）

Duhem, P. (1906, 1914) *La théorie physique, son objet, sa structure*, Marcel Rivière, Paris.（英訳：(1954) *The Aim and Structure of Physical Theory*, Princeton University Press, Princeton；和訳：小林道夫ほか訳 (1991)『物理理論の目的と構造』，勁草書房，531 pp.）

Kuhn, T. S. (1962) *The Structure of Scientific Revolutions*, The University of Chicago Press, Chicago.（和訳：中山　茂訳 (1971)『科学革命の構造』，みすず書房，277 pp.）

熊澤峰夫 (1998) 全地球史解読とは何か．科学，**68**，755-762.

Lorenz, K. (1949) *Er redete mit dem Vieh, den Vögeln und den Fischen*, Deutscher Taschenbuch Verlag, Munich.（和訳：日高敏隆訳 (1970)『ソロモンの指輪—動物行動学入門』，早川書房，231 pp.）

Popper, K. R. (1934) *Logik der Forschung*, Julius Springer Verlag, Vienner.（英訳：(1959) *The Logic of Scientific Discovery*, Hutchinson, London；和訳：森　博・大内義一訳 (1971-72)『科学的発見の論理』，恒星社厚生閣，597 pp.）

Popper, K. R. (1972) *Objective Knowledge: An Evolutionary Approach*, Clarendon Press, Oxford.（和訳：森　博訳 (1974)『客観的知識—進化論的アプローチ』，木鐸社，411 pp.）

p.514 への補足

地球と生命と環境に関わって，このような考えはかなり前からある（たとえば，島津，1970；木村，1974）．

島津康男 (1970)『地球を設計する—社会地球科学の提案』，科学情報社，195pp.
木村資生編 (1974)『遺伝学から見た人類の未来』，培風館，219pp.

定冠詞の付く全地球史解読

　本書は文部省科学研究費重点領域研究『全地球史解読』(平成7年度—平成9年度)での成果を基礎としたものである．『全地球史解読』は元来『全地球史解読計画』と呼ばれており，重点領域研究の成立よりかなり前から"縞縞学"や"MULTIER"(多圏相互作用)などの呼称でも知られていた．これらは1980年代のゲリラ的縞縞学および丸山茂徳さんの地球史プロジェクトに端を発し，1990年代になり形を整えたMULTIER，1990年代半ばに成立し盛んな活動を見せた重点領域研究『地球中心核』らを経由して，現在の全地球史解読計画に到達したらしい．縞縞学に始まる一連の研究成果の多くは国内外の学術論文として世に送り出されて来たものの，これだけ多くの著者によって幅広い領域を総合的に網羅する書籍の出版には至っていなかった．重点領域研究の発足時から数えると8年近い歳月を経て出版された本書には夥しい人間が関与し，その背後では夥しい試行錯誤が繰り返されて来た．それらすべてを記すことは不可能な上に不必要でもあるが，私の目から見た本書成立の経緯の一部をこのあとがきに書き留めておくことには何らかの意味があるだろう．いつの時代でも，私達は過去からしか物事を学ばないものだから．

　重点領域研究の科研費交付に前後して，全地球史解読計画の成果を纏まった書籍の形で残すことは是非とも必要であるという話はあちこちで聞かれていたと思う．私達の活動をなるべく多くの人に知ってもらいたい，全地球史解読計画を進める中で得られた新しい成果や手法を多くの若い学生達に伝えて行きたい，全地球史解読計画という活動の底辺を広げて行きたい，そのためには何としても書籍の形式を取った出版物が必要であろう—そのような意見の流れであった．具体化した出版構想を私が目にしたのは，重点領域研究の広報普及シンポジウムとして有楽町マリオンで開かれた「生きている地球の新しい見方—地球・生命・環境の共進化」(平成10年11月)の場が最初である．そこでは，MULTIERの時代からこの研究計画に関心を持って取材を

続けて来た東京大学出版会の小松美加さんが熊澤峰夫先生と議論して練り上げたと思われる目次の案が披露されていた．当時の出版構想は全3巻に亘る壮大なものであり，全地球史解読計画に関与していた主要研究者のほぼすべてが筆を執るという豪華な計画であった．記録によればその内容は第1巻「全地球史解読の思想と方法」，第2巻「多圏地球史」，第3巻「生命と環境の地球史」となっている．だが結局，これらが当初の予定通りに発刊されることはなかった．今から思えばそれは自然な推移であったと思われる．

　全地球史解読計画がまだアングラだった段階，或るいは「あんなものは伝統的な地質学のエピゴーネンに過ぎぬ」といった有形無形の罵倒中傷を周囲から浴びていた時代には，関係者は無類の反骨精神を発揮し，一種の団結心を持って全地球史解読計画の概念の具現化へと邁進していたと記憶する．重点領域研究の申請書を完成させるために徹夜で議論を行った日々の熱気は今でも生々しく思い出すことができる．私達は自分たちの周囲で好き勝手な批判を繰り広げる人々の存在をむしろエネルギー源としていた．全地球史解読計画の概念や思想，その拠って立つ基盤や将来の姿に関する議論が最も盛んに行われたのは，このような言わば賊軍としての時代であったと私には思える．その中ではもちろん書籍刊行についての議論もよく行われた．全3巻に亘る出版構想はその当時の熱気を幾分か伝えるものであったろう．けれども，全地球史解読計画が科研費重点領域研究という形で公式かつ大掛かりな予算を実際に獲得してしまい，言ってみれば官軍になってしまうと，私達はまずその形式に見合うだけの研究成果を生み出さなければならなくなる．そうなれば，思想だの纏めだのと言っているよりはまず手を動かしてモノを作り，具体的な研究結果を出し続けるという作業が活動の大半を占めるようになるし，周囲も当然そのような目で私達を見るようになる．実際のところ，重点領域研究としての全地球史解読計画が首尾良く進展している間には，各々の構成員は己の研究の推進に忙殺されて書籍の作製どころではない．何より，総説的な書籍よりも査読付き論文の執筆が優先されるという研究業界の事情もあった．

　というわけで書籍の話は人々の記憶の隅に追いやられていたが，全地球史解読計画の活動自体は順調に進んでいた．多くの研究会が開かれ，若手を刺激する夏の学校が企画され，ニュースレターが定期的に発行され，各学会で

は特別セッションが催され，メーリングリストでの議論も活発であった．元気な若手の何人かは「ちょー若手会」なる有志集団を結成して意気盛んであった．私自身の経験から言えることであるが，全地球史解読計画に初めて触れて面白いと感じた人々の平均的感想はこんなもんだろう．「私がやって来た研究をまったく分野の異なる人々がこんなに面白がってくれるなんて，一体どういうこと？」細分化された昨今の学術業界に身を置く限り，理屈では大事だとわかっていても異分野との交わりを実践する機会は非常に少ない．地球惑星科学は字義通りの総合科学としてこそ存在意義があるはずなのだが，そのことを頭では理解しても実践出来ない人々が圧倒的多数を占めるのが世の中の実状である．熊澤先生の言葉を借りれば，全地球史解読計画は多くの研究者に対して本格的な"不純異分野交遊"の醍醐味を知らしめる良い機会であった．「生命と地球の共進化」をキーワードとした生物学分野との一大合同などはその最たる例であり，この遭遇から多くの研究者が予想以上に大きな影響を受けたようである (その影響の片鱗は本書の第 6 章に於いても垣間見られる)．不純異分野交遊の自然な成り行きとして，私達の学問的対象は狭い意味での地球科学を大きく超えた問題にまで広がって行った．例えば本書でも頻繁に触れられている地球史の第 7 事件，即ち人類による地球史研究の開始である．かつての伝統的な地球史研究に於いては，こんなものを地球史上のまともなイベントとして扱うことなど思いも付かなかった．それが今や学会発表などでこの用語を耳にしても特に違和感が無いと言うのは，考えてみれば大変な話ではないか．要するに全地球史解読計画に関与した人々の意識の中に独自の，或いは勝手な全地球史解読像なるものが出来上がって行ったと言える．その像は各人の中で今や余りにも普遍的であり，一般化されており，全地球史解読という固有名詞の連想を経由せずとも全地球史解読的な発想で物事を考えるようになった．従って地球史第 7 事件などを重要なイベントとして地球史研究の議論に組み込むことに多くの人は何ら違和感を覚えない．私も無論，そのひとりである．

　いずれにせよ，超多忙な研究集団の限られた手数が書籍の出版にまで回らなくなるという事態の発生は半ば予想通りであった．しかもこの状況は重点領域研究の終了と共に加速したから，科研費の交付完了から半年も後にやお

ら提案された当初の全3巻本構想が実現されよう可能性はそもそも限りなくゼロに近かったと言って良い．全3巻本の出版に至る検討は有楽町シンポジウムの直後から開始されたものの，それから2年を経過した段階で東大出版会に回収された原稿の量は当初の期待の3分の1にも満たないものであり，その量は度重なる催促にも関わらず増える気配を持たなかった．全地球史解読計画の思想は既に十分普遍化され浸透したと考える人々には，書籍のように大袈裟な形を取らなくても良いだろうという思いもあったようである．だが私には納得が行かなかった．集まった原稿の量は少ないが，質は低くない．しかもこの数値を見よ．全3巻分のうち3分の1の原稿が集まった．と言うことは，あと少し工夫をすれば，全1巻の立派な書籍が完成するではないか？

　私と吉田茂生さんは，熊澤先生らが重点領域計画立ち上げの旗振りを本格的に始めた時代 (1990年代前半) に大学院生生活を送った．科研費が交付された後も，私と吉田さんは公募研究や学会セッションのコンビーナ，夏の学校の幹事・講師等という形でそれなりに深く全地球史解読計画に関わって来た．大学院生活の大半を熊澤先生の近傍で過ごしたから，好むと好まざるとに関わらず全地球史解読計画の雰囲気を感じ取らざるを得ない環境に居たことも確かである．そんな私達は当初の全3巻構想に於いても著者として登録されてはいたが，必ずしも計画の全内容に賛同していたわけではない．全3巻構想は編集を実働するための組織構造が不明確であった．科研費『全地球史解読』の計画遂行責任者は言うまでもなく熊澤先生であったが，彼はそれ以外にも我が国の地球惑星科学振興全般に関わる重責を数多く背負っており，本書出版の具体的中心として立ち働くには余りにも時間的制約が多すぎた．他の編者達も非常に多忙な身であり，多くの著者を抱える煩雑な書籍の編集作業が当時の体制のまま再開される見込みがあるとは私には思えなかった．そんな折のある夏，私は英国に留学中だった吉田さんの元を訪れ，本書の話をしたのである．「今ある3分の1の原稿だけ集めても，1冊分にはなるんですよね．このまま出版してもらうように提案してみませんか？」私自身はそもそも文章書きや編集という作業が好きなので，全3巻を全1巻に圧縮する作業がさほど大変とは思えなかった．もちろん全3巻構想の下で集めた原稿を全1巻に縮約すれば，各原稿が有機的に結合するバランスの良い構成を築き

上げるにはちょっとした工夫が要ろう．だがそこは吉田さんの豊富な知識を恃んで著者間に調整を依頼すれば良い．とにかく私達は合意に達し，全地球史解読計画の熱気の断片を伝える書籍を世に出すべしという提案を東大出版会に持ち込むことにしたのである．そして，これはやや予想に反することであったのだが，私達の構想を耳にした東大出版会の小松さんは直ちに賛同し，驚くほどの熱意を持って内外の関係者を説得し回ってくれた．もちろん熊澤先生にも各方面へ手を回しての調整と協力を行って頂いた．かくして説得と根回しは成功し，吉田茂生・伊藤孝士という新編者の下で新しい全1巻の出版計画が平成12年の冬から開始されるに至ったのである．

「開始されるに至った」などと仰々しく書いたものの，本書の基本的な骨組みは長い歴史を持つ全地球史解読計画そのものなのであるから，私達がやるべきことは各原稿間の内容を調整して本書が首尾一貫した論理構造を持つようにすることだけであった．手持ちの原稿を良く読み，不明な点は著者に質問し，複数の原稿で相違する記載があれば調整して統一してもらう—そういう作業の繰り返しである．本書の全般を通して私達は，とにかく各原稿の相互関係の強化を意識して編集作業を行って来たと言って良い．本書がどこにでもある個別研究概要の寄せ集め本ではなく，継ぎ目の無い地球の歴史を継ぎ目の無い科学研究の対象として扱う稀有な試みの顕現であることを強調したかったからである．だから，もし読者が本書各部分の関連性に関して何らかの希薄な印象を感じるとすれば，それはそもそも最先端の研究が持つ本然的な性質に由来するものだと言わせて頂こう．程度の差こそあれ，どんな分野にせよ最先端の研究というものは多数の独善的な個別領域の集合であり，それらが相互に反発あるいは補完し合いながら進歩を育むものである．そのような個別の研究の相互関係のあり方を本格的に考え直して行こうという人間活動こそが全地球史解読計画そのものなのであり，本書出版に向かっての編集作業はその活動の典型的な一端なのであった．

本書で私が『全地球史解読』という呼称を使わず，執拗に『全地球史解読計画』と書き続けている所以もここにある．『全地球史解読』は本書の題目であると同時に科学研究費の題目でもあった．けれどもそれは便宜的なものであり，タイトルは短い方が読者への印象が強いだろうという予測に基づく方便

に過ぎない．『全地球史解読』の英語名称は DEEP = "Decoding the Earth Evolution Program" であるが，本書で私が具現したかったのは定冠詞の付く全地球史解読計画，即ち縞縞学以来続く特定の人間活動としての the DEEP であった．そこには学術的な成果や方法のみならず，或る人間達の活動に固有な紆余曲折や失敗や葛藤，光明を見い出すまでの道程，要するに生身の人間が創り上げた歴史的事実の蓄積が付随している．私はこのような考えを持って全地球史解読計画に携わり，本書の編集にも取り組んで来た．だから本書にはこのあとがきのように歴史的事実を述べた記載があって良いし，第1章や第7章のようにかなり主観的な研究活動分析論があって良いし，第3章のIKダイアグラムのように先走る概念を検証作業が追い駆けるという問題提起的な議論があっても良い．そのような試行錯誤の中で右往左往しながらも目を輝かせて研究活動に驀進している人々の息吹きを本書を通じて生々しく伝えたかったのだ．著者に原稿の改訂を依頼する際にも，私は「論理の厳密性もさることながら，まずは研究現場に於ける活気と熱意が若い読者に伝わるような文章を」と強く依頼した．岩城雅代さんに表紙イラストの描画を依頼した際も同様である．岩城さんが全地球史解読計画に関与した時間はさほど長くはないが，彼女は全地球史解読計画の本質を誰よりも深く理解しているように思える．微小なバクテリアに過ぎなかった生命が長い長い時間を経た後に人間にまで到達し，遂には自分達の歴史を繙き始めるという大事件．その事件を陽に意識し，敢えて"全"だの"解読"だのという仰々しい文字列を持ち出して新しい科学研究を流れを紡ぎ出そうとする全地球史解読計画．この試みに対する彼女の確かな認識と真摯な理解は紛れもなくあの素晴らしい表紙イラストとして体現され，結実している．それは本書と月並な地球惑星科学入門書との間に画された明確な一線でもある．

　定冠詞の付く全地球史解読計画 (the DEEP) は私達の特定の思想と活動であった．だがこの活動が次の世代へと受け継がれて行くならば，その過程で定冠詞の持つ特定性は薄れ，the DEEP は a deep あるいは a variety of deeps へと変化して行くことであろう．『全地球史解読計画』を『全地球史解読』へ普遍化するために──科学研究費の交付が終了しようとも，本書の出版が完了しようとも，全地球史解読計画という科学運動を次世代へと引き渡す作業を

私達が止めることは無い．この書籍の頁を捲ることで，それぞれの読者が全地球史解読計画という前代未聞で度し難い研究の現場に流れた活発な雰囲気を少しでも嗅ぎ，私達自身の過去と未来を見据える活動に少しでも興味を抱いてもらえたとすれば，編者としては望外の僥倖である．その上で本書の内容が不十分かつ不完全であることに対しては，枉げて読者の寛恕を願うのみである．

2002 年 8 月 　　　　　　　　　　　　　　　　　　　　　編者の一人

　　　　　　　　　　　　　　　　　　　　　　　　　　　　伊藤孝士

あとがきに代えて―プルーム考

　プルーム（plume）というのは，英和辞書を引けばわかる通り，元来は羽毛を意味する．フランス語では，plumeと言えば，羽毛と同時に，ペンの意味でも広く用いられる．それは，もともとペンは鳥の羽で作られていたからである．それが変じて，「プルームテクトニクス」という文字通りには羽毛造構学と訳される変てこりんな言葉ができた経緯は興味深いとともに，全地球史解読計画のひとつの性格を表している．

　plumeは，英語では，もくもく立ち昇る煙のようなものを表すのにしばしば用いられる．a plume of smokeは，もくもく煙が立ち昇っていることを表現する慣用句である．OEDによると，この用法は19世紀に遡るらしい．これは鳥の羽との形の上での連想から来ているのであろう．流体力学的に言えば，浮力によって上昇しつつ周囲の流体を乱流で取り込みながら円錐状に広がる流れを表す学問用語としても定着している．ひらたく言えば，これもやはりもくもく上がる煙のことである．地球内部の対流でその言葉が使われ出したのは，Morgan（1972, *Nature*, **230**, 42-43）が，ホットスポットがマントル深部起源のplumeによるものだという考え方を出したときからだろう．Morganの論文を読んでみると，形状はthunderhead（入道雲，積乱雲）のようなものになるだろうと書いてあるから，まさにもくもくとしたイメージであった．

　ところが，マントルは粘性の高い対流だから，上昇流はそれほどもくもくとした形のものにはならない．そのあたりがplumeということばの不幸（？）の始まりである．その後，単にホットスポットの源になるような流れをplumeと呼ぶようになったから，形のイメージも，もくもくとしたものから，オタマジャクシ型というかキノコ型というか，頭と茎があるような形のものに変わってしまった．こうなるともう羽毛はどこへやらである．そのうち，Larson（1991）がスーパープルームという，ホットスポットが束になって上がってく

るような巨大な上昇流という概念を出すようになっていた．こうなると，形状はあまり問題にならない．

さて，そういう背景の下で，プルームテクトニクスという言葉を丸山茂徳さん（1.2節著者）が発明して日本中に広めた．そこでは，マントル中の上昇流をホットプルーム，下降流をコールドプルームと呼ぶというかなり大胆な用語の拡張がなされている．私はそこまで行くとさすがに抵抗を覚えるので，私自身はいまだにとくにコールドプルームなどという言葉は使わず，単に下降流と呼ぶことにしている．

しかし，プルームテクトニクスという言葉の本質は，もちろんそんなところにあるのではない．マントルの中の流れと，地表で見られる地質現象とを密接に結び付けて議論した点が重要である．それは，本書の1.2節を読むとよくわかるだろう．聞くところによると，丸山さんが深尾良夫さん（当時名古屋大学，現東京大学地震研究所教授）のマントルの地震波トモグラフィーの図を見て，これは地質現象と結び付けられることに気付き興奮して，深尾さん，熊澤峰夫さん（本書編者，1.1節，7章著者）を交えて議論を重ね，その考え方をプルームテクトニクスと命名したのが始まりだそうだ．もちろん，これはプレートテクトニクスを意識した命名で，それに代わる新しいパラダイムという期待が込められている．

この命名は少なくとも日本では成功を収めた．科学ジャーナリストが取り上げてくれて丸山さんは有名になったし，深尾さんの学士院賞恩賜賞受賞もこの宣伝が効いているのかもしれない．世界では，まだこの言葉は一般化していないが，マントル内の構造と地球の歴史を結び付けて考えるという考え方自体は，どこからともなく一般化しつつある．

そこで問題はこうである．言葉の狭い意味の上では，マントル対流論という言葉を言い換えたに過ぎないプルームテクトニクスという言葉を作った意味は何だったのか？　口の悪い人はこう言うであろう．これは新しそうなウケそうな言葉を作っただけで，何ら新しい内容はないのだと．実は，全地球史解読計画自体もそうであった．当初は（今も？），単なる地質学と何が違うのかという批判だらけであった．

結局，プルームテクトニクスという言葉は丸山さんや熊澤さんの戦略であっ

た．平易に表現すればマントル対流と地質学的な地球の歴史を結び付けて論じるという考え方に，プルームテクトニクスという名前を付けることによって，宣伝効果を高めた，ということである．こうした命名をするのはジャーナリスティックにはウケるし（ジャーナリズムはレッテル貼りが大好きである），学生のリクルートにもなるであろう．玄人から見ればかなり抵抗を覚える命名をしておいて，玄人を挑発する意味もあったかもしれない．全地球史解読がどのような戦略であったかは，本書を読むとある程度わかるであろう．

　そういうわけで，かくも傍観者的な私がこの本の編集に携わることになった理由のひとつは，恩師の一人でありこの本の筆頭編者であり，羽毛造構学（もくもく造構学？）の偉大なる扇動者の一人である熊澤さんへの畏敬の念による．

　2002 年 9 月　　　　　　　　　　　　　　　　　　　　　　もう一人の編者

　　　　　　　　　　　　　　　　　　　　　　　　　　　　　　　　吉田茂生

索引

アルファベットで始まる単語は最初にまとめた．

AM 波　156
apparent 年代　120
BIF　→　縞状鉄鉱床
Canyon Diablo 鉄隕石　114
Cloud の作業仮説　396
CORTEX　102
D″ 層　22,23
Edgeworth–Kuiper belt 天体　213
Fe–SOD　414
GEOCARB　287,290
G–L 境界　474,478,482
Granick の仮説　400
heavy bombardment　218
IK ダイアグラム　67,91,132,134,188,204,216
K–T（白亜紀・第三紀）境界　32,51,451,454,483
Lamination Tracer　91
Legendre 多項式　147
LIP　477
LOD　175,180,186,197
Love 数　164
Lyapunov 時間　211,213
M_2 分潮　170,171,176,187
Mn–SOD　414
Nd–YAG レーザー　127
obliquity–oblateness feedback　219,296
pH　260,263
P–T（ペルム紀・トリアス紀）境界　32,49,52,451,458
Raymo 仮説　289
redox　470
rRNA　400,428
secular Love 数　172
SETI　216
SHRIMP　115
Signor–Lipps 効果　453
superanoxia　470,476　→　超酸素欠乏事件
SXAM　103
TCA 回路　441

V–C（ベンド紀・カンブリア紀）境界　32,52,452
VLBI　149
X 線回折分析　98
X 線ガイドチューブ　103
α ケンタウリ　203
$\delta^{13}C$ 値　465

ア　行

アクリターク　416
圧密　338
アーノルド拡散　212
アルベド　241
安定　66,204,449
　――性　64,70,204,211,234,282
　――平衡　70

硫黄芝　442
硫黄同位体比　419
生き継ぎ　4,17,503,507,516
生き残り　487
位相遅れ　173,175,186
位相空間　212
一次記載　89
一致年代　116
一般相対性理論　139,202
遺伝子獲得　426
遺伝子伝達　426
移動リッドの状態　324
異方性　340,344
意味解読　8,10
因果　62,72,220
隕石衝突　221

ヴァランガー氷河期　293,419
ウイルス　426
ウィルソンサイクル　27,44,286
ウェーブレット変換　137
ウォーカーフィードバック　70,284,292,307
宇宙観　3

ウラン–鉛年代測定法　111, 458
ウラン–ヘリウム年代測定法　110
運動方程式　138

衛星　201
永年項　144
永年摂動　144, 194, 212
永年変動　144
栄養塩　264
エディアカラ動物群　30, 48, 417, 419, 452
エネルギーの散逸　218
エネルギーバランスモデル　240, 251, 300, 302
エネルギー分散型分光法　102
遠洋深海堆積物　468
応答　62, 66, 68, 74, 238, 254
　──関数　62, 63, 66
大型多細胞生物　45
オートラジオグラフィー　98
オパール　267
音響光学素子　99
温室効果　483
温度勾配　333, 340

カ　行

外核　19, 333, 337, 347, 351, 352, 357, 361
貝殻　199
回帰線　158
海水の逆流　45, 54
海水面の上昇　165
階層性のあるシステム　57, 68
海底拡大速度　286
海底堆積物　267
海底熱水噴出孔　444
海底ボーリング　488
海底摩擦　176
回転座標系　205
回転楕円体　134, 147, 190
壊変定数　112
海洋生物化学大循環モデル　270
海洋生物の元素組成　265
海洋大循環モデル　244, 270
海洋の応答　176, 178, 185, 187
海洋物質循環　259, 260
　──モデル　269
海洋無酸素事変, 海洋貧酸素事件　30, 271, 472
海陸配置モデル　176, 178, 180, 187

海陸分布　175
外力　62, 63, 66, 68, 71, 72, 74, 238, 451
カオス　60, 204, 211, 217, 220
化学合成　394, 439
　──無機栄養細菌　436
化学残留磁化　371
化学層序学　466
化学柱状図　82, 107
化学的風化　278
核（コア）　14, 19, 190, 313, 333, 346, 363
角運動量　189, 217
　──交換　219
　──軸　149
　──付きの円環　197
　──保存　134, 189, 191, 200, 296
角変数　212
火星　137
化石　16, 393, 401, 416, 423, 432, 434, 450
画像計測　98
画像分光法　99
カタストロフィ　60
加熱効果　127
下部マントル　21, 329
加法定理　194
カルビン・ベンソン回路　441
元期　141
　──近点離角　142
　──平均経度　142
環境変動　14, 487
干渉計　216
慣性系　148
慣性モーメント　147, 150, 189, 219
完全連続サンプリング　83
観測方程式　63, 64, 68
観測量　62
間氷期　13, 235
カンブリア紀の大爆発　12, 48, 414, 452
気候システム　137, 234, 238, 260, 300
気候的歳差　152, 195, 254
気候変動　234, 286, 353
気候摩擦　219, 296
軌道傾斜角　139
軌道交差　205
軌道半長径　139, 191
軌道要素　137, 139, 238
キャップカーボネート　106, 297, 304, 420
球粒　483

境界条件　71,73
境界設定　5
共生　430,447
共鳴　211
極運動　148
局所分析　121
銀河　139,202
近日点　154,236
　——引数　139
　——経度　142
　——通過時刻　141
近接遭遇　203,205

空間スケール　57
暗い太陽のパラドックス　305
クラウジウス–クラペイロン勾配　24
クラペイロン曲線　326
グリパニア　44,416
グリーンストーン帯　404
クレーター　484
クロロフィル　398
クロロフレクサス　397,440

系　56,58,61,238
軽元素　337,347
蛍光X線　94,102
形状軸　148,149
顕生代　48,451,483
系統樹　429
夏至　157
ケプラー運動　139
ケプラーの第三法則　134,141,195
ケプラー方程式　141
ケロジェン　411
原核生物　430,436
　好熱性——　439
原生代　12,36,292
　——・古生代（V–C）境界　32,52,452
コア（核）　14,19,190,313,333,346,363
　——・マントル境界　335,347,355,357,361
　——・マントル結合　218
　——・マントル相互作用　359
光化学反応　397
光合成　42,299,305,394,396,439,504
光子　203
恒常性　59,60,70

紅色硫黄細菌　397
洪水玄武岩　42,43,355,372,478
光速　202
公転
　——運動　131,162,189
　——軌道要素　132,138
高分子有機物分解　439
古細菌　433
5時からマシーン　94
古生代　13,451
　——・中生代（P–T）境界　32,49,52,451,458
古地磁気学　364
古地磁気極　366
古地磁気磁場強度　365
古土壌　409
コマチアイト　40,42,369,371
固有周波数,固有振動数　145,195
固有値問題　145
コラーゲン　418
コールドプルーム　22
コンコーディア図　116
コンコーディア年代　118

サ 行

災害時型生物群　456
細菌　433
歳差　137
　——運動　147,216
　——角　150,192
　——定数　150,191,197
　月軌道面——　196
砕屑性ウラン鉱床　409
再堆積　485
細胞外マトリックス　418
細胞化石　404
細胞内共生　398,415,430
作業仮説　134,135,511
　——転がし　510
サブシステム　68,239
　——間相互作用　69,70,72
酸性雨　483
酸素　12,16,42,45,47,49,396,504
　——同位体比　134,259,487
シアノバクテリア　398,402,405,440
紫外線レーザー　127
時角　168

索引　535

時間遅れ　*219*
時間軸　*134,200*
時間スケール　*57,74,239*
色彩色差計　*99*
磁気双極子モーメント　*364*
　　仮想——　*368*
磁気流体力学　*354*
試験天体　*213*
地震波トモグラフィー　*15,19,22,26*
システマティック　*59*
システム　*2,55,56,58,61,238,275*
　　——間相互作用　*68*
死生観　*3*
自然残留磁化　*363*
自然選択　*423,429*
視線方向速度　*215*
質点　*206*
質量収支方程式　*277*
質量損失　*139,203*
磁鉄鉱　*364*
自転
　　——運動　*131,162*
　　——角速度　*190*
　　——効果　*361*
　　——軸　*13,132,147,149,254,293*
　　——速度　*133*
磁場の逆転　*349,351,354,364,376*
　　——頻度　*346,349,357*
縞状鉄鉱床（BIF）　*42,298,379,405*
ジャイアントインパクト　*37*
従属栄養　*439*
自由度　*191*
重力トルク　*148,216*
重力二体問題　*138*
重力変化　*164*
縮退　*142,144*
出力　*62,63*
ジュール熱　*218,366*
準周期性，準周期的　*189,205,210,211,214*
春分点　*141*
衝撃石英　*483*
昇交点経度　*140*
小天体衝突説　*483*
章動　*148*
衝突クレーター　*484*
小粘性コントラストの状態　*322*
上部マントル　*21,329*
　　——・下部マントル境界　*20,21,24*

ショウ法　*366*
「情報」のデータベース　*84,90*
消滅核種　*111*
小惑星　*139,202,213*
食物連鎖　*437*
初生鉛　*114*
資料（試料）記載　*8,9*
資料（試料）探索　*8*
試料データベース　*82,84,90*
試料プレート　*89*
ジルコン　*11,34,39,115,124,458*
自励系　*63,71*
　　——線形システム　*64*
真核生物　*44,394,415,430*
進化論　*423*
真近点離角　*141*
信号波　*156*
新生代　*451*
深層水　*239,265*
振動型　*352,355*
振動子　*194*
真の極移動　*351,357*
振幅変調波　*156*
シンプレティク数値積分法　*147*
森林火災　*483*

水星　*202,206*
彗星　*202*
数値積分　*146,205*
スターチアン氷河期　*293,297*
ストロマトライト　*42,104,401,404*
スノーボールアース（仮説）　*45,71,217, 235,251,292,298,420*
スーパープルーム　*22,27,28,30,32,52,356, 455,476*
　　アフリカ——　*22,30,33,48*
　　太平洋——　*22,30,45*
スペクトル線　*215*

正弦波　*135*
正準共役　*145*
生態系　*436*
成長曲線　*116*
生物種の多様性　*436*
生物生産量　*265*
西方移動（成分）　*359,363*
生命観　*3*
生命と地球の共進化　*15,391,393*

生命の誕生　38,394
世界標準模式断面・地点　464
積算日射量　152
赤色砂岩　405
赤鉄鉱　365
赤道傾角　150,152,191,192,195,216,217,294
石灰質ナノプランクトン　484
絶対年代　82,109,111,133
摂動　133
　——解　137,194
　——関数　142,144
　——論　143,205
雪氷・アルベドフィードバック　71,241,243,248
絶滅　13,17,450,487,520
遷移状態　322
全球凍結解　243,300
全球凍結問題　→　スノーボールアース
線形　71
　——システム　1,64,66,70,76
　——振動　145
全体対流　328
全体論（ホーリズム）　59
選択配向　342
全炭酸　263
全マントル対流　41,405
全有機炭素量　487

双曲線　139
層構造　333
相互作用　56,57,58,62,68,346
　熱的——　346,360
走査型X線分析顕微鏡　82,103
層状対流　328
層状チャート　468
相対年代　133,136
相変化　326
　——浮力パラメタ　327
組成対流　331

タ　行

ダイアミクタイト　298
大気海洋結合大循環モデル　244,274
大気大循環モデル　244
大気中二酸化炭素濃度　235,260,271,278,
　　282,287,300,302
大規模火成活動域　477
太古代　11,36,38,83,109,217,363

大循環モデル　240
堆積残留磁化　365
堆積速度　135
堆積物有機スキャナ　99
ダイナミカルシステム　61,278,285
ダイナミクス　58,63,71
ダイナモ作用　337,352,354,366,381
ダイナモ理論　354
太陽系外惑星　214
太陽光遮断　483
太陽風　203
太陽放射量　137
第四紀　150,294
対流　21,314,334,348,351
滞留時間　261
大量絶滅　13,17,30,49,221,305,391,450,
　　458,483
楕円　139
多項式近似　147
多重解,多重平衡　70,243,300
多自由度　212
多段法　147
脱ガス　278,287,304,397
炭酸塩岩　411
炭酸固定　441
断続平衡説　456
炭素循環　278,289,292,302
炭素同位体比　298,393,401,465,485

地殻の上下変位　164
地球外作用　13
地球観　3
地球史第7事件　13,503,506,509,513
地球自転角　168
地球史七大事件　10,32,394
地球磁場　313,346,351,354,363
　——強度　42,368
　——の逆転　349,351,354,364,376
　——の停滞成分　346,357,359,362
地球誕生　36
地磁気異常の縞模様　376
地質年代区分　450
地心双極子磁場　363
知的群生生物　506,518
中央海嶺　40,287,413
中生代　13,451
　——・新生代（K-T）境界　32,51,451,
　　454,483

索引　537

超海洋 461,467
超酸素欠乏事件 30,472
長周期潮 164,165,166
潮汐 131,163
　　──進化 162,173,187,188,217
　　──トルク 134
　　──の角速度 171,175
　　──ポテンシャル 163,176
　　──摩擦 133,219
　　──モデル 198
　　──力 189,202
　　海洋── 165,176,179
　　地球── 164,185,187
超大陸 27,30,43,235,299,461,476
　　──分裂期 30

通常期 28
月–地球
　　──間の距離 180,186
　　──系 91,162,189,217,295
　　──系の力学進化 133

定常応答 75
定常型 352,355
ディスコーディアライン 118
底生有孔虫 486
停滞リッドの状態 318,322
テイラー・プラウドマンの定理 341
テチス海 461
テリエ法 366,371,373
電磁流体力学 354
天体暦 202

同位体質量収支方程式 277
冬至 157
凍土地形 217,294
特徴的残留磁化 366
独立栄養 439
突然変異 400,426,429
ドップラー変位 215

　　　ナ 行

内核 19,333,334,337,340,352
　　──の成長 335,344,369
内部ダイナミクス 62,63,66,68
内容解読 8,9
なだれ現象 → フラッシング

二次記載 90
二次曲線 138,139
二重極モーメント 201
2層対流 25,28,30,44,53,369,405,413
　　間欠的── 26,30,44
日射量変動 131,132,137,188,216
日周潮 164,165,168
日食 174
入力 62,63
　　──出力システム 62,63,68,74
ニュートン力学 201
ニュートン流体 176

ヌッセルト数 315,316
ヌーナ 44

熱境界層 21,316,323
熱残留磁化 365
熱史 315,336,375
熱水環境 442,444
熱対流 315,331
熱輸送 253,315,332
熱容量 348
熱流量 303,335,336
粘性 218,219
　　──温度 318

　　　ハ 行

バイオマット 442
白亜紀スーパークロン 349,357,376
白亜紀・第三紀（K–T）境界 32,51,451,
　　454,483
バクテリオクロロフィル 398
パスツールポイント 415
バタフライ効果 220
波長分散型分光法 102
ハミルトン系 147
パラダイム 511,512
パラメタ 71,72
　　──化対流論 319
パラメタリゼーション 246
パルス期 28
パンゲア 30,48,235,286,357,461,476
パンサラサ 461,467
反証可能性 5,509,515
搬送波 156,158
半日周潮 164,165,170
反復実験 4

万有引力定数　*138*

非剛体　*149*
非自励系　*63*
歪速度弱化　*324*
微生物生態系　*437*
微生物ループ　*438*
非線形　*220,255,323*
　――力学系　*204*
ヒトの絶滅プログラム　*520*
非破壊分析法　*92*
ヒューロニアン氷河期　*293,297*
氷河　*41*
　――時代　*235,292*
　――堆積物　*292,297,420*
氷期　*13,235*
　――・間氷期サイクル　*13,132,144,*
　　236,254
標準物質　*123*
氷床　*234,239,248,254,292*
　――変動　*137*
　――力学モデル　*240,248*
表層環境変動　*131,233*
ヒル安定性　*205*
微惑星　*218*

不安定　*66,353*
フィードバック　*69,238,248*
　正の――　　*60,70,241*
　負の――　　*60,70,234,242,284*
不可逆性　*60*
付加体　*7,40,83,467*
複雑系　*60*
輻射圧　*139*
フズリナ　*458*
物質循環　*259,275,436,447*
　――システム　*275*
物証　*6,11,84,401*
部分溶融構造　*337*
不変面　*172,173*
浮遊性有孔虫　*484*
プラズマ質量分析法　*119,122,123*
フラッシング　*26,30,326*
プラミスド　*426*
フーリエ変換　*206*
プルーム　*15,22,330,356,476*
　――テクトニクス　*15*
　――の冬　*478,481*

プレート　*15,21,320,355*
　――テクトニクス　*3,7,14,18,31,38,322*
プロクロロン　*398*
分化　*331*
分光観測　*216*
分光測色計　*99*
分子化石　*423,427*
分子進化　*427*
　――系統　*432*
　――の中立説　*425*
分潮　*165,169,172,178*

平均運動　*191*
平均化　*144*
平均近点離角　*141*
平均滞留時間　*278*
閉鎖系　*121*
並列化　*147*
ベクトル化　*147*
ペルム紀・トリアス紀（P–T）境界　*32,*
　49,52,451,458
ベンド紀・カンブリア紀（V–C）境界　*32,*
　52,452
偏微分方程式　*61,71,73*

方解石　*267,273*
放散虫　*468,470*
放射性元素　*347*
放射年代測定法　*111,133*
放物線　*139*
補外法　*147*
保証付きの言明　*512*
ボックスモデル　*61,276*
ホットスポット　*22,40,351,355*
ホメオスタシス　*60,70*
母惑星　*201*

　マ　行

マグマオーシャン　*36*
マリノアン氷河期　*293*
マントル　*14,19,313,333,346,353,355*
　――オーバーターン　*19,30,41,43,52,53,*
　314
　――対流　*1,15,19,21,24,190,314,348,362*

密度構造　*189*
ミトコンドリア　*415,430*
ミーム　*507,522*

索引　539

ミランコビッチサイクル　134, 238, 254
ミランコビッチ周期　134, 195

冥王代　11, 38

木星型惑星　206
目的と方法の不可分性　8, 9
モード変化　190
「モノ」のデータベース　84, 89

　　　ヤ　行

融点勾配　333
ユーレイ比　320

要素還元論　59
溶存酸素　260, 487
溶融　331
予測限界　212
予測子法　147

　　　ラ　行

ライソクライン　269
ラグランジュの惑星方程式　142
乱流　218

力学系　58, 61, 63, 64, 68

力学的安定性　204
力学的扁平率　133, 172, 190, 197
離心近点離角　141
離心率　139, 158, 170, 236
リズム　60, 64
硫化物　487
硫酸塩　487
流体核　218　→　外核
緑色硫黄細菌　397
緑色植物　398

ルンゲ・クッタ法　147
零入力応答　63

レイリー数　314, 316, 327
レオロジー　314, 321
歴史科学　4
レーザー試料導入法　119

ロディニア　30, 45, 299
ローパスフィルタ　206

　　　ワ　行

わかった気になる，わかる　5, 6
惑星形成過程　213

執筆者所属・執筆分担一覧 (五十音順, *は編者)

阿部	彩子	東京大学大気海洋研究所	4.1
安部	正真	宇宙航空研究開発機構宇宙科学研究所	3.3
磯﨑	行雄	東京大学大学院総合文化研究科	6.4, 6.5
伊藤	孝士*	自然科学研究機構国立天文台	3.1, 3.2, 3.4, 4.5
大江	昌嗣	国立天文台・総合研究大学院大学名誉教授	3.3
岡庭	輝幸	(株)インスパイア	2.1–2.3
海保	邦夫	東北大学大学院理学研究科	6.6
川上	紳一	岐阜大学教育学部	6.1
熊澤	峰夫*	東京大学・名古屋大学名誉教授	1.1, 7.1–7.4
隅田	育郎	金沢大学理学部地球学科	5.2, 5.4
田近	英一	東京大学大学院新領域創成科学研究科	4.3–4.5
畠山	唯達	岡山理科大学情報処理センター	5.4
浜野	洋三	海洋研究開発機構地球内部ダイナミクス領域	5.4
平田	岳史	京都大学大学院理学研究科	2.4
本多	了	東京大学地震研究所地球ダイナミクス部門	5.1
丸山	茂徳	東京工業大学大学院理工学研究科	1.2
山中	康裕	北海道大学大学院地球環境科学研究科	4.2
山本	啓之	海洋研究開発機構海洋・極限環境生物圏領域	6.2, 6.3
吉田	茂生*	九州大学大学院理学研究院	1.3, 5.2, 5.3
吉原	新	元富山大学理学部, 作家	5.4

カバー・章扉イラスト 岩城雅代
The Glynn Laboratory of Bioenergetics, Department of Biology, University College London

編者略歴

熊澤峰夫(くまざわみねお)
- 1934 年　生まれる
- 1956 年　名古屋大学理学部地球科学科卒業
- 1961 年　名古屋大学大学院理学研究科地球科学専攻博士課程修了
  東京大学教授，名古屋大学教授を経て，
- 現　　在　理学博士，東京大学・名古屋大学名誉教授
- 専門分野　固体地球惑星科学

伊藤孝士(いとうたかし)
- 1967 年　生まれる
- 1991 年　東京大学理学部地球物理学科卒業
- 1995 年　東京大学大学院理学系研究科地球惑星物理学専攻博士課程中途退学
- 現　　在　自然科学研究機構国立天文台助教（博士（理学））
- 専門分野　天体力学，数値積分法

吉田茂生(よしだしげお)
- 1966 年　生まれる
- 1988 年　東京大学理学部地球物理学科卒業
- 1993 年　東京大学大学院理学系研究科地球物理学専攻博士課程修了
  東京大学助手，名古屋大学助手・准教授を経て，
- 現　　在　九州大学大学院理学研究院准教授（博士（理学））
- 専門分野　地球内部物理学

全地球史解読

2002年10月28日	初版発行
2012年 8 月31日	第 4 刷

[検印廃止]

編　者　熊澤峰夫・伊藤孝士・吉田茂生

発行所　財団法人　東京大学出版会

代表者　渡辺　浩

113-8654 東京都文京区本郷 7-3-1
電話 03-3811-8814　Fax 03-3812-6958
振替 00160-6-59964

印刷所　三美印刷株式会社
製本所　誠製本株式会社

© 2002 Mineo Kumazawa *et al.*
ISBN 978-4-13-060741-4 Printed in Japan

R〈日本複製権センター委託出版物〉
本書の全部または一部を無断で複写複製（コピー）することは，
著作権法上での例外を除き，禁じられています．本書からの複写
を希望される場合は，日本複製権センター（03-3401-2382）にご
連絡ください．

川上紳一
縞々学 リズムから地球史に迫る　　　　　　　　4/6 判 290 頁 / 3000 円

東京大学地球惑星システム科学講座編
進化する地球惑星システム　　　　　　　　　　4/6 判 256 頁 / 2500 円

阪口　秀・草野完也・末次大輔編
階層構造の科学 宇宙・地球・生命をつなぐ新しい視点　A5 判 242 頁 / 2800 円

池谷仙之・北里　洋
地球生物学 地球と生命の進化　　　　　　　　　A5 判 240 頁 / 3000 円

鹿園直建
地球惑星システム科学入門　　　　　　　　　　A5 判 242 頁 / 2800 円

日本第四紀学会・町田　洋・岩田修二・小野　昭編
地球史が語る近未来の環境　　　　　　　　　　4/6 判 274 頁 / 2400 円

堀越　叡
地殻進化学　　　　　　　　　　　　　　　　　A5 判 360 頁 / 6400 円

川幡穂高
地球表層環境の進化 先カンブリア時代から近未来まで　A5 判 308 頁 / 3800 円

小泉　格
珪藻古海洋学 完新世の環境変動　　　　　　　　A5 判 232 頁 / 3400 円

ここに表示された価格は本体価格です．ご購入の
際には消費税が加算されますのでご諒承ください．